Spring Cloud

微服务和分布式系统实践

杨开振 著

人民邮电出版社

北京

图书在版编目（ＣＩＰ）数据

Spring Cloud微服务和分布式系统实践 / 杨开振著
. -- 北京：人民邮电出版社，2020.5（2021.1重印）
ISBN 978-7-115-53220-6

Ⅰ．①S… Ⅱ．①杨… Ⅲ．①互联网络－网络服务器
Ⅳ．①TP368.5

中国版本图书馆CIP数据核字(2020)第005396号

内 容 提 要

　　本书从企业的真实需求出发，理论结合实际，深入讲解 Spring Cloud 微服务和分布式系统的知识。书中既包括 Spring Cloud 微服务的各类常用组件的讲解，又包括分布式系统的常用知识的介绍。Spring Cloud 组件方面主要讲解服务注册和服务发现（Eureka）、服务调用（Ribbon 和 OpenFeign）、断路器（Hystrix 和 Resilience4j）、网关（Zuul 和 Gateway）、配置（Config）、全链路追踪（Sleuth）、微服务的监控（Admin）等；分布式系统方面主要讲解分布式数据库、分布式缓存、会话和权限以及发号机制等。本书的实践部分通过 Apache Thrift 讲解了远程过程调用（RPC）在分布式系统中的应用，并且分析了处理高并发的一些常用方法，最后还通过一个简单的实例讲解了微服务系统的搭建。

　　本书适合想要学习 Spring Cloud 微服务、分布式系统开发的各类 Java 开发人员阅读，包括初学者和开发工程师。本书对架构师也有一定的帮助。

◆ 著　　　　杨开振
　责任编辑　杨海玲
　责任印制　王　郁　焦志炜

◆ 人民邮电出版社出版发行　　北京市丰台区成寿寺路 11 号
　邮编　100164　电子邮件　315@ptpress.com.cn
　网址　http://www.ptpress.com.cn
　固安县铭成印刷有限公司印刷

◆ 开本：800×1000　1/16
　印张：33
　字数：823 千字　　　　　　　　　2020 年 5 月第 1 版
　印数：3 001 — 3 600 册　　　　　2021 年 1 月河北第 2 次印刷

定价：119.00 元

读者服务热线：(010)81055410　印装质量热线：(010)81055316
反盗版热线：(010)81055315

广告经营许可证：京东市监广登字20170147号

前　言

伴随着互联网发展，个人计算机、手机和平板电脑等设备走进了我们的生活。现今我国互联网的普及率已经很高，但应用发展的空间还是很大，接下来就到了互联网的深耕阶段，这就导致对互联网系统的要求必然是大数据、高并发和快响应。在这个趋势下，单机系统已经很难满足互联网企业的这些要求，所以分布式系统是必然的发展方向。

所谓的分布式系统，就是一组计算机为了共同完成业务功能通过网络协作的多节点系统。分布式系统本身也有一系列需要解决的问题，包括多个计算机节点的路由选择、各个服务实例的管理、节点监控、节点之间的协作和数据一致性等，当然还有网络故障、丢包等问题。分布式系统的实施难度比单机系统大得多。

分布式系统比单机系统复杂得多，但经过多年的发展，业界已经有了丰富的分布式系统理论，也有了许多优秀的组件。在分布式系统理论里，最近流行的微服务架构理论成了佼佼者，微服务的概念也成了当前分布式系统实现方案中的主流，显然，微服务架构成了分布式系统的一种形式。优秀的分布式系统组件早期主要以国内阿里巴巴的 Dubbo（现今已经被 Apache 归纳进入其孵化器）为主，后来从国外引入了 Spring Boot 和 Spring Cloud，它们现在是微服务实现的主流方案。

为顺应技术的发展趋势，我对微服务进行了深入的学习和研究，并且于 2018 年创作出版了《深入浅出 Spring Boot 2.x》。为了更进一步地讲解微服务，满足当前企业搭建微服务系统的需要，我竭尽所能编写了这本关于 Spring Cloud 的书。虽然 Spring Cloud 能够有效搭建微服务系统，但微服务系统只是分布式系统的一种形式，它并不能解决分布式系统的所有问题，例如，分布式缓存、会话、数据库及其事务等，都不能通过 Spring Cloud 来有效处理。但这些问题又是企业实施微服务系统时必须要面对的，甚至是一些企业的难点和痛点。因此，本书在详细介绍 Spring Cloud 的基础上，还会对常用的分布式技术进行讲解，以满足企业的需要。

应该说微服务系统只是在丰富的经验和实践中积累的组件，一切都还在快速发展和变化中，若读者关注 Spring Boot 和 Spring Cloud 的版本就会发现，其版本更替相当频繁。应该说分布式（微服务）系统没有绝对的权威，也没有绝对的形式，正如《孙子兵法》中所言："兵无常势，水无常形，能因敌变化而取胜者，谓之神。"我们只能按照自己的业务需求来决定分布式（微服务）的实施方案。我编写本书的目的是，让读者通过学习前人的经验，吸取已有的教训，采用一些优秀的组件，就能快速便捷地搭建微服务系统，避免掉入陷阱中。

为什么选择 Spring Cloud

国内流行的早期的微服务解决方案是阿里巴巴的 Dubbo，但这是一个不完整的方案，当前 Spring Cloud 已成为业界流行的微服务搭建方案。因此，本书以讲解 Spring Cloud 为主。

Pivotal 团队收集了各个企业成功的分布式组件，用 Spring Boot 的形式对其进行封装，最终得到了 Spring Cloud，简化了开发者的工作。Spring Cloud 当前主要是通过 Netflix（网飞）公司的组件来实施微服务架构，但是因为 Netflix 的组件更新较慢（如 Zuul 2.x 版本经常不能如期发布，最后取消），并且只按自身企业需要进行更新（如 Hystrix 停止增加新功能），所以 Spring Cloud 有"去 Netflix 组件"的趋势。不过，"去 Netflix 组件"也需要一定的时间，所以当前还是以 Netflix 组件为主，这也是本书的核心内容之一。从另外一个角度来看，组件的目的是完成分布式的某些功能，虽类别不同但思想相近，也就是"换汤不换药"。因此，现在学了 Netflix 组件，即使将来不再使用，也可以吸收其思想和经验，通过这些来对比将来需要学习的新组件，也是大有裨益的。

为什么还要讲微服务之外的分布式系统的知识

在编写本书的时候，我考虑了很久，除了 Spring Cloud 微服务的内容外，还要不要加入其他分布式系统的内容，如分布式发号机、分布式数据库、分布式事务和缓存等。加入这些内容，本书似乎就没有鲜明的特点了，内容会显得有点杂；不加入这些内容，企业构建分布式系统的讲解就会不全面。

反复思考之后，我最终决定将一些常用的分布式知识也纳入本书进行讨论。换一个角度来考虑，微服务作为分布式系统的一种，其自身也是为了简化分布式系统的开发，满足企业生产实践的需要，同样，加入这些知识的讲解也是为了让企业能更好地搭建网站，和微服务架构的目的是一致的。

内容安排

本书基于一线企业的实际应用需求，介绍 Spring Cloud 微服务和常用的分布式系统。整体来说，全书分为 4 个部分。

- 第一部分介绍分布式系统的概念、分法和优缺点，提出微服务的概念，对 Spring Cloud、Spring Boot 和 REST 风格进行简单的介绍。
- 第二部分介绍 Spring Cloud 的各类组件，这是微服务的核心内容。介绍的组件包括服务注册和服务发现（Eureka）、服务调用（Ribbon 和 OpenFeign）、断路器（Hystrix 和 Resilience4j）、网关（Zuul 和 Gateway）、配置（Config）、全链路追踪（Sleuth）、微服务的监控（Admin）等。
- 第三部分讲解分布式的其他知识，包括分布式发号机、分布式数据库、分布式缓存、分布式会话和权限等。
- 第四部分通过 Apache Thrift 讲解远程过程调用（RPC），并且讲解在分布式中处理高并发的一些常用技巧，最后给出一个微服务实例。

排版约定

为了方便读者阅读，本书做了如下约定。

- import 语句一般不出现在代码中，一般会以"/**** imports ****/"进行代替，这样主要是为了缩减篇幅，读者可以使用 IDE 自动导入的功能进行导入。
- 对于普通的 POJO，我大部分都会以"/**** setters and getters ****/"代替 POJO 的 setter 和 getter 方法。约定后的代码呈现类似下面这样：

```
package com.spring.cloud.chapter0.pojo
/**** imports ****/
public class Role {
    private Long id;
    private String roleName;
    private String note;

    /**** setters and getters ****/
}
```

- 读者可以用 IDE 生成这些属性的 setter 和 getter 方法，这样做主要是为了减小篇幅，突出重点，也便于读者的阅读。
- 在默认情况下本书使用常用的 MySQL 数据库，如果使用其他数据库会事先说明。
- 本书采用的 Spring Boot 版本为 2.1.0，Spring Cloud 的版本为 Greenwich.RELEASE，如果需要使用别的版本会特别说明。

目标读者

阅读本书需要读者事先掌握 Java EE 基础、Spring Boot、数据库和 Redis 的相关知识。

阅读本书，读者除了可以学到通过 Spring Cloud 构建企业级微服务系统的方法，还可以学到一些常用的分布式方面的知识。因此，本书适合想要学习 Spring Cloud 微服务、分布式系统开发的各类 Java 开发人员阅读，包括初学者和开发工程师。本书对架构师也有一定的帮助。

致谢

本书的成功出版，要感谢人民邮电出版社的编辑们，没有他们的辛苦付出，就没有本书的顺利出版，尤其是杨海玲编辑，她在我的写作过程中给了我很多的建议和帮助，帮助我审阅了全稿，修正了不少错误。感谢他们付出的劳动。

感谢我的家人对我的支持和理解，当我在电脑桌前编写代码时，牺牲了很多本该好好陪伴他们的时光。

纠错、源码和课程

互联网技术博大精深，而且跨行业特别频繁，涉及特别多的技术门类，再有，技术更新较快（撰写本书时，我就遇到了这样的困难，例如 Spring Cloud 和 Spring Boot 的更新十分频繁），而且内容繁复。因个人能力有限，我只能尽力而为。但是，正如没有完美的程序一样，也没有完美的书，一切都需要完善的过程。尊敬的读者，如果您对本书有任何意见或建议，欢迎您发送邮件（ykzhen2013@163.com）与我联系，或者在我的博客上留言。

杨开振

2019 年 12 月

资源与支持

本书由异步社区出品，社区（https://www.epubit.com/）为您提供相关资源和后续服务。

配套资源

本书提供源代码免费下载。要获得源代码，请在异步社区本书页面中点击 配套资源 ，跳转到下载界面，按提示进行操作即可。注意：为保证购书读者的权益，该操作会给出相关提示，要求输入提取码进行验证。

提交勘误

作者和编辑尽最大努力来确保书中内容的准确性，但难免会存在疏漏。欢迎您将发现的问题反馈给我们，帮助我们提升图书的质量。

当您发现错误时，请登录异步社区，按书名搜索，进入本书页面，点击"提交勘误"，输入勘误信息，点击"提交"按钮即可。本书的作者和编辑会对您提交的勘误进行审核，确认并接受后，您将获赠异步社区的 100 积分。积分可用于在异步社区兑换优惠券、样书或奖品。

扫码关注本书

扫描下方二维码，您将会在异步社区微信服务号中看到本书信息及相关的服务提示。

与我们联系

我们的联系邮箱是 contact@epubit.com.cn。

如果您对本书有任何疑问或建议，请您发邮件给我们，并请在邮件标题中注明本书书名，以便我们更高效地做出反馈。

如果您有兴趣出版图书、录制教学视频，或者参与图书翻译、技术审校等工作，可以发邮件给我们；有意出版图书的作者也可以到异步社区在线投稿（直接访问 www.epubit.com/selfpublish/submission 即可）。

如果您来自学校、培训机构或企业，想批量购买本书或异步社区出版的其他图书，也可以发邮件给我们。

如果您在网上发现有针对异步社区出品图书的各种形式的盗版行为，包括对图书全部或部分内容的非授权传播，请您将怀疑有侵权行为的链接发邮件给我们。您的这一举动是对作者权益的保护，也是我们持续为您提供有价值的内容的动力之源。

关于异步社区和异步图书

"异步社区"是人民邮电出版社旗下 IT 专业图书社区，致力于出版精品 IT 技术图书和相关学习产品，为作译者提供优质出版服务。异步社区创办于 2015 年 8 月，提供大量精品 IT 技术图书和电子书，以及高品质技术文章和视频课程。更多详情请访问异步社区官网 https://www.epubit.com。

"异步图书"是由异步社区编辑团队策划出版的精品 IT 专业图书的品牌，依托于人民邮电出版社近 30 年的计算机图书出版积累和专业编辑团队，相关图书在封面上印有异步图书的 LOGO。异步图书的出版领域包括软件开发、大数据、AI、测试、前端、网络技术等。

异步社区

微信服务号

目　录

第一部分　概述和基础

第二部分　Spring Cloud 微服务

第三部分　分布式技术

第四部分 微服务系统实践

第一部分 概述和基础

本部分将讲解分布式和微服务的基础知识和理念，并且简单介绍本书需要用到的基础知识。

本部分包含以下内容：

- 分布式和微服务概述；
- 技术基础。

第 1 章

分布式和微服务概述

　　随着移动互联网的兴起以及手机和平板电脑的普及，当今时代已经从企业的管理系统时代走向了移动互联网系统的时代。自 2000 年以来，我国移动互联网获得了长足的发展，越来越多的人通过移动设备连接上了互联网。在诸多移动设备中，手机无疑是最具代表性的。图 1-1 为中国互联网络信息中心（CNNIC）在 2018 年底发布的第 43 次调查报告的数据。

图 1-1　中国手机网民增长统计分析图（由中国互联网络信息中心发布）

　　从图 1-1 中可以看出，经过近 10 年的发展，以手机上网为代表的移动互联网已经成了时代的主流。到 2018 年年末，手机网民更是占据了整体网民的 98.6%。在这一波浪潮下诞生出了许多新鲜事物，如电商、移动支付、共享汽车和共享单车，它们深刻地改变了人们的生活。

　　从图 1-1 中可以看出，2008 年到 2009 年，手机网民占整体网民的比例呈极速增长趋势；2009年到 2016 年，手机网民人数快速增长；但是 2016 年以后，手机网民人数的增长速度就渐渐慢下来了。由此可见，手机网民数量的增速已然减缓。这只是表明，以手机上网为代表的移动互联网的普及速度开始减缓，但深入移动互联网业务的时代却才刚刚开始，尤其是企业互联网化已经成为当前我国发展的一个重要方向。简而言之，现今移动互联网已经从高速的普及阶段转变为深耕阶段。

1.1　互联网系统的特征

基于我国人口众多、业务繁杂的现状，移动互联网系统也存在着特殊性。我国网站的会员数比其他国家的多得多，随之而来的必然是业务数据的增加，这就造成了热门网站面临大数据存储的问题。对于热门网站来说，在推出热门商品时，一般都会在发售之前先打广告。因此，在热门商品上线销售的刹那，往往会有大量会员抢购，这便会引发互联网系统特有的高并发现象。一般来说，网站对请求和响应的时间间隔要求在 5 秒之内，否则会导致客户等待时间过长，影响客户对网站的忠诚度，因为没人会愿意使用一个需要等待几十秒都不能响应的网站。

大数据、高并发和快响应是互联网系统的必然要求。但是在大数据和高并发的情况下，要求快响应是比较苛刻的，因为大量的数据会导致查找数据的时间变长，高并发会使互联网系统因繁忙而变慢，进而影响响应速度。

在大数据、高并发和快响应的要求下，单机系统已经不可能满足现今互联网了。为了满足互联网的苛刻要求，网站系统已经从单机系统发展为多台机器协作的系统，因而互联网系统已经从单机系统演变为多台机器的系统，我们把这种多台机器相互协作完成企业业务功能的系统，称为分布式系统。虽然与此同时，分布式系统也会引入许多新的问题，并且这些问题也很复杂，很难处理，但互联网技术经过多年的发展和积累，已经拥有了许多成功的分布式系统经验和实践，因此我们可以站在巨人的肩膀上，无须重复发明轮子。

1.2　分布式系统概述

分布式系统由一组为了完成共同任务而协调工作的计算机节点组成，它们通过网络进行通信。分布式系统能满足互联网对大数据存储、高并发和快响应的要求，采用了分而治之的思想。从实际成本来说，可以使用廉价的普通机器进行独立运算。然后通过相互协助来完成网站业务，这样就可以完成单个计算机节点无法完成的计算和存储任务了。为了让大家能够更好地了解分布式系统的好处，这里先给出一个简易的分布式架构，如图 1-2 所示。

我们先结合图 1-2 来讨论这个架构的工作原理。首先，移动端或者 PC 端会通过互联网对网站发出请求，当请求到达服务器后，网关通过合理的路由算法将请求分配到各个真实提供服务的 Web 服务器中，这样多台廉价的普通 Web 服务器就可以处理来自各方的请求了。严格来讲，这个架构也有诸多问题，但是因为这些问题相当复杂，所以本节暂且不讲，留到后面的章节再谈。这里先讨论它的几个好处。

- **高性能**：因为大量请求被合理地分摊到各个节点，使每一台 Web 服务器的压力减小，并且多个请求可以使用多台机器处理，所以能处理更多的请求和数据，性能更高。如此，便解决了互联网系统的 3 个关键问题——大数据、高并发和快响应。
- **高可用**：在单机系统中，机械故障会造成网站不可用。但在分布式系统中，如果某个节点出现故障，系统会自动发现这个故障，不再向这个节点转发请求，系统仍旧可以工作。自动避开存在故障的节点，继续对外提供服务，这就是分布式的高可用性。
- **可伸缩性**：当现有机器的性能不能满足业务的发展时，我们需要更多的机器提供服务。只要改造路由算法，就能够路由到新的机器，从而将更多的机器容纳到系统中，继续满足大数据、高并发和快响应的要求。从另一个方面来说，如果现有的机器已经大大超出所需，则可以减少机器，从而节省成本。

- **可维护性**：如果设备当中有一台机器因某种原因不能对外提供服务，如机器出现故障，此时只需要停止那些出现故障的节点，对其进行处理，然后重新上线即可。
- **灵活性**：例如，当需要更新系统时，只需要在非高峰期，停用部分节点，将这些节点更新为最新版本，然后再通过路由算法将请求路由到这些更新后的节点，最后更新那些旧版本的节点，就可以让网站在更新系统时不间断地对外提供服务了。

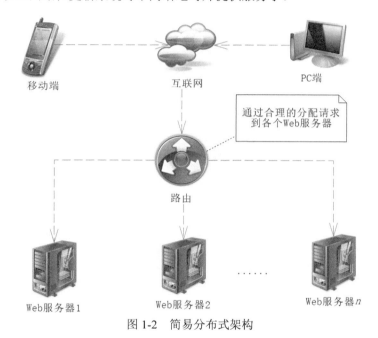

图 1-2 简易分布式架构

综上所述，分布式系统的使用，带来了许多的便利，满足了当今互联网系统的需求，成了时下的技术热点。

1.2.1 分布式的切分方法

使用分布式系统，就意味着需要将系统按照不同的维度（如业务、数据等）切分给各个不同节点的机器。因此，需要对业务或者数据进行合理切分，让多个机器节点能够相互协作，以满足业务功能的需要。在下面几节中，我们将讨论分布式常见的切分方法。但是请注意，这里只是讨论了常用的切分方法，并不是只有这些切分方法。

1. 水平切分

所谓水平切分，就是将同一个系统部署到多台机器上，如图 1-3 所示。

从图 1-3 中可以看到，单体的 Web 服务器变成了多个 Web 服务器节点，每台服务器都有相同的应用，都能独立完成计算，互不相干。这样的切分有以下几个好处。

- **简单**：只需要实现一个路由算法，将请求合理地分配到各个节点即可。目前能够快速方便地实现这个功能的网关包括 Nginx、Netflix Zuul 和 Spring Cloud Gateway 等。
- **独立**：每个节点都有完整的运算功能，不需要依赖其他节点，因此系统之间不需要太多的交互。
- **高可用**：当出现不能工作的节点时，系统仍然可以继续运行，无须停机，因为路由算法不会给不能工作的节点分配请求。
- **可伸缩**：可以随着业务的增长，增加服务节点，也可以随着业务的缩减，减少服务节点，二者都十分容易。
- **高性能**：因为都是在单机内完成，不需要做外部调用，因此可以得到很高的性能。

图 1-3   水平切分

以上就是水平切分的优势，但是这样的分法，也有很大的弊端。随着业务的发展，业务会从简单变复杂。例如，一个电商的网站，用户和业务不断膨胀，所需的产品、卖家、交易和评论业务也会日趋复杂。如果此时还将所有的业务全部集中在一套系统里开发，那么显然所有业务都会耦合到一套系统里，日后的扩展和维护会越来越困难。一方面，我们会不断地通过打包来升级系统，使得系统的稳定性和可靠性不断下降；另一方面，维护起来也不方便，例如，要升级产品业务，就需要对全部节点进行升级，而这样的升级会比较麻烦。

2. 垂直切分

如上所述，随着业务的增加和深入，以及用户数的膨胀，有时候，单一业务也会随之变得异常复杂，有必要按照业务的维度进行拆分，将各个业务独立出来，单独开发和维护。假设，我们将用户、交易和产品系统拆分出来，独立开发，就可以得到图 1-4 所示的架构。

从图 1-4 中可以看出，我们把系统按照业务维度进行了切分，这样每一个系统就都能独立开发和维护了。垂直切分有以下好处。

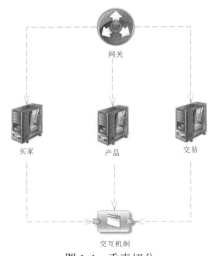

图 1-4   垂直切分

- **提高业务独立性**：只要根据业务把系统划分成高内聚、低耦合的模块，就能极大地降低开发难度。

- **提高灵活性**：任何一个业务发生改变，都只需要维护相关的系统，而无须将全部系统打包上线。
- **提高可维护性**：独立的系统更容易发现问题。因为将业务分离出去后，发生的异常情况更容易被定位了，所以开发者和业务人员维护起来更方便了。

虽然这样的划分带来了以上诸多好处，但其存在的弊端也是值得我们重视的。

- **增加了系统之间的协作**：系统之间往往需要协作完成任务，也就是说，系统之间是相互依赖的。例如，购买一件商品，需要买家系统提供买家信息，产品系统扣减产品库存，交易系统记录商品交易，这需要 3 个系统共同协作来完成。从这个角度来说，系统之间必须进行协作。现今流行的系统交互有远程过程调用（RPC）、面向服务的架构（SOA）、REST 风格请求和消息机制等。
- **降低了可用性**：因为系统之间存在依赖，所以任何一个系统出现问题，都会影响其他系统。例如，产品系统不可用，就无法扣减库存，也就无法进行购买产品的交易了。由此可见，可用性大大降低。
- **数据一致性难以保证**：因为节点之间需要通信，而网络通信往往并不可靠，所以节点之间数据的一致性难以保证。只能通过某些方法尽量减少不一致性。

3. 混合切分

上文我们讨论了水平切分和垂直切分，也讨论了它们的利弊。本节的混合切分是将水平切分和垂直切分结合起来的一种切分方法。现今微服务架构大部分采用了这种分法，因此这也是本章的重点内容之一。先看一下图 1-5。

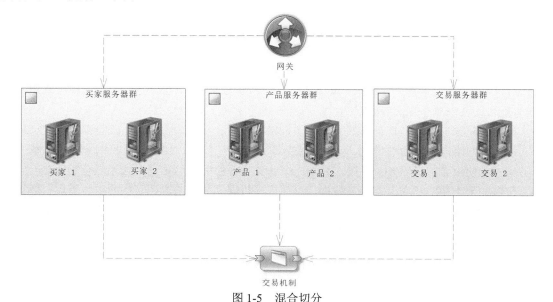

图 1-5　混合切分

在图 1-5 中，先是把系统按照业务维度切分到不同的服务器群里。然后，又对其中一种业务系统进行了水平切分，使得这种业务系统可以在多个节点中运行。最后，系统之间采用了交互机制进行协作。

通过其中的垂直切分，我们能够将业务分隔为独立的系统。这样就不会形成大耦合，有利于灵活的管理和简化后续的开发。而对每一个独立的业务系统又采用了水平切分，即使某个节点因为某种原因不可用，也有其他业务系统节点可以代替它。这样系统就可以变为高可用的了。这样的划分依旧不能克服系统之间大量交互和难以维护的数据一致性的问题，同时，切分节点比较多也会使实施分布式系统的硬件成本提高。实际上，无论何种划分，都不可能使得分布式系统只有优点，没有缺点。相对于耦合性和缺乏灵活性来说，大量交互和数据一致性的问题则更容易处理，因此混合划分渐渐成为主流划分方式。

1.2.2　分布式系统所面临的问题

前面我们简单地对分布式系统的架构进行了分析。实际上，对系统进行切分后会造成很多问题。例如，会让许多初学者陷入误区，以为只要按上述架构进行设计就可以了。然而，在非单机节点的情况下，分布式系统只能通过网络来完成协作，它存在许多不确定性。

早在 1994 年，Peter Deutsch 就提出了分布式计算的七大谬论，后来被 James Gosling（Java 之父）等人完善为八大谬论。

- 网络是可靠的。（The network is reliable.）
- 网络是没有延迟的。（Latency is zero.）
- 带宽是无限的。（Bandwidth is infinite.）
- 网络是安全的。（The network is secure.）
- 网络拓扑不会改变。（Topology doesn't change.）
- 肯定至少有一个（在值班的）管理员。（There is one administrator.）
- 传输开销为零。（Transport cost is zero.）
- 网络是同质的。（The network is homogeneous.）

从这八大谬论可以看出，网络的不可靠性（如丢包、延时等）、拓扑结构的差异和传输速率大小等因素对分布式系统都存在很多的限制，我们再归结为下面 3 点。

- **异构的机器与网络**：在分布式系统中，机器的配置、架构、性能、系统等都是不一样的。在不同的网络之间，通信带宽、延时、丢包率也是不一样的。那么在多机的分布式系统中，如何才能让所有的机器齐头并进，为同一个业务目标服务，这是一个相当复杂的问题。
- **普遍的节点故障**：在分布式系统中，存在很多机器因为某些原因（如断电、磁盘损坏等）不能继续工作。分布式系统怎么去发现它们，并且自动将它们剔除出去，将请求分配到能够正常工作的节点，以保证系统能够持续提供服务，这也是需要面对的问题。
- **不可靠的网络和机器**：多机器之间的交互是通过网络进行的，而网络传输必然发生分隔、延时、乱序、丢包等问题。机器也会因为请求量的增加而降低处理能力。例如，我们回到图 1-5 中，买家购买的商品会从产品系统中的库存扣减，但此时因为丢包导致交易系统没有记录此次交易，这样就会出现扣减了商品库存而交易却没有被记录的严重错误。又如，产品页面被用户过多地打开，导致产品机器都在满负荷工作，此时买家在购买商品时，产品机器会响应缓慢，甚至导致购买请求超时。这些都会影响买家对网站的忠诚度。

此处可以简单地总结为：因为网络和机器的众多不确定性，注定了分布式的难点在于，如何让多个节点之间保持一致性，服务于企业实际业务。因为数据一致性是分布式的核心问题之一，所以下面举两个执行交易的实例进行说明，如表 1-1 和表 1-2 所示。

表 1-1　不一致数据情况（一）

时刻	业务 1	业务 2	备注
T1	请求购买 3 个产品		
T2		请求购买 5 个产品	
T3	读取的产品库存为 6		
T4		读取的产品库存为 6	
T5	减库存，此时库存为 3		此时业务 2 依旧会认为产品库存为 6
T6	记录交易成功		业务 1 已经成功
T7		减库存，此时库存为-2	业务错误，已经超发
T8		记录交易成功	实际已经没有库存了

表 1-2　不一致数据情况（二）

时刻	业务	备注
T1	请求购买 3 个产品	
T2	读取的产品库存为 10	
T3	减库存，此时库存为 7	此时业务正常扣减了库存
T4	记录交易异常	此时库存扣减成功而交易记录却失败了，业务错误

注意，这里并不是讨论线程并发的问题，因为这里的产品和交易是在不同的机器节点上运行的。表 1-1 中，当时刻为 T5 时，尽管业务 1 做了减库存，但是此时业务 2 并不知晓业务 1 减库存的情况，它依旧认为产品库存为 6，认为可以继续扣减业务请求的 5 个产品，但实际情况已经不是它认为的那样了。这是一种情况，那么这里再举另外一种情况，如表 1-2 所示。

表 1-2 看似是数据库事务回滚的简单问题，实际上并不是。正如之前论述的那样，产品和交易是两个不同的机器节点。换句话说，T3 时刻是产品节点提供操作，而到了 T4 时刻则是交易节点提供操作。因为它们不是在同一个事务内进行操作的，所以不能通过一个简单的事务进行处理。因此，需要通过分布式事务或者其他方式提供保证。

正因为分布式存在数据或者业务操作大量的不一致性，因此需要协议或者相应手段来保证其数据的一致性。但引入过多的协议来保证数据一致性，会使系统性能大幅下降，影响用户体验。因此，除了考虑数据的一致性问题，还需要考虑系统的性能问题，这是分布式系统的难点问题，也是核心问题之一。

1.2.3　分布式的衡量标准

既然分布式存在那么多的问题需要解决，那么应该如何衡量一个分布式系统的标准呢？

在 Andrew S. Tanenbaum 创作的《分布式系统：原理与范例》中，指出了以下几点。

- **透明性**：所谓透明性，就是指一个分布式系统对外来说如同一个单机系统，使用者不需要知道其内部的实现，只需要知道其参数、功能和返回结果即可。

- **可伸缩性**：当分布式系统的全部现有节点都无法满足业务膨胀的需求时，可以根据需要加入新的节点来应对业务数据的增加。当业务缩减时，又可以根据需要减少节点来达到节省资源的效果。
- **可用性**：一般来说，分布式系统可全天候不间断地提供服务，即使在出现故障的情况下，也尽可能对外提供服务。因而，可以通过正常服务时间和不可用时间的比值来衡量其可用性。
- **可靠性**：可靠性，主要是针对数据来说的，数据要计算正确且不丢失地存储。
- **高性能**：因为有多个节点分摊请求，所以能更快地处理请求。再加上每一个节点都可以高性能地处理请求，所以分布式系统的性能比单机性能高得多。
- **一致性**：因为分布式系统采用了多个节点，所以在一个业务处理中，需要多台机器协作处理数据。然而，网络延迟、丢包、不稳定性或者协作时序错乱，会造成数据的不一致或者丢失。对于一些重要的数据，如账户金额和产品库存等参数，是不允许发生错误和丢失的，所以如何保证数据的一致性和防止丢失是分布式系统的一个重要的衡量标准。

1.3 分布式系统的设计原则

鉴于分布式系统的复杂性，一些专家和学者提出了不同的理论，其中最著名、最有影响力的当属 CAP 原则和 BASE 理论。

1.3.1 CAP 原则

分布式系统有许多优点和缺点，其主要特点是一致性、可用性和分区容忍。它们的具体含义如下。

- **一致性**（consistency）：保持所有节点在同一个时刻具有相同的、逻辑一致的数据。
- **可用性**（availability）：保证每个请求不管成功还是失败都有响应。
- **分区容忍性**（partition tolerance）：系统中任何的信息丢失或者失败都不会影响系统的继续运作。

针对这 3 个特点，Eric Brewer 教授在 2000 年提出了 CAP 原则，也称为 CAP 定理。该原则指出，任何分布式系统都不能同时满足 3 个特点，如图 1-6 所示。

根据 CAP 原则，从图 1-6 中可以看出分布式系统只能满足 3 种情况。

- **CA**：满足一致性和可用性的系统。在可扩展性上难有建树。
- **CP**：满足一致性和分区容忍性的系统。通常性能不是特别高。
- **AP**：满足可用性和分区容忍性的系统。通常对一致性要求低一些，但性能会比较高。

也就是说，任何的分布式系统都只能较好地完成其中的两个指标，无法完成 3 个指标。

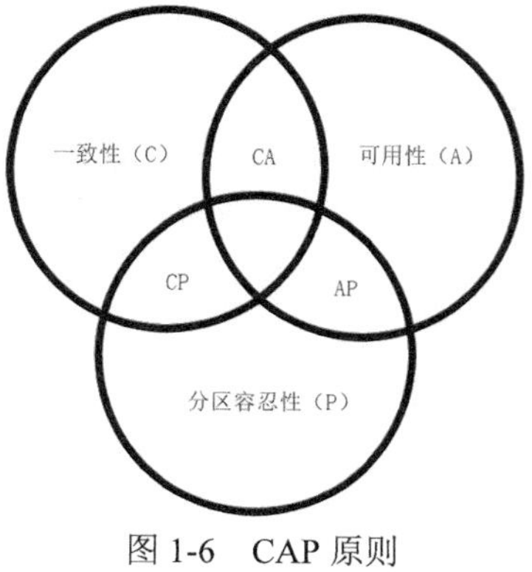

图 1-6 CAP 原则

在当今互联网中，保持可用性往往是第一位的，其次是性能。因为从客户的感知来说，可用和快速响应能够提供更好的体验。一致性可以通过其他手段来保证，本书后面会给出具体的方法。

微服务主要追求可用性和分区容忍性（AP），轻一致性（C）。

1.3.2　BASE 理论

在现实的业务中，金额和商品的库存数据是企业生产的核心数据，在分布式系统中保证这些数据的一致性，是分布式系统的核心任务之一。在不同的线程和机器之间保持数据的一致性是十分困难的，需要使用很多协议才能保证。在保证一致性的同时，也会给系统带来复杂性和性能的丢失。在 BASE 理论中，一致性又分为强一致性和弱一致性。需要注意的是，CAP 原则中的一致性是指强一致性。这里，我们先来了解什么是强一致性和弱一致性。

- **强一致性**：当用户完成数据更新操作之后，任何后续线程或者其他节点都能访问到最新值。这样的设计是最友好的，即用户上一次的操作，下一次都能读到。但根据 CAP 原则，这种实现需要对性能做出较大的牺牲。
- **弱一致性**：当用户完成数据更新操作之后，并不能保证后续线程或者其他节点马上访问到最新值。它只能通过某种方法来保证最后的一致性。

BASE 理论是 eBay 的架构师 Dan Pritchett 在 ACM 上发表的文章中正式提出来的，是对大型分布式系统的实践总结。

BASE 理论的核心思想是：即使分布式系统无法做到强一致性，也可以采用适当的方法达到最终一致性。

BASE 并非一个英文单词，而是几个英文单词的简写。

- **BA（Basically Available，基本可用）**：在分布式系统中，最重要的需求是保证基本可用，有响应结果返回。例如，在"双十一抢购"的苛刻环境下，用户到电商处进行抢购。即使抢购失败，系统也会提示"系统繁忙，请过会儿再来"。我们分析一下这样的场景。用户是来购买商品的，而在抢购的环境下可能因为资源瓶颈，无法完成。为了避免用户长时间等待，系统会提示用户过会儿再来。这里的提示信息不需要消耗太多的系统资源，因而这样的场景就是典型的降级服务。虽然没有完成客户需要的抢购，但是却给了用户明确的信息，避免了用户长时间等待的情况，这样会给用户带来良好的体验。
- **S（Soft State，软状态）**：其意义在于允许系统存在中间状态。一般来说，系统之间的数据通信都会存有副本，而这些副本都会存在一定的延迟。这时推荐使用弱一致性代替强一致性。这样的好处在于，提高系统的可用和性能。在网站用户的体验中，快速显示结果往往比一致性更为重要，因为没人愿意使用一个几十秒都不能响应的网站。
- **E（Eventual Consistency，最终一致性）**：是指系统中的所有数据副本经过一定时间后，最终能够达到一致的状态，以保证数据的正确性。

BASE 理论的应用场景是大型分布式系统，它的核心内容是放弃强一致性，保证系统的可用性。因为分布式系统自身的融合和扩展就相当复杂，如果需要保证强一致性就需要额外引入许多复杂的协议，这会导致技术的复杂化，同时对性能也有影响。BASE 理论则建议让数据在一段时间内不一致，从而降低技术实现的复杂性，并提高系统的性能，最后再通过某种手段使得数据达成最终一致即可。

1.4 微服务架构

因为分布式非常复杂，所以一直以来都没有权威的架构和设计，更多的只是前人的积累和实践。前人总结出了许多有用的理念，积累了许多经验，开发了很多实施分布式的软件。近几年来，最热门的分布式架构非微服务架构莫属。它是由美国科学家 Eric Brewer 在其博客上发表的概念。微服务是当前分布式开发的热点内容，也是本书的核心内容。下面先来了解什么是微服务架构。

1.4.1 概述

在讲解微服务架构前，我们需要先了解单体系统的概念和弊端。

一个单体应用，一般分为用户接口（包含移动端和网页端）、服务端应用（类似 Java、PHP 等动态网站服务器）和数据源（数据库和 NoSQL 等）。因为它是一个整体，所以如果当中某个业务模块发生了变化或者出现了 bug，就需要整体重新构建和部署。随着时间的累积，各个业务模块很难保持很好的模块化结构，很容易有一个业务模块影响别的业务模块的情况。从可扩展的角度来说，扩展任何业务模块都需要扩展整个单体服务，而不能部分扩展。从部署和维护的角度来说，任何的扩展和修正都需要重新升级所有的服务，做不到部署和维护单个模块。从业务的角度来说，随着业务的复杂化，系统模块之间的耦合也会日趋严重。

事实上，微服务架构只是将一个单体应用程序拆分为多个相对独立的服务，每一个服务拥有独立的进程和数据，每一个服务都是以轻量级的通信机制进行交互的，一般为 HTTP API（现今最流行的是 REST 风格）。一般来说，这些服务都是围绕着业务模块来建设的，是独立的产品，因此完全可以独立地自动化部署和维护，这样更加有利于我们进行更小粒度的开发、维护和部署。这些服务可以由不同的语言编写，采用不同的数据存储，最低限度地集中管理。

微服务是一个模糊的概念，而不是一个标准，没有明确的定义。但微服务存在一定的风格，只要系统架构满足一定的风格，就可以被称为微服务架构。接下来，我们来了解一下微服务的风格。

1.4.2 微服务的风格

为了更好地实现微服务的风格，Eric Brewer 提出了微服务架构的九个风格。也就是说，对于满足以下九种风格的系统架构，我们都可以称之为微服务。

1. 组件化和服务

这里，首先明确定义组件化（componentization）和服务（service）的含义。把一个单体系统拆分为一个个可以单独维护和升级的软件单元，每一个单元就称为组件。每一个组件能够运行在自己独立的进程里，可以调用自己内部的函数（或方法）来完成自身独立的业务功能。但是更多的时候组件之间需要相互协作才能完成业务，这些就需要通过服务来完成了。这里的服务是指进程外的组件，它允许我们调用其他的组件，服务一般会以明确的通信机制提供，如 HTTP 协议、Web Service 或者远程过程调用（RPC）等。

这样的组件化和服务有助于简化系统的开发，我们可以单独维护和升级。其次，在开发人员明确了组件的含义之后，只需要开发自己的组件，无须处理其他人的组件。在他人的组件需要调用我们开发的组件功能时，我们只需要提供编写服务即可。服务只需要明确以什么协议（如 HTTP 协议）

和规范进行提供即可，这样各个组件之间的交互就相对简单和明确了。

这显然带来了开发和维护的便利，但是也会引来其他的问题。首先，如何将一个单体系统拆分为各个组件，这是一个边界界定的问题。其次，在使用通信机制进行交互的情况下，性能远没有在单机内存的进程中运行高。

2. 围绕业务功能组织团队

上文谈过单体应用包含用户界面、服务逻辑和数据源等内容。如果对团队进行划分，可以分为前端团队、后端团队、数据库团队和运维团队等。如果以这样的团队划分作为微服务的划分，会出现比较大的问题。因为一个改动往往会同时牵涉到前端、后端和运维团队，所以即使是很小的业务改动，也会牵涉跨团队的协作。而跨团队的协作必然会引发沟通成本，严重时甚至会出现内耗，这会极大地增加系统的维护成本。为了避免这个问题，微服务架构建议按业务模块来划分团队。这样，每次修改系统的工作，就只需要在相关的业务团队之间进行了，不需要牵涉全局。如此，牵涉的团队最少，也减少了不必要的沟通和内耗。

3. 是产品而不是项目

传统的软件开发组织一开始会按业务模块进行划分，然后进行开发。一旦开发完成，将软件交付给维护部门，开发团队就解散了。而微服务则认为，这样的模式是不可取的，并且认为开发团队应该维护整个产品的生命周期，也就是谁开发谁负责后续的改进。因为微服务是帮助用户持续处理业务功能的，所以开发者持续关注软件，不断地改善软件，让软件更好地服务于业务，而且越小的粒度也越容易促进用户和服务供应商之间的关系。

4. 强化终端及弱化通道

微服务的应用致力松耦合和高内聚，也就是业务模块的划分具有高内聚的特点，而各个业务组件则呈现出松耦合的特点。但是系统拆分后，需要各个组件相互协助才能完成业务，因此组件之间需要相互通信，为此开发者需要引入各种各样的通信协议。通信协议分很多种，如 HTTP、Web Service 和 RPC 等。在微服务的构建中，建议弱化通信协议的复杂性，因此推荐使用以下两种。

- 包含资源 API 的 HTTP 的请求-响应和轻量级消息通信协议，尤其是现在流行的 REST 风格。
- 用轻量级消息总线来发布消息，如 RabbitMQ 或者 ZeroMQ 等，可以提供可靠消息的中间件。

在一些非常强调性能的网站，也许还会使用二进制来传递协议，但是这仍然不能解决分布式的丢包和请求丢失等问题。微服务推荐使用的两种方式，虽然在性能和可靠性上比不上其他的一些协议，但是在可读性上却大大提高了。也许绝大部分的系统并不需要在两者之间做出选择，因为能获得可读性的便利就已经很不错了。毕竟引入那些性能高或者可靠的协议会大大降低可读性，并且在很大程度上会提高系统的开发和日后维护的难度。

5. 分散治理

和单体系统构建不一样，微服务架构允许我们分散治理。微服务架构的每一个组件所面对的业务焦点都是不一样的，因此在选型上有很大的差异。例如，C++ 适合做那些实时高效的组件，Node.js 适合做报表组件，而 Matlab 则适合做数字图像分析。不同的业务组件也许需要不同的语言进行开发，而微服务架构允许我们使用各类语言构建组件，各组件之间只需要约定好服务接口即可。微服务架构没有编程语言的限制，不同的业务组件可以根据自己的需要来选择构建平台。

分散治理带来了很大的灵活性。与此同时，我们只需要通过接口约定即可实现组件之间的相互通信。例如，使用现在流行的 HTTP 请求的 REST 风格，就能够使系统之间十分简单地交互。

6. 分散数据管理

单体系统拆分后，微服务架构建议使用分散的数据管理，也就是每一个组件都应该拥有自己的数据源，包括数据库和 NoSQL 等。这样，我们就可以按照微服务组件划分的规则，划分对应的数据。这有助于更为精确地管理数据，可以使数据存储更加合理，同时还可以简化数据模型。

但是，分散数据管理也会引发两个弊端。

第一个弊端是，因为数据库的拆分会导致原有的 ACID 特性不复存在，所以需要实现分布式数据库事务的一致性。为了实现它，还需要引入其他协议，如 XA 协议等。然而，这会使开发变得十分复杂，大大提高开发难度。所以微服务并不建议使用分布式事务来处理数据的一致性，而是建议使用最终一致性的原理。在第 15 章中，我们会再谈到这些问题。

第二个弊端是，拆分之后关联计算会十分复杂。例如，交易组件要查看产品详情的时候，而产品详情却放在产品组件里，如果是在统计分析的情况下，则无法进行数据库的表关联计算，需要大量的远程过程调用才行，这样会造成性能低下，但是从现实来说在分布式系统中使用统计分析的场景较少，所以这样的场景出现频率较低。需要统计分析时，可以抽取数据到对应的系统再进行统计分析，毕竟统计分析一般不需要实时数据。

7. 基础设施自动化

因为微服务是将一个单体系统拆分为多个组件，所以势必造成多个组件的测试和部署，这样就会大大增加测试人员和开发人员的工作量。在业务不断扩大的情况下，这些将会成为测试和运维人员的噩梦。好在当前的云计算、测试开发、容器（如 Docker）等技术已经有了长足发展，减少了微服务的测试、构建和发布的复杂性。

正如之前所提到的，实施微服务是对每一个组件都是以产品的态度不断深化改造以满足用户需求，所以每次进行改造之时必然会涉及构建、测试和发布。对于自动化测试，当前已有许多语言可用，如 Node.js、Python 等语言，都可以构建测试开发，验证测试案例。这是部署之前需要做的事情，可以降低测试人员的工作量。对于部署来说，借助容器化技术（如 Docker）进行构建、部署微服务，可以极大地简化部署人员重复的操作和多环境的配置。

8. 容错性设计

使用服务作为组件的一个结果，在于应用需要有能容忍服务的故障的设计。一般来说会出现两种情况。

第一种情况是，任何服务器都可能出现故障、断电和宕机。在这样的情况下，微服务架构应当可以给出仪表盘，监控每一个节点的状态是否正常、吞吐情况、内存等。一旦出现故障不可用时，微服务系统自动就会切断转发给它的请求，给出故障节点的提示，并且将被切断的请求转发给其他可用节点。微服务系统也允许监测组件节点的状态（上线、下线或不可用），在某些组件节点出现故障、断点和宕机时，系统允许组件节点优雅下线进行维护。在企业维护成功后，允许其重新上线，再次提供服务。

第二种情况是，当系统接收大量请求时，可能出现某个组件响应变得缓慢的情况。此时，如果其他的组件再调用该组件，就需要等待大量的时间。这样，其他的组件也会因为等待超时而引发自身组件不可用，继而出现服务器雪崩的场景。当一个组件变得响应缓慢，造成大量超时，如果微服务能够发现它，并且通过一些手段将其隔离出去，这种情况就不会蔓延到调用者了。这就好比电流突然增大，可能会发生危险，保险丝便自动熔断保护用电安全一样。因此，我们把这种情况称为**断路**，把微服务中处理这种情况的组件称为**断路器**（Circuit Breaker）。

9. 设计改进

从上述的特征来看，实施微服务比实施一个单体系统复杂得多，代价也大得多。从实践的角度来说，微服务的设计是循序渐进的，在起初业务量不大的时候，系统是相对简单的，业务也是相对单一的。早期的核心架构在后期不会发生很大的变化，但系统会引入新的业务，使得一些内容发生变化，有些组件会被停用，有些组件会被加入进来。例如，用户数量不断增大且构成变得更复杂，这个时候可以把现有的用户服务拆分为高级用户服务和普通用户服务两个微服务产品，对外提供服务。经过时间的推移，那些核心架构的组件往往就会相对稳定下来，从而成为微服务的核心。而那些需要经常变化的组件，则需要不断地进行维护和改进，来满足业务的发展需要。

1.4.3 微服务和分布式系统的关系

应该说，微服务是分布式系统设计和架构的理念之一。但是从微服务的风格来看，它并不是为了克服所有的分布式系统的缺陷而设计的，而是为了追求更高的可读性、可用性和简易性。但与此同时，也弱化了其一致性，正如这句老话——"两害相较取其轻者"。

所以，微服务并不能解决所有的分布式系统的问题，它只是寻求一个平衡点，让架构师能够更为简单、容易地构建分布式系统。但微服务并非金科玉律，对于一些特殊的分布式需求，还需要我们使用其他的方法来得以实现，正如方法是死的，而人是活的，需要实事求是地解决问题。

1.5 Spring Cloud

如上所述，实现微服务需要大量的软件，而这些软件是十分复杂的。应该说，大部分的企业，包括一些大企业，都无力支持这些软件的开发。但是我们并不沮丧，因为我们可以"站在巨人的肩膀上"，无论是国内还是国外，都为分布式系统做了大量的尝试，积累了丰富的成果。例如，下面的工具是我们常常在构建分布式系统中见到的。

- 服务治理：阿里巴巴的 Dubbo、Netflix 的 Eureka、Apache 的 Consul 等。
- 分布式配置管理：阿里巴巴的 Diamond、百度的 Disconf、Netflix 的 Archaius 等。
- API 网关：俄罗斯程序员 Igor Sysoev 开发的 Nginx、Netflix 的 Zuul、Spring Cloud 的 Gateway 等。

目前，国内最流行的是阿里巴巴的 Dubbo，它已经在很多互联网企业广泛使用。但无论如何，这些软件都是某些公司为了解决各自某些问题而开发出来并将其开源的。严格来说，它们并不是一套完整的解决方案。而在国外，Spring Cloud 大行其道。Spring Cloud 是由 Pivotal 团队开发的，它没有重复造轮子，而是通过考察各家开源的分布式服务框架，把经得起考验的技术整合起来，形成了现在的 Spring Cloud 的组件。Spring Cloud 就是通过这种方式构建了一个较为完整的企业级实施微服务的方案。更令人振奋的是，Pivotal 团队将这些分布式框架通过 Spring Boot 进行了封装，屏蔽了那些晦涩难懂的细节，给开发者提供了一套简单易懂、易部署和易维护的分布式系统开发工具包。在引入国内之后，Spring Cloud 渐渐成了构建微服务系统的主要方案，成为市场的主流。当然，这也是本书需要深入讨论的核心内容之一。

通过上述介绍，大家可以知道，Spring Boot 是构建 Spring Cloud 微服务的基石，所以它是阅读本书的基础。但本书只是简单介绍 Spring Boot 的知识，如果读者想要进一步深入，还需自行学习。

1.5.1 Spring Cloud 的各个组件的简介

为了构建微服务架构，Spring Cloud 容纳了很多分布式开发的组件。

- **Spring Cloud Config**：配置管理，允许被集中化放到远程服务器中。目前支持本地存储、Git 和 SVN 等。
- **Spring Cloud Bus**：分布式事件、消息总线、用于集群（如配置发生变化）中传播事件状态，可以与 Spring Cloud Config 联合实现热部署。
- **Netflix Eureka**：服务治理中心，它提供微服务的治理，包括微服务的注册和发现，是 Spring Cloud 的核心组件。
- **Netflix Hystrix**：断路器，在某个组件因为某些原因无法响应或者响应超时之际进行熔断，以避免其他微服务调用该组件造成大量线程积压。它提供了更为强大的容错能力。
- **Netflix Zuul**：API 网关，它可以拦截 Spring Cloud 的请求，提供动态路由功能。它还可以限流，保护微服务持续可用，还可以通过过滤器提供验证安全。
- **Spring Cloud Security**：它是基于 Spring Security 的，可以给微服务提供安全控制。
- **Spring Cloud Sleuth**：它是一个日志收集工具包，可以提供分布式追踪的功能。它封装了 Dapper 和 log-based 追踪以及 Zipkin 和 HTrace 操作。
- **Spring Cloud Stream**：分布式数据流操作，它封装了关于 Redis、RabbitMQ、Kafka 等数据流的开发工具。
- **Netflix Ribbon**：提供客户端的负载均衡。它提供了多种负载均衡的方案，我们可以根据自己的需要选择某种方案。它还可以配合服务发现和断路器使用。
- **Netflix Turbine**：Turbine 是聚合服务器发送事件流数据的工具，用来监控集群下 Hystrix 的 metrics 情况。
- **OpenFeign**：它是一个声明式的调用方案，可以屏蔽 REST 风格的代码调用，而采用接口声明方式调用，这样就可以有效减少不必要的代码，进而提高代码的可读性。
- **Spring Cloud Task**：微服务的任务计划管理和任务调度方案。
- ……

通过上述组件描述可以相对容易地构建微服务系统。只是本书不会介绍所有的组件，而是根据需要介绍最常用的组件，这些将是后续章节的重点内容。当前，Spring Cloud 以 Netflix 公司的各套开源组件作为主要组件，通过 Spring Boot 的封装，给开发者提供了简单易用的组件。但由于 Netflix 的断路器 Hystrix 已经宣布进入维护阶段，不再开发新的功能，因此，Spring Cloud 即将把 Resilience4j 作为新的熔断器加入进来。本书会对 Resilience4j 进行详细的讲解，以适应未来的需要。Spring Cloud 的未来趋势是去 Netflix 组件，因为需要大幅度地更新组件，所以周期较长。但是，即使更替新的组件，其设计思想也是大同小异的，正如这句老话——"换汤不换药"，所以我们还是会讲解 Netflix 组件。

1.5.2 Spring Cloud 版本说明

因为 Spring Cloud 融入了大量的其他企业的开源组件，所以这些组件的版本往往并不一致，不同的组件由不同的公司进行维护。为了统一版本号，Pivotal 团队决定使用伦敦地铁站点名称作为版本名。首先是将这些站点名称进行罗列，然后按顺序使用。Spring Cloud 发布的版本历史（截至本书编写时）如表 1-3 所示。

表 1-3　Spring Cloud 版本更替史

Cloud 代号	Boot 版本（正式发布版本）	Boot 版本（已经测试版本）	当前状态
Angle	1.2.x	不兼容 1.3	终止
Brixton	1.3.x	1.4.x	终止
Camden	1.4.x	1.5.x	启用
Dalston	1.5.x	不支持 2.x	启用
Edgware	1.5.x	不支持 2.x	启用
Finchley	2.x	不支持 1.5.x	启用
Greenwich	2.1.x	不支持 1.5.x	启用

在编写本书时，版本已更替到了 Greenwich.SR2，其中，Greenwich 是伦敦的一个地铁站名，SR2 代表的意思是 "Service Releases 2"，这里的 2 代表的是第 2 个 Release 版本，它代表着 Pivotal 团队在发布 Greenwich 版本后，进行修正的第二个版本。

由于 Spring Boot 已经发展到了 2.1.x 版本，Spring Cloud 也发布到了 Greenwich 版本，因此本书是基于 Spring Boot 2.1.0 和 Greenwich.RELEASE 进行讲解的。

1.6　微服务系统样例简介

为了更好地讲述 Spring Cloud 微服务和分布式系统的知识，这里我们来模拟微服务系统。当今互联网的世界中，互联网金融是一个很大的课题，所以这里采用互联网金融的例子来讲解微服务系统和分布式应用的知识。

假设，有一家互联网金融公司主营互联网金融借贷业务。它先收集借款人信息，再根据借款人的资金需要生成理财产品。然后，通过理财产品约定利息、时间、还款方式等内容后，发送到公司的互联网平台。最终用户就可以在该公司互联网平台上看到这些理财产品了。那些拥有闲置资金的用户就可以购买这些理财产品，从而获得较高的利息收益。其业务如图 1-7 所示。

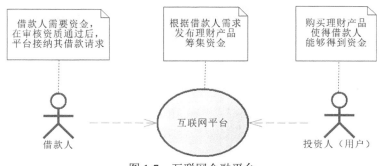

图 1-7　互联网金融平台

为了使业务能够进行，这里先做业务分析，此为开发系统的第一步。

这里需要管理和审核借款人，公司信贷审核人员将审核借款人的身份、信用、资质和财产等情况，以保证不发生金融诈骗，因此我们需要一个借款人微服务。

而投资人是平台的用户，因为大额投资和经常投资的用户应该要被给予更多的优惠，所以投资人也会根据具体的情况分成不同的等级。为了更好地管理，需要一个用户微服务。

平台会根据借款人的资金需要来生成对应的理财产品，理财产品分为定期和活期。用户购买产品的交易记录也会记录在内。这里需要一个理财产品微服务。

因为涉及金钱，所以这里需要一个资金微服务，帮助投资人和借款人管理自己资金。投资人可以将自己银行卡上的闲置资金转入系统来购买理财产品，而平台也会根据借款人的资金需要将资金转到借款人账户。

平台也许还会和第三方合作，让第三方介绍投资人或者借款人，或者进行广告等，因此还需要一个第三方微服务……

不过也许并不需要考虑那么多的微服务，因为大部分情况是类似的，而且全部考虑也会太复杂。因此，本书只讨论用户（投资人）、理财产品和资金微服务，如图 1-8 所示。

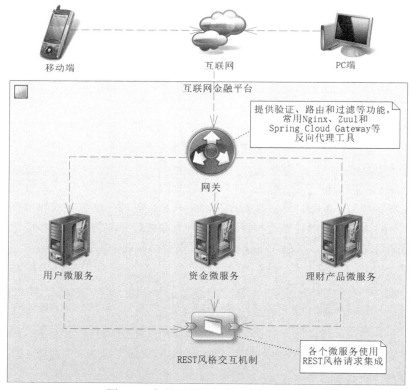

图 1-8　本书互联网金融平台粗略架构

从图 1-8 中可以看到，请求会先到网关，网关会拦截请求，进行验证、路由和过滤。这样做可以保护微服务，避免一些恶意的攻击，同时还可以限制通过的流量，避免过大的请求量压垮系统。各个微服务则提供实际的业务功能，对于微服务之间需要交互才能共同完成相关的业务，按照微服务的建议进行集成，这里采用 REST 风格的请求进行集成。

第 2 章

技术基础

为了更好地介绍 Spring Cloud，这里稍微介绍一下 Spring Boot 和 HTTP 的 REST 风格。因为 Spring Cloud 是以 Spring Boot 作为基石的，而各个服务系统又是通过 REST 风格的请求集成在一起的，所以学习它们将有助于我们深入学习 Spring Cloud。当然，如果你已经对它们很熟悉了，也可以跳过本章，直接学习第 3 章的内容。

2.1　Spring Boot

从第 1 章可以看出，Spring Cloud 的组件是通过 Spring Boot 的方式进行封装的，所以这里先简单地介绍一下 Spring Boot 的应用。Spring Boot 是由 Pivotal 团队提供的全新框架，它采用约定优于配置的思想，极大简化了 Spring 项目的开发。它是当前最为流行的微服务开发框架，在企业的实际开发中，越来越受欢迎，使用率也稳步上升。

2.1.1　创建 Spring Boot 工程

本书的开发环境是 IntelliJ IDEA。

下面来创建 Spring Boot 工程。如果使用的是 Eclipse，可以通过 STS 插件来完成，其步骤也是相似的。

首先让我们新建一个工程，如图 2-1 所示。

这里选择 "Spring Initializr"，然后点击选择适当的 JDK，再点击 "Next"，就可以看到如图 2-2 所示的界面。

此处我们可以根据需要配置自己的工程信息。这里的 "Type" 可以选择 Maven 或者 Gradle 工程。当今企业主要使用 Maven，所以本书也采用 Maven 来介绍。如果使用的是 Gradle，也没有问题，其使用方式和 Maven 差别不大，这里就不介绍了。这里的 "Packaging" 选择 "War"，这意味着可以使用 JSP 作为视图，如果不需要使用 JSP，也可以选择 "Jar"。然后点击 "Next"，就可以看到如图 2-3

所示的界面了。

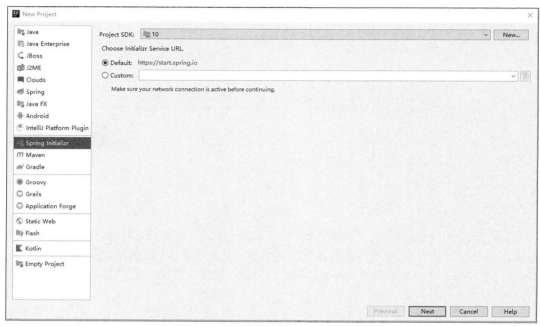

图 2-1 用 IDEA 新建一个 Spring Boot 工程

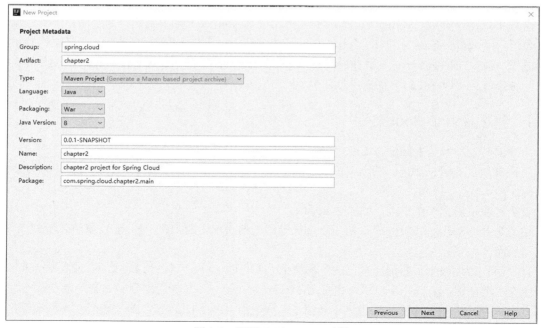

图 2-2 配置 Spring Boot 工程

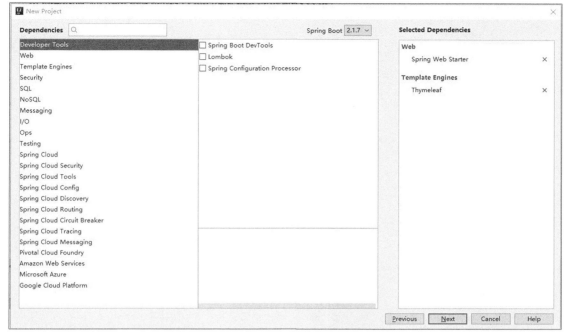

图 2-3　选择 Spring Boot 依赖

从图 2-3 中可以看到，IDEA 提供了很多可以依赖的 starter 包。这里，我只选择了 Spring Web Starter
和 Thymeleaf，意为开发一个关于 Spring MVC 的工程。其
中"Template Engines"使用了 Thymeleaf 模板引擎。然后
就可以点击"Next"了。跟着输入自己的工程名称，选
择工程目录，就可以新建一个 Spring Boot 工程了。

2.1.2　Spring Boot 开发简介

在上一节中，我们新建了一个 Spring Boot 工程。下
面来查看它的目录，了解目录和相关文件的作用，如
图 2-4 所示。

从图 2-4 中可以看到 pom.xml 文件，它是 Maven 的
配置文件。因为我们介绍的 Spring Boot 版本是
2.1.0.RELEASE，而通过 IDEA 创建的是 2.1.7.RELEASE，
所以需要手工把版本修改为 2.1.0.RELEASE。修改后的
pom.xml 如代码清单 2-1 所示。

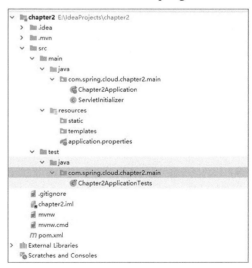

图 2-4　Spring Boot 工程目录

代码清单 2-1　pom.xml（Chapter2 工程）

```xml
<?xml version="1.0" encoding="UTF-8"?>
<project xmlns="http://maven.apache.org/POM/4.0.0"
        xmlns:xsi="http://www.w3.org/2001/XMLSchema-instance"
        xsi:schemaLocation="http://maven.apache.org/POM/4.0.0
```

```
        http://maven.apache.org/xsd/maven-4.0.0.xsd">
    <!-- 项目信息配置 -->
    <modelVersion>4.0.0</modelVersion>
    <groupId>spring.cloud</groupId>
    <artifactId>chapter2</artifactId>
    <version>0.0.1-SNAPSHOT</version>
    <!--打包为 war 包-->
    <packaging>war</packaging>
    <name>chapter2</name>
    <description>chapter2 for Spring Cloud</description>
    <parent>
        <groupId>org.springframework.boot</groupId>
        <artifactId>spring-boot-starter-parent</artifactId>
        <version>2.1.0.RELEASE</version>
        <relativePath/> <!-- lookup parent from repository -->
    </parent>
     <!--属性配置-->
    <properties>
        <project.build.sourceEncoding>UTF-8</project.build.sourceEncoding>
        <project.reporting.outputEncoding>
            UTF-8
        </project.reporting.outputEncoding>
        <java.version>1.8</java.version>
    </properties>
    <!--导入依赖包-->
    <dependencies>
        <dependency>
            <groupId>org.springframework.boot</groupId>
            <artifactId>spring-boot-starter-thymeleaf</artifactId>
        </dependency>
        <dependency>
            <groupId>org.springframework.boot</groupId>
            <artifactId>spring-boot-starter-web</artifactId>
        </dependency>
        <dependency>
            <groupId>org.springframework.boot</groupId>
            <artifactId>spring-boot-starter-tomcat</artifactId>
            <scope>provided</scope>
        </dependency>
        <dependency>
            <groupId>org.springframework.boot</groupId>
            <artifactId>spring-boot-starter-test</artifactId>
            <scope>test</scope>
        </dependency>
    </dependencies>
    <!--Spring Boot 插件-->
    <build>
        <plugins>
            <plugin>
                <groupId>org.springframework.boot</groupId>
                <artifactId>spring-boot-maven-plugin</artifactId>
            </plugin>
        </plugins>
    </build>
</project>
```

注意加粗的代码。下面对它们进行说明。

- **packaging**：这里配置为 war，意味着将项目打包为 war 包，可以使用动态的 JSP 页面。

- **spring-boot-starter-thymeleaf 包**：引入 Thymeleaf 模板，这样，通过 Spring MVC 的机制就可以把数据渲染到 Thymeleaf 模板的页面中。
- **spring-boot-starter-web 包**：它会引入 Spring 基础包和 Spring MVC 包，此外它还会引入内嵌的 Tomcat，所以我们不需要下载 Tomcat 就能运行工程。
- **spring-boot-starter-tomcat 包**：这里声明范围为 provided，表明该包只在编译和测试时使用。
- **spring-boot-starter-test 包**：会引入测试相关的包。
- **spring-boot-maven-plugin 包**：允许我们使用 java -jar 命令运行 Spring Boot 工程。

再看一下图 2-4，这里需要对它的文件和目录进行简要说明，如表 2-1 所示。

表 2-1　Spring Boot 工程目录说明

目录/文件	说明	备注
Chapter2Application.java	IDEA 生成的主类（含有 main 方法），我们通过它运行 Spring Boot 工程	以 Java Application 方式运行
ServletInitializer.java	初始化 DispatcherServlet，使用它来进行外部服务器部署	将工程打包成的 war 包，放到外部服务器时，通过它初始化 Spring MVC 的核心类 DispatcherServlet
static 目录	静态资源目录，如果是 Web 工程，可以放置 HTML、JavaScript 和 CSS 等静态文件	
templates	Spring Boot 默认配置的动态模板路径	默认使用 Thymeleaf 模板作为动态页面
application.properties	Spring Boot 配置文件	一个最常用的配置文件，在分布式开发中常常使用 application.yml 代替它
Chapter2ApplicationTests.java	Spring Boot 测试类	测试开发的代码
pom.xml	Maven 配置文件	

我们直接通过 Java Application 的形式运行 Chapter2Application.java，就能够运行 Spring Boot 项目。在默认的情况下，Spring Boot 会使用 8080 端口启动服务。如果想切换端口，就要修改核心配置文件 application.properties，这里先把它重命名为 application.yml。因为在分布式和微服务开发中，使用的大部分是 YAML 文件，而非 properties 文件，所以本书也主要使用 YAML 文件进行配置。修改 application.yml，如代码清单 2-2 所示。

代码清单 2-2　application.yml（Chapter2 工程）

```
server:
  port: 8001 # 修改内嵌 Tomcat 端口为 8001
```

此时，如果再次使用 Java Application 的形式运行 Chapter2Application.java，就可以看到 Spring Boot 在 8001 端口启动服务了。接下来，改造一下 Chapter2Application.java 文件，如代码清单 2-3 所示。

代码清单 2-3　Chapter2Application.java（Chapter2 工程）

```
package com.spring.cloud.chapter2.main;
/**** imports ****/
```

```
@SpringBootApplication(scanBasePackages = "com.spring.cloud.chapter2.*")
// 标识控制器
@Controller
// 请求前缀
@RequestMapping("/chapter2")
public class Chapter2Application {

    public static void main(String[] args) {
        SpringApplication.run(Chapter2Application.class, args);
    }

    // HTTP GET 请求，且定义 REST 风格路径和参数
    @GetMapping("/index/{value}")
    public ModelAndView index(ModelAndView mav,
        @PathVariable("value") String value) {
        // 设置数据模型
        mav.getModelMap().addAttribute("key", value);
        // 请求名称，定位到 Thymeleaf 模板
        mav.setViewName("index");
        // 返回 ModelAndView
        return mav;
    }
}
```

这里看一下 index 方法。首先是获取请求路径的参数，在数据模型中设置一个键为 key 的参数，然后再把视图名称设置为 index，最后返回 ModelAndView。因为这里返回的视图名称为 index，所以需要在 templates 目录下新建一个视图 index.html 文件，如代码清单 2-4 所示。

代码清单 2-4　/resources/templates/index.html（Chapter2 工程）

```html
<!DOCTYPE html>
<html xmlns:th="http://www.thymeleaf.org">
<head>
    <meta charset="UTF-8">
    <title>测试 Thymeleaf</title>
</head>
<body>
<span th:text="${key}"></span>
</body>
</html>
```

这个 HTML 很简单，只需要解释一下加粗的代码就可以了。因为之前我们在数据模型中设置了键为 key 的参数，所以这里加粗的代码只是读取数据模型的这个参数而已。

到这里，一个简单的 Spring Boot 工程就开发好了。让我们以 Java Application 的形式运行代码清单 2-3，这样就可以启动 Spring Boot 工程了。然后使用浏览器访问地址 http://localhost:8001/chapter2/index/myvalue，就可以看到如图 2-5 所示的界面了。

图 2-5　测试 Spring Boot 工程

2.1.3 多文件配置

在 Spring Cloud 中，一个服务下可以包含多个实例，因此同一个工程可能需要在不同的配置（如端口）下启动。对于 IDEA 构建的工程，我们之前论述过，它会为我们创建 application.properties 文件，只是在分布式的开发环境下，更为流行的是 YAML 文件，所以本书都会将 application.properties 修改为 application.yml 文件。

为了更好地适应多个环境的运行，Spring Boot 配置项会按照一定的优先级进行加载，优先级从高到低的顺序如下。

- 命令行参数。
- 来自 java:comp/env 的 JNDI 属性。
- Java 系统属性（System.getProperties()）。
- 操作系统环境变量。
- RandomValuePropertySource 配置的 random.*属性值。
- jar 包外部的 application-{profile}.properties 或 application.yml（带 spring.profile）配置文件。
- jar 包内部的 application-{profile}.properties 或 application.yml（带 spring.profile）配置文件。
- jar 包外部的 application.properties 或 application.yml（不带 spring.profile）配置文件。
- jar 包内部的 application.properties 或 application.ym（不带 spring.profile）配置文件。
- @Configuration 注解类上的@PropertySource。
- 通过 SpringApplication.setDefaultProperties 指定的默认属性。

上面的顺序比较复杂，在大部分情况下，并不需要使用所有的配置。为了能够在 IDEA 工程中运行同一个项目的多个实例，可以使用很简易的方法。我们先在 resources 目录下新增两个配置文件 application-peer1.yml 和 application-peer2.yml，然后进行配置，如代码清单 2-5 和代码清单 2-6 所示。

代码清单 2-5 application-peer1.yml（Chapter2 工程）

```
server:
  #修改内嵌 Tomcat 端口为 8001
  port: 8001
```

代码清单 2-6 application-peer2.yml（Chapter2 工程）

```
server:
  #修改内嵌 Tomcat 端口为 8002
  port: 8002
```

这里的两个文件只是修改了启动的端口而已，Spring Boot 不会识别它们。为了让它们能够启动，我们需要修改 application.yml 文件，如代码清单 2-7 所示。

代码清单 2-7 application.yml（Chapter2 工程）

```
spring:
  profiles:
    # 设置环境变量，启用 application-peer1.yml 作为配置文件
    # 需要启用配置文件启用 application-peer2.yml 时，只需要修改为 peer2 即可
    active: peer1
```

这里配置项 spring.profiles.active 配置为 peer1，这样就可以指向 application-peer1.yml 文件了，

Spring Boot 就会以 application-peer1.yml 文件作为配置文件在端口 8001 中启动项目。同理，如果将 spring.profiles.active 修改为 peer2，则会使用 application-peer2.yml 文件配置的端口 8002 启动项目。这样一个工程就可以启动多个实例了。

　　但是在 IDEA 中，默认的情况下，只允许同一个 Java 文件启动一次。为此，让我们选择菜单 Run→EditConfigurations...，打开图 2-6 所示的对话框。

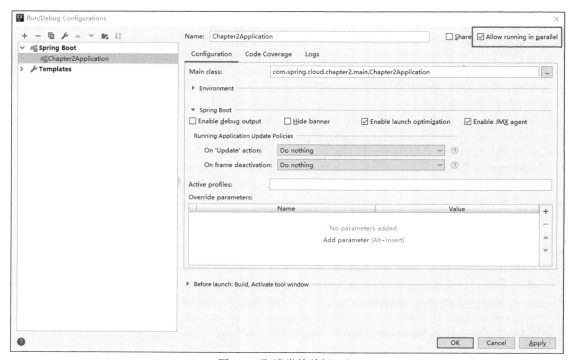

图 2-6　取消类的单例运行

　　将图 2-6 中红色方框圈起来的 "Allow running in parallel" 选项勾上，就可以在 IDEA 中让一个类运行多个实例了，然后就可以根据需要配置 application.yml 的配置项 spring.profiles.active 来选择具体的配置文件启动项目了。

　　当然，如果配置项比较少，例如，只需要考虑端口的改变，而不需要考虑其他复杂的配置，那么也可以使用命令行参数来实现上述的功能。这里，再看一下图 2-6，选中 "Chapter2Application"，然后点击左上角的复制键（🗋），就可以看到一个新的运行配置，跟着修改其运行的名称和相关参数，如图 2-7 所示。

　　在图 2-7 中，运行的名称被修改为 "Chapter2Application 2"，命令行参数 server.port 的值被修改为 8002。使用同样的方法，也可以将运行名称为 "Chapter2Application" 配置的命令行参数 server.port 的值修改为 8001，这样就可以得到两个运行的配置了。它们将根据命令行参数所配置的端口进行运行。正常配置完毕后，IDEA 会提示打开 Spring Boot 的运行面板（Run Dashboard）。跟着打开它，就可以在运行面板中运行对应的 Spring Boot 工程了，这是非常方便的，如图 2-8 所示。

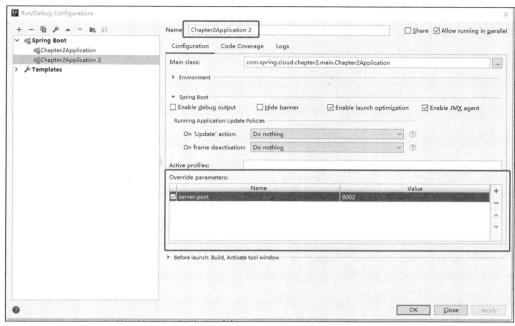

图 2-7　配置 Spring Boot 的命令行参数

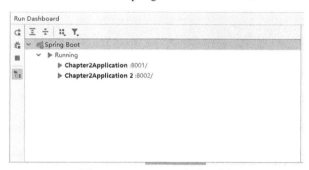

图 2-8　Spring Boot 运行面板

在图 2-8 所示的面板中，截取的是启动两个运行配置后的图，可以看到它们分别在 8001 和 8002 端口启动。

2.1.4　打包和运行

使用 Maven 构建工程，可以使用 IDEA 进行打包，也可以自己使用命令打包。关于 IDEA 打包，相关资料介绍比较多，所以这里就不再介绍了。这里主要介绍命令打包。首先自己安装好 Maven，并且配置好 Maven 的环境，做好这些后，打开工程所在的目录（我的本地的目录为 E:\IdeaProjects\chapter2），然后在命令行窗口输入：

```
mvn clean package
```

通过这个命令就能成功打包了。然后，打开工程目录下的 target 目录查看打包结果，如图 2-9 所示。

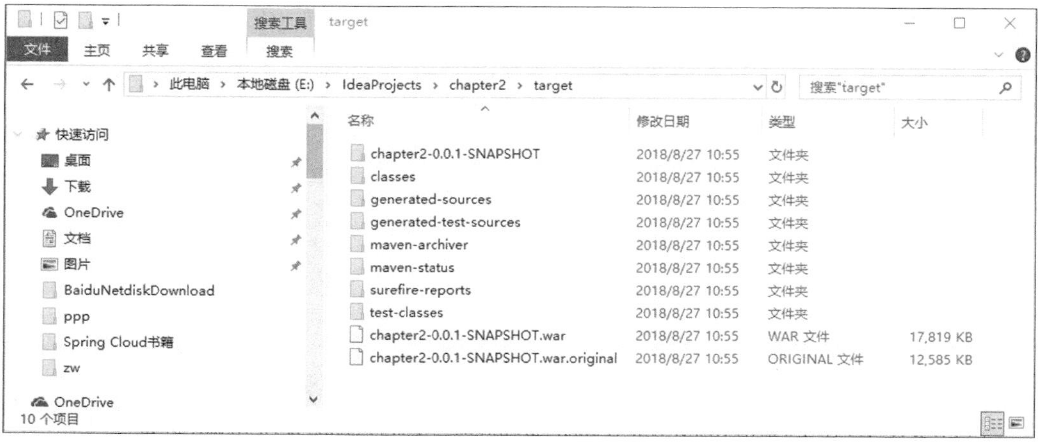

图 2-9 Maven 打包后的目录

打包结果是一个 war 文件。如果需要将它部署到第三方服务器，那么只需要将它放到第三方服务器的部署目录即可。例如，放到 Tomcat 的 webapps 目录下。Spring Boot 还允许我们使用命令运行它，只要在这个目录下运行命令：

```
java -jar .\chapter2-0.0.1-SNAPSHOT.war
```

就可以运行工程了。只是它是以 application.yml 配置的配置项 spring.profiles.active 选择对应的配置文件进行运行。如果我们想使用自己的配置项，如想使用 8003 端口启动项目，那么可以通过命令参数来代替它，如执行下面的命令：

```
java -jar .\chapter2-0.0.1-SNAPSHOT.war --server.port=8003
```

这样，就能在 8003 端口启动服务了。如果需要指定配置文件，也可以使用命令行参数进行指定。例如，使用 application-peer2.yml 文件启动 Spring Boot 工程，就可以使用以下命令：

```
java -jar .\chapter2-0.0.1-SNAPSHOT.war --spring.profiles.active=peer2
```

2.1.5 Spring Boot 监控

Spring Boot，除了方便我们开发外，还提供了系统监控的功能。在需要对系统进行监控时，只需要引入 Actuator 就可以了。下面让我们在 pom.xml 文件中引入 Actuator，如代码清单 2-8 所示。

代码清单 2-8 pom.xml 引入 Actuator（Chapter2 工程）

```
<dependency>
    <groupId>org.springframework.hateoas</groupId>
    <artifactId>spring-hateoas</artifactId>
</dependency>
<dependency>
    <groupId>org.springframework.boot</groupId>
    <artifactId>spring-boot-starter-actuator</artifactId>
</dependency>
```

但是在 Spring Boot 2.x 之后，出于安全的考虑，大部分监控端点都不会直接暴露。要暴露这些端点，我们需要对 YAML 文件增加对应的配置，如代码清单 2-9 所示。

代码清单 2-9　application.yml 文件配置端点是否暴露（Chapter2 工程）

```
management:
  endpoints:
    web:
      exposure:
        # 暴露的端点，"*"代表全部暴露
        include : "*"
          # 不暴露的端点
        exclude : env
```

通过这些端点配置就可以暴露除了 env 之外的端点了。此时启动 Spring Boot 项目（假设在 8001 端口启动），在浏览器地址栏输入 http://localhost:8001/actuator/beans，就可以看到如图 2-10 所示的场景了。

图 2-10　查看 beans 监控端点

从图 2-10 中可以看出，通过请求，已经可以查看到 Actuator 提供的端点了，这说明 Spring Boot 项目已经被监控起来了。但是这样暴露端点也会存在一定的安全隐患，这个时候可以使用 Spring Security 来进行安全验证，规避这些安全隐患。这部分内容比较烦琐，在第 18 章会有介绍，这里就不演示了。

实际上，Spring Boot 可监控的端点还有很多。

2.1.6　Spring Boot 小结

从上述开发中，我们可以看到，没有原有 Spring 项目的复杂度。在大部分情况下，想要自定义开发，只需要根据自己的需要配置 application.yml（或者 application.properties）即可。这便是 Spring Boot 的主导思维"约定优于配置"，这种思维极大地简化了 Spring 项目的开发，因此 Spring Boot 成了蓬勃发展的快速应用开发领域（rapid application development）的领导者。

Spring Cloud 会通过 Spring Boot 的方式封装许多开源分布式框架和工具，形成许多能帮助我们构建微服务系统的简单易用的组件。因此，学习 Spring Cloud 之前需要先掌握 Spring Boot。

2.2　REST 风格简介

REST 风格是微服务推荐的各个系统交互的方式，所以这是需要掌握的内容之一。在 HTTP 发展的过程中，制定了很多规范，而这些规划是相当复杂的。为了简化 HTTP 协议的编程，Roy Thomas Fielding 在他 2000 年的博士论文中提出了 REST 风格。Fielding 博士是 HTTP 协议（1.0 版和 1.1 版）的主要设计者，Apache 服务器软件的作者之一，Apache 基金会的第一任主席。所以，他的这篇论文一经发表，就引起了广泛的关注，并且对互联网开发产生了深远的影响。Fielding 将他对互联网软件的架构原则，命名为 REST。注意，REST 不是一个标准而是一种风格，一旦你的架构符合 REST 风格的原则，就可以说你在采用 REST 风格架构了。

2.2.1　REST 风格概述

REST 的全称为 Representational State Transfer，中文可翻译为表现层状态转换。理解它的关键在于名称的解释，这里有 3 个关键的名词。

- **资源**：REST 的中文翻译谈到了状态，但是没有谈到状态是描述什么的。在 REST 风格中，状态是用来描述资源的，所以要有对应的资源才能谈状态。状态可以表现为新增、修改和删除等。资源可以是一个用户、账户等，即具体存在的某个事物。
- **表现层**：表现层是指资源的表现形式。一个资源可以通过 JSP 页面展示，也可以展示为 XML 或者 JSON。当然，在现今最流行的表现形式是 JSON，所以本书也以 JSON 为主。
- **状态转换**：一个资源不是一成不变的，它可以被创建、访问、修改和删除。它的状态是不断变化的，所以状态转换是描述资源状况的。

根据上述的 3 个名词，REST 风格做了如下约定。

- 任何一个资源都会有一个 URI，因为资源是一种名称的概念，所以在 URI 中不应该存在动词，只应该存在名词。
- 客户端和服务端可以互相传递资源，资源会以某种表现层的形式展示（现今最流行的是 JSON 数据集）。
- 客户端可以通过 HTTP 动作来实现资源状态的转换。

这里，每一个访问资源的 URI 也可以称为 REST 风格的一个端点（EndPoint）。关于这里的 HTTP 动作这个概念，还需要进一步的解释。在 HTTP 协议中，常见的动作（请求）主要有 7 种：GET、POST、PUT、PATCH、DELETE、HEAD 和 OPTIONS。但在实际开发中，主要有 4 种：GET、POST、PUT 和 DELETE。因此，这里我们就介绍这 4 种。

- **GET**：获取服务端资源。
- **POST**：提交资源信息，让服务器创建资源。
- **PUT**：提交服务端现有资源的全部属性，让服务器修改资源。
- **DELETE**：删除服务端资源。

这里，我没有谈 PATCH 请求，它被定义为提交部分资源的属性，让服务器修改资源对应提交的属性。但是，因为很多现有的 Java API，对它的支持都有限，所以经常会引发没有必要的异常。因此，我在开发时，经常用 PUT 请求来代替它。

为了更好地描述 REST 风格，下面举一些 URI 的例子来说明。

```
# GET 动作代表获取资源，fund/account 代表资金账户，{id}代表占位符，表示获取资金账户的信息
# 例如 GET /fund/account/1，就表示获取账户 id 为 1 的资金账户的信息
GET /fund/account/{id}
```

```
# GET 动作表示获取资源，fund/accounts 代表资金账户，accounts 为复数名称，表示返回结果也为复数
# {accountName}代表占位符，表示按照账户名称查询账户信息
# 例如 GET /fund/accounts/张三 就代表按账户名称"张三"进行查询
GET /fund/accounts/{accountName}

# POST 动作代表创建某个资源，fund/account 代表资金账户，一般可以以请求体进行提交
# 现今的请求体主要以 JSON 为主，后续会加以介绍
POST /fund/account

# PUT 动作代表提交资源全部属性进行修改资源，这里的/fund/account 表示资金账户，
# 注意：在实现中，因为 PATCH 动作在某些 API 中存在较多问题，所以我经常使用它进行部分属性提交
PUT /fund/account

# DELETE 表示删除资源，{id}为编号，例如 DELETE /fund/account/1，表示删除编号为 1 的账户
DELETE /fund/account/{id}
```

这里对于 GET/fund/accounts/{accountName}这类查询的请求可能存在一个问题：如果查询条件过多，这个 URI 就要写得相当复杂。这个时候可以考虑换为 POST 请求，提交请求体以简化它的开发。此外，在开发 REST 风格的过程中还容易犯设计 URI 的错误，下面举几个常见的设计错误的例子进行说明。

```
# 这里的 URI 是只存在名词的，而 get 是动作，所以不符合 REST 风格的规则
GET /fund/account/get/{id}

# 这里的 v1 代表版本，我们之前论述过，在 REST 风格中，一个资源只对应一个 URI，
# 所以这里也是不符合 REST 风格的。关于版本，我们可以使用请求头参数来设置，
# 如 Accept: version = v1，这样就可以把 URI 设计为 GET /fund/account/{id}，
# 通过请求头参数来控制版本编号了
GET /fund/account/v1/{id}

# 这里的请求参数不在 URI 中，也是不符合 REST 风格的，为此可以修改为：
# PUT /fund/account/1/account_1，后端只需要从请求路径中获取参数即可
PUT /fund/account?Id=1&accountName=account_1
```

2.2.2 REST 风格端点开发

为了更好地展示 REST 风格，我们将基于 2.1 节中的 Spring Boot 工程来开发 REST 风格的端点。为此，我们在 Spring Boot 工程中新建控制器，如代码清单 2-10 所示。

代码清单 2-10　新增控制器（AccountController）

```
package com.spring.cloud.chapter2.controller;
/** imports **/
@Controller
@RequestMapping("/fund")
public class AccountController {
    // 返回账户 thymeleaf 页面
    @GetMapping("/account/page")
    public String page() {
        return "account";
    }
}
```

在本节的测试中，我们会使用账户实体（Account）和结果响应对象（ResultMessage），如代码清单 2-11 和代码清单 2-12 所示。

代码清单 2-11 账户实体（Account）

```
package com.spring.cloud.chapter2.pojo;
public class Account {
    private Long id;
    private String accountName;
    private Double balance;
    private String note;
    /** setters and getters **/
}
```

代码清单 2-12 结果消息（ResultMessage）

```
package com.spring.cloud.chapter2.vo;
public class ResultMessage {
    private boolean success;
    private String message;

    public ResultMessage() {
    }

    public ResultMessage(boolean success, String message) {
        this.success = success;
        this.message = message;
    }
    /**** setter and getter ****/
}
```

代码清单 2-10 中的 page 方法返回一个字符串，用来打开 Thymeleaf 页面，这个页面的内容如代码清单 2-13 所示。

代码清单 2-13 Thymeleaf 测试页面（/resources/templates/account.html）

```
<!DOCTYPE html>
<html xmlns:th="http://www.thymeleaf.org">
<head>
    <meta charset="UTF-8">
    <title>REST 风格测试</title>
    <!-- 引入 jQuery-->
    <script type="text/javascript"
        src="https://code.jquery.com/jquery-3.3.1.min.js"></script>
    <script type="text/javascript">
        <!--此处加入测试 JavaScript 代码-->
    </script>
</head>
<body>
</body>
</html>
```

在这个页面引入了 jQuery，这样方便对 REST 端点进行测试。在下面的测试中，只要在加粗注释处引入对应的 JavaScript 代码，就可以进行测试了。有了上述的准备，我们在 AccountController 里，加入相关的 REST 端点，这里是 GET 请求，它在 REST 风格里代表的是获取资源，如代码清单 2-14 所示。

代码清单 2-14 获取账户（HTTP GET 请求）

```
@GetMapping("/account/{id}") // @GetMapping 代表 GET 请求
@ResponseBody // 结果转换为 JSON
```

```
public Account getAccount(@PathVariable Long id) {
    Account account = new Account();
    account.setId(id);
    account.setAccountName("account_" + id);
    double balance = id %10 * 10000.0 * Math.random();
    account.setBalance(balance);
    account.setNote("note_" + id);
    return account;
}
```

这里使用了注解@GetMapping，这是 Spring 4.3 版本后的注解，代表 HTTP 的 GET 请求。此外，@PostMapping 代表 POST 请求，@PutMapping 代表 PUT 请求，@DeleteMapping 代表 DELETE 请求……@ResponseBody 则代表表现层（展示数据类型）为 JSON 数据集。在 URL 的设计中，使用了{id}占位，这是 REST 风格的特点，在 Spring MVC 中是使用@PathVariable 获取 URI 中的参数。为了测试这段代码，在代码清单 2-13 中加入测试的 JavaScript，如代码清单 2-15 所示。

代码清单 2-15　测试 GET 请求

```
function get() {
    $.get("./1",{}, function(result) {
        alert(JSON.stringify(result));
    })
}
```

接下来，我们来开发 POST 请求的 REST 端点。为此，在类 AccountController 里加入代码清单 2-16 所示的内容。POST 请求在 REST 风格里代表的是创建资源。

代码清单 2-16　POST 端点

```
@PostMapping("/account") // POST 请求
@ResponseBody
public Account createAccount(@RequestBody Account account) {
    long id = (long)(10000.0*Math.random());
    account.setId(id);
    return account;
}
```

这里使用@PostMapping 代表 POST 请求，在方法参数里面使用@RequestBody 代表接收客户端发送过来的类型为 JSON 的请求体，然后将请求体转换为账户类型（Account）。下面我们编写 JavaScript 进行测试，如代码清单 2-17 所示。

代码清单 2-17　测试 POST 端点

```
function post() {
    // 向后端提交的账户对象
    var account = {
        accountName: "account_name_x",
        balance : 12345678.90,
        note : "note_x"
    }
    $.post({ // POST 请求
        url:"./../account",
        // 设置请求体为 JSON 类型
        contentType: "application/json",
        // 提交请求体
```

```
        data : JSON.stringify(account),
        success : function(result) {
            alert(JSON.stringify(result));
        }
    });
}
```

这里加粗的代码的作用是，将请求体声明为 JSON 类型。这步是注解@RequestBody 接收 JSON 数据的基础，是不能缺少的，这样就可以通过 POST 请求将对象提交到后端了。

有时候，我们也要修改资源。修改资源使用的是 PUT 请求，为此，我们在 AccountController 中加入代码清单 2-18 所示的代码。

代码清单 2-18　PUT 端点
```
@PutMapping("/account") // HTTP PUT 请求
@ResponseBody
public ResultMessage updateAccount(@RequestBody Account account) {
    System.out.println("更新账户");
    return new ResultMessage(true, "更新账户成功");
}
```

这里和 POST 请求差不多，只是修改为了 PUT 请求。为了测试 PUT 请求，我们可以使用代码清单 2-19 中的 JavaScript。

代码清单 2-19　测试 PUT 端点
```
function put() {
    var account = {
        id : 8765,
        accountName: "account_name_x",
        balance : 12345678.90,
        note : "note_x"
    }
    $.ajax({
        url:"./../account",
        // 定义为 HTTP PUT 请求
        type :"PUT",
        contentType: "application/json",
        data : JSON.stringify(account),
        success: function(result) {
            alert(JSON.stringify(result));
        }
    });
}
```

这里的 Ajax 请求中，将 type 设置为了 PUT，所以这是一个 PUT 请求。其他的和 POST 请求接近，就不再多加论述了。

有时我们也需要删除资源，这便是 HTTP 的 DELETE 请求了，如代码清单 2-20 所示。

代码清单 2-20　DELETE 端点
```
@DeleteMapping("/account/{id}") // DELETE 请求
@ResponseBody
public ResultMessage deleteAccount(@PathVariable("id") Long id) {
    System.out.println("删除账户");
```

```
        return new ResultMessage(true, "删除账户成功");
    }
```

这里使用了@DeleteMapping，它代表 HTTP 的 DELETE 请求。这里将 id 参数设计为通过 URL 传递，然后使用注解@PathVariable 进行获取。为了测试这段代码，我们可以使用代码清单 2-21 进行验证。

代码清单 2-21　测试 DELETE 端点

```
function del() {
    $.ajax({
        type :"DELETE",
        url : "./../account/897",
        success : function(result) {
            alert(JSON.stringify(result));
        }
    });
}
```

这里和 PUT 请求差不多，只是将请求类型修改为了 DELETE 而已，这样就可以对后端发起 DELETE 请求了。

2.2.3　状态码和响应头

当对后端发送 POST 请求新增资源时，正常情况下，应该返回回填了主键的对象信息，此时请求就会返回成功的状态码（200）。但事实上，这还不够准确，如果需要更准确，状态码应该为 201，它代表创建资源成功。从另一个角度来说，提交请求后，后端也可能发生异常，当发生异常时，就不是一个正常的返回了。对于这样的情况，如果我们只是获得服务器状态码，而没有其他的信息，那么将无法对异常进行分析。为了处理这些问题，我们还可以使用状态和响应头信息。本节我们将学习这些知识。

Spring MVC 提供了类 ResponseEntity<T>给我们使用，通过它可以设置请求头和状态码。下面在 AccountController 中新增一个新的 POST 请求 REST 风格端点，如代码清单 2-22 所示。

代码清单 2-22　新增 POST 端点（使用 ResponseEntity<T>）

```
@PostMapping("/account2") // POST 请求
@ResponseBody
public ResponseEntity<Account> createAccount2(@RequestBody Account account) {
    ResponseEntity<Account> response = null;
    HttpStatus status = null;
    // 响应头
    HttpHeaders headers = new HttpHeaders();
    // 异常标志
    boolean exFlag = false;
    try {
        long id = (long)(10000.0*Math.random());
        account.setId(id);
        // 测试时可自己加入异常测试异常情况
        throw new RuntimeException();
    } catch(Exception ex) {
        // 设置异常标志为true
        exFlag = true;
    }
    if (exFlag) { // 异常处理
        // 加入请求头消息
```

```
        headers.add("message", "create account error, plz check ur input!!");
        headers.add("success", "false");
        // 设置状态码（200-请求成功）
        status = HttpStatus.OK;
    } else { // 创建资源成功处理
        // 加入请求头消息
        headers.add("message", "create account success!!");
        headers.add("success", "true");
        // 设置状态码（201-创建资源成功）
        status = HttpStatus.CREATED;
    }
    // 创建应答实体对象返回
    return new ResponseEntity<Account>(account, headers, status);
}
```

这段代码中加入了异常代码，这样会将异常标志设置为 true。在返回 ResponseEntity<Account>对象前，创建了响应头对象 HttpHeaders，设置了它的两个消息 success 和 message，并且根据是否发生异常将响应码设置为 201（创建资源成功）或者 200（成功，但返回错误消息）。最后，才通过这些数据来创建 ResponseEntity<Account>对象进行返回。下面我们来测试一下这段代码，在页面加入下面这段 JavaScript 脚本，如代码清单 2-23 所示。

代码清单 2-23　测试 POST 端点的异常处理

```
function post2() {
    // 向后端提交的账户对象
    var account = {
        accountName: "account_name_x",
        balance : 12345678.90,
        note : "note_x"
    }
    var result = $.post({ // POST 请求
        url:"./../account2",
        // 设置请求体为 JSON 类型
        contentType: "application/json",
        // 提交请求体
        data : JSON.stringify(account),
        success : function(result, status, xhr) {
            // 获取响应码
            var status = xhr.status;
            // 获取响应头消息
            var success = xhr.getResponseHeader("success");
            // 判断响应头成功标志
            if (success === "true") { // 成功
                alert(JSON.stringify(result));
            } else {   // 请求错误处理
                // 请求头错误消息
                var message = xhr.getResponseHeader("message");
                alert("success:"+success + ",  message: " + message);
            }
        }
    });
}
```

这里加粗的函数是需要关注的重点。在这个函数中，首先获取了响应码和请求头的消息，然后通过对成功标志位 success 的判断来确定后端处理是否已经成功。如果成功则打印正常返回的消息，否则打印请求头错误消息。当使用这段代码测试的时候，可以看到图 2-11 所示的结果。

图 2-11　获取响应头信息

通过对响应码和响应头消息的分析，我们可以获取是否发生异常以及相关信息，进行下一步处理。代码清单 2-22 中的代码可读性不好，重用率也不高。我们可以通过封装 ResponseEntity<T>对象的生成更好地进行开发，如代码清单 2-24 所示。

代码清单 2-24　生成 ResponseEntity<T>对象的工具类

```
package com.spring.cloud.chapter2.response.utils;
/** imports **/
public class ResponseUtils {
    /**
     * 获取请求结果响应对象
     * @param data -- 封装的数据
     * @param status -- 响应码
     * @param success -- 成功标志
     * @param message -- 响应结果消息
     * @param <T> -- 封装数据泛型
     * @return HTTP 响应实体对象
     */
    public static <T> ResponseEntity<T> generateResponseEntity(
        T data, HttpStatus status, Boolean success, String message) {
        // 请求头
        HttpHeaders headers = new HttpHeaders();
        headers.add("success", success.toString());
        headers.add("message", message);
        ResponseEntity<T> response = new ResponseEntity<>(data, headers, status);
        return response;
    }
}
```

这个类对 ResponseEntity<T>对象的生成进行了封装，这简化了后续的使用。基于这个工具类，我们可以把代码清单 2-23 修改为代码清单 2-25。

代码清单 2-25　重构 POST 端点代码

```
@PostMapping("/account2") // POST 请求
@ResponseBody
public ResponseEntity<Account> createAccount2(@RequestBody Account account) {
```

```
    // 异常标志
    boolean exFlag = false;
    try {
        long id = (long)(10000.0*Math.random());
        account.setId(id);
        // 测试时可自己加入异常测试异常情况
        throw new RuntimeException();
    } catch(Exception ex) {
        // 设置异常标志为true
        exFlag = true;
    }
    return exFlag ?
        ResponseUtils.generateResponseEntity(account, // 异常处理
            HttpStatus.OK, false, "create account error, plz check ur input!!") :
        ResponseUtils.generateResponseEntity(account, // 正常返回
            HttpStatus.CREATED, true, "create account success!!");
}
```

显然，在加粗代码处使用的工具类大大提高了代码的可读性和可重用率，更有利于我们后续的开发。

2.2.4　客户端 RestTemplate 的使用

在上节中，我们讨论了 REST 风格端点的开发，但在微服务的开发中，推荐的是使用 REST 风格进行微服务系统之间的交互。在 Spring 中，提供了 RestTemplate 这样的模板来调用 REST 风格的请求，以简化我们的开发。在 Spring Cloud 的 Ribbon 中，也是使用它为主的，所以这里将讲解它的使用。本节会使用 RestTemplate 对 2.2.2 节和 2.2.3 节开发的 REST 端点进行请求，通过这样来讲解 RestTemplate 的使用。

当一个微服务系统需要向另外一个服务获取数据的时候，往往使用的都是 GET 请求，这是在实际工作中使用得最多的场景，如代码清单 2-26 所示。

代码清单 2-26　使用 RestTemplate 请求 REST 风格 GET 动作端点

```
public static void get() {
    RestTemplate restTemplate = new RestTemplate();
    String url = "http://localhost:8001/fund/account/{id}";
    // GET 请求，返回对象
    Account account = restTemplate.getForObject(url, Account.class, 1L);
    System.out.println(account.getAccountName());
}
```

注意这里 URL 的编写，它有 1 个占位字符串{id}，这代表可以接收一个参数。在使用 RestTemplate 的 getForObject 方法时，采用了 3 个参数：第一个是请求地址 url；第二个是 Account.class，表示请求将返回什么泛型的对象；第三个是 1L，一个长整型（Long）参数，它对应 URL 中的占位符{id}。这样就可以完成对 REST 风格下的 GET 请求了。

接着就是 POST 请求。POST 请求意在新增资源，如代码清单 2-27 所示。

代码清单 2-27　使用 RestTemplate 请求 REST 风格 POST 动作端点

```
public static void post() {
    RestTemplate restTemplate = new RestTemplate();
    String url = "http://localhost:8001/fund/account";
    // 请求头
    HttpHeaders headers = new HttpHeaders();
```

```
    // 设置请求体为 JSON
    headers.setContentType(MediaType.APPLICATION_JSON_UTF8);
    Account account = new Account();
    account.setAccountName("account_xxx");
    account.setBalance(12345.60);
    account.setNote("account_note_xxx");
    // 封装请求实体对象，将账户对象设置为请求体
    HttpEntity<Account> request = new HttpEntity<>(account, headers);
    // 发送 POST 请求，返回对象
    Account result = restTemplate.postForObject(url, request, Account.class);
    System.out.println(result.getId());
}
```

因为 POST 请求需要提交的是 JSON 数据集，所以这里先处理了请求头（headers），并将请求体设置为了 JSON 的数据集。接着使用请求实体（HttpEnity）对象，封装了请求头和账户信息。使用了 RestTemplate 的 postForObject 方法来提交 POST 请求。在这个方法中，第一个参数是 URL；第二个参数 request 是一个请求实体对象，它封装了请求头和账户信息；第三个参数 Account.class，代表的是返回的对象的类型。通过这样就能够发起 POST 请求了。

有时候，我们需要修改资源，这时需要使用 PUT 请求。PUT 请求和 POST 请求差不多，所以很多时候可以参考 POST 请求编写 PUT 请求，代码清单 2-28 就是这样的。

代码清单 2-28　使用 RestTemplate 请求 REST 风格 PUT 动作端点

```
public static void put() {
    RestTemplate restTemplate = new RestTemplate();
    String url = "http://localhost:8001/fund/account";
    // 请求头
    HttpHeaders headers = new HttpHeaders();
    // 设置请求体媒体类型为 JSON
    headers.setContentType(MediaType.APPLICATION_JSON_UTF8);
    Account account = new Account();
    account.setAccountName("account_xxx");
    account.setBalance(12345.60);
    account.setNote("account_note_xxx");
    // 封装请求对象
    HttpEntity<Account> request = new HttpEntity<>(account, headers);
    // 发送请求
    restTemplate.put(url, request);
}
```

这里的内容和 POST 请求差不多，只是注意加粗的代码，对于 put 请求是无返回值的。

有时候，我们还需要删除资源，这时需要使用 DELETE 请求。使用 DELETE 请求时要慎重，因为数据一旦删除就再也找不回来了。一般来说，删除会以主键（PK）作为参数进行删除。代码清单 2-29 就是这样的。

代码清单 2-29　使用 RestTemplate 请求 REST 风格 DELETE 动作端点

```
public static void delete() {
    RestTemplate restTemplate = new RestTemplate();
    // {id}是占位
    String url = "http://localhost:8001/fund/account/{id}";
    // DELETE 请求没有返回值
    restTemplate.delete(url, 123L);
}
```

这里的代码比较简单，和 PUT 请求一样，RestTemplate 的 delete 方法也没有返回值。

上述就是简单的增删查改，但是有时候提交数据进行新增资源操作，未必会成功。在不成功的情况下，服务端可能会像 2.2.3 节中那样返回对应的状态码和响应头。这时就需要对状态码和响应头进行分析了。下面将使用 RestTemplate 对代码清单 2-24 进行请求，如代码清单 2-30 所示。

代码清单 2-30　使用 RestTemplate 获取 HttpEnity 对象

```java
public static void post2() {
    RestTemplate restTemplate = new RestTemplate();
    String url = "http://localhost:8001/fund/account2";
    // 请求头
    HttpHeaders headers = new HttpHeaders();
    // 设置请求体为 JSON
    headers.setContentType(MediaType.APPLICATION_JSON_UTF8);
    Account account = new Account();
    account.setAccountName("account_xxx");
    account.setBalance(12345.60);
    account.setNote("account_note_xxx");
    // 封装请求对象
    HttpEntity<Account> request = new HttpEntity<>(account, headers);
    // 发送请求
    ResponseEntity<Account> result
        = restTemplate.postForEntity(url, request, Account.class);
    // 获取响应码
    HttpStatus status = result.getStatusCode();
    // 获取响应头
    String success = result.getHeaders().get("success").get(0);
    // 获取响应头成功标识信息
    if ("true".equals(success)) { // 响应成功
        Account accountResult = result.getBody();// 获取响应体
        System.out.println(accountResult.getId());
    } else { // 响应失败处理
        // 获取响应头消息
        String message = result.getHeaders().get("message").get(0);
        System.out.println(message);
    }
}
```

这里的请求代码和代码清单 2-27 中的 POST 请求接近，所以不再赘述。发送请求的这步使用的是 postForEntity 方法，它将返回一个响应实体（ResponseEntity）对象，通过该对象可以获取响应码和响应头的信息。在代码中，我通过它获取了响应头中的成功标志参数 success，并且通过它来判断请求是否成功。如果成功，则获取响应体打印后端返回的编号（id）；否则，获取响应头中的错误消息，将其打印出来。这样就能够判断后端响应是否正常，如果是非正常响应，就获取服务端返回的错误消息自行处理业务。

第二部分　Spring Cloud 微服务

本部分主要介绍 Spring Cloud 所涉及的常用工具，其中包括：

- 服务治理和服务发现（Spring Cloud Netflix Eureka）；
- 服务调用（Spring Cloud Netflix Ribbon 和 Spring Cloud Netflix OpenFeign）；
- 断路器（Spring Cloud Netflix Hystrix 和 Resilience4j）；
- 网关（Spring Cloud Netflix Zuul 和 Spring Cloud Gateway）；
- 服务配置（Spring Cloud Config）；
- 服务监控（Spring Cloud Sleuth 和 Spring Boot Admin）。

在这些组件中，前 4 个组件是构建 Spring Cloud 微服务架构的核心组件，因此它们是本书的重点和核心内容，后面的组件则是用于配置和监控微服务系统所需的组件。

第 3 章

服务治理——Eureka

在 Spring Cloud 中，实现服务治理的是 Netflix 公司开发的 Eureka。Netflix 公司是美国加利福尼亚州的一家公司，主营业务是在线影片租赁。它为了搭建自己的网站，开发了一套分布式系统的组件。因为该网站性能卓越，所以曾经连续 5 次被评为顾客最满意的网站。正因为如此，Pivotal 团队通过 Spring Boot 形式的封装将 Netflix 公司开发的分布式系统组件封装了起来，其中就包括 Eureka，Eureka 是 Spring Cloud 的服务治理中心。在使用 Spring Boot 进行了二次封装后，Eureka 的使用就显得十分简易了。Eureka 作为一个微服务的治理中心，它是一个服务应用，可以接收其他服务的注册，也可以发现和治理服务实例。

3.1 服务治理中心

服务治理中心是微服务（分布式）架构中最基础和最核心的功能组件，它主要对各个服务实例进行管理，包括服务注册和服务发现等。下面我们会详细进行讨论，不过首先需要把 Eureka 服务器搭建起来，以便在实践中学习。

3.1.1 搭建 Eureka 服务治理中心

为了搭建 Eureka 服务治理中心，先新建一个工程，起名 finance。然后，在 IDEA 中创建名为 eureka-server 的 Spring Boot 的模块（Module）放到 finance 下，并且在依赖上选择 Eureka Server 和 Web。之后就可以看到 pom.xml 文件了，这里只讨论它和代码清单 2-1 之间的不同之处，如代码清单 3-1 所示。

代码清单 3-1 pom.xml（eureka-server 模块）

```xml
<dependencies>
    ......
    <!--依赖 Eureka-->
    <dependency>
        <groupId>org.springframework.cloud</groupId>
        <artifactId>spring-cloud-starter-netflix-eureka-server</artifactId>
    </dependency>
</dependencies>
......
```

```
<!--定义 Spring Cloud 依赖父项目，以便于子项目继承-->
<dependencyManagement>
    <dependencies>
        <dependency>
            <groupId>org.springframework.cloud</groupId>
            <artifactId>spring-cloud-dependencies</artifactId>
            <version>${spring-cloud.version}</version>
            <type>pom</type>
            <scope>import</scope>
        </dependency>
    </dependencies>
</dependencyManagement>
```

注意加粗的代码，这里先是引入了 Spring Boot 封装 Eureka 的包 spring-cloud-starter-netflix-eureka-server，这样就可以把 Eureka 组件引入到这个模块里。<dependencyManagement>主要是定制 Spring Cloud 父项目的信息（如版本号），当模块依赖 Spring Cloud 的开发包的时候，就会继承它，根据它的信息加载对应版本的依赖。

接下来，对 IDEA 为我们创建的 EurekaServerApplication.java 文件进行改造，如代码清单 3-2 所示。

代码清单 3-2　EurekaServerApplication.java（eureka-server 模块）

```
package com.spring.cloud.eureka.server.main;
/**** imports ****/
@SpringBootApplication
// 驱动 Eureka 服务治理中心
@EnableEurekaServer
public class EurekaServerApplication {

    public static void main(String[] args) {
        SpringApplication.run(EurekaServerApplication.class, args);
    }
}
```

这段代码很简单，就只是加入了一个新的注解@EnableEurekaServer，它代表着在 Spring Boot 应用启用之时，也启动 Eureka 服务器。此时，我们以 Java Application 的形式运行，就能够启用 Eureka 服务治理中心了。不过，如果选择 JDK 8（不含）以上的版本，可能会启动失败，这是因为 Spring Cloud 的 Netflix 组件是依赖于 JDK 8（含）之前的版本开发的，所以在新的 JDK 版本中会缺少一些包，因此我们需要引入新的依赖才能正常启动 Eureka 服务器，代码如下：

```
<dependency>
    <groupId>javax.xml.bind</groupId>
    <artifactId>jaxb-api</artifactId>
    <version>2.3.0</version>
</dependency>
<dependency>
    <groupId>com.sun.xml.bind</groupId>
    <artifactId>jaxb-impl</artifactId>
    <version>2.3.0</version>
</dependency>
<dependency>
    <groupId>org.glassfish.jaxb</groupId>
    <artifactId>jaxb-runtime</artifactId>
    <version>2.3.0</version>
</dependency>
```

```
<dependency>
    <groupId>javax.activation</groupId>
    <artifactId>activation</artifactId>
    <version>1.1.1</version>
</dependency>
```

当我们启动 Eureka 后，会发现日志中会不断地出现异常，那是因为 Eureka 服务治理中心会把自己作为微服务去寻找注册自己的治理中心。为了避免这种情况，需要进行额外的配置，让它停止注册自己。删除原有的 application.properties 文件，新建 application.yml 文件，然后对其进行配置，如代码清单 3-3 所示。

代码清单 3-3　application.yml（eureka-server 模块）

```
# 定义 Spring 应用名称，它是一个微服务的名称，一个微服务可拥有多个实例
spring:
  application:
    name:  eureka-server

server:
  port: 5001 #修改内嵌 Tomcat 端口为 5001

eureka:
  client:
    # 服务自身就是治理中心，所以这里设置为 false，取消注册
    register-with-eureka: false
    # 取消服务获取，至于服务获取，本章后续会讨论
    fetch-registry: false
    # 服务注册域地址
#    service-url:
#      defaultZone: http://192.168.1.100:5002/eureka/
  instance:
    # 服务治理中心服务器 IP
    hostname: 192.168.1.100
```

有了这个配置，运行代码清单 3-2，就可以看到没有异常日志的 Eureka 服务治理中心的启动了。然后打开浏览器在地址栏输入 http://localhost:5001/，就可以看到图 3-1 所示的界面了。

看到这个页面，就说明 Eureka 已经成功启动了。但是，我们可以看到，注册的微服务实例依旧为空，那是因为我们还没有注册。如何注册，是下一节要讨论的问题。代码清单 3-3 中的配置比较重要，不过这里有一个前提是要注意的，这个模块虽然是 Eureka 服务治理中心，但在 Spring Cloud 中，会被认为是一个微服务。在这个前提下，这里对这些配置进行一下初步的解释。

- **spring.application.name**：配置的是 Spring 应用的名称，也是微服务的名称，在 Spring Cloud 中，一个微服务可以拥有多个实例。
- **eureka.client.register-with-eureka**：这个配置项是取消当前微服务，寻找其他 Eureka 服务治理中心进行注册。
- **eureka.client.fetch-registry**：取消服务获取功能，关于服务获取，本章后续会讨论。
- **eureka.client.serviceUrl.defaultZone**：在我们的代码中，这个属性被注释掉了，因为我们不需要注册微服务。如果需要注册微服务，可以通过这个属性来配置服务治理中心的注册地址，完成服务注册的功能。

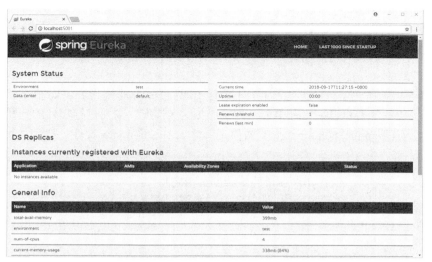

图 3-1 Eureka 治理服务平台

因为配置项 eureka.client.register-with-eureka 和 eureka.client.fetch-registry 比较好理解，所以这里只对配置项 spring.application.name 和 eureka.client.serviceUrl.defaultZone 做进一步的解释。先看一下图 3-2。

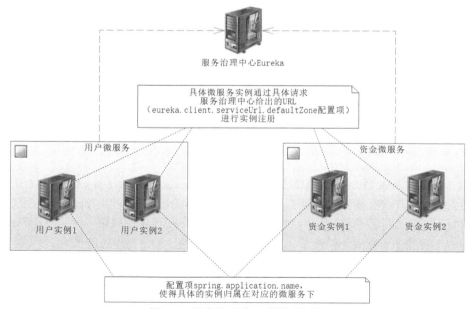

图 3-2 服务治理中心配置项解释

图 3-2 中存在两个重要的概念，一个是微服务，另一个是**服务实例**（Service Instance，简称实例）。这里需要切实掌握它们，以避免概念混淆，导致后续学习吃力。图中把服务拆分为用户微服务和资金微服务。所谓微服务，是指完成某一业务功能的独立系统。一个微服务可以有多个实例，所谓实例，是指一个具体的服务节点。例如，图中用户微服务一共有两个实例（用户实例 1 和用户实例 2），

同样，资金微服务也存在两个实例（资金实例 1 和资金实例 2）。同一个微服务下的实例应该具备相同的业务功能。那么 Eureka 具体怎么区分哪一个实例是用户服务的实例，哪一个实例是资金微服务的实例呢？其实就是使用 spring.appliacation.name 配置项进行区分的，它可以配置一个字符串，通过这个字符串，Eureka 就能把具有相同 spring.appliacation.name 配置项的实例认为是同一微服务下的实例。例如，用户实例 1 和用户实例 2 都配置 spring.appliacation.name 为 user 时，Eureka 就会认为他们属于同一个微服务。那么服务实例是如何注册到 Eureka 服务治理中心的呢？实际就是实例对 Eureka 服务治理中心发送 REST 风格的请求，将自己的相关配置发送到 Eureka 服务治理中心完成注册，其中请求地址是由配置项 eureka.client.serviceUrl.defaultZone 生成的。

一般来说，我们都会把一个微服务注册为多个实例，其原因主要有两个。第一，从高可用的角度来说，即使有某个微服务下的一个实例不可用，那么其他实例也可以继续使用，服务仍然可以继续。第二，从性能的角度来说，多个实例可以有效分摊大量请求的压力，从而提高响应能力和吞吐能力。至于如何将微服务实例注册到服务治理中心是下节要讨论的。

3.1.2 服务发现

搭建了服务治理中心后，接着你肯定想往里面注册属于自己的微服务及其实例。本节让我们讨论一下这个问题。

为了进行注册，这里我们在 IDEA 中创建 3 个 Spring Boot 模块，分别是 user（用户）、fund（资金）和 product（理财产品，简称为产品）。在 IDEA 中创建的时候，要依赖 Eureka Discovery 和 Web 两个库。本节我们主要讨论如何将用户（user）微服务注册到 Eureka 服务治理中心。至于资金（fund）和产品（product）微服务，也是类似的。

首先，打开 user 模块的 pom.xml，可以看到代码清单 3-4 所示的节选代码。

代码清单 3-4 pom.xml 节选（user 模块）

```
<dependency>
    <groupId>org.springframework.cloud</groupId>
    <artifactId>spring-cloud-starter-netflix-eureka-client</artifactId>
</dependency>
```

大家可以看到，在依赖上，依赖了 spring-cloud-starter-netflix-eureka-client 包，它是一个服务发现的包，我们依靠它把当前的 Spring Boot 模块注册到 Eureka 服务治理中心。

然后，对 application.yml 文件进行配置，如代码清单 3-5 所示。

代码清单 3-5 application.yml（user 模块）

```
# 请求 URL 指向 Eureka 服务治理中心
eureka:
  client:
    serviceUrl:
      defaultZone : http://localhost:5001/eureka/
    instance:
    # 服务实例主机名称
    hostname: 192.168.1.100

# 微服务端口
server:
  port: 6001
```

```
# Spring 应用名称（微服务名称）
spring:
  application:
    name: user
```

这里配置了 eureka.client.serviceUrl.defaultZone，它是一个 URL，指向了代码清单 3-3 配置的 Eureka 服务治理中心。也就是说，这里的实例将通过对这个 URL 进行请求，将自己的实例信息发送给 Eureka 服务治理中心。spring.application.name 的配置为 user，这意味着当前运行的实例将是微服务 user 下的一个实例。

接下来，打开 IDEA 创建好的 UserApplication.java，如代码清单 3-6 所示。

代码清单 3-6　UserApplication（user 模块）

```
package com.spring.cloud.user.main;
/**** imports ****/
@SpringBootApplication
// 在新版本的 Spring Cloud 中，不再需要这个注解驱动服务发现了
// @EnableDiscoveryClient
public class UserApplication {

    public static void main(String[] args) {
        SpringApplication.run(UserApplication.class, args);
    }
}
```

代码中的@EnableDiscoveryClient 注解是一个用于服务发现的注解，在旧版本里，还会使用得到它，但在当前最新版本的 Spring Cloud 中，不需要这个注解就可以驱动服务发现功能。当这个服务启动成功后，它就会根据配置项 eureka.client.serviceUrl.defaultZone 发送相关的请求，注册实例了。需要注意的是，服务注册功能是在服务启动成功后，间隔一个时间戳才会执行的，所以需要稍等一会儿。

这里，先运行代码清单 3-2，然后再运行代码清单 3-6，稍等一会儿，在浏览器中打开网址 http://localhost:5001/，就可以看到图 3-3 所示的 IDE 界面了。

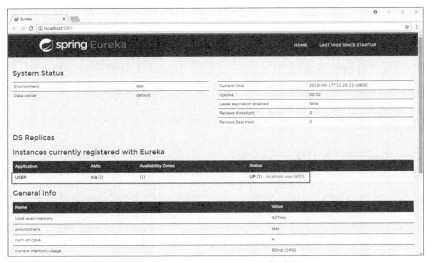

图 3-3　服务发现注册微服务实例

从图 3-3 中可以看出，刚启动的用户微服务实例已经注册成功了，名称为 USER。这个名称是我们 application.yml 中的配置项 spring.application.name 的值，是一个微服务的名称。

事实上，一个微服务可以有多个实例，为了展示这点，首先停止代码清单 3-6 的运行，然后在 resources 目录下添加两个文件 application-peer1.yml 和 application-peer2.yml，其内容如代码清单 3-7 和代码清单 3-8 所示。

代码清单 3-7　application-peer1.yml（user 模块）

```
# 微服务端口
server:
  port: 6001
```

代码清单 3-8　application-peer2.yml（user 模块）

```
# 微服务端口
server:
  port: 6002
```

注意，这两个配置文件只是配置启动的端口而已，也就是我们可以选择 6001 端口或者 6002 端口启动用户微服务。此时对 application.yml 进行配置，如代码清单 3-9 所示。

代码清单 3-9　application.yml

```
# 请求 URL 指向 Eureka 服务治理中心
eureka:
  client:
    serviceUrl:
      defaultZone : http://localhost:5001/eureka/
  instance:
    # 服务实例主机名称
    hostname: 192.168.1.100


# Spring 应用名称（微服务名称）
spring:
  application:
    name: user
  profiles:
    # 当配置为 "peer1" 时选择 application-peer1.yml 作为配置文件；
    # 当配置为 "peer2" 时选择 application-peer2.yml 作为配置文件。
    active: peer1
```

这里使用了 spring.profiles.active 配置项，如果配置为 peer1，则项目使用配置文件 application-peer1.yml 启动；如果配置为 peer2，则使用配置文件 application-peer2.yml 启动，这样就很方便我们切换了。此时，将 spring.profiles.active 配置项分别设置为 peer1 和 peer2 启动用户微服务，然后再观察 Eureka 服务治理中心平台，就可以看到图 3-4 所示的界面了。

从图 3-4 中我们可以看到，名称为 USER 的两个微服务实例都已经在 Eureka 服务治理中心注册成功了。

依照同样的方法处理 fund（资金）模块，然后配置其 application.yml、application-peer1.yml 和 application-peer2.yml，如代码清单 3-10、代码清单 3-11 和代码清单 3-12 所示。

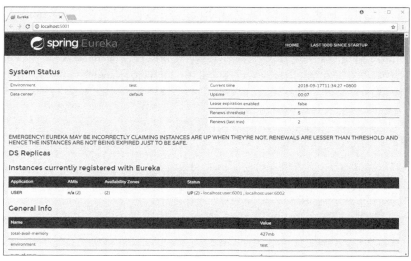

图 3-4　多个微服务实例注册

代码清单 3-10　application.yml（fund 模块）

```
# 请求 URL 指向 Eureka 服务治理中心
eureka:
  client:
    serviceUrl:
      defaultZone : http://localhost:5001/eureka/
  instance:
    # 实例服务器名称
    hostname: 192.168.1.100

# Spring 应用名称（微服务名称）
spring:
  application:
    name: fund
  profiles:
    # 当配置为"peer1"时选择 application-peer1.yml 作为配置文件；
    # 当配置为"peer2"时选择 application-peer2.yml 作为配置文件。
    active: peer1
```

代码清单 3-11　application-peer1.yml（fund 模块）

```
# 微服务端口
server:
  port: 7001
```

代码清单 3-12　application-peer2.yml（fund 模块）

```
# 微服务端口
server:
  port: 7002
```

这里的配置和用户微服务如出一辙，只是将微服务名称配置为 fund，将启动端口切换为 7001 和 7002。这样，就可以启动微服务名称为 fund 的两个实例了。

使用同样的方法来修改 product 模块，将其 spring.application.name 设置为 product，然后分别在

8001 和 8002 端口启动。稍等一会儿后，再刷新图 3-4 所示的页面，就可以看到图 3-5 了。

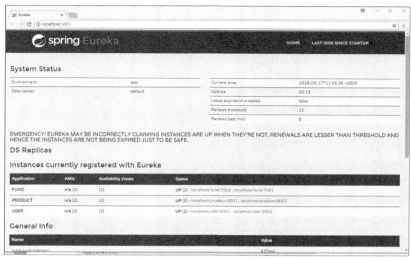

图 3-5 注册多个微服务以及它们的多个实例

从图 3-5 中，我们看到 3 个微服务下都存在两个实例，它们都已经成功地注册到服务治理中心了。这样，Eureka 服务治理中心就可以治理和监控各个微服务的实例了。

3.1.3 多个服务治理中心实例

前面，我们给各个微服务分别注册了两个实例，这保证了它们的高可用和性能。但是我们的服务治理中心却只有一个，这就不具备高可用了，因为只要服务治理中心宕机，那么整个微服务系统就垮掉了。为了解决这样的问题，我们希望服务治理中心也能有多个实例，这样就不容易垮掉了。为了达到这个目的，需要对服务治理中心和微服务实例的配置做一些修改。

首先，在模块 eureka-server 的 resources 目录下新建两个配置文件，分别为 application-peer1.yml 和 application-peer2.yml，它们的配置如代码清单 3-13 和代码清单 3-14 所示。

代码清单 3-13　application-peer1.yml（eureka-server 模块）

```
# 微服务端口
server:
  port: 5001
```

代码清单 3-14　application-peer2.yml（eureka-server 模块）

```
# 微服务端口
server:
  port: 5002
```

请注意这两段代码，Eureka 启动的端口分别为 5001 和 5002。

然后，修改配置文件 application.yml，如代码清单 3-15 所示。

代码清单 3-15　application.yml（eureka-server 模块）

```
# 定义 Spring 应用名称，它是一个微服务的名称，一个微服务可拥有多个实例
spring:
```

```
application:
  name: eureka-server
profiles:
  # 当配置为 "peer1" 时选择 application-peer1.yml 作为配置文件
  # 当配置为 "peer2" 时选择 application-peer2.yml 作为配置文件
  active: peer1

#server:
#  port: 5001 #修改内嵌 Tomcat 端口为 5001

eureka:
  client:
    # 服务注册地址
    service-url:
      defaultZone: http://192.168.1.100:5001/eureka/,http://192.168.1.100:5002/eureka/
    instance:
    # 服务实例服务器 IP
    hostname: 192.168.1.100
```

注意加粗的代码，配置项 eureka.client.serviceUrl.defaultZone 将实例同时注册到了 5001 端口和 5002 端口的 Eureka 服务端，这样这两个治理服务中心就可以相互注册了。如果要在 IDEA 中运行它，可以设置 spring.profiles.active 为 peer1 或者 peer2，从而选择使用 application-peer1.yml 或者 application-peer2.yml 启动不同端口的服务。

上面是在 IDEA 中运行模块，那么如何在命令行中运行多个实例呢？毕竟在实际开发环境中，使用命令行启动模块还是比较普遍的。这里先将 Eureka 模块打包，得到文件 eureka-server-0.0.1-SNAPSHOT.war，跟着执行以下两条命令：

```
java -jar .\eureka-server-0.0.1-SNAPSHOT.war --spring.profiles.active=peer1
java -jar .\eureka-server-0.0.1-SNAPSHOT.war --spring.profiles.active=peer2
```

这两条命令都采用了一个名为 spring.profiles.active 的运行参数，一旦配置了它，Spring Boot 就会使用 application-{spring.profiles.active}.yml 作为其配置文件进行运行。当将其设置为 peer1 时，使用 application-peer1.yml 文件来启用 Spring Boot 应用。当将其设置为 peer2 时，使用 application-peer2.yml 文件来启用 Spring Boot 应用。

接下来分别修改 user、fund 和 product 微服务的配置文件 application.yml 中的配置项 eureka.client.serviceUrl.defaultZone，如代码清单 3-16 所示。

代码清单 3-16　application.yml（user、fund 和 product 模块）

```
# 请求 URL 指向 Eureka 服务治理中心
eureka:
  client:
    serviceUrl:
      defaultZone : http://localhost:5001/eureka/,http://localhost:5002/eureka/
```

注意代码加粗的地方，配置项 eureka.client.serviceUrl.defaultZone 配置成了两个服务治理中心的域，每个域由半角逗号隔开。这样它就会对多个服务治理中心发送注册请求了。然后再重新运行这 3 个微服务（各自 2 个实例）。表 3-1 是我本地启动微服务的具体情况。

表 3-1　启动微服务和相关说明

微服务名称	占用端口	备注
eureka-server	5001、5002	服务治理中心
user	6001、6002	用户微服务
fund	7001、7002	资金微服务
product	8001、8002	理财产品微服务

等待所有微服务实例启动完成后，等待一段时间，打开服务治理中心（http://localhost:5001），此时可以看到图 3-6 所示的界面了。

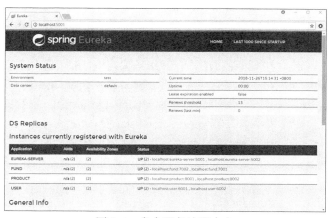

图 3-6　多个服务治理中心

从图 3-6 中可以看出，服务治理中心和各自微服务都存在两个实例。为了让大家对服务治理中心、用户微服务、资金微服务和产品微服务之间的关系有更为清晰的认知，图 3-7 给出了它们之间的关系图。

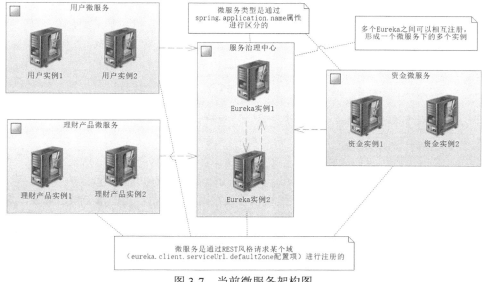

图 3-7　当前微服务架构图

3.2　Eureka 治理机制

在前面几节中，我们搭建了一个简单的 Spring Cloud 微服务系统。但是，我们没有讨论过微服务系统之间是怎么交互的，将微服务注册到服务治理中心有什么用，服务治理中心是如何管理各个微服务的，在我们需要做出改变时如何修改配置。这些问题就是本节要回答的问题，也是本章的核心内容。

3.2.1　基础架构

现实业务往往需要多个微服务相互协作才能完成。例如，当用户发出购买理财产品的请求时，这里假设是由理财产品微服务发起的，首先要在理财产品微服务里扣减理财产品对应的额度，然后到资金微服务扣减用户的资金，最后在产品微服务记录购买交易，才能完成这个请求。这个过程涉及了两个微服务的协作。正如之前讨论过的，在微服务架构中，推荐使用的是 REST 风格请求。为了简化微服务之间的调用，Spring Cloud 封装了 Ribbon 和 OpenFeign 两个组件，本章会简单讨论 Ribbon，但不会讨论 OpenFeign。有关于 Ribbon 和 OpenFeign 的详细讨论会在后续的章节中进行。值得注意的是，如果已经在模块中引入了 spring-cloud-starter-netflix-eureka-client，它的父 pom 便会自动引入 spring-cloud-starter-netflix-ribbon，所以这里不再需要依赖新的包了。

我们来模拟一下交易流程，先在 fund 模块里创建一个账户控制器，并且实现扣减资金的功能，如代码清单 3-17 所示。

代码清单 3-17　AccountController.java（fund 模块）

```java
package com.spring.cloud.fund.controller;
/**** imports ****/
@RestController
@RequestMapping("/fund")
public class AccountController {
    // 扣减账户资金
    @PostMapping("/account/balance/{userId}/{amount}")
    public ResultMessage deductingBalance(
            @PathVariable("userId") Long userId,
            @PathVariable("amount") Double amount,
            HttpServletRequest request) {
        // 打印当前服务的端口用于监测
        String message = "端口：【" + request.getServerPort() + "】扣减成功";
        ResultMessage result = new ResultMessage(true, message);
        return result;
    }
}
```

这里用到一个结果消息类（com.spring.cloud.common.vo.ResultMessage），为此，先创建公共（common）模块，让 user、fund 和 product 模块依赖公共模块。然后，再新增结果消息类，其源码可以参考代码清单 2-12。这里资金（fund）微服务提供了一个 REST 端点，在这个方法返回的消息里，存着当前微服务实例的端口，这样就能方便地监控调用的具体是哪个实例的服务了，毕竟我们的资金微服务是存在两个实例的。这里我们使用 Spring Cloud 提供的组件 Ribbon 来调用它，Ribbon 使用的是处理过的 RestTemplate 模板。为了在产品微服务中使用 Ribbon，我们在 ProductApplication 中加入

RestTemplate 的初始化，如代码清单 3-18 所示。

代码清单 3-18 ProductApplication.java（product 模块）

```java
package com.spring.cloud.product;
/****imports****/
@SpringBootApplication
public class ProductApplication {
    // 负载均衡
    @LoadBalanced
    // 创建 Spring Bean
    @Bean
    public RestTemplate initRestTemplate() {
        return new RestTemplate();
    }
    ......
}
```

这段代码中使用了@LoadBalanced，它代表执行负载均衡，也就是它会使用某种策略进行路由，路由到具体的微服务实例上，在默认情况下，使用的是轮询策略。关于这些第 4 章会进行详细的讨论。这里还使用了注解@Bean，这样它就会作为 Spring Bean 存放到 IoC 容器中。

接下来，创建 ProductController，在这里模拟用户购买理财产品的过程，如代码清单 3-19 所示。

代码清单 3-19 ProductController.java（product 模块）

```java
package com.spring.cloud.product.controller;
/**** imports ****/
@RestController
@RequestMapping("/product")
public class ProductController {
    // 依赖注入 RestTempalte
    @Autowired
    private RestTemplate restTemplate = null;

    @GetMapping("/purchase/{userId}/{productId}/{amount}")
    public ResultMessage purchaseProduct(
            @PathVariable("userId")  Long userId,
            @PathVariable("productId") Long productId,
            @PathVariable("amount") Double amount) {
        System.out.println("扣减产品余额。");
        // 这里的 FUND 代表资金微服务，RestTemplate 会自动负载均衡
        String url = "http://FUND/fund/account/balance/{userId}/{amount}";
        // 封装请求参数
        Map<String, Object> params = new HashMap<>();
        params.put("userId", userId);
        params.put("amount", amount);
        // 请求资金微服务
        ResultMessage rm = restTemplate.postForObject(url, null, ResultMessage.class,
params );
        // 打印资金微服务返回的消息
        System.out.println(rm.getMessage());
        System.out.println("记录交易信息");
        return new ResultMessage(true,"交易成功");
    }
}
```

在这段代码中，url 的服务器和端口被定义为了 FUND，与资金微服务的配置项 spring.application.name 是一致的，这样 Eureka 服务治理中心就知道你在请求资金微服务，并且默认采用轮询策略做负载均衡。url 里面存在着参数的占位定义。跟着使用了 Map<String, Object>对象封装请求的参数，其中 key 和 url 中参数的占位定义要保持一致。最后使用了 RestTemplate 的 postForObject 方法对资金微服务进行请求，这样就可以获取资金微服务返回来的信息进行打印了。

现在我们来启动服务治理中心、资金微服务和理财产品微服务，它们各自存在两个实例。跟着在浏览器地址栏输入 http://localhost:8001/product/purchase/1/1/1000，然后再刷新页面 3 次，观察 8001 端口的理财产品微服务，就可以看到类似如下的日志：

```
端口：【7001】扣减成功
记录交易信息
扣减产品余额。
端口：【7002】扣减成功
记录交易信息
扣减产品余额。
端口：【7001】扣减成功
记录交易信息
扣减产品余额。
端口：【7002】扣减成功
记录交易信息
```

从日志中可以看出：资金微服务返回了"成功"的消息；理财产品微服务分别调用了资金微服务的两个实例。

这里有一个重要的概念，就是服务调用。所谓服务调用，就是一个服务调用另外一个服务的过程。要解释 Eureka 作为服务治理中心的服务调用过程，需要讨论其基础架构的 3 个重要概念。

- **服务治理中心**：指 Eureka 服务器，在代码清单 3-19 中，使用 FUND 代替了服务器名称（或者地址）和端口。之所以可以这样，是因为 FUND 这个名称是在 Eureka 服务治理中心注册的微服务名称，它下面存在 7001 和 7002 两个端口资金微服务实例，所以可以轮询选择其中一个。这便是服务治理中心的作用之一。此外，服务治理中心还会提供服务注册、失败剔除、服务续约和服务下线等功能，用来治理各个微服务实例。

- **服务提供者**：在代码清单 3-17 到代码清单 3-19 中，是理财产品微服务调用资金微服务，所以资金微服务是我们例子中的服务提供者。在微服务系统中，服务提供者主要是以 REST 风格的端点被服务消费者调用的，而服务提供者是注册在 Eureka 中的，所以 Eureka 可以对其进行治理。

- **服务消费者**：这里的服务消费者是理财产品微服务（Product），它会解析类似 FUND 这样的微服务名称。解析的过程是，首先根据这个名称从服务治理中心获取服务提供者的实例列表，保存在本地，然后通过特定的负载均衡的策略确定具体的实例，最后通过请求该实例获取数据。例子中使用了 Ribbon 来实现服务消费，在未来还有更为简便的 OpenFeign 需要介绍。

注意：这里的服务提供者和消费者并不是对立的，一个微服务可以同时是服务消费者和服务提供者，从这个角度来说，服务提供者和消费者都是 Eureka 服务治理中心的客户端。例如，在上述例子中，理财产品微服务是服务消费者，但在用户查询资金微服务交易流水的时候，可能需要顺便将理财产品的相关信息展示出来，这时，资金微服务就要调用理财产品微服务，此时，理财产品微服务就变为了服务提供者。

3.2.2 服务治理中心工作原理

通过前面的学习，我们知道了如何将一个微服务实例注册到服务治理中心（Eureka）中，也知道了可以通过 Ribbon 去实现 REST 风格的请求，使得系统能够交互起来。并且从实例中，我们可以看到 Ribbon 还实现了负载均衡。那么 Spring Cloud 是如何通过 Eureka 做到这些的呢？这便是本节要谈到的 Eureka 服务治理中心的工作原理。

为了更好地解释 Eureka 的运行原理，这里先按之前的实例画出图 3-8。

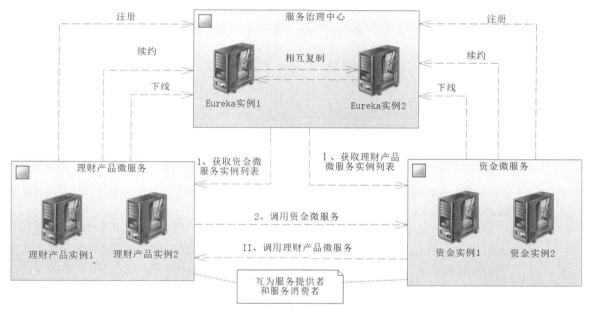

图 3-8　Eureka 服务治理中心工作原理

关于图 3-8 需要讲解的内容还是比较多的，且相对复杂。为了方便讲解，将分 3 个不同的维度来讨论。

- 微服务实例和服务治理中心的关系。
- 服务治理中心。
- 微服务之间的相互调用。

1. **微服务实例和服务治理中心的关系**

在图 3-8 中，任何的微服务都可以对 Eureka 服务治理中心（也称为 Eureka 服务端）发送 REST 风格的请求。在 Eureka 的机制中，一般是由具体的微服务（也称为 Eureka 客户端）来主动维持它们之间的关系的。Eureka 客户端的请求类型包括注册、续约和下线，下面将对它们展开讨论。

- **注册**：在将具体的微服务实例注册到 Eureka 服务端时，是通过 REST 风格请求其配置的属性 eureka.client.serviceUrl.defaultZone 生成的 URL 来完成的，这时，微服务会将其自身的信息传递给 Eureka 服务端，完成注册。大家可以看到，这个属性有个单词 zone，事实上，在 Eureka

中还存在着另外一个概念，那就是 region，关于它们的区别后续会加以解释，这里暂时放放。配置项 spring.application.name，是作为微服务名称来定义的，这样可以明确该实例归属于哪个微服务。例如，在例子中，我们会将具体的微服务配置为"product""fund"和"user"等。在微服务实例中，存在一个配置项 eureka.client.register-with-eureka，它的值是布尔（boolean）类型的，默认为 true，代表默认情况下将微服务注册到 Eureka 服务治理中心。当我们将其配置为 false 的时候，微服务不会被注册到 Eureka 服务端。注意，当启动微服务时，它并不会马上向 Eureka 服务治理中心发送 REST 请求，在 Eureka 服务治理中心注册，它会延迟 40 秒才发起请求，所以在启动微服务的时候，需要稍等一会儿才能在 Eureka 服务治理中心页面中看到注册信息。

- **续约**：在我们将具体的微服务实例注册到 Eureka 服务端后，并不能保证该实例一直可用，因为该实例可能出现网络故障、机器故障或者服务宕机等，所以具体的微服务实例会按照一个频率对 Eureka 服务器维持心跳，告诉 Eureka 该实例是可用的，借此来避免被 Eureka 服务端剔除出去，这样的行为被称为**续约**（Renew）。在续约的过程中，存在两个配置项，它们是：

```
eureka:
  instance:
    # 微服务实例超时失效秒数，默认值为 90 秒
    # 倘若续约超时，Eureka 会将微服务实例剔除
    lease-expiration-duration-in-seconds: 90
    # 间隔对应的秒数执行一次续约服务，默认值为 30 秒
    lease-renewal-interval-in-seconds: 30
```

　　这样，Eureka 就可以通过续约服务来确认，对应的微服务实例是否还能正常工作了，对于不能正常工作的实例，也能够及时剔除了。

- **下线**：在系统出现故障，需要停止或者重启某个微服务实例的时候，在正常操作下，实例会对 Eureka 发送下线 REST 风格请求，告知服务治理中心，这样客户端就不能再请求这个实例了。例如，我们启动了服务治理中心和用户微服务（在实操中，我发现在 IDEA 中点下停止是中断服务，而非正常停止，所以测试不会成功，因此建议使用命令行进行测试），然后正常关闭 6002 端口的用户微服务实例，就可以看到图 3-9 所示的情况。

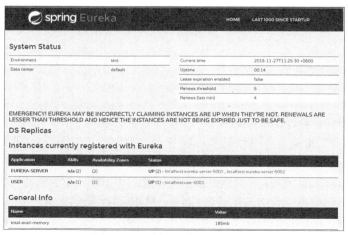

图 3-9　下线的用户微服务实例

从图 3-9 中可以看到，6002 的微服务已经不在列表中，说明它已经下线了。

2. 服务治理中心

通过注册、续约和下线 3 种服务，Eureka 可以有效地管理具体的微服务实例。但是服务治理中心之间和本身也会提供一定的服务，甚至可以说服务治理中心也是 Eureka 客户端，因为它也可以注册到其他的 Eureka 服务器中，被其他的 Eureka 服务器治理。这一节我们来了解一下 Eureka。

- **相互复制**：之前我们也讨论过，Eureka 本身也会相互注册，以保证高可用和高性能。各个 Eureka 服务器之间也会相互复制，也就是当微服务发生注册、下线和续约这些操作的时候，Eureka 会将这些消息转发到其他服务治理中心的实例上，这样就完成同步了。需要注意的是，这里的 Eureka 服务器之间采用的是对等模式（Peer-to-Peer），也就是每一个 Eureka 都是等价的，这有别于分布式中的主从模式（Master-Slave）。

- **服务剔除**：在实际的工作中，有时候有些服务会因为网络故障、内存溢出或者宕机而导致服务不能正常工作，这个时候就要将这些无效的服务实例剔除出去。Eureka Server 在启动时，会创建一个定时任务，在默认的情况下，每间隔 60 秒就会更新一次微服务实例的清单，只要发现有超过 90 秒没有完成续约的实例，就会将其剔除出去。

- **自我保护**：当你在本机测试的时候，如果打开图 3-9 所示的 Eureka 平台页面，很多时候你会看到红色的英文警告：

```
EMERGENCY! EUREKA MAY BE INCORRECTLY CLAIMING INSTANCES ARE UP WHEN THEY'RE NOT. RENEWALS
ARE LESSER THAN THRESHOLD AND HENCE THE INSTANCES ARE NOT BEING EXPIRED JUST TO BE SAFE.
```

事实上，这就是 Eureka 的自我保护机制。在我们启动实例的时候，微服务实例都会自动查找 Eureka 进行注册，Eureka 实例也是如此。在 Eureka 注册之后，它自己也会通过心跳来告诉自己还活着。在 Eureka 运行期间，如果在 15 分钟内低于 85% 的情况下心跳测试失败，它就会出现警告（在单机测试中很容易出现，在实际生产环境中往往是网络故障）。当然，如果希望 Eureka 停止自我保护机制，可以这样配置：

```
eureka:
  server:
    enable-self-preservation: false # 取消 Eureka 自我保护机制
```

只是这样会存在一定的风险，在大部分情况下，只需要采用默认值 true 就好，不需要对其进行修改。在本机的测试中，我一般会将其配置为 false，以避免发生关闭的微服务实例无法被服务治理中心剔除出去的问题。

3. 微服务之间的相互调用

在讨论基础架构的时候，我们使用了 Ribbon。从例子打出的日志中，可以看到 Ribbon 已经帮助我们完成了负载均衡。那么整个过程是怎么样的呢？这里就需要讨论服务获取和服务调用这两个功能了。

- **服务获取**。服务获取是指微服务实例作为 Eureka 的客户端，从 Eureka 服务治理中心获取其他微服务实例清单的功能。它还会将该服务实例清单缓存到本地，并且按一定的时间间隔刷新。当我们启动微服务实例的时候，它就会以一个时间间隔（默认是 30 秒）向 Eureka 服务治理中心发送 REST 风格请求，获取一份只读的服务实例清单，跟着进行缓存，在下一个时间间隔再发送 REST 风格请求到 Eureka，获取最新的服务实例清单，以确定哪些实例可用，哪些实例不可用。例如，我们在代码清单 3-19 中编写 URL 时，采用了含有 FUND 字符串的 URL。通过这个字符串，Ribbon 就知道使用的是资金微服务，跟着从它获取的服务实例清单中，通过一种负载均衡的算法选择其中的一个实例进行调用。在默认的情况下，Ribbon 会采用轮询的策略，所以会出现我们例子中的日志，轮流打印出 2 个实例的信息。这里有两个参数可以配置，一个是是否执行服务获取，另一个是获取服务实例清单的时间间隔，代码如下：

```
eureka:
  client:
    # 是否检索服务实例清单，默认值 true
    fetch-registry: true
    # 检索服务实例清单的时间间隔（单位秒），默认值 30
    registry-fetch-interval-seconds: 30
```

- **服务调用**。服务调用是指一个微服务调用另一个微服务的过程。在 Spring Cloud 中，大部分会采用 REST 风格请求。一个微服务下存在多个实例，那么会采用哪个实例呢？首先，我们之前谈过服务获取的功能，它会从 Eureka 服务治理中心拉取一份服务实例清单，然后通过某种负载均衡的算法，选择具体的实例，所以这里服务调用的过程核心往往就是负载均衡的算法了。这里我们把它称为"客户端负载均衡"，请注意，这里的"客户端"是针对 Eureka 服务中心而言的，也就是微服务实例自身是 Eureka 的客户端。这里的负载均衡是一个相当复杂的内容，在未来我们谈到 Ribbon 时才会详细地讨论。

3.2.3 Region 和 Zone

很多时候，很多开发者不能理解为什么在注册微服务的时候存在 Region 和 Zone。在讨论前，我们先来谈谈它们的英文含义。在英语中，它们都有地区的意思：Region 是指大的地区，如亚洲、欧洲或者北美洲等，又或者是一些大的国家，如中国、印度这样的人口大国；而 Zone 则是指更小的地区，如华北、华南地区，又或者是省份，如广东、江苏等。

实际上，Region 和 Zone 是来自亚马逊云技术服务（Amazon Web Services，AWS）平台的概念。亚马逊之所以提出这样的概念，是因为亚马逊是全球服务的公司，它的站点是全球范围的。假设你在北京调用亚马逊在纽约的站点服务，那么至少会有以下两个问题。

- **距离问题**：地球很大，即使是直线距离，从北京到纽约也需要一万多公里的距离。即使网络是以光速（每秒 30 万公里，事实上，在地球上达不到这个速度，只会更慢）传输数据的，也会产生几十毫秒的延迟，加上光纤制作的网线还不是直线而是曲线，就需要延迟更久的时间。
- **地区差异问题**：每个国家或地区的习俗和法制基本都是不一样的，存在着很大的地区差异，所以不是一个简单的系统就能够处理所有的业务的，一个服务在不同的国家或者地区需要采用不同的业务模式。

为了解决这两个问题，亚马逊提出了 Region 和 Zone 的概念。例如，先确定一个大的范围，如定义我国为一个 Region。在这个 Region 内法律、语言和文化等是接近的，所以在限制问题上得到很大的缓解。但是对于我国这样幅员辽阔的国家来说，主要城市之间的距离也很远，例如，北京到广州也有两千多公里，这就意味着，网络传输距离过长的问题并没有得到太大的缓解。此时，如果服务站点在北京，在经济发达的广东发生了大量的业务，那么长距离的传输就会造成大量的延迟。为了处理这个问题，就提出了 Zone 的概念，它代表从一个大的区域（Region）切分出来的更小的区域（Zone）。例如，在我国这个 Region 的基础上再进行划分，将我国南方地区划分为一个 Zone，将服务站点设在广州，这样我国南方的请求就可以优先路由到广州，网络传输的距离就小了，延迟的问题就会得到大大的缓解。

在 Eureka 中也是一样的，在需要大型分布式站点的时候，微服务之间的 REST 风格请求交互，也应该采用就近原则。例如，深圳的请求应该调用广州的站点服务，而广州站点内部的微服务实例之间会相互调用，而不是跨 Zone 调用北京的站点服务，这些都是依靠 Region 和 Zone 来实现的。例如，一个跨国大型服务网站放置在北京的站点可以配置如下：

```
eureka:
  client:
    # 确定一个大区域
    region: China
    # 确定一个小区域
    availability-zones: beijing
```

这里就将我国定为了该大型服务网站的一个大区，然后在北京放置了一个站点。配置中的 availability-zones 被设置为北京，这样北方的请求就主要路由到北京站点，由北京站点提供服务，北京站点的微服务实例在相互调用的时候也会采用就近原则，从而提高性能，见图 3-10。

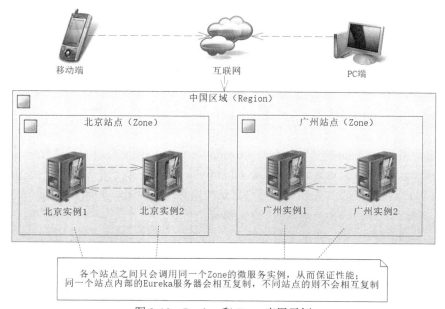

图 3-10　Region 和 Zone 应用示例

通过 Region 和 Zone 概念的设计，可以将机房设置在不同的地区，从而解决距离问题和各个地区业务的差异，进一步提高微服务系统的响应能力和灵活性。

3.2.4 Eureka 关键源码解读

为了让大家更深入地理解 Eureka 的机制，以及为未来章节奠定基础，本节对关键的源码进行讲解。不过，在 Eureka 的机制中，主要是客户端主动维护和 Eureka 服务端的关系，所以这里的源码都是 Eureka 客户端的逻辑代码。

首先，在旧的 Spring Cloud 版本中，还需要使用@EnableDiscoveryClient 进行服务发现，但在新的版本中已经不需要了。我们从@EnableDiscoveryClient 开始解读 Eureka 的源码，它的源码如代码清单 3-20 所示。

代码清单 3-20 EnableDiscoveryClient 的源码

```
package org.springframework.cloud.client.discovery;
/**** imports ****/
/**
 * Annotation to enable a DiscoveryClient implementation.
 */
@Target(ElementType.TYPE)
@Retention(RetentionPolicy.RUNTIME)
@Documented
@Inherited
@Import(EnableDiscoveryClientImportSelector.class)
public @interface EnableDiscoveryClient {
    /**
     * 是否启动自动注册功能
     */
    boolean autoRegister() default true;
}
```

这里的配置项 autoRegister 是一个布尔值，默认为 true，也就是启用自动注册的功能。在类注释中，我们可以看到，它的作用是标注 Eureka 客户端（微服务）作为服务发现的实例，这个服务发现的接口是 DiscoveryClient。我们稍微研究一下这个接口，接口的设计如图 3-11 所示。

因为其中最常用的是 EurekaDiscoveryClient，所以我们将对它进行研究。在其源码中，可以看到，它有两个重要的属性，其类型分别是 EurekaInstanceConfig 和 EurekaClient。这里需要注意的是，EurekaInstanceConfig 和 EurekaClient 是 Netflix 公司的类，而 EurekaDiscoveryClient 则是 Spring Cloud 的类。简单来说，Spring Cloud 使用 EurekaDiscoveryClient 对 Netflix 公司的类进行了二次封装，使得使用起来更为简单。我们从名称可以知道，EurekaInstanceConfig 是一个配置类，而 EurekaClient 则是一个 Eureka 客户端类，所以这里研究的核心就是接口 EurekaClient。EurekaClient 是 Netflix 公司的接口，我们先来看看它的接口和实现类的设计，如图 3-12 所示。

图 3-11 DiscoveryClient 接口和实现类的设计

图 3-12 EurekaClient 接口与实现类的设计

注意，这里只讨论 EurekaClient 上下相关的接口和类。接口 LookupService 和 EurekaClient 以及类 DiscoveryClient 是 Netflix 开发的，而 CloudEurekaClient 则是 Spring Cloud 在继承 DiscoveryClient 的

基础上开发的。在上述的例子中，注册到服务中心是通过配置项 eureka.client.serviceUrl.defaultZone 进行配置的，所以我们可以顺藤摸瓜，在类 DiscoveryClient 中找到对应的方法 getServiceUrlsFromConfig，这是一个被标注了 @Deprecated 的方法。从注释中可以看到，取代它的是 EndpointUtils 的 getServiceUrlsFromConfig 方法。事实上，获取这个 URL 的就是 getServiceUrlsFromConfig 方法，所以这里让我们讨论一下它，如代码清单 3-21 所示。

代码清单 3-21　类 EndpointUtils 的 getServiceUrlsFromConfig 方法的源码

```
public static List<String> getServiceUrlsFromConfig(
    EurekaClientConfig clientConfig, String instanceZone,
    boolean preferSameZone) {
// serviceUrl 是有序加入的
List<String> orderedUrls = new ArrayList<String>();
// 寻找 Region
String region = getRegion(clientConfig);
// 寻找可用 Zone
String[] availZones
    = clientConfig.getAvailabilityZones(clientConfig.getRegion());
// 可用 Zone 为空则使用默认值
if (availZones == null || availZones.length == 0) {
    availZones = new String[1];
    availZones[0] = DEFAULT_ZONE;
}
logger.debug("The availability zone for the given region {} are {}",
    region, availZones);
// 从可用 Zone 数组中检索出当前实例的 Zone 下标，如果找不到则返回 0，从而指向默认 zone
int myZoneOffset = getZoneOffset(instanceZone, preferSameZone, availZones);
// 根据 Zone 获取已经存在的 serviceUrls
List<String> serviceUrls
    = clientConfig.getEurekaServerServiceUrls(availZones[myZoneOffset]);
// 倘若当前已经存在了对应的 serviceUrls，则加入有序数组
if (serviceUrls != null) {
    orderedUrls.addAll(serviceUrls);
}
// 循环所有的 Zone，毕竟可以配置多个 zone
// 设置当前循环下标，
// 如果当前循环下标（myZoneOffset）指向的是最后一个可用的 Zone，则从 0 开始
// 否则就从下标 myZoneOffset+1 开始
int currentOffset =
    myZoneOffset == (availZones.length - 1) ? 0 : (myZoneOffset + 1);

// 如果 currentOffset 与 myZoneOffset 不等，则继续循环
while (currentOffset != myZoneOffset) {
    // 根据 zone 从当前配置中读取 serverUrls
    serviceUrls =
        clientConfig.getEurekaServerServiceUrls(availZones[currentOffset]);
    // 如果存在，则加入 orderedUrls
    if (serviceUrls != null) {
        orderedUrls.addAll(serviceUrls);
    }
    // 如果到达数组最后，则从 0 开始循环
    if (currentOffset == (availZones.length - 1)) {
        currentOffset = 0;
    } else {
        // 下标递增
```

```
            currentOffset++;
        }
    }
    // 如果都为空，则抛出异常
    if (orderedUrls.size() < 1) {
        throw new IllegalArgumentException(
            "DiscoveryClient: invalid serviceUrl specified!");
    }
    return orderedUrls;
}
```

- 这里再次看到了 Region 和 Zone，下面我们来描述一下整个过程。
- 获取 Region，如果没有配置，则使用默认值。一个微服务只能找到一个 Region，如果没有找到，就使用默认值。
- 通过 Region 获取可用的 Zone 数组，一个 Region 可以对应多个 Zone，如果获取 Zone 失败，则使用默认值。
- 在可用的 Zone 数组中查找当前的 Zone 实例。如果找到第一个匹配 Zone 的下标，则返回 Zone 的下标；如果没有找到，则返回 0 指向默认值。
- 将与 Zone 匹配的已经配置好的可用 serviceUrls 加入到 orderedUrls 中。
- 遍历可用 Zone 数组，找到各个 Zone 匹配的 serviceUrls 加入到 orderedUrls 中，最后返回。

这里还有一个重要的接口，EurekaClientConfig，它的作用是对 Eureka 客户端进行配置。接口 EurekaClientConfig 有两个实现，一个是 Netflix 公司的 DefaultEurekaClientConfig，另一个是 Spring Cloud 自己开发的 EurekaClientConfigBean。我们在配置文件（如 application.yml）中以 "eureka.client" 为前缀的配置项就是配置它的属性。在上述代码中，用到了 EurekaClientConfigBean 的 getEurekaServerServiceUrls 方法来获取 serviceUrl，为此让我们讨论一下它的源码，如代码清单 3-22 所示。

代码清单 3-22　类 EurekaClientConfigBean 的 getEurekaServerServiceUrls 方法的源码

```
// 默认的 URL
public static final String DEFAULT_URL = "http://localhost:8761"
    + DEFAULT_PREFIX + "/";
// 默认 Zone
public static final String DEFAULT_ZONE = "defaultZone";

......
// serviceUrl 是一个 Map，key 是 zone，值是 URL
private Map<String, String> serviceUrl = new HashMap<>();
{
    this.serviceUrl.put(DEFAULT_ZONE, DEFAULT_URL);
}
......

@Override
public List<String> getEurekaServerServiceUrls(String myZone) {
    String serviceUrls = this.serviceUrl.get(myZone);
    // 如果 serviceUrls 为空，则设置默认值
    if (serviceUrls == null || serviceUrls.isEmpty()) {
        serviceUrls = this.serviceUrl.get(DEFAULT_ZONE);
    }
    // 不为空
```

```
        if (!StringUtils.isEmpty(serviceUrls)) {
            // 多个注册 serviceUrl，使用半角逗号分隔为数组
            final String[] serviceUrlsSplit
                = StringUtils.commaDelimitedListToStringArray(serviceUrls);
            List<String> eurekaServiceUrls
                = new ArrayList<>(serviceUrlsSplit.length);
            for (String eurekaServiceUrl : serviceUrlsSplit) {
                if (!endsWithSlash(eurekaServiceUrl)) {
                    eurekaServiceUrl += "/";
                }
                eurekaServiceUrls.add(eurekaServiceUrl.trim());
            }
            return eurekaServiceUrls;
        }
        return new ArrayList<>();
    }
```

在本章的例子中，配置文件的配置项 eureka.client.serviceUrl.defaultZone 可以设置多个 URL。因为 getEurekaServerServiceUrls 方法中有用半角逗号将多个 URL 分隔为数组的方法，所以在一个 Zone 里可以设置多个 URL。有了这个 URL，你自然会联想到需要通过它来向服务治理中心注册。

让我们回到类 DiscoveryClient，在其构造方法中，它会调用一个私有的（private）initScheduledTasks 方法，从方法名来看，它是一个初始化任务计划的方法。当我们打开它的源码时，会发现它实际分为两个服务，一个是服务获取，另一个是关于服务注册和续约的逻辑。这里先来看一下服务获取的代码，如代码清单 3-23 所示。

代码清单 3-23 Eureka 服务获取的源码（类 DiscoveryClient 的 initScheduledTasks 方法）

```
// 是否允许服务获取，由配置项 eureka.client.fetch-registry 控制，默认值为 true
if (clientConfig.shouldFetchRegistry()) {
    // registry cache refresh timer
    // 获取服务获取注册信息的刷新时间间隔（单位秒）
    int registryFetchIntervalSeconds = clientConfig.getRegistryFetchIntervalSeconds();
    // 获取超时最大尝试数，默认是 10 次
    int expBackOffBound = clientConfig.getCacheRefreshExecutorExponentialBackOffBound();
    // 启动线程按一定的时间间隔执行服务获取
    scheduler.schedule(
        new TimedSupervisorTask(
            "cacheRefresh",
            scheduler,
            cacheRefreshExecutor,
            registryFetchIntervalSeconds,
            TimeUnit.SECONDS,
            expBackOffBound,
            new CacheRefreshThread()
        ),
        registryFetchIntervalSeconds, TimeUnit.SECONDS);
}
```

服务获取是 Eureka 客户端的功能，它会通过 REST 请求从 Eureka 服务中获取其他 Eureka 客户端的信息，形成服务实例清单，缓存到本地。在执行服务调用时，就从服务实例清单中获取可用的实例进行调用。例如，在本章的实例中，理财产品微服务就是通过获取资金微服务的清单来完成负载均衡的。客户端的负载均衡很复杂，所以对于这段代码，我们只考虑客户端是如何获取服务实例

清单的，不讨论负载均衡的算法。

在这段代码中，首先通过 eureka.client.fetch-registry 判定是否需要检索服务，如果需要，就使用一个定时任务去刷新服务实例清单。在定时任务中，还设置了两个参数，一个是刷新时间间隔，另一个是超时最大尝试次数。在默认的情况下，时间间隔是 30 秒。最大尝试次数是当服务获取超时后，最尝试获取的大次数。关于获取的具体实现是通过线程类 CacheRefreshThread 实现的，对此感兴趣的读者可以进行深入研究，这里就不再探讨了。在代码中可以看到，加粗的地方有 3 个参数是允许客户端配置的，下面使用 YAML 文件配置的形式进行说明。

```yaml
eureka:
  client:
    # 当服务获取超时后，最大尝试次数，默认值为 10
    cache-refresh-executor-exponential-back-off-bound: 10
    # 是否执行服务获取，一个开关
    fetch-registry: true
    # 服务获取刷新时间间隔，默认值为 30，单位秒
    registry-fetch-interval-seconds: 30
```

在上面我们讨论过 initScheduledTasks 方法，它除了服务获取外，还有另外一块那就是服务注册和续约，如代码清单 3-24 所示。

代码清单 3-24　Eureka 服务注册和续约（类 DiscoveryClient 的 initScheduledTasks 方法）

```
// 是否启用注册功能
if (clientConfig.shouldRegisterWithEureka()) {
    int renewalIntervalInSecs  // 续约时间，间隔默认值为 30，单位秒
        = instanceInfo.getLeaseInfo().getRenewalIntervalInSecs();
    int expBackOffBound   // 续约超时后，尝试最大次数，默认值为 10
        = clientConfig.getHeartbeatExecutorExponentialBackOffBound();
    logger.info("Starting heartbeat executor: "
        + "renew interval is: {}", renewalIntervalInSecs);
    // 心跳服务维持续约
    // Heartbeat timer
    scheduler.schedule(
        new TimedSupervisorTask(
            "heartbeat",
            scheduler,
            heartbeatExecutor,
            renewalIntervalInSecs,
            TimeUnit.SECONDS,
            expBackOffBound,
            new HeartbeatThread()
        ),
        renewalIntervalInSecs, TimeUnit.SECONDS);
    // InstanceInfo replicator
    // 注册线程
    instanceInfoReplicator = new InstanceInfoReplicator(
        this,
        instanceInfo, // 注册时间间隔
        clientConfig.getInstanceInfoReplicationIntervalSeconds(),
        2); // burstSize
    // 客户端状态监听，如果发生变化，则守护线程会做相应的维护
    statusChangeListener = new ApplicationInfoManager.StatusChangeListener() {
        @Override
```

```java
public String getId() {
    return "statusChangeListener";
}

@Override
public void notify(StatusChangeEvent statusChangeEvent) {
    if (InstanceStatus.DOWN == statusChangeEvent.getStatus() ||
        InstanceStatus.DOWN == statusChangeEvent.getPreviousStatus()) {
        // log at warn level if DOWN was involved
        logger.warn("Saw local status change event {}", statusChangeEvent);
    } else {
        logger.info("Saw local status change event {}", statusChangeEvent);
    }
    instanceInfoReplicator.onDemandUpdate();
}
};
// 是否使用后端守护线程监控和更新客户端状态
if (clientConfig.shouldOnDemandUpdateStatusChange()) {
    applicationInfoManager
        .registerStatusChangeListener(statusChangeListener);
}
// 启动注册线程
instanceInfoReplicator.start(
    // 注册延迟时间
    clientConfig.getInitialInstanceInfoReplicationIntervalSeconds());
} else {
    logger.info("Not registering with Eureka server per configuration");
}
```

这里可以看到服务续约和服务注册也是放在一个代码段中的，它首先会通过配置项（eureka.client.register-with-eureka）判断是否启用注册功能，然后才开始服务续约和注册的功能代码。服务续约和服务获取一样也有两个参数，一个是时间间隔，默认值也是 30 秒，另一个是最大超时尝试次数，默认值为 10。同样，它也是使用定时任务和心跳机制来执行服务续约，避免被 Eureka 服务器剔除出去的。对于服务注册，则是使用线程类 InstanceInfoReplicator 实现的。在初识化它的时候，可以看到一个时间间隔参数，这便是注册时间间隔，为什么会有注册时间间隔呢？这是因为 Eureka 服务器也可能会因为某些原因不可用而需要重新启动，这时，有时间间隔注册的功能，就可以保证 Eureka 客户端能够自我恢复注册到重新启动的 Eureka 服务中心中。

跟着是状态监听器，也就是说，当状态发生变化的时候，就会通知守护线程来做出对应的动作，以适应 Eureka 客户端状态变化的场景，不过，是否启用这个功能还需要配置一个是否启动守护线程监听状态的参数（eureka.client.on-demand-update-status-change）。它的默认值为 true，所以在默认的情况下，是会使用守护线程去监听状态的。

最后是启动注册线程，调用了 start 方法，该方法中有一个参数，这个参数是注册线程的初始化延迟时间间隔（eureka.client.initial-instance-info-replication-interval-seconds），它的默认值为 40，也就是在 Eureka 客户端启动的时候，会延迟 40 秒后才发起注册请求给 Eureka 服务。

这段代码就解读到这里，不过在加粗的代码中，可以看到这里有 4 个参数可以配置，下面使用 YAML 文件配置的形式进行说明。

```yaml
eureka:
  client:
```

```
# 是否将 Eureka 客户端注册到 Eureka 服务器，默认值为 true
register-with-eureka: true
# 续约超时，最大尝试次数，默认值为 10
heartbeat-executor-exponential-back-off-bound: 10
# 注册任务线程时间间隔，默认值为 30，单位秒
instance-info-replication-interval-seconds: 30
# 是否启用守护线程监听 Eureka 客户端状态，默认值为 true
on-demand-update-status-change: true
# 首次服务注册延迟时间，默认值为 40，单位秒
initial-instance-info-replication-interval-seconds: 40
instance:
# 续约时间间隔，默认值为 30，单位秒
lease-renewal-interval-in-seconds: 30
```

从代码清单 3-24 中可以看到，是通过 InstanceInfoReplicator 将 Eureka 客户端注册到 Eureka 服务器的，所以我们探讨一下 InstanceInfoReplicator 的相关代码。因为 InstanceInfoReplicator 是一个线程类，所以它的核心代码就是 run 方法。这里的 run 方法比较简单，主要是运行类 DiscoveryClient 的 register 方法，对 Eureka 服务器进行注册。下面我们来看这个 register 方法的源码，如代码清单 3-25 所示。

代码清单 3-25　服务注册（类 DiscoveryClient 的 register 方法）

```java
/**
 * Register with the eureka service by making the appropriate REST call.
 */
boolean register() throws Throwable {
    logger.info(PREFIX + "{}: registering service...", appPathIdentifier);
    EurekaHttpResponse<Void> httpResponse;
    try {
        httpResponse // 服务注册
            = eurekaTransport.registrationClient.register(instanceInfo);
    } catch (Exception e) {
        logger.warn(PREFIX + "{} - registration failed {}",
            appPathIdentifier, e.getMessage(), e);
        throw e;
    }
    if (logger.isInfoEnabled()) {
        logger.info(PREFIX + "{} - registration status: {}",
            appPathIdentifier, httpResponse.getStatusCode());
    }
    // 监听返回值，看返回值是否为 HTTP 状态码 204（204 代表成功，但无须返回内容）
    return httpResponse.getStatusCode() == 204;
}
```

源码加粗的地方就是注册的方法。从返回的内容和方法开始的注释来看，显然可以知道，它是使用了 REST 请求来实现的。最后，判断状态码是否为 204（响应成功，但无须返回内容）。为了证明这些，我们再来详细看看注册方法的内容，该方法位于类 RestTemplateTransportClientFactory 之内，如代码清单 3-26 所示。

代码清单 3-26　服务注册（RestTemplateTransportClientFactory 的 register 方法）

```java
@Override
public EurekaHttpResponse<Void> register(InstanceInfo info) {
    // 通过 serviceUrl 来构建请求 URL
```

```
String urlPath = serviceUrl + "apps/" + info.getAppName();
// 请求头
HttpHeaders headers = new HttpHeaders();
// 设置请求头
headers.add(HttpHeaders.ACCEPT_ENCODING, "gzip");
headers.add(HttpHeaders.CONTENT_TYPE, MediaType.APPLICATION_JSON_VALUE);
// 使用 REST 风格的 POST 请求注册
ResponseEntity<Void> response = restTemplate.exchange(urlPath,
    HttpMethod.POST, new HttpEntity<>(info, headers), Void.class);
// 包装请求结果
return anEurekaHttpResponse(response.getStatusCodeValue())
        .headers(headersOf(response)).build();
}
```

从这段代码可以看到,请求的 URL 是依赖于配置项 eureka.client.serviceUrl.defaultZone 来构建的。跟着,通过 REST 风格的 POST 请求进行了服务注册。最后,将请求结果包装为 EurekaHttpResponse 对象返回。

关于源码分析,我们就讨论到这里。其实服务获取、续约和下线也是接近的,大家可以根据上述思路来查看对应的内容,帮助自己深入理解 Eureka 服务的机制。

3.2.5　Eureka 使用注意点

在上述的描述中,结合第 1 章学习的 CAP 理论,可以看出 Eureka 是一个强调 AP(可用性和分区容忍)的组件。先谈可用性,Eureka 的机制是通过各种 REST 风格的请求来监控各个微服务甚至其他 Eureka 服务器是否可用,在一些情况下会剔除它们,所以即使某个微服务只存在一个实例,该微服务也依旧可用,这便是 Eureka 的高可用性。在 Eureka 机制中,如果某个微服务实例可能不能使用了,那么 Eureka 服务器就会通过服务续约机制将其剔除,不再让新的请求路由到这个可能不可用的实例上,从而保证请求能在正常的实例得到处理。

在 Eureka 的使用过程中,有两个延迟是需要注意的。

- 对于服务注册,启动 Eureka 客户端,它不会马上注册到 Eureka 服务器。在默认情况下,启动后需要等上 40 秒后,才会发送 REST 风格请求到 Eureka 服务器请求注册。如果注册不成功,它会每 30 秒尝试注册一次。换句话说,并不是启动 Eureka 客户端之后,它就马上注册,这是需要注意的地方。
- 对于服务发现,客户端存在自己的缓存清单,在默认的情况下,它是 30 秒维护一次。换句话说,即使你的新微服务注册到了 Eureka,该缓存清单也可能不包含这个新微服务,只有当缓存清单刷新后才能发现新注册的微服务,这是大家在实践中需要注意的。

上述的时间间隔都可以通过配置改变,在 3.2.4 节的源码分析中,我都进行了详细的论述。为了避免关闭的实例无法被 Eureka 剔除的问题,在后续本机的测试中,我都是使用配置项关闭 Eureka 的自我保护机制的(将配置项 eureka.server.enable-self-preservation 设置为 false),这是大家需要注意的地方。

3.3　Eureka 配置

Eureka 配置的基础是其治理机制,掌握其治理机制能更好地使用配置。实际上,在讲解其治理机制的时候,已经讲了很大一部分的配置,所以本节的讨论只是在添砖加瓦。对于 Eureka 的配置分为服务端和客户端，实际的 Eureka 客户端也是一个具体的微服务实例，甚至 Eureka 服务器实例也是另外一个 Eureka 服务器的客户端，正如之前的例子中，我们让两个 Eureka 服务器相互注册就是这样。

Eureka 机制主要的配置是客户端，因为在大部分的情况下都是客户端主动通过 REST 请求服务端来完成续约和服务获取等重要功能。Eureka 客户端的配置主要分两种，一种是服务注册配置，另外一种是服务实例配置。对于服务注册配置，主要是服务注册中心地址、服务获取时间间隔、可用区域等。对于服务实例配置，则主要是服务实例的名称、端口、心跳监测地址等。

Eureka 服务器本身在使用时应该说并不需要太多的配置，只需保持原有的配置即可。如果需要更多的配置信息，建议查看它的配置类的源码，它的配置类是 org.springframework.cloud.netflix.eureka.server. EurekaServerConfigBean，通过它可以获取更多的信息，这里就不再阐述了。

3.3.1 客户端服务注册配置

客户端服务注册的配置是以 eureka.client 为前缀的，如果需要更为详尽的配置信息，可以看 org.springframework.cloud.netflix.eureka.EurekaClientConfigBean 的源码，换句话说，以 eureka.client 为前缀的配置项就是配置这个 Bean 的。

在客户端配置中，最为麻烦的是指定注册中心。上述是使用配置项 eureka.client.serviceUrl.defaultZone 进行配置的。从代码清单 3-21 中，我们知道，serviceUrl 实际是配置类 EurekaClientConfigBean 的一个类型为 HashMap<String, String>的属性，默认值是 http://localhost:8761/eureka。但在我们的实例中，启动 Eureka 的端口是 5001 和 5002，所以我们会这样配置：

```
# 微服务实例注册服务治理中心的 URL
eureka:
  client:
    serviceUrl:
      defaultZone : http://localhost:5001/eureka/,http://localhost:5002/eureka/
```

这里可以看到，可以配置多个注册中心，它们之间以半角逗号分隔，这样就能够将当前微服务实例注册到 Eureka 服务治理中心了。但是有时候，注册中心还需要 HTTP 验证来保证安全性，这个时候就需要改变配置了。例如，http://user:password@localhost:5001/eureka，在这个 URL 中，user 是用户名，password 是密码。

当然，客户端服务注册的配置项还有很多，它们都以 eureka.client 开头，如表 3-2 所示。

表 3-2   启动微服务和相关说明

配置项	说明	默认值
enabled	是否启用 Eureka 客户端	true
registry-fetch-interval-seconds	从 Eureka 服务器获取注册服务实例清单的时间间隔（单位秒）	30
instance-info-replication-interval-seconds	从更新服务实例信息到 Eureka 同步的时间间隔（单位秒）	30
initial-instance-info-replication-interval-seconds	将实例信息初始化到 Eureka 服务端的时间间隔（单位秒）	40
eureka-service-url-poll-interval-seconds	轮询 Eureka 服务地址更新的时间间隔（单位秒），在使用 Spring Cloud Config 后，可以动态刷新 serviceUrl	300

续表

配置项	说明	默认值
eureka-server-read-timeout-seconds	读取 Eureka 服务器信息的超时时间（单位秒）	8
eureka-server-connect-timeout-seconds	连接 Eureka 服务器的超时时间（单位秒）	5
eureka-server-total-connections	Eureka 客服端连接 Eureka 服务器的连接总数	200
eureka-server-total-connections-per-host	Eureka 客户端到每一个 Eureka 服务的链接总数	50
eureka-connection-idle-timeout-seconds	Eureka 客户端连接 Eureka 服务器的超时关闭时间（单位秒）	30
heartbeat-executor-thread-pool-size	心跳任务连接池线程数	2
heartbeat-executor-exponential-back-off-bound	心跳超时重试延迟时间的最大乘数值	10
cache-refresh-executor-thread-pool-size	缓存刷新连接池线程数	2
cache-refresh-executor-exponential-back-off-bound	缓存刷新重试延迟时间的最大乘数值	10
use-dns-for-fetching-service-urls	是否使用 DNS 地址来获取 serviceUrl	false
register-with-eureka	是否需要将实例注册到 Eureka 服务器	true
prefer-same-zone-eureka	是否偏爱使用相同 Zone 的 Eureka 服务器	true
filter-only-up-instances	获取实例信息时是否过滤服务，只保留为 UP 状态的	true
fetch-registry	是否启用服务获取	true

3.3.2　客户端服务实例配置

上述注册配置的信息主要是针对服务发现、获取和续约的，这里的客户端服务实例配置，则是针对 Eureka 客户端所要注册的信息的。客户端服务实例的配置是以 eureka.instance 为前缀的，配置的类是 org.springframework.cloud.netflix.eureka.EurekaInstanceConfigBean。换句话说，如果需要更多的信息，看这个类就可以了。Spring Cloud 会用通过 EurekaInstanceConfigBean 读入的信息，创建 InstanceInfo 实例，然后将 InstanceInfo 实例通过 REST 请求发送给 Eureka 服务器。

首先，我们先来看服务实例名称的配置。在默认的情况下，启动 Eureka 客户端，就可以在 Eureka 服务器平台上看到图 3-13 所示的信息。

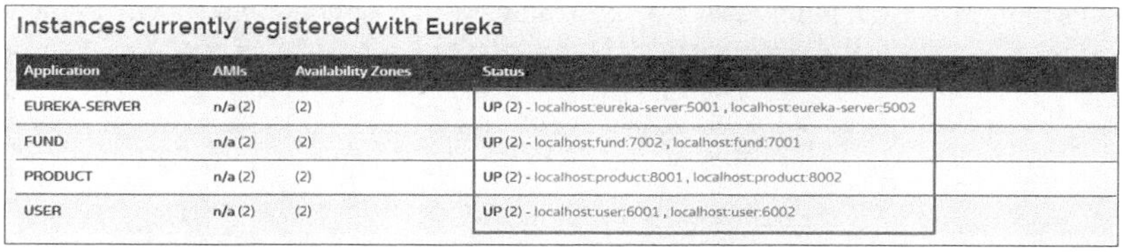

图 3-13　服务实例名称

从图中可以看到，每一个微服务都有两个实例，而每一个实例的名称又不尽相同，那么它的规则是怎么样的呢？在 Spring Cloud 中，微服务实例默认的名称规则是，如果我们配置了 spring.application. instance_id，则名称为：

```
${spring.cloud.hostname}:$(spring.application.name):$(spring.application.instance_id)
```

如果没配置，则名称为：

```
${spring.cloud.hostname}:$(spring.application.name):$(server.port)
```

显然，图 3-13 中的微服务实例名称没有配置 spring.application.instance_id，所以会采用第二种规则来产生服务实例名称。倘若开发者不想采用 Spring Cloud 提供的规则，那么也可以使用自定义服务实例名称，使用配置项 eureka.instance.instance-id 就行。例如，修改用户的 application-peer2.yml 文件的配置项，如代码清单 3-27 所示。

代码清单 3-27　修改 application-peer2.yml 中的服务实例名称（user 模块）

```
# 微服务端口
server:
  port: 6002

# 定义微服务实例信息
eureka:
  instance:
    # 微服务 id, 规则为 "实例服务器名称-微服务名称-端口"
    instance-id: ${eureka.instance.hostname}-user-${server.port}
    # "实例服务器名称"
    hostname: localhost
```

然后，我们重启 Eureka 服务器，就可以看到图 3-14 所示的结果了。

Application	AMIs	Availability Zones	Status
EUREKA-SERVER	n/a (1)	(1)	UP (1) - localhost:eureka-server:5002
FUND	n/a (1)	(1)	UP (1) - localhost:fund:7001
PRODUCT	n/a (2)	(2)	UP (2) - localhost:product:8001 , localhost:product:8002
USER	n/a (2)	(2)	UP (2) - localhost:user:6001 , localhost-user-6002

图 3-14　自定义服务实例名称

从图 3-14 中可以看到，通过配置项 eureka.instance.instance-id 可以修改服务名称了。只是在配置服务名称的过程中，大家要尽量避免重名的发生。我还是建议使用服务器名称（或者 IP）、微服务名称和端口一起构成命名，或者直接使用 Spring Cloud 默认的规则。

此外，还可以自定义服务实例的元数据，使用的配置项是 eureka.instance.metadata-map，它是一个 Map 结构，允许我们自定义启动实例的元数据。比方说，我们的用户微服务 6002 端口部署的是 v2 版本，为了标记它的版本号，我们可以在 application-peer2.yml 文件中修改相关的配置项，代码如下：

```
# 定义微服务实例信息
eureka:
  instance:
    metadata-map:
      # 自定义元数据版本号（version）为 v2
      version: v2
```

自定义的元数据会被发送到 Eureka 服务端，其他的微服务也可以读取这个配置，这样就知道部署的是什么版本的服务了。

第 4 章
客户端负载均衡——Ribbon

Spring Cloud Netflix Ribbon 是一种客户端负载均衡的组件，为了方便，在本书中都简称为 Ribbon。在微服务架构中，我们依照业务将系统进行切分，但一个实际的业务往往需要多个微服务通过相互协作来完成，所以各种微服务之间存在服务调用。

在 Spring Cloud 中，提供的服务调用是 Ribbon 和 OpenFeign。Ribbon 是 Netflix 公司开发的组件，Spring Cloud 通过二次封装使得它更加简单易用。OpenFeign 实际也是基于 Ribbon 来实现的。

微服务之间的调用往往被称为"客户端负载均衡"，这是因为在 Eureka 的机制中，任何微服务都是 Eureka 的"客户端"。通过第 3 章的学习，可以知道一个微服务可以存在多个实例，在进行服务调用的时候需要选取具体实例进行调用，这就需要通过具体的负载均衡算法来实现了。正如我们第 3 章的例子，产品微服务可能会调用资金微服务，但是资金微服务下面又分为多个实例，如何获取资金微服务下的多个实例是服务实例清单获取和维护的功能，而如何选取具体的服务实例就是负载均衡的功能了。

4.1 负载均衡概述

负载均衡是大型网络系统必须实现的功能之一，主要原因有以下 4 点。

- **降低单机压力**：因为在大量的用户、请求和数据面前，单机是无法承受的。实现了负载均衡的系统往往能够根据合理的算法将用户、请求和数据分摊到各个机器上，减少单机压力。
- **高可用和高性能**：当某个节点出现问题时，可以测试其心跳，如果失败到达一定程度，就将它剔出系统；也可以判断它是否处于忙碌阶段，通过负载均衡算法选择是否调度它。这样就保证了高可用。因为可以无限扩展机器，所以在遇到性能瓶颈的时候，可以通过增加机器来保证性能，具备高性能的特点。
- **可伸缩性**：当企业业务规模快速扩大时，可以通过增加节点的方式，提高系统的服务能力；当业务规模快速减小时，可以通过减少节点的方式，节省资源。
- **请求过滤**：提供过滤器的使用，过滤器可以通过简单的判断来监测请求的合法性或者对请求流量进行限制，从而避免对具体节点系统的恶意攻击，达到保护系统和提高系统响应能力的目的。

在实际生产中，负载均衡分为硬件负载均衡和软件负载均衡。当前最流行的硬件负载均衡当属 F5，但是硬件负载均衡不是软件工程师需要掌握的内容，它是由运维和网络人员进行配置的，所以本书不讨论它。软件负载均衡是本章要讨论的核心。无论是硬件负载均衡，还是软件负载均衡，都可以用类似于图 4-1 所示的形式构建。

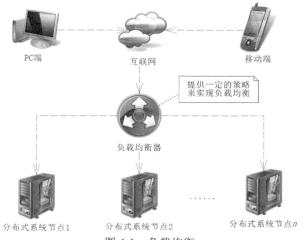

图 4-1 负载均衡

负载均衡需要解决两个最基本的问题：第一个是从哪里选服务实例；第二个是如何选择服务实例。关于第一个问题，实际已经讲解过了。让我们回顾第 3 章的内容，我们知道，在 Spring Cloud 微服务系统中，维护微服务实例清单的是 Eureka 服务治理中心，而具体微服务实例会执行服务获取，获得微服务实例清单，缓存到本地，同时，还会按照一个时间间隔更新这份实例清单（因为实例清单也是在不断维护和变化的）。关于第二个问题，就是通过负载均衡的策略从服务实例清单列表中选择具体实例。但实际会更为复杂，因为在一个请求上会出现超过、网络超时甚至是服务提供者的故障等，这时就要考虑断路器组件了，这会在后文讨论到。

4.2　初识 Ribbon

使用 Ribbon，主要就是 RestTemplate 的使用，关于 RestTemplate 的使用在第 2 章介绍了很多，这里就不再赘述了。关于 Ribbon 负载均衡的例子，在 3.2.1 节中也举例说明了，这里就不再举例了。这里我们需要搞清楚 Ribbon 的运行机制，各种负载均衡的策略是什么，以及我们应该如何使用它们。

4.2.1　Ribbon 概述

为了更好地解释这些，先来了解一下 Ribbon 中相关接口和类的概念说明，如表 4-1 所示。

表 4-1　Ribbon 中相关概念的说明

接口定义	Spring Bean Name	默认实现类	说明
IClientConfig	ribbonClientConfig	DefaultClientConfigImpl	客户端配置
IRule	ribbonRule	ZoneAvoidanceRule	负载均衡策略
IPing	ribbonPing	DummyPing	通过 ping 命令验证服务实例是否可用

续表

接口定义	Spring Bean Name	默认实现类	说明
ServerList\<Server\>	ribbonServerList	ConfigurationBasedServerList	服务实例清单
ServerListFilter\<Server\>	ribbonServerListFilter	ZonePreferenceServerListFilter	根据某些条件过滤后得到的服务实例清单
ILoadBalancer	ribbonLoadBalancer	ZoneAwareLoadBalancer	负载均衡器，它将按某种策略来选取服务实例
ServerListUpdater	ribbonServerListUpdater	PollingServerListUpdater	根据一定的策略来更新服务实例清单

这些在 Spring Boot 中都是通过配置类 RibbonClientConfiguration 来自定义装配的，需要深入研究的读者可以打开这个类的源码进行进一步的学习。这里的 IClientConfig 是 Ribbon 客户端的配置，我们可以通过它配置 Ribbon 相关的内容。IRule 是负载均衡策略接口，也就是说，具体的负载均衡是通过它来提供算法的。IPing 接口能判断服务实例是否可用。服务实例存在上线、下线和故障等多种可能，通过 IPing 接口能判定服务实例是否可用。ServerList\<Server\>是从 Eureka 服务端拉取服务实例清单，其中包含注册过的服务实例（包括可用的和不可用的）。ServerListFilter\<Server\>是服务实例过滤清单，一般过滤条件包含这么几种：实例是否可用、负载是否过大、服务版本选择等，通过这些过滤条件就可以选中合适的实例了。ILoadBalancer 负载均衡器，它通过 IRule 接口提供的算法来选取服务实例；ServerListUpdater 属于服务实例列表更新，正如上述所说，服务实例列表是一个不断维护的清单，Ribbon 就是通过它来及时更新清单的。有了这些基本概念，下面我们来探索一下源码，进一步理解 Ribbon 的工作原理。

4.2.2　Ribbon 是如何实现负载均衡的

现在回到代码清单 3-18，在 RestTemplate 上，我们加入了@LoadBalanced，也就是通过这个注解启动了负载均衡。这里打开这个注解的源码，很快就可以看到这样的注释：

```
Annotation to mark a RestTemplate bean to be configured to use a LoadBalancerClient
```

从这句话可以看出，在使用了注解@LoadBalanced 后，LoadBalancerClient 接口对象就会对 RestTemplate 进行处理。所以这里我们需要稍微研究一下 LoadBalancerClient 接口，在 Spring Cloud 中，它扩展了 ServiceInstanceChooser 接口，并且存在一个实现类 RibbonLoadBalancerClient，如图 4-2 所示。

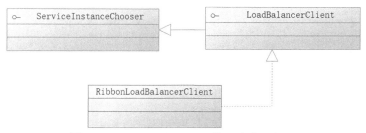

图 4-2　LoadBalancerClient 接口和实现设计

ServiceInstanceChooser 接口定义了一个方法：

```
ServiceInstance choose(String serviceId);
```

　　这个方法的参数 serviceId 指代的是微服务的 ID，也就是实例的配置项 spring.application.name，通过它根据一定的策略能返回一个具体的微服务实例。下面再看 LoadBalancerClient 接口的源码，如代码清单 4-1 所示。

代码清单 4-1　LoadBalancerClient 的源码

```
package org.springframework.cloud.client.loadbalancer;
/**** imports ****/
public interface LoadBalancerClient extends ServiceInstanceChooser {

    <T> T execute(String serviceId, LoadBalancerRequest<T> request)
            throws IOException;

    <T> T execute(String serviceId, ServiceInstance serviceInstance,
            LoadBalancerRequest<T> request) throws IOException;

    URI reconstructURI(ServiceInstance instance, URI original);
}
```

　　首先，因为 LoadBalancerClient 接口扩展了 ServiceInstanceChooser 接口，所以拥有了 choose(String serviceId)方法。其次，还存在下面 3 个方法。

- execute(String serviceId, LoadBalancerRequest<T> request)：根据 serviceId 找到具体的服务实例执行请求。
- execute(String serviceId, ServiceInstance serviceInstance, LoadBalancerRequest<T> request)：根据 serviceId 和 serviceInstance（服务实例）执行请求。
- URI reconstructURI(ServiceInstance instance, URI original)：根据当前给出的 URI 重构可用的 URL。

　　让我们回到代码清单 3-19，该代码使用 FUND 代替了 host:port 的格式，而 FUND 代表资金微服务，也就是 serviceId。显然，我们给出的 URI 是不能进行请求的，必须重写才可以。重写则需要明确对哪个具体的实例进行请求，可以通过 ServiceInstanceChooser 定义的 choose 方法的参数来获取服务实例，但是请注意，在本书撰写时这个方法还没有投入使用，稍后我会进行说明。reconstructURI 方法的作用是重构 URI，也就是在获取微服务实例后，需要把 FUND 修改为 host:port 的格式，来确定具体请求哪个服务实例。两个 execute 方法的作用是执行请求操作。

　　接下来探讨 LoadBalancerClient 接口的两个 execute 方法。在图 4-2 中，我们可以看到，它存在一个实现类 RibbonLoadBalancerClient，先来看一下它的第一个 execute 方法的实现，如代码清单 4-2 所示。

代码清单 4-2　RibbonLoadBalancerClient 第一个 execute 方法的源码

```
@Override
public <T> T execute(String serviceId, LoadBalancerRequest<T> request)
        throws IOException {
    // 负载均衡器
    ILoadBalancer loadBalancer = getLoadBalancer(serviceId);
    // 获取具体服务实例
    Server server = getServer(loadBalancer);
    if (server == null) { // 获取结果为空，抛出异常
        throw new IllegalStateException("No instances available for "
            + serviceId);
    }
    // 包装为 Ribbon 服务实例
    RibbonServer ribbonServer = new RibbonServer(serviceId, server,
```

```
        isSecure(server, serviceId),
        serverIntrospector(serviceId).getMetadata(server));
    // 调度另外一个 execute 方法执行请求
    return execute(serviceId, ribbonServer, request);
}

// 在服务实例清单中，按照一定的策略选择具体的服务实例
protected Server getServer(ILoadBalancer loadBalancer) {
    if (loadBalancer == null) {
        return null;
    }
    // TODO: better handling of key
    return loadBalancer.chooseServer("default");
}
```

　　这里第一个 execute 方法的工作流程是，首先通过 serviceId 获取具体微服务的实例，然后用微服务实例作为参数，调度另外一个 execute 方法。这里获取具体微服务实例的方法是 getServer，使用的是负载均衡器（ILoadBalancer）的 chooseServer 方法，而非 LoadBalancerClient 所定义的 choose 方法。关于负载均衡器，我们后面会讨论。最后这个方法会调用第二个 execute 方法，我们接下来探讨一下第二个 execute 方法的源码，如代码清单 4-3 所示。

代码清单 4-3　RibbonLoadBalancerClient 第二个 execute 方法的源码

```
@Override
public <T> T execute(String serviceId, ServiceInstance serviceInstance,
        LoadBalancerRequest<T> request) throws IOException {
    Server server = null;
    if(serviceInstance instanceof RibbonServer) {
        server = ((RibbonServer)serviceInstance).getServer();
    }
    if (server == null) {
        throw new IllegalStateException("No instances available for "
            + serviceId);
    }
    // 创建分析记录器，有兴趣的读者可以自行阅读其源码
    RibbonLoadBalancerContext context = this.clientFactory
            .getLoadBalancerContext(serviceId);
    RibbonStatsRecorder statsRecorder
        = new RibbonStatsRecorder(context, server);

    try {
        //将请求发送到具体的服务实例
        T returnVal = request.apply(serviceInstance);
        // 将结果记录到分析记录器中
        statsRecorder.recordStats(returnVal);
        // 返回请求结果
        return returnVal;
    }
    // catch IOException and rethrow so RestTemplate behaves correctly
    catch (IOException ex) {
        statsRecorder.recordStats(ex);
        throw ex;
    }
    catch (Exception ex) {
        statsRecorder.recordStats(ex);
        ReflectionUtils.rethrowRuntimeException(ex);
```

```
    }
    return null;
}
```

这里首先获取了具体的服务实例。然后创建了分析记录器（RibbonStatsRecorder），用来统计分析这次请求，对服务器的情况做一定的分析。最后调用了请求返回结果。

在第 3 章的例子中，我们并没有创建任何关于 LoadBalancerClient 接口对象的实例，却能够实现负载均衡的效果，这说明 Spring Boot 为我们自动装配了相关的对象。打开配置类 org.springframework. cloud.netflix.ribbon.RibbonAutoConfiguration，就可以看到创建 RibbonLoadBalancerClient 类对象的代码。

通过上述描述，大家可以看到 LoadBalancerClient 的功能，但是至今还没有回答 LoadBalancerClient 是如何让 RestTemplate 执行负载均衡的。答案是使用了拦截器，Ribbon 中提供了拦截器 LoadBalancer Interceptor，对标注@LoadBalanced 注解的 RestTemplate 进行拦截，然后植入 LoadBalancerClient 的逻辑，下面看一下它的源码，如代码清单 4-4 所示。

代码清单 4-4 LoadBalancerInterceptor 的源码

```
package org.springframework.cloud.client.loadbalancer;

/**** imports ****/
public class LoadBalancerInterceptor implements ClientHttpRequestInterceptor {
    // 负载均衡客户端
    private LoadBalancerClient loadBalancer;
    private LoadBalancerRequestFactory requestFactory;

    public LoadBalancerInterceptor(LoadBalancerClient loadBalancer,
            LoadBalancerRequestFactory requestFactory) {
        this.loadBalancer = loadBalancer;
        this.requestFactory = requestFactory;
    }

    // 设置属性
    public LoadBalancerInterceptor(LoadBalancerClient loadBalancer) {
        // for backwards compatibility
        this(loadBalancer, new LoadBalancerRequestFactory(loadBalancer));
    }

    // 拦截逻辑
    @Override
    public ClientHttpResponse intercept(final HttpRequest request,
            final byte[] body, final ClientHttpRequestExecution execution)
            throws IOException {
        final URI originalUri = request.getURI();
        String serviceName = originalUri.getHost();
        Assert.state(serviceName != null,
            "Request URI does not contain a valid hostname: " + originalUri);
        // 调用 execute 方法，执行请求
        return this.loadBalancer.execute(serviceName,
            requestFactory.createRequest(request, body, execution));
    }
}
```

这里可以看到类 LoadBalancerClient 的构造方法，负载均衡器（loadBalancer）就作为其参数被装配进来，而类 LoadBalancerClient 的核心代码是 intercept 方法，在最后该方法调用了 LoadBalancerClient 的 execute 方法。这里 LoadBalancerInterceptor 对象是通过 Spring Boot 的方式自动

装配的，关于这一点，可以看一下类 LoadBalancerAutoConfiguration（org.springframework.cloud.client.
loadbalancer.LoadBalancerAutoConfiguration）。下面节选 LoadBalancerAutoConfiguration 的部分代码进
行讲解，如代码清单 4-5 所示。

代码清单 4-5　LoadBalancerAutoConfiguration 的源码分析

```
package org.springframework.cloud.client.loadbalancer;
/**** imports ****/
@Configuration
@ConditionalOnClass(RestTemplate.class)
@ConditionalOnBean(LoadBalancerClient.class)
@EnableConfigurationProperties(LoadBalancerRetryProperties.class)
public class LoadBalancerAutoConfiguration {

    // 标注了@LoadBalanced 的 RestTemplate 列表
    @LoadBalanced
    @Autowired(required = false)
    private List<RestTemplate> restTemplates = Collections.emptyList();

    @Bean
    public SmartInitializingSingleton
        loadBalancedRestTemplateInitializerDeprecated(
        final ObjectProvider<List<RestTemplateCustomizer>>
          restTemplateCustomizers) {
        return () -> restTemplateCustomizers.ifAvailable(customizers -> {
          for (RestTemplate restTemplate :
              LoadBalancerAutoConfiguration.this.restTemplates) {
            for (RestTemplateCustomizer customizer : customizers) {
              customizer.customize(restTemplate);
            }
          }
        });
    }

    ......

    @Configuration
    @ConditionalOnMissingClass(
        "org.springframework.retry.support.RetryTemplate")
    static class LoadBalancerInterceptorConfig {
        // 创建拦截器
        @Bean
        public LoadBalancerInterceptor ribbonInterceptor(
            LoadBalancerClient loadBalancerClient,
            LoadBalancerRequestFactory requestFactory) {
          return new LoadBalancerInterceptor(loadBalancerClient,
            requestFactory);
        }

        // 增加拦截器
        @Bean
        @ConditionalOnMissingBean
        public RestTemplateCustomizer restTemplateCustomizer(
            final LoadBalancerInterceptor loadBalancerInterceptor) {
          return restTemplate -> {
            List<ClientHttpRequestInterceptor> list = new ArrayList<>(
                restTemplate.getInterceptors());
            list.add(loadBalancerInterceptor);
```

```
            restTemplate.setInterceptors(list);
        };
    }
}
......
}
```

这段代码主要做了 3 件事。

- 创建 LoadBalancerInterceptor 对象，这样就存在了拦截器，用于拦截相应的被标注了@LoadBalanced 的 RestTemplate 对象。
- 创建 RestTemplateCustomizer 对象，并且将拦截器设置到已有的拦截列表中，这样 LoadBalancerInterceptor 对象就可以拦截 RestTemplate 对象了。
- 维护一个被标注@LoadBalanced 的 RestTemplate 列表，通过 RestTemplateCustomizer 给需要负载均衡的 RestTemplate 提供拦截器（LoadBalancerInterceptor）。

以上就是 Ribbon 实现负载均衡的整个流程：首先通过 LoadBalancerInterceptor 拦截 RestTemplate，然后在其 intercept 方法调用 LoadBalancerClient 接口的 execute 方法来执行负载均衡。

4.3 Ribbon 负载均衡器和策略

上面我们追随着源码探究了 RestTemplate 是如何在 Ribbon 中实现负载均衡的，但是还没有讨论负载均衡的细节内容。负载均衡包括两个部分：负载均衡器和负载均衡策略。负载均衡器可以进一步过滤服务实例清单中不可用或者高负载的服务，排除它们。策略是最终决定选择服务的方法。

4.3.1 负载均衡器

在代码清单 4-2 中，选择具体实例的时候采用了 ILoadBalancer 接口的 chooseServer 方法。现在让我们来探讨一下 ILoadBalancer 接口，先看一下它的源码，如代码清单 4-6 所示。

代码清单 4-6 lloadBalancer 的源码分析

```
package com.netflix.loadbalancer;

/**** imports ****/
public interface ILoadBalancer {
    // 新增服务实例列表
    public void addServers(List<Server> newServers);

    // 选择具体服务实例
    public Server chooseServer(Object key);

    // 记录服务实例下线
    public void markServerDown(Server server);

    // 获取具体的服务实例
    @Deprecated
    public List<Server> getServerList(boolean availableOnly);

    // 获取可以访问且正常运行的服务实例
    public List<Server> getReachableServers();

    // 返回服务的服务实例
```

```
    public List<Server> getAllServers();
}
```

上述的方法中，我也注释了其方法的作用。它们主要分成
两个部分：一是服务器的管理，关于这些会在另外一节进行讨
论；二是本节讨论的 chooseService 方法，它是选择服务实例的
方法。这里追踪一下接口 ILoadBalancer 的实现类，我们可以发
现它存在这样的关系，如图 4-3 所示。

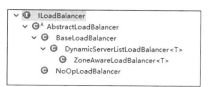

图 4-3　ILoadBalancer 和其实现类

从图中可以看到，它存在两个最底层的实现类 ZoneAwareLoadBalancer 和 NoOpLoadBalancer。当前
的 NoOpLoadBalancer 是一个空实现，没有太多的讨论价值，所以这里主要讨论 ZoneAwareLoadBalancer，
而且主要讨论 chooseServer 方法，对其他细节不做太多的讨论。对于 chooseServer 方法在图 4-3 的
类中实现的地方有两处，一处是 BaseLoadBalancer，另一处是 ZoneAwareLoadBalancer。先看一下
BaseLoadBalancer 的源码，如代码清单 4-7 所示。

代码清单 4-7　BaseLoadBalancer 的 chooseServer 方法的源码分析

```
public class BaseLoadBalancer extends AbstractLoadBalancer implements
        PrimeConnections.PrimeConnectionListener, IClientConfigAware {
    ......
    // 默认的路由策略，轮询
    private final static IRule DEFAULT_RULE = new RoundRobinRule();
    // 当前路由策略
    protected IRule rule = DEFAULT_RULE;
    ......
    public Server chooseServer(Object key) {
        // 计数器
        if (counter == null) {
            counter = createCounter();
        }
        // 线程安全+1 操作
        counter.increment();
        if (rule == null) {
            return null;
        } else {
            try {
                // 通过路由策略获取服务
                return rule.choose(key);
            } catch (Exception e) {
                logger.warn("LoadBalancer [{}]: "
                + " Error choosing server for key {}", name, key, e);
                return null;
            }
        }
    }
    ......
}
```

在代码中可以看到，存在一个计数器，每当执行 chooseServer 方法时，都会执行一次加 1 操作，
记录操作的次数。代码最后使用的是 IRule 对象（rule）的 choose 方法来选择具体的服务实例。从代
码来看，默认的 IRule 接口对象的具体实现类是 RoundRobinRule，它采用的是轮询策略。这里的 IRule
接口是负载均衡中最重要的接口，负载均衡的策略主要是通过它来实现的。不过这里先来讨论

ZoneAwareLoadBalancer 的 chooseServer 方法，如代码清单 4-8 所示。

代码清单 4-8 ZoneAwareLoadBalancer 的 chooseServer 方法的源码分析

```
@Override
public Server chooseServer(Object key) {
    // 如果不存在 Zone 的概念，且获取的 Zone 的数量小于等于 1，
    // 则执行 BaseLoadBalancer 的 chooseServer 方法
    if (!ENABLED.get()
            || getLoadBalancerStats().getAvailableZones().size() <= 1) {
        logger.debug("Zone aware logic disabled "
            + "or there is only one zone");
        return super.chooseServer(key);
    }
    Server server = null;
    try {
        LoadBalancerStats lbStats = getLoadBalancerStats();
        // 获取当前负载均衡器中所有 Zone 的快照，用于负载均衡策略的算法
        Map<String, ZoneSnapshot> zoneSnapshot
            = ZoneAvoidanceRule.createSnapshot(lbStats);
        logger.debug("Zone snapshots: {}", zoneSnapshot);
        // 按照负载阈值过滤，按一定的比例（默认 20%）去除负载最高的 Zone
        if (triggeringLoad == null) {
            triggeringLoad = DynamicPropertyFactory.getInstance()
                .getDoubleProperty("ZoneAwareNIWSDiscoveryLoadBalancer."
                    + this.getName()
                    + ".triggeringLoadPerServerThreshold", 0.2d);
        }
        // 按故障率阈值（大于 99.999%）排除 Zone 列表
        if (triggeringBlackoutPercentage == null) {
            triggeringBlackoutPercentage = DynamicPropertyFactory.getInstance()
                .getDoubleProperty("ZoneAwareNIWSDiscoveryLoadBalancer."
                + this.getName() + ".avoidZoneWithBlackoutPercetage", 0.99999d);
        }
        // 获取可用的 Zone，根据负载阈值和故障阈值过滤
        Set<String> availableZones
            = ZoneAvoidanceRule.getAvailableZones(zoneSnapshot,
                triggeringLoad.get(), triggeringBlackoutPercentage.get());
        logger.debug("Available zones: {}", availableZones);
        // 倘若存在可用的 Zone
        if (availableZones != null
                &&  availableZones.size() < zoneSnapshot.keySet().size()) {
            // 随机选择 Zone
            String zone = ZoneAvoidanceRule.randomChooseZone(
                zoneSnapshot, availableZones);
            logger.debug("Zone chosen: {}", zone);
            if (zone != null) {
                // 根据 Zone 名称获取对应的负载均衡器
                BaseLoadBalancer zoneLoadBalancer = getLoadBalancer(zone);
                // 根据负载均衡器来获取服务实例
                server = zoneLoadBalancer.chooseServer(key);
            }
        }
    } catch (Exception e) {
        logger.error("Error choosing server using zone aware logic "
            + "for load balancer={}", name, e);
    }
    // 如果服务实例不为空，则返回
```

```
        if (server != null) {
            return server;
        } else { // 如果服务为空, 则执行 BaseLoadBalancer 的 chooseServer 方法
            logger.debug("Zone avoidance logic is not invoked.");
            return super.chooseServer(key);
        }
    }
```

这段代码的步骤大体分为 5 步。

- 判断是否启用了 Zone 的功能, 如果没有 Zone 或者是 Zone 的数量只有 1 个, 就采用 BaseLoadBalancer 的 chooseServer 方法来选择具体的服务, 结束流程。

- 按照负载阈值来排除 Zone, 排除最高负载 20%的 Zone。

- 按照故障率阈值来排除 Zone, 排除故障率大于 99.999%的 Zone。

- 如果以上步骤都存在可用 Zone, 就采用随机算法获取 Zone, 选中 Zone 后, 再通过负载均衡器(zoneLoadBalancer)的 chooseServer 方法选择服务。

- 如果 Zone 选择失败, 就采用 BaseLoadBalancer 的 chooseServer 来选择服务实例。

以上便是 ZoneAwareLoadBalancer 选择服务的大体逻辑流程, 负载均衡器通过一定的方法过滤服务实例, 从而保证微服务系统的性能。在 Spring Boot 自动配置的情况下, 会默认使用 ZoneAwareLoadBalancer 作为负载均衡器, 创建该对象的过程可以看到 org.springframework.cloud.netflix.ribbon.RibbonClient Configuration 的源码, 如代码清单 4-9 所示。

代码清单 4-9　RibbonClientConfiguration 的部分源码分析

```
// 负载均衡策略
@Bean
@ConditionalOnMissingBean
public IRule ribbonRule(IClientConfig config) {
    if (this.propertiesFactory.isSet(IRule.class, name)) {
        return this.propertiesFactory.get(IRule.class, config, name);
    }
    ZoneAvoidanceRule rule = new ZoneAvoidanceRule();
    rule.initWithNiwsConfig(config);
    return rule;
}


// 负载均衡器
@Bean
@ConditionalOnMissingBean
public ILoadBalancer ribbonLoadBalancer(IClientConfig config,
        ServerList<Server> serverList,
        ServerListFilter<Server> serverListFilter,
        IRule rule, IPing ping, ServerListUpdater serverListUpdater) {
    if (this.propertiesFactory.isSet(ILoadBalancer.class, name)) {
        return this.propertiesFactory.get(ILoadBalancer.class,
            config, name);
    }
    return new ZoneAwareLoadBalancer<>(config, rule, ping, serverList,
        serverListFilter, serverListUpdater);
}
```

从这段代码中可以知道, 默认的负载均衡器是 ZoneAwareLoadBalancer, 默认的策略是

ZoneAvoidanceRule。于是我们可以得到这样的两种情况：

- 如果有 Zone 概念且 Zone 数量大于 1，则根据负载情况和故障情况排除 Zone，默认的负载均衡策略仍旧是轮询。
- 如果没有 Zone 概念或者 Zone 数量为 1，则默认的负载均衡策略为轮询。

这里，我们看到了负载均衡中的另外一个概念——策略。Spring Cloud 提供了几种策略方案，我们到目前为止只看到了轮询策略。轮询策略是默认的策略方案，同时也是使用最多的策略方案。在创建 ZoneAwareLoadBalancer 对象的时候，还会看到 ServerList<Server>、ServerListFilter<Server>和 ServerListUpdater 对象，其中 ServerList 用于获取服务实例清单，ServerListFilter 用于过滤服务实例清单，ServerListUpdater 用于维护更新服务实例清单，未来我们会再次谈到它们。

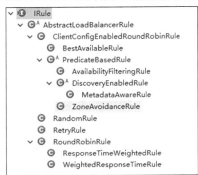

4.3.2 负载均衡策略

在讨论基本的负载均衡器（BaseLoadBalancer）的时候，我们谈到了一个重要的接口，那就是 IRule，在 Ribbon 中就是通过它提供的算法来执行具体的负载均衡策略的，所以先来探讨一下它的接口和实现类之间的关系，如图 4-4 所示。

从图 4-4 中可以看出，在默认的情况下，Ribbon 就提供了许多策略给我们使用，下面通过表 4-2 对它们进行说明。

图 4-4 负载均衡策略的接口与实现类

表 4-2 Ribbon 自带负载均衡策略的说明

策略类	说明	备注
BestAvailableRule	先探测服务实例是否可用，如果可以，则选择当前被分配最少请求的那个	逐个考察实例，如果实例被标记为 tripped（因多次调用失败被标记忽略）则忽略，选择其中活动请求数最少的服务实例
AvailabilityFilteringRule	过滤掉那些被标记为 tripped 的服务实例、无法连接的服务实例，以及超过最大请求阈值的服务实例	Ribbon 会使用 AvailabilityPredicate 类来处理对应的过滤服务实例的逻辑
ResponseTimeWeightedRule	响应时间权重策略	标注@Deprecated，已经废弃，不再讨论
WeightedResponseTimeRule	根据响应时间分配一个权重值（weight）。对于响应时间短的服务实例，有更大的概率分配到请求；反之，对于响应时间长的服务实例，分配到请求的概率就会减少	使用平均/百分比响应时间的规则为每个服务器分配动态"权重"，然后以"加权轮询"方式使用。Ribbon 会开启后台线程分析对应服务的响应时间，从而实现这个算法。在开始没有相关分析数据时，则采用轮询策略
RetryRule	重试服务策略	在一个特定的时间戳内，如果当前分配的服务实例不可用，则通过子策略（默认是轮询）来选定可用的服务实例

续表

策略类	说明	备注
RoundRobinRule	轮询选择服务	通过下标，轮询服务实例列表，从而选择一个服务
RandomRule	随机选择服务	通过随机数，结合服务列表长度，来随机选择一个服务实例
ZoneAvoidanceRule	复合判断实例所在区域的性能和故障，从而选择合适的实例，默认的策略	判断实例是否可用，并且过滤那些负载较高的实例，然后选取对应的服务实例

表 4-2 列出的就是 Ribbon 提供的多种负载均衡策略，其中 ZoneAvoidanceRule 策略是其默认的选择策略，在存在 Zone 概念且 Zone 数量大于 1 的时候，它会先过滤那些负载大的服务或者有故障的服务。RoundRobinRule 策略是轮询策略，也经常在没有 Zone 或者 Zone 判定失败的时候使用，它是现实中使用最多的策略。

基于实用性，这里不会讨论所有的策略，而只是讨论最常用的 4 种：RoundRobinRule、RetryRule、WeightedResponseTimeRule 和 ZoneAvoidanceRule。先看一下 RoundRobinRule 的源码，如代码清单 4-10 所示。

代码清单 4-10　RoundRobinRule 的源码分析

```
public Server choose(ILoadBalancer lb, Object key) {
    // 负载均衡器为 null，返回 null
    if (lb == null) {
        log.warn("no load balancer");
        return null;
    }
    Server server = null;
    int count = 0;
    // 如果 server 为空，并且循环次数小于 10 次
    while (server == null && count++ < 10) {
        // 获得可用的服务实例清单
        List<Server> reachableServers = lb.getReachableServers();
        // 获取所有的服务实例清单
        List<Server> allServers = lb.getAllServers();
        int upCount = reachableServers.size(); // 可用服务实例数量
        int serverCount = allServers.size(); // 所有服务实例数量
        // 如果没有服务实例或可用服务实例，则返回 null
        if ((upCount == 0) || (serverCount == 0)) {
            log.warn("No up servers available from load balancer: " + lb);
            return null;
        }
        // 线程安全加 1，并取模
        int nextServerIndex = incrementAndGetModulo(serverCount);
        // 获取下一个服务实例
        server = allServers.get(nextServerIndex);
        // 如果此时服务实例还是为空，则线程让步，继续下一次循环
        if (server == null) {
            /* Transient. */
            Thread.yield();
```

```
        continue;
    }
    // 如果服务实例可用且已经启动好了，则返回服务实例
    if (server.isAlive() && (server.isReadyToServe())) {
        return (server);
    }
    // sever 不可用则重置为 null，进行下一次循环
    // Next.
    server = null;
    // 如果超过 10 次获取失败，则不再重试
    if (count >= 10) {
        log.warn("No available alive servers after 10 "
        + "tries from load balancer: " + lb);
    }
    }
    return server;
}
```

从代码中可以看到，程序将生成一个线程安全的整数，然后加 1 并取模来确定一个下标（index）以获取服务。如果服务为空或者不可用（包含在启动中的情况），则重新循环这个过程。但是请注意，它只循环 10 次，如果 10 次过后，依照此算法依旧无法获取服务实例，则返回空。

我们再来看重试策略（RetryRule）的源码，如代码清单 4-11 所示。

代码清单 4-11　RetryRule 的源码分析

```
package com.netflix.loadbalancer;
/**** imports ****/
public class RetryRule extends AbstractLoadBalancerRule {
    // 默认的重试子策略
    IRule subRule = new RoundRobinRule();
    // 最大尝试时间戳为 500 ms
    long maxRetryMillis = 500;
    .......

    // 其中的一个构造方法允许我们设置子策略和超时时间
    public RetryRule(IRule subRule, long maxRetryMillis) {
        this.subRule = (subRule != null) ? subRule : new RoundRobinRule();
        this.maxRetryMillis = (maxRetryMillis > 0) ? maxRetryMillis : 500;
    }
    ......

    public Server choose(ILoadBalancer lb, Object key) {
        long requestTime = System.currentTimeMillis();
        // 重试截止时间
        long deadline = requestTime + maxRetryMillis;
        Server answer = null;
        // 重试子策略获取服务实例
        answer = subRule.choose(key);
        // 获取服务实例为 null 或者不再可用，并且时间小于重试截止时间
        if (((answer == null) || (!answer.isAlive()))
            && (System.currentTimeMillis() < deadline)) {
            // 设置线程任务终止时间
            InterruptTask task = new InterruptTask(deadline
                - System.currentTimeMillis());
            // 在线程终止前循环尝试获取可用服务实例
            while (!Thread.interrupted()) {
```

```
            answer = subRule.choose(key);// 通过子策略获取
            if (((answer == null) || (!answer.isAlive()))
                   && (System.currentTimeMillis() < deadline)) {
               /* pause and retry hoping it's transient */
               Thread.yield();
            } else { // 获取可用服务实例
               break;
            }
         }
         // 退出线程任务
         task.cancel();
      }
      // 如果通过上面的步骤依旧没有找到服务实例或者服务实例不可用，则返回 null
      if ((answer == null) || (!answer.isAlive())) {
         return null;
      } else { //成功返回
         return answer;
      }
   }
}
```

我在代码中加入了中文注释，从代码中可以知道，在默认的情况下，默认子重试策略依旧为轮询，而超时时间为 500 ms，这两个参数可以通过其中的一个构造方法改变。所以这个方法是在一个时间戳（默认为 500 ms）内，使用某种策略（默认为轮询）进行选取，直至可以选择一个可用的服务实例或者超时返回 null。

按响应时间权重加权轮询（WeightedResponseTimeRule），是通过一个后台线程来统计分析各个服务的响应时间。先看一下这个线程的情况，它也是在 WeightedResponseTimeRule 类中定义的，如代码清单 4-12 所示。

代码清单 4-12 WeightedResponseTimeRule 类计算权重线程的源码分析

```
package com.netflix.loadbalancer;
/**** imports ****/
public class WeightedResponseTimeRule extends RoundRobinRule {
   ......
   // 默认时间间隔（30 秒）
   public static final int DEFAULT_TIMER_INTERVAL = 30 * 1000;
   private int serverWeightTaskTimerInterval = DEFAULT_TIMER_INTERVAL;
   ......

   // 设置负载均衡器
   @Override
   public void setLoadBalancer(ILoadBalancer lb) {
      super.setLoadBalancer(lb);
      if (lb instanceof BaseLoadBalancer) {
         name = ((BaseLoadBalancer) lb).getName();
      }
      // 初始化
      initialize(lb);
   }

   // 初始化方法
   void initialize(ILoadBalancer lb) {
      if (serverWeightTimer != null) {
```

```
            serverWeightTimer.cancel();
        }
        serverWeightTimer = new Timer("NFLoadBalancer-serverWeightTimer-"
            + name, true);
        // 创建计算权重的线程，并且设置时间间隔（默认为30秒）
        serverWeightTimer.schedule(new DynamicServerWeightTask(), 0,
            serverWeightTaskTimerInterval);
        // do a initial run
        ServerWeight sw = new ServerWeight();
        sw.maintainWeights();
        // 在服务器退出时终止计算权重线程
        Runtime.getRuntime().addShutdownHook(new Thread(new Runnable() {
            public void run() {
                logger.info("Stopping NFLoadBalancer-serverWeightTimer-" + name);
                serverWeightTimer.cancel();
            }
        }));
    }

    class DynamicServerWeightTask extends TimerTask {
        public void run() {
            ServerWeight serverWeight = new ServerWeight();
            try {
                // 统计各个服务权重
                serverWeight.maintainWeights();
            } catch (Exception e) {
                logger.error("Error running DynamicServerWeightTask for {}", name, e);
            }
        }
    }
}
```

从代码中可以看到，在权重计算中，它首先定义了默认的时间间隔（30秒）。然后在初始化负载均衡器的时候，调用 initialize 方法启动了线程任务。最后在 initialize 方法中，使得任务按时间间隔（默认30秒）启动线程类 DynamicServerWeightTask 的 run 方法，通过调用类 ServerWeight 的 maintainWeights 方法计算权重值。

上面我们谈到了 ServerWeight 类的 maintainWeights 方法，它是计算权重的方法，下面我们研究一下它的源码，它也是放在 WeightedResponseTimeRule 类里的，如代码清单 4-13 所示。

代码清单 4-13　WeightedResponseTimeRule 类计算权重线程的源码分析

```
class ServerWeight {
    public void maintainWeights() {
        // 负载均衡器
        ILoadBalancer lb = getLoadBalancer();
        if (lb == null) {
            return;
        }
        // 判断有没有被其他线程更改过，如果有，则放弃本次计算
        if (!serverWeightAssignmentInProgress.compareAndSet(false, true)) {
            return;
        }

        try {
            logger.info("Weight adjusting job started");
```

```
        // 获取统计分析
        AbstractLoadBalancer nlb = (AbstractLoadBalancer) lb;
        LoadBalancerStats stats = nlb.getLoadBalancerStats();
        // 如果没有统计分析对象，则返回
        if (stats == null) {
            // no statistics, nothing to do
            return;
        }
        // 总平均响应时间
        double totalResponseTime = 0;
        for (Server server : nlb.getAllServers()) {
            // 如果服务实例不在缓存快照里，则自动加载它的统计数据
            ServerStats ss = stats.getSingleServerStat(server);
            // 总平均响应时间=各个服务实例的平均响应时间总和
            totalResponseTime += ss.getResponseTimeAvg();
        }
        // 计算每一个服务实例的权重
        // 公式：weightSoFar + totalResponseTime-服务实例平均响应时间
        Double weightSoFar = 0.0;
        // 重新设置权重
        List<Double> finalWeights = new ArrayList<Double>();
        for (Server server : nlb.getAllServers()) {
            ServerStats ss = stats.getSingleServerStat(server);
            double weight = totalResponseTime - ss.getResponseTimeAvg();
            weightSoFar += weight;
            finalWeights.add(weightSoFar);
        }
        // 重新设置权重
        setWeights(finalWeights);
    } catch (Exception e) {
        logger.error("Error calculating server weights", e);
    } finally {
        // 回写状态让新的线程可以重新获得访问锁
        serverWeightAssignmentInProgress.set(false);
    }
    }
}
```

这段代码中，maintainWeights 方法是在线程安全的情况下进行的，它主要有以下两个步骤。

- 通过服务的统计分析（LoadBalancerStats）对象得到各个服务的平均统计时间，然后计算各个服务实例的平均响应时间总和（totalResponseTime），用于后续的算法。

- 计算权重，使用公式"至今为止的权重+总平均响应时间-服务平均响应时间"进行计算，其中"至今为止的权重"也是一个累计的权重，它是一个个服务调用平均响应时间的累计。

这个算法还是比较抽象的，为了更好地进行说明，我们接下来举个例子。现在一个微服务有 5 个实例，A、B、C、D 和 E，它们的平均响应时间分别为 10、20、30、40 和 50，它们的总平均响应时间为 150。按照公式"至今为止的权重+总平均响应时间-服务平均响应时间"进行计算，它们的权重分别为：

实例 A：0+(150-10) = 140

实例 B：140+(150-20) = 270

实例 C：270+(150-30)=390

实例 D：390+(150-40)=500

实例 E：500+(150-50)=600

这些权重值会被保存到代码中的数组里，这样各个服务实例就有了对应的权重。但是并不是权重数字越大的服务实例被选中的概率就越高，被选中的概率是根据区间来的。这里所说的区间是一个数学概念，例如，区间(100, 200]表示的范围是 100 到 200 之间的数字，符号 "(" 表示开区间，意为不包含 100；而符号 "]" 表示闭区间，意为包含 200。下面我们用区间来表示实例 A、B、C、D 和 E 的取值范围：

实例 A：[0, 140]

实例 B：(140, 270]

实例 C：(270, 390]

实例 D：(390, 500]

实例 E：(500, 600)

显然所有服务实例的权重都在区间[0, 600]的范围之内。此时，如果以 600 为最大值，那么要先产生一个随机数 random=Math.random()，这个 random 的取值区间为(0, 1)，然后将它乘以 600，如 dbl = random*600，这样 dbl 的取值就是(0, 600)。因为现实中往往需要进行舍去小数的操作，所以在计算的时候 dbl 的取值区间实际往往就是[0, 600)。而 dbl 会落到各个实例区间的概率则取决于实例区间的跨度，很明显，各个区间跨度的比较结果为：

实例 A>实例 B>实例 C>实例 D>实例 E

显然，平均响应时间越短，被选中的概率就越大；反之，响应时间越长被选中的概率就越低。但是请大家注意，实例的第一个区间都是左右闭的，而第二个到倒数第二个都是左开右闭的，最后一个则是左右开的，这些是需要一定的算法来保证的。为此，我们需要继续研究 WeightedResponseTimeRule 类关于选择服务器的负载均衡策略的代码，如代码清单 4-14。

代码清单 4-14　WeightedResponseTimeRule 类负载均衡策略的源码

```
@edu.umd.cs.findbugs.annotations.SuppressWarnings(value = "RCN_REDUNDANT_NULLCHECK_OF_
NULL_VALUE")
@Override
public Server choose(ILoadBalancer lb, Object key) {
    if (lb == null) { // 负载均衡器为 null
        return null;
    }
    Server server = null;
    // 循环
    while (server == null) {
        // 获取权重数组
        List<Double> currentWeights = accumulatedWeights;
        if (Thread.interrupted()) {
            return null;
        }
        List<Server> allList = lb.getAllServers();
        int serverCount = allList.size();
        if (serverCount == 0) {
            return null;
        }
        int serverIndex = 0;
```

```
// 获取最大的权重值，如果没有权重数组，则为0
double maxTotalWeight = currentWeights.size() == 0 ?
        0 : currentWeights.get(currentWeights.size() - 1);
// 如果没有发生过请求或者权重数组没初始化，使用 BaseLoadBalancer 策略选择服务实例
if (maxTotalWeight < 0.001d || serverCount != currentWeights.size()) {
    server =  super.choose(getLoadBalancer(), key);
    if(server == null) {
        return server;
    }
} else {
    // 产生一个随机数，取值区间为[0,最大权重值)
    double randomWeight = random.nextDouble() * maxTotalWeight;
    int n = 0;
    for (Double d : currentWeights) {
        // 判断权重和随机数的关系，获取服务实例下标
        if (d >= randomWeight) {
            serverIndex = n;
            break;
        } else {
            n++;
        }
    }
    // 获取服务实例
    server = allList.get(serverIndex);
}

if (server == null) { // 判定服务实例是否被选取
    /* Transient. */
    Thread.yield();
    continue;
}
if (server.isAlive()) { // 服务实例存活，返回
    return (server);
}
// 无效服务实例，继续循环
server = null;
}
return server;
}
```

代码中首先判断：最大权重值是否小于 0.001，或者权重数组长度与服务实例长度是否相等。这样就能在权重数组没有初始化的情况下，进行父负载均衡器的轮询策略。如果权重数组是有效的，就生成随机数，跟着循环权重数组，判断随机数落入哪个区间，进而选择对应的服务实例。最后判断服务的有效性，如果有效则返回，否则就继续循环查找可用服务。

最后，我们讨论 ZoneAvoidanceRule，它是一种先过滤后执行的策略。打开它的源码时，你很快就会发现它并没有 choose 方法，那是因为它的实现在其父类 PredicateBasedRule 中，不过我们可以在其源码中看到这样的代码片段，如代码清单 4-15 所示。

代码清单 4-15 ZoneAvoidanceRule 的组合过滤断言

```
package com.netflix.loadbalancer;
/**** imports ****/
public class ZoneAvoidanceRule extends PredicateBasedRule {
    // 随机数
```

```
private static final Random random = new Random();
// 组合断言过滤
private CompositePredicate compositePredicate;

public ZoneAvoidanceRule() {
    super();
    // Zone 断言过滤，它会找出性能最差的 Zone，然后进行过滤
    ZoneAvoidancePredicate zonePredicate = new ZoneAvoidancePredicate(this);
    // 可用性断言过滤，它会排除熔断或者流量过大的服务
    AvailabilityPredicate availabilityPredicate
        = new AvailabilityPredicate(this);
    compositePredicate = createCompositePredicate(zonePredicate,
        availabilityPredicate);
}
......
// 返回组合过滤断言
@Override
public AbstractServerPredicate getPredicate() {
    return compositePredicate;
}
}
```

从这里的代码中可以看到，它首先创建了两个过滤断言（Predicate），一个是 Zone 断言（ZoneAvoidancePredicate），另一个是可用性断言（AvailabilityPredicate）。然后，将它们组合起来形成组合过滤断言（CompositePredicate）。鉴于篇幅，关于 ZoneAvoidancePredicate 和 AvailabilityPredicate 的源码，这里就不讨论了，只做简单的功能论述。ZoneAvoidancePredicate 的作用是找到那些性能较差的 Zone，然后将其排除在外，随机选择性能较好的 Zone。AvailabilityPredicate 的作用是确定服务是否被熔断或者负载过大，超过临界值，如果没有这样的情况则返回该服务。CompositePredicate 的作用是组合 ZoneAvoidancePredicate 和 AvailabilityPredicate，先使用 ZoneAvoidancePredicate 进行过滤，然后再使用 AvailabilityPredicate 进行过滤，这样就能得到性能较高的可用服务了。接下来，研究 ZoneAvoidanceRule 的父类 PredicateBasedRule 的 choose 方法，如代码清单 4-16 所示。

代码清单 4-16　WeightedResponseTimeRule 的过滤组合

```
package com.netflix.loadbalancer;
/**** imports ****/

public abstract class PredicateBasedRule
        extends ClientConfigEnabledRoundRobinRule {
    // 获取过滤断言
    public abstract AbstractServerPredicate getPredicate();

    // 选择服务
    @Override
    public Server choose(Object key) {
        ILoadBalancer lb = getLoadBalancer();
        // 使用过滤断言先过滤服务实例，然后再选择可用性能较好的服务实例
        Optional<Server> server = getPredicate()
            .chooseRoundRobinAfterFiltering(lb.getAllServers(), key);
        if (server.isPresent()) {
            return server.get();
        } else {
            return null;
```

```
        }
    }
}
```

这里的 getPredicate 方法已经在 ZoneAvoidanceRule 类中实现，它将返回组合过滤断言；choose
方法使用组合过滤先过滤服务实例，然后才选择 Zone 和性能较好的服务实例。

以上就是各种负载均衡策略，使用者应该结合实际的情况进行合理的选择。

4.4　Ribbon 服务实例清单维护

前面我们讨论了负载均衡的各类问题，但是负载均衡的前提是存在可供选择的服务实例清单。
在代码清单 4-6 中我们可以看到，负载均衡器（ILoadBalancer）的定义中存在很多关于服务实例清单
维护的方法，这些维护服务器清单的方法的实现都在 BaseLoadBalancer 类或者 NoOpLoadBalancer 类
中，只是 NoOpLoadBalancer 是空实现，目前没有讨论的价值，所以我们这里只讨论 BaseLoadBalancer
类的方法，如代码清单 4-17 所示。

代码清单 4-17　BaseLoadBalancer 类维护服务实例清单的方法

```
// 所有服务实例清单
@Monitor(name = PREFIX + "AllServerList", type = DataSourceType.INFORMATIONAL)
protected volatile List<Server> allServerList = Collections
        .synchronizedList(new ArrayList<Server>());
// 可用服务实例清单
@Monitor(name = PREFIX + "UpServerList", type = DataSourceType.INFORMATIONAL)
protected volatile List<Server> upServerList = Collections
        .synchronizedList(new ArrayList<Server>());
// 增加服务实例
@Override
public void addServers(List<Server> newServers) {
    if (newServers != null && newServers.size() > 0) {
        try {
            ArrayList<Server> newList = new ArrayList<Server>();
            newList.addAll(allServerList);
            newList.addAll(newServers);
            setServersList(newList);
        } catch (Exception e) {
            logger.error("LoadBalancer [{}]: Exception while adding Servers",
                name, e);
        }
    }
}

// 服务实例下线
public void markServerDown(Server server) {
    if (server == null || !server.isAlive()) {
        return;
    }
    logger.error("LoadBalancer [{}]:  markServerDown called on [{}]",
        name, server.getId());
    server.setAlive(false);
    // forceQuickPing();
    notifyServerStatusChangeListener(singleton(server));
}
```

```
// 获取可用服务实例清单
@Override
public List<Server> getReachableServers() {
    return Collections.unmodifiableList(upServerList);
}

// 获取所有服务实例清单
@Override
public List<Server> getAllServers() {
    return Collections.unmodifiableList(allServerList);
}
```

从代码中可以看出，对于服务实例清单的管理分为两份：一份是所有服务实例清单（allServerList），另一份是可用服务实例清单（upServerList）。而代码中的方法都是维护服务实例清单的，没有动态的维护逻辑，那么它是如何动态维护服务器清单的呢？这是本节需要探索的问题。

让我们再次回到图 4-3，可以看出，BaseLoadBalancer 存在一个子类 DynamicServerListLoadBalancer，从其类名中的 Dynamic、Server、List 单词可以知道，它是维护动态服务实例清单（ServerList）的。类 DynamicServerListLoadBalancer 中 updateListOfServers 方法和 updateAllServerList 方法，是用来维护可用服务实例清单和所有服务实例清单的。

4.4.1 获取服务实例清单

在 4.2.1 节中，我们讨论过，服务实例清单是通过 ServerList<T extends Server>实现的，这里先看一下它的源码，如代码清单 4-18 所示。

代码清单 4-18　ServerList 接口的定义

```
package com.netflix.loadbalancer;
import java.util.List;
public interface ServerList<T extends Server> {
    // 获取初始化服务实例清单
    public List<T> getInitialListOfServers();

    // 获取更新后的服务实例清单
    public List<T> getUpdatedListOfServers();
}
```

同样地，Ribbon 也提供了关于 ServerList 的一系列实现类，如图 4-5 所示。

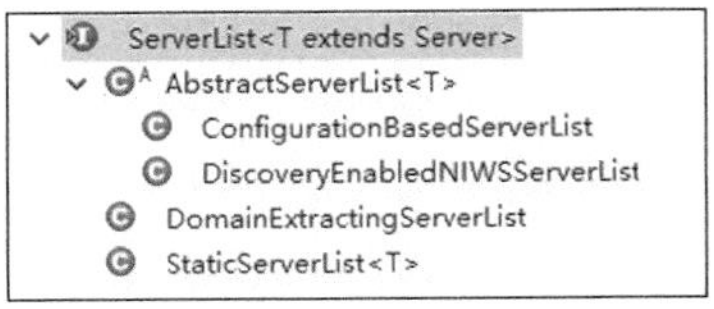

那么在默认的情况下，Ribbon 会采用哪个类作为默认的实现类呢？答案是 DiscoveryEnabled NIWSServerList，关于这些可以看 EurekaRibbonClientConfiguration 中的自动生成代码，如代码清单 4-19 所示。

图 4-5　ServerList 的实现类

代码清单 4-19　EurekaRibbonClientConfiguration 的 ribbonServerList 方法

```
@Bean
@ConditionalOnMissingBean
public ServerList<?> ribbonServerList(IClientConfig config,
    Provider<EurekaClient> eurekaClientProvider) {
```

```
    // 如果客户端自定义了，就采用客户端自定义的生成对象
    if (this.propertiesFactory.isSet(ServerList.class, serviceId)) {
        return this.propertiesFactory.get(ServerList.class,
            config, serviceId);
    }
    // 采用服务发现创建 ServerList 对象
    DiscoveryEnabledNIWSServerList discoveryServerList
        = new DiscoveryEnabledNIWSServerList(config, eurekaClientProvider);
    DomainExtractingServerList serverList = new DomainExtractingServerList(
        discoveryServerList, config, this.approximateZoneFromHostname);
    return serverList;
}
```

从代码中可以知道，如果没有客户端自定义，就采用 DiscoveryEnabledNIWSServerList 作为 ServerList 的默认实现。从命名看，它的功能就是从 Eureka 服务器上获取服务实例清单，所以这里我们探索一下 DiscoveryEnabledNIWSServerList 的源码，如代码清单 4-20 所示。

代码清单 4-20   DiscoveryEnabledNIWSServerList 的源码分析

```
@Override
public List<DiscoveryEnabledServer> getInitialListOfServers(){
    return obtainServersViaDiscovery();
}

@Override
public List<DiscoveryEnabledServer> getUpdatedListOfServers(){
    return obtainServersViaDiscovery();
}

private List<DiscoveryEnabledServer> obtainServersViaDiscovery() {
    List<DiscoveryEnabledServer> serverList
        = new ArrayList<DiscoveryEnabledServer>();
    // 服务提供者为 null 或者不存在则返回空清单
    if (eurekaClientProvider == null || eurekaClientProvider.get() == null) {
        logger.warn("EurekaClient has not been initialized yet, "
            +"returning an empty list");
        return new ArrayList<DiscoveryEnabledServer>();
    }
    // 获取服务提供者的服务实例客户端
    EurekaClient eurekaClient = eurekaClientProvider.get();
    // vipAddresses 是一个微服务名称，如第 3 章种的 "user" 代表用户微服务
    if (vipAddresses!=null){
        // 多个虚拟地址处理
        for (String vipAddress : vipAddresses.split(",")) {
            // 如果 Region 为空，则所有客户端都解析为同一区域（Region）
            List<InstanceInfo> listOfInstanceInfo = eurekaClient
                .getInstancesByVipAddress(vipAddress, isSecure, targetRegion);
            for (InstanceInfo ii : listOfInstanceInfo) { // 循环服务实例信息
                if (ii.getStatus().equals(InstanceStatus.UP)) {
                    if(shouldUseOverridePort){ //是否需要重写端口
                        if(logger.isDebugEnabled()){
                            logger.debug("Overriding port on client name: "
                                + clientName + " to " + overridePort);
                        }
                        // 复制实例
                        InstanceInfo copy = new InstanceInfo(ii);
```

```
                    if(isSecure){ //是否需要安全验证
                        ii = new InstanceInfo.Builder(copy)
                            .setSecurePort(overridePort).build();
                    }else{ // 无须安全验证
                        ii = new InstanceInfo.Builder(copy)
                            .setPort(overridePort).build();
                    }
                }
                // 目标服务发现
                DiscoveryEnabledServer des = new DiscoveryEnabledServer(
                    ii, isSecure, shouldUseIpAddr);
                des.setZone(DiscoveryClient.getZone(ii));// 设置 Zone
                serverList.add(des); // 加入服务实例清单
            }
        }
        // 如果服务实例清单不为空，且有基于 VIP 地址服务器的优先级排序，则中断循环
        if (serverList.size()>0 && prioritizeVipAddressBasedServers){
            break;
        }
    }
}
return serverList; // 返回服务实例清单
}
```

这里类 DiscoveryEnabledNIWSServerList 实现了 ServerList 接口的两个方法，它们都调用了 obtainServersViaDiscovery 方法，所以 obtainServersViaDiscovery 方法就是关注的焦点。在 obtainServersViaDiscovery 方法中，首先是调用服务提供者客户端来获取对应的服务提供者的信息，如果一切验证都通过了，就复制一个信息。然后创建 DiscoveryEnabledServer 对象，放入服务实例清单里。最后判断，如果没有基于 VIP 地址服务器的优先级排序，就返回服务实例清单。这里显然是通过 EurekaServer 来获取服务实例清单的。

4.4.2 更新服务实例清单

任何实例都可能存在开发者主动的上下线行为，或者一些网络故障以及自身硬件的意外导致实例处于不同的状态，所以服务实例清单也是处于一个不断变化的过程。为了维护这个清单，Netflix 提供了 ServerListUpdater 接口，通过它可以及时更新服务实例清单。

在 Netflix 的设计中有两个 ServerListUpdater 接口的实现类，分别是 EurekaNotificationServerListUpdater 和 PollingServerListUpdater，如图 4-6 所示。

图 4-6　ServerListUpdater
接口及其实现类

在默认的情况下，Spring Cloud 会选择初始化 PollingServerListUpdater，通过它创建一个线程来完成更新服务实例清单的任务。让我们看看它的 start 方法，如代码清单 4-21 所示。

代码清单 4-21　PollingServerListUpdater 定时更新服务器清单任务代码

```
@Override
public synchronized void start(final UpdateAction updateAction) {
    if (isActive.compareAndSet(false, true)) { // 当前实例存活状态是否发生变化
        // 创建线程对象
        final Runnable wrapperRunnable = new Runnable() {
            @Override
            public void run() {
```

```
                    // 如果不再存活
                    if (!isActive.get()) {
                        // 退出线程任务
                        if (scheduledFuture != null) {
                            scheduledFuture.cancel(true);
                        }
                        return;
                    }
                    try { // 如果当前实例存活，执行更新逻辑
                        updateAction.doUpdate();
                        lastUpdated = System.currentTimeMillis();
                    } catch (Exception e) {
                        logger.warn("Failed one update cycle", e);
                    }
                }
            };
            // 执行线程任务
            scheduledFuture = getRefreshExecutor().scheduleWithFixedDelay(
                wrapperRunnable, // 线程
                initialDelayMs, // 开始延迟执行时间，默认值为 1 秒
                refreshIntervalMs, // 刷新时间间隔，默认值为 30 秒
                TimeUnit.MILLISECONDS // 单位毫秒
            );
        } else {
            logger.info("Already active, no-op");
        }
    }
```

这里可以看到，在 start 方法中，它首先判断当前实例存活状态是否发生变化，如果不再存活，则退出线程任务；如果存活，则执行更新服务列表的操作。这里它先创建线程，然后启动线程池来驱动任务，只是它设置了两个时间参数，一个是任务延迟执行时间，另一个是执行任务时间间隔。这里的任务延迟时间不允许我们进行配置。执行任务时间间隔允许我们配置，它的默认值为 30 秒，如果需要改变它，只需要修改配置项<service-name>.ribbon.ServerListRefreshInterval 即可。

4.4.3 服务实例的心跳监测

在 Ribbon 中，维护服务实例清单中，一个实例是否可用，是通过一个线程任务来判断的，该线程任务通过心跳测试来判断实例是否继续可用。在 BaseLoadBalancer 中，我们还可以看到这样的定时任务线程代码，如代码清单 4-22 所示。

代码清单 4-22 BaseLoadBalancer 维护服务器清单定时任务的代码

```
protected int pingIntervalSeconds = 10; // 定时任务时间间隔
protected int maxTotalPingTimeSeconds = 5; // 每次 ping 超时时间
......
// 创建定时任务
void setupPingTask() {
    if (canSkipPing()) {
        return;
    }
    if (lbTimer != null) {
        lbTimer.cancel();
    }
    lbTimer = new ShutdownEnabledTimer("NFLoadBalancer-PingTimer-"
```

```
        + name, true);
     // 创建定时任务，每隔 pingIntervalSeconds（默认 10 秒）秒执行一次
     lbTimer.schedule(new PingTask(), 0, pingIntervalSeconds * 1000);
     forceQuickPing();
}
```

从代码可以看出，它会使用一个定时任务来 ping 服务器，这个任务是每隔 pingIntervalSeconds 秒执行一次，这样 Eureka 的客户端就可以得到最新服务的状态了。而这里的定时任务的执行内容是通过 PingTask 类来实现的，下面来看看它的源码，如代码清单 4-23 所示。

代码清单 4-23 BaseLoadBalancer 内部类 PingTask 的逻辑

```
// 定时任务逻辑
class PingTask extends TimerTask {
    public void run() {
        try { // 使用心跳策略来监控服务
            new Pinger(pingStrategy).runPinger();
        } catch (Exception e) {
            logger.error("LoadBalancer [{}]: Error pinging", name, e);
        }
    }
}

class Pinger {
    // Ping 策略
    private final IPingStrategy pingerStrategy;
    ......
    public void runPinger() throws Exception {
        ......
        try {
            ......
            int numCandidates = allServers.length;
            // 使用 pingerStrategy 判定服务器是否可用
            results = pingerStrategy.pingServers(ping, allServers);
            final List<Server> newUpList = new ArrayList<Server>();
            final List<Server> changedServers = new ArrayList<Server>();
            // 找出状态发生变化的 server
            for (int i = 0; i < numCandidates; i++) {
                boolean isAlive = results[i];
                Server svr = allServers[i];
                boolean oldIsAlive = svr.isAlive();
                svr.setAlive(isAlive);
                // 状态发生变化，记录变化的 server
                if (oldIsAlive != isAlive) {
                    changedServers.add(svr);
                    logger.debug("LoadBalancer [{}]:  Server [{}] status "
                    + "changed to {}", name, svr.getId(),
                    (isAlive ? "ALIVE" : "DEAD"));
                }
                if (isAlive) {
                    newUpList.add(svr);
                }
            }
            ......
            // 通知监听者
            notifyServerStatusChangeListener(changedServers);
```

```
     } finally {
        pingInProgress.set(false);
     }
  }
}
```

关键的逻辑在内部类 Pinger 的 runPinger 方法，它会使用 IPingStrategy 的 pingServers 方法来监测服务实例，返回监测结果，并且对比新旧清单的服务实例状态。如果状态发生变化，则记录下来，在最后给监听者发送消息，修改服务实例的状态。这里负责服务器状态的监测的主要是 IPingStrategy 接口，它的唯一实现类是 BaseLoadBalancer 中的内部类 SerialPingStrategy，下面看看它的源码，如代码清单 4-24 所示。

代码清单 4-24   BaseLoadBalancer 内部类 SerialPingStrategy 的源码

```
private static class SerialPingStrategy implements IPingStrategy {
   @Override
   public boolean[] pingServers(IPing ping, Server[] servers) {
      int numCandidates = servers.length;
      boolean[] results = new boolean[numCandidates];
      logger.debug("LoadBalancer:  PingTask executing [{}]"
         + " servers configured", numCandidates);
      for (int i = 0; i < numCandidates; i++) {
         results[i] = false; /* Default answer is DEAD. */
         try {
            if (ping != null) {
               // 交由 IPing 接口来监测服务的心跳
               results[i] = ping.isAlive(servers[i]);
            }
         } catch (Exception e) {
            logger.error("Exception while pinging Server: '{}'",
               servers[i], e);
         }
      }
      return results;
   }
}
```

这个方法相对来说比较简单，可以看到，最后也是交由 IPing 接口来监控具体服务的心跳服务，于是焦点就转移到了 IPing 接口上。

4.4.4 IPing 接口

上述我们可以看到，具体执行心跳监测服务实例的是 IPing 接口，所以我们先来探索 IPing 的源码，如代码清单 4-25 所示。

代码清单 4-25   IPing 接口的定义

```
package com.netflix.loadbalancer;
public interface IPing {
   public boolean isAlive(Server server);
}
```

Ribbon 提供了几种基于这个接口的实现，如图 4-7 所示。

在 Spring Boot 工程中，如果没有配置 Eureka 服务发现的客户端，则使用 DummyPing，它将恒定返回 true。如果配置了 Eureka 服务发现的客户端，则使用 NIWSDiscoveryPing，它将通过和 Eureka 服务治理中心通信的机制来判定。其他的实现，NoOpPing 是恒定返回 true；PingConstant 是设置一个布尔值（boolean），让 isAlive 方法恒定返回这个布尔值；PingUrl 是通过配置具体的 url 请求来断定服务是否可用。经过论述，这里唯一值得探讨的是 NIWSDiscoveryPing 的源码，如代码清单 4-26 所示。

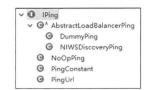

图 4-7 IPing 接口的实现类

代码清单 4-26　NIWSDiscoveryPing 的源码

```
package com.netflix.niws.loadbalancer;
/**** imports ****/
public class NIWSDiscoveryPing extends AbstractLoadBalancerPing {

    BaseLoadBalancer lb = null;

    public NIWSDiscoveryPing() {
    }
    public BaseLoadBalancer getLb() {
        return lb;
    }
    public void setLb(BaseLoadBalancer lb) {
        this.lb = lb;
    }
    public boolean isAlive(Server server) {
        boolean isAlive = true;
        // 如果是 Eureka 服务器的客户端，则使用 Eureka 服务发现实例进行监测
        if (server!=null && server instanceof DiscoveryEnabledServer){
            DiscoveryEnabledServer dServer = (DiscoveryEnabledServer)server;
            InstanceInfo instanceInfo = dServer.getInstanceInfo();
            if (instanceInfo!=null){
                InstanceStatus status = instanceInfo.getStatus();
                if (status!=null){
                    isAlive = status.equals(InstanceStatus.UP);
                }
            }
        }
        return isAlive;
    }

    @Override
    public void initWithNiwsConfig(
        IClientConfig clientConfig) {
    }
}
```

从代码中可以看出，如果断定服务实例是 Eureka 服务发现的实例，就采用实例分析的办法进行监测服务实例是否可用。

4.5　自定义 Ribbon 客户端

上述谈到了 Ribbon 的工作原理，应该说在大部分情况下都不需要自定义，只有少数的情况下需要我们进行自定义。在 Ribbon 中，既可以进行全局配置，也可以针对具体某个微服务进行单独配置。关于这些，本书将以第 3 章搭建的微服务进行说明。在第 3 章中，我们构建了 3 个微服务：用户（user）、产品（product）和资金（fund）。全局配置是指在服务消费者配置的内容对所有服务提供者有效。单独配置是指服务消费者可以配置对某个服务提供者有效，而对其他服务提供者无效。本节让我们来讨论这些问题。

这里再来看下 4.2.1 节中的表 4-1，通过它我们就知道，Spring Cloud 在默认的情况下是采取哪些类来使用 Ribbon 的。在大部分的情况下，我都不建议你修改它们，当然，如果你有特殊的需要，需要改变它们也是可行的，但是你必须掌握 Ribbon 的工作原理，并小心处理。

4.5.1　全局配置

其实定义一个全局的策略很简单，只需要类似 Spring Bean 那样处理就可以了。例如，下面我们修改 ServerListFilter 和负载均衡的策略，如代码清单 4-27 所示。

代码清单 4-27　自定义全局 Ribbon 组件（Product 模块）

```
package com.spring.cloud.product.config;
/**** imports ****/
@Configuration
public class GlobalConfiguration {
    // Bean Name 和表 4-1 保持一致
    // 服务过滤器
    @Bean(name="ribbonServerListFilter")
    public ServerListFilter<Server> serverListFilter() {
        // 使用优先选择的过滤器
        ZonePreferenceServerListFilter filter
            = new ZonePreferenceServerListFilter();
        // 使用默认 Zone
        filter.setZone(EndpointUtils.DEFAULT_ZONE);
        return filter;
    }

    // 负载均衡策略
    @Bean
    public IRule rule() {
        // 使用随机选择服务的策略
        return new RandomRule();
    }
}
```

通过类似这样的代码，就可以自定义表 4-1 中 Ribbon 使用的类。但是请注意，这里定义的是全局性的，也就是针对所有的微服务都有效，在我们的实例中，当产品微服务调用用户（user）微服务和资金（fund）微服务的时候，均会采用它们。

4.5.2　局部定义

代码清单 4-27 是对所有的微服务启用默认的策略，但是有时候我们只想对其中的某个微服务使用特殊的策略。例如，在第 3 章中，我们构建了 3 个微服务：用户（user）、产品（product）和资金（fund），只想在产品微服务调用资金微服务时执行特殊策略，那又要怎么处理呢？为此 Ribbon 提供了下面这些相关配置项。

- **<clientName>.ribbon.NFLoadBalancerClassName**：负载均衡类，需实现。ILoadBalancer 接口。
- **<clientName>.ribbon.NFLoadBalancerRuleClassName**：负载均衡策略，需实现 IRule 接口。
- **<clientName>.ribbon.NFLoadBalancerPingClassName**：心跳监测类，需实现 IPing 接口。
- **<clientName>.ribbon.NIWSServerListClassName**：服务实例清单类，需实现 ServerList 接口。
- **<clientName>.ribbon.NIWSServerListFilterClassName**：服务实例清单过滤类，需实现 ServerListFilter 接口。

有了这些配置，我们就可以很容易地定义对应 Ribbon 的具体实现策略了。例如，我们定义资金微服务（FUND）调用的负载均衡策略为 BestAvailableRule，IPing 为 PingUrl，如代码清单 4-28 所示。

代码清单 4-28 自定义资金微服务（FUND）调用 Ribbon 组件策略（Product 模块 YAML 配置文件）
```
FUND:
  ribbon:
    NFLoadBalancerRuleClassName: com.netflix.loadbalancer.BestAvailableRule
    NFLoadBalancerPingClassName: com.netflix.loadbalancer.PingUrl
```

这里请注意，代码清单 4-27 的优先级要比这些配置的高，因此在测试的时候，需要先注释掉代码清单 4-27 生成的两个 Ribbon 类，才能进行这段代码的测试。通过测试你可以发现，它已经在使用我们代码清单 4-28 的类了。

其实对于局部定义，Spring Cloud 还提供了@RibbonClient 和@RibbonClients。针对单个微服务配置类使用@RibbonClient，针对多个微服务配置使用@RibbonClients。它们大同小异，这里先讨论@RibbonClient。

这里需要注意的是，这两个注解的优先级没有代码清单 4-27 和代码清单 4-28 生成的对象高，因此在需要使用这两个注解的时候，要先注释掉代码清单 4-27 和代码清单 4-28。我们在配置类 GlobalConfiguration 上加入注解@RibbonClient，如代码清单 4-29 所示。

代码清单 4-29 使用@RibbonClient（Product 模块）
```
package com.spring.cloud.product.config;

import org.springframework.cloud.netflix.ribbon.RibbonClient;
import org.springframework.context.annotation.Configuration;
// 这是一个不被程序入口扫描的配置类，否则它将对所有的 Ribbon 策略生效
import com.spring.cloud.config.FundConfiguration;

@Configuration
// name 配置具体的客户端，configuration 指向一个配置类 FundConfiguration，
// 测试要求 FundConfiguration 标注@Configuration
@RibbonClient(name="FUND", configuration=FundConfiguration.class)
public class GlobalConfiguration {
}
```

在这个 GlobalConfiguration 类中，我删掉了原来全局的两个策略类，加入了@RibbonClient，并且配置了它的两个属性，其中 name 代表针对哪个微服务生效，configuration 指向一个配置类 FundConfiguration。这样这个配置类就可以配置针对资金微服务的组件策略了。此时为了完成代码清单 4-28 的功能，我们编写 FundConfiguration 配置类，如代码清单 4-30 所示。

代码清单 4-30　FundConfiguration 配置类（Product 模块）

```java
// 注意：要求这个包不在 Spring Boot 主入口文件可扫描的范围内
package com.spring.cloud.config;
/**** imports ****/
@Configuration
public class FundConfiguration {

    @Bean
    public IRule rule() {
        return new BestAvailableRule();
    }

    @Bean
    public IPing ribbonPing() {
        return new PingUrl();
    }
}
```

这个类不能放在 Spring Boot 主入口文件扫描的范围内，因为如果这个类是被扫描的，那么对应的配置策略就会对全局生效，且优先级大于@RibbonClient 的方式，这是在使用的时候需要注意的地方。

但是@RibbonClient 只能配置成对一个微服务有效，如果需要配置多个微服务，可以使用@RibbonClients。例如，类似下面的配置：

```java
@RibbonClients(
    // 配置多个客户端
    value = {
        @RibbonClient(name = "FUND", configuration = FundConfiguration.class),
        @RibbonClient(name = "USER", configuration = FundConfiguration.class),
    },
    // 默认配置类
    defaultConfiguration = FundConfiguration.class)
```

4.6　Ribbon 使用实践

上述我们讲解了 Ribbon 的原理和使用的一些类，这里我们讲解一些使用的实践。首先，Ribbon 的本质是 HTTP 请求，对于这样的请求也许会成功，也许会失败或超时。所以在默认的情况下，Ribbon 会进行重试，重试的配置项是 spring.cloud.loadbalancer.retry.enabled，它的默认值为 true。在默认的情况下，Ribbon 是会为我们进行重试的，如果不需要重试，将配置项设置为 false 即可。关于重试，Ribbon 还允许配置其他内容。下面我先给出代码，然后再说明，如代码清单 4-31 所示。

代码清单 4-31　重试与超时的配置（Product 模块 YAML 配置文件）

```yaml
FUND: # 代表只对资金微服务执行这样的配置
  ribbon:
    # 连接超时时间，单位毫秒
    ConnectTimeout: 1000
    # 请求超时时间，单位毫秒
    ReadTimeout: 3000
    # 最大连接数
    MaxTotalHttpConnections: 500
```

```
    # 每个服务提供者的最大连接数
    MaxConnectionsPerHost: 100
    # 是否所有操作都重试
    OkToRetryONAllOperations: false
    # 重试其他实例的最大重试次数，不包括首次所选的 server
    MaxAutoRetriesNextServer: 2
    # 同一实例的最大重试次数，不包括首次调用
    MaxAutoRetries : 1
```

这里的配置格式是<service-id>.ribbon.xxxx，我在代码中给出了配置的含义，请读者自行参考。

在我们讲解服务获取的时候，知道它并不是实时的，也就是即使发布了一个新的实例，服务实例清单可能也不能实时得到它的注册信息。这样的情况会对第一次服务调用产生很大的麻烦，可能会产生超时错误，为了解决这样的问题，我们可以使用 Ribbon 的饥渴加载。例如，我们现在配置理财产品，对于资金和用户微服务执行饥渴加载，如代码清单 4-32 所示。

代码清单 4-32　配置饥渴加载（Product 模块 YAML 配置文件）
```
ribbon:
  eager-load:
    # 是否启动饥渴加载？默认值为 false
    enabled: true
    # 饥渴加载的微服务 ID
    clients: user, product, fund
```

这样就可以让 Ribbon 及时加载，大大降低第一次调用超时的概率。

在 Spring Cloud 的机制下，我们注册到服务治理中心 Eureka 服务器，通过服务获取就可以得到服务列表。事实上，Ribbon 也可以脱离 Eureka 服务器来使用，只是服务列表就需要自己配置了，如代码清单 4-33 所示。

代码清单 4-33　使用自定义的服务列表（Product 模块 YAML 配置文件）
```
FUND:
  eureka:
    # 不使用 Eureka 服务获取机制
    enabled: false
    # 自配置服务器列表
    listOfServers: http://localhost:7001,http://localhost:7002
```

## 第 5 章

断路器——Hystrix

Spring Cloud Netflix Hystrix 是一种断路器组件，在本书中，如果没有特殊说明，就将其简称为 Hystrix。其实在写本章之前，我一直很犹豫要不要写 Hystrix，因为 Netflix 开源的限流组件 Hystrix 已经在其 GitHub 主页上宣布不再开发新功能了，只基于现有的功能进行维护。因此 Spring Cloud 社区推荐开发者使用其他仍然活跃的开源项目，其中最推荐使用的是 Resilience4J，并且 Spring Cloud 社区也在加紧开发 spring-cloud-circuitbreaker，来取代 Hystrix。但这个项目还在开发中，并没有发布，加之当前不少企业也在使用 Hystrix，并且技术是相通的，所以这里还是决定介绍一下 Hystrix。

5.1 概述

Hystrix 这个单词的中文翻译是一种豪猪，因其背上长满了刺而具有自我保护的能力，正好断路器的作用是在一些场景下保护微服务，因此 Netflix 公司将其命名为 Hystrix。断路器使得微服务系统可以在一些糟糕的情况下，仍然尽量保证可用性，这如同豪猪的刺一样具有自我保护的功能。不过在介绍断路器之前，我们需要理解一些重要的场景，否则将难以理解为什么需要断路器。

5.1.1 熔断的概念

先看一下图 5-1。

首先，在 T1 时刻，因为大量的请求到达产品微服务，导致其服务响应变得异常缓慢，或者其自身出现宕机又或者是其他故障（如数据库、缓存出现问题），导致其不可用；在 T2 时刻，用户微服务会大量调用产品微服务，此时因为产品微服务故障，必然导致其大量线程等待，最终因为线程的等待而导致自身瘫痪；在 T3 时刻，资金微服务大量调用用户微服务，同样也会因为用户微服务瘫痪，导致资金微服务的线程也因为等待而瘫痪；依此类推，最终的结果就会导致所有微服务实例瘫痪，整个微服务系统彻底不可用。从上述分析中，我们可以看到，因为产品微服务不可用，会导致其他正常的服务调用线程的积压，引发其自身也不可用，而且还会蔓延到其他正常的服务上，最终导致所有服务不可用，这便是分布式常说的**雪崩效应**。

发生上述雪崩效应的原因是微服务的相互依赖，毕竟一笔业务往往涉及多个微服务的协作——我们把这样的情况称为**服务依赖**。从另一个角度看，因为产品微服务不可用，导致所有服务不可用也并不科学。例如，产品微服务不可用，并不影响用户微服务的用户信息管理功能，也不影响用户和资金微服务之间的账户管理功能，只是影响了产品购买和产品管理而已。倘若在这个时候隔离不可用的产品微服务，那么用户微服务和资金微服务的一些功能将依旧可用，不至于所有系统全部瘫痪，这便是断路器的魅力所在。

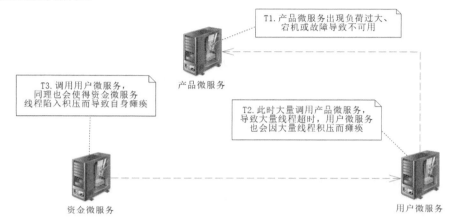

图 5-1　故障下的微服务

那我们为什么称这样的场景为熔断呢？其实这是借用了电力系统的概念，如图 5-2 所示。

图 5-2　电力系统的熔断

从图 5-2 可见，如果电力过大，这个时候保险丝就会熔断，从而隔离电路，保护用电用户的安全，这便是电力系统的熔断。这与我们的微服务系统中，某个服务因为请求过大或者出现故障，Hystrix 将其从系统中断开，保护其他微服务不因调用它而导致自身瘫痪十分类似，所以人们就把这样的场景形象地比喻为熔断了。

上述只讨论了服务之间的熔断，事实上讨论得并不完全。之前讨论过，一个微服务可能有多个实例，但并不是每一个实例都会出现故障，可能只是某个实例出现故障，而另外一个却可以正常使用，如图 5-3 所示。

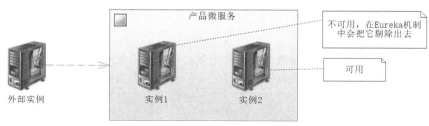

图 5-3　部分实例不可用

图中产品微服务存在两个实例，只有其中的实例 1 不可用，而非整个产品微服务不可用。倘若此时外部实例（服务消费者）调用产品微服务（服务提供者），按照之前 Ribbon 那样采用轮询的方式，那么一旦轮询到实例 1 就必然会存在大量的异常导致请求失败。在 Spring Cloud 中，为了避免这样的情况，Eureka 会通过服务续约机制探测到实例 1 不可用，从而将它从可用服务实例清单中剔除出去，使得外部实例调用不再路由到实例 1，而是直接路由到实例 2，从而避免出现大量异常的情况。然后，通过监控告知我们出现了实例 1 不可用的情况，让我们可以及时进行维护。这样虽然避免了大量的异常，但是这里实例 1 不可用就意味着服务能力下降，当并发请求增大时，产品微服务可能会因为实例减少，导致单个实例负荷过大进而瘫痪，所以对这样的场景是不可掉以轻心的。

5.1.2 服务降级

上面我们只是讨论了不可用的情况，而事实上还可能存在系统繁忙的情况，毕竟机器的服务能力也是有上限的。当我们在双十一使用支付宝抢购天猫商品的时候，经常会看到支付宝返回图 5-4 所示的信息。

在一些极端的情况下，某些时刻请求数量会大大超过系统服务的可接受范围，这个时候就要考虑服务降级了。**服务降级**是分布式中的一个重要概念，这里我将对其进行解释。图 5-4 是一个请求支付的场景，正常来说，我们应该从账户扣款，然后去完成商品交易。但是这个过程会比较消耗服务器的资源和时间，在高并发的情况下，请求数可能会过大，超过服务器可接受的范围。此时，如果让请求等待，势必会积压请求导致服务器崩溃，而用户也会因长期得不到结果

图 5-4 支付宝显示系统繁忙

而失去耐性。但是，如果不再让请求进入支付场景，而是将请求直接路由到网络繁忙的结果上，得到一个静态页面，那么消耗的资源和耗时就会小得多。从服务器的角度看，这样就不会存在大量的积压请求，导致其瘫痪了；从用户的角度看，用户无须等待，只需要在被告知失败之后重试即可。这个场景流程如图 5-5 所示。

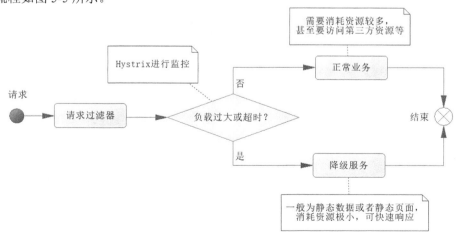

图 5-5 服务降级

图 5-5 中的降级服务，只是使用最简单的静态数据或者静态页面来反馈处理结果，但对于企业实际可能更为复杂。在一些电商处理的实际场景中，不同的场景下，降级服务也有不同的层级。例如，在一些电商网站的购买产品页，正常情况下，大家可以看到用户评论以及其他的一些广告，而实际上这些都不是购买商品所必需的内容。在抢购的场景下，电商平台可能就会因为系统繁忙而不再展示这些不必要的内容，仅展示那些关键的内容，这也是一种降级服务的体现。正如平常说的，考 100 分很难，做到 90 分也不错。因为产品是核心的内容，所以如果产品服务读取失败，就会影响到整个交易流程。因此，电商平台会通过降级服务将页面路由到失败的静态页面上，提示用户系统繁忙，稍后再试。这便是降级服务的层级问题，具体的降级服务层级需要结合企业的实际业务进行定夺。

5.1.3　Hystrix 的功能简介

通过上面的描述，相信大家对微服务之间的一些常见故障和面临的超负荷问题有了更为清晰的理解。这里再引入 Hystrix 官方的简介来说明它主要的功能。

- 防止单个服务的故障导致其依赖和相关的服务容器（如 Tomcat）的线程资源被耗尽。
- 减少负载，并提供请求快速失败的功能，而不是让请求进行排队。
- 尽可能提供服务降级的功能，以使用户免受故障影响。
- 使用隔离技术（如隔离板、泳道和断路器等）来限制某个服务出现问题所带来的影响。
- 尽可能提供实时监控信息，通过监控和警报来优化发现故障的时间。
- 允许使用配置修改相关参数（如超时时间等），并支持 Hystrix 大多数方面的动态属性更改，从而允许使用低延迟反馈循环进行实时操作修改。
- 对服务调用消费者内部的故障进行保护，而不仅仅是在网络流量上进行保护降级、限流。

Hystrix 底层的实现是 RxJava，它是流形式的，采用的是观察者模式（Observer）实现的，后续会再讨论到它。不过，要使用 Hystrix，需要先在项目中引入它，例如，在 Maven 中，可以像代码清单 5-1 这样引入。

代码清单 5-1　引入断路器 Hystrix（Product 模块）

```
<dependency>
    <groupId>org.springframework.cloud</groupId>
    <artifactId>spring-cloud-starter-netflix-hystrix</artifactId>
</dependency>
```

5.2　入门实例

本节我们不再讨论概念，而是进行实践，看看如何简单地使用 Hystrix 来工作。首先需要驱动 Hystrix 工作，需要加入注解@EnableCircuitBreaker，从英文的含义就知道它是驱动断路器的。下面我们将在理财产品微服务入口上加入它，以启用断路器，如代码清单 5-2 所示。

代码清单 5-2　驱动 Hystrix（Product 模块）

```
package com.spring.cloud.product.main;
/**** imports ****/
@SpringBootApplication(scanBasePackages="com.spring.cloud.product")
// 驱动断路器
```

```
@EnableCircuitBreaker
public class ProductApplication {
    ......
}
```

使用@EnableCircuitBreaker 便可以驱动断路器了，所以在使用上还是十分简单的。只是单单有它还不够，我们还需要服务提供者，这里我选用了用户微服务作为服务提供者，为此需要在用户微服务加入了新的控制器，如代码清单 5-3 所示。

代码清单 5-3 定义用户模块的服务提供者（User 模块）

```
package com.spring.cloud.user.controller;
/**** imports ****/
@RestController
@RequestMapping("/hystrix")
public class HystrixController {
    //最大休眠时间
    private static Long MAX_SLEEP_TIME = 5000L;

    /**
     * 随机超时测试，触发服务消费者启用断路器
     */
    @GetMapping("/timeout")
    public ResultMessage timeout() {
        // 产生一个小于 5000 的长整型随机数
        Long sleepTime = (long) (MAX_SLEEP_TIME * Math.random());
        try {
            // 线程按一个随机数字休眠，使得服务消费者能够存在一定的概率产生熔断
            Thread.sleep(sleepTime);
        } catch(Exception ex){
            System.out.println("执行异常");
        }
        return new ResultMessage(true, "执行时间" + sleepTime);
    }

    /**
     * 异常测试，触发服务消费者启用断路
     */
    @GetMapping("/exp/{msg}")
    public ResultMessage exp(@PathVariable("msg") String msg) {
        if ("spring".equals(msg)) {
            return new ResultMessage(true, msg);
        } else {
            // 触发异常，让服务消费者启用熔断
            throw  new RuntimeException(
                    "出现了异常，请检查参数 msg 是否为 spring");
        }
    }
}
```

这个类标注了@RestController，当我们返回对象的时候，它会转变为 JSON 数据集。这里需要注意类里面的两个方法，一个是 timeout 方法，它会产生一个随机数，该随机数小于 5000，然后让线程按这个随机数进行休眠；另外一个是 exp 方法，它会判断字符串是否为 "spring"，如果不是则抛出异常。在启用断路器后，在默认的情况下，断路器默认的超时时间是 1 秒，换句话说，如果服务消费者在 1 秒内

没能从服务提供者上得到数据，那么断路器就会熔断这次请求，转发到降级服务中。这里 timeout 方法是用来测试超时情况的。在消费服务的时候，有时服务提供者会抛出异常，发生错误，这里 exp 方法是用来测试服务提供者异常情况的，如果测试到异常，断路器就会熔断服务，跳转到降级方法中。到这里，我们的服务提供者用户微服务就开发好了，下面我们再通过理财产品微服务来调用它们，产生熔断的效果。

为了调用用户微服务提供内容，我们先新建一个接口，如代码清单 5-4 所示。

代码清单 5-4　定义用户服务调用接口（Product 模块）

```
package com.spring.cloud.product.facade;
import com.spring.cloud.common.vo.ResultMessage;
public interface UserFacade {
    public ResultMessage timeout();
    public ResultMessage exp(String msg);
}
```

这个接口十分简单，就不解释了，对于接口命名这里采用了"Facade"，表示它不是传统的 Service 调用，而是外部微服务的调用。下面就来实现这个接口，如代码清单 5-5 所示。

代码清单 5-5　使用用户服务调用（Product 模块）

```
package com.spring.cloud.product.facade.impl;
/**** imports ****/
@Service
public class UserFacadeImpl implements UserFacade {
    // 注入 RestTemplate，在 Ribbon 中我们标注了@LoadBalance，用以实现负载均衡
    @Autowired
    private RestTemplate restTemplate = null;

    @Override
    // @HystrixCommand 将方法推给 Hystrix 进行监控
    // 配置项 fallbackMethod 指定了降级服务的方法
    @HystrixCommand(fallbackMethod = "fallback1")
    public ResultMessage timeout() {
        String url = "http://USER/hystrix/timeout";
        return restTemplate.getForObject(url, ResultMessage.class);
    }

    @Override
    @HystrixCommand(fallbackMethod = "fallback2")
    public ResultMessage exp(String msg) {
        String url = "http://USER/hystrix/exp/{msg}";
        return restTemplate.getForObject(url, ResultMessage.class, msg);
    }

    // 降级方法 1
    public ResultMessage fallback1() {
        return new ResultMessage(false, "超时了");
    }

    /**
     * 降级方法 2，带有参数
     * @Param msg -- 消息
     * @Return ResultMessage -- 结果消息
     **/
    public ResultMessage fallback2(String msg) {
```

```
          return new ResultMessage(false, "调用产生异常了，参数:" + msg);
       }
    }
```

这里可以看到，我们也是采用 Ribbon 调用用户微服务来完成 timeout 和 exp 两个方法。但是所不同的是，方法上加入了注解@HystrixCommand。这个注解的意思是，把整个方法标注为一个 Hystrix 命令，这样就会通过 Spring AOP 将方法绑定成为一个 Hystrix 命令进行执行。@HystrixCommand 的配置项 fallbackMethod，表示当正常的服务无法按预想完成（如超时、异常、服务提供者繁忙等）时，跳转到的方法，这里我们把这个方法称为降级方法。

为了测试 UserFacadeImpl 类的方法，下面来看看断路器的工作。首先需要编写一个控制器，如代码清单 5-6 所示。

代码清单 5-6　使用控制器测试熔断效果（Product 模块）
```
package com.spring.cloud.product.controller;
/**** imports ****/
@RestController
public class CircuitBreakerController {

    @Autowired
    private UserFacade userFacade = null;

    @GetMapping("/cr/timeout")
    public ResultMessage timeout() {
       return userFacade.timeout();
    }

    @GetMapping("/cr/exp/{msg}")
    public ResultMessage exp(@PathVariable("msg") String msg) {
       return userFacade.exp(msg);
    }
}
```

这两个方法分别测试超时和异常的情况，相信也比较好理解，就不再赘述了。启动好我们的各个服务，就可以测试了。

先来测试超时的情况，在浏览器地址栏输入 http://localhost:8001/cr/timeout，就可以看到图 5-6 所示的结果了。

从结果看，调用服务提供者（用户微服务）产生

图 5-6　测试超时的熔断场景

了超时，导致其进入了 UserFacadeImpl 的 fallback1 方法。而事实上，你可能得不到这个结果，因为这里服务提供者采用的是产生随机数的方式，存在一定的概率不超时（Hystrix 默认的超时时间是 1秒），不过不要紧，多刷新几次就能看到了。

跟着我们测试异常的调用，在浏览器地址栏输入 http://localhost:8001/cr/exp/spring，就可以看到图 5-7 所示的结果了。

这里依据服务提供者（用户微服务）的规则，由于传入的是 "spring"，不存在异常的情况，因此这里正常地显示了。接下来我们换一个地址进行请求，在浏览器地址栏输入 http://localhost:8001/cr/exp/boot，就可以看到图 5-8 所示的结果了。

图 5-7　正常显示的结果　　　　　　　　　　图 5-8　测试异常的熔断场景

从图 5-8 中我们可以知道，调用服务提供者（用户微服务）产生了异常，导致其进入了 UserFacadeImpl 的 fallback2 方法，这就完成了异常的熔断功能。

至此，我们完成了超时熔断和异常熔断这两种重要的熔断功能，这两种熔断是我们实际开发中最常见的，所以请大家好好地掌握好它们。事实上，Hystrix 还可以有其他的功能，如服务故障、线程池拒绝等，后续我们还会讨论。

5.3　Hystrix 工作原理

上节我们实现了最常见的降级功能。那么 Hystrix 是如何做到降级服务的呢？这就需要讨论执行到它的执行流程，这是 Hystrix 工作原理的核心内容，也是本章最重要的内容，图 5-9 是从官方说明文档上截取的 Hystrix 工作流程图。

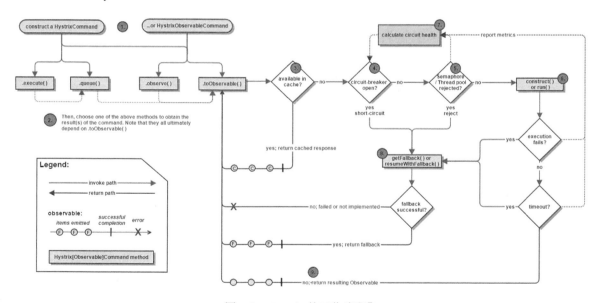

图 5-9　Hystrix 的工作流程[①]

图 5-9 是 Hystrix 工作原理最重要的说明，也是本章的核心内容，所以这里会详细论述这个流程。论述会比较复杂，为了方便会分在多节里讨论，在讨论的过程中，大家需要多回来看看这个图，这会对学习 Hystrix 大有帮助。

_____

① 此图来自 NetFlix 发布在 GitHub 的文档。

5.3.1 Hystrix 命令

先看图 5-9 中的第①和第②步，可以看到存在两个对象，一个是 HystrixCommand，另一个是 HystrixObservableCommand，通过它们就可以封装一个 Hystrix 命令了。其中 HystrixCommand 是同步请求命令，HystrixObservableCommand 是异步请求命令，它们俩使用的都是流的概念，它们的底层实现是 RxJava。

这里 Hystrix 会把服务消费者的请求封装成一个 HystrixCommand 对象或者一个 HystrixObservableCommand 对象，从而使你可以用不同的请求对客户进行参数化，这便是一种命令模式，能达到对"行为请求者"和"行为实现者"解耦的目的。例如，使用这样的代码：

```
HystrixCommand command = new HystrixCommand(arg1, arg2);
HystrixObservableCommand command = new HystrixObservableCommand(arg1, arg2);
```

那么 HystrixCommand 和 HystrixObservableCommand 又有何不同呢？HystrixCommand 是传递参数，然后单个数据单元地响应；而 HystrixObservableCommand 是返回一个可观察者（Observable）来发射请求，它可以分多次进行发射，运用的是响应式编程中流（Stream）的概念。

在 5.2 节的实践中，使用了注解@HystrixCommand，顾名思义，它是在配置 Hystrix 的命令。在图 5-9 中看到的 Hystrix 命令执行的 4 种方法，就是执行 Hystrix 命令的 4 种方式。

- **execute()**：该方法是阻塞的，从依赖请求中接收单个响应（或者出错时抛出异常）。
- **queue()**：从依赖请求中返回一个包含单个响应的 Future 对象。
- **observe()**：订阅一个从依赖请求中返回的代表响应的 Observable 对象。
- **toObservable()**：返回一个 Observable 对象，只有当你订阅它时，它才会执行 Hystrix 命令并发射响应。

例如，下面代码的执行：

```
K value     = command.execute();
Future<K> fValue = command.queue();
Observable<K> ohValue = command.observe();          // hot observable
Observable<K> ocValue = command.toObservable();     // cold observable
```

这段代码是截取的 Hystrix 的官方说明，前两句代码是 HystrixCommand 的方法，后两句代码是 HystrixObservableCommand 的方法。对于里面的注释"hot observable"和"cold observable"，这里稍微解释一下它们的区别。

- **hot observable**：热观察者模式，也就是观察者只要订阅了消息源，消息源就会立刻将消息传递给观察者。
- **cold observable**：冷观察者模式，即使观察者订阅了消息源，消息源也不会立刻将消息传递给观察者。观察者需要再次发送命令，消息源才会将消息传递给观察者。

这好比 hot observable 是一个电台，收听者只要一收听，电台的消息就会马上推送给收听者；而 cold observable 就如同是买了张 CD，而 CD 不会主动播出歌曲，需要购买者主动播放才能播出歌曲。

事实上，HystrixCommand 的同步方法 execute，在使用上调用了其他的方法，关于这些我们不妨看一下它的源码，如代码清单 5-7 所示。

代码清单 5-7 HystrixCommand 的 execute 方法

```
public R execute() {
   try { // 调用 queue 方法
      return queue().get();
   } catch (Exception e) {
      throw Exceptions.sneakyThrow(decomposeException(e));
   }
}

public Future<R> queue() {
   // 调用 toObservable 方法，进行 cold observable，生成一个阻塞的观察者，
   //这是一个任务代理。
   final Future<R> delegate = toObservable().toBlocking().toFuture();
   // 创建 Future 对象，返回异步
   final Future<R> f = new Future<R>() {
      ......
   };
   /* 对于出现的异常和错误，立即进行处理 */
   if (f.isDone()) {
      try {
         f.get();
         return f;
      } catch (Exception e) { // 异常处理
         Throwable t = decomposeException(e);
         if (t instanceof HystrixBadRequestException) {
            return f;
         } else if (t instanceof HystrixRuntimeException) {
            HystrixRuntimeException hre = (HystrixRuntimeException) t;
            switch (hre.getFailureType()) {
            case COMMAND_EXCEPTION: // 命令错误
            case TIMEOUT: // 超时
               // we don't throw these types from queue()
               // only from queue().get() as they are execution errors
               return f;
            default: // 其他情况
               // these are errors we throw from queue()
               // as they as rejection type errors
               throw hre;
            }
         } else { // 其他异常，抛出
            throw Exceptions.sneakyThrow(t);
         }
      }
   }
   return f;
}
```

从方法中我们可以看出，HystrixCommand 的 execute 方法，其实是调用自己的 queue 方法来实现的，而 queue 方法是调用 toObservable 方法来实现 Observable 的。queue 方法的最后目的只是获取一个 Future 对象，这个对象包含最后返回的结果或者异常的处理。

5.3.2 缓存

在图 5-9 中可以看到，第③步使用了缓存。也就是说，如果存在缓存，Hystrix 命令就可以直接从缓存中读取数据响应用户，然后就结束整个流程，这样就可以在很大的程度上提高调用的性能。

只是这些内容还是相当复杂的，我打算在后续章节中再详细讨论相关的内容。

5.3.3 断路器

当命令查询没有缓存的时候，依据图 5-9，流程会到达断路器。应该说断路器是 Hystrix 的核心内容，首先需要清楚的是，在 Hystrix 中，断路器有 3 种状态。

- CLOSED：关闭。
- OPEN：打开。
- HALF_OPEN：半打开。

这 3 种状态存在下面 3 种可能性。

- 倘若断路器状态为 OPEN，那么它就会进入第⑧步，直接转到降级方法（fallback）中去。
- 倘若断路器状态为 CLOSE，那么它就会到第⑤步，继续执行相关的正常逻辑。
- 倘若断路器状态为 HALF_OPEN，那么它就会再次尝试请求，具体情况后文会再讨论。

为了更好地解释这 3 种状态，先看一下图 5-10。

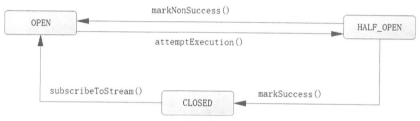

图 5-10　断路器的状态和转换

图 5-10 中的文字都是断路器中的方法，这里暂时放放，在未来的源码中，我们会再看到它们。开始的时候，断路器的状态为 CLOSED，也就是关闭状态，这时候我们可以很通畅地执行服务调用。但是，在一定的情况下，断路器的状态会发生变化。

- **CLOSED 状态转换为 OPEN 状态**：但是观察者（Observable）在观察满足一定的条件后，就会通过 subscribeToStream 方法获取统计分析的数据，用来判断是否转变状态。例如，当发生错误的请求占比达到 50%时，就会将断路器状态从 CLOSED 转变为 OPEN。
- **OPEN 和 HALF_OPEN 的状态转换**：之前我们谈到状态转变为了 OPEN，此时就会阻隔请求，但是我们也要考虑恢复的问题，毕竟有时候是负荷太大才导致断路的，但是过段时间负荷可能就没有那么大了，就应该考虑恢复了。所以在当断路器打开超过一定时间（默认为 5 秒）的情况下，它就会进入 HALF_OPEN 状态，此时可以进行尝试请求，调用 attemptExecution 方法。但是此调用可能成功，也可能失败，如果成功，则重新将断路器设置为 CLOSED 状态，放行其他请求；如果不成功，则使用 markNonSuccess 方法，让断路器的状态继续为 OPEN，阻断请求。

在 Hystrix 中断路器需要实现 HystrixCircuitBreaker 接口，它的大致源码如代码清单 5-8 所示。

代码清单 5-8　熔断器接口定义——HystrixCircuitBreaker

```
public interface HystrixCircuitBreaker {

    // 判断断路器是否允许发送请求
```

```
boolean allowRequest();

// 判断断路器是否已经打开
boolean isOpen();

// 当执行成功时，记录结果，可能重新关闭断路器（CLOSED）
void markSuccess();

// 当执行不成功时，记录结果
void markNonSuccess();

// 尝试执行 Hystrix 命令，这是一个非幂等性的方法，可以修改断路器内部的状态
boolean attemptExecution();

// 使用工厂生产断路器
class Factory {......}

// 提供默认实现
class HystrixCircuitBreakerImpl implements HystrixCircuitBreaker {......}

// 提供空实现
static class NoOpCircuitBreaker implements HystrixCircuitBreaker{......}
}
```

在源码中，我们可以看到，allowRequest 方法是一个判断是否允许请求的方法；isOpen 方法是判定断路器是否打开的方法；markSuccess、markNonSuccess 和 attemptExecution 之前我们已经进行了论述。另外，源码中还存在内部类 Factory、HystrixCircuitBreakerImpl 和 NoOpCircuitBreaker，其中 HystrixCircuitBreakerImpl 是当前断路器接口的默认实现，在默认的情况下，会使用它作为默认的断路器，所以下面我们还会探索它；NoOpCircuitBreaker 则是空实现，没有什么逻辑，一般我们不会使用它，因此也没有什么讨论的价值；Factory 则是工厂，它会以工厂模式来完成断路器的实现，降低我们构建的难度，同时它会将 HystrixCommand 存放到一个 ConcurrentHashMap 中去。

因为默认的 HystrixCircuitBreaker 的实现类是其内部类 HystrixCircuitBreakerImpl，所以看一下它的一部分源码，如代码清单 5-9 所示。

代码清单 5-9　默认熔断器实现类——HystrixCircuitBreakerImpl

```
class HystrixCircuitBreakerImpl implements HystrixCircuitBreaker {
    private final HystrixCommandProperties properties; // 属性值
    private final HystrixCommandMetrics metrics; // 度量
    // 三种状态：关闭、开启和半打开
    enum Status {
        CLOSED, OPEN, HALF_OPEN;
    }
    // 状态
    private final AtomicReference<Status> status
        = new AtomicReference<Status>(Status.CLOSED);
    // 断路器开启标志位
    private final AtomicLong circuitOpened = new AtomicLong(-1);
    // 监控流信息，用以判断是否打开断路器
    private final AtomicReference<Subscription> activeSubscription
        = new AtomicReference<Subscription>(null);

    // 构造方法
```

```
protected HystrixCircuitBreakerImpl(HystrixCommandKey key,
        HystrixCommandGroupKey commandGroup,
        final HystrixCommandProperties properties,
        HystrixCommandMetrics metrics) {
    this.properties = properties;
    this.metrics = metrics;
    //On a timer, this will set the circuit
    // between OPEN/CLOSED as command executions occur
    Subscription s = subscribeToStream();
    activeSubscription.set(s);
}

    ......
}
```

这里我们可以看到它的构造方法，里面有 4 个参数。

- HystrixCommandKey：在 Hystrix 里，Hystrix 命令是保存在 ConcurrentHashMap（一种高性能的 Map，在并发需加锁时，它可支持局部锁，但不支持全局锁）中的，通过 HystrixCommandKey 就可以找到对应的 HystrixCommand 了。
- HystrixCommandGroupKey：它是将相关的 HystrixCommand 进行分组，以便于更好地分类统计和管理各个 HystrixCommand。
- HystrixCommandProperties：HystrixCommand 的属性，我们之前谈到的都是一些默认的值，例如，在断路器状态为 OPEN 时，默认 5 秒后就把状态从 OPEN 转变为 HALF_OPEN，而这些值是可以通过这个类进行配置从而按实际的需求进行改变的。
- HystrixCommandMetrics：对 HystrixCommand 的度量，用于检测总次数、失败总数，从而给出分析数据，决定断路器的状态。

这里还要谈谈 Hystrix 命令度量（HystrixCommandMetrics）的方法，因为源码比较复杂，所以就不再从源码中讨论它了。度量方式关系到是否将断路器状态转变为 OPEN，所以还是比较重要的。不过要介绍清楚它们并不是太容易，主要有两个重要的概念：时间窗和桶（bucket）。

Hystrix 判定是否打开断路器的算法是时间窗统计法，初看到时间窗这个概念会比较难懂，所以这里通过举例说明。假设你在西北旅游，当前坐在旅游大巴车的窗口位，大巴在行驶，透过窗口可以看到路边有很多白杨树，你可以数有多少颗白杨树。因为车子是行驶中的，所以车窗也是移动的，我们把这样的窗口称为滑动窗口。但是车子可能要行驶很久，我们总不能一天到晚都数白杨树而没有一个结果吧，所以还要有一个数白杨树的时间戳，如数 10 分钟。我们把带有时间戳的用于数白杨树的滑动窗口称为"时间窗"。这里的白杨树可以理解为需要我们统计的数据，在 Hystrix 中，就是每一次服务调用，而"时间戳"可以理解为统计周期的时长，也就是在一个时间段中，Hystrix 会动态统计每次服务调用的结果。

回到上段白杨树的例子。假如此时车子开得很快，那么统计也需要加快，这就需要消耗大量的资源了。为了解决这个问题，Hystrix 的度量采用了桶的概念。桶是 Hystrix 统计滑动窗口数据的最小单位，它的意思就是将时间窗再细分为桶。例如，如果时间窗单次统计时长为 10 秒，那么可以把 10 秒拆分为 10 个 1 秒进行统计，而每个 1 秒的度量数据都会存放到 1 个桶里。当时间窗超过 10 秒时，就要开始新的统计了，先废弃最旧的那个桶的数据，然后创建一个新桶，这样就能维持 10 秒的最新度量数据了。因此，时间窗的数据只是最近 10 秒内的数据的分析，具有实时性。这里再讨论一个问题，就是桶的大小。假设每个桶的大小为 100，也就是 1 秒钟内最多可以记录 100 次服务调用的结果，而现实中可能会出现 1 秒服务调用超过 100 的情况，例如每秒出现了 200 次服务调用，那么桶就会溢出了。在 Hystrix 中，采用的算法是丢弃最早的记录，只保留最新的记录，也就是如果 1 秒出现 200 次服务调用，那么该桶中前 100 次的服务调用结果就会被丢弃，只记录后 100 次的服务调用结果，这样桶就不会溢出了。

为了更好地说明 Hystrix 断路器的工作原理，这里我们将采用 Hystrix 的默认配置（10 秒钟一个时间窗，时间窗内存在 10 个桶，每个桶的大小为 100）讨论其是如何分析度量数据的。为了更好更直观地揭示其工作原理，我从 Hystrix 的 GitHub 说明文档中截取了图 5-11 进行说明。

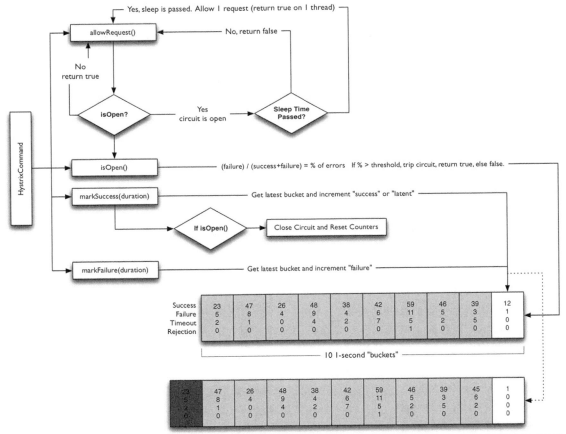

图 5-11　Hystrix 断路器的工作原理

看图 5-11 中的最后两排数据，每排就是我们谈到的时间窗，当中的每个格子就是桶，每个桶存放 4 个数字的数据，分别记录成功（Success）、失败（Failure）、超时（Timeout）和拒绝（Rejection）的次数，这样就可以分析时间窗（包含 10 个桶）的数据，决定断路器的状态了。当超过 10 秒，需要进行新的统计的时候，看第二排数据，可以看到它会废弃最旧的桶的数据，然后创建一个新桶进行统计，这样就可以始终保持 10 个桶存放度量数据了。

5.3.4 隔离

在 Hystrix 中，所使用的隔离为舱壁（Bulkhead，也有人译为隔板，本书统一采用舱壁）模式，所以我们首先解释何为舱壁隔离。这里假设一艘船只有一个船舱，那么如果这个船舱漏水，这艘船就要面临沉没的悲惨下场了。为了避免这样的情况，现实中人们总是喜欢把原来的一个船舱分隔为多个独立的船舱，如果只是其中的一个船舱漏水，那么这艘船就不会立刻沉没，这样就大大提高了安全性。

那么舱壁模式是怎么应用到程序中的，又有什么用呢？下面我们先来假设用户微服务需要调度产品微服务和资金微服务，为了高效地管理这些服务调用，可以通过线程池来实现，如图 5-12 所示。

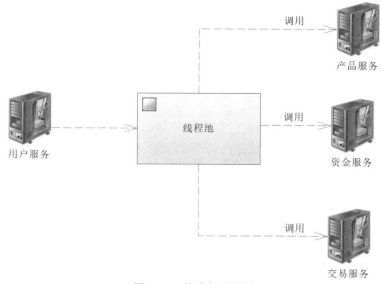

图 5-12　单线程池调用

在正常的情况下，单个线程池是可以正常工作的，能够完成用户服务对各个服务的调用。但是在一些情况下，例如，购买产品的请求增多，用户服务调度产品服务时线程数就会增多，最终会占满线程池。此时如果再调用资金服务和交易服务，那么这些调用就会始终被线程池阻塞或者抛弃。这样就可能出现资金微服务本身并不繁忙，但因为产品服务调度繁忙，导致用户和资金业务之间的协作不可用，从而无法对用户的账户进行管理，这显然就不是很合理。

为了解决上述的不合理情况，可以使用舱壁模式，将产品服务的调度单独隔离出来，如图 5-13 所示。

可以看到，使用了舱壁模式的调用，将服务调用隔离到了各自的线程池内，它们的调用命令都是在各自的线程池内进行的了。虽然产品服务调用增多时，可能会出现大量的线程阻塞，导致其自身服务调用卡顿，甚至抛弃请求，但是它影响的将只是线程池 1，而不会影响到线程池 2。这样，资金服务和交易服务的调用就仍能保持畅通，不会出现之前所说的，影响到用户服务和资金服务之间的相互协作问题了。

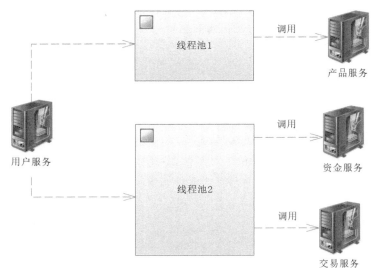

图 5-13　使用舱壁模式的调用

Hystrix 采用这样的隔离，给应用带来了很多好处。

- 依赖服务的调用得到了完全的保护，执行某个依赖服务接口调用时，即使线程占满了对应的线程池，也不会影响其他依赖服务在别的线程池上的调用。
- 有效地降低了接入的风险，毕竟许多新的依赖服务接入后，往往存在不稳定的问题或者其他问题。基于这样的隔离，就可以把新接入的服务隔离到单独的线程池中，这样便不会影响现有的依赖服务调用了。
- 当新的依赖服务从故障变为稳定时，系统只需要恢复一个独立的线程池，而无须做全局维护。这样就能更快地回收资源或者恢复，代价也更小。
- 如果是客户端的配置错误，那么线程池可以很快感知错误，并给出提示（反馈调用错误比例、延迟、超时和拒绝次数等），我们就可以在不影响其他服务的情况下，通过动态参数配置来修改，使得服务能动态服务。
- 当服务依赖出现故障或者性能变差的时候，线程池会反馈一些指标（如失败次数、延迟、超时和拒绝等），在隔离之后，我们可以只针对某些线程池进行调整，而无须对整个应用进行维护。
- 如果你使用专有的线程池，还可以在同步的基础上构建出异步执行的门面。

总之，使用了舱壁模式后，我们能得到很多好处，程序也能变得更健壮，不会造成因为某个依赖服务调度压力变大而使其他调用难以进行的情况，而且我们还可以只针对某个线程池进行维护。

但是使用了舱壁模式后，需要维护多个线程池，以及服务调用的分配，尤其是线程上下文的相互切换，这使得系统更复杂，开销更大。关于这些，Netflix 在设计 Hystrix 的时候已经考虑到了，Netflix 觉得舱壁模式隔离所带来的好处远远超过了使用单线程池的模式，并且认为这样的模式不会带来过大的开销与成本。Hystrix 在子线程执行 construct() 方法和 run() 方法时会计算延迟，还会计算父线程从端到端执行的总时间。为了让大家打消对这种选择的疑虑，Netflix 公司对其做了大量的测试，以下是 Netflix 发布的关于 Hystrix 的分析数据。Netflix 是一家业务遍及全球的公司，它每天都要使用线程隔离的方式处理 10 多亿的 Hystrix Command 任务，每个 API 实例有 40 多个线程池，每个线程池有 5～20 个线程（在大部分情况下，会设置为 10）。图 5-14 是 Netflix 公司在 GitHub 文档发布的单个 API 实例上每秒执行 60 个请求的监测图（每个服务每秒执行大约 350 个线程执行总数）。

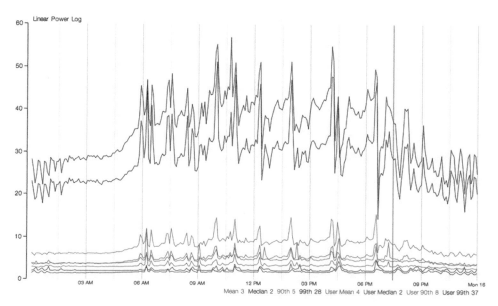

图 5-14　舱壁隔离的性能测试[①]

图 5-14 展示了中位数、90 百分位和 99 百分位的场景。在一般情况下，Netflix 认为出现 90% 以上是可接受的范围就是可用的。为了更好地说明，这里制作表格进行比较，如表 5-1 所示。

表 5-1　Netflix API 舱壁隔离的性能数据

概率/比例	未启用舱壁隔离的时间戳	启用舱壁隔离的时间戳	前后性能差
中位数	2ms	4ms	2ms
90 百分位	5ms	8ms	3ms
99 百分位	28ms	37ms	9ms

从概率来说，在中位数（也就是 50%）的情况下，都是 2ms 的差距，损耗比较小。对于 90% 以下的概率会出现差 3ms 的情况，这个还是可接受的范围，正如上述谈到的，达到 90% 可用就是 Netflix 认为的可用范围。但 99% 以下的概率则差 9ms，也不算很大，基本处于可接受的可用范围。基于这些数字，Netflix 认为，这是一个不错的方案。但是在一些极端的情况下，例如，抢购的场景下，99% 以下的性能差为 9ms 就会是一个比较大的代价，Hystrix 针对这种情况提供了另外一种处理方式——信号量。

这里首先解释何为信号量，下面将使用实例进行说明，先看一下代码清单 5-10。

[①] 此图来自 NetFlix 发布在 GitHub 上的文档。

代码清单 5-10 信号量的使用

```java
public static void useSemaphore() {
    // 线程池
    ExecutorService pool = Executors.newCachedThreadPool();
    // 信号量，这里采用 3 个许可信号，线程间采用公平机制
    final Semaphore semaphore = new Semaphore(3, true);
    // 循环 10 次
    for (int i = 0; i < 10; i++) {
        Runnable runnable = new Runnable() {
            @Override
            public void run() {
                try {
                    // 获取许可信号，获取不到的线程会被阻塞，等待唤起
                    semaphore.acquire();
                    System.out.println("线程: " + Thread.currentThread().getName()
                            + " 进入当前系统的并发数是: "
                            + (3 - semaphore.availablePermits()));
                    // 线程休眠一个随机时间戳（1 秒内）
                    Thread.sleep(new Random().nextInt(1000));
                } catch (InterruptedException e) {
                    e.printStackTrace();
                }
                System.out.println("线程: " + Thread.currentThread().getName()
                        + " 即将离开");
                // 释放许可信号
                semaphore.release();
                System.out.println("线程: " + Thread.currentThread().getName()
                        + " 已经离开，当前系统的并发数是: "
                        + (3 - semaphore.availablePermits()));
            }
        };
        pool.execute(runnable); // 执行线程池任务
    }
}
```

代码中，首先创建了线程池，然后将信号量设置为 3。这里所谓的信号，就如同许可证，任何一条要运行的线程都需要先获取信号；线程结束的时候，要释放自己持有的信号。在线程执行时，首先获取一个信号（许可证），如果成功则可以继续正常运行，如果不成功就会被阻塞，它就会排队。当线程可以正常运行时，它休眠一个随机时间戳（1s 内）。当运行结束后，释放信号（许可证），让其他等待的线程可以抢夺信号从而运行。

从上述的描述中可以知道，信号量就如同许可证，创建多少个信号让线程争夺，就意味着可以同时允许多少条线程并发运行。在 Hystrix 中，我们可以通过配置让线程以信号量的模式运行，这样就不会使用线程池来执行 Hystrix 命令了。

Hystrix 提供的线程池大小和信号量，默认值都为 10，这些都可以通过配置动态刷新。使用信号量的方式开销要小得多，但是它不能设置超时和异步访问，所以应该在有相对保障的情况下考虑使用它。

5.4 Hystrix 实践

上述我们大体论述了 Hystrix 的工作原理，本节将把这些理论用于实践。通过上述工作原理的论述大家可以知道，Hystrix 是将请求包装为一个个的命令来执行的，所以我们先从命令讲起。

5.4.1　使用 Hystrix 命令

Hystrix 的工作原理告诉我们，它只能执行一个个的命令。在 5.2 节中，我们通过简单地使用 @HystrixCommand 标注的方法驱动了 Hystrix 命令的执行，那么在原始的状态下，Hystrix 命令是如何编写的呢？其实也很简单，只需要继承 HystrixCommand<R>或者 HystrixObservableCommand<R> 即可。

1．使用 HystrixCommand<R>包装命令

例如，现在包装一个 Hystrix 命令来实现代码清单 5-5 中的 timeout 方法，如代码清单 5-11 所示。

代码清单 5-11　包装 Hystrix 命令（product 模块）

```
package com.spring.cloud.product.hystrix.cmd;
/**** imports ****/
public class UserTimeoutCommand extends HystrixCommand<ResultMessage> {
    // REST 风格模板
    private RestTemplate restTemplate = null;

    /**
     * 构造方法，一般可以传递参数
     * @param setter -- 设置
     * @param restTemplate -- REST 风格模板
     */
    public UserTimeoutCommand(Setter setter, RestTemplate restTemplate) {
        // 调用父类构造方法
        super(setter);
        this.restTemplate = restTemplate;
    }


    /**
     * 核心方法，命令执行逻辑
     */
    @Override
    protected ResultMessage run() throws Exception {
        String url = "http://USER/hystrix/timeout";
        return restTemplate.getForObject(url, ResultMessage.class);
    }

    /**
     * 降级方法
     * @return 降级结果
     */
    @Override
    protected ResultMessage getFallback() {
        return new ResultMessage(false, "超时了");
    }
}
```

代码中定义了一个 RestTemplate 属性，它会在构造方法中得到初始化。这里类的构造方法，需要我们注意的是，父类（HystrixCommand）中，它的构造方法有好几个，但是没有一个构造方法是无参数的，所以需要我们在构造方法中进行处理，这里我使用了带有 Setter 参数的构造方法。run 方法是我们实现逻辑的核心方法，它使用 RestTemplate 调用用户微服务。我们还覆盖了父类的

getFallback 方法，这意味着当 run 方法出现超时或者异常等情况时，将跳转到降级方法中去。

有了 UserTimeoutCommand 的封装，跟着我们来使用它。首先在 UserFacadeImpl 中加入如下方法（对应的 UserFacade 接口中也要加入对应的方法声明，这步比较简单，就不再赘述了），如代码清单 5-12 所示。

代码清单 5-12　包装使用 UserTimeoutCommand（product 模块）
```
@Override
public ResultMessage timeout2() {
    // 命令分组（设置组名为 "userGroup"）
    HystrixCommandGroupKey groupKey
        = HystrixCommandGroupKey.Factory.asKey("userGroup");
    // 创建 Setter 类
    com.netflix.hystrix.HystrixCommand.Setter setter
        = com.netflix.hystrix.HystrixCommand.Setter.withGroupKey(groupKey);
    // 创建命令
    UserTimeoutCommand userCmd = new UserTimeoutCommand(setter, restTemplate);
    // 同步执行命令
    return userCmd.execute();
    /***异步执行***
    Future<ResultMessage> future = userCmd.queue();
    try { // 发射参数，获取结果
        return future.get();
    } catch (Exception ex){
        return userCmd.getFallback();
    }
    */
}
```

代码中，先创建了一个 HystrixCommandGroupKey 对象，这里名称中的 GroupKey 的意思是将 HystrixCommand 分组，所以字符串"userGroup"就是其组名。跟着创建了 Setter 对象，为构建 UserTimeoutCommand 做准备。然后就将 Setter 对象和 RestTemplate 用作参数，通过构造方法，新建了 UserTimeoutCommand 对象。最后通过其 execute 方法执行。但是请注意，这里的 execute 方法是同步执行，还可以选择异步执行。关于异步执行，可以参考最后注释的代码，其中 queue 方法是进入发送队列并返回一个 Future 对象，它并未发送执行命令，直至使用 Future 的 get 方法，它才会真正发送执行命令。

跟着就是在控制器 CircuitBreakerController 中加入方法，如代码清单 5-13 所示。

代码清单 5-13　用控制器方法测试 Hystrix 命令的执行（product 模块）
```
@GetMapping("/cr/timeout2")
public ResultMessage timeout2() {
    return userFacade.timeout2();
}
```

这样启动服务后，就可以通过在浏览器地址栏输入 http://localhost:8001/cr/timeout2 来测试 Hystrix 命令的执行了。

显然，如果我们自己从头到尾地编写 Hystrix 命令，代码会比较多。Spring 通过其 AOP 技术，使得我们使用@HystrixCommand 就可以直接把一个方法变为一个 Hystrix 命令，进行执行。例如，原来 UserFacadeImpl 的方法 timeout 就是这样的：

```
@Override
@HystrixCommand(fallbackMethod = "fallback1")
public ResultMessage timeout() {
    String url = "http://USER/hystrix/timeout";
    return restTemplate.getForObject(url, ResultMessage.class);
}

public ResultMessage fallback1() {
    return new ResultMessage(false, "超时了");
}
```

这样就更加简洁地实现了等价于 UserTimeoutCommand 类的功能。只是这样只能进行同步请求，无法进行异步请求。为了可以异步请求，我们可以进行改造，例如，在 UserFacadeImpl 类（此处请自行在接口声明方法）中加入代码清单 5-14 所示的代码。

代码清单 5-14 使用@HystrixCommand 异步执行（product 模块）

```
@HystrixCommand(fallbackMethod = "fallback1")
public Future<ResultMessage> asyncTimeout() {
    return new AsyncResult<ResultMessage>() {
        @Override
        public ResultMessage invoke() {
            String url = "http://USER/hystrix/timeout";
            return restTemplate.getForObject(url, ResultMessage.class);
        }
    };
}
```

可以看到，这里使用了抽象类 AsyncResult，并且覆盖了它的 invoke 方法，这样就可以得到一个 Future<T>对象了，再通过它的 get 方法就可以拉取数据了。

2. 使用 HystrixObservableCommand<R>包装命令

但是使用 HystrixCommand<R>只能够发射一次参数，不能发射多次参数，拉取多次数据。通过上面 Hystrix 工作原理的介绍，大家可以知道，发射多次参数是通过 HystrixObservableCommand<R>来实现的，所以我们下面将改用它来封装 Hystrix 命令，如代码清单 5-15 所示。

代码清单 5-15 使用 HystrixObservableCommand<R>定义 Hystrix 异步命令（product 模块）

```
package com.spring.cloud.product.hystrix.cmd;
/**** imports ****/
public class UserExpCommand extends HystrixObservableCommand<ResultMessage> {
    private RestTemplate restTemplate = null; // REST 模板
    private String[] params = null; // 参数
    // 请求 URL
    private final String URL = "http://USER/hystrix/exp/{msg}";

    /**
     * 构造方法
     * @param setter -- 设置
     * @param restTemplate -- REST 风格模板
     * @param params -- 参数
     */
    public UserExpCommand(Setter setter,
            RestTemplate restTemplate, String[] params) {
        super(setter);
```

```java
        this.restTemplate = restTemplate;
        this.params = params;
    }

    /**
     * 核心方法，向对应的微服务发射参数，
     */
    @Override
    protected Observable<ResultMessage> construct() {
        Observable.OnSubscribe<ResultMessage> subs // 定义行为
            = (Subscriber<? super ResultMessage> resSubs) -> {
            try {
                int count = 0; // 计数器
                if (!resSubs.isUnsubscribed()) {
                    for (String param : params) {
                        count ++;
                        System.out.println("第【" + count + "】次发送 ");
                        // 观察者发射单次参数到微服务
                        ResultMessage resMsg
                            = restTemplate.getForObject(
                                URL, ResultMessage.class, param);
                        resSubs.onNext(resMsg);
                    }
                    // 遍历所有参数后，发射完结
                    resSubs.onCompleted();
                }
            } catch (Exception ex) {
                // 异常处理
                resSubs.onError(ex);
            }
        };
        return Observable.unsafeCreate(subs);
    }

    /**
     * 降级方法
     * @return 降级结果
     */
    @Override
    protected Observable<ResultMessage> resumeWithFallback() {
        return Observable.error(new RuntimeException("发生异常了."));
    }
}
```

和 UserTimeoutCommand 不一样的是，该类继承的是 HystrixObservableCommand<R>，并且实现了其定义的 construct 方法。对于构造方法，和 UserTimeoutCommand 是接近的，这里就不再介绍了。在 construct 方法中，使用了 RxJava 的 Observable 类来构建订阅者（OnSubscribe），但是这只是对行为的描述，并不是去执行行为。对于 OnSubscribe 的描述，是根据参数数组（params）的长度一次次将单个参数分次发送给用户微服务取得数据，简单来说，它是一次给用户微服务发送一个参数，然后从用户微服务拉取一次数据。直至到调用 onCompleted 方法，拉取才会结束。最后的 resumeWithFallback 方法定义了降级方法，它将覆盖父类的方法。

这样我们就可以在 UserFacadeImpl 类中通过 HystrixObservableCommand 的机制来使用

UserExpCommand 了，如代码清单 5-16 所示。

代码清单 5-16　使用 UserExpCommand（product 模块）

```java
@Override
public List<ResultMessage> exp2(String [] params) {
    // 命令分组（设置组名为 "userGroup"）
    HystrixCommandGroupKey groupKey
        = HystrixCommandGroupKey.Factory.asKey("userGroup");
    // 创建 Setter 类
    com.netflix.hystrix.HystrixObservableCommand.Setter setter
        = com.netflix.hystrix.HystrixObservableCommand.Setter.withGroupKey(groupKey);
    // 创建命令
    UserExpCommand userCmd = new UserExpCommand(setter, restTemplate, params);
    List<ResultMessage> resList = new ArrayList<>();
    // 使用热观察者模式，它会立即执行描述的行为，从用户微服务得到数据
    Observable<ResultMessage> observable = userCmd.observe();
    // 使用冷观察者模式，它不会立即执行描述的行为，而是延迟
    // Observable<ResultMessage> observable = userCmd.toObservable();
    // 依次读出从观察者中得到的数据，Lambda 表达式
    observable.forEach((ResultMessage resultMsg) -> { // ①
        resList.add(resultMsg);
    });
    // 同步执行命令
    return resList;
}
```

这段代码中创建了 UserExpCommand 对象，然后调用了它的 observe 方法，这个方法是启用热观察者模式。当执行它的时候，观察者就会发送行为，这里的行为就是向用户微服务发送请求得到数据，此时代码①处就不会发送请求了。在注释掉的代码中，采用了 toObservable 方法，它是冷观察者模式，这个时候不会执行行为，也就不会请求用户微服务的信息，而是要等到代码①处才执行行为，发送请求到用户微服务。

不过在上述代码中，使用继承 HystrixObservableCommand<R>开发的方式还是比较复杂的，那么如何使用@HystrixCommand 简化上述的代码呢？这里我给出实例，如代码清单 5-17 所示。

代码清单 5-17　使用@HystrixCommand 简化开发（product 模块）

```java
@Override
@HystrixCommand(fallbackMethod = "fallback3",
    // 执行模式
    observableExecutionMode = ObservableExecutionMode.EAGER)
public Observable<ResultMessage> asyncExp(String[] params) {
    String url = "http://USER/hystrix/exp/{msg}";
    // 行为描述
    Observable.OnSubscribe<ResultMessage> onSubs = (resSubs) ->{
        try {
            int count = 0; // 计数器
            if (!resSubs.isUnsubscribed()) {
                for (String param : params) {
                    count ++;
                    System.out.println("第【" + count + "】次发送 ");
                    // 观察者发射单次参数到微服务
                    ResultMessage resMsg
                        = restTemplate.getForObject(
                            url, ResultMessage.class, param);
```

```
                resSubs.onNext(resMsg);
            }
            // 遍历所有参数后，发射完结
            resSubs.onCompleted();
        }
    } catch (Exception ex) {
        // 异常处理
        resSubs.onError(ex);
    }
};
return Observable.create(onSubs);
}

public ResultMessage fallback3(String[] params) {
    return new ResultMessage(false, "调用产生异常了，参数:" + params);
}
```

这里的方法依旧采用了@HystrixCommand 进行标注，并且使用配置项 fallbackMethod 指定了降级方法。代码中还出现了@HystrixCommand 的配置项 observableExecutionMode，这个是配置执行模式，它有以下两个枚举可以选择。

- **EAGER**：默认值，启用 HystrixObservableCommand<R>中的 observe 方法，代表热观察者模式，表示立即执行描述的行为。
- **LAZY**：启用 HystrixObservableCommand<R>中的 toObservable 方法，代表冷观察者模式，表示延迟执行。

然后 asyncExp 方法描述了行为的执行过程，并且最后返回观察者，给予上层调用，这样通过注解@HystrixCommand 就可以简化我们的开发了。

3. 异常处理

上面我们只是讨论了正常情况下使用 Hystrix 命令的情况，但是在执行中，在某些异常下，我们也并非一定需要降级方法，再者，开发者往往还需要通过获取异常来分析发生错误的原因以便完善代码。

这里让我们回到代码清单 5-7，从 HystrixCommand<R>的 execute 方法的捕捉异常，可以看出，除了 HystrixBadRequestException 外，它都进行了处理。换句话说，当抛出 HystrixBadRequestException 时，它不会触发降级的 getFallback 方法，而是会抛出异常；当抛出非 HystrixBadRequestException 异常时，才会触发 getFallback 方法。为了更加方便，在@HystrixCommand 中还存在一个配置项 ignoreExceptions，它的作用是让我们可以配置哪些异常在执行 Hystrix 命令时被忽略，也就是当发生所配置的异常后，Hystrix 就会将其包装为 HystrixBadRequestException 进行抛出，不再执行降级方法，如代码清单 5-18 所示。

代码清单 5-18　定义被忽略的异常

```
@Override
@HystrixCommand(fallbackMethod = "fallback2",
    // 定义被忽略的异常，当发生这些异常时，不再执行降级方法
    ignoreExceptions= {FileNotFoundException.class, FileLockInterruptionException.class})
public String dealFile(String filePath) {
    File file = new File(filePath);
    return file.getAbsolutePath();
}
```

这样，当发生 FileNotFoundException 或 FileLockInterruptionException 时，Hystrix 就将该异常包装为 HystrixBadRequestException 进行抛出，不再执行降级方法。

接下来，对获取异常进行讨论，其实获取异常还是比较简单的。我们只需要在降级方法中加入参数即可，例如，将 UserFacadeImpl 类的 fallback2 方法进行改造，如代码清单 5-19 所示。

代码清单 5-19　获取异常

```
public ResultMessage fallback2(String msg , Throwable ex) {
    ex.printStackTrace();
    return new ResultMessage(false, "调用产生异常了，参数:" + msg );
}
```

显然，这里只需要声明参数即可，但是我在实际测试中发现，不可以把 Throwable 写作 Exception，否则 Hystrix 命令执行的时候就会出现异常。

5.4.2　请求缓存

再看图 5-9，当我们执行 Hystrix 命令的方法后，就走到了第③步缓存。毕竟我们的调用是基于 REST 风格的 HTTP 调用，从网络关系来看，是调用远程服务器的过程，这需要大量的资源和网络传输，会造成很大的性能损失。在这样的场景下使用本机缓存，性能显然会高出许多，因此 Hystrix 提供了这样的机制。但是需要注意的是，Hystrix 的缓存只在当次请求范围中有效，这就是为什么我们这节的标题为"请求缓存"的原因。

缓存带来的好处是，能够极大地提高性能，减缓系统的访问压力，但也有坏处，它会带来脏读的麻烦。这里需要再次强调的是，Hystrix 的缓存是基于单次请求的，所以非本次请求是没法读取请求缓存的。一个请求在通过服务调用访问数据后，会将其缓存，在该请求再次通过同样服务调用获取数据时，就可以直接读取缓存了。当然，两次读取缓存期间的时间间隔可能会引发数据不一致，可以通过缩小缓存超时时间来减小不一致的概率。如果执行的是相当重要的修改数据操作，就不推荐使用缓存了，毕竟这有可能造成脏数据的写入。

要在 Hystrix 中启用缓存十分简单，只需要使得开发的命令覆盖父类的 getCacheKey 方法即可，这个方法是在抽象类 AbstractCommand<R>里面定义的，它是 HystrixCommand<R>和 HystrixObservableCommand<R>的父类，如图 5-15 所示。

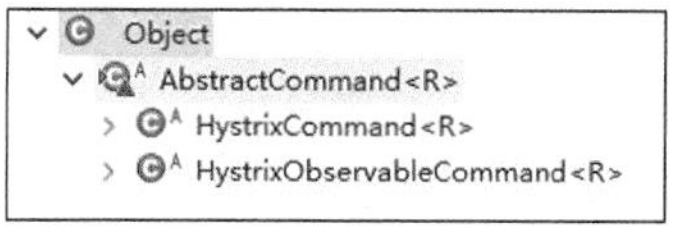

这个 getCacheKey 方法会返回一个字符串。当它的返回不为 null 的时候，Hystrix 就会认为该命令需要启用缓存；当它的返回为 null 的时候，则 Hystrix 会认为该命令不需要启用缓存。

图 5-15　AbstractCommand<R>与 Hystrix 命令的继承关系

为了测试请求，我们首先在用户微服务上创建一个新的控制器 UserInfoController，如代码清单 5-20 所示。

代码清单 5-20　用户信息控制器 UserInfoController（User 模块）

```
package com.spring.cloud.user.controller;
/**** imports ****/
@Controller
@RequestMapping("/user")
public class UserInfoController {
    /**
     * 模拟获取用户信息
```

```
     * @param id -- 用户编号
     * @return 用户信息
     */
    @GetMapping("/info/{id}")
    @ResponseBody
    public UserInfo getUser(@PathVariable("id") Long id) {
        UserInfo userInfo = new UserInfo(1L, "user_name_" + id, "note_" + id);
        return userInfo;
    }

    /**
     * 模拟更新用户信息
     * @param id -- 用户编号
     * @param userName -- 用户名称
     * @param note -- 备注
     * @return 用户信息
     */
    @PutMapping("/info")
    @ResponseBody
    public UserInfo putUser(@RequestBody UserInfo userInfo) {
        return userInfo;
    }
}
```

显然，这里有两个请求，可以提供给我们的消费者使用。这里还有一个 UserInfo 的类，我们不妨在 common 模块里创建，代码如下：

```
package com.spring.cloud.common.pojo;

import java.io.Serializable;

public class UserInfo implements Serializable {
    public static final long serialVersionUID = 15213856L;

    private Long id;
    private String userName;
    private String note;

    public UserInfo() {
    }

    public UserInfo(Long id, String userName, String note) {
        this.id = id;
        this.userName = userName;
        this.note = note;
    }

    /**** setters and getters ****/
}
```

为了调用用户微服务控制器 UserInfoController 的 getUser 方法，我们在产品微服务上创建一个 Hystrix 命令，如代码清单 5-21 所示。

代码清单 5-21　获取用户信息的 Hystrix 命令（Product 模块）

```
package com.spring.cloud.product.hystrix.cmd;
/**** imports ****/
```

```java
public class UserGetCommand extends HystrixCommand<UserInfo> {
    private Long id = null; // 参数
    private RestTemplate restTemplate = null; // REST 模板
    // 请求 URL
    private final String URL = "http://USER/user/info/{id}";
    // Hystrix 命令 key
    private static final HystrixCommandKey COMMAND_KEY
        = HystrixCommandKey.Factory.asKey("user_get");

    /**
     * 构造方法
     * @param restTemplate -- REST 风格模板
     * @param id -- 参数
     */
    public UserGetCommand(RestTemplate restTemplate, Long id) {
        // 在当前的命令中加入命令 Key
        super(Setter.withGroupKey(
            HystrixCommandGroupKey.Factory.asKey("userGroup"))
                .andCommandKey(COMMAND_KEY));
        this.restTemplate = restTemplate;
        this.id = id;
    }

    @Override
    protected UserInfo run() throws Exception {
        System.out.println("获取用户" + id);
        return restTemplate.getForObject(URL, UserInfo.class, id);
    }

    // 提供缓存键，以驱动 Hystrix 使用缓存
    @Override
    protected String getCacheKey() {
        return "user_" + id;
    }

    /**
     * 清除缓存
     * @param id -- 用户编号
     */
    public static void clearCache(Long id) {
        String cacheKey = "user_" + id;
        // 根据命令 key，清除缓存
        HystrixRequestCache.getInstance(COMMAND_KEY,
            HystrixConcurrencyStrategyDefault.getInstance())
                .clear(cacheKey);
    }
}
```

先看一下类的构造方法 UserGetCommand。在 Setter 初始化的时候，加入了 addCommandKey 方法，并将 COMMAND_KEY 的参数传递给它，这样就可以通过这个参数在 Hystrix 的上文中访问到这个命令了。getCacheKey 方法返回了一个非 null 的值，按上述我们讲到的，可以知道，它将启用缓存机制。静态的 clearCache 方法会通过 COMMAND_KEY 参数清除缓存，只是当前的类中没有调用它，我会在后面的类中调用它。

针对代码清单 5-20 的 putUser 方法，我们在产品微服务上创建一个新的 Hystrix 命令 UserPutCommand，

如代码清单 5-22 所示。

代码清单 5-22 修改用户信息的 Hystrix 命令（Product 模块）

```
package com.spring.cloud.product.hystrix.cmd;
/**** imports ****/
public class UserPutCommand extends HystrixCommand<UserInfo> {
    private UserInfo user = null; // 用户信息
    private RestTemplate restTemplate = null; // REST 模板
    // 请求 URL
    private final String URL = "http://USER/user/info";
    public UserPutCommand(RestTemplate restTemplate,
            Long id, String userName, String note) {
        super(Setter.withGroupKey(
            HystrixCommandGroupKey.Factory.asKey("userGroup")));
        this.restTemplate = restTemplate;
        // 创建用户信息对象
        user = new UserInfo(id, userName, note);
    }

    @Override
    public UserInfo run() throws Exception {
        // 请求头
        HttpHeaders headers = new HttpHeaders();
        headers.setContentType(MediaType.APPLICATION_JSON_UTF8);
        // 封装请求实体对象，将用户信息对象设置为请求体
        HttpEntity<UserInfo> request = new HttpEntity<>(user, headers);
        System.out.println("执行更新用户" + user.getId());
        // 更新用户信息
        restTemplate.put(URL, request);
        // 清除缓存
        UserGetCommand.clearCache(user.getId());
        return user;
    }
}
```

在 run 方法的代码中，首先创建了对应 PUT 请求的环境，来提交用户信息给用户微服务，然后通过加粗的代码在最后清除了缓存。

为了测试上述的代码，在 UserFacadeImpl 中加入 testUserInfo 方法（对应接口也加入方法声明），如代码清单 5-23 所示。

代码清单 5-23 修改用户信息的 Hystrix 命令（Product 模块）

```
@Override
public UserInfo testUserInfo(Long id) {
    // 初始化 Hystrix 命令请求上下文，如果没有，则抛出异常
    HystrixRequestContext context = HystrixRequestContext.initializeContext();
    UserGetCommand ugc1 = new UserGetCommand(restTemplate, id);
    UserGetCommand ugc2 = new UserGetCommand(restTemplate, id);
    UserGetCommand ugc3 = new UserGetCommand(restTemplate, id);
    UserPutCommand upc = new UserPutCommand(
        restTemplate, 1L, "user_name_update", "note_update");
    try {
        // 第一次请求添加缓存
        ugc1.execute();
```

```
        // 第二次请求从缓存中读取
        ugc2.execute();
        // 执行更新，删除缓存
        upc.execute();
        // 因为缓存已经被删除，所以重新请求
        return ugc3.execute();
    } finally {
        // 关闭上下文
        context.close();
    }
}
```

这里需要注意的是，方法一开始初始化了一个 HystrixRequestContext 对象，并且在最后使用了它的 close 方法。在使用 Hystrix 缓存的时候这是必需的，表示这次请求只在一个 HystrixRequestContext 对象范围内有效，执行了它的 close 方法（或 shutdown 方法）后，这个上下文就失效了。testUserInfo 方法创建了 3 个 UserGetCommand 对象和一个 UserPutCommand 对象，然后对它们进行了调用。

为了测试 testUserInfo 方法，我们在控制器 CircuitBreakerController 中加入如下方法，如代码清单 5-24 所示。

代码清单 5-24　测试 testUserInfo 方法（Product 模块）

```
@GetMapping("/user/info/{id}")
public UserInfo getUserInfo(@PathVariable("id") Long id) {
    return userFacade.testUserInfo(id);
}
```

然后，我们启动相关的服务，在浏览器地址栏输入 http://localhost:8001/user/info/1。我在本地观察到的日志结果如下：

```
......
获取用户 1
    Flipping property: USER.ribbon.ActiveConnectionsLimit to use NEXT property: niws.load
balancer.availabilityFilteringRule.activeConnectionsLimit = 2147483647
    Shutdown hook installed for: NFLoadBalancer-PingTimer-USER
    Client: USER instantiated a LoadBalancer: DynamicServerListLoadBalancer:{NFLoadBalanc
er:name=USER,current list of Servers=[],Load balancer stats=Zone stats: {},Server stats: [
]}ServerList:null
    Using serverListUpdater PollingServerListUpdater
    Flipping property: USER.ribbon.ActiveConnectionsLimit to use NEXT property: niws.load
balancer.availabilityFilteringRule.activeConnectionsLimit = 2147483647
......
执行更新用户 1
获取用户 1
......
```

从日志中可以看到，只打出了两次“获取用户 1”的信息，而实际我们使用了 3 次 UserGetCommand，可见第二次是从缓存中读取的，第三次读取之所以再次请求用户微服务，是因为事前执行了更新操作删除了缓存。

通过上述方式编写 Hystrix 命令还是比较麻烦的，需要编写的代码比较多。为了更为简单，Netflix 公司提供了 3 个注解，如表 5-2 所示。

表 5-2　Hystrix 的缓存注解

注解	含义	备注
@CacheResult	将请求结果进行缓存，可以通过配置项 cacheKeyMethod 指定缓存 key 的生成方法	在默认的情况下，Hystrix 命令的键（commandKey）为方法名称
@CacheRemove	将请求结果删除，其中配置项 commandKey 通过命令键指向某个 Hystrix 命令，而配置项 cacheKeyMethod 指定缓存 key 的生产方法	配置项 commandKey 是必须配置的
@CacheKey	该注解是用在参数上的，可以标记缓存的键，如果没有标注，则使用所有的参数	@CacheResult 或@CacheKey 的配置项 cacheKeyMethod 的优先级高于此注解

表 5-2 描述了缓存注解的作用，下面将它们应用于实践。我们在 UserFacadeImpl 中加入对应的方法（同时加上接口声明），如代码清单 5-25 所示。

代码清单 5-25　使用注解驱动 Hystrix 缓存（Product 模块）

```
// 将结果缓存
@CacheResult
// 在默认情况下，命令键（commandKey）指向方法名 getUserInfo
@HystrixCommand
@Override
// @CacheKey 将参数 id 设置为缓存 key
public UserInfo getUserInfo(@CacheKey Long id) {
    String url = "http://USER/user/info/{id}";
    System.out.println("获取用户" + id);
    return restTemplate.getForObject(url, UserInfo.class, id);
}


// commandKey 指定命令键，指向 getUserInfo 方法
@CacheRemove(commandKey ="getUserInfo")
@HystrixCommand
@Override
public UserInfo updateUserInfo(@CacheKey("id") UserInfo user) {
    String url = "http://USER/user/info";
    // 请求头
    HttpHeaders headers = new HttpHeaders();
    headers.setContentType(MediaType.APPLICATION_JSON_UTF8);
    // 封装请求实体对象，将用户信息对象设置为请求体
    HttpEntity<UserInfo> request = new HttpEntity<>(user, headers);
    System.out.println("执行更新用户" + user.getId());
    // 更新用户信息
    restTemplate.put(url, request);
    return user;
}
```

先看一下 getUserInfo 方法，使用了@CacheResult 注解表示将结果缓存。在默认的情况下，Hystrix 命令的键为方法名 getUserInfo，因此只要在后续的@CacheRemove 中指定这个键，就可以删除对应的缓存了。@CacheKey 标注在参数 id 上，用于标识缓存的键。再看 updateUserInfo 方法，它使用了注解@CacheRemove，表示清除缓存，其中配置项 commandKey 设置为了 getUserInfo，指向 getUserInfo

方法的缓存。注解@CacheKey 标注在 UserInfo 参数中，配置"id"指向参数的 id 属性，作为缓存的键，用于删除缓存。由此段代码可见，使用 Hystrix 提供的注解比自己封装 Hystrix 命令要简便得多。

为了测试这段代码，在控制器 CircuitBreakerController 中加入方法进行测试，如代码清单 5-26 所示。

代码清单 5-26　测试注解驱动 Hystrix 缓存（Product 模块）

```
@GetMapping("/user/info/cache/{id}")
public UserInfo getUserInfo2(@PathVariable("id") Long id) {
    // 初始化 HystrixRequestContext 上下文
    HystrixRequestContext context = HystrixRequestContext.initializeContext();
    try {
        userFacade.getUserInfo(id);
        userFacade.getUserInfo(id);
        UserInfo user = new UserInfo(id, "user_name_update", "note_update");
        userFacade.updateUserInfo(user);
        return userFacade.getUserInfo(id);
    } finally {
        context.shutdown(); // 关闭上下文
    }
}
```

同样的，我们只需要在一个 HystrixRequestContext 上下文中运行所有的命令，就能达到我们预期的效果。我们只需要在浏览器上打开网址 http://localhost:8001/user/info/cache/1，就能够通过日志查看结果了。

上述我们使用@CacheKey 标注参数作为键，键为 Long 型，有时 Long 型并无含义，有时我们更喜欢"user_1"这样的键值，"user"代表是用户信息，而"1"代表主键。那么如何达到这样的效果呢？其实很简单，使用@CacheResult/@CacheRemove 的配置项 cacheKeyMethod 即可。例如，我们改写代码清单 5-26，如代码清单 5-27 所示。

代码清单 5-27　使用配置项 cacheKeyMethod 生成缓存键（Product 模块）

```
// 将结果缓存，cacheKeyMethod 指定 key 的生成方法
@CacheResult(cacheKeyMethod = "getCacheKey")
// commandKey 声明 Hystrix 命令键为"user_get"
@HystrixCommand(commandKey = "user_get")
@Override
// 由于@CacheResult 的配置项 cacheKeyMethod 高于@CacheKey，因此@CacheKey 此处无效
public UserInfo getUserInfo(@CacheKey Long id) {
    String url = "http://USER/user/info/{id}";
    System.out.println("获取用户" + id);
    return restTemplate.getForObject(url, UserInfo.class, id);
}

// commandKey 指定命令键，从而指向 getUserInfo 方法；cacheKeyMethod 指定 key 的生成方法
@CacheRemove(commandKey = "user_get", cacheKeyMethod = "getCacheKey")
@HystrixCommand
@Override
public UserInfo updateUserInfo(UserInfo user) {
    String url = "http://USER/user/info";
    // 请求头
    HttpHeaders headers = new HttpHeaders();
    headers.setContentType(MediaType.APPLICATION_JSON_UTF8);
```

```
        // 封装请求实体对象，将用户信息对象设置为请求体
        HttpEntity<UserInfo> request = new HttpEntity<>(user, headers);
        System.out.println("执行更新用户" + user.getId());
        // 更新用户信息
        restTemplate.put(url, request);
        return user;
    }

    private static final String CACHE_PREFIX = "user_"; // 前缀
    /** 两个方法参数和命令方法保持一致 **/
    public String getCacheKey(Long id) {
        return CACHE_PREFIX + id;
    }

    public String getCacheKey(UserInfo user) {
        return CACHE_PREFIX + user.getId();
    }
```

先看一下 getUserInfo 方法，@CacheResult 表示将结果缓存，而配置项 cacheKeyMethod 则是指定生成缓存键的方法为 getCacheKey 方法，请注意，该方法的参数需要和 getUserInfo 方法相同。@HystrixCommand 的配置项 commandKey 表示将 Hystrix 命令键设置为 user_get。这里的参数虽然标注了@CacheKey，但是因为@CacheResult 配置了 cacheKeyMethod，所以这是一个失效的注解。再看 updateUserInfo 方法，@CacheRemove 注解表示要删除缓存，配置项 commandKey 指向对应 user_get 的 Hystrix 命令，配置项 cacheKeyMethod 表示指向生成主键的方法，注意，参数要和 updateUserInfo 方法一致。这里还要注意，配置项 cacheKeyMethod 指向的方法一定要返回字符串（String），否则会发生错误。

在代码清单 5-26 中，我们需要先开启 HystrixRequestContext 上下文，才能使 Hystrix 缓存生效。显然，如果每一个地方都要那么写就会十分麻烦，有没有办法能使我们减少这些东西呢？答案是肯定的，我们可以使用 Servlet 的过滤器（Filter）。下面为大家演示一下，如代码清单 5-28 所示。

代码清单 5-28　使用过滤器生成 HystrixRequestContext 上下文（Product 模块）

```
package com.spring.cloud.product.filter;
/**** imports ****/
import com.netflix.hystrix.strategy.concurrency.HystrixRequestContext;
// @WebFilter 表示 Servlet 过滤器，
@WebFilter(filterName ="HystrixRequestContextFilter",
        //urlPatterns 定义拦截的地址
        urlPatterns ="/user/info/cache/*")
@Component // 表示被 Spring 扫描，装配为 Servlet 过滤器
public class HystrixRequestContextFilter implements Filter {

    @Override
    public void doFilter(ServletRequest request, ServletResponse response,
            FilterChain chain) throws IOException, ServletException {
        // 初始化上下文
        HystrixRequestContext context
            = HystrixRequestContext.initializeContext();
        try {
            chain.doFilter(request, response);
        } finally {
            // 关闭上下文
```

```
            context.shutdown();
        }
    }
}
```

这里，@WebFilter 表示这个类为 Servlet 的过滤器，urlPatterns 配置拦截什么请求。@Component 表示它将被 Spring 扫描，这样 Spring Boot 就会将其装配为一个 Web 容器的过滤器。在 doFilter 方法中，首先生成了 HystrixRequestContext 上下文，然后才执行请求，这样被拦截的请求就不必自己编码来生成 HystrixRequestContext 上下文了。此时删除代码清单 5-26 中关于 HystrixRequestContext 上下文的代码，也可以运行了。

5.4.3　请求合并

请求合并是 Hystrix 中除了请求缓存之外的另外一个提高性能的利器。我们之前谈过，通过 HTTP 协议进行 REST 调用，实际是一种比较消耗资源的方式。在 Hystrix 的调用中，它如果正常调用，最终就会通过舱壁模式进入到一个单独的线程池里。当出现高并发场景的时候，这些请求会充满线程池，导致大量的线程挂起，最终导致排队、延迟响应或者超时等现象。为了解决这些问题，Hystrix 提供了请求合并的功能，也就是说，在一个很短的时间戳内，按照一定的规则进行判断，如果觉得是同样的请求，就将其合并为同一个请求，只用一条线程进行请求，然后响应多个请求。请注意，这里请求合并的作用域可以是全局性有效的（GLOBAL），也可以是单次请求有效（REQUEST）的，当然，默认情况是单次请求有效。Hystrix 中提供的合并请求类是 HystrixCollapser，它是一个抽象类。

为了更好地论述它们，首先我们在用户微服务的控制器 UserInfoController 上加入一个新的方法，如代码清单 5-29 所示。

代码清单 5-29　查找用户（User 模块）
```
@GetMapping("/infoes/{ids}")
@ResponseBody
public ResponseEntity<List<UserInfo>> findUsers(
        @PathVariable("ids") Long []ids ) {
    List<UserInfo> userList = new ArrayList<>();
    for (Long id : ids) {
        UserInfo userInfo
            = new UserInfo(id, "user_name_" + id, "note_" + id);
        userList.add(userInfo);
    }
    ResponseEntity<List<UserInfo>> response // 将结果封装为响应实体
        = new ResponseEntity<>(userList, HttpStatus.OK);
    return response;
}
```

显然，这个方法是支持多 id 查询的，我们现在在产品微服务的 UserFacadeImpl 类上存在两个这样的方法（对应接口也加入声明），如代码清单 5-30 所示。

代码清单 5-30　单个获取用户和批量获取用户（Product 模块）
```
@Override
public UserInfo getUser(Long id) {
    // 单个请求
    String url = "http://USER/user/info/{id}";
```

```
    return restTemplate.getForObject(url, UserInfo.class, id);
}

@SuppressWarnings("unchecked")
@Override
public List<UserInfo> findUsers(Long[] ids) {
    String url = "http://USER/user/infoes/{ids}";
    String strIds = StringUtils.join(ids, ",");
    System.out.println("准备批量发送请求=》" + strIds);
    // 定义转换最终类型
    ParameterizedTypeReference<List<UserInfo>> responseType
        = new ParameterizedTypeReference<List<UserInfo>>(){};
    // 发生 GET 请求
    ResponseEntity<List<UserInfo>> userEntity = restTemplate.exchange(
            url, HttpMethod.GET, null, responseType,  strIds);
    return userEntity.getBody();
}
```

这里的 getUser 方法是通过单个 id 获取用户信息，而 findUsers 方法则是通过一个数组来获取用户信息。因为我们采用的是 REST 风格的请求，所以在性能上并不是很高，假如可以在一个时间戳内将请求或者全局范围上的多个 getUser 方法的参数收集起来，然后通过 findUsers 方法一次获取数据，那么性能就会高许多了。只是 findUsers 方法的最后 3 句代码有点复杂，它主要是声明请求结果获取的数据类型，然后通过 restTemplate 的 exchange 方法来获取响应实体，最后再返回响应体。为什么 findUsers 方法需要这样处理，我会在后文提及。

在上文中提到过 HystrixCollapser，它是一个请求合并器，我们先来研究它的源码。它是一个抽象类，很多方法都已实现，所以这里只研究它的抽象方法，如代码清单 5-31 所示。

代码清单 5-31 HystrixCollapser 的源码
```
package com.netflix.hystrix;
/**** imports ****/
/**
 * BatchReturnType 合并请求返回类型,
 * ResponseType 单次请求返回类型
 * RequestArgumentType 单次请求参数类型
 */
public abstract class HystrixCollapser
   <BatchReturnType, ResponseType, RequestArgumentType> implements
   HystrixExecutable<ResponseType>, HystrixObservable<ResponseType> {
   / **** other code ****/
   /**
    * 获取单次请求参数
    */
   public abstract RequestArgumentType getRequestArgument();

   /**
    * 生成合并请求后的 Hystrix 命令
    * @param requests -- 单次请求集合
    */
   protected abstract HystrixCommand<BatchReturnType> createCommand(
      Collection<CollapsedRequest<ResponseType,
         RequestArgumentType>> requests);

   /**
```

```
     *  将请求结果分配到各个单次请求中
     *  @param batchResponse -- 合并请求结果
     *  @param requests -- 单次请求集合
     */
    protected abstract void mapResponseToRequests(
        BatchReturnType batchResponse,
        Collection<CollapsedRequest<ResponseType,
            RequestArgumentType>> requests);
}
```

在这个抽象类中，定义了 3 种类型。

- **BatchReturnType**：合并后请求返回的类型，例如，这里是需要将单个用户请求，合并为 List<UserInfo>，在本例中我们应该写为 List<UserInfo>。
- **ResponseType**：单次请求响应类型，本例为 UserInfo。
- **RequestArgumentType**：单次请求参数类型，这里为用户 id，所以本例为 Long。

HystrixCollapser 的 3 个抽象方法，我也在源码中给出了比较清晰的注释供参考，这里就不再赘述了。对于 createCommand 方法，要求获取一个合并请求的 Hystrix 命令，为了达到这个效果，我们基于代码清单 5-30 中的 findUsers 方法来编写 Hystrix 命令，如代码清单 5-32 所示。

代码清单 5-32　查询用户的 Hystrix 命令（Product 模块）

```
package com.spring.cloud.product.hystrix.cmd;

/**** imports ****/
public class UserFindCommand extends HystrixCommand<List<UserInfo>> {
    private Long[] ids = null; // 参数
    private UserFacade userFacade = null;

    public UserFindCommand(UserFacade userFacade, Long[] ids) {
        // 在当前的命令中加入命令 Key
        super(HystrixCommand.Setter.withGroupKey(
                HystrixCommandGroupKey.Factory.asKey("userGroup")));
        this.userFacade = userFacade;
        this.ids = ids;
    }

    // 调用接口查询用户
    @SuppressWarnings("unchecked")
    @Override
    protected List<UserInfo> run() throws Exception {
        List<UserInfo> userList = userFacade.findUsers(ids);
        return userList;
    }
}
```

有了这个合并的 Hystrix 命令，接下来就要编写合并器（HystrixCollapser）了，如代码清单 5-33 所示。

代码清单 5-33　查询用户的 Hystrix 合并器（Product 模块）

```
package com.spring.cloud.product.collapser;
/**** imports ****/
public class UserHystrixCollapser
        extends HystrixCollapser<List<UserInfo>, UserInfo, Long> {
```

```java
private UserFacade userFacade = null; // 用户服务接口
private Long id; // 单个参数

public UserHystrixCollapser(UserFacade userFacade, Long id) {
    // 构建相关的参数
    super(Setter.withCollapserKey(
        HystrixCollapserKey.Factory.asKey("userGroup"))
        // 请求范围内（作用域）
        .andScope(Scope.REQUEST)
        // 配置属性
        .andCollapserPropertiesDefaults(
        HystrixCollapserProperties.Setter()
            // 并且只收集 50 ms 时间戳内的请求
            .withTimerDelayInMilliseconds(50)
            // 最多收集 3 次请求
            .withMaxRequestsInBatch(3)));
    this.userFacade = userFacade;
    this.id = id;
}

@Override
public Long getRequestArgument() { // 返回单次请求参数
    return id;
}

// 创建合并请求 Hystrix 命令
@Override
public HystrixCommand<List<UserInfo>> createCommand(
        Collection<CollapsedRequest<UserInfo, Long>> requests) {
    // 合并请求参数
    Long[] idArr= new Long[requests.size()];
    int index = 0;
    for (CollapsedRequest<UserInfo, Long> request : requests) {
        idArr[index] = request.getArgument();
        index ++;
    }
    UserFindCommand ufc = new UserFindCommand(userFacade, idArr);
    return ufc;
}

@Override
public void mapResponseToRequests(List<UserInfo> batchResponse,
        Collection<CollapsedRequest<UserInfo, Long>> requests) {
    int idx = 0; // 下标
    for (CollapsedRequest<UserInfo, Long> request : requests) {
        //将结果分发到各个单次请求中
        request.setResponse(batchResponse.get(idx));
        idx ++;
    }
}
}
```

这里定义的类 UserHystrixCollapser 是一个合并器，其中最重要的是构造方法。在构造方法中，我使用了父类的构造方法，传递了一个 Setter 参数，这是我们要讨论的核心内容之一，所以在代码中加粗标出。首先为 Setter 参数构建了一个 key，通过它可以索引合并器。然后，将范围设置为请求范围,也可以设置为全局。跟着配置了两个属性,一个是 withTimerDelayInMilliseconds 方法的合并时间戳,另一个是 withMaxRequestsInBatch 方法的合并最大请求数。下面再论述一下这两个配置属性。

- 合并时间戳:这是一个时间戳,也就是当收到第一个需要合并的请求后,在对应的时间戳之后,才会发送合并请求,代码中配置了 50 ms 的合并时间戳。
- 合并最大请求数:这是一个请求的数量,也就是合并器收集到的单次请求数量达到这个数字后,可以直接发送合并请求。代码中配置为 3 次,而实际上应该配置得更高些,如 20 次。这里配置为 3 次是考虑到后续的验证。

合并器,首先通过 getRequestArgument 方法收集单次请求的参数,然后通过 createCommand 方法构建合并请求的 Hystrix 命令,最后通过 mapResponseToRequests 方法将合并的结果集分发到单次请求中。这里需要指出的是,在我的实践中,如果代码清单 5-30 中的 findUsers 方法不指定参数化(ParameterizedTypeReference),那么 mapResponseToRequests 方法的结果返回的将不是 UserInfo 类,而是 Map 接口类型,这就是为什么需要指定参数化的原因。

为了测试这个合并器,我们在产品微服务上的 CircuitBreakerController 中加入方法,如代码清单 5-34 所示。

代码清单 5-34 测试合并器(Product 模块)

```
@GetMapping("/user/infoes/{ids}")
public List<UserInfo> findUsers(@PathVariable("ids") Long[] ids) {
    try {
        List<UserInfo> userList = new ArrayList<>(ids.length);
        List<Future<UserInfo>> futureList = new ArrayList<>(ids.length);
        // 将请求全部放入队列
        for (Long id : ids) {
            Future<UserInfo> fuser = new UserHystrixCollapser(userFacade, id).queue();
            futureList.add(fuser);
        }
        // 合并请求,获取结果
        for (Future<UserInfo> fuser : futureList) {
            userList.add(fuser.get());
        }
        return userList;
        // userFacade.findUsers(ids);
    } catch (Exception ex) {
        ex.printStackTrace();
    }
    return null;
}
```

这里需要注意的是,在加粗的代码中,创建了合并器(UserHystrixCollapser),然后调用了它的 queue 方法,得到一个 Future<UserInfo>对象。这里不能使用 execute 方法,因为 execute 方法会触发合并器直接发送请求获取数据。后面通过 Future 的 get 方法获取了参数,请注意,这个获取是需要等待合并时间戳的,也就是需要等待这个时间戳,合并器才会进行请求。

好了,有了上述代码,启动相关服务后,在浏览器地址栏输入 http://localhost:8001/user/infoes/1,2,3,4,就可以看到结果了。后台日志会打出如下信息:

```
准备批量发送请求=》1,2,3
准备批量发送请求=》4
```

从结果来看，合并请求做了 2 次，这是因为我们做了限制，合并最大请求数为 3 次，所以才会出现这样的情况。如果将合并时间戳放大至 2000 ms，那么请求时就需要等待 2 秒才能看到结果，因为合并器在时间戳范围内会等待其他命令的到来。因此，对于合并时间戳，也需要经过适当考虑，短了则合并效果不佳，长了则客户端等待时间较长。

为了让大家对请求合并有更为清晰的理解，这里再次画出独立请求的效果图，如图 5-16 所示。

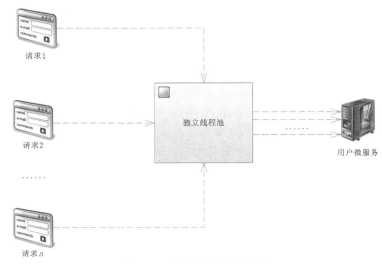

图 5-16　合并前的多次请求

这里可以看到，在请求时，所有的单次请求都需要进入独立线程池中，占据一定的资源，然后通过用户微服务获取数据。在高并发的场景下，独立线程池的压力会比较大，但是单次请求的压力会相对小一些。经过合并器合并请求后的情况如图 5-17 所示。

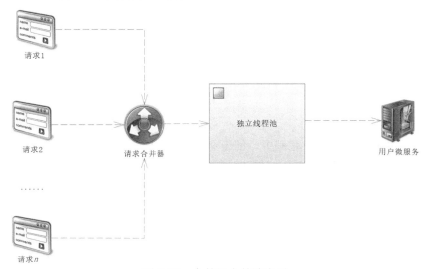

图 5-17　合并器合并请求后

经过合并后，可以看到，原本 4 次请求转变为 1 次请求，大大减少了对线程池资源的占用。从性能上来说，减少了 REST 这样消耗资源的调用，也会较大地提升性能。但是这也会造成代码较多，可读性明显下降的情况，不利于后续维护。

从使用的角度来说，合并器合并多个单次请求是需要消耗资源的，但是相对多次 REST 请求所消耗的资源会小得多，下面是我的使用心得。

- 某个时间戳内请求量不是很大的时候，没有必要使用合并器，在这种情况下使用合并器，既会增加开发的复杂度，又不会大幅度提高性能，没太大意义。
- 合并时间戳不宜太长，过长的话，合并器等待时间就会比较长，从而导致客户端得到数据缓慢，不利于用户体验。个人建议控制在 1 秒之内。合并的时间戳也不宜过短，过短，合并的请求太少，也达不到很好的合并效果。
- 最大合并数不宜太小，太小，合并器请求次数增多，就达不到提高性能的预期。太大也不好，合并请求和得到的数据太多，也会给系统造成压力，构造也相对复杂。因此，追求合理的最大合并数才是最好的选择，这就需要根据实际的请求需要来考量了，我一般喜欢设置为 20 左右。
- 在合并器作用范围的选择上，在合并器 UserHystrixCollapser 中，我将其设置为请求范围，而实际还可以设置为全局范围。在请求范围内，读到脏数据的概率较低，而全局范围内脏数据概率较高。对于那些不追求数据一致性的应用，可以设置为全局性的，以达到性能的提升。

当然，上述的使用还是基于原始的方式，实际上，通过 Spring Cloud 的封装，可以大幅度地简化我们的编码，更加简便地使用合并器。这里主要涉及一个注解@HystrixCollapser，通过它可以使得我们的编码更为简单。为了更好地解释它，我们先来研究一下它的源码，如代码清单 5-35 所示。

代码清单 5-35　@HystrixCollapser 的源码

```
package com.netflix.hystrix.contrib.javanica.annotation;
/**** imports ****/
@Target({ElementType.METHOD})
@Retention(RetentionPolicy.RUNTIME)
@Documented
public @interface HystrixCollapser {
    // 合并器键
    String collapserKey() default "";

    // 合并方法，要求是一个 Hystrix 命令
    String batchMethod();

    // 合并器作用域，默认请求范围（可以配置为全局性的）
    Scope scope() default Scope.REQUEST;

    // 合并器属性
    HystrixProperty[] collapserProperties() default {};
}
```

显然，它存在 4 个配置项，除了 batchMethod 外，其他的和代码清单 5-33 中加粗的地方相互对应，这样我们只需要配置就可以启用合并器的功能了。batchMethod 是指定合并方法的，但是这个方法必须是一个 Hystrix 命令，也就是需要标注@HystrixCommand。为了更好地展示如何使用@HystrixCollapser，下

面将基于代码清单 5-30 进行改写，如代码清单 5-36 所示。

代码清单 5-36 使用@HystrixCollapser（Product 模块）

```
@Override
@HystrixCollapser(collapserKey="userGroup",
    // 指定合并方法，必需项
    batchMethod = "findUsers2",
    // 合并器作用域
    scope = com.netflix.hystrix.HystrixCollapser.Scope.GLOBAL,
    collapserProperties = {
            // 限定合并时间戳为 50 ms
            @HystrixProperty(name = "timerDelayInMilliseconds", value = "50"),
            // 合并最大请求数设置为 3
            @HystrixProperty(name="maxRequestsInBatch", value="3")
    })
public Future<UserInfo> getUser2(Long id) {
    // 不需要任何逻辑
    return null;
}

// 定义合并 Hystrix 命令
@HystrixCommand(commandKey="userGroup")
@SuppressWarnings("unchecked")
@Override
public List<UserInfo> findUsers2(List<Long> ids) {
    String url = "http://USER/user/infoes/{ids}";
    String strIds = StringUtils.join(ids, ",");
    System.out.println("准备批量发送请求=》" + strIds);
    // 定义转换最终类型
    ParameterizedTypeReference<List<UserInfo>> responseType
        = new ParameterizedTypeReference<List<UserInfo>>(){};
    // 发生 GET 请求
    ResponseEntity<List<UserInfo>> userEntity = restTemplate
        .exchange(url, HttpMethod.GET, null, responseType,  strIds);
    return userEntity.getBody();
}
```

在这段代码中，getUser2 方法要求返回一个 Future 对象，即一个将来获取的值。标注了 @HystrixCollapser，并通过配置项 collapserKey 指定了它的 key。batchMethod 是一个必须配置的方法，它将指向同一个类的 findUsers2 方法，而该方法必须是一个 Hystrix 命令。这里的配置项 scope 被声明为全局性，即不只是单次请求域的，而是全局的。最后的 collapserProperties 配置了合并时间戳和合并最大请求数。关于其他可配置项，可以看类 com.netflix.hystrix.HystrixCollapserProperties 的源码。再看 findUsers2 方法，它被@HystrixCollapser 的配置项 batchMethod 指向，所以这里需要把它通过 @HystrixCommand 标注为 Hystrix 命令，这个过程相当于定义合并 Hystrix 命令的逻辑。

有了上述的代码，我们就可以对@HystrixCollapser 进行测试了。在 CircuitBreakerController 上加入新的方法，如代码清单 5-37 所示。

代码清单 5-37 测试@HystrixCollapser（Product 模块）

```
@GetMapping("/user/infoes2/{ids}")
public List<UserInfo> findUsers2(@PathVariable("ids") Long[] ids) {
    List<UserInfo> userList = new ArrayList<>(ids.length);
```

```
      List<Future<UserInfo>> futureList = new ArrayList<>(ids.length);
      // 将请求全部放入队列
      for (Long id : ids) {
          Future<UserInfo> fuser = userFacade.getUser2(id);
          futureList.add(fuser);
      }
      // 合并请求，获取结果
      for (Future<UserInfo> fuser : futureList) {
          try {
              userList.add(fuser.get());
          } catch (Exception ex) {
              ex.printStackTrace();
          }
      }
      return userList;
  }
```

这里加粗的代码通过 getUser2 方法获取一个 Future<UserInfo>对象，意思就是把它推到合并器中去。但在调用 get 方法时，才会触发合并请求的发送。

好了，有了上述的代码，启动相关服务后，在浏览器地址栏输入 http://localhost:8001/user/infoes2/1,2,3,4，就可以看到结果了。后台日志打出的结果如下：

```
准备批量发送请求=》2,1,3
准备批量发送请求=》4
```

可见合并也成功了，显然，使用@HystrixCollapser 来编写代码，可以使代码简单得多。

5.4.4　线程池划分

在讲 Hystrix 隔离的时候，我们谈过，它是采用舱壁模式进行隔离的，也就是 Hystrix 会存在很多独立的线程池。那么如何将 Hystrix 的命令划分到具体的线程池执行，从而实现舱壁模式呢？这便是本节要讲述的内容。

不过在解决这些问题前，我们需要明白 Hystrix 中的 3 个概念：**组别键**（groupKey）、**命令键**（commandKey）和**线程池键**（threadPoolKey）。这里，我们先谈组别键和命令键，首先看一下之前我们开发过的类 UserGetCommand 的代码。

```
// Hystrix 的命令 key
private static final HystrixCommandKey COMMAND_KEY
    = HystrixCommandKey.Factory.asKey("user_get");

/**
 * 构造方法
 * @param setter -- 设置
 * @param restTemplate -- REST 风格模板
 * @param params -- 参数
 */
public UserGetCommand(RestTemplate restTemplate, Long id) {
    // 配置组别键和命令键
    super(Setter.withGroupKey(
            HystrixCommandGroupKey.Factory.asKey("userGroup"))
          .andCommandKey(COMMAND_KEY));
    this.restTemplate = restTemplate;
    this.id = id;
}
```

这里看到加粗的代码，首先是 withGroupKey 方法设置了组别键，跟着 andCommandKey 方法设置了命令键。其中，组别键是必须配置的，相对的命令键则不是必需的，如果没有指定命令名，则默认值为当前类名。在默认的情况下，Hystrix 对线程池的分配是按照组别分配的，也就是如果两个 Hystrix 命令的组别键是一致的，那么它们就会被分配到同一个线程池里。在需要统计的时候，它还会根据命令键的维度进行统计，统计的内容包括警报和仪表盘。通过制定对应的组别键，就可以让那些命令在同一个线程池内运行了。

那么线程池键又是怎么样的呢？有时候，我们系统用户的请求都会放到组别键（userGroup）进行统计，但是用户的请求会很多，如果按照组别键分配线程池，就会有很多的请求运行都被放到同一个线程池内的情况，在高并发的场景下，这很容易造成线程池的请求积压。为了解决这个问题，我们希望请求依旧在组别键（userGroup）内统计，但是它里面的 Hystrix 命令要分配在不同的线程池内。这个时候，线程池键就有意义了，它可以做到在同一个组别键下，安排不同的线程池来运行 Hystrix 命令，如下面的代码：

```
// 配置组别键、命令键和线程池键
super(
    // 配置组别键
    Setter.withGroupKey(HystrixCommandGroupKey.Factory.asKey("userGroup"))
    // 配置命令键
    .andCommandKey(HystrixCommandKey.Factory.asKey("user_get"))
    // 配置线程池键
    .andThreadPoolKey(HystrixThreadPoolKey.Factory.asKey("pool-user-1"))
);
```

这样，命令就会归属于组别键（userGroup），但是运行却在指定的线程池内。

在大部分的情况下，在 Spring Cloud 中，我们都会用@HystrixCommand 类配置 Hystrix 命令，它有 3 个属性类，分别用于指定组别键、命令键和线程池键，代码如下：

```
@HystrixCommand(
    // 命令键，默认值为标注方法名称
    commandKey = "user_get",
    // 组别键，默认值为当前运行类名称
    groupKey = "userGroup",
    // 线程池键
    threadPoolKey = "pool-user-1"
)
```

这里，大家在使用的时候注意 commandKey 和 groupKey 的默认值即可。当需要在同一个组别下分线程池运行时，才需要配置 threadPoolKey，否则没必要配置。

5.5　仪表盘

看图 5-9 中的第⑦步，在 Ribbon 调用时会发生的降级、异常、超时和拒绝情况，Hystrix 会在时间窗里收集这些数据，来判断是否需要打开断路器。事实上，收集的这些数据，除了可以改变断路器的状态，还可以提供给开发者，用于监测系统的健康情况，为此，Netflix 提供了仪表盘（Hystrix Dashboard）。为了更为简单，Spring Cloud 又进行了再次封装，使得开发者使用起来更为便利。仪表盘又分为单体监控和聚合监控，下面我们分节来讨论它们。

5.5.1　单体监控

使用仪表盘需要先创建一个新的模块——Dashboard。然后，在其 pom.xml 中添加对应的依赖包，如代码清单 5-38 所示。

代码清单 5-38　通过 Maven 引入仪表盘（Dashboard 模块）

```xml
<!--Eureka 客户端-->
<dependency>
    <groupId>org.springframework.cloud</groupId>
    <artifactId>spring-cloud-starter-netflix-eureka-client</artifactId>
</dependency>
<!--web 包-->
<dependency>
    <groupId>org.springframework.boot</groupId>
    <artifactId>spring-boot-starter-web</artifactId>
</dependency>
<!--Hystrix 仪表盘-->
<dependency>
    <groupId>org.springframework.cloud</groupId>
    <artifactId>spring-cloud-starter-netflix-hystrix-dashboard</artifactId>
</dependency>
```

加粗的代码就是加入仪表盘依赖的代码。跟着我们找到 Spring Boot，运行主类 DashboardApplication，然后在其类上标注@EnableHystrixDashboard，以驱动仪表盘的启动，如代码清单 5-39 所示。

代码清单 5-39　使用@EnableHystrixDashboard 驱动仪表盘（Dashboard 模块）

```java
package com.spring.cloud.dashboard;
/**** imports ****/
@SpringBootApplication
@EnableHystrixDashboard // 用注解驱动仪表盘
public class DashboardApplication {
    public static void main(String[] args) {
        SpringApplication.run(DashboardApplication.class, args);
    }
}
```

为了使得它能够运行，我们还需要配置 application.yml 文件，如代码清单 5-40 所示。

代码清单 5-40　配置 application.yml 文件（Dashboard 模块）

```yaml
# 请求 URL 指向 Eureka 服务治理中心
eureka:
  client:
    serviceUrl:
      defaultZone : http://localhost:5001/eureka/,http://localhost:5002/eureka/
    instance:
    # 实例服务器名称
    hostname: 192.168.1.100

# 微服务端口
server:
  port: 1001

# Spring 应用名称（微服务名称）
spring:
```

```
application:
  name: dashboard
```

这样就可以通过运行类 DashboardApplication 来启动仪表盘了。启动之后，在浏览器地址栏中打开网址 http://localhost:1001/hystrix，就可以看到图 5-18 所示的仪表盘的进入页面了。

图 5-18　进入仪表盘页面

从图 5-18 中可以看到最上面的文本框，它默认给我们一个地址，说明需要输入一个监控地址。文本框下面的文字说明是 3 个选项的说明。

- **默认的集群监控**：通过类似地址 http://turbine-hostname:port/turbine.stream，动态读入数据流实现对集群监控。
- **指定集群监控**：通过类似地址 http://turbine-hostname:port/turbine.stream?cluster=clusterName，动态读入数据流，对集群中的某个实例进行监控。
- **单体 Hystrix 应用监控**：通过类似地址 http://hystrix-app:port/actuator/hystrix.stream，动态读入数据流，实现对单体 Hystrix 应用进行监控。

此外，再看最下面的两个文本框：一个是 Delay，代表轮询监测延迟时间；另一个是 Title，表示仪表盘的标题。

对于输入 URL 地址的文本框说明一下，前面的两个选项都要求整合 Turbine 才能实现，这些将放到下节集群监控进行讲解，本节主要讲单体监控。从说明来看，仪表盘可以监控 Hystrix 单体应用地址 http://hystrix-app:port/actuator/hystrix.stream。从这个地址看，这里显然需要一个单体系统的监控（Actuator），这就需要在单体系统上加入 Actuator 的依赖了。例如，下面我们监测产品微服务，只需要在它的 pom.xml 文件中加入依赖即可，如代码清单 5-41 所示。

代码清单 5-41　依赖 Actuator（Product 模块）

```xml
<dependency>
    <groupId>org.springframework.boot</groupId>
    <artifactId>spring-boot-starter-actuator</artifactId>
</dependency>
```

因为我们的产品微服务已经依赖了断路器（spring-cloud-starter-netflix-hystrix），并且使用注解 @EnableCircuitBreaker 驱动了断路器的启用，所以它是一个可以被仪表盘监测的单体应用了。但是仅仅这样还不足够，为什么呢？因为在 Spring Boot 2.x 之后，监控端点大部分是不会自动暴露的，为了让端点 hystrix.stream 暴露，我们需要在 application.yml 文件中添加配置。

```
management:
  endpoints:
    web:
      exposure:
        # 暴露的端点，如果配置为 "*"，则代表全部暴露
        include : hystrix.stream,info,health
        # 不暴露的端点
        exclude : env
```

加粗的代码代表暴露度量端点，其中包括 hystrix.stream，这样第三方就可以访问到这个端点了。我们重启产品微服务，在图 5-18 中输入对应的信息，如图 5-19 所示。

图 5-19　输入监控内容

在图 5-19 中的页面内输入如下内容：

- **URL**：http://localhost:8001/actuator/hystrix.stream。
- **Title**（标题）：产品微服务。
- **Delay**（延迟）：2000。

点击确认后，会跳转到另外一个页面，但是请注意，这个时候并没有显示任何的监测信息。想要它显示信息，就要求产品微服务发生熔断的场景才行。为此请求 http://localhost:8001/cr/timeout，这是之前我们用于超时测试的端点，不妨多刷新几次这个端点，这样更有利于我们的观察。下面是我刷新该请求多次后的截图，如图 5-20 所示。

从图 5-20 的标题可以看出，这是我们在之前页面输入的"产品微服务"。这个图有点复杂，所以下面将分为两节来解释这个图。

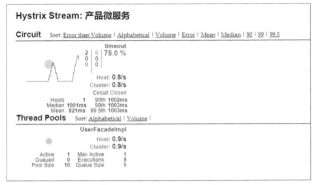

图 5-20　监测超时端点

1．熔断区域（标题 Circuit）

关于图 5-20 的内容，这里做一下解释。

- **timeout**：Hystrix 命令键，指向某个 Hystrix 命令，在使用@HystrixCommand 后，如果没有其他配置，则默认取方法名称。
- **曲线**：显示 2 分钟内的流量变化。
- **实心圆**：在曲线附近，表示流量的大小，圆形越大，代表流量越大。会出现绿、黄、橙和红的颜色变化，这个顺序表示健康度从好到坏。
- **75%**：最近 10 秒内的错误比例（包括超时、异常等）。
- **Host**：服务器数量。
- **Cluster**：集群流量。
- **Circuit**：断路器状态（Open/Closed）。
- **Hosts**：集群下实例数量。
- **Median**：中位数。
- **Mean**：平均数。
- **90th**：90 分位数。
- **99th**：99 分位数。
- **99.5th**：99.5 分位数。

在图 5-20 中，数字"2"和"6"所在的那两列数字的含义如图 5-21 所示。

它们都是有颜色的，颜色随实际情况变化，从绿色到橙色到红色，表示请求的健康程度从好到坏。

图 5-21　请求健康概况表

2．线程池区域（标题 Thread Pool）

这里将对图 5-20 中的线程池要素进行解释，但是请注意，这里的线程池监控只显示 10 秒内的情况，图中的要素如下。

- **UserFacadeImpl**：线程池键，在默认的情况下，会使用组别键作为线程池键。关于组别键，在默认的情况下，@HystrixCommand 会选择使用运行类名作为组别。
- **实心圆**：表示流量的大小，圆形越大，代表流量越大，而且会出现绿、黄、橙和红的颜色变化，这个顺序表示健康度从好到坏。

- **Host**：服务器流量。
- **Cluster**：集群流量。
- **Active**：存活线程数。
- **Max Active**：最大存活线程数。
- **Queued**：排队任务数。
- **Executions**：执行次数。
- **Pool Size**：线程池大小。
- **Queue Size**：线程池队列大小。

这些都是线程池常见的内容，通过监控它们就可以知道线程池的情况了。

5.5.2　Turbine 聚合监控

在实际开发中，实际部署的节点数可能有成百上千个，如果像上一节那样，只能监控单体服务，一个个地进行监控，那么显然监控就很麻烦了。为此，Netflix 给我们提供了 Turbine。Turbine 是聚合服务器发送事件流数据的工具，通过它可以将各个节点的 metrics 数据聚合起来，为仪表盘提供数据，这样，我们就从单体监控，转变为聚合监控了。

这里我们基于 Dashboard 模块的基础进行开发，首先加入对 Turbine 的依赖，为此在 Maven 中加入代码清单 5-42 所示的代码。

代码清单 5-42　依赖 Turbine（Dashboard 模块）

```
<dependency>
    <groupId>org.springframework.cloud</groupId>
    <artifactId>spring-cloud-starter-netflix-turbine</artifactId>
</dependency>
```

加入依赖后，我们需要通过注解@EnableTurbine 来驱动 Turbine。为此我们需要修改代码清单 5-39，改后的代码如代码清单 5-43 所示。

代码清单 5-43　使用@EnableTurbine 驱动 Turbine（Dashboard 模块）

```
package com.spring.cloud.dashboard;
/**** imports ****/
@SpringBootApplication
@EnableHystrixDashboard
// 驱动 Turbine
@EnableTurbine
public class DashboardApplication {
    public static void main(String[] args) {
        SpringApplication.run(DashboardApplication.class, args);
    }
}
```

这样就可以驱动 Turbine 了，不过后续还需要进行配置才可以使用。为此，Spring Boot 提供了许多配置项，具体如下。

- **turbine.aggregator.cluster-config**：指定聚合哪些集群，多个参数时使用 "," 分隔，默认为 default。

- **turbine.app-config**：配置监控微服务的列表，监控多个微服务时可以使用"，"进行分隔。列表的名称一般对应于该微服务的配置项 spring.application.name。

- **turbine.cluster-name-expression**：用于指定集群名称，在具备很多节点的微服务系统中，允许启用多个 Turbine 服务来构建不同的聚合集群。该参数值既可以用来区分不同的聚合集群，也可以用来在 Hystrix 仪表盘中定位不同的聚合集群，只需要在 Hystrix Stream 的 URL 中通过 cluster 参数来指定。

- **turbine.combine-host-port**：参数设置为 true，可以让同一主机上的服务通过主机名与端口号的组合进行区分。如果它为 false，则会以 host 来区分不同的服务。如果是同一台主机启动不同的服务，就无法聚合了。这个配置项的默认值为 true。

下面为了监测产品微服务，我做如下配置，如代码清单 5-44 所示。

代码清单 5-44　配置 Turbine（Dashboard 模块）

```
turbine:
  # 配置聚合微服务名称
  app-config: PRODUCT
  # 表达式（注意不是字符串）
  cluster-name-expression: new String("default")
  combine-host-port: true
```

首先 turbine.app-config 指向了产品微服务，如果需要配置多个，使用"，"进行分隔即可。turbine.cluster-name-expression 是可配可不配的，因为它的默认值本来就是字符串"default"，但是注意，它不是配置字符串，而是配置表达式，所以才有代码中的写法。这里配置 turbine.combine-host-port 为 true，要求通过主机和端口对服务进行区分，事实上默认值也为 true，所以这一项可以不配置。

接下来，我们启动 Dashboard 模块，再次在浏览器打开网址 http://localhost:1001/hystrix，就可以看到 Hystrix 仪表盘的界面了。输入监控的 URL 为 http://localhost:1001/turbine.stream。跟着启动相关的服务，在浏览器请求以下 4 个地址：

- http://localhost:8001/cr/timeout；

- http://localhost:8002/cr/timeout；

- http://localhost:8001/cr/exp/spring；

- http://localhost:8002/cr/exp/boot。

请求后各个地址分别刷新多次，然后就可以观察到监控的结果了。图 5-22 就是我本地的监测结果。

从图 5-22 中可以看到，Hosts 的值都为 2，说明 Turbine 将多个服务实例的监测都聚合起来了。

通过上述配置，就可以聚合多个服务调用的度量数据，形成一个仪表盘了，这样更有利于我们观察。前面我们讨论过，配置项 turbine.app-config 可以配置多个微服务，如配置为"product, user, fund"。但是如果服务配置太多，有时候会使监控的图表变得十分复杂，信息过多，反而不利于观察。例如，现在只是产

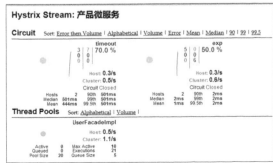

图 5-22　Turbine 聚合监控

品微服务出现了问题，而其他微服务没出现问题，此时，我们可能只想监控产品微服务，而不想监控用户微服务和资金微服务。那么我们需要如何处理呢？看回图 5-18 所示的说明，存在指定集群的监控 URL，我们使用它就可以了。这里先把代码清单 5-44 中的代码修改为代码清单 5-45 所示的代码。

代码清单 5-45　使用集群方法配置 Turbine（Dashboard 模块）

```
turbine:
  # 配置聚合微服务名称
  app-config: PRODUCT
  # 表达式
  cluster-name-expression: metadata["cluster"]
  combine-host-port: true
  # 集群名称列表
  aggregator:
    cluster-config: product
```

这里的核心配置是 turbine.cluster-name-expression，配置成了 metadata["cluster"]，意思是读取一个服务的 metadataMap 配置项，这个配置项是每一个微服务都可以配置的，具体的微服务可以通过 eureka.instance.metadata-map.<key>=<value>进行配置。例如，我们在产品微服务上增加如下配置项：

```
# 配置产品微服务的 metadata-map, 键值对为: cluster->product
eureka:
  instance:
    metadata-map:
      cluster: product
```

这样，通过 turbine.cluster-name-expression 配置的表达式 metadata["cluster"]就可以读取到产品微服务的这个配置值了。它会和配置项 turbine.aggregator.cluster-config 进行匹配，这样就能确定监控的只是产品微服务了。

这里启动相关服务后，再次在浏览器打开网址 http://localhost:1001/hystrix。然后将监控地址修改为 http://localhost:1001/turbine.stream?cluster=product。显然，这里多了一个参数 cluster，它指向的是产品微服务。通过这样操作，就可以指定监控哪些具体的微服务了。

5.6　Hystrix 属性配置

上述内容只是将 Hystrix 的工作原理和实践讲解清楚，实际上，Hystrix 还有很多可配置的项，当然要用好这些就必须掌握其原理和应用。本节的内容大部分都是概念性的内容，需要多结合我们讲过的内容，才能真正融会贯通。这里先看一下注解@HystrixCommand 的源码，如代码清单 5-46 所示。

代码清单 5-46　@HystrixCommand 的源码

```
package com.netflix.hystrix.contrib.javanica.annotation;
/**** imports ****/
public @interface HystrixCommand {

    // Hystrix 命令所属的组别，默认值为注解方法的类名称
    String groupKey() default "";

    // Hystrix 命令键值，默认值为注解方法名称
    String commandKey() default "";
```

```
    // 线程池名称，默认定义为 groupKey
    String threadPoolKey() default "";

    // 定义回退方法的名称，此方法必须和 hystrix 的执行方法在相同的类中
    String fallbackMethod() default "";

    // 配置 Hystrix 命令参数
    HystrixProperty[] commandProperties() default {};

    // 配置舱壁隔离线程池参数
    HystrixProperty[] threadPoolProperties() default {};

    // 定义忽略哪些异常，所有未被忽略的异常都会被包装成 HystrixRuntimeException
    Class<? extends Throwable>[] ignoreExceptions() default {};

    // 定义执行 hystrix observable 的命令的模式，其中 EAGER 是热观察者，而 LAZY 是冷观察者
    ObservableExecutionMode observableExecutionMode()
        default ObservableExecutionMode.EAGER;

    // 定义需要抛出的异常，所有未被忽略的异常都会被包装成 HystrixRuntimeException
    HystrixException[] raiseHystrixExceptions() default {};

    // 定义 Hystrix 的降级方法
    String defaultFallback() default "";
}
```

关于@HystrixCommand 的配置项，我在其源码中已经给出了注释，请大家参考。但是代码加粗的两项，也就是 commandProperties（命令属性）和 threadPoolProperties（线程池属性），还没有细讲，它们的内容很多，并且也相对复杂，我们下面将分节进行讨论。

5.6.1 命令属性配置

在 Hystrix 中，命令属性也分为 4 大类，分别是舱壁隔离、度量数据、熔断器和其他杂项。下面分别进行讨论。首先讨论舱壁隔离，我们知道，Hystrix 会通过线程池或者信号量来执行服务调用，那么我们可以配置哪些参数呢？让我们看一下表 5-3。

表 5-3 命令属性的舱壁隔离配置项

配置项	含义	备注
execution.isolation.strategy	服务调用线程执行模式，可选线程池（threadPool）或者信号量（semaphore）	默认的情况下是线程池，功能比较强大，但是性能不如信号量，在大部分的情况下，建议使用线程池模式
execution.timeout.enabled	是否给服务调用执行设置超时，默认值为 true	一般使用默认值 true，不建议修改为 false，否则容易导致线程死锁
execution.isolation.thread.timeoutInMilliseconds	服务调用超时时间，不宜设置太长，让用户等待太久；也不宜设置太短，导致没有重试时间	单位为毫秒，默认值为 1000，即 1 秒
execution.isolation.thread.interruptOnTimeout	在发生超时时，是否中断 HystrixCommand.run()的执行	默认值为 true

续表

配置项	含义	备注
execution.isolation.thread.interrupt OnCancel	在发生取消动作时，是否中断 Hystrix Command. run()的执行	默认值为 false
execution.isolation.semaphore. maxConcurrentRequests	HystrixCommand.run()方法允许的最大请求数，如果达到最大并发数，就拒绝后续请求	默认值为 10，不过需要特别注意的是，只有 execution.isolation.strategy 配置为信号量时，该配置才生效，否则就是无效配置

　　之前我们谈过的 Hystrix 仪表盘监测，是依靠度量数据来生成的，度量数据也是可以配置的，如表 5-4 所示。

表 5-4　命令属性的度量配置项

配置项	含义	备注
metrics.rollingStats.timeInMilliseconds	时间窗大小，也就是有效数据的时长	单位毫秒，默认值为 10 000，即 10 秒
metrics.rollingStats.numBuckets	度量数据桶数量,要求能够被 metrics. rollingStats.timeInMilliseconds 整除	默认值为 10，即将时间窗的度量数据拆分为 10 个 1 秒，每个桶就记录 1 秒的度量数据
metrics.rollingPercentile.enabled	是否统计响应百分比	默认值为 true，即统计，一般不需要改变它
metrics.rollingPercentile.timeIn Milliseconds	统计响应百分比时间窗大小	单位毫秒，默认值为 60 000，即 1 分钟
metrics.rollingPercentile.num Buckets	统计响应时间百分比要划分的桶数量，要求被 metrics.rollingPercentile. timeInMilliseconds 整除	默认值为 6
metrics.rollingPercentile.bucketSize	统计响应时间百分比桶大小	默认值为 100，如果超过 100，则新的度量数据会覆盖旧的数据
metrics.healthSnapshot.interval InMilliseconds	指定了健康数据统计器中每个桶的大小，在进行统计时，Hystrix 就通过 metrics.rollingStats.timeInMilliseconds/metrics.healthSnapshot.intervalIn Milliseconds 计算桶数	单位毫秒，默认值为 500，也就是每过 500 毫秒就进行一次统计，判定失败率，如果达到失败率就打开断路器，熔断请求

　　我们还可以配置断路器，通过它可以选择是否启用断路器、多少失败比例打开断路器和设置断路器打开多久后转变为半打开状态等，其配置项如表 5-5 所示。

表 5-5 命令属性的断路器配置项

配置项	含义	备注
circuitBreaker.enabled	是否启用断路器	默认为 true
circuitBreaker.requestVolume Threshold	此属性设置时间窗中打开断路器的最小请求数	默认值为 20，在 10 秒的时间窗内，即使收到的 19 个请求全部失败，断路器也不会打开
circuitBreaker.sleepWindowIn Milliseconds	断路器打开多久时间后，回到半打开状态	单位秒，默认值为 5000，即打开的断路器，5 秒后回到半打开状态，允许尝试请求
circuitBreaker.errorThreshold Percentage	配置一个失败百分比，如果超过这个百分比，断路器就会被打开	默认值 50，即超过 50%的请求失败后，断路器就会被打开，熔断请求
circuitBreaker.forceOpen	是否强制打开断路器	默认为 false
circuitBreaker.forceClosed	是否强制关闭断路器	默认为 false

此外，还有一些杂项可以配置，如表 5-6 所示。

表 5-6 命令属性的杂项配置项

配置项	含义	备注
requestCache.enabled	是否启用请求缓存	默认值为 true
requestLog.enabled	是否启用请求日志	默认值为 true
fallback.enabled	是否启用降级方法	默认值为 true
fallback.isolation.semaphore.max ConcurrentRequests	降级方法执行时允许的最大并发数，采用信号量执行	默认值为 10，超过会引发 REJECTED_ SEMAPHORE_FALLBACK 异常

到这里为止，我们只是讲解了可以配置的项，那么应该如何配置需要的项呢？其实也不难，例如，我们把断路器的失败比例修改为 30%就可以打开断路器，而服务调用的执行方式为信号量，就可以按如下配置。

```
@HystrixCommand(
    // 降级方法
    fallbackMethod = "fallbackMethod",
    // 执行模式，为热观察者模式
    observableExecutionMode = ObservableExecutionMode.EAGER,
    // Hystrix 命令属性
    commandProperties = {
        // 修改为信号量模式执行服务调用
        @HystrixProperty(name="execution.isolation.strategy", value="semaphore"),
        // 当错误比例达到 30%时，打开断路器
        @HystrixProperty(name="circuitBreaker.errorThresholdPercentage", value="30")
    }
)
```

对于上面加粗的代码，只需要根据需要使用注解@HystrixProperty 一项项配置即可。

5.6.2 线程池属性配置

之前我们谈过，在 Hystrix 中默认的情况下，每一个线程池的大小为 10。有时候，一些服务调用得比较频繁，可能需要将这个值设置得大一些，这时就要用到线程池属性的配置了。关于线程池属性的配置，要比命令属性的简单得多，它们都以"hystrix.threadpool"作为前缀，其具体可配置项如表 5-7 所示。

表 5-7 线程池属性配置项

配置项	含义	备注
hystrix.threadpool.default.coreSize	线程池核心线程数	默认值为 10
hystrix.threadpool.default.allowMaximumSizeToDivergeFromCoreSize	是否允许线程池扩容	默认值为 false，如果该值为 false，则 hystrix.threadpool.default.maximumSize 无效
hystrix.threadpool.default.maximumSize	线程池允许最大线程数	默认为 10，如果 hystrix.threadpool.default.allowMaximumSizeToDivergeFromCoreSize 为 false，则该配置无效
hystrix.threadpool.default.maxQueueSize	设置 BlockingQueue 的最大队列容量	默认值为−1，当为−1 时，使用 Synchronous Queue；为正数时使用 LinkedBlockingQueue，注意该参数在初始化时就设置了，如果线程池模型不支持重置，运行时就无法再修改它了
hystrix.threadpool.default.queueSizeRejectionThreshold	即使没有达到 maxQueueSize，达到这个配置项设置的值后，请求也会被拒绝	因为 maxQueueSize 不能被动态修改，这个参数将允许我们动态设置该值，但是当 hystrix.threadpool.default.maxQueueSize 设置为−1 时，这个项配置将无效
hystrix.threadpool.default.keepAliveTimeMinutes	非核心线程空闲等待时间，即当非核心线程启动后，超过这个时间将被回收	单位分，默认值为 2

第 6 章

新断路器——Resilience4j

因为当前 Netflix 公司已经宣布，Netflix Hystrix 项目不再新增功能和发布新版本，只修复现有功能的缺陷，所以 Spring Cloud 打算使用 Resilience4j 框架取代 Netflix Hystrix，并通过 Spring Boot 的方式封装，使开发者用起来更简单，此项目名为 spring-cloud-circuitbreaker。但是这个项目在创作本书时还没有开发完成，所以本章只能介绍 Resilience4j 这个工具。

Resilience4j 是一个轻量级的、易于使用的容错框架，它是受 Netflix 的 Hystrix 的启发，基于 Java 8 和函数式编程设计的，所以在使用它的时候，可以看到大量的函数式编程设计。它与 Hystrix 相比有以下几个不同点。

- Hystrix 是将调用封装为 Hystrix 命令的形式，而 Resilience4j 是使用更为高级的函数式（装饰器）和 Lambda 表达式进行开发，符合当前函数式编程的潮流，并且将许多组件进行了分离。
- 在默认的情况下，Hystrix 会将结果存储在 10 个 1 秒的时间窗桶里，当最旧的一个时间窗桶被废弃的时候，它会创建一个新的时间窗桶，然后删除旧的时间窗桶。Resilience4j 则不是那样，它是将执行结果存储到一个环形位缓冲区（后文会解释这个概念）中，如果成功，则存储 0，如果失败则存储 1。环形位缓冲区是一个可以配置的具有固定长度的数组，该数据使用的是 bit 而非布尔值，因为 bit 比布尔值更节省内存，使用一个长度为 16 的数组便可以记录 1024 个请求的调用状态了。这样设计的优点是，对于那些高频率或者低频率请求的背压系统来说，断路器可以开箱即用，因为请求结果不会在请求执行过后被删除。
- Hystrix 的断路器在打开 5 秒后，就会自动修改为半打开（HALF_OPEN）状态，此后只通过一次请求就能关闭断路器。而 Resilience4j 则不是，它可以通过配置修改请求的数量，还有请求结果的数量等与阈值的比较来确定断路器的开闭状态。
- Resilience4j 提供定制的 RxJava 操作程序，可通过使用断路器、舱壁模式或限速器等来装饰任何可观察的（observable）或可流动的（flowable）对象，从而达到想要的效果。

这里的难点是分析环形位缓冲区（ring bit buffer），这对理解 Resilience4j 还是比较重要的，所以这里先来介绍一下它的概念，如图 6-1 所示。

环形位缓冲区是一个数组，在默认的情况下，Resilience4j 提供的是一个长度为 16 的长整型（Long）

数组，因为一个长整型在内存中占位 64 位二进制数字，所以这个数组一共是 64 × 16=1024 位二进制数字，因此可以表达 1024 个调用结果的成功或者失败（使用 0 表示成功，使用 1 代表失败）。这个数组有读指针（head，它代表下一次读取的位置）和写指针（tail，它代表下一次写入的位置）来支持其读写，head 等于 tail 代表数组为空，head = (tail+1) mod buffer.length 代表数组满了。环

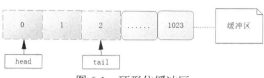

图 6-1　环形位缓冲区

形位缓冲区最重要的作用是提供无锁的读写操作，它读取数据时，只修改指针 head，写入数据时只修改指针 tail，这些都是基于 CAS（Compare and Set）操作的，所以它是一个线程安全且高效的数据结构。

Resilience4j 包含多个模块，开发者可以根据自己的需要加入依赖，不用全部加载，从这一点来说，它比 Hystrix 要灵活得多。Resilience4j 提供的模块分为核心模块和附加模块。

核心模块有以下几个。

- resilience4j-circuitbreaker：断路器。
- resilience4j-ratelimiter：限速器。
- resilience4j-bulkhead：舱壁模式。
- resilience4j-retry：自动重试（同步和异步）。
- resilience4j-cache：响应结果缓存。
- resilience4j-timelimiter：超时处理。

附加模块有以下几个。

- resilience4j-reactor：Spring Reactor 适配器。
- resilience4j-rxjava2：RxJava2 适配器。
- resilience4j-micrometer：Micrometer 度量输出。
- resilience4j-metrics：Dropwizard 度量输出。
- resilience4j-prometheus：Prometheus 度量输出。
- resilience4j-spring-boot2：Spring Boot 2.x 启动器。
- resilience4j-ratpack：Ratpack 启动器。
- resilience4j-retrofit：Retrofit Call 适配器工程。
- resilience4j-vertx：Vertx Future 装饰器。
- resilience4j-consumer：环形位缓冲区事件消费者。

本章只介绍核心模块和附加模块中的 resilience4j-spring-boot2。不过在介绍它们之前，我们首先需要引入 resilience4j，因此需要加入 Maven 依赖，如代码清单 6-1 所示。

代码清单 6-1　引入 Resilience4j（Product 模块）

```
<!--resilience4j Spring Boot Starter 依赖,
    它会依赖 circuitbreaker、ratelimiter 和 consumer 包-->
<dependency>
    <groupId>io.github.resilience4j</groupId>
    <artifactId>resilience4j-spring-boot2</artifactId>
    <version>0.13.2</version>
</dependency>
<!-- 缓存模块 -->
```

```
<dependency>
    <groupId>io.github.resilience4j</groupId>
    <artifactId>resilience4j-cache</artifactId>
    <version>0.13.2</version>
</dependency>
<!--ehcache 缓存包，它是一个 JCache 规范的实现-->
<dependency>
    <groupId>org.ehcache</groupId>
    <artifactId>ehcache</artifactId>
    <version>3.6.3</version>
</dependency>
<!-- 重试模块 -->
<dependency>
    <groupId>io.github.resilience4j</groupId>
    <artifactId>resilience4j-retry</artifactId>
    <version>0.13.2</version>
</dependency>
<!-- 舱壁模式 -->
<dependency>
    <groupId>io.github.resilience4j</groupId>
    <artifactId>resilience4j-bulkhead</artifactId>
    <version>0.13.2</version>
</dependency>
<!-- 超时限制 -->
<dependency>
    <groupId>io.github.resilience4j</groupId>
    <artifactId>resilience4j-timelimiter</artifactId>
    <version>0.13.2</version>
</dependency>
```

这里请大家注意，resilience4j-spring-boot2 这个依赖包存在两方面的问题：一方面，它并不会依赖所有的核心模块，所以还需要后续的依赖引入；另一方面，数字"2"代表它只能支持 Spring Boot 2.x 的版本，如果需要支持 Spring Boot 1.x 版本，则需要依赖 resilience4j-spring-boot。关于 resilience4j-spring-boot 这个包，本书就不再介绍了，感兴趣的读者可以在学习完本章后自行研究。代码中还依赖了 ehcache，它是一个 JCache 规范的实现，在介绍 Resilience4j 缓存机制时，我们会用到它。有了这些引入，就可以开始学习 Resilience4j 的内容了，在学习的过程中，稍微对比一下 Hystrix 的机制会事半功倍，因为 Resilience4j 本质上就是参考 Hystrix 进行开发的，两者的理念还是比较接近的。

6.1　断路器（CircuitBreaker）

和 Hystrix 一样，在 Resilience4j 中，断路器是其核心功能之一，下面让我们学习它。

6.1.1　断路器配置和注册机

断路器是一个比较复杂的组件，为了构建它，Resilience4j 使用了构建模式，提供了类 CircuitBreakerConfigCircuitBreakerConfig 来简化使用者的开发，通过它可以配置断路器的各种属性。为了更加好地管理多个断路器，Resilience4j 还提供了断路器的注册机，注册机的对应接口是 CircuitBreakerRegistry，它的唯一实现类是 InMemoryCircuitBreakerRegistry。我们先来看一下这个实现类的源码，如代码清单 6-2 所示。

代码清单 6-2　InMemoryCircuitBreakerRegistry 源码

```java
package io.github.resilience4j.circuitbreaker.internal;
/**** imports ****/
public final class InMemoryCircuitBreakerRegistry implements CircuitBreakerRegistry {
    // 默认的断路器配置
    private final CircuitBreakerConfig defaultCircuitBreakerConfig;
    // 同步 Map 接口
    private final ConcurrentMap<String, CircuitBreaker> circuitBreakers;

    public InMemoryCircuitBreakerRegistry() {
        // 采用默认值
        this.defaultCircuitBreakerConfig = CircuitBreakerConfig.ofDefaults();
        this.circuitBreakers = new ConcurrentHashMap<>();
    }

    // 构造方法
    public InMemoryCircuitBreakerRegistry(
            CircuitBreakerConfig defaultCircuitBreakerConfig) {
        this.defaultCircuitBreakerConfig = Objects.requireNonNull(
            defaultCircuitBreakerConfig,
            "CircuitBreakerConfig must not be null");
        this.circuitBreakers = new ConcurrentHashMap<>();
    }

    // 返回所有的断路器
    @Override
    public Seq<CircuitBreaker> getAllCircuitBreakers() {
        return Array.ofAll(circuitBreakers.values());
    }

    // 根据断路器名称，获取断路器，如果不存在，则采用默认配置构建新的断路器
    // 并存放在 circuitBreakers 中
    @Override
    public CircuitBreaker circuitBreaker(String name) {
        ......
    }

    // 根据断路器名称，获取断路器，如果不存在，则采用自定义配置构建新的断路器
    // 并存放在 circuitBreakers 中
    @Override
    public CircuitBreaker circuitBreaker(String name,
            CircuitBreakerConfig customCircuitBreakerConfig) {
        ......
    }

    // 根据断路器名称，获取断路器，如果不存在，则采用自定义配置构建新的断路器
    // 并存放在 circuitBreakers 中
    @Override
    public CircuitBreaker circuitBreaker(String name,
            Supplier<CircuitBreakerConfig> circuitBreakerConfigSupplier) {
        ......
    }
}
```

　　从源码可以知道，这个类存在两个属性。一个是 CircuitBreakerConfig 类型，它代表默认的断路器配置。另一个是同步哈希（ConcurrentMap<String, CircuitBreaker>），用于存放多个断路器，因为它

采用的是 ConcurrentHashMap，而这个类可以进行局部加锁而非全局加锁，所以它在具备线程安全的同时，也在很大程度上提高了并发的效率。再看它提供的 3 个 circuitBreaker 方法，都可以构建断路器并且注册在注册机内，这 3 个方法的构建难点在于 CircuitBreakerConfig 的使用。

6.1.2　断路器的状态

在使用断路器之前，首先需要了解断路器的状态，在 Resilience4j 中存在以下 5 种不同的状态。

- DISABLED：断路器失效，让所有请求通过，记为数字 3。注意：该状态不对外发布事件。
- CLOSED：初始化状态，关闭断路器，让所有请求通过，记为数字 0。该状态对外发布事件。
- OPEN：打开断路器，不让请求通过，记为数字 1。该状态对外发布事件。
- FORCED_OPEN：强制打开断路器，不让请求通过，记为数字 4。注意：该状态不对外发布事件，在此状态下，状态变化和事件都失效。
- HALF_OPEN：半打开状态，它将等待一个时间戳，记为数字 2，然后才允许请求通过，再通过一定的分析来决定是否再次打开断路器。该状态对外发布事件。

一般来说，使用断路器最常用的状态是 CLOSED、OPEN 和 HALF_OPEN，其余的较少用。此外，需要注意的是，只有这 3 个状态对外发布事件，其余的状态都不对外发布事件。这和 Hystrix 比较接近，只是说 Resilience4j 允许我们做更为灵活的配置，例如，配置一些阈值、分析请求次数等。对于每次请求，断路器都会将成功或者失败记录到环形位缓冲区中，提供数据分析。但对于它的状态来说，一般会像下面描述的这样转变。

- 初始化的时候，断路器会处于 CLOSED 状态。
- 在调用业务逻辑到一定次数（默认为 10 次，可配置）时，通过环形位缓冲区中的失败比例判断是否达到阈值（默认失败比例 50%以上，可配置），如果达到，断路器状态就会从 CLOSED 转变为 OPEN，阻断其他调用。
- 如果断路器状态为 OPEN，在等待一个时间戳（默认 60 秒，可配置）后，断路器状态就会从 OPEN 转变为 HALF_OPEN。此时处于一个检测状态，当调用到了一定次数（默认为 10 次，可配置）时，通过环形位缓冲区中的数据判断成功比例是否达到阈值（默认成功比例 50%以上，可配置），如果达到，断路器就会重新关闭（状态设置为 CLOSED），放行请求；如果没有达到，就打开断路器（状态为 OPEN），阻隔调用。

6.1.3　使用断路器的实例

为了能够使用断路器和其注册机，这里重构产品微服务的入口类 ProductApplication，如代码清单 6-3 所示。

代码清单 6-3　断路器配置和注册机（Product 模块）

```
package com.spring.cloud.product.main;
/**** imports ****/
@SpringBootApplication(scanBasePackages = "com.spring.cloud.product"
    // 排除 Resilience4j Spring Boot stater 的自动装配类
    , exclude = {CircuitBreakerAutoConfiguration.class,
        CircuitBreakerMetricsAutoConfiguration.class,
        RateLimiterAutoConfiguration.class,
        RateLimiterMetricsAutoConfiguration.class
```

```
            })
// 驱动熔断器
@EnableCircuitBreaker
public class ProductApplication {
    // 负载均衡
    @LoadBalanced
    // 创建 Spring Bean
    @Bean
    public RestTemplate initRestTemplate() {
        return new RestTemplate();
    }

    // 断路器配置
    private CircuitBreakerConfig circuitBreakerConfig = null;
    // 断路器注册机
    private CircuitBreakerRegistry circuitBreakerRegistry = null;

    @Bean(name = "circuitBreakerConfig")
    public CircuitBreakerConfig initCircuitBreakerConfig() {
        if (circuitBreakerConfig == null) {
            circuitBreakerConfig = CircuitBreakerConfig.custom().// 自定义配置
                    // 当请求失败比例达到 30% 时，打开断路器，默认为 50%
                    failureRateThreshold(30)
                    // 当断路器为打开状态时，等待多少时间，转变为半打开状态，默认为 60 秒
                    .waitDurationInOpenState(Duration.ofSeconds(5))
                    // 配置断路器半打开时的环形位缓冲区大小（假设记为 n，默认为 10），
                    // 在等待 n 次请求后，才重新分析请求结果来确定是否改变断路器的状态
                    .ringBufferSizeInHalfOpenState(5)
                    // 配置断路器闭合时环形位缓冲区的大小（假设记为 n，默认为 100），
                    // 在等待 n 次请求后，才重新分析请求结果来确定是否改变断路器的状态
                    .ringBufferSizeInClosedState(5)
                    // 构建建立配置
                    .build();
        }
        return circuitBreakerConfig;
    }

    // 构建断路器注册机
    @Bean(name = "circuitBreakerRegistry")
    public CircuitBreakerRegistry initCircuitBreakerRegistry() {
        if (circuitBreakerConfig == null) {
            initCircuitBreakerConfig();
        }
        if (circuitBreakerRegistry == null) {
            // 创建断路器注册机
            circuitBreakerRegistry =
                CircuitBreakerRegistry.of(circuitBreakerConfig);
        }
        return circuitBreakerRegistry;
    }

    public static void main(String[] args) {
        SpringApplication.run(ProductApplication.class, args);
    }
}
```

这里的代码中，首先使用了 @SpringBootApplication 的 exclude 属性排除了 resilience4j-spring-boot2

自动装配的类，否则这里的 initCircuitBreakerConfig 和 initCircuitBreakerRegistry 就会发生错误，因为 resilience4j-spring-boot2 会自动装配对应的类。initCircuitBreakerConfig 方法是构建断路器配置的方法，具体的逻辑已经在代码注释中说明，请参考。initCircuitBreakerRegistry 是创建断路器注册机的，设置了 initCircuitBreakerConfig 创建的配置为默认配置，这样就可以通过 CircuitBreakerRegistry 的 circuitBreaker 方法创建和注册断路器了。

接下来我们就要去使用创建好的断路器了，为此先创建接口 R4jFacade，如代码清单 6-4 所示。

代码清单 6-4　Resilience4j 接口（Product 模块）

```
package com.spring.cloud.product.facade;
import com.spring.cloud.common.vo.ResultMessage;
public interface R4jFacade {
    public ResultMessage exp(String msg);
}
```

接口中声明了一个方法，它将调用用户微服务，因此需要一个实现类，如代码清单 6-5 所示。

代码清单 6-5　使用断路器（Product 模块）

```
package com.spring.cloud.product.facade.impl;
/**** imports ****/
@Service
public class R4jFacadeImpl implements R4jFacade {
    @Autowired // 注册机
    private CircuitBreakerRegistry circuitBreakerRegistry = null;

    @Autowired // 默认配置
    CircuitBreakerConfig circuitBreakerConfig = null;

    @Autowired // REST 模板
    private RestTemplate restTemplate = null;

    // 错误结果 ID
    private static final long ERROR_ID = Long.MAX_VALUE;

    @Override
    public ResultMessage exp(String msg) {
        // 根据配置创建并注册断路器（CircuitBreaker），键为 "exp"，
        // 如果没有指定配置，则采用默认配置
        CircuitBreaker circuitBreaker
            = circuitBreakerRegistry.circuitBreaker("exp"); // ①
        // 描述事件，准备发送
        CheckedFunction0<ResultMessage> decoratedSupplier =
            CircuitBreaker.decorateCheckedSupplier(circuitBreaker,
            () -> {
                String url = "http://USER/hystrix/exp/{msg}";
                System.out.println("发送消息【" + msg + "】");
                return restTemplate.getForObject(url,
                    ResultMessage.class, msg);
            }); // ②
        // 获取断路器的状态
        State state = circuitBreaker.getState(); // ③
        System.out.println("断路器状态：【" + state.name() + "】");
        // 发送事件
        Try<ResultMessage> result = Try.of(decoratedSupplier)
```

```
    // 如果发生异常，则执行降级方法
    .recover(ex -> {
        return new ResultMessage(false, ex.getMessage());
    }); // ④
    return result.get(); // ⑤
  }
}
```

　　代码中注入了默认的断路器配置、断路器注册机和 RestTemplate 模板，这些都是事先创建好的。现在来看我们的核心方法 exp，其中代码①处是使用断路器注册机创建断路器，并且指定名称为"exp"，因为没有指定具体的断路器配置，所以它将会使用默认的配置。代码②处是核心逻辑，这里创建的是事件的逻辑，显然这里在执行一次 REST 请求，完成对用户微服务的调用，但是请大家注意，这里只是描述事件，并未发送事件。代码③处是获取断路器的状态，以监测断路器当前的状态。代码④处是调用接口 Try 的静态方法 of，并且以事件描述为参数进行传递，意思为尝试执行事件逻辑，所以这里会发送事件。后续跟着 recover 方法，它代表着一个降级处理逻辑，就是当事件发生异常时执行的逻辑：将结果信息标注为 false，然后传递异常信息。代码⑤处是取回结果，这里请注意，虽然 Try 对象（result）还有一个 isSuccess 方法，但是因为这里使用了降级逻辑，所以整个业务发生异常的时候，结果返回也是成功的，因此 isSuccess 方法最后返回的也是 true，而非 false。

　　为了测试断路器的业务逻辑，再创建一个控制器，如代码清单 6-6 所示。

代码清单 6-6　使用控制器测试断路器（Product 模块）

```
package com.spring.cloud.product.controller;
/**** imports ****/
@RestController
@RequestMapping("/r4j")
public class R4jController {
    @Autowired // 注入接口
    private R4jFacade r4jFacade = null;

    @GetMapping("/exp/{msg}")
    public ResultMessage exp(@PathVariable("msg") String msg) {
        return r4jFacade.exp(msg); // 业务逻辑调用
    }
}
```

　　这里的 exp 方法就是测试断路器的，启动对应的服务后，可以请求以下两个 URL。

```
http://localhost:8001/r4j/exp/spring // 正常返回
http://localhost:8001/r4j/exp/boot   // 异常返回
```

　　对这两个请求可以多刷新几次，观测后端打出的断路器状态，再核对代码清单 6-3 的配置，相信这样就能对断路器有更深入的体验了。

6.1.4　异常处理

　　在上述的代码中，我们只考虑了业务的执行和降级服务，有时候我们还需要处理断路器发生的异常。在断路器配置类（CircuitBreakerConfig）中，还有以下这 3 个处理异常的方法。

- **recordFailure 方法**：记录异常的方法。
- **ignoreExceptions 方法**：参数是一个可变化的异常列表，表示忽略哪些异常，即当发生这些异常时，断路器不认为执行是失败的。

- **recordExceptions 方法**：参数是一个可变化的异常列表，表示记录哪些异常，即当发生的是列表中的异常时，才认为执行是失败的，如果不是，则认为执行是成功的。

示例代码如下：

```
circuitBreakerConfig = CircuitBreakerConfig.custom().// 自定义配置
    // 当请求失败比例达到 30% 时，打开断路器，默认为 50%
    failureRateThreshold(30)
    // 当断路器为打开状态时，等待多少时间，转变为半打开状态，默认为 60 秒
    .waitDurationInOpenState(Duration.ofSeconds(5))
    // 配置断路器半打开时的环形缓冲区大小（假设记为 n，默认为 10），
    // 在等待 n 次请求后，才重新分析请求结果来确定是否改变断路器的状态
    .ringBufferSizeInHalfOpenState(5)
    // 配置断路器闭合时环形缓冲区的大小（假设记为 n，默认为 100），
    // 在等待 n 次请求后，才重新分析请求结果来确定是否改变断路器的状态
    .ringBufferSizeInClosedState(5)
    // 断路器异常处理
    .recordFailure(ex -> {
        System.out.println("发生了异常，栈追踪信息为：");
        ex.printStackTrace();
        return false;
    })
    // 忽略哪些异常，即当发生这些异常时，不认为执行失败
    .ignoreExceptions(ClassNotFoundException.class, IOException.class)
    // 只有在发生哪些异常时，才认为执行失败
    .recordExceptions(Exception.class, RuntimeException.class)
    // 构建建立配置
    .build();
```

此外，我们还可以给断路器模拟异常，通过它们模拟一些场景。例如，下面这样的代码：

```
// 创建断路器
CircuitBreaker circuitBreaker = circuitBreakerRegistry.circuitBreaker("exp");
// 在 1000 ns 后，以运行时异常（RuntimeException），模拟一次断路器错误情况，
circuitBreaker.onError(1000, new RuntimeException());
// 在 1000 ns 后，模拟一次断路器执行成功
circuitBreaker.onSuccess(1000);
```

6.1.5   拾遗

除了前面几节讲述的内容，断路器还有很多琐碎的东西，所以本节命名为拾遗。首先我们来谈谈获取分析数据。正如我们之前所谈到的环形位缓冲区，它是记录调用成败的地方，能为我们提供数据分析的度量。在断路器中有一个 getMetrics 方法，通过它可以获取度量数据（Metrics），从而获取关于断路器的度量信息，示例代码如下：

```
// 获取度量信息
CircuitBreaker.Metrics metrics = circuitBreaker.getMetrics();
// 获取环形位缓冲区中记录的调用失败比例
float failureRate= circuitBreaker.getMetrics().getFailureRate();
// 获取环形位缓冲区中记录的调用次数
int bufferedCalls = metrics.getNumberOfBufferedCalls();
// 获取环形位缓冲区中记录的调用失败数
int failedCalls = metrics.getNumberOfFailedCalls();
```

　　此外断路器还可以给我们提供事件的监控，例如，在我们的断路器状态为 OPEN 时，不允许请求、调用成功后的事件和调用失败的事件。例如，下面的代码：

```
circuitBreaker.getEventPublisher() // 获取事件发布者
    // 调用不允许调用事件，例如，断路器打开，不允许请求
    .onCallNotPermitted(env->{System.out.println(
        "【onCallNotPermitted】" + env.getEventType().name());})
    // 调用错误事件
    .onError(env->{System.out.println(
        "【onError】" + env.getEventType().name());})
    // 调用成功事件
    .onSuccess(env->{System.out.println(
        "【onSuccess】" + env.getEventType().name());})
    // 断路器状态改变事件
    .onStateTransition(env->{System.out.println(
        "【onStateTransition】" + env.getEventType().name());})
    // 忽略错误事件
    .onIgnoredError(env->{System.out.println(
        "【onIgnoredError】" + env.getEventType().name());})
    // 重置断路器事件，关于重置后续会谈及
    .onReset(env->{System.out.println(
        "【onReset】" + env.getEventType().name());});
```

　　在上述 onXXX 方法中，参数都是 EventConsumer<T>（事件消费者），只是代码中写作了 Lambda 表达式，这样代码看起来就精简多了。

　　如果想注册一个消费者去监听所有事件，那么按照 Resilience4j 的说明，可以使用断路器的 onEvent 方法。例如，下面的代码：

```
circuitBreaker.getEventPublisher()
    .onEvent(env->{ // 注册消费者监听所有的事件
        System.out.println("【onEvent】"
            + env.getEventType().name());
    });
```

　　不过，从我本地的监测实践来看（使用 Resilience4j 的 0.13.2 版本），这个消费者注册是失败的，也就是说，没有起到监听事件的效果，这估计是框架存在的缺陷。

　　断路器还存在一系列可以改变当前状态的方法，具体如下。

- **reset**：重置断路器，返回原始状态，并删除原有度量数据，发布事件。
- **transitionToClosedState**：将断路器修改为关闭状态，调用可以顺利执行，发布事件。
- **transitionToOpenState**：将断路器修改为打开状态，阻止调用，发布事件。
- **transitionToHalfOpenState**：将断路器修改为半打开状态，监测调用，再决定断路器的状态变化，发布事件。
- **transitionToDisabledState**：将断路器修改为失效状态，停止断路器的状态转换，若要从此状态恢复，必须强制进行新的状态转换。此外需要注意的是，在此状态下断路器将不发布事件，并且停止度量数据采集。
- **transitionToForcedOpenState**：将断路器修改为强制打开状态，停止断路器的状态转换，若要从此状态恢复，必须强制进行新的状态转换。此外需要注意的是，在此状态下断路器将不发布事件，并且停止度量数据采集。

这里需要注意的是 3 个方法，即 reset、transitionToDisabledState 和 transitionToForcedOpenState。其中 reset 方法会让断路器返回到一个原始的状态，正如手机可以恢复到出厂状态一般，但是注意，这个重置方法会删除环形位缓冲区中的数据，也就是会删除度量数据，这就需要重新计算并确定断路器的状态了。transitionToDisabledState 和 transitionToForcedOpenState 方法，会让断路器失去状态转换的功能，停止收集度量数据和发布事件。在代码中，我们可以很容易地运用这些方法，例如：

```
circuitBreaker.reset(); // 重置断路器，同时删除度量数据
circuitBreaker.transitionToClosedState(); // 将断路器状态修改为 CLOSED
```

6.2　限速器（RateLimiter）

限速器是高并发系统中常见的工具，因为任何机器和系统的服务能力都是有上限的，在一些高并发的场景下，太多的请求达到服务器，会造成机器超负荷工作，引发系统的诸多问题。限速器则可以在这样的情况下，让请求按照一个安全的速率通过系统，从而保证机器不超负荷工作，引发系统的各类问题。

在 Resilience4j 中，限速器和断路器十分接近，限速器中也有限速配置（RateLimiterConfig）和注册机（RateLimiterRegistry）。之前已经详细介绍过断路器的机制了，限速器与其类似，所以这里就不再赘述了，本节只谈它的应用。

6.2.1　使用实践

在使用限速器之间，我们需要创建限速器。首先要通过配置（RateLimiterConfig）来设置限速器的功能，然后将其注册到注册机（RateLimiterRegistry）内，为此我们在产品微服务的 ProductApplication 中加入代码清单 6-7 所示的代码。

代码清单 6-7　配置、创建和注册限速器（Product 模块）

```java
// 限速器配置
private RateLimiterConfig rateLimiterConfig = null;
// 限速器注册机
private RateLimiterRegistry rateLimiterRegistry = null;

// 初始化限速器配置
@Bean(name = "rateLimiterConfig")
public RateLimiterConfig initRateLimiterConfig() {
    if (rateLimiterConfig == null) {
        // 定义限制 20req/s 的限流器
        rateLimiterConfig = RateLimiterConfig.custom() // 采用自定义
            // 配置时间戳，默认值为 500 ns
            .limitRefreshPeriod(Duration.ofSeconds(1))
            // 时间戳内限制通过的请求数，默认值为 50
            .limitForPeriod(20)
            // 配置超时，如果等待超时则限速器丢弃请求，默认值为 5 秒
            .timeoutDuration(Duration.ofSeconds(2))
            .build();
    }
    return rateLimiterConfig;
}
```

```
// 初始化限速器注册机
@Bean(name = "rateLimiterRegistry")
public RateLimiterRegistry initRateLimiterRegistry() {
    if (rateLimiterConfig == null) {
        initRateLimiterConfig();
    }
    if (rateLimiterRegistry == null) {
        // 设置默认的限速配置，创建限速器注册机
        rateLimiterRegistry = RateLimiterRegistry.of(rateLimiterConfig);
        // 创建断路器，并注册在注册机内（使用默认配置）
        rateLimiterRegistry.rateLimiter("user");
    }
    return rateLimiterRegistry;
}
```

这里的核心代码是 initRateLimiterConfig 方法中的限速配置（RateLimiterConfig），注释已经给出了详细的说明，这里设置了 20req/s（每秒 20 个请求）的速率，这样就可以压制请求通过的速度，保护调用，避免过大的流量压垮服务器了；之后的 initRateLimiterRegistry 是创建限速器注册机的，和断路器一样，它也是通过一个同步哈希（ConcurrentHashMap）存储限速器的，并且设置了默认的限速配置，创建了一个命名为"user"的限速器，以便未来使用。

跟着就是使用限速器，在 R4jFacadeImpl 中加入代码清单 6-8 所示的代码。

代码清单 6-8　限速器的使用（Product 模块）

```
// 限速器注册机
@Autowired
private RateLimiterRegistry rateLimiterRegistry = null;

@Override
public UserInfo getUser(Long id) {
    // 获取或创建限速器
    RateLimiter rateLimiter = rateLimiterRegistry.rateLimiter("user");// ①
    // 定义事件，但是没有发送请求
    CheckedFunction0<UserInfo> decoratedSupplier
        = RateLimiter.decorateCheckedSupplier(rateLimiter,
            () -> reqUser(id)); // ②
    // 发送请求
    Try<UserInfo> result = Try.of(decoratedSupplier) // ③
        // 降级逻辑
        .recover(ex -> {
            ex.printStackTrace();
            return new UserInfo(ERROR_ID, "", ex.getMessage());
        });
    return result.get(); // ④
}

// 获取用户信息
private UserInfo reqUser(Long id) {
    String url = "http://USER/user/info/{id}";
    System.out.println("获取用户" + id);
    return restTemplate.getForObject(url, UserInfo.class, id);
}
```

代码①处从注册机内获取一个命名为 user 的限速器，如果没有获取到则自动创建一个。代码②

处是创建一个函数，并且设置限速器和描述事件，请注意，此时并不执行调用。代码③处发送请求，此时才执行调用，此处仍旧使用了 recover 方法，设置降级逻辑。代码④处获取执行（或降级）结果。从上述过程看，和我们断路器的逻辑也是差不多的，所以多参考断路器的内容，限速器也就不难了。

为了测试这段代码，可以在 R4jController 中，加入代码清单 6-9 所示的代码。

代码清单 6-9　使用控制器测试限速器（Product 模块）

```
@GetMapping("/users")
public List<UserInfo> getUserInfo() {
    // 开始时间
    Long start = System.currentTimeMillis();
    List<UserInfo> userList = new ArrayList<>();
    Long id = 0L;
    while(true) {
        id ++;
        UserInfo user = r4jFacade.getUser(id); // 调用限速器
        userList.add(user);
        // 循环内的当前时间
        Long end = System.currentTimeMillis();
        // 超过 1 秒，终止循环
        if (end - start >= 1000) {
            break;
        }
    }
    return userList;
}
```

这段代码中使用了死循环：通过判断时间，让循环在 1 秒内结束。这样可以观察到限速器下的执行效果。请求 http://localhost:8001/r4j/users，就可以观察限速器的结果了。一般来说，获取的信息数量不超过 40 个，之所以是 40 而不是我们限速器设置的每秒 20 个，一方面是因为调用者和限速器之间存在细微的误差，另一方面是因为限速器的机制不是一个严格线程安全的，它只是起到了大概限速的效果，限速器之所以这么设计也是出于性能方面的考虑。在我的测试中，如果将限速器的速率设置为 1000，那么每秒可以执行 300 左右的请求，可见限速器起到了它的作用，有效地控制了调用速率，防止了服务负荷过大。

6.2.2　拾遗

和断路器一样，限速器也有度量数据，使用和查看它们也并不困难，如代码清单 6-10 所示。

代码清单 6-10　限速器的度量（Product 模块）

```
// 获取度量
io.github.resilience4j.ratelimiter.RateLimiter.Metrics metrics
    = rateLimiter.getMetrics();
// 获取估计剩下可用的调用数，一般用于测试和评估，
// 如果有些调用还在进行，它可以为负值
int ap = metrics.getAvailablePermissions();
// 获取估计当前还在运行的调用数，一般用于测试和评估
int nowt = metrics.getNumberOfWaitingThreads();
```

此外，限速器也有事件监听的功能，在限速器中有两种事件，一种是获取成功，另外一种是获取失败。可以只使用 onEvent 方法监听所有的事件。监听事件的方法的参数都是 EventConsumer，一

般来说，都写作 Lambda 表达式，这样看起来会简洁一些，如代码清单 6-11 所示。

代码清单 6-11　限速器事件监听（Product 模块）

```
rateLimiter.getEventPublisher() // 获取事件发布者
    // 监听调用失败事件
    .onFailure(evt->System.out.println(
        "事件类型【"+evt.getEventType()+"】"))
    // 监听调用成功事件
    .onSuccess(evt->System.out.println(
        "事件类型【"+evt.getEventType()+"】"))
    // 监听调用成功（或失败）事件
    .onEvent(evt->System.out.println(
        "监听所有事件，事件类型【"+evt.getEventType()+"】"));
```

其中 onFailure 方法是监听获取失败事件，onSuccess 方法是监听获取成功事件。onEvent 方法则可以监听所有的事件，然后再根据事件的类型判定当前执行是成功了还是失败了。

限速器还可以动态修改 changeLimitForPeriod 和 changeTimeoutDuration 的参数，如代码清单 6-12 所示。

代码清单 6-12　动态修改限速器参数（Product 模块）

```
// 在单位时间戳内限制的速率
rateLimiter.changeLimitForPeriod(50);
// 请求等待 1 秒，如果仍旧没有运行则将请求丢失
rateLimiter.changeTimeoutDuration(Duration.ofSeconds(1L));
```

这样就可以根据具体的情况来修改限速器的相关参数了。

6.3　舱壁隔离（Bulkhead）

在 Hystrix 中，我们讨论过舱壁模式，同样的，Resilience4j 也提供了舱壁模式，和 Hystrix 中不同的是，Resilience4j 只提供基于信号量实现的模式，不提供线程池的模式。使用舱壁模式的好处在于，可以把各种调用隔离出来，以避免某种调用占据舱壁资源太多，导致线程严重积压，甚至导致舱壁崩溃影响到其他业务调用的运行。

6.3.1　使用舱壁隔离

在 Resilience4j 中使用舱壁，首先要创建舱壁配置（BulkheadConfig）、注册机（BulkheadRegistry）和单个舱壁（Bulkhead）。为此，我们在 ProductApplication 中加入代码清单 6-13 所示的代码。

代码清单 6-13　创建舱壁配置、注册机和单舱壁（Product 模块）

```
// 舱壁注册机
private BulkheadRegistry bulkheadRegistry;
// 舱壁配置
private BulkheadConfig bulkheadConfig;

@Bean(name="bulkheadConfig")
public BulkheadConfig initBulkheadConfig() {
    if (bulkheadConfig == null) {
        // 舱壁配置
        bulkheadConfig = BulkheadConfig.custom()
```

```
        // 最大并发数，默认值为 25
        .maxConcurrentCalls(20)
        /* 调度线程最大等待时间（单位毫秒），默认值为 0，
           如果存在高并发场景，强烈建议设置为 0，
           如果不设置为 0，那么在高并发场景下，
           可能会导致线程积压，引发各类问题*/
        .maxWaitTime(0)
        .build();
    }
    return bulkheadConfig;
}

@Bean(name="bulkheadRegistry")
public BulkheadRegistry initBulkheadRegistry() {
    if (bulkheadConfig == null) {
        initBulkheadConfig();
    }
    if (bulkheadRegistry == null) {
        // 创建舱壁注册机，并设置默认配置
        bulkheadRegistry = BulkheadRegistry.of(bulkheadConfig);
        // 创建一个命名为 user 的舱壁
        bulkheadRegistry.bulkhead("user");
    }
    return bulkheadRegistry;
}
```

这段代码的核心是 initBulkheadConfig 方法中的舱壁配置。首先将舱壁最大并发数配置为 20（默认为 25），然后将等待时间设置为 0（默认值为 0，单位毫秒），即在舱壁线程已满时，立刻放弃调用。关于舱壁设置，值得我们注意的是，如果请求存在高并发的情况，那么等待时间不为 0，就意味着可能存在积压，而积压太多就可能导致系统崩溃，所以在请求存在高并发的情况时，强烈建议将等待时间设置为 0，让它直接执行降级逻辑。跟着在 initBulkheadRegistry 方法中，根据舱壁配置创建了注册机，然后使用注册机创建了一个命名为 "user" 的舱壁，这样注册机和具体的舱壁就都创建好了，可以使用了。

接下来开发获取用户的逻辑，在 R4jFacadeImpl 的代码中加入代码清单 6-14 所示的代码。

代码清单 6-14　使用舱壁完成服务调用（Product 模块）

```
@Override
public UserInfo getUser3(Long id) {
    // 获取舱壁
    Bulkhead bulkhead = bulkheadRegistry.bulkhead("user"); // ①
    // 描述事件
    CheckedFunction0<UserInfo> decoratedSupplier  // ②
        = Bulkhead.decorateCheckedSupplier(
            bulkhead, () -> reqUser(id));
    // 发送请求
    Try<UserInfo> result = Try.of(decoratedSupplier) // ③
        .recover(ex -> { // 降级服务
            ex.printStackTrace();
            return new UserInfo(ERROR_ID, "", ex.getMessage());
        });
    return result.get(); // ④
}
```

　　和之前的操作也是接近的，①处是获取舱壁，②处是描述事件，③处是发送请求，④处是获取结果，这里就不赘述了。

6.3.2　拾遗

　　和限速器一样，舱壁配置也支持动态修改参数，例如：

```
BulkheadConfig customCfg = BulkheadConfig.custom()
    // 重置最大并发 15 条
    .maxWaitTime(15)
    // 请注意：最大等待时间是不允许动态修改的，因此这里的设置是无效的
    .maxWaitTime(2).build();
bulkhead.changeConfig(customCfg);
```

　　这段代码种需要注意的是，配置中的 maxWaitTime 是不能动态修改的，所以这里的配置是无效的。同样，舱壁也有度量数据，例如：

```
// 获取度量数据
io.github.resilience4j.bulkhead.Bulkhead.Metrics metrics
        =bulkhead.getMetrics();
// 获取可用并发数
metrics.getAvailableConcurrentCalls();
```

　　当然也会有事件，在舱壁中有 3 种事件类型：允许调用事件（CALL_PERMITTED）、拒绝调用事件（CALL_REJECTED）和调用完成事件（CALL_FINISHED）。我们可以按照以下代码监听对应的事件。

```
bulkhead.getEventPublisher()
    // 调用许可事件
    .onCallPermitted(evt->System.out.println("调用许可"))
    // 调用完成事件
    .onCallFinished(evt -> System.out.println("调用完毕"))
    // 拒绝调用事件
    .onCallRejected(evt->System.out.println("拒绝调用"));

// 也可以监听所有事件，可以用事件类型区分
bulkhead.getEventPublisher()
    // 监听所有事件
    .onEvent(evt ->
            System.out.println(evt.getEventType().name() + "监听所有事件"));
```

6.4　重试器（Retry）

　　实际上，Ribbon 也能够支持重试，所以在选择使用 Ribbon 的时候，可以不使用 Resilience4j 的重试机制。正如我之前谈到的 spring-cloud-circuitbreaker 的开发，目前还在进行中，并没有完全融合进来，所以这里只能局限于 Resilience4j 自身重试的机制。

6.4.1　使用重试机制

　　和其他组件一样，重试（Retry）也是由配置器（RetryConfig）、注册机（RetryRegistry）和具体的重试器构成的，所以我们首先在 ProductApplication 中加入创建它们的代码，如代码清单 6-15 所示。

代码清单 6-15 在重试器中执行服务调用（Product 模块）

```java
private RetryConfig retryConfig = null;
private RetryRegistry retryRegistry = null;

@Bean(name = "retryConfig")
public RetryConfig initRetryConfig() {
    if (retryConfig == null) {
        // 自定义
        retryConfig  = RetryConfig.custom()
            // 最大尝试次数（默认为 3 次）
            .maxAttempts(5)
            // 重试时间间隔（默认为 500 ms）
            .waitDuration(Duration.ofSeconds(1))
            .build();
    }
    return retryConfig;
}

@Bean(name = "retryRegistry")
public RetryRegistry initRetryRegistry() {
    if (retryConfig == null) {
        this.initRetryConfig();
    }
    if (retryRegistry == null) {
        // 创建重试注册机
        retryRegistry = RetryRegistry.of(retryConfig);
        // 创建命名为 exp 的重试器
        retryRegistry.retry("exp");
    }
    return retryRegistry;
}
```

这里的代码创建了配置、注册机和命名为"exp"的重试。其中，maxAttempts 方法配置的是最大尝试次数（默认为 3 次），这里配置为 5 次，意思是存在 1 次正常请求和 4 次重试请求。waitDuration 方法配置的是重试时间间隔（默认为 500 ms），这里配置为 1 秒。为了使用它，我们在业务层的 R4jFacadeImpl 类中加入相关代码，如代码清单 6-16 所示。

代码清单 6-16 测试重试器（Product 模块）

```java
// 注册重试注册机
@Autowired
private RetryRegistry retryRegistry = null;

@Override
public ResultMessage exp() {
    // 获取或创建重试
    Retry retry = retryRegistry.retry("timeout");
    // 监听重试事件
    retry.getEventPublisher()
        .onRetry(evt->System.out.println("重试")); // ①
    // 描述事件
    CheckedFunction0<ResultMessage> decoratedSupplier
        = Retry.decorateCheckedSupplier(retry,
            () -> reqExp());
    // 发送请求
```

```
    Try<ResultMessage> result = Try.of(decoratedSupplier)
        // 降级逻辑
        .recover(ex-> new ResultMessage(false, "异常信息" + ex.getMessage()));
    return result.get();
}

private ResultMessage reqExp() {
    // 不使用注入的 RestTemplate，原因是 Ribbon 存在重试机制
    RestTemplate restTmpl= new RestTemplate(); // ②
    String url = "http://localhost:6001/hystrix/exp/boot";
    return restTmpl.getForObject(url, ResultMessage.class);
}
```

这里的代码逻辑和之前的差不多，就不再赘述了。但是，有两个需要注意的要点：①处是监听重试事件，之前配置的是尝试 5 次，即可以有 1 次正常调用和 4 次重试调用，所以如果请求失败，会发送 4 次重试调用；②处代码避免使用了注入的 RestTemplate，这是为了避免触发 Ribbon 的重试机制，以免影响到对 Retry 的测试。

有了业务方法，我们就可以编写控制器测试它了，在 R4jController 类中加入代码清单 6-17 所示的代码。

代码清单 6-17　测试重试机制（Product 模块）

```
@GetMapping("/exp")
public ResultMessage exp() {
    return r4jFacade.exp();
}
```

启动对应服务后，在浏览器地址栏输入 http://localhost:8001/r4j/exp，然后观察后台日志就可以看到 4 次 "重试" 的打印了，说明请求总共重试了 4 次。这说明我们使用的重试机制成功了。

6.4.2　拾遗

首先是度量，和之前的组件一样，重试也有自己的度量，代码如下：

```
io.github.resilience4j.retry.Retry.Metrics metrics = retry.getMetrics();
// 返回未重试的失败调用数。
metrics.getNumberOfFailedCallsWithoutRetryAttempt();
// 返回所有重试后的失败调用数。
metrics.getNumberOfFailedCallsWithRetryAttempt();
// 返回未重试的成功调用数。
metrics.getNumberOfSuccessfulCallsWithoutRetryAttempt();
// 返回重试后成功调用的次数。
metrics.getNumberOfSuccessfulCallsWithRetryAttempt();
```

此外，通过重试配置器（RetryConfig）还可以忽略某些异常，或者根据结果再判断是否还需要再次重试，例如：

```
retryConfig  = RetryConfig.custom()
    // 最大尝试次数（默认为 3 次）
    .maxAttempts(5)
    // 重试时间间隔（默认为 500 ms）
    .waitDuration(Duration.ofSeconds(1))
    // 配置在何种异常下，放弃重试
    .ignoreExceptions(HttpServerErrorException.InternalServerError.class)
```

```
    // 根据请求所得结果判断是否继续重试
    .retryOnResult(result -> (result == null))
    .build();
```

这里，ignoreExceptions 方法的参数是一个可变化的异常参数，可以根据需要在发生那些异常时放弃重试。retryOnResult 方法则是，即使请求成功，也要通过评估所得来确定是否还需要执行重试。

同样，重试器也有对应的事件。按定义一共分为 4 种类型：重试（RETRY）、执行错误（ERROR）、执行成功（SUCCESS）和忽略错误（IGNORED_ERROR）。所以我们可以监听的也是 4 类事件，例如：

```
// 监听重试事件
retry.getEventPublisher()
    // 监听重试事件
    .onRetry(evt -> System.out.println("重试"))
    // 监听执行错误事件
    .onError(evt -> System.out.println("执行错误"))
    // 监听忽略错误事件
    .onIgnoredError(evt -> System.out.println("忽略错误"))
    // 监听执行成功事件
    .onSuccess(evt -> System.out.println("执行成功"));

    // 也可以通过 onEvent 方法，监听所有事件，然后用事件类型判断是何种事件
    retry.getEventPublisher().onEvent(evt->{
    String evtName = evt.getEventType().name();
    System.out.println("事件类型名称"+ evtName);
});
```

显然事件和其他组件也是类似的，只是事件类型不同而已，稍微区分一下就可以套用之前的规则了。

6.5 缓存（Cache）

和 Hystrix 一样，Resilience4j 也能够支持缓存机制。代码清单 6-1 中引入了缓存框架 Ecache 的包，Ecache 是一个 JCache 规范（JSR107，它是 Jakarta EE 缓存的规范）的实现包。和 Hystrix 不一样的是，Resilience4j 中没有缓存的注册机制，所以我们需要自己使用缓存。

6.5.1 使用 Resilience4j 缓存

这里我们使用的是 Ecache 缓存，所以首先需要创建一个 Ecache 缓存的实例，为此在 R4jFacadeImpl 中加入代码清单 6-18 所示的代码。

代码清单 6-18 创建 Ecache 缓存实例（Product 模块）

```
/**
* 获取 Ecache 的一个缓存实例
* @param id -- 用户编号
**/
private javax.cache.Cache<String, UserInfo> getCacheInstance(Long id) {
    // 获取缓存提供者，适合只有一个 JCache 实现的情况
    CachingProvider cachingProvider = Caching.getCachingProvider(); // ①
    /* // 如果系统有多种 Jcache，则根据具体实现类名获取缓存提供者
    CachingProvider cachingProvider  // ②
```

```
    = Caching.getCachingProvider(
      "org.ehcache.jsr107.EhcacheCachingProvider");
*/
// 获取缓存管理器
CacheManager cacheManager = cachingProvider.getCacheManager();
// 尝试获取名称为"user_"+id 的缓存
javax.cache.Cache<String, UserInfo> cacheInstance
    = cacheManager.getCache("user_" + id);
if (cacheInstance == null) { // 获取失败，则创建缓存实例
    // 缓存配置类
    MutableConfiguration<String, UserInfo> config
        = new MutableConfiguration<>(); // ③
    // 设置缓存键值类型
    config.setTypes(String.class, UserInfo.class);
    // 创建一个 JCache 对象，键值为"user_"+id
    cacheInstance = cacheManager.createCache("user_" + id, config);// ④
}
return cacheInstance;
}
```

这段代码主要用来处理 Ecache 的逻辑，获取一个缓存实例。代码①处是获取 JCache 实现方法的具体提供者（CachingProvider，Ecache 所提供的具体类是 org.ehcache.jsr107.EhcacheCachingProvider），注意，这个方法只适合只有一个 JEcache 实现方案上下文的环境。再看被注释掉的代码，也就是代码②处，它是通过具体的类名获取缓存提供者，所以它适合在有多个 JEcache 实现方案上下文的环境中使用。然后通过缓存提供者获取缓存管理器（CacheManager），有了缓存管理器就可以尝试获取键为 "user_"+id 的缓存实例了，如果获取失败，则创建一个缓存实例。创建缓存实例的难点在于配置，看代码③处，它可以配置缓存键值类型、超时时间和其他规则。最后代码④处创建缓存实例，将缓存实例返回给调用者，结束方法逻辑。

下面到展示使用 Resilience4j 缓存的时候了，同样在 R4jFacadeImpl 中加入代码清单 6-19 所示的代码。

代码清单 6-19　使用 Resilience4j 缓存（Product 模块）

```
@Override
public UserInfo cacheUserInfo(Long id) {
    // 获取名称为【"user_"+id】的缓存
    javax.cache.Cache<String, UserInfo> cacheInstance = getCacheInstance(id);
    // 通过 Resilience4j 的 Cache 捆绑 JCache 的缓存实例
    // 此处的 Cache 类全限定名为 io.github.resilience4j.cache.Cache
    // 和 getCacheInstance 方法的 javax.cache.Cache 不同
    Cache<String, UserInfo> cache = Cache.of(cacheInstance); // ①
    // 描述事件
    CheckedFunction1<String, UserInfo> cachedFunction
        = Cache.decorateCheckedSupplier(cache, () -> reqUser(id)); // ②
    // 获取结果，先从缓存获取，键为【"user_"+id】，失败则从执行请求逻辑
    UserInfo user = Try.of(() -> cachedFunction.apply("user_" + id)).get();
    return user;
}
```

这段代码主要是执行业务逻辑。首先获取 Ecache 缓存的实例（键为"user_"+id），然后使用①处的代码和 Resilience4j 的缓存（Cache）进行捆绑。跟着在②处描述事件，这里使用的是 CheckedFunction1

类，它有两个泛型，正好对应缓存的键和值的类型。最后再用 Try 进行请求结果，在之前的组件中，相信大家对此已经比较熟悉了，只是这里 apply 方法的参数是键"user_" + id，意味着尝试从缓存中读取数据。

6.5.2　拾遗

同样，缓存也有度量，例如：

```
io.github.resilience4j.cache.Cache.Metrics metrics = cache.getMetrics();
// 获取缓存命中的次数
metrics.getNumberOfCacheHits();
// 获取缓存未命中的次数
metrics.getNumberOfCacheMisses();
```

当然，缓存也有事件可以监听。在缓存中存在命中（CACHE_HIT）、未命中（CACHE_MISS）和错误（ERROR）3 种类型的事件，也可以通过 onEvent 方法对所有事件进行监听，例如：

```
cache.getEventPublisher()
    // 缓存命中事件
    .onCacheHit(evt-> System.out.println("命中"))
    // 缓存未命中事件
    .onCacheMiss(evt->System.out.println("未命中"))
    // 错误事件
    .onError(evt-> System.out.println("出现错误"));

// 一次性监听所有事件，可通过类型区分具体事件
cache.getEventPublisher().onEvent(evt->{
    String evtName = evt.getEventType().name();
    System.out.println("事件类型名称"+ evtName);
});
```

6.6　时间限制器（TimeLimiter）

在 Hystrix 中，在超时之后，就会进入降级服务。但在 Resilience4j 中，超时则是由时间限制器（TimeLimiter）来实现的。和之前的组件一样，时间限制器也有自己的配置（TimeLimiterConfig），通过配置可以很容易地创建时间限制器。要使用时间限制器，首先需要创建时间限制器配置（TimeLimiterConfig），为此在类 ProductApplication 中加入代码清单 6-20 所示的代码。

代码清单 6-20　创建时间限制器配置（Product 模块）

```
@Bean(name="timeLimiter")
public TimeLimiterConfig initTimeLimiterConfig() {
    TimeLimiterConfig timeLimiterConfig = TimeLimiterConfig.custom()
        // 配置调用超时时间，默认值为 1 秒
        .timeoutDuration(Duration.ofSeconds(2))
        // 设置线程是否可中断将来再运行，默认值为 true
        .cancelRunningFuture(false)
        .build();
    return timeLimiterConfig;
}
```

这里的逻辑主要是配置，其中 timeoutDuration 方法配置的是一个超时时间，默认值为 1 秒。

cancelRunningFuture 方法配置的是线程是否可中断将来再运行。这样配置器就配置完了。跟着让我们在 R4jFacadeImpl 中编写使用时间限制器的逻辑，如代码清单 6-21 所示。

代码清单 6-21　使用时间限制器（Product 模块）

```
@Autowired // 时间限制配置
private TimeLimiterConfig timeLimiterConfig = null;
@Override
public ResultMessage timeout() {
    // 创建事件限制器
    TimeLimiter timeLimiter = TimeLimiter.of(timeLimiterConfig); // ①
    // 采用单线程
    ExecutorService executorService = Executors.newSingleThreadExecutor();
    // 创建 Supplier 对象，并描述 Supplier 事件逻辑
    Supplier<Future<ResultMessage>> futureSupplier = // ②
        // submit 方法，提交任务执行并等待返回结果
        () -> executorService.submit(()->{
            // 不使用注入的 RestTemplate，因为不想启用 Ribbon 的超时机制
            RestTemplate restTmpl = new RestTemplate();
            String url = "http://localhost:6001/hystrix/timeout";
            return restTmpl.getForObject(url, ResultMessage.class);
        });
    // 时间限制器捆绑事件
    Callable<ResultMessage> callable // ③
        = TimeLimiter.decorateFutureSupplier(timeLimiter, futureSupplier);
    // 获取结果
    Try<ResultMessage> result = Try.of(() -> callable.call())
        // 降级逻辑
        .recover(ex->new ResultMessage(false, "执行超时"));
    return result.get();
}
```

在这段代码中，①处是通过配置来创建时间限制器。然后通过线程池的执行方式创建单线程池。②处是描述事件，创建一个 Supplier<Future<ResultMessage>>对象，这段代码有点复杂，这里分两步进行分析。

- 首先，executorService 的 submit 方法返回的是一个 Future<ResultMessage>接口对象，它的参数是一个 Callable<ResultMessage>对象，该对象有一个用来描述事件的 call 定义，只是这里写作了 Lambda 表达式，所以看起来较为简洁。
- 其次，要创建 Supplier<Future<ResultMessage>>对象，就要覆盖它的 get 方法。get 方法返回的是 Future<ResultMessage>类型的结果，这正好和 executorService 的 submit 方法返回的一致，所以依此写为 Lambda 表达式。

在代码③处，将时间限制器与事件进行了绑定，这样就可以给事件加入时间限制了。最后通过 Try 对象来获取结果，这也是之前讨论过的，这里就不再赘述了。

6.7　组件混用

在本章的各节中，已经介绍了最基本的 Resilience4j 组件。但实际上，还需要考虑各个组件的混用，例如，一个调用可以存在断路器、限速器、舱壁隔离和限时器等。本节就来讲这些组件的混用。首先从一段可运行的代码开始，如代码清单 6-22 所示。

代码清单 6-22　混用组件（Product 模块）

```
// 混合使用组件
@Override
public UserInfo mixUserInfo(Long id) {
    // 断路器
    CircuitBreaker circuitBreaker
        = circuitBreakerRegistry.circuitBreaker("user");
    // 具体事件
    Callable<UserInfo> call = () -> reqUser(id);
    // 断路器绑定事件
    Callable<UserInfo> call1 = CircuitBreaker.decorateCallable(circuitBreaker, call);
    // 舱壁
    Bulkhead bulkhead = bulkheadRegistry.bulkhead("user");
    // 舱壁捆绑断路器逻辑
    Callable<UserInfo> call2 = Bulkhead.decorateCallable(bulkhead, call1);
    // 获取或创建限速器
    RateLimiter rateLimiter = rateLimiterRegistry.rateLimiter("user");
    // 限速器捆绑舱壁事件
    Callable<UserInfo> call3 = RateLimiter.decorateCallable(rateLimiter, call2);
    // 重试机制
    Retry retry = retryRegistry.retry("timeout");
    // 重试捆绑事件
    Callable<UserInfo> call4 = Retry.decorateCallable(retry, call3);
    // 获取名称为"user_"+id 的缓存实例
    javax.cache.Cache<String, UserInfo> cacheInstance = getCacheInstance(id);
    Cache<String, UserInfo> cache = Cache.of(cacheInstance);
    // 缓存捆绑限速事件
    CheckedFunction1<String, UserInfo> cacheFunc = Cache.decorateCallable(cache, call4);
    // 创建事件限制器
    TimeLimiter timeLimiter = TimeLimiter.of(timeLimiterConfig);
    // 采用单线程池
    ExecutorService executorService = Executors.newSingleThreadExecutor();
    // 描述限时事件
    Supplier<Future<UserInfo>> supplier
        = () -> executorService.submit(()-> {
            UserInfo cacheResult = null;
            try {
                cacheResult = cacheFunc.apply("user_"+id);
            } catch (Throwable e) {
                e.printStackTrace();
            }
            return cacheResult;
        });
    // 限时器捆绑缓存事件
    Callable<UserInfo> call5 = TimeLimiter.decorateFutureSupplier(timeLimiter, supplier);
    // 获取结果
    Try<UserInfo> result = Try.of(() -> call5.call())
        // 降级逻辑
        .recover(ex-> new UserInfo(ERROR_ID, "", ex.getMessage()));
    return result.get();
}
```

上述代码中使用了 Resilience4j 所有常用的组件，包括断路器、限速器、舱壁隔离、重试器、缓存和限时器，这些组件在上述各节已经介绍过了。代码的逻辑核心是 5 个 Callable<UserInfo>对象，几乎每一个组件的事件都是通过 Callable<UserInfo>来描述的，然后通过层层的传递，将上一个组件的事件传递到下一个组件，从而完成启用所有组件的功能。

6.8　使用 Spring Boot 2 的配置方式

上面都是通过代码的方式来创建断路器和限速器等 Resilience4j 核心组件，当然也可以使用 Spring Boot 的配置方式进行使用。下面我们就对配置的方式进行介绍。不过 resilience4j-spring-boot2 当前只支持断路器（CircuitBreaker）和限速器（RateLimiter）的配置，所以在开始介绍之前，需要先删除（或注释掉）创建 Resilience4j 断路器注册机的方法（initCircuitBreakerRegistry）和创建 Resilience4j 限速器注册机的方法（initRateLimiterRegistry）。然后修改启动类 ProductApplication，代码如下：

```
package com.spring.cloud.product.main;
/**** imports ****/
@SpringBootApplication(scanBasePackages = "com.spring.cloud.product"
    // 排除 Resilience4j Spring Boot stater 自动装配类
    /*
    , exclude = {CircuitBreakerAutoConfiguration.class,
        CircuitBreakerMetricsAutoConfiguration.class,
        RateLimiterAutoConfiguration.class,
        RateLimiterMetricsAutoConfiguration.class
        }
    */
)
// 驱动熔断器
@EnableCircuitBreaker
public class ProductApplication {
    ......
}
```

这段代码中注释掉了代码清单 6-3 中的自动装配类，这样 Resilience4j 就能以 Spring Boot 的方式进行配置了。

6.8.1　通过配置创建断路器

断路器是 Resilience4j 的核心组件，为此 resilience4j-spring-boot2 提供了配置的方式，下面我们通过代码清单 6-23 进行演示。

代码清单 6-23　配置断路器（Product 模块）

```
resilience4j:
    # 配置断路器，配置的断路器会注册到断路器注册机（CircuitBreakerRegistry）中
    circuitbreaker:
        backends:
            # 名称为 "user" 的断路器
            user:
                # 当断路器为关闭状态时，监测环形数组多少位信息，
                # 才重新分析请求结果来确定断路器的状态是否改变
                ring-Buffer-size-in-closed-state: 10
                # 当断路器为打开状态时，监测环形数组多少位信息，
                # 才重新分析请求结果来确定断路器的状态是否改变
                ring-buffer-size-in-half-open-state: 10
                # 当断路器为打开状态时，等待多少时间（单位毫秒），
                # 转变为半打开状态，默认为 60 秒
```

```
wait-duration-in-open-state: 5000
# 当请求失败比例达到 30% 时，打开断路器，默认为 50%
failure-rate-threshold: 30
# 是否注册 metrics 监控
register-health-indicator: true
```
 # 名称为 "product" 的断路器
product:
```
    # 当断路器为关闭状态时，监测环形数组多少位信息，
    # 才重新分析请求结果来确定断路器的状态是否改变
    ring-Buffer-size-in-closed-state: 10
    # 当断路器为打开状态时，监测环形数组多少位信息，
    # 才重新分析请求结果来确定断路器的状态是否改变
    ring-buffer-size-in-half-open-state: 10
    # 当断路器为打开状态时，等待多少时间（单位毫秒），
    # 转变为半打开状态，默认为 60 秒
    wait-duration-in-open-state: 5000
    # 当请求失败比例达到 30% 时，打开断路器，默认为 50%
    failure-rate-threshold: 30
    # 是否注册 metrics 监控
    register-health-indicator: true
```

这段代码比较长，我也在代码中添加了详尽的注释，请自行参考。注意加粗的代码，就可以知道配置了两个断路器，名称分别为 "user" 和 "product"。这两个断路器都会注册到断路器注册机（CircuitBreakerRegistry）中，而断路器注册机是 Spring Boot 自动帮助我们配置的，因此可以采用 "拿来主义" 获取断路器。下面让我们演示使用的场景，如代码清单 6-24 所示。

代码清单 6-24　使用配置的断路器（Product 模块）

```
package com.spring.cloud.product.facade.impl;
/**** imports ****/
@Service
public class ConfigFacadeImpl implements ConfigFacade {
    @Autowired
    private RestTemplate restTemplate = null;

    // 断路器注册机
    @Autowired
    private CircuitBreakerRegistry circuitBreakerRegistry = null; // ①

    @Override
    public UserInfo getUserWithCircuitBreaker(Long id) {
        // 从断路器注册机中获取 "user" 断路器
        CircuitBreaker userCircuitBreaker
            = circuitBreakerRegistry.circuitBreaker("user"); // ②
        // 描述事件
        CheckedFunction0<UserInfo> decoratedSupplier =
            CircuitBreaker.decorateCheckedSupplier(
            userCircuitBreaker, ()->reqUser(id));
        // 发送事件
        Try<UserInfo> result = Try.of(decoratedSupplier)
                // 如果发生异常，则执行降级方法
                .recover(ex -> {
                    return new UserInfo(Long.MIN_VALUE, null, null);
                });
        // 返回结果
        return result.get();
```

```
// Ribbon 服务调用
private UserInfo reqUser(Long id) {
    String url = "http://USER/user/info/{id}";
    System.out.println("获取用户" + id);
    UserInfo user = restTemplate.getForObject(url, UserInfo.class, id);
    return user;
}
}
```

这里省略了接口 ConfigFacade 的定义，相信声明也比较简单，就不再赘述了。代码①处进行了断路器注册机（CircuitBreakerRegistry）的注入，这个对象是 Spring Boot 为我们自动装配的，所以可以拿来就用。代码②处，是从断路器注册机中获取我们配置的名为"user"的断路器，这样就可以直接使用了。

6.8.2　通过配置创建限速器

除了可以配置断路器，通过 resilience4j-spring-boot2，还可以配置限速器。下面我们通过代码清单 6-25 进行学习。

代码清单 6-25　配置限速器（Product 模块）
```
resilience4j:
  # 限速器
  ratelimiter:
    # 配置限速器，配置的限速器会注册到限速器注册机（RateLimiterRegistry）中
    limiters:
      # 名称为"user"的限速器
      user:
        # 时间戳内限制通过的请求数，默认为 50 个
        limitForPeriod: 60
        # 配置时间戳（单位毫秒），默认值为 500 ns
        limitRefreshPeriodInMillis: 5000
        # 超时时间（单位毫秒）
        timeoutInMillis: 5000
        # 是否注册监控指标
        registerHealthIndicator: true
        # 事件消费环形位缓冲区位数
        eventConsumerBufferSize: 50
      # 名称为"product"的限速器
      product:
        # 时间戳内限制通过的请求数，默认为 50 个
        limitForPeriod: 30
        # 配置时间戳（单位毫秒）。默认值为 500 ns
        limitRefreshPeriodInMillis: 3000
        # 超时时间
        timeoutInMillis: 5000
```

代码中已经进行了详尽的注释，请自行参考。注意加粗的代码，可以看到声明了两个限速器，名称分别为"user"和"product"。在 Spring Boot 中，它会默认将限速器注册机（RateLimiterRegistry）装配到 IoC 容器中，并且将这两个限速器注册在内，所以通过这层关系也可以类似配置断路器那样使用配置限速器。下面让我们演示使用的场景，在类 ConfigFacadeImpl 中加入代码清单 6-26 所示的代码。

代码清单 6-26　使用配置的限速器（Product 模块）

```
// 限速器注册机
@Autowired
private RateLimiterRegistry rateLimiterRegistry = null; // ①

@Override
public UserInfo getUserWithRatelimiter(Long id) {
    // 从限速器注册机中获取"user"限速器
    RateLimiter userRateLimiter
        = rateLimiterRegistry.rateLimiter("user"); // ②
    // 描述事件
    CheckedFunction0<UserInfo> decoratedSupplier =
        RateLimiter.decorateCheckedSupplier(
        userRateLimiter, ()->reqUser(id));
    // 发送事件
    Try<UserInfo> result = Try.of(decoratedSupplier)
        // 如果发生异常，则执行降级方法
        .recover(ex -> {
            return new UserInfo(Long.MIN_VALUE, null, null);
        });
    // 返回结果
    return result.get();
}
```

代码中①处，先获取 IoC 容器中的限速器注册机。代码②处是获取注册机里名为"user"的限速器，这是我们自己配置的限速器。通过这样就能使用配置的限速器了。

第 7 章

声明式调用——OpenFeign

本书从第 3 章到第 6 章，介绍了微服务的核心内容：服务治理、服务调用（Ribbon）和熔断器（Hystrix 和 Resilience4j）。这些都是微服务的利器，只是从开发者的角度来说，和我们打交道最多的是服务调用和熔断器。服务调用使得多个微服务可以通过相互调用，为同一个业务服务。熔断器则可以在很大的程度上保证服务调用。但是严格来讲，Ribbon 使用 REST 请求方式编写还是比较麻烦的，对于开发者也不算友好，因此在 REST 请求方式的基础上，一些开发者又提供了接口声明方式的调用，例如，我们本章要介绍的 GitHub OpenFeign 就是这样的。

GitHub OpenFeign 是一种声明式调用，我们只需要按照一定的规则描述我们的接口，它就能帮我们完成 REST 风格的调用，大大减少代码的编写量，提高代码的可读性。注意，这里谈到的 GitHub OpenFeign 是一个第三方组件，为了降低开发者的学习成本，Spring Cloud 将 GitHub OpenFeign 封装后，给出的规则完全采用了 Spring MVC 的风格，也就是只要开发者熟悉 Spring MVC，就能很轻松地完成接口的描述，完成服务调用的功能，而不必学习 GitHub OpenFeign 自身的声明规则。

Spring Cloud 提供了对 GitHub OpenFeign 的封装，那就是 spring-cloud-starter-openfeign（为了简便，本书在没有歧义的情况下，一律将其简称为 OpenFeign）。只是这个 Starter 包含了对 Ribbon 和 Hystrix 的支持，注意，只是对 Hystrix 的支持，而不包含 Hystrix 本身，所以要使用 Hystrix，还需要自己引入 Hystrix 的依赖。之所以引入 Ribbon，是因为 OpenFeign 的底层就是通过 Ribbon 来实现的。而引入对 Hystrix 的支持，是为了让微服务之间的调用支持熔断的功能。另外，因为 Hystrix 不再更新功能，在不久的将来 Spring Cloud 还会引入 Resilience4j，所以本章也会谈到 Resilience4j 和 OpenFeign 相结合的问题。

这里我将通过使用资金微服务调用用户微服务来介绍 OpenFeign 的使用。有了上述的介绍，大家可以知道，首先需要导入 OpenFeign 和 Hystrix 的依赖，所以在资金微服务的 Maven 依赖上加入代码清单 7-1 所示的代码。

代码清单 7-1　加入 Feign 和 Hystrix（Fund 模块）

```
<!-- 依赖 feign -->
<dependency>
```

```
        <groupId>org.springframework.cloud</groupId>
        <artifactId>spring-cloud-starter-openfeign</artifactId>
</dependency>
<!-- 依赖 hystrix -->
<dependency>
        <groupId>org.springframework.cloud</groupId>
        <artifactId>spring-cloud-starter-netflix-hystrix</artifactId>
</dependency>
```

有了这些，就可以通过 Feign 的声明式来完成 Ribbon 的调用了。一切还是从一个简单的例子开始。

7.1　OpenFeign 的使用

也许到现在为止，OpenFeign 对你来讲还是有些陌生，但是开发的过程相信你会很熟悉，因为它采用的就是 Spring MVC 的注解风格。本节打算先介绍 OpenFeign 的入门实例，让大家先入门。OpenFeign 真正的难点在于如何传递参数，所以会再介绍一些常见的传参场景来让大家熟悉 OpenFeign 的使用。最后再谈一下 OpenFeign 的继承性和配置。

7.1.1　入门实例

在之前的章节中，我们的用户微服务提供了两个这样的请求，如表 7-1 所示。

表 7-1　用户微服务提供的两个请求

URI	方法	请求体（类型）	功能说明
/user/info/{id}	GET	无	获取用户信息
/user/info	PUT	UserInfo 类（JSON）	更新用户信息

在 Ribbon 中，需要使用 RestTemplate 的方式进行开发。但在 OpenFeign 中，只需要声明接口，而且风格是 Spring MVC 方式的。这里将使用实例进行说明，为此创建 UserFacade 接口，如代码清单 7-2 所示。

代码清单 7-2　声明 OpenFeign 的客户端接口（Fund 模块）

```
package com.spring.cloud.fund.facade;
/**** imports ****/
@FeignClient("user") // 声明为 OpenFeign 的客户端
public interface UserFacade {

    /**
     * 获取用户信息
     * @param id -- 用户编号
     * @return 用户信息
     */
    @GetMapping("/user/info/{id}")   // 注意方法和注解的对应选择
    public UserInfo getUser(@PathVariable("id") Long id);

    /**
     * 修改用户信息
     * @param userInfo -- 用户
     * @return 用户信息
```

```
    */
@PutMapping("/user/info") // 注意方法和注解的对应选择
public UserInfo putUser(@RequestBody UserInfo userInfo);
}
```

对于这个接口的声明，熟悉 Spring MVC 的读者定然会觉得是在开发控制器，因为使用的注解风格十分接近，但是这并不是在开发控制器，而是在声明调用接口，区别的重点在于注解。

- @FeignClient("user")：表示这个接口是一个 OpenFeign 的客户端，底层将使用 Ribbon 执行 REST 风格调用，配置的"user"是一个微服务的名称，指向用户微服务，也就是准备调用的是用户微服务。

- @GetMapping("/user/info/{id}")：GetMapping 表示使用 HTTP 的 GET 请求调用用户微服务，而"/user/info/{id}"则表示 URI，其中"{id}"表示参数占位，因此方法中的参数也使用注解 @PathVariable("id")修改参数 id，来和这个占位对应。

- @PutMapping("/user/info")： PutMapping 表示使用 HTTP 的 PUT 请求调用用户微服务，而 "/user/info"则表示 URI，对于这个请求，需要一个 JSON 的请求体，因此参数使用@RequestBody 修饰 UserInfo 类型的参数，代表将参数转换为 JSON 请求体，对该 URI 进行请求。

有没有觉得和 Spring MVC 十分相近？这便是 OpenFeign 的接口风格，它大大地降低了开发者学习的成本。为了测试这个接口，这里来开发一个控制器（FeignController），如代码清单 7-3 所示。

代码清单 7-3　测试 OpenFeign 接口（Fund 模块）

```
package com.spring.cloud.fund.controller;
/**** imports ****/
@RestController
@RequestMapping("/feign")
public class FeignController {

    @Autowired
    private UserFacade userFacade = null;

    @GetMapping("/user/{id}")
    public UserInfo getUser(@PathVariable("id") Long id) {
        UserInfo user = userFacade.getUser(id);
        return user;
    }

    @GetMapping("/user/{id}/{userName}/{note}")
    public UserInfo updateUser(@PathVariable("id") Long id,
            @PathVariable("userName") String userName,
            @PathVariable("note") String note) {
        UserInfo user = new UserInfo(id, userName, note);
        return userFacade.putUser(user);
    }
}
```

这样控制器就开发好了。但光这样还不行，我们还没有将 OpenFeign 的客户端接口注入 Spring MVC 的 IoC 容器中，因此，还需要修改 Spring Boot 的启动入口（FundApplication），如代码清单 7-4 所示。

代码清单 7-4　测试 OpenFeign 接口（Fund 模块）

```
package com.spring.cloud.fund.main;
/**** imports ****/
@SpringBootApplication( // 扫描装配 Bean
    scanBasePackages = "com.spring.cloud.fund")
@EnableFeignClients( // 扫描装配 OpenFeign 接口到 IoC 容器中
    basePackages="com.spring.cloud.fund")
public class FundApplication {
    public static void main(String[] args) {
        SpringApplication.run(FundApplication.class, args);
    }
}
```

这段代码的核心是注解@EnableFeignClients，使用它的目的是驱动 OpenFeign 工作并指定扫描包，对带有注解@FeignClient 的接口进行扫描，并将它们装配到 IoC 容器中，这样就能够在 Spring 的工作环境中使用该接口进行声明式调用了。

在启动相关服务后，在浏览器中请求：

```
http://localhost:7001/feign/user/4
http://localhost:7001/feign/user/3/username3/note3
```

就可以观测到成功的结果了。

这里要注意的是，OpenFeign 的本质是 Ribbon 调用，因此还是会使用 Ribbon 的机制实现相关的负载均衡等策略，相关内容参见第 4 章。只是相对于 Ribbon 来说，它更为简单，可读性更高，开发的成本也更低，所以我更加建议使用 OpenFeign 的声明式调用，取代 Ribbon 的编码式调用。因此，在后续的章节中，我也会以使用 OpenFeign 的方式为主。

7.1.2　常见的传参场景

入门实例谈到了使用路径和请求体进行传参的场景，事实上，还有其他的常用传参方式。本节将讨论这些常见的传参方式，包括传递请求参数（URI 后以 "?" 开始的请求参数）、请求头和文件参数等。

为了介绍这些传参方式，首先需要编写服务提供者（用户微服务）的代码，为此在 UserInfoController 中加入代码清单 7-5 所示的代码。

代码清单 7-5　编写服务提供者的代码（User 模块）

```
/**
 * 以 url?ids=xxx 的形式传递参数
 * @param ids -- 参数列表
 * @return 用户信息列表
 */
@GetMapping("/infoes2")
@ResponseBody
public ResponseEntity<List<UserInfo>> findUsers2(
        @RequestParam("ids") Long []ids) {
    List<UserInfo> userList = new ArrayList<>();
    for (Long id : ids) {
        UserInfo userInfo
            = new UserInfo(id, "user_name_" + id, "note_" + id);
        userList.add(userInfo);
```

```
    }
    ResponseEntity<List<UserInfo>> response
        = new ResponseEntity<>(userList, HttpStatus.OK);
    return response;
}

/**
 * 删除用户
 * @param id -- 使用请求头传递参数
 * @return 结果
 */
@DeleteMapping("/info")
@ResponseBody
public ResultMessage deleteUser(@RequestHeader("id") Long id) {
    boolean success = id != null;
    String msg = success? "传递成功":"传递失败";
    return new ResultMessage(success, msg);
}

/**
 * 传递文件
 * @param file -- 文件
 * @return 成败结果
 */
@PostMapping(value="/upload")
@ResponseBody
public ResultMessage uploadFile(@RequestPart("file") MultipartFile file) {
    boolean success = file != null && file.getSize() > 0;
    String message = success? "文件传递成功" : "文件传递失败";
    return new ResultMessage(success, message);
}
```

这里需要注意的是 3 个方法的传参方式。

- **findUsers2 方法**：它采用了 URL 传参的办法，在地址后面加入参数。
- **deleteUser 方法**：它采用了请求头传参的办法，将参数放在了请求头中。
- **uploadFile 方法**：它传递的是一个文件，所以在调用它的时候需要给它传递文件。

为了能够对这 3 个方法进行请求，还需要在资金微服务的 OpenFeign 客户端接口 UserFacade 上加入对应的接口声明，如代码清单 7-6 所示。

代码清单 7-6　写 OpenFeign 客户端接口声明调用用户微服务（Fund 模块）

```
/**
 * 根据 id 数组获取用户列表
 * @param ids -- 数组
 * @return 用户列表
 */
@GetMapping("/user/infoes2")
public ResponseEntity<List<UserInfo>> findUsers2(
    // @RequestParam 代表请求参数
    @RequestParam("ids") Long []ids);

/**
 * 删除用户信息，使用请求头传参
 * @param id -- 用户编号
 * @return 成败结果
```

```java
 */
@DeleteMapping("/user/info")
public ResultMessage deleteUser(
    // @RequestHeader 代表请求头传参
    @RequestHeader("id") Long id);


/**
 * 传递文件流
 * @param file -- 文件流
 * @return 成败结果
 */
@RequestMapping(value = "/user/upload",
    // MediaType.MULTIPART_FORM_DATA_VALUE
    // 说明提交一个"multipart/form-data"类型的表单
    consumes = MediaType.MULTIPART_FORM_DATA_VALUE)
public ResultMessage uploadFile(
    // @RequestPart 代表传递文件流
    @RequestPart("file") MultipartFile file);
```

通过入门实例，相信大家对@GetMapping、@PostMapping 和@DeleteMapping 的含义已经比较了解了，它们是在定义 HTTP 请求的 URI 和方法。所以这里就只着重分析参数的声明。先看一下 findUsers2 方法，它采用的是请求参数的方式传参，因此只需要声明注解@RequestParam 即可。再看到 deleteUser 方法，可以看到，它的参数上标注了@RequestHeader，代表以请求头传递参数。最后来看 uploadFile 方法，它标注了注解@PostMapping，并且将配置项 consumes 声明为"multipart/form-data"，这样，OpenFeign 就能用文件表单向用户微服务提交请求，传递文件流了。这里配置项 consumes 是必须配置的。文件流参数标注@RequestPart，就能传递文件了，只是传递文件这样的方式性能比较低下，在没有必要的情况下，开发者应该尽可能避免这样的设计。

7.1.3　OpenFeign 客户端接口的继承

OpenFeign 客户端接口还可以提供继承的功能。现在对原有的 UserFacade 进行修改，大致如代码清单 7-7 所示。

代码清单 7-7　改造 UserFacade 接口（Fund 模块）

```java
package com.spring.cloud.fund.facade;
/**** imports ****/
// 此处删除注解@FeignClient
public interface UserFacade {
    /**
     * 获取用户信息
     * @param id -- 用户编号
     * @return 用户信息
     */
    @GetMapping("/user/info/{id}")   // 注意方法和注解的对应选择
    public UserInfo getUser(@PathVariable("id") Long id);

    ......
}
```

这里唯一的变化是删除了@FeignClient，此时，该接口不会再被扫描为 OpenFeign 的客户端接口了。接下来，再新建一个接口来扩展它，如代码清单 7-8 所示。

代码清单 7-8　改造 UserFacade 接口（Fund 模块）

```
package com.spring.cloud.fund.client;
/**** imports ****/
@FeignClient(value="user")
// 此处继承 UserFacade，那么 OpenFeign 定义的方法也能继承下来
public interface UserClient extends UserFacade {
}
```

这里 UserClient 扩展了 UserFacade，并且因为标注了@FeignClient，会被 OpenFeign 机制扫描成 OpenFeign 的客户端，它所继承的 UserFacade 方法也会被 OpenFeign 扫描，成为可以调用远程服务器的方法。

这时让我们换一个角度进行思考，倘若用户微服务（user）的开发者，将接口 UserFacade 发布到了一个公共的依赖模块中，那么其他微服务的开发者就可以直接通过依赖该公共模块来获取 UserFacade，把它当作本地接口，通过继承的方法直接使用它，而不再需要自定义调用方法了。从客观的角度来说，由用户微服务的开发者来维护 UserFacade 接口是最佳的，因为他们熟悉当中的业务和逻辑，然后再通过详尽的说明（如提供 API 文档）就可以大大降低其他微服务使用接口的难度了。但是这种模式也有弊端，如果公共的接口需要修改，那么所有的消费者也需要做出对应的修改，尤其是那些使用十分广泛的接口，影响就更大了。

7.1.4　OpenFeign 客户端的配置

配置 OpenFeign 的方法有很多种，最直观的当属在注解@FeignClient 上配置。关于@FeignClient 配置项的解释如表 7-2 所示。

表 7-2　@FeignClient 配置项

配置项	说明	备注
value	配置客户端名称，一般为微服务名称	如用户微服务的 "user"
name	配置客户端名称，一般为微服务名称	
serviceId	不推荐使用的配置项	不再介绍
qualifier	配置 Spring Bean 名称，以便别的 Bean 使用@Qualifier 以名称注入	在同名的情况下，方便其他 Bean 注入
url	可以配置抽象的 URL 或者具体的 URL	具体的协议，可自由配置
decode404	当发生 HTTP 的 404（无对应的资源）错误时，是否解码而非抛出 FeignExceptions 异常	默认值为 false，不抛出 Feign Exceptions
configuration	OpenFeign 客户端接口的配置类，可以配置 OpenFeign 的解码器（feign.codec.Decoder）、编码器（feign.codec.Encoder）和协议（feign.Contract）	在 OpenFeign 中已经默认提供，不再需要我们自己编写
fallback	指定 Hystrix 降级服务类	后文再讨论
fallbackFactory	指定降级工厂	后文再讨论
path	在请求路径中加入前缀，在请求定义方法的时候，就会加入这个前缀	
primary	对外部注入是否设置当前 Bean 为首要的 Bean（@Primary）	默认值为 true

这里的配置项除加粗的 3 项比较复杂外，其他的相对来说都比较简单，就不再赘述了。在加粗的这 3 项中，fallback 和 fallbackFactory 是有关 Hystrix 使用的，我打算放到配置 Hystrix 时再讨论，所以这里就暂时不讨论了，这里只讨论 configuration。

configuration 这个配置项的内容是一个标注@Configuration 的类，配置它的目的是创建 OpenFeign 所需的解码器、编码器和协议。严格来讲，GitHub OpenFeign 本身是不能支持文件操作的，所以在旧版本中，还需要开发者自行编写 OpenFeign 的解码器、编码器和协议来对应各种 Spring MVC 请求类型进行处理。现在已经不需要这样做了，因为在当前版本的 OpenFeign 中已经提供了这些内容的默认实现。首先，spring-cloud-starter-openfeign 会加载 feign-form-spring 和 feign-form 的依赖，通过它们 Spring 可以为我们提供对应 OpenFeign 的编码器（SpringEncoder）、解码器（OptionalDecoder，这个类是一个代理，实际使用的是 ResponseEntityDecoder）和协议（SpringMvcContract）。其次，在 OpenFeign 的自动配置类的 FeignClientsConfiguration 中也进行了自动装配，如代码清单 7-9 所示。

代码清单 7-9　FeignClientsConfiguration 的源码

```
package org.springframework.cloud.openfeign;
/**** imports ****/
@Configuration
public class FeignClientsConfiguration {
    // Spring MVC 消息转换器工厂
    @Autowired
    private ObjectFactory<HttpMessageConverters> messageConverters;
    // Spring MVC 的参数处理器
    @Autowired(required = false)
    private List<AnnotatedParameterProcessor>
        parameterProcessors = new ArrayList<>();
    // OpenFeign 的参数格式化器
    @Autowired(required = false)
    private List<FeignFormatterRegistrar>
        feignFormatterRegistrars = new ArrayList<>();

    // OpenFeign 解码器
    @Bean
    @ConditionalOnMissingBean
    public Decoder feignDecoder() {
        return new OptionalDecoder(new ResponseEntityDecoder(
        // 先经 Spring MVC 消息转换器工厂处理
            new SpringDecoder(this.messageConverters)));
    }

    @Bean
    @ConditionalOnMissingBean
    public Encoder feignEncoder() {
        // 先经 Spring MVC 消息转换器工厂处理
        return new SpringEncoder(this.messageConverters);
    }

    @Bean
    @ConditionalOnMissingBean
    public Contract feignContract(ConversionService feignConversionService) {
        // 先经 Spring MVC 消息转换器工厂处理
        return new SpringMvcContract(
            this.parameterProcessors, feignConversionService);
```

```
    }

    /**** 其他代码 ****/
}
```

从代码可以知道，在通过编码器、解码器和协议之前，都会先经 Spring MVC 消息转换器工厂进行处理，这样 OpenFeign 就能处理各种各样的 Spring MVC 请求，从而支持文件解析了。因此，在大部分的情况下，我们使用默认的这些配置就可以了，无须再自定义，如需自定义，通过@FeignClient 配置即可。

除了可以在@FeignClient 上配置外，OpenFeign 还允许我们使用 YAML 文件进行配置。这些配置是由配置类 org.springframework.cloud.openfeign.FeignClientProperties 定义的，要求以"feign.client" 作为开头，在它的属性中存在一个 Map<String, FeignClientConfiguration>类型的属性 config，通过它就可以根据需要配置 OpenFeign 客户端接口。这里要配置的 config 是一个 Map，所以必然有键和值，其中键是微服务名称的字符串，值是一个客户端的配置类 FeignClientConfiguration。下面将使用 YAML 文件配置的形式进行说明，如代码清单 7-10 所示。

代码清单 7-10　使用 YAML 文件配置 OpenFeign 客户端接口

```yaml
feign:
  Client:
    # 默认配置 key，默认值为 default
    default-config: default // ①
    # 是否启用默认的属性配置的机制
    default-to-properties: true
    config: # ②
      # 配置 default，启用为全局 OpenFeign 客户端接口提供默认配置
      default: # ③
        # 当发生 HTTP 的 404（无对应的资源）错误时，
        # 是否解码而非抛出 FeignExceptions 异常
        decode404: false
        # 读取请求超时时间（单位毫秒）
        read-timeout: 5000
        # 连接远程服务器超时时间（单位毫秒）
        connect-timeout: 5000
        # 重试器全限定名（要求是 feign.Retryer 接口的实现类）
        retryer: xxx
        # OpenFeign 协议全限定名（要求是 feign.Contract 接口的实现类）
        contract: xxx
        # OpenFeign 解码器全限定名（要求是 feign.codec.Decoder 接口的实现类）
        decoder: xxx
        # OpenFeign 编码器全限定名（要求是 feign.codec.Encoder 接口的实现类）
        encoder: xxx
        # 日志级别，分为 4 级：
        # 1．NONE：不记录任何日志（默认值）
        # 2．BASIC：只记录请求方法和 URL 以及响应状态代码和执行时间，且只记录基本信息以及请求和响应头
        # 3．HEADERS：记录基本信息以及请求和响应头
        # 4．FULL：记录全部请求头和请求体，并记录请求和响应的各类数据
        logger-level: basic
        # OpenFeign 调用拦截器，List<Class<RequestInterceptor>>类型，
        # 主要拦截 OpenFeign 请求，一般可以加入一些请求头
        request-interceptors: xxx,xxx,xxx
        # OpenFeign 错误解码器全限定名（要求是 feign.codec.ErrorDecoder 接口的实现类）
        error-decoder: xxx
```

```
# OpenFeign 客户端名称，也是用户微服务名称，
# 这样就是配置名称为 user 的 OpenFeign 客户端
user: // ④
  # 连接远程服务器超时时间（单位毫秒）
  connectTimeout: 5000
  # 执行请求超时时间（单位毫秒）
  readTimeout: 5000
```

关于配置项，上述注释已经进行了较为详细的说明，所以这里只就重点和难点进行说明。看代码①处，这里配置的是一个键，配置为 default，注意，配置项 feign.client.config 是 Map<String, FeignClientConfiguration>类型的，这意味着当它存在键为 default 的元素时，该元素为全局默认的配置。代码②处显然指向了 FeignClientProperties 的 config 配置项，接下来的层级配置的就是 feign.client.config 这个 Map 对象，代码③和④处的 default 和 user 都是配置项 config 中元素的键。因为 feign.client.default-config 的配置为 default，所以代码③处的 default 配置代表的是全局默认配置，而 user 只是用户微服务的 OpenFeign 客户端的配置，这是大家需要注意的地方之一。这里的配置虽多，但是实际常用的并不多，对于 retryer、contract、decoder、encoder 和 error-decoder，一般使用 OpenFeign 为我们默认提供的即可。其他配置项中，除了 request-interceptors 以外，都比较简单，就不再举例说明。配置 request-interceptors 的目的是配置拦截器，而拦截器则需要实现 RequestInterceptor 接口。例如，现在开发一个拦截器，如代码清单 7-11 所示。

代码清单 7-11 OpenFeign 拦截器（Fund 模块）

```
package com.spring.cloud.fund.facade.interceptor;
/*** imports ***/
public class UserInterceptor implements RequestInterceptor {
    /**
     * 拦截器的意义在于，根据自己的需要定制 RestTemplate 和请求参数、请求体等
     * @param  template -- 请求模板
     */
    @Override
    public void apply(RequestTemplate template) {
        // 这里只是随意给出一个请求头参数，实践中一般可以传递 token 参数等
        template.header("id", "1");
    }
}
```

虽然有了拦截器，但是还需要在配置文件中加入配置，才能启用这个拦截器，代码如下：

```
feign:
  client:
    config:
      # "user" 代表用户微服务的 OpenFeign 客户端
      user:
        # 连接远程服务器超时时间（单位毫秒）
        connectTimeout: 5000
        # 读取请求超时时间（单位毫秒）
        readTimeout: 5000
        # 配置拦截器
        request-interceptors:
        - com.spring.cloud.fund.facade.interceptor.UserInterceptor
```

这样拦截器 UserInterceptor 就能对 OpenFeign 客户端接口的所有请求进行拦截了。对于 request-interceptors 配置项来说，可以配置多个拦截器，但是请注意，OpenFeign 并不保证拦截器的顺序。

上面是通过 YAML 文件进行配置，有时候需要特别地指定和处理日志，这时可以使用配置类的方法，也就是用@FeignClient 的配置项 configuration 指定配置文件。那么可以配置些什么内容呢？如表 7-3 所示。

表 7-3　OpenFeign 客户端的可配置项

配置项	配置说明	是否自动装配	具体配置类型	默认 Bean 名称
Decoder	OpenFeign 解码器	是	ResponseEntityDecoder，但被 SpringDecoder 所包装	feignDecoder
Encoder	OpenFeign 解码器	是	SpringEncoder	feignEncoder
Logger	日志配置	是	Slf4jLogger	feignLogger
Contract	OpenFeign 协议	是	SpringMvcContract	feignContract
Feign.Builder	OpenFeign 构建器	是	HystrixFeign.Builder	feignBuilder
Client	客户端	是	如为 Ribbon，则采用的是 LoadBalancerFeignClient，否则将使用默认的客户端	feignClient
Logger.Level	日志级别	否	详见代码清单 7-10 的注释	按类型探测
Retryer	重试器	否		按类型探测
ErrorDecoder	错误解码器	否		按类型探测
Request.Options	请求选项	否		按类型探测
Collection<Request Interceptor>	拦截器列表	否		按类型探测
SetterFactory	设置工厂	否		按类型探测

注意，表中的"是否自动装配"列，可以看出配置项分成两大类，一类是已经装配的，另一类是未装配的。对于已经装配的，OpenFeign 都给出了默认值和对应的 Bean 名称，这就意味着，当根据自己的需要替换时，应该按照对应的 Bean 名称进行替换。对于那些未装配的，按照类型编写即可。OpenFeign 已经为我们提供了许多默认配置，我们可以拿来就用，如果要替换它们，只要新建对应的Bean 即可。下面让我们举例说明，如代码清单 7-12 所示。

代码清单 7-12　使用配置类组装 OpenFeign 组件（Fund 模块）

```
package com.spring.cloud.fund.facade;
/**** imports ****/
@FeignClient(value="user",
    // 指定配置类
    configuration = UserFacade.UserFeignConfig.class)
public interface UserFacade {
    ......

    class UserFeignConfig {

        // 注入 Spring MVC 消息转换器工厂
        @Autowired
```

```
    private ObjectFactory<HttpMessageConverters> messageConverters = null;

    /**
     * 此处需要注意，Bean 的名称要和默认装配的保持一致
     * @return 编码器
     */
    @Bean(name = "feignDecoder")
    // 设置为"prototype"，代表只对当前客户端使用
    @Scope(ConfigurableBeanFactory.SCOPE_PROTOTYPE)
    public Decoder clientDecoder() {
        return new SpringDecoder(messageConverters);
    }


    /**
     *  创建拦截器，非自动装配的组件会通过类型查找
     * @return 拦截器
     */
    @Bean
    // 设置为"prototype"，代表只对当前客户端使用
    @Scope(ConfigurableBeanFactory.SCOPE_PROTOTYPE)
    public RequestInterceptor userInterceptor() {
        return new UserInterceptor();
    }
    /**
     *  日志级别，非自动装配的组件会通过类型查找
     * @return 日志级别
     */
    @Bean
    // 设置为"prototype"，代表只对当前客户端使用
    @Scope(ConfigurableBeanFactory.SCOPE_PROTOTYPE)
    Logger.Level loggerLevel() {
        return Logger.Level.FULL;
    }
    }
}
```

先看一下 clientDecoder 方法，这里的@Bean 重新定义了 Bean 的名称为"feignDecoder"，与自动装配的保持一致，这样才能覆盖自动装配的 Bean。然后又用@Scope 将 Bean 的作用域设置为"prototype"，这说明只对当前的客户端使用，不具备通用的效果。再看 userInterceptor 和 loggerLevel 两个方法，@Scope 的作用域也声明为了"prototype"，因为这两个不是自动装配的，所以不需要遵循名称的规则，只要类型匹配便可以了。

当然，如果想让这个配置设置为默认全局的 OpenFeign 客户端配置，可以在注解@EnableFeignClients 的配置项 defaultConfiguration 中配置，并将各个类的作用域删除或者声明为单例。这里还需要将日志级别设置为 DEBUG，代码如下：

```
logging:
  level:
    root: DEBUG
```

这样运行后就可以看到对应的信息了。

7.1.5 OpenFeign 的全局配置

上一节只是配置了 OpenFeign 客户端，本节将讲述 Feign 的全局配置。OpenFeign 的全局配置可以配置与是否启动 Hystrix、压缩配置和 HTTP 客户端相关的配置项。这里先谈 Hystrix 和压缩配置的配置项，下面使用 YAML 文件配置的形式进行说明，如代码清单 7-13 所示。

代码清单 7-13　OpenFeign 的 Hystrix 和压缩的全局配置

```
feign:
  # Hystrix 配置
  hystrix:
    # 是否将 OpenFeign 调度封装为 Hystrix 命令，然后通过断路器执行，
    # 默认值为 false（旧版本为 true）
    enabled: true
  # 压缩
  compression:
    # 请求
    request:
      # 是否支持请求 GZIP 压缩，默认值为 false
      enabled: true
      # GZIP 压缩什么类型，默认值为 text/xml,application/xml,application/json
      mime-types: text/xml,application/xml,application/json
      # 当请求内容大于多少阈值后，进行 GZIP 压缩请求，默认值为 2048（单位 KB）
      min-request-size: 4096
    # 响应
    response:
      # 请求响应结果是否允许压缩
      enabled: true
```

这里需要注意的是，feign.hystrix.enabled 的默认值为 false，也就是说，不主动将 OpenFeign 的调用封装为一个 Hystrix 命令，这一点和旧版的 Hystrix 是相反的。关于请求和响应压缩的配置项的内容注释已经比较清晰了，请自行参考。

OpenFeign 底层默认使用的是 Ribbon，而 Ribbon 默认使用的是 Apache HTTP Client 作为底层连接，因此 OpenFeign 也给出了对应的配置项，如代码清单 7-14 所示。

代码清单 7-14　OpenFeign 的 Hystrix 和压缩的全局配置

```
feign:
  httpclient:
    # 是否启用 Apache HTTP Client 作为底层连接（Ribbon 的默认方法）
    enabled: true
    # 尝试连接超时时间
    connection-timeout: 2000
    # 是否禁止 SSL 协议验证
    disable-ssl-validation: false
    # 连接重新尝试
    connection-timer-repeat: 2000
    # 默认最大连接数
    max-connections: 100
    # 单个调用最大连接数
    max-connections-per-route: 30
    # HttpClient 的存活时间，默认为 900，单位通过 time-to-live-unit 配置
    time-to-live: 500
    # HttpClient 的存活时间单位，默认为秒（second）
    time-to-live-unit: milliseconds
```

```
# 当 HTTP 返回码为 3xx（重定向）时，是否执行重定向操作，默认为 true
follow-redirects: false
```

通过这些就可以配置底层的内容了。这里还可以通过将 feign.httpclient.enabled 设置为 false 进行禁用。OpenFeign 还提供了 OK HTTP Client 的选择给我们使用，这是一个支持谷歌 SPDY 协议的客户端，只是 SPDY 协议随着 HTTP/2 协议的推出已经被谷歌宣布淘汰。SPDY 协议可以有效减少 GZIP 压缩传输的数据大小，并且提供了缓存功能，提高了调用性能。这里将配置项 feign.okhttp.enabled 设置为 true，意味着 OpenFeign 将采用 OK HTTP Client 作为底层连接，例如：

```
feign:
  okhttp:
    # 启用 Ok HTTP Client，默认值为 false
    enabled: true
  httpclient:
    # 是否启用 Apache HTTP Client 作为底层连接
    enabled: false
```

此时，OpenFeign 提供的自动配置类就会自动为我们装配与 OK HTTP Client 相关的 Bean。可以看类 HttpClientConfiguration 的源码，它还有一个内部类 OkHttpClientConfiguration，如代码清单 7-15 所示。

代码清单 7-15　OpenFeign 装配与 OK HTTP Client 相关的 Bean

```
package org.springframework.cloud.commons.httpclient;
/**** imports ****/
@Configuration
public class HttpClientConfiguration {
    ......

    @Configuration
    @ConditionalOnProperty(
            name = "spring.cloud.httpclientfactories.ok.enabled",
        matchIfMissing = true)
    @ConditionalOnClass(OkHttpClient.class)
    static class OkHttpClientConfiguration {
        // 装配 OK HTTP Client 连接池工厂
        @Bean
        @ConditionalOnMissingBean
        public OkHttpClientConnectionPoolFactory connPoolFactory() {
            return new DefaultOkHttpClientConnectionPoolFactory();
        }

        // 装配 OK HTTP Client 生成器
        @Bean
        @ConditionalOnMissingBean
        public OkHttpClient.Builder okHttpClientBuilder() {
            return new OkHttpClient.Builder();
        }

        // 装配 OK HTTP Client 连接工厂
        @Bean
        @ConditionalOnMissingBean
        public OkHttpClientFactory okHttpClientFactory(
            OkHttpClient.Builder builder) {
```

```
        return new DefaultOkHttpClientFactory(builder);
    }
  }
}
```

从上述代码中可以看出,工厂、连接池和生成器(OkHttpClient.Builder)都已经自动装配了。一般来说,工厂和连接池都不需要进行改变,如果不进行改变,它就会使用默认的属性。设置属性的工作是在生成器中进行的,所以我们可以自行编写一个 Spring Bean 来代替 okHttpClientBuilder 方法,这样就能自定义 OK HTTP Client 的参数了,例如,在 FundApplication 中加入代码清单 7-16 所示的代码。

代码清单 7-16 自定义 OK HTTP Client 的相关参数(Fund 模块)

```
@Bean
public OkHttpClient.Builder okHttpClientBuilder() {
    return new OkHttpClient.Builder()
        // 读取超时时间(不包含解析地址,提交请求的耗时)
        .readTimeout(2, TimeUnit.SECONDS)
        // 写入超时时间
        .writeTimeout(5, TimeUnit.SECONDS)
        // 连接远程服务器超时时间
        .connectTimeout(3, TimeUnit.SECONDS)
        // 如果连接远程服务器失败是否重试
        .retryOnConnectionFailure(true)
        // 当 HTTP 返回码为 3xx(重定向)时,是否执行重定向操作
        .followRedirects(true);
}
```

只是 OK HTTP Client 并不是一个自动依赖的包,因此还需要我们自行依赖,在 pom.xml 文件中增加如下代码:

```
<dependency>
    <groupId>io.github.openfeign</groupId>
    <artifactId>feign-okhttp</artifactId>
</dependency>
```

这样就可以使用 OK HTTP Client 了。

7.2 配置 Hystrix

上面我们讲到过,只要将 feign.hystrix.enabled 配置为 true,OpenFeign 就会将接口方法的调用包装成一个 Hystrix 命令,然后采用断路器机制运行,因此本节的学习都需要将该配置项配置为 true。

如果将 feign.hystrix.enabled 配置为 true,就会全局使用 Hystrix,那么如果想局部不使用该怎么办呢?这里让我们回到代码清单 7-12 中的内部配置类 UserFeignConfig,我们在其当中自定义客户端配置器(Client)即可,如代码清单 7-17 所示。

代码清单 7-17 自定义 OpenFeign 客户端

```
/**
 * 创建客户端构建器
 * @return 客户端构建器
 */
```

```
// 注意名称需保持一致
@Bean(name="feignBuilder")
// 设置为"prototype"，代表只对当前客户端使用
@Scope(ConfigurableBeanFactory.SCOPE_PROTOTYPE)
public Feign.Builder clientBuilder() {
    return Feign.builder();
}
```

使用 Hystrix 构建器的是 HystrixFeign.Builder，而这里自定义的是 Feign.Builder，有了这个自定义的 Feign.Builder，就不会再使用 Hystrix 的机制了。

7.2.1 使用服务降级

之前我们谈过，断路器中的服务降级是一个十分重要的概念，那么我们应该如何配置它呢？表 7-2 中的配置项 fallback 和 fallbackFactory，便是 OpenFeign 为此给我们提供的配置项。不过在此以前，我们需要一个 UserFacade 接口的实现类，如代码清单 7-18 所示。

代码清单 7-18 编写降级类（Fund 模块）

```
package com.spring.cloud.fund.fallback;
/**** imports ****/
/**
 * 要使类提供降级方法，需要满足 3 个条件:
 * 1. 实现 OpenFeign 接口定义的方法
 * 2. 将 Bean 注册为 Spring Bean
 * 3. 使用@FeignClient 的 fallback 配置项指向当前类
 * @author ykzhen
 *
 */
@Component // 注册为 Spring Bean ①
public class UserFallback implements UserFacade { // ②

    @Override
    public UserInfo getUser(Long id) {
        return new UserInfo(null, null, null);
    }

    @Override
    public UserInfo putUser(UserInfo userInfo) {
        return new UserInfo(null, null, null);
    }

    @Override
    public ResponseEntity<List<UserInfo>> findUsers2(
            // @RequestParam 代表请求参数
            @RequestParam("ids") Long []ids) {
        return null;
    }

    @Override
    public ResultMessage deleteUser(Long id) {
        return new ResultMessage(false, "降级服务");
    }

    @Override
```

```
    public ResultMessage uploadFile(MultipartFile file) {
        return new ResultMessage(false, "降级服务");
    }
}
```

在代码①处，使用@Component 代表 Spring 将这个类扫描为 Bean 装配到了 IoC 容器中。代码②处实现了 UserFacade 接口，并且把接口定义的方法都实现了，这样才是一个降级类。但是这样还没有完成全部步骤，还需要注册到 OpenFeign 中。注册的方法很简单，使用@FeignClient 的 fallback 配置即可，如代码清单 7-19 所示。

代码清单 7-19　配置降级类（Fund 模块）

```
package com.spring.cloud.fund.facade;
/**** imports ****/
@FeignClient(value="user", fallback = UserFallback.class // ①
/*, configuration=UserFacade.UserFeignConfig.class*/) // ②
)
public interface UserFacade  {
    ....方法定义....

    class UserFeignConfig {
        ....属性和其他方法....

        /**
         * 创建客户端构建器
         * @return 客户端构建器
         */
        // 注意名称需保持一致
        @Bean(name="feignBuilder")
        // 设置为"prototype"，代表只对当前客户端使用
        @Scope(ConfigurableBeanFactory.SCOPE_PROTOTYPE)
        public default Feign.Builder clientBuilder() {
            return Feign.builder();// ③
        }
    }
}
```

对于 UserFacade 接口，我做了两点改造。第一点是，配置了@FeignClient 的 fallback 属性。第二点是，注释掉了原有的自定义配置类 UserFeignConfig。其中，第一点是配置降级类，这点比较好理解，但是第二点就不太好理解了，这里具体解释一下：代码③处生成的是 Feign.Builder 构造器，而使用 Hystrix 需要的是 HystrixFeign.Builder 构造器，所以如果保留 UserFeignConfig 的原有配置，Hystrix 是不会生效的。

有了这些配置，类 UserFallback 的实现方法就是对应 OpenFeign 接口调用的降级方法了。此时停止用户微服务的实例，请求 FeignController 定义的 URI，就可以看到降级服务生效了。

但是上述的降级服务有一个弊端，就是我们不能获取异常信息，而获取异常信息是定位问题的重要手段，所以 OpenFeign 在@FeignClient 中还提供了 fallbackFactory 配置项。要使用它，首先需要创建一个降级工厂（FallbackFactory<T>），如代码清单 7-20 所示。

代码清单 7-20　配置降级类（Fund 模块）

```
package com.spring.cloud.fund.fallback;

/**** imports ****/
```

```java
/**
 * 定义 OpenFeign 降级工厂（FallbackFactory）分 3 步：
 * 1．实现接口 FallbackFactory<T>定义的 create 方法
 * 2．将降级工厂定义为一个 Spring Bean
 * 3．使用@FeignClient 的 fallbackFactory 配置项定义
 * @author ykzhen
 *
 */
@Component // ①
public class UserFallbackFactory implements FallbackFactory<UserFacade> { // ②
    /**
     * 通过 FallbackFactory 接口定义的 create 方法参数获取异常信息
     */
    @Override
    public UserFacade create(Throwable err) {
        // 返回一个 OpenFeign 接口的实现类
        return new UserFacade() {
            // 错误编号
            private Long ERROR_ID = Long.MAX_VALUE;

            @Override
            public UserInfo getUser(Long id) {
                return new UserInfo(ERROR_ID, null, err.getMessage());
            }

            @Override
            public UserInfo putUser(UserInfo userInfo) {
                return new UserInfo(ERROR_ID, null, err.getMessage());
            }

            @Override
            public ResponseEntity<List<UserInfo>> findUsers2(
                // @RequestParam 代表请求参数
                @RequestParam("ids") Long []ids) {
                return null;
            }

            @Override
            public ResultMessage deleteUser(Long id) {
                return new ResultMessage(false, err.getMessage());
            }

            @Override
            public ResultMessage uploadFile(MultipartFile file) {
                return new ResultMessage(false, err.getMessage());
            }

        };
    }
}
```

代码①处将降级工厂定义为一个 Spring Bean。代码②处是类需要实现 FallbackFactory 接口，将接口泛型设置为 UserFacade。在 create 方法中，存在一个参数，通过这个参数就可以获取异常信息。对于 create 方法需要返回的 UserFacade 接口的实现类，这里我是采用匿名类的方式实现的。

有了降级工厂，我们在@FeignClient 中配置客户端就可以了，如代码清单 7-21 所示。

代码清单 7-21　配置降级工厂（Fund 模块）

```
package com.spring.cloud.fund.facade;
/**** imports ****/
@FeignClient(value="user",
/* fallback = UserFallback.class,*/
// 配置降级工厂
fallbackFactory= UserFallbackFactory.class
/* , configuration=UserFacade.UserFeignConfig.class*/)
public interface UserFacade  {
    ......
}
```

这里很简单，只需注意到加粗代码的配置即可。如果是既配置了降级类（fallback），又配置了降级工厂（fallbackFactory），那么将只启用降级类而不启用降级方法（这是我的测试结果），当然，在实践中没有必要做这样奇怪的配置。

7.2.2　Hystrix 中关于 OpenFeign 的其他配置

在启用 Hystrix 的情况下，OpenFeign 的调用会分为两个层次，一个是 Ribbon，另一个是 Hystrix。关于配置，这里以超时时间为例，实际上，Ribbon 或者 Hystrix 的配置中都有超时时间，且它们会相互影响。在默认的情况下，Ribbon 和 Hystrix 默认的超时都是 1 秒，在首次请求的时候，由于系统需要初始化很多对象且需要连通服务提供者，因此这有可能会导致 OpenFeign 客户端调用出现超时的情况。为了解决这个问题，我们可以通过在 YAML 文件中配置对应的超时时间来应对，如代码清单 7-22 所示。

代码清单 7-22　Ribbon 和 OpenFeign 配置

```
# Ribbon 配置
ribbon:
    # 连接服务器超时时间（单位毫秒）
    ConnectTimeout: 3000
    # 调用超时时间（单位毫秒）
    ReadTimeout: 6000

# Hystrix 配置
hystrix:
    # 自动配置一个 Hystrix 并发策略插件的 hook,
    # 这个 hook 会将 SecurityContext 从主线程传输到 Hystrix 的命令。
    shareSecurityContext: true
    command:
        default:
            execution:
                timeout:
                    # 是否启用 Hystrix 超时时间
                    enable: true
                isolation:
                    thread:
                        # 配置 Hystrix 断路器超时时间（单位毫秒）
                        timeoutInMilliseconds: 5000
```

这里大家要注意，我们需要将 Ribbon 的超时时间（ribbon.ReadTimeout）配置得大于 Hystrix 的默认超时时间（hystrix.command.default.execution.isolation.thread.timeoutInMilliseconds），否则 Hystrix 的超时时间就没有意义了，因为 Hystrix 还未处理熔断时，Ribbon 就超时了。这里将 Hystrix 的默认超时时间设置为了 5 秒，比原来不配置的 1 秒要长，这样出现首次 OpenFeign 调用超时的概率就大大降低了。当然也可以禁止使用 Hystrix 超时时间，只需要配置 hystrix.command.default.execution.timeout.enable 为 false 即可，但是一般来说，我都不推荐这么做。

7.2.3 使用建议

新版的 OpenFeign 已经将 feign.hystrix.enabled 的默认值设置为 false，也就是不自动使用 Hystrix 运行 OpenFeign 接口调用，这是设计者推荐使用的方式。这是为了避免过度使用 Hystrix 命令，因为如果每个 OpenFeign 接口调用都转变为 Hystrix 命令运行，会显得很冗余。而一个业务过程可能就需要数次服务调用，如果每个服务调用都采用 Hystrix 命令运行，那么显然不太合理，例如下面的伪代码：

```
public ResultMessage service {
    facade1.service1(); // OpenFeign 接口 1 服务调用 1
    facade2.service2(); // OpenFeign 接口 2 服务调用 2
    facade3.service3(); // OpenFeign 接口 3 服务调用 3
    /**** other codes ****/
}
```

如果这 3 个服务调用都加入到 Hystrix 命令中运行，就会比较冗余，并且也影响性能。如果我们不把 feign.hystrix.enabled 设置为 true，只采用默认的值 false，就可以修改为：

```
@HystrixCommand
public ResultMessage service {
    facade1.service1(); // OpenFeign 接口 1 服务调用 1
    facade2.service2(); // OpenFeign 接口 2 服务调用 2
    facade3.service3(); // OpenFeign 接口 3 服务调用 3
    /**** other codes ****/
}
```

这样这个方法使用一次 Hystrix 命令，就能够保证整个方法的运行，相对来讲，就没有之前那么冗余。

在两者之间，OpenFeign 的设计者推荐使用后者，因此将 feign.hystrix.enabled 的默认值设置为 false，也是我推荐的方式，这样可以避免滥用 Hystrix 命令。此外，单独使用@HystrixCommand，可以根据自己的需要配置 Hystrix 命令的属性，如组别键、命令键和线程池，更加灵活。

7.3 使用 Resilience4j 调用 OpenFeign 接口

这里我们介绍在新一代的 Spring Cloud 断路器 Resilience4j 中如何使用 OpenFeign。应该说 Resilience4j 也提供了 OpenFeign 的支持包 resilience4j-feign，但是 GitHub 版本更新已经是一年多前的事了，加上只能支持原生 OpenFeign 的注解，而非 Spring MVC 注解，所以未被广泛使用起来，本书就不介绍它了。

这里因为使用 Resilience4j 作为断路器，所以需要禁止 Hystrix 的使用，我们将配置项 feign.hystrix. enabled 配置为 false。此外，为了使用 Resilience4j，我们要在资金微服务的 pom.xml 中引入对应的依赖，代码如下：

```xml
<dependency>
    <groupId>io.github.resilience4j</groupId>
    <artifactId>resilience4j-spring-boot2</artifactId>
    <version>0.13.2</version>
</dependency>
```

这样就引入了断路器和限速器的依赖，如果整个项目都不使用 Hystrix，那么可以删除 Hystrix 的依赖包。有了依赖，就可以采用配置的方式来配置对应的内容了。下面让我们配置一个断路器和一个限速器，如代码清单 7-23 所示。

代码清单 7-23　通过 YAML 文件配置 Resilience4j 断路器和限速器（Fund 模块）

```yaml
resilience4j:
  # 配置断路器
  circuitbreaker:
    backends:
      # 名称为 "user" 的断路器
      user:
        # 当断路器为关闭状态时，监测环形数组多少位信息，
        # 才重新分析请求结果来确定是否改变断路器的状态
        ringBufferSizeInClosedState: 10
        # 当断路器为打开状态时，监测环形数组多少位信息，
        # 才重新分析请求结果来确定是否改变断路器的状态
        ringBufferSizeInHalfOpenState: 10
        # 当断路器为打开状态时，等待多少时间，转变为半打开状态，默认为 60 秒
        wait-duration-in-open-state:
          seconds: 5
        # 当请求失败次数达到 30% 时，打开断路器，默认为 50%
        failureRateThreshold: 30
        # 是否注册 metrics 监控
        registerHealthIndicator: true
  # 限速器
  ratelimiter:
    limiters:
      # 名称为 "user" 的限速器
      user:
         # 时间戳内限制通过的请求数，默认为 50
        limitForPeriod: 30
        # 配置时间戳，默认值为 500 ns
        limitRefreshPeriodInMillis: 5000
        # 超时时间
        timeoutInMillis: 5000
```

这样，我们就配置好了断路器和限速器，通过它们就可以实现熔断和限流的功能了。为了测试它，我们新建控制器，如代码清单 7-24 所示。

代码清单 7-24　验证 Resilience4j 断路器和限速器（Fund 模块）

```java
package com.spring.cloud.fund.controller;
/**** imports ****/
@RestController
@RequestMapping("/r4j")
public class R4jUserController {
    // 注册断路器注册机
```

```java
@Autowired
private CircuitBreakerRegistry circuitBreakerRegistry = null;

// 注册限速器注册机
@Autowired
private RateLimiterRegistry rateLimiterRegistry = null;

// OpenFeign 接口
@Autowired
private UserFacade userFacade = null;

@GetMapping("/user/{id}")
public UserInfo getUser(@PathVariable("id") Long id) {
    // 获取断路器
    CircuitBreaker circuitBreaker
        = circuitBreakerRegistry.circuitBreaker("user");
    // 具体事件
    Callable<UserInfo> call = () -> userFacade.getUser(id);
    // 断路器绑定事件
    Callable<UserInfo> call1
        = CircuitBreaker.decorateCallable(circuitBreaker, call);
    // 获取限速器
    RateLimiter rateLimiter = rateLimiterRegistry.rateLimiter("user");
    // 绑定限速器
    Callable<UserInfo> call2 =
        RateLimiter.decorateCallable(rateLimiter, call1);
    // 尝试获取结果
    Try<UserInfo> result = Try.of(() -> call2.call())
        // 降级逻辑
        .recover(ex->
            new UserInfo(Long.MAX_VALUE, "", ex.getMessage()));
    return result.get();
}
}
```

断路器注册机和限速器注册机都是 Spring Boot 依据配置为我们创建的，只需要直接注入即可。代码中分别用不同的 Callable 对象去一层层绑定断路器和限速器，从而达到既有断路功能又有限速功能的效果。

第 8 章

旧 API 网关——Zuul

前面几章，我们学习了服务注册和发现（Eureka），通过它们，我们能够顺利地管理我们的服务；学习了服务之间的调用（Ribbon 和 OpenFeign），让各个服务联系起来，通过共同协助来完企业业务逻辑；还学习了断路器（Hystrix 和 Resilience4j），它能尽可能地保护微服务之间的调用，通过熔断的方式来避免服务依赖造成的雪崩。以上谈到的这些都是 Spring Cloud 微服务的核心组件。

本章开始让我们学习微服务最后的一个核心组件——API 网关。Netflix Zuul 是一个 API 网关，它的主要功能是提供网关服务。

Netflix 网站的超大数量和多样性，有时会导致生产中产生各种各样的问题，因为这些问题暴露得特别快，并且无任何警告，所以排错工作异常艰难，为了解决这些问题，需要有一个能够快速改变行为的系统，于是便有了 Netflix Zuul。Netflix Zuul 提供了一系列不同类型的过滤器（Filter），通过这些过滤器，系统维护人员能够快速灵活地过滤服务、限制流量、实现服务器的负载均衡，从而避免外部请求冲垮微服务系统（注意：断路器主要是内部服务调用并非外部请求）。Netflix Zuul 提供的过滤器存在以下功能。

- **身份验证**：通过身份验证来区分不同的权限。
- **检验和安全**：对请求的有效性进行验证，如短时间多次刷请求的恶意攻击、提供验证码等。
- **限流**：在高并发的场景下，限制请求通过的流量，避免过大的流量压垮源服务器。
- **动态路由**：根据需要将请求动态路由到不同的后端微服务。
- **压力测试**：通过增删后端微服务实例，来确定整体服务可承担的流量。
- **静态响应处理**：对于处于高负荷的系统，提供静态资源作为服务的响应结果（类似服务降级）。
- **多区域弹性**：类似亚马逊服务站（AWS），将请求路由到最近的服务站点，提高服务的性能。

因为 Netflix Zuul 的性能一般，再加上 Netflix Zuul 2.x 版本一直没有按期推出，所以 Spring Cloud 项目创建了 Gateway 项目，为的是在新的版本中取代 Netflix Zuul。但是 Netflix Zuul 目前还广泛使用在企业中，也有一定的参考意义，因此本章将对其进行介绍。Spring Cloud 在 Netflix Zuul 的基础上，通过 Spring Boot 的封装方式，创建了 Spring Cloud Zuul 项目。后文为了方便，如果没有特殊说明，会将 Spring Cloud Netflix Zuul 简称为 Zuul。

为了使用 Zuul，我们来新建一个模块 Zuul，然后在 Maven 中依赖对应的包，如代码清单 8-1 所示。

代码清单 8-1　依赖 Zuul 和相关包（Zuul 模块）

```
<!-- 依赖 Spring Cloud Zuul -->
<dependency>
    <groupId>org.springframework.cloud</groupId>
    <artifactId>spring-cloud-starter-netflix-zuul</artifactId>
</dependency>
<!-- Eureka 客户端 -->
<dependency>
    <groupId>org.springframework.cloud</groupId>
    <artifactId>spring-cloud-starter-netflix-eureka-client</artifactId>
</dependency>
```

这里需要注意的是，Spring Cloud 并没有整合 Zuul 的 2.x 版本，而是沿用了 1.x 版本。因为在未来 Zuul 将会被 Spring Cloud Gateway 所取代，所以当前 Spring Cloud 也在去除 Netflix 组件的过程中。Spring Cloud Gateway 提供了更快和更多的功能，第 9 章会详细讲解。

8.1　什么是网关

网关（gateway）是一种外部网络和内部服务之间的关卡，它可以最先得到外部的请求。从软硬件的区分来说，网关又可以分为硬件网关和软件网关。常见的硬件网关有 LVS 和 F5，但是这些属于网络（运维）工程师的范畴，一般来说，这些不需要软件开发者关心，因此这里不展开讨论。软件网关则是由应用软件实现的，如著名的 Nginx、Apache 的 CGI（公共网关接口）和 Zuul 都是软件网关。这里先介绍基本的网络架构，如图 8-1 所示。

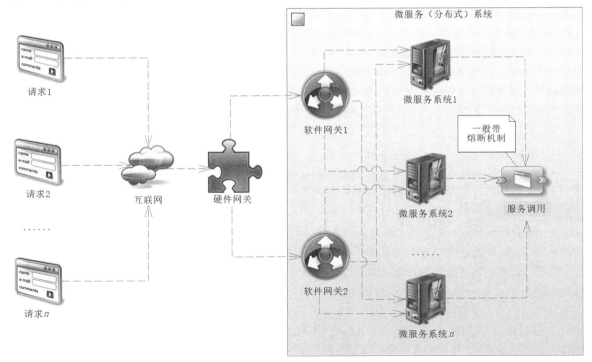

图 8-1　网络架构图

从图 8-1 中可以看出，软件网关是微服务系统获取请求信息的第一个入口，它的作用是先对请求进行一定的条件过滤后，再分发到源服务器（也就是具体的微服务系统）。从表述可以知道，软件网关的作用大体分为两个：一个是请求过滤，一般可以做验证请求有效性，身份验证等；另一个是路由分发，可以做负载均衡策略。这里的负载均衡有别于第 3 章讲到的客户端负载均衡，区别如下：网关的负载均衡也被称为服务器负载均衡，它是针对微服务系统外部请求而言的；而客户端负载均衡则是对各个微服务业务系统之间的服务调用而言的。在网关的功能中，主要的核心是过滤器，所以它是学习网关的核心内容。

因为网关最先得到请求，所以一般企业会将所有对微服务的请求先集中到网关，然后再分发，实现统一的请求入口。本章谈到的 Zuul 和第 9 章谈到的 Spring Cloud Gateway 都属于软件网关。而在软件网关中，又分为传统网关和 API 网关。传统网关一般可以进行一定的配置，比较不灵活。Nginx 网关就属于传统网关，如果想自己编写复杂的过滤条件，就需要使用第三方语言或者工具，例如，Nginx 可以使用 Nginx+Lua（OpenResty）来完成这些功能。而 API 网关则不同，它提供了一套 API 和对应的过滤器，让我们可以通过配置或者编程的方式来完成对应的功能，所以 API 网关比传统网关更加灵活，功能也更加强大。更加好的是，Zuul 和 Spring Cloud Gateway 都是通过 Java 语言完成的，并通过 Spring Boot 的形式进行了封装，这大大地降低了编程难度和学习成本。好了，有了这些网关的知识，让我们开始介绍 Zuul 吧。

8.2 Zuul 入门实例

在代码清单 8-1 中，我们新建了模块（Zuul），并且引入了相关依赖，所以这里就可以直接开发了。首先在启动文件中加入驱动 Zuul 的注解@EnableZuulProxy，如代码清单 8-2 所示。

代码清单 8-2 驱动 Zuul（Zuul 模块）

```
package com.spring.cloud.zuul.main;
/**** imports ****/
@SpringBootApplication(scanBasePackages="com.spring.cloud.zuul")
// 驱动 Zuul 代理启动
@EnableZuulProxy
public class ZuulApplication {
    public static void main(String[] args) {
        SpringApplication.run(ZuulApplication.class, args);
    }
}
```

这里值得注意的只有注解@EnableZuulProxy，它代表着驱动 Zuul 工作，不妨再深入地看一下它的源码，如代码清单 8-3 所示。

代码清单 8-3 驱动 Zuul（Zuul 模块）

```
package org.springframework.cloud.netflix.zuul;
/**** imports ****/
@EnableCircuitBreaker // 驱动 Hystrix 工作
@Target(ElementType.TYPE)
@Retention(RetentionPolicy.RUNTIME)
@Import(ZuulProxyMarkerConfiguration.class)
public @interface EnableZuulProxy {
}
```

这里可以看到，它会帮我们驱动断路器（Hystrix）工作，之所以这样是因为它可以在某些高并发场合请求流量过大时保护网关，使网关不至于瘫痪。从其 Maven 的依赖关系中也可以看出，加入了 spring-cloud-starter-netflix-zuul 的依赖，实际也会加载 Hystrix 的相关组件。只是这里需要注意的是，在默认的情况下，Zuul 会使用信号量的方式来使用 Hystrix，而非使用线程池的方式。

为了让 Zuul 模块能够在微服务系统中起到路由的功能，需要对相关的 YAML 文件进行配置，如代码清单 8-4 到代码清单 8-6 所示。

代码清单 8-4　application-peer1.yml（Zuul 模块）

```
#修改内嵌 Tomcat 端口为 2001
server:
  port: 2001
```

代码清单 8-5　application-peer2.yml（Zuul 模块）

```
#修改内嵌 Tomcat 端口为 2002
server:
  port: 2002
```

代码清单 8-6　application.yml（Zuul 模块）

```
# 定义 Spring 应用名称，它是一个微服务的名称，一个微服务可拥有多个实例
spring:
  application:
    name: zuul

# 向端口为 5001 和 5002 的 Eureka 服务治理中心注册
eureka:
  client:
    serviceUrl:
      defaultZone: http://localhost:5001/eureka, http://localhost:5002/eureka

# Zuul 的配置
zuul:
  # 路由配置
  routes:
    # 用户微服务
    user-service:
      # 请求拦截路径配置（使用 ANT 风格）
      path: /u/**
      # 通过一个 URL 配置
      url: http://localhost:6001/
    # 产品微服务配置
    fund-service:
      # 请求拦截路径配置（使用 ANT 风格）
      path: /p/**
      service-id: product
```

代码清单 8-4 和代码清单 8-5 相对比较简单，只是配置一个端口，以便于我们选择端口进行启动，这样就可以在同一台机器上同时启动两个网关微服务的实例了。代码清单 8-6 的作用是，首先将模块的微服务名称（spring.application.name）定义为 zuul。然后向服务治理中心进行注册，使它被服务治理中心所管理，也可以从服务治理中心获取对应的信息。最后加粗的代码则是一段关于 Zuul 路由的配置，这是我们的核心，后面会进行深入探讨。

这段路由配置中，"zuul.routes.*"是用来配置路由信息的，它本身是一个 Map<String, ZuulProperties.ZuulRoute>对象，也就是说，后续的配置就是为了配置它的。这里的 zuul.routes.user-service 代码配置 zuul.routes 这个 Map 中的键 user-service，这个键名一般应该起得有一定意义，这里我起名是为了对应用户微服务，它在 Map 中对应的是一个 ZuulProperties.ZuulRoute 类型的对象，所以这里的 zuul.routes.user-service.path 配置的是请求 Zuul 模块的匹配路径，而 zuul.routes.user-service.url 配置的则是映射的实际路径。简单地举个例子，在这个例子中，如果我们请求 http://localhost:2001/u/user/info/1，那么通过 Zuul 的映射，它就会被映射为 http://localhost:6001/user/info/1，这显然是在请求用户微服务的一个具体实例。但是这样配置有个弊端，就是用户微服务会存在多个实例，我们还会有 6002 端口的实例，这里我们可以参考 zuul.routes.fund-service 的配置，不再配置 url，而是配置 service-id，将其配置为 "fund"，显然这是为了映射资金微服务，这样 Zuul 模块就可以通过负载均衡算法来选择具体的实例来提供服务了。从现实的角度来说，使用 service-id 进行配置要比使用 url 合理得多，所以后续我们一律使用 service-id 进行配置。

关于使用 url 和 service-id 进行配置，还有一个值得注意的地方，使用 url 配置的，Zuul 不会使用 Hystrix 命令封装来运行它；而使用 service-id 配置的，则会使用 Hystrix 命令封装来运行。对于 zuul.routes.user-service.path 的配置，这里采用的是 ANT 风格匹配，而非正则式的方式。在采用 ANT 风格时，存在 3 个常见的通用字符。

- "*"：匹配一个层级，例如"/p/*"可以匹配"/p/account""/p/f"，但是不能匹配"/p/account/1""/p/f/1"。
- "**"：匹配任意层级，例如"/p/*"可以匹配"/p/account""/p/f""/p/account/1""/p/f/1"。
- "?"：匹配单个字符，例如"/p/?"可以匹配"/p/f"，而不能匹配"/p/account"。

有了上述代码，启动对应的微服务，然后在浏览器地址栏输入 http://localhost:2001/u/user/info/1，就可以看到图 8-2 所示的界面了。

显然，我们请求 Zuul 时，它已经将服务路由到用户微服务上了，验证是成功的。这样就可以将所有的请求全部集中在 Zuul 上，由它进行转发，实现统一的请求入口了。

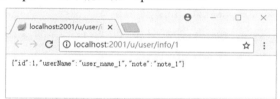

图 8-2　验证网关 Zuul

8.3　Zuul 原理——过滤器

上一节中我们配置了简单的 Zuul 的拦截应用，本节我们来阐述 Zuul 的原理。实际 Zuul 的原理并非十分复杂，相反的，可能还算比较简单，它的本质就是一套 Servlet 的 API。其中 ZuulServlet 是核心 Servlet，它将接收各类请求。此外 Netflix Zuul 还提供了 ZuulServletFilter，它是一个拦截器，可以拦截各类请求。ZuulServlet 和 ZuulServletFilter 就是 Zuul 的核心内容。为了更加方便地增加和删除拦截逻辑，在 ZuulServlet 和 ZuulServletFilter 的基础上，Netflix Zuul 定义了自己的过滤器——ZuulFilter。而 ZuulFilter 就是本章的核心内容，基本网关大部分的逻辑都要通过它来实现。

8.3.1　过滤器设计和责任链

ZuulFilter 是一个抽象类，实现了接口 IZuulFilter，Netflix Zuul 提供了许多 ZuulFilter 的实现类，

它们之间的关系如图 8-3 所示。

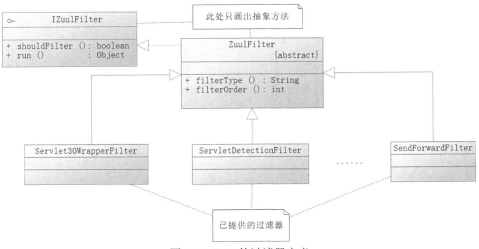

图 8-3 Zuul 的过滤器定义

过滤器是 Zuul 的核心内容，从图中可以看出，ZuulFilter 和 IZuulFilter 的定义中一共有 4 个抽象方法（注意此图并未画出非抽象方法），也就是当我们继承 ZuulFilter 后，需要实现这 4 个方法，而系统中已经提供了许多 ZuulFilter 的实现类，它们已经实现了这 4 个抽象方法。下面我们来了解这 4 个方法的作用。

- shouldFilter：是否执行过滤器逻辑，也就是可以根据上下文判定是否采用过滤器拦截请求。
- run：过滤器的具体逻辑，它是过滤器的核心方法，将返回一个 Object 对象，倘若返回为 null，则表示继续后续的正常逻辑。
- filterType：过滤器类型，有 4 种类型可设置："pre""route""post"和"error"。
- filterOrder：设置过滤器的顺序。

关于 shouldFilter 和 run 这两个方法的含义，相对来说还比较好理解，但是 filterType 和 filterOrder 就不那么好理解了。这里我们把网关路由到的真实服务器称为源服务器（Origin Server），例如，我们的用户微服务、产品微服务和资金微服务都是源服务器，源服务器是真实提供业务逻辑的服务器。filterType 方法返回的字符串代表的是过滤类型，该类型是以源服务器进行区分的。按其定义分为 4 种。

- pre：在路由到源服务器前执行的逻辑，如鉴权、选择具体的源服务器节点和参数处理等，都可以在这里实现。
- route：执行路由到源服务器的逻辑，如之前我们谈到的 Apache HttpClient 或者 Netflix Ribbon，当前也支持 OKHttp。
- post：在路由到源服务器后执行的过滤器，常见的用法是把标准的 HTTP 响应头添加到响应中，此外也可以通过它来收集响应的度量数据，统计成功率，还可以对源服务器请求返回的数据再次加工，然后返回到客户端，等等。
- error：倘若在整个路由源服务器的执行的过程中发生异常，就可以进入此类过滤器，它可以做全局的响应逻辑处理错误。

通过上述类型的阐述，相信大家对 filterType 方法也有所了解了，那么 filterOrder 方法又如何理解呢？这就涉及过滤器的责任链的内容了。谈到责任链，我们就先来了解一下什么是责任链模式。

从设计模式的角度来说，责任链模式就是很多过滤器拦截一个对象的模式。说概念有点抽象，让我们看一个很常见的大学请假流程，如图 8-4 所示。

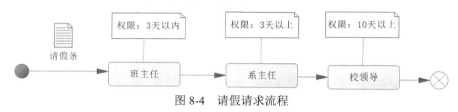

图 8-4 请假请求流程

这里请假条在班主任、系主任和校领导这条链上传递，而无论是班主任、系主任和校领导都可以对请假条进行批示、表达自己的同意与否，甚至是修改请假条等。如果将请假条看作对象，将班主任、系主任和校领导看作过滤器，那么请假条的传递就让多个过滤器形成了一条链，这便是责任链模式。责任链模式的最大好处在于，我们可以根据需要增加过滤器，例如，我们需要在系主任和校领导之间增加一个院领导，也是十分方便的。

好了，大体理解了责任链模式，我们就好理解 Zuul 的过滤器机制了。Zuul 会将多个过滤器组织为一个责任链，那么各个过滤器会以什么顺序组织呢？这是由 filterOrder 方法决定的，它是返回一个数字，该数字越小，在过滤器链中就越优先执行。

关于 Netflix Zuul 的过滤器原理，Netflix Zuul 官方给出了对应的图，如图 8-5 所示。

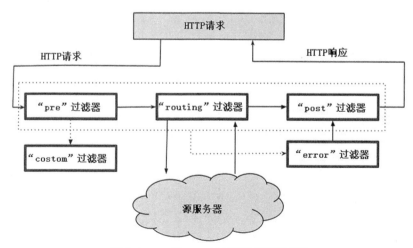

图 8-5 Netflix Zuul 过滤器原理图解[①]

从图 8-5 中可以看到，过滤器所拦截的是 HTTP 请求，route 类型的过滤器所要做的是路由到源服务器上。此外，过滤器定义的 4 个抽象方法都是没有参数的，我们如何获得请求的内容呢？为此

---

① 此图来自 NetFlix 发布在 GitHub 的文档。

让我们来研究一下 ZuulServlet 的源码中的 service 方法，如代码清单 8-7 所示。

代码清单 8-7　ZuulServlet 的 service 方法

```
@Override
public void service(javax.servlet.ServletRequest servletRequest,
        javax.servlet.ServletResponse servletResponse)
                throws ServletException, IOException {
    try {
        // 初始化 RequestContext 对象，它将使用 ThreadLocal 保存 HTTP 请求和响应的信息
        init((HttpServletRequest) servletRequest,  // ①
            (HttpServletResponse) servletResponse);
        // 获取当前请求信息
        RequestContext context = RequestContext.getCurrentContext(); // ②
        // 将请求设置为一个 "Zuul 引擎",
        // Zuul 中的各种过滤器是通过 "Zuul 引擎" (ZuulRunner) 运行的
        context.setZuulEngineRan();
        /** 以下为各类过滤器的执行流程 ***/ // ③
        try { // "pre" 类型过滤器
            preRoute();
        } catch (ZuulException e) {
            error(e);
            postRoute();
            return;
        }
        try { // "route" 类型过滤器
            route();
        } catch (ZuulException e) {
            error(e);
            postRoute();
            return;
        }
        try { // "post" 类型过滤器
            postRoute();
        } catch (ZuulException e) {
            error(e);
            return;
        }
    } catch (Throwable e) { // ④
        error(new ZuulException(e, 500,
            "UNHANDLED_EXCEPTION_" + e.getClass().getName()));
    } finally {
        RequestContext.getCurrentContext().unset();
    }
}
```

我们先看一下代码①处，这是一个 RequestContext 对象的初始化，这个对象将保存 HTTP 请求和响应对象，并且使用线程副本（ThreadLocal）保存。代码②处是从线程副本中获取 RequestContext 对象，这段代码也是过滤器中最常用的代码，因为通过它可以获取 HTTP 请求和响应对象。代码③处往下是一个过滤器流程，注意各类过滤器执行的逻辑，它们对应的是图 8-5。代码④处告诉我们整个执行的过程都在捕捉异常，如果有异常，将记录 ZuulException 异常。

8.3.2　开发过滤器

前面我们讨论了过滤器的原理，本节将付诸行动，开发一个过滤器。很多时候，在登录、购买

商品等场景中，往往我们还需要输入验证码，验证码的作用一方面是避免用户误操作，另一方面是避免外部恶意且不断地对服务器发送请求，损耗服务器资源。一般来说，为了提高性能，验证码一般放在系统内的缓存中，如 Redis。为了模拟这个过程，这里先引入 Redis 的相关依赖，代码如下：

```xml
<!-- 加入 Spring Boot 的 Redis 依赖 -->
<dependency>
    <groupId>org.springframework.boot</groupId>
    <artifactId>spring-boot-starter-data-redis</artifactId>
    <!--排除同步 Redis 客户端 Lettuce-->
    <exclusions>
        <exclusion>
            <groupId>io.lettuce</groupId>
            <artifactId>lettuce-core</artifactId>
        </exclusion>
    </exclusions>
</dependency>
<!--加入 Redis 客户端 Jedis-->
<dependency>
    <groupId>redis.clients</groupId>
    <artifactId>jedis</artifactId>
</dependency>
```

这里排除了 Redis 客户端 Lettuce，引入了最常用的客户端 Jedis。有了 Redis 的依赖后，就可以配置连接 Redis 所需的属性了，代码如下：

```yaml
spring:
  # Redis 配置
  redis:
    # Redis 服务器地址
    host: 192.168.224.131
    # Redis 密码
    password: 123456
    # Jedis 客户端
    jedis:
      # 连接池配置
      pool:
        # 最大活动连接数
        max-active: 20
        # 最大等待时间（单位毫秒）
        max-wait: 2000
        # 最小闲置连接数
        min-idle: 5
        # 最大闲置连接数
        max-idle: 15
```

这样 Redis 就配好了，为了测试，首先要在 Redis 中缓存我们的验证码，在 Redis 服务器中执行命令：

```
set key1 123456
```

这样，一对键值就保存到 Redis 中了。

接着我们来开发 Zuul 过滤器，如代码清单 8-8 所示。

代码清单 8-8　Zuul 验证码过滤器（Zuul 模块）

```java
package com.spring.cloud.zuul.filter;
/**** imports ****/
@Component // 如果 ZuulFilter 的子类被装配为 Spring Bean，那么会自动注册为 Zuul 过滤器 ①
public class ValidateCodeFilter extends ZuulFilter {
    // 验证码键和值的参数名称
    private final static String VALIDATE_KEY_PARAM_NAME = "validateKey";
    private final static String VALIDATE_CODE_PARAM_NAME = "validateCode";

    // 注入 StringRedisTemplate 对象，这个对象由 Spring Boot 自动装配
    @Autowired
    private StringRedisTemplate strRedisTemplate = null;

    @Override
    public String filterType() { // 过滤器类型 "pre" ②
        return FilterConstants.PRE_TYPE;
    }

    @Override
    public boolean shouldFilter() { //是否执行过滤器逻辑 ③
        // 获取请求上下文
        RequestContext ctx = RequestContext.getCurrentContext();
        if (ctx.getRequestQueryParams() == null ) { // 如果没有参数，不过滤
            return false;
        }
        // 是否存在对应的参数
        return ctx.getRequestQueryParams()
                .containsKey(VALIDATE_CODE_PARAM_NAME)
                && ctx.getRequestQueryParams()
                .containsKey(VALIDATE_KEY_PARAM_NAME);
    }

    @Override
    public int filterOrder() { // 过滤器的顺序 ⑥
        return FilterConstants.PRE_DECORATION_FILTER_ORDER + 15;
    }

    @Override
    public Object run() throws ZuulException { // 过滤器逻辑 ④
        // 获取请求上下文
        RequestContext ctx = RequestContext.getCurrentContext();
        // 获取请求参数验证 key
        String validateKey
            = ctx.getRequest().getParameter(VALIDATE_KEY_PARAM_NAME);
        // 请求参数验证码
        String validateCode
            = ctx.getRequest().getParameter(VALIDATE_CODE_PARAM_NAME);
        // Redis 缓存的验证码
        String redisValidateCode
            = strRedisTemplate.opsForValue().get(validateKey);
        // 如果两个验证码相同，就放行
        if (validateCode.equals(redisValidateCode)) {
            return null;// 放行
        }
        // 不再放行路由，逻辑到此为止
```

```
ctx.setSendZuulResponse(false);// ⑤
// 设置响应码为401-未签名
ctx.setResponseStatusCode(HttpStatus.SC_UNAUTHORIZED);
// 设置响应类型
ctx.getResponse()
   .setContentType(MediaType.APPLICATION_JSON_UTF8_VALUE);
// 响应结果
ResultMessage result
   = new ResultMessage(false, "验证码错误，请检查您的输入");
// 将result转换为JSON字符串
ObjectMapper mapper = new ObjectMapper();
String body = null;
try {
   body = mapper.writeValueAsString(result); // 转变为JSON字符串
} catch (JsonProcessingException e) {
   e.printStackTrace();
}
// 设置响应体
ctx.setResponseBody(body);
return null;
  }
}
```

这段代码比较长，需要注意的地方已经加粗了。首先看一下代码①处，@Component 代表过滤器将会被 Spring 扫描到 IoC 容器中，这样就完成了过滤器的注册。代码②处的 filterType 方法，将决定过滤器的类型，这里返回的是"pre"，这意味着在路由之前执行。代码③处的 shouldFilter 方法是过滤器的开关，它判断请求中是否存在验证码键和验证码参数，如果都存在就返回 true，启用过滤器；否则，返回 false，不启用过滤器。代码④处的 run 方法，处理了过滤器的核心逻辑。因为核心代码是 run 方法，所以这里再论述一下 run 方法的过程：首先是获取请求上下文 RequestContext，之前我们论述过，它保存在线程副本（ThreadLocal）中；然后获取请求（验证码的键和值）参数值；跟着使用 StringRedisTemplate 去 Redis 获取验证码，和请求参数的验证码比对，如果相同则放行请求，否则，就在代码⑤处终止过滤器的逻辑，然后设置响应逻辑，代码的注释已经比较清楚了，这里就不再赘述了。但是这里我还没有解释⑥处的代码为什么要这样？解释它之前需要先了解那些已经被Zuul 装配好的过滤器，而这些我将放到下一节讨论。

有了这个过滤器，启动好对应的微服务实例和 Redis 服务器就可以进行测试了。在浏览器地址栏输入 http://localhost:2001/u/user/info/1?validateKey=key1&validateCode=654321，就可以看到图 8-6所示的结果了。

图 8-6　Zuul 过滤器的使用

由图 8-6 可以看出，过滤器启动了。因为请求的验证码和 Redis 保存的不一致，所以被过滤器直接拒绝转发到源服务器上了，然后在 Zuul 内直接返回了错误信息。

网关的作用主要有两个：一个是接收和转发请求，而不是业务处理，复杂的业务逻辑应该放在具体的源服务器里；另一个是保证性能，作为保护源服务器的关卡，应该能快速判定请求的有效性。数据库作为一个相对缓慢的存储，在高并发的场景下容易出现性能瓶颈，所以在网关这层，我不建议引入关系数据库作为存储的载体，更建议使用类似 Redis 这样的缓存。Redis 的速度是关系数据库的数倍，是更为轻量级的数据源，把一些常用的判定规则数据装载在 Redis 中，然后通过过滤器快速判定请求的有效性，就能把很多恶意请求和无效请求过滤掉，从而保护源服务器，这是常用的手段。当然保护源服务器的常用方法还有限流算法，对此本章也会进行阐述。

8.3.3　Zuul 自动装配的过滤器

使用注解@EnableZuulProxy 时，请注意 Zuul 已经帮助我们注入了许多过滤器，因此我们只需要像代码清单 8-5 那样配置，就可以使用 Zuul 了。这里我们需要研究一下已装配的过滤器，明确已有的过滤器提供了什么功能，以及这些过滤器在执行过程中的顺序，这样才能回答代码清单 8-8 中filterOrder 方法的疑问。

在使用注解@EnableZuulProxy 后，默认的情况下，Zuul 会为我们创建图 8-7 所示的过滤器。

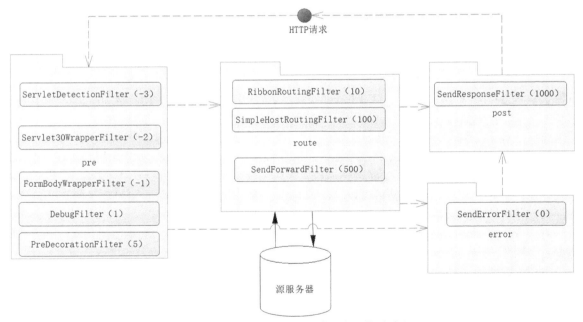

图 8-7　@EnableZuulProxy 默认启用的过滤器

图 8-7 是图 8-5 更细维度的展示，注意过滤器的类型，在图中已经区分。每个过滤器名称后面都有一个数字，这个数字代表它的顺序，数值越小执行越靠前，这个时候已经能够回答代码清单 8-8中 filterOrder 方法的疑问了，这里请思考一下：这个方法返回的整数的含义是什么。为了更好地说明各个过滤器的内容，这里列出了表 8-1。

表 8-1   @EnableZuulProxy 默认提供的过滤器

过滤器名称	顺序	过滤器类型	说明
ServletDetectionFilter	-3	pre	通过 Servlet 的方式监测是否放行
Servlet30WrapperFilter	-2	pre	将请求通过 Servlet 3.0 规范进行包装，因为 Zuul 默认使用的是 Servlet 2.5 规范
FormBodyWrapperFilter	-1	pre	分析 Form 表单，并重新编码供下游使用
DebugFilter	1	pre	如果设置了调试参数（默认参数名为 "debug"），就将请求上下文的调试属性设置为 true
PreDecorationFilter	5	pre	根据提供的 RouteLocator 来确定路由的定位和方式，还可以为下游请求设置各种代理和请求头
RibbonRoutingFilter	10	route	使用 Ribbon、Hystrix 或者插入式 HTTP 客户端来发送请求，其中服务 ID（serviceId）可以在 RequestContext 的 serviceId 属性中找到
SimpleHostRoutingFilter	100	route	允许我们使用 Apache 的 HTTP 客户端转发请求，用于具体的 URL 转发
SendForwardFilter	500	route	使用 RequestDispatcher 进行转发，具体的转发地址可以通过 RequestContext 的属性 forward.to 设置
SendResponseFilter	1000	post	将来自代理请求的结果写入当前响应
SendErrorFilter	0	error	如果 requestContext.getthrowable()!=null，则默认转发到路径/error 下

事实上，Zuul 还提供了注解@EnableZuulServer 给我们使用，它也能驱动 Zuul 工作，它和@EnableZuulProxy 的区别在于，@EnableZuulServer 会装配更少的过滤器和其他配置。具体来说，可以看到两个配置类 ZuulServerAutoConfiguration 和 ZuulProxyAutoConfiguration，其中@EnableZuulServer 对应的是 ZuulServerAutoConfiguration，@EnableZuulProxy 对应的是 ZuulProxyAutoConfiguration，而 ZuulProxyAutoConfiguration 继承 ZuulServerAutoConfiguration。由此关系可见，ZuulServerAutoConfiguration 装配了所有@EnableZuulServer 的 Bean，且扩展了许多新功能。在过滤器上，@EnableZuulServer 比@EnableZuulProxy 少了 PreDecorationFilter、RibbonRoutingFilter 和 SimpleHostRoutingFilter。

有时候，我们可能并不需要使用那么多过滤器，如果想禁用某个过滤器，可以使用属性 "zuul.<过滤器名称>.<过滤器类型>.disable" 来设定，例如，现在我们想禁用自己开发的 ValidateCodeFilter，就可以在 YAML 文件中加入如下配置：

```
zuul:
  # 过滤器名称
  ValidateCodeFilter:
    # 过滤器类型
    pre:
      disable: true
```

8.4 限流

网关的一个重要应用就是限制流量。虽然我们可以通过 Zuul 的过滤器来验证有效请求和无效请求，然后把无效请求隔离在服务之外。但是有时候有效请求的量会很大，远远超过服务可承受的范围，这个时候可以依靠限流算法，限制单位时间流入的请求数，保证服务可用，避免出现雪崩效应。

这里可以利用我们学习过的新一代 Spring Cloud 选择的 Resilience4j 限速器（RateLimiter）进行限速，也可以使用外国开发者提供的 spring-cloud-zuul-ratelimit 包。不过在此之前，需要加入依赖，如代码清单 8-9 所示。

代码清单 8-9　依赖 Resilience4j 和 spring-cloud-zuul-ratelimit（Zuul 模块）
```
<!--resilience4j 依赖-->
<dependency>
    <groupId>io.github.resilience4j</groupId>
    <artifactId>resilience4j-spring-boot2</artifactId>
    <version>0.13.2</version>
</dependency>
<!--Zuul 限流依赖-->
<dependency>
    <groupId>com.marcosbarbero.cloud</groupId>
    <artifactId>spring-cloud-zuul-ratelimit</artifactId>
    <version>2.2.2.RELEASE</version>
</dependency>
```

有了这些依赖，下面我们将用 Resilience4j 和 spring-cloud-zuul-ratelimit 对用户微服务进行限流。

8.4.1　Resilience4j 限速器限流

要使用限速器，首先需要配置限速器，为此可以在 YAML 文件中加入代码清单 8-10 所示的配置。

代码清单 8-10　依赖 Resilience4j 限速器（Zuul 模块）
```
# resilience4j 配置
resilience4j:
  # 限速器注册机
  ratelimiter:
    limiters:
      # 名称为 "user" 的限速器
      user:
        # 时间戳内限制通过的请求数，默认为 50
        limitForPeriod: 3
        # 配置时间戳（单位毫秒），默认值为 500 ns
        limitRefreshPeriodInMillis: 5000
        # 超时时间
        timeoutInMillis: 10
```

代码中配置的速率为 5 秒 3 次请求，这个速率比较低，主要是为了后续的验证，实际可以根据具体情况配置为类似 1 秒 3000 次左右的速率。为了达到限速的目的，可以在 Zuul 模块中加入新的过滤器，如代码清单 8-11 所示。

代码清单 8-11　依赖 Resilience4j 限速器（Zuul 模块）
```
package com.spring.cloud.zuul.filter;
/**** imports ****/
```

```
@Component // 扫描过滤器    ①
public class RateLimiterFilter extends ZuulFilter {
    // 注入限速器注册机
    @Autowired
    private RateLimiterRegistry rateLimiterRegistry = null;
    // 对用户微服务的请求正则式匹配
    private static final  String USER_PRE = "/u/";

    @Override
    public String filterType() { // "pre" 类型过滤器
        return FilterConstants.PRE_TYPE;
    }

    @Override
    public int filterOrder() { // 过滤器顺序    ⑤
        return FilterConstants.PRE_DECORATION_FILTER_ORDER + 30;
    }

    /**
     * 过滤器是否拦截
     * @return boolean, true 拦截, false 不拦截
     */
    @Override
    public boolean shouldFilter() { // 只是限制路由用户微服务的请求    ②
        // 获取请求上下文
        RequestContext ctx = RequestContext.getCurrentContext();
        // 获取 URI
        String uri = ctx.getRequest().getRequestURI();
        // 判定请求路径是否为转发用户微服务
        return uri.startsWith(USER_PRE);
    }

    @Override
    public Object run() throws ZuulException {
        // 获取 Resilience4j 限速器
        RateLimiter userRateLimiter = rateLimiterRegistry.rateLimiter("user");
        // 限速器逻辑
        Callable<ResultMessage> call1 = () -> new ResultMessage(true, "通过");
        // 绑定限速器
        Callable<ResultMessage> call2
            = RateLimiter.decorateCallable(userRateLimiter, call1);
        // 尝试获取结果
        Try<ResultMessage> tryResult = Try.of(() -> call2.call()) // ③
                // 降级逻辑
            .recover(ex -> new ResultMessage(false, "超过所限流量"));
        ResultMessage result = tryResult.get();
        if (result.getSuccess()) { // 如果成功则在限流范围内, 放行服务
            return null;
        }
        /** 以下为超过流量的处理 **/
        // 获取请求上下文
        RequestContext ctx = RequestContext.getCurrentContext();
        // 不再进行下一步的路由, 而是到此为止
        ctx.setSendZuulResponse(false); // ④
        // 设置响应码为 400-坏请求
        ctx.setResponseStatusCode(HttpStatus.TOO_MANY_REQUESTS.value());
        // 设置响应类型
        ctx.getResponse()
```

```
            .setContentType(MediaType.APPLICATION_JSON_UTF8_VALUE);
        // 转换为 JSON 字符串
        ObjectMapper mapper = new ObjectMapper();
        String body = null;
        try {
            body = mapper.writeValueAsString(result);
        } catch (JsonProcessingException e) {
            e.printStackTrace();
        }
        // 设置响应体
        ctx.setResponseBody(body);
        return null;
    }
}
```

当我们开发 Zuul 的过滤器时，任何情况下都需要了解过滤器的类型和顺序。关于类型比较好理解，当然是在路由之前，所以采用了 "pre" 类型。对于顺序，限流应该在过滤有效请求后执行，所以使用了代码⑤处的 FilterConstants.PRE_DECORATION_FILTER_ORDER + 30，这里的数值是为了保证其他的过滤器在此之前运行。上述的大部分代码都有清晰的注释，我就不再一句句地讨论了，只讲重点。代码①处，是让 Spring 装配为 Bean，从而完成对过滤器的注册。代码②处则是编写是否拦截请求，因为只是拦截用户微服务，所以这里只判断路径前缀是否指向用户微服务。代码③处是在 Resilience4j 限速器的限速下执行，这是限流的核心逻辑，这行代码还有降级的服务，这里可以考虑被拒绝后，可以做什么，让用户有更好的体验。代码④处是停止下一步过滤器的路由，然后将服务降级结果用于响应请求。

有了这个过滤器，我们再启动对应的服务，在浏览器中请求地址 http://localhost:2001/u/user/info/1?validateKey=key1&validateCode=123456，然后在 5 s 内连续刷新 4 次或 4 次以上，就可以看到图 8-8 所示的结果了。

图 8-8　Zuul 过滤器使用 Resilience4j 限速器限流

显然测试是成功的。注意：这里一方面保证了源服务器的速率，避免了过多的请求导致服务崩溃的现象；另外一方面通过服务降级给出了失败的原因。在企业实际的生产中，可以根据失败原因为用户提供更好的体验，例如，超限后可以提示 "小二在忙，客官稍后再试哦"，这样的提示可以给用户带来更好的体验。

8.4.2　spring-cloud-zuul-ratelimit 限速

spring-cloud-zuul-ratelimit 是国外开发者提供的一个限流库，使用它可以配置 Zuul 的限流。这里我先给出配置，如代码清单 8-12 所示。

代码清单 8-12　依赖 Resilience4j 限速器（Zuul 模块）

```
# Zuul 的配置
zuul:
```

```yaml
# 禁用过滤器 ValidateCodeFilter  ①
ValidateCodeFilter:
  pre:
    disable: true
# 禁用过滤器 RateLimiterFilter
RateLimiterFilter:
  pre:
    disable: true
ratelimit: # ②
  # 使用 Redis 缓存对应的度量数据
  repository: REDIS # ③
  # 是否启用限速配置，默认为 false，不启用
  enabled: true # ④
  # 默认全局配置
  default-policy-list: # ⑤
      # 时间戳内限制请求次数
    - limit: 5
      # 每次刷新间隔窗口请求时间限制（单位秒）
      quota: 10
      # 时间戳（单位秒）
      refresh-interval: 10
  policy-list: # 自定义配置 ⑥
    user-service: # 对应 zuul.routes.<key>配置项 ⑦
        # 时间戳内限制请求次数
      - limit: 3
        # 每次刷新间隔窗口请求时间限制（单位秒）
        quota: 3
        # 时间窗口刷新间隔，单位秒
        refresh-interval: 5
# 路由配置
routes:
  # 用户微服务
  user-service: # ⑧
    # 请求拦截路径配置（使用 ANT 风格）
    path: /u/**
    # 通过一个 URL 配置
    # url: http://localhost:6001/
    # 通过服务名称配置
    service-id: user
  # 产品微服务配置
  fund-service:
    # 请求拦截路径配置（使用 ANT 风格）
    path: /p/**
    service-id: product
```

在配置代码①处首先禁用了两个之前开发的过滤器，它们将不再起效。代码②处开启了限流配置。之前我们配置了 Redis，所以代码③处采用了 Redis 来记录限流的度量数据。代码④处启用了限流功能，默认是不开启的。代码⑤处配置了默认的限流参数，其中 refresh-interval 是时间窗口刷新间隔时间，quota 是每次刷新间隔窗口的请求时间限制，limit 是时间窗口内的限制请求次数，这里配置的是在 10 秒内，请求不得超过 5 次，且请求在时间窗口内不得超过 10 秒。代码⑥处开启了非全局限流配置。代码⑦处的 "user-service" 和代码⑧处是相对应的，也就是只过滤用户微服务的请求，其中关于参数说明请参考代码⑤处，它们是一样的。当然这里的限流也是比较缓慢的，实际可以根据自己的需要来，我这样配置主要是为了测试。

有了这些配置，启动对应的微服务，然后请求 http://localhost:2001/u/user/info/1，5 秒内刷新 4 次或 4 次以上，就可以看到图 8-9 所示的结果了。

图 8-9 spring-cloud-zuul-ratelimit 限流测试

从图中可以看出，配置限流已经成功了。只是 spring-cloud-zuul-ratelimit 的功能还比较多，基于篇幅这里就不再详细讨论了，感兴趣的读者可以参考 spring-cloud-zuul-ratelimit 的 GitHub 文档。

8.5　动态路由

有些时候，我们希望系统可以 24 小时不间断地工作，而不是停机后更新然后再工作。这种时候就不可避免地需要改变 Zuul 的路由了。那么具体该怎么办呢？这便需要动态路由来实现了。

8.5.1　动态路由原理

Zuul 保存路由的类是 ZuulHandlerMapping，可以看到 ZuulServerAutoConfiguration 的源码中有这样的一段：

```
@Bean
public ZuulHandlerMapping zuulHandlerMapping(RouteLocator routes) {
    // routes 为路由信息，zuulController()方法返回 zuulController
    ZuulHandlerMapping mapping
        = new ZuulHandlerMapping(routes, zuulController());
    // 设置错误控制器
    mapping.setErrorController(this.errorController);
    // 设置跨域资源共享（Cors）配置
    mapping.setCorsConfigurations(getCorsConfigurations());
    return mapping;
}
```

这里显然是创建了一个保存路由各类信息的 Bean，有关它的具体内容，有兴趣的读者可以深入地读一下对应的源码。为了能够提供动态更新路由的功能，Spring Cloud Zuul 提供了一个路由定位器的接口——RouteLocator，并且在扩展它的基础上定义了动态的路由定位器接口——RefreshableRouteLocator，它们和相关子类的关系如图 8-10 所示。

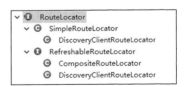

图 8-10　RouteLocator 接口及其子类的设计

从接口 RefreshableRouteLocator 的名称来看，它是一个可更新的路由定位器，如果打开它的源码来看，就可以发现它定义了一个 refresh 方法来支持动态更新路由定位。而实际在 Spring Cloud Zuul

中使用的是 DiscoveryClientRouteLocator，从配置类 ZuulProxyAutoConfiguration 的下面这段源码中可以看出这点。

```
@Bean
@ConditionalOnMissingBean(DiscoveryClientRouteLocator.class)
public DiscoveryClientRouteLocator discoveryRouteLocator() {
    return new DiscoveryClientRouteLocator(
        // 当前环境的上下文路径
        this.server.getServlet().getContextPath(),
        // zuul 的 Spring Boot 配置属性
        this.discovery, this.zuulProperties,
        // 服务路由映射
        this.serviceRouteMapper,
        // 注册服务表
        this.registration);
}
```

显然，这样就可以创建动态的路由定位器了。因为 DiscoveryClientRouteLocator 实现了接口 RefreshableRouteLocator，所以它也会实现接口定义的 refresh 方法，而 refresh 就是用于动态更新路由的方法。到这里我们还需要一个触发点来执行 DiscoveryClientRouteLocator 的 refresh 方法，这在配置类 ZuulServerAutoConfiguration 中实现了，代码如下：

```
private static class ZuulRefreshListener
            // 监听 Spring 事件 ①
            implements ApplicationListener<ApplicationEvent> {
    // Zuul 映射存储
    @Autowired
    private ZuulHandlerMapping zuulHandlerMapping;
    // 心跳监控
    private HeartbeatMonitor heartbeatMonitor = new HeartbeatMonitor();

    // Spring 事件监听实现 ②
    @Override
    public void onApplicationEvent(ApplicationEvent event) {
        // IoC 容器更新事件
        if (event instanceof ContextRefreshedEvent
                // 局部刷新事件
                || event instanceof RefreshScopeRefreshedEvent
                // 路由刷新事件
                || event instanceof RoutesRefreshedEvent
                // 实例注册事件
                || event instanceof InstanceRegisteredEvent) {
            reset();
        }
        // 远程服务器心跳事件（如 Eureka 监控客户端触发）
        else if (event instanceof ParentHeartbeatEvent) {
            ParentHeartbeatEvent e = (ParentHeartbeatEvent) event;
            resetIfNeeded(e.getValue());
        }
        // 心跳事件
        else if (event instanceof HeartbeatEvent) {
            HeartbeatEvent e = (HeartbeatEvent) event;
            resetIfNeeded(e.getValue());
        }
    }
}
```

```
private void resetIfNeeded(Object value) {
    if (this.heartbeatMonitor.update(value)) {
        reset();
    }
}

private void reset() { // ③
    // 将 zuulHandlerMapping 的数据设置为脏数据
    // 从而触发更新（DiscoveryClientRouteLocator 的 refresh 方法）
    this.zuulHandlerMapping.setDirty(true);
}
}
```

这段代码中，ZuulRefreshListener 是 ZuulServerAutoConfiguration 的一个内部静态类，在代码①处，它实现了 ApplicationListener 接口，这意味着它能够监听 Spring 事件。这样发生 Spring 事件后，就可以触发代码②处的 onApplicationEvent 方法了。这个方法监听了 5 种事件，其中，主要事件是心跳服务，心跳服务可以是本身的，也可以是远程服务器的。我们知道，在将当前微服务注册到 Eureka 之后，微服务为了告诉 Eureka 自己还活着，会发送续约请求，这个续约请求是通过每 30 秒一次的心跳服务来实现的。因此代码②处的 onApplicationEvent 方法会被触发，换句话说，每 30 秒，就有可能触发一次路由更新。从代码中来看，这个功能最后是通过 ZuulHandlerMapping 的 setDirty 方法来实现的，这个 setDirty 方法是设置脏数据标记的方法，当这个标记为 true 时，在读取路由的时候，就会触发 DiscoveryClientRouteLocator 的 refresh 方法，重新读入路由，这样就可以动态更新路由了。而 refresh 方法是定义在 DiscoveryClientRouteLocator 的父类 SimpleRouteLocator 中的，它的代码如下：

```
// 更新方法
protected void doRefresh() {
    this.routes.set(locateRoutes()); // 通过 locateRoutes() 方法加载
}
```

从代码中可以看出，路由的动态加载是通过 locateRoutes 方法来实现的，该方法的返回类型为 Map<String, ZuulRoute>。实际上，DiscoveryClientRouteLocator 覆盖了 SimpleRouteLocator 的 locateRoutes 方法，因此如果需要自己开发动态路由的话，只需要继承 DiscoveryClientRouteLocator，然后重写 locateRoutes 方法便可以了。

8.5.2　动态路由实例

上节我们谈到了动态路由的原理，本节用一个实例来展示这个过程。这里我通过 MySQL 来存储路由规则，因此先来建表，如代码清单 8-13 所示。

代码清单 8-13　依赖限速器（Zuul 模块）

```
drop database if exists spring_cloud_zuul;
create database spring_cloud_zuul;

use spring_cloud_zuul;
create table zuul_routes(
id int(12) auto_increment, /* 编号 */
path varchar(60) not null, /* 请求路径 */
service_id varchar(60) null, /* 服务编号 */
```

```
url varchar(200) null, /* 映射路径 */
`enable` bit not null default 1, /* 是否启用*/
retryable bit not null default 1, /* 使用支持重试*/
primary key(id)
);

insert into zuul_routes(path, service_id, url)
    values('/user-api/**', 'user', null);
insert into zuul_routes(path, service_id, url)
    values('/fund-api/**', null, 'http://localhost:7001');
```

为了能够使用数据库，需要通过 Maven 依赖相关的包，如代码清单 8-14 所示。

代码清单 8-14　依赖 JDBC 和 MySQL（Zuul 模块）

```
<!--MySQL 驱动依赖-->
<dependency>
    <groupId>mysql</groupId>
    <artifactId>mysql-connector-java</artifactId>
</dependency>
<!--Spring Boot JDBC-->
<dependency>
    <groupId>org.springframework.boot</groupId>
    <artifactId>spring-boot-starter-jdbc</artifactId>
</dependency>
```

有了这些依赖，就可以通过 YAML 文件配置数据库了，如代码清单 8-15 所示。

代码清单 8-15　配置数据库连接和连接池（Zuul 模块）

```
spring:
  datasource:
    # 数据库 URL
    url: jdbc:mysql://localhost:3306/spring_cloud_zuul?serverTimezone=GMT%2B8
    # 登录用户
    username: root
    # 登录密码
    password: 123456
    # 最大活动数
    max-active: 50
    # 最大空闲数
    max-idle: 20
    # 最小空闲数
    min-idle: 10
```

有了这些，Spring Boot 就会为我们自动生成 JdbcTemplate。实际项目可能会用 MyBatis 等持久框架，但为了缩小篇幅，我就直接用 JdbcTemplate 开发持久层了。从 8.5.1 节最后的分析我们可以知道，我们需要继承 DiscoveryClientRouteLocator，然后重写 locateRoutes 方法，该方法返回的类型是 Map<String, ZuulRoute>。为此，在访问数据库的代码中，把方法的返回类型也设置为 Map<String, ZuulRoute>就方便以后调用了，如代码清单 8-16 所示。

代码清单 8-16　查询数据库路由信息（Zuul 模块）

```
package com.spring.cloud.zuul.dao.impl;
/**** imports ****/
@Repository
public class RouteDaoImpl implements RouteDao { // 接口声明代码省略
```

```
@Autowired // Spring Boot 自动装配
private JdbcTemplate jdbcTemplate = null; // ①
// 查询 SQL
private static final String QUERY_SQL
    = "SELECT id, path, service_id, url, enable, retryable FROM zuul_routes"
    + " WHERE enable = true";

@Override
public Map<String, ZuulProperties.ZuulRoute> findEnableRoutes() {
    // 结果 Map
    Map<String, ZuulProperties.ZuulRoute> routeMap = new LinkedHashMap<>();
    // 执行查询
    jdbcTemplate.query(QUERY_SQL, (ResultSet rs, int index) ->{
        ZuulProperties.ZuulRoute zuulRoute = new ZuulProperties.ZuulRoute();
        try {
            // 编号
            String id = rs.getLong("id") + "";
            // 请求路径
            String path = rs.getString("path");
            // 服务编号
            String serviceId = rs.getString("service_id");
            // 映射 URL
            String url = rs.getString("url");
            // 是否可重试
            Boolean retryable = rs.getBoolean("retryable");
            // 构建值为 ZuulRoute 对象 ②
            zuulRoute.setId(id);
            zuulRoute.setServiceId(serviceId);
            zuulRoute.setPath(path);
            zuulRoute.setUrl(url);
            zuulRoute.setRetryable(retryable);
            zuulRoute.setStripPrefix(true);
            // key 为 path, 值为 ZuulRoute 类型
            routeMap.put(path, zuulRoute); // ③
        } catch (Exception ex){
            ex.printStackTrace();
        }
        return zuulRoute;
    });
    return routeMap;
}
}
```

这里的代码并不是太复杂，先看一下代码①处，JdbcTemplate 这个对象是 Spring Boot 会为我们自动装配的，所以直接注入即可。代码②处是把数据库的信息装配到一个 ZuulRoute 对象，然后准备装配到一个返回的 Map<String, ZuulRoute>对象中。代码③处是大家需要非常小心的地方，这里加入 Map 中的键为 path 而非 id，值为 ZuulRoute 对象，如果为 id，后续就会发生错误。

有了数据库的访问，我们就可以开发自己的动态路由定位器了，如代码清单 8-17 所示。

代码清单 8-17　自定义路由定位器（Zuul 模块）

```
package com.spring.cloud.zuul.route;
/**** imports ****/
public class MyRouteLocator extends DiscoveryClientRouteLocator {
```

```
@Autowired
private RouteDao routeDao = null;

// 构造方法
public MyRouteLocator(String servletPath, DiscoveryClient discovery,
    ZuulProperties properties,
    ServiceRouteMapper serviceRouteMapper,
    ServiceInstance localServiceInstance) {
    // 父构造方法  ①
    super(servletPath, discovery, properties,
        serviceRouteMapper, localServiceInstance);
}

@Override
public LinkedHashMap<String, ZuulProperties.ZuulRoute> locateRoutes() {
    // 调用父类方法，加载静态配置的路由规则
    LinkedHashMap<String, ZuulProperties.ZuulRoute> resultMap
        = super.locateRoutes(); // ②
    // 加载数据库配置的路由规则
    Map<String, ZuulProperties.ZuulRoute> dbMap
        = routeDao.findEnableRoutes();
    resultMap.putAll(dbMap); // ③
    return resultMap;
}
}
```

代码①处为构造方法，之所以有那么多参数，是因为 DiscoveryClientRouteLocator 的构造方法也是这样的，因此用 supper 方法来调用父类的方法来完成对象构造。代码②处是加入原有的读取路由的方法，这样原有的方法（如静态配置）就会被继承下来。代码③处是新增我们数据库的路由配置，这样就可以加入到网关中去了。

最后，我们在 ZuulApplication 中加入创建 MyRouteLocator 对象的方法，如代码清单 8-18 所示。

代码清单 8-18　自定义路由定位器（Zuul 模块）

```
// Zuul 配置
@Autowired
protected ZuulProperties zuulProperties;

// 服务器配置
@Autowired
protected ServerProperties server;

// 服务注册表
@Autowired(required = false)
private Registration registration;

// 服务发现客户端
@Autowired
private DiscoveryClient discovery;

// 服务路由映射器
@Autowired
private ServiceRouteMapper serviceRouteMapper;
```

```
@Bean(name="routeLocator")
public MyRouteLocator initMyRouteLocator() {
    return new MyRouteLocator(
        this.server.getServlet().getContextPath(),
        this.discovery,
        this.zuulProperties,
        this.serviceRouteMapper,
        this.registration);
}
```

这段代码看起来可能比较复杂，而实际上我也是参考 ZuulProxyAutoConfiguration 源码中创建 DiscoveryClientRouteLocator 的代码来追溯这些参数的来源写的。有时候看源码学习，再构建自己的代码也是高级开发者应该具备的能力之一。

启动对应的微服务，然后等待 1 分钟左右，在浏览器地址栏输入 http://localhost:2001/user-api/user/info/1，就可以看到图 8-11 所示的结果了。

图 8-11　测试动态路由定位器

显然已经成功了，只是大家需要注意，每当微服务通过心跳服务进行续约时（默认为每隔 30 秒），就会触发一次路由更新。

8.6　灰度发布（金丝雀发布）

灰度发布（又称金丝雀发布）是指在黑白之间，能够平滑过渡的一种发布方式。假设一套系统存在旧版本 A 和新版本 B，并且在某个服务上可以进行 A/B 测试，即让一部分用户继续使用稳定的旧版本 A，一部分用户尝试体验新版本 B。如果用户在使用一段时间后，对新版本 B 没有提出太多的问题，那么就逐步扩大范围，最终将所有用户都迁移到新版本 B 上面来。灰度发布可以保证整体系统的稳定，在初始灰度的时候就可以发现并调整问题，保证系统升级过渡的稳定。一般来说，灰度发布需要分为两步：第一步，标记服务实例，哪些为灰度发布，哪些为正常服务；第二步，通过网关进行过滤。

8.6.1　标记微服务是否为灰色发布

为了让某个微服务可以存在 A 和 B 两个版本，我们往往需要通过元数据（metadata）进行标识。在 Eureka 客户端介绍中，我们介绍过，可以通过配置来设定服务特殊的元数据，如配置：eureka.instance.metadata-map.<key>=<value>。在用户微服务中，我们会以端口 6001 和 6002 进行发布，它依赖两个 YAML 文件，我们在用户微服务中的 application-peer1.yml 和 application-peer2.yml 中分别添加以下配置项。

```
########用户模块文件 application-peer1.yml########
eureka:
  instance:
```

```
    metadata-map:
        #  0-代表正常发布, 1-代表灰色发布
        gray-release: 0

########用户模块文件 application-peer2.yml########
eureka:
  instance:
    metadata-map:
        #  0-代表正常发布, 1-代表灰色发布
        gray-release: 1
```

这里会通过配置项 eureka.instance.metadata-map.gray-release 标记当前服务实例是否为灰度发布，其中 1 为灰色发布，0 为正常发布。这个元数据会随着用户微服务实例注册，向 Eureka 服务治理中心注册，在网关 Zuul 也向 Eureka 注册时，就可以在拉取具体的用户微服务实例时获取这些元数据了。

8.6.2 网关过滤

为了更简便地实现灰度过滤，国外开发者提供了 ribbon-discovery-filter-spring-cloud-starter 包给我们使用，为此我们先在 Zuul 模块通过 Maven 引入其依赖，代码如下：

```xml
<!--Ribbon 服务实例过滤-->
<dependency>
    <groupId>io.jmnarloch</groupId>
    <artifactId>ribbon-discovery-filter-spring-cloud-starter</artifactId>
    <version>2.1.0</version>
</dependency>
```

在绝大部分的情况下，我们会将服务名称（service-id）作为路由配置，Zuul 会选择使用 Ribbon 的负载均衡策略进行路由。引入这个包，就会将默认的负载均衡策略修改为 MetadataAwareRule，该类实现了 Ribbon 的负载均衡规则接口 IRule，且会根据元数据进行选择。

有了依赖，我们就可以在 Zuul 模块中加入新的过滤器了，如代码清单 8-19 所示。

代码清单 8-19 灰色发布过滤器（Zuul 模块）

```java
package com.spring.cloud.zuul.filter;
/**** imports ****/
@Component
public class GrayReleaseZuulFilter extends ZuulFilter {

    // 灰色发布控制参数名称
    private static final String GRAY_PARAM = "gray-release";
    // 灰色发布启用标记
    private static final String GRAY_ENABLE = "1";
    // 灰色发布禁用标记
    private static final String GRAY_DISABLE = "0";

    @Override
    public String filterType() {
        return FilterConstants.PRE_TYPE;
    }

    @Override
    public int filterOrder() {
        return FilterConstants.PRE_DECORATION_FILTER_ORDER + 30;
```

```
    }

    // 判断是否为路由用户微服务
    @Override
    public boolean shouldFilter() { // ①
        RequestContext ctx = RequestContext.getCurrentContext();
        String uri = ctx.getRequest().getRequestURI();
        return  uri.startsWith("/u/") || uri.startsWith("/user/")
                || uri.startsWith("/user-api");
    }


    @Override
    public Object run() throws ZuulException {
        // 获取请求上下文
        RequestContext ctx = RequestContext.getCurrentContext();
        // 获取请求控制参数
        String grayHeader= ctx.getRequest().getParameter(GRAY_PARAM); // ②
        // 不存在请求参数或参数不为灰色发布标志，则只请求正常发布的服务实例
        if (StringUtils.isBlank(grayHeader)
                || !GRAY_ENABLE.equals(grayHeader)) {
            // 设置元数据过滤条件
            RibbonFilterContextHolder.getCurrentContext()
                    .add(GRAY_PARAM, GRAY_DISABLE); // ③
        } else {  // 存在灰度发布参数，且参数有效
            // 设置元数据过滤条件
            RibbonFilterContextHolder.getCurrentContext()
                    .add(GRAY_PARAM, GRAY_ENABLE); // ④
        }
        return null;
    }
}
```

在代码①处判断了只拦截转发给用户微服务的请求。代码②处获取了请求参数。代码③处是在原有的负载均衡策略（MetadataAwareRule）规则下，再增加一个灰度发布的参数作为判断条件。这样在 Ribbon 选择服务器的过滤条件中就多一个元数据条件，这样就能够使路由匹配到正常发布的服务实例了。代码④处是匹配灰色发布的实例。通过这个过滤器，只需要通过请求参数（名为"gray-release"）就可以控制是否访问灰色发布的实例了。

8.7　使用 Hystrix 熔断

在默认的情况下，Zuul 还会提供 Hystrix 的处理，在其内部提供一个接口 FallbackProvider。这个接口的定义如下：

```
package org.springframework.cloud.netflix.zuul.filters.route;
/**** imports ****/
public interface FallbackProvider {
    /**
     * 匹配微服务编号（serviceId），"*"代表任意的
     * @return 匹配字符串
     */
    public String getRoute();

    /**
```

```
 *  降级方法
 *  @param route -- 微服务编号（serviceId）
 *  @param cause -- 出错原因
 *  @return 返回降级服务响应体
 */
ClientHttpResponse fallbackResponse(String route, Throwable cause);
}
```

这里的 getRoute 方法的作用是做匹配，指定对什么微服务执行降级。fallbackResponse 方法是降级方法的逻辑。使用 Hystrix 降级的接口定义一直在变化，旧的 Spring Cloud 版本之间会存在比较大的差异，这是大家需要注意的。

下面编写一个全局的 FallbackProvider 来展示使用 Hystrix 熔断的过程，如代码清单 8-20 所示。

代码清单 8-20　使用 Hystrix 降级服务（Zuul 模块）

```
package com.spring.cloud.zuul.fallback;
/**** imports ****/
@Component
public class GlobalFallback implements FallbackProvider {
    @Override
    public String getRoute() { // ①
        return "*"; // 指定为所有微服务的降级服务
        // 如果需要指定为特定微服务的，可以返回具体的 serviceId，如下
        // return "user"
    }

    @Override
    public ClientHttpResponse fallbackResponse(String route, Throwable cause) {
        return new ClientHttpResponse() { // ②
            // 获取响应码
            @Override
            public HttpStatus getStatusCode() throws IOException {
                return HttpStatus.INTERNAL_SERVER_ERROR;
            }

            // 获取响应码的编码
            @Override
            public int getRawStatusCode() throws IOException {
                return HttpStatus.INTERNAL_SERVER_ERROR.value();
            }

            // 获取响应码的描述信息
            @Override
            public String getStatusText() throws IOException {
                return HttpStatus.INTERNAL_SERVER_ERROR.getReasonPhrase();
            }

            @Override
            public void close() {
            }

            // 获取响应体
            @Override
            public InputStream getBody() throws IOException {
                // 转换为 JSON 字符串
                ObjectMapper mapper = new ObjectMapper();
```

```
            String message= cause.getCause().getMessage();
            // 包装为结果信息类
            ResultMessage result = new ResultMessage(false, message);
            String body = mapper.writeValueAsString(result);
            return new ByteArrayInputStream(body.getBytes());
        }

        // 获取响应头
        @Override
        public HttpHeaders getHeaders() {
            HttpHeaders headers = new HttpHeaders();
            // 设置请求头
            headers.setContentType(MediaType.APPLICATION_JSON_UTF8);
            return headers;
        }
    };
    }
}
```

先看一下 getRoute 方法，它返回了 "*"，代表匹配任意的微服务，如果只想匹配用户微服务，那么可以返回 "user"。再看到 fallbackResponse 方法，它返回了一个新创建的 ClientHttpResponse 对象，这个对象的两个主要方法是 getBody 和 getHeaders。getBody 是处理响应体，getHeaders 是响应头，它们可以从 fallbackResponse 方法的参数中获取路由和异常的信息。

这里启动对应的微服务，停止用户微服务的所有实例，然后再次请求 http://localhost:2001/u/user/info/1，就可以看到图 8-12 所示的结果了。

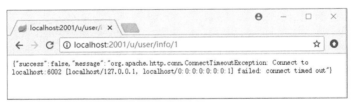

图 8-12　测试 Zuul 中的 Hystrix 断路器

第 9 章

新网关——Spring Cloud Gateway

在第 8 章中，我们讲述了旧网关 Netflix Zuul，并且告知读者，Zuul 1.x 只是性能一般的网关，加上 Netflix Zuul 2.x 版本经常不能如期发布，所以新版的 Spring Cloud 不打算捆绑 Zuul 了。新版的 Spring Cloud 提供了新的网关给开发者使用，这便是 Spring Cloud Gateway。为了简便，下文在没有特别指明的情况下，将简称它为 Gateway。Gateway 并非是使用传统的 Jakarta EE 的 Servlet 容器，它是采用响应式编程的方式进行开发的。在 Gateway 中，需要 Spring Boot 和 Spring WebFlux 提供的基于 Netty 的运行环境。

那么为什么 Zuul 1.x 是一个性能一般的网关，而 Gateway 又与它有什么不同呢？Zuul 1.x 是基于传统的 Jakarta EE 的 Servlet 容器方式的，而 Gateway 是基于响应式方式的，其内部执行方式的不同，决定了二者的性能完全不一样。

首先让我们来探索 Zuul 的执行方式，如图 9-1 所示。

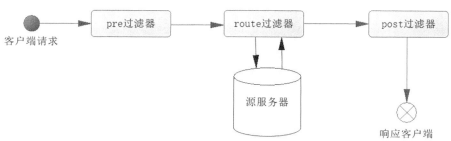

图 9-1　Netflix Zuul 的执行方式

从执行的原理来说，Zuul 会为一个请求分配一条线程，然后通过执行不同类型的过滤器来完成路由的功能。但是请注意，这条线程会等 route 类型的过滤器去调用源服务器，显然这是线程执行过程中最为缓慢的一步，因为源服务器可能会因执行比较复杂的业务而响应特别慢，这样 Zuul 中的线程就需要执行比较长的时间，容易造成线程积压，导致性能变慢。

从图 9-2 中可以看到，请求达到 Gateway 后，便由 Gateway 的组件进行处理。Gateway 的组件是这样处理的：

- 创建一条线程，通过类似 Zuul 的过滤器拦截请求；
- 对源服务器转发请求，但注意，Gateway 并不会等待请求调用源服务器的过程，而是将处理线程挂起，这样便不再占用资源了；
- 等源服务器返回消息后，再通过寻址的方式来响应之前客户端发送的请求。

图 9-2　Spring Cloud Gateway 的执行方式

从上述过程描述中大家可以看到，Gateway 线程在处理请求的时候，仅仅是负责转发请求到源服务器，并不会等待源服务器执行完成，要知道源服务器执行是最缓慢的一步。因此 Gateway 的线程活动的时间会更短，线程积压的概率更低，性能相对 Zuul 来说也更好。

事实上，Gateway 除了性能更好之外，它还顺应了响应式、函数式和 Lambda 表达式的潮流，允许开发者通过它们灵活地构建微服务网关。

9.1　认识 Gateway

要使用 Gateway，需要新建 Gateway 模块，注意，这里选择用 JAR（即不要选择打成 WAR 包的形式）的方式创建模块，然后引入 Maven 依赖，如代码清单 9-1 所示。

代码清单 9-1　依赖 Gateway（Gateway 模块）

```
<dependency>
    <groupId>org.springframework.cloud</groupId>
    <artifactId>spring-cloud-starter-gateway</artifactId>
</dependency>
```

有了这个依赖，在默认的情况下，Gateway 网关就会自动开启了，如果不希望它自动开启，可以配置 spring.cloud.gateway.enabled=false。这里需要注意的有两点。

- 因为 Gateway 依赖 WebFlux，而 WebFlux 和 Spring Web MVC 的包冲突，所以项目再引入 spring-boot-starter-web 就会发生异常。
- 其次，当前 Gateway 只能支持 Netty 容器，不支持其他容器，所以引入 Tomcat 或者 Jetty 等容器就会在运行期间出现意想不到的问题。

所以在 pom.xml 中应该删除对 spring-boot-starter-web 和其他容器的依赖包。如果你创建模块时不小心选择了 WAR 打包方式，那么还需要删除 IDE 为你创建的 ServletInitializer.java 文件，这是一个被扫描的类，是依赖 Servlet 容器的，而这里使用的是 Netty 容器，没有 Servlet 容器，所以它的存在会引发错误。

9.1.1　入门实例

这里我们先不谈原理，先用一个简单的例子来体验一下 Gateway。使用 Gateway 有两种方式：一种是通过 YAML 文件配置，另外一种是通过代码来配置。我们首先通过配置 application.yml 文件来配置 Gateway，如代码清单 9-2 所示。

代码清单 9-2　使用 YAML 文件配置 Gateway 模块（Gateway 模块）

```
# 配置启动端口
server:
  port: 3001
# Spring 应用（微服务）名称
spring:
  application:
    name: gateway
```

这样就会在 3001 端口启动服务实例了。跟着使用代码来开发 Gateway 路由，如代码清单 9-3 所示。

代码清单 9-3　使用代码开发 Gateway 路由（Gateway 模块）

```
package com.spring.cloud.gateway.main;
/**** imports ****/
@SpringBootApplication(scanBasePackages = "com.spring.cloud.gateway.*")
public class GatewayApplication {

    public static void main(String[] args) {
        SpringApplication.run(GatewayApplication.class, args);
    }

    /**
     * 创建路由规则
     * @param builder -- 路由构造器
     * @return 路由规则
     */
    @Bean
    public RouteLocator customRouteLocator(RouteLocatorBuilder builder) {
        return builder.routes() //开启路由配置
            // 匹配路径
            .route(f -> f.path("/user/**") // route 方法逻辑是一个断言，后续会论述
            // 转发到具体的 URI
            .uri("http://localhost:6001"))
            // 创建
            .build();
    }
}
```

这里的核心代码是 customRouteLocator 方法，它是由构造器（RouteLocatorBuilder）构造的。从代码来看，主要是采用响应式编程的方式进行构建，其中 route 方法采用了正则式指定匹配路径，而 uri 方法则指定路由的具体源服务器为 6001 的用户微服务实例。这里我们启动对应的微服务和 Gateway，然后在浏览器地址栏中输入 http://localhost:3001/user/info/1，就可以看到图 9-3 所示的结果了。

图 9-3 测试 Gateway 路由

显然已经路由成功了。但是正如本节开始说的那样,实际上,Gateway 还允许我们通过配置来实现路由,例如,现在要请求 7001 端口的资金微服务实例的路径(/r4j/user/{id}),可以在 YAML 文件中进行如下配置。

```
spring:
  cloud:
    gateway:
      # 开始配置路径
      routes:
        # 路径匹配
      - id: fund
        # 转发 URI
        uri: http://localhost:7001
        # 断言配置
        predicates:
        - Path=/r4j/**
```

这样也能配置路由,对比代码清单 9-3 可以发现,存在许多的相似处。从应用来说,配置更加简洁,代码更为灵活。如果需要的只是简单地配置路由,那么使用配置会好些;如果需要做大量的个性化定制,那么使用代码会好些。

因为 Gateway 的开发既可以通过代码来实现,又可以通过配置来实现,所以后续章节会先通过代码来讲解,再通过配置来讲解。在入门实例中,我们的配置是基于一个服务实例 URI 的,而不是基于服务发现的,关于服务发现的方式会在 9.6 节进行讨论。

9.1.2 Gateway 执行原理

上面我们只是简单地做了入门实例,这里我们不禁要问:Gateway 是如何执行请求的过滤和转发的?为此我们先看一下图 9-4。

在图 9-4 中,存在 3 种关键的组件。

- **路由**(route):路由网关是一个最基本的组件,它由 ID、目标 URI、断言集合和过滤器集合共同组成,当断言判定为 true 时,才会匹配到路由。

- **断言**(predicate):它主要是判定当前请求如何匹配路由,采用的是 Java 8 断言。可以存在多个断言,每个断言的入参都是 Spring 框架的 ServerWebExchange 对象类型。它允许开发者匹配来自 HTTP 请求的任何内容,例如 URL、请求头或请求参数,当这些断言都返回 true 时,才执行这个路由。

- **过滤器**(filter):这些是使用特定工厂构造的 SpringFrameworkGatewayFilter 实例,作用是在发送下游请求之前或者之后,修改请求和响应。和断言一样,过滤器也可以有多个。

知道了这些,我们再来看 Gateway 的执行过程,如图 9-5 所示。

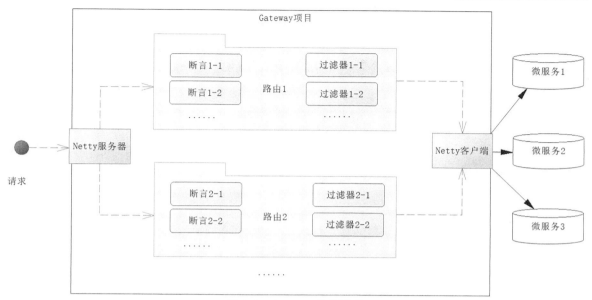

图 9-4　Gateway 执行原理

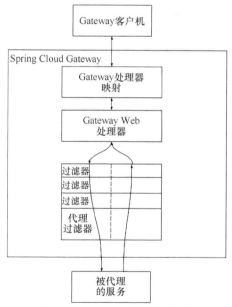

图 9-5　Gateway 请求全过程

　　从图 9-5 中可以看出，一个请求首先是通过 HandlerMapping 机制找到对应的 WebHandler，然后是通过各类（代理）过滤器进行处理。图中层层 Filter 之间的虚线代表分隔转发请求给源服务器之前和之后。

　　这里需要说明的是，Gateway 的主要配置主要是在类 GatewayAutoConfiguration 中实现的。通过它就可以了解 Gateway 自动配置了什么内容，然后再通过分析便可以知道 Gateway 执行的原理和过程了。

本节会大概理清 Gateway 的执行过程，在此之前，我们先来理解路由包含哪些内容，为此先探索它的源码。

```java
package org.springframework.cloud.gateway.route;
/**** imports ****/
public class Route implements Ordered {
    // 编号
    private final String id;
    // 匹配 URI
    private final URI uri;
    // 排序
    private final int order;
    // 断言
    private final AsyncPredicate<ServerWebExchange> predicate;
    // 过滤器列表
    private final List<GatewayFilter> gatewayFilters;
    /**** 其他代码****/
}
```

这便是一个路由所具有的属性。之前我们谈到过，Gateway 实际是通过 Spring WebFlux 来实现的，而在 WebFlux 中，最核心的接口是 WebHandler，它是一个请求处理器，具体的处理请求逻辑是由它实现的，它存在多个实现类，如图 9-6 所示。

图 9-6 中存在两个同名的类 FilteringWebHandler，请注意，它们在不同的包里。我们需要探索的只有两个，在图 9-6 中已加框标出，分别是 FilteringWebHandler 和 DispatcherHandler。其中 DispatcherHandler 是一个转发处理器，而 FilteringWebHandler 则是 Gateway 实际执行逻辑的处理器。既然 DispatcherHandler 是一个转发处理器，那么它一定需要一个处理器映射（HandlerMapping）来找到对应的处理器，在配置类 GatewayAutoConfiguration 中，可以看到这样的一段代码。

图 9-6　WebHandler 接口和实现类

```java
/**
 * 构建带有断言（Predicate）的路由
 * @param webHandler -- 处理器（具体为 FilteringWebHandler 对象）
 * @param routeLocator -- 路由信息
 * @param globalCorsProperties -- 全局跨域配置属性
 * @param environment -- 上下文环境
 */
@Bean
public RoutePredicateHandlerMapping routePredicateHandlerMapping(
        FilteringWebHandler webHandler, RouteLocator routeLocator,
        GlobalCorsProperties globalCorsProperties, Environment environment) {
    return new RoutePredicateHandlerMapping(webHandler, routeLocator,
            globalCorsProperties, environment);
}
```

也就是说，Gateway 会自动构建一个 RoutePredicateHandlerMapping 对象，它便是处理器映射（HandlerMapping）。RoutePredicateHandlerMapping 中会通过断言（Predicate）去判断当前路由是否和

请求匹配，这便是断言的作用。DispatcherHandler 通过 HandlerMapping 和请求的 URL，可以路由到具体的处理器，而具体的处理器类是 FilteringWebHandler 对象。为此我们来看 FilteringWebHandler 的一些重要代码，如代码清单 9-4 所示。

代码清单 9-4　FilteringWebHandler 的核心处理逻辑

```
package org.springframework.cloud.gateway.handler;
/**** imports ****/
public class FilteringWebHandler implements WebHandler {
    ......
    // 全局过滤器
    private final List<GatewayFilter> globalFilters;
    // 构造方法，注意参数类型为List<GlobalFilter>，全局过滤器 ①
    public FilteringWebHandler(List<GlobalFilter> globalFilters) {
        this.globalFilters = loadFilters(globalFilters);
    }
    // 初始化全局过滤器
    private static List<GatewayFilter> loadFilters(
            List<GlobalFilter> filters) {
        return filters.stream()
                .map(filter -> {
                    GatewayFilterAdapter gatewayFilter
                            = new GatewayFilterAdapter(filter);
                    if (filter instanceof Ordered) {
                        int order = ((Ordered) filter).getOrder();
                        return new OrderedGatewayFilter(gatewayFilter, order);
                    }
                    return gatewayFilter;
                }).collect(Collectors.toList());
    }
    // 实际逻辑方法
    @Override
    public Mono<Void> handle(ServerWebExchange exchange) {
        Route route = exchange.getRequiredAttribute(GATEWAY_ROUTE_ATTR);
        // 当前路由过滤器
        List<GatewayFilter> gatewayFilters = route.getFilters();
        List<GatewayFilter> combined = new ArrayList<>(this.globalFilters);//②
        // 装配当前路由过滤器 ③
        combined.addAll(gatewayFilters);
        //TODO: needed or cached?
        AnnotationAwareOrderComparator.sort(combined); // 排序
        if (logger.isDebugEnabled()) {
            logger.debug("Sorted gatewayFilterFactories: "+ combined);
        }
        // 构建过滤器责任链，然后执行过滤器，返回转发请求的结果 ④
        return new DefaultGatewayFilterChain(combined).filter(exchange);
    }
    ......
}
```

先看一下代码①处，首先它通过构造方法构建了一个全局的过滤器列表。handle 方法是它的核心方法，从代码中可以看出，它构建了一个过滤器的列表，这个列表整合了全局的过滤器（代码②处）和当前路由过滤器（代码③处），最终将所有的过滤器组织成为一条责任链，然后才执行这些过滤器（代码④处）。这整个过程便是图 9-5 展示的流程。从这段源码可以看出，过滤器分为全局过滤器和局部过滤器,其中全局过滤器需要实现接口 GlobalFilter,而局部过滤器则需要实现 GatewayFilter 接口。换句话说,全局过滤器对所有的路由有效,而局部过滤器只是对某个具体的路由有效。全局 过滤器是通过静态的 loadFilters 方法转换为 GatewayFilter 接口的实例整合进来的。

9.2 断言(Predicate)

在上节讲 RoutePredicateHandlerMapping 的时候,谈到过 Gateway 会通过断言(Predicate)来筛 选路由,下面让我们探索一下断言的使用。在 Gateway 中,断言是通过工厂来实现的,定义工厂的接口是 RoutePredicateFactory,关于它的子类如图 9-7 所示。

从这个结构可以看出,这些断言工厂都是以 "xxxRoutePredicateFactory"格式命名的,Gateway 提供 了配置启用它们的方式。下面我们会分节来谈论这些断 言的使用,正如我们在入门实例一节讨论过,既可以使 用编码的方式实现,也可以使用配置的方式实现,因此 在讲述的时候,我会先以编码的方式实现,然后再使用 配置的方式实现。

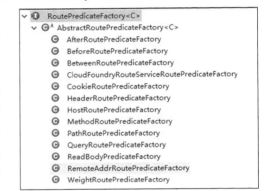

图 9-7 断言工厂和它的实现类

9.2.1 Before 路由断言工厂

Before 路由断言是一个关于时间的断言,也就是可以判断路由在什么时间之前有效,过了这个 时间点则无效。类似这样的时间断言还有 After 路由断言工厂和 Between 路由断言工厂。这些断言工 厂都采用 UTC 时间制度,有时候我们可以在 YAML 文件中进行配置,这时就需要关于时间的格式了。 如果需要使用 YAML 文件配置时间,可以采用类似下面的代码获取时间字符串:

```
String timeStr = ZonedDateTime.now() // 获取当前时间
        // 减少 1 个小时
        .minusHours(1)
        // 格式化时间
        .format(DateTimeFormatter.ISO_ZONED_DATE_TIME);
System.out.println(timeStr);
```

运行这段代码就可以得到类似下面这样的字符串:

```
2019-02-23T22:05:10.712+08:00[Asia/Shanghai]
```

这就是一个 UTC 的时间表达式,使用它就可以配置 YAML 文件了。

不过在此之前,先使用代码展示一下 Before 路由断言工厂的使用。这里都是重写代码清单 9-3 中的 customRouteLocator 方法,后文的断言工厂在使用时也都如此,如代码清单 9-5 所示。

代码清单 9-5 使用 Before 路由断言工厂(Gateway 模块)

```
/**
 * 创建路由规则
 * @param builder -- 路由构造器
 * @return 路由规则
 */
```

```
@Bean
public RouteLocator customRouteLocator(RouteLocatorBuilder builder) {
    ZonedDateTime datetime = LocalDateTime.now()//获取当前时间
            // 两分钟后路由失效
            .plusMinutes(2)
            // 定义国际化区域
            .atZone(ZoneId.systemDefault()); // 定义 UTC 时间 ①
    return builder.routes()
            // 匹配
            .route("/user/**", r -> r.before(datetime) // 使用断言 ②
                    // 转发到具体的 URI
                    .uri("http://localhost:6001"))
            // 创建
            .build();
}
```

代码中①处生成一个 UTC 时间，这个时间是当前时间之后的两分钟。代码②处使用了 Before 断言，请注意，这是一个 Lambda 表达式的写法。这样我们就可以测试了，在两分钟后对于 "/user/**" 匹配的请求都会失效。当然也可以采用 YAML 文件的形式进行配置，配置示例如下：

```
spring:
  cloud:
    gateway:
      # 开始配置路径
      routes:
        # 路径匹配
        - id: fund
          # 转发 URI
          uri: http://localhost:7001
          # 断言配置
          predicates:
            - Path=/r4j/** # 路径匹配
            - Before=2019-09-14T10:58:00.9896784+08:00[Asia/Shanghai]
```

代码加粗处就是配置断言的，其中，时间是通过 UTC 时间格式的字符串进行配置的，关于这个字符串的获取方法前文已经交代了。这里让我们再回到断言工厂的命名规则，我们知道，断言工厂是以 "xxxRoutePredicateFactory" 格式命名的，而这里的 "xxx" 就是配置中的 "Before"，这样就映射到了 BeforeRoutePredicateFactory。其他断言工厂也是依据这个规则进行配置的，后面大家还会看到很多次这个规则。这里测试时，需要将代码清单 9-5 删除或者注释掉，在我的测试中，编码方式会覆盖配置方式，在后续介绍的断言配置中也是一样的。

9.2.2　After 路由断言工厂

和 Before 路由断言工厂一样，After 路由断言工厂也是一个时间断言，只是它是判断路由在什么时间点之后才有效。下面让我们通过代码清单 9-6 来学习它。

代码清单 9-6　使用 After 路由断言工厂（Gateway 模块）

```
@Bean
public RouteLocator customRouteLocator(RouteLocatorBuilder builder) {
    ZonedDateTime datetime = LocalDateTime.now()//获取当前时间
            // 当前时间往后 1 分钟
            .plusMinutes(1) // ①
            // 设置国际化区域
```

```
            .atZone(ZoneId.systemDefault());
    return builder.routes()
            // 设置路由和 After 断言
            .route("/user/**", r -> r.after(datetime) // ②
                    // 匹配路径
                    .uri("http://localhost:6001"))
            .build();
}
```

在代码①处，构建一个在当前时间往后一分钟的 UTC 时间点。在代码②处使用 After 路由断言工厂让路由在一分钟后生效。当然，也可以使用 YAML 文件配置来实现这个功能，代码如下：

```
spring:
  cloud:
    gateway:
      # 开始配置路径
      routes:
        # 路径匹配
        - id: fund
          # 转发 URI
          uri: http://localhost:7001
          # 断言配置
          predicates:
            - Path=/r4j/**
            # After 断言
            - After=2019-09-14T11:57:00.9896784+08:00[Asia/Shanghai]
```

9.2.3　Between 路由断言工厂

Between 路由断言工厂也是一个基于时间的断言，从 Between 的英文翻译"在……之间"，可以知道，它判断时间是否在两个时间点之间。下面让我们通过代码清单 9-7 来学习它。

代码清单 9-7　使用 Between 路由断言工厂（Gateway 模块）

```
@Bean
public RouteLocator customRouteLocator(RouteLocatorBuilder builder) {
    // 构建时间节点 1
    ZonedDateTime datetime1 = LocalDateTime.now()//获取当前时间
            // 当前时间往后 1 分钟
            .plusMinutes(1)
            // 设置国际化区域
            .atZone(ZoneId.systemDefault());
    // 构建时间节点 2
    ZonedDateTime datetime2 = LocalDateTime.now()//获取当前时间
            // 当前时间往后 2 分钟
            .plusMinutes(2)
            // 设置国际化区域
            .atZone(ZoneId.systemDefault());
    return builder.routes()
            // 设置路由和 Between 断言
            .route("/user/**", r -> r.between(datetime1, datetime2) // ①
                    // 匹配路径
                    .uri("http://localhost:6001"))
            .build();
}
```

在这段代码中，先构建了两个 UTC 时间点，然后在代码①处使用了 Between 断言，其参数就是两个时间点，这样路由就只在这两个时间点之间有效。当然也可以使用 YAML 文件进行配置，代码如下：

```
spring:
  cloud:
    gateway:
      # 开始配置路径
      routes:
        # 路径匹配
        - id: fund
          # 转发 URI
          uri: http://localhost:7001
          # 断言配置
          predicates:
            # Path 断言
            - Path=/r4j/**
            # Between 断言配置
            - Between=2019-09-14T13:18:53.5890502+08:00[Asia/Shanghai],2019-09-14T13:
20:53.5890502+08:00[Asia/Shanghai]
```

9.2.4 Cookie 路由断言工厂

Cookie 路由断言工厂是针对 Cookie 参数判断的，在现实中使用较少，因为从现实的角度来说，用户可以关闭 Cookie。Cookie 路由断言工厂可以判定某个 Cookie 参数是否满足某个正则式，当满足时才去匹配路由。下面我们通过代码清单 9-8 来进行学习。

代码清单 9-8 使用 Cookie 路由断言工厂（Gateway 模块）

```java
@Bean
public RouteLocator customRouteLocator(RouteLocatorBuilder builder) {
    return builder.routes()
        // 设置路由和 Cookies 断言,
        // 判定 Cookies 中名称为 "cookies_id" 的参数是否匹配正则式 "abcd.*"
        .route("/user/**", r -> r.cookie("cookies_id", "abcd.*") // ①
            // 匹配路径
            .uri("http://localhost:6001"))
        .build();
}
```

在代码①处的 cookie 方法中，存在两个参数，第一个参数是执行 Cookie 的参数名，第二个参数是一个正则式。只有当 Cookie 的参数和正则式匹配时，路由才能成立，否则就不成立。当然也可以修改为 YAML 文件的配置形式，代码如下：

```
spring:
  cloud:
    gateway:
      # 开始配置路径
      routes:
        # 路径匹配
        - id: fund
          # 转发 URI
          uri: http://localhost:7001
          # 断言配置
```

```
    predicates:
      # Path 断言
      - Path=/r4j/**
      # Cookie 断言
      - Cookie=cookies_id,abcd.*
```

注意，配置中的参数名称和正则式用逗号分隔。

9.2.5 Header 路由断言工厂

Header 路由断言工厂的作用是判定某个请求头参数是否匹配一个正则式。当满足时，路由才会成立，否则就不成立。下面我们通过代码清单 9-9 来进行学习。

代码清单 9-9 使用 Header 路由断言工厂（Gateway 模块）

```
@Bean
public RouteLocator customRouteLocator(RouteLocatorBuilder builder) {
    String regex = "^[0-9]*$"; // 0 ～ 9数字 ①
    return builder.routes()
        // 设置路由和 header 断言，
        // 判定请求头名称为 "id" 的参数是否为数字
        .route("/user/**", r -> r.header("id", regex) // ②
            // 匹配路径
            .uri("http://localhost:6001"))
        .build();
}
```

代码①处先定义了一个正则式，它的意思是匹配一串由数字（0～9）构成的字符串。而代码②处则是要求请求头参数 "id" 满足这个正则式。当然也可以用 YAML 文件进行配置，代码如下：

```
spring:
  cloud:
    gateway:
      # 开始配置路径
      routes:
        # 路径匹配
        - id: fund
          # 转发 URI
          uri: http://localhost:7001
          # 断言配置
          predicates:
            # Path 断言
            - Path=/r4j/**
            # 请求头断言
            - Header=id, ^[0-9]*$
```

和 Cookie 断言一样，参数名和正则式之间是通过逗号分隔的。

9.2.6 Host 路由断言工厂

一个正常的网址往往需要提供主机（host）名称或者地址才能进行访问，而 Host 断言是一种限制主机名称的断言。这需要修改 hosts 文件（如果是 Windows 系统，文件路径一般为 C:\Windows\System32\drivers\etc\hosts；如果是苹果系统，该文件路径为/etc/host）的域名，这里新增以下配置：

```
127.0.0.1 my.host.com
127.0.0.1 sc.myhost.com
```

这样"my.host.com"和"sc.myhost.com"就映射到本机上了。跟着让我们使用 Host 路由断言工厂，如代码清单 9-10 所示。

代码清单 9-10 使用 Host 路由断言工厂（Gateway 模块）

```
@Bean
public RouteLocator customRouteLocator(RouteLocatorBuilder builder) {
    // 两个正则式
    String host1 = "**.host.com:3001";
    String host2 = "**.myhost.com:3001";
    return builder.routes()
        // 设置路由和 Host 断言，
        .route("/user/**", r -> r.host(host1, host2) // ①
            // 匹配路径
            .uri("http://localhost:6001"))
        .build();
}
```

代码中先定义了两个匹配主机名称的正则式，然后在代码①处采用了 Host 断言，主机名称要匹配这两个正则式之一才能通行。当请求 http://sc.myhost.com:3001/user/info/1 或者 http://my.host.com: 3001/user/info/1 时，我们能看到正常的结果。但是，如果请求 http://localhost:3001/user/info/1，就会出错，因为它会断言"localhost"是否和代码中的两个正则式匹配，显然这是无法匹配的，于是就无法匹配到路由了。当然，如果想采用 YAML 文件配置，也是没有问题的，代码如下：

```
spring:
  cloud:
    gateway:
      # 开始配置路径
      routes:
        # 路径匹配
        - id: fund
          # 转发 URI
          uri: http://localhost:7001
          # 断言配置
          predicates:
            # Path 断言
            - Path=/r4j/**
            # Host 断言
            - Host=**.host.com:3001,**.myhost.com:3001
```

如果在配置中需要多个主机名，可以用逗号分隔。

9.2.7 Method 路由断言工厂

Method 路由断言工厂用来判断 HTTP 的请求类型，如判断 GET、POST、PUT 等请求。使用 Method 路由断言工厂还是比较简单的，如代码清单 9-11 所示。

代码清单 9-11 使用 Method 路由断言工厂（Gateway 模块）

```
@Bean
public RouteLocator customRouteLocator(RouteLocatorBuilder builder) {
    return builder.routes()
        // 设置路由和 Method 断言，
        .route("/user/**", r -> r.method(HttpMethod.GET) // ①
```

```
        // 匹配路径
        .uri("http://localhost:6001"))
    .build();
}
```

代码①处通过 method 方法限制了只匹配 HTTP 的 GET 请求，非 GET 方法的请求都不予匹配，这就意味着路由只能对 GET 请求有效。当然也可以使用 YAML 文件配置去实现，代码如下：

```
spring:
  cloud:
    gateway:
      # 开始配置路径
      routes:
        # 路径匹配
        - id: fund
          # 转发 URI
          uri: http://localhost:7001
          # 断言配置
          predicates:
            # Path 断言
            - Path=/r4j/**
            # Method 断言
            - Method=GET
```

9.2.8 Path 路由断言工厂

Path 路由断言工厂是通过 URI 路径判断是否匹配路由的，下面让我们通过代码清单 9-12 来学习它。

代码清单 9-12 使用 Path 路由断言工厂（Gateway 模块）

```
// Method 断言
@Bean
public RouteLocator customRouteLocator(RouteLocatorBuilder builder) {
    String path1 = "/user/info/{id}";
    String path2 = "/user/infoes2";
    return builder.routes()
        // 设置路由和 Path 断言，
        .route("/user/**", r -> r.path(path1, path2) // ①
            // 匹配路径
            .uri("http://localhost:6001"))
        .build();
}
```

这里先定义了两个路径，其中 path1 类似一个 REST 风格的路径，而 path2 则是一个普通的路径。这样，请求 http://localhost:3001/user/info/1 或者 http://localhost:3001/user/infoes2?ids=1,2,3 都可以查看对应的结果。但当请求其他路径时，就都不再被路由映射。如果需要修改为使用 YAML 文件配置实现该功能，代码如下：

```
spring:
  cloud:
    gateway:
      # 开始配置路径
      routes:
        # 路径匹配
        - id: user
```

```
# 转发 URI
uri: http://localhost:6001
# 断言配置
predicates:
  # Path 断言
  - Path=/user/info/{id},/user/infoes2
```

在配置 Path 路由断言时，如果需要配置多个路径，只需使用逗号分隔。

9.2.9 Query 路由断言工厂

Query 路由断言工厂是对请求参数的判定，它分为两类，一类是判断是否存在某些请求参数，另一类是对请求参数值进行验证。下面我们通过代码清单 9-13 学习它。

代码清单 9-13 使用 Query 路由断言工厂（Gateway 模块）

```java
// Query 断言
@Bean
public RouteLocator customRouteLocator(RouteLocatorBuilder builder) {
    String regex = "^[0-9]*$"; // 0～9 的数字 ①
    return builder.routes()
        // 设置路由和 Method 断言，要求参数和正则式匹配
        .route("/user/**", r-> r.query("id", regex) // ②
        // .route("/user/**", r -> r.query("id") // 要求存在参数  ③
        // 匹配路径
        .uri("http://localhost:6001"))
        .build();
}
```

首先在代码①定义了一个验证数字的正则式。在代码②处使用了 Query 路由断言工厂，query 方法存在两个参数，其中"id"为请求参数名，regex 为正则式，意思为需要存在对应的参数，且匹配正则式。当然，也可以使用代码③处的代码代替代码②处的代码，代码③处的 query 方法只有一个参数"id"，意思是要求存在名称为"id"的请求参数。这里也可以使用 YAML 文件配置，代码如下：

```yaml
spring:
  cloud:
    gateway:
      # 开始配置路径
      routes:
        # 路径匹配
        - id: fund
          # 转发 URI
          uri: http://localhost:7001
          # 断言配置
          predicates:
            # Path 断言
            - Path=/r4j/**
            # Query 断言，要求存在名为 "id" 的请求参数，且全为数字组成  ①
            - Query=id,^[0-9]*$
            # Query 断言，要求存在名为 "id" 的请求参数  ②
            # - Query=id
```

注意，代码①处配置的是让某个请求参数匹配正则式，而代码②处则是验证是否存在某个请求参数。

9.2.10 RemoteAddr 路由断言工厂

RemoteAddr 路由断言工厂，从名字来看，翻译成中文就是"远程服务器地址"，因此它是一个判定服务器地址的断言工厂。下面我们通过代码清单 9-14 学习它。

代码清单 9-14 使用 RemoteAddr 路由断言工厂（Gateway 模块）

```
@Bean
public RouteLocator customRouteLocator(RouteLocatorBuilder builder) {
    // 192.168.234.0 为 IP 地址，0 为子掩码
    String addr1 = "192.168.1.0/0";
    // 192.168.235.0 为 IP 地址，32 为子掩码
    String addr2 = "192.168.1.0/32";
    return builder.routes()
        // 设置路由和 RemoteAddr 断言，要求远程服务器地址属于某个网段
        .route("/user/**", r-> r.remoteAddr(addr1, addr2) // ①
            // 匹配路径
            .uri("http://localhost:6001"))
        .build();
}
```

代码中先定义了两个地址，它们各自都包含了 IP 地址和子掩码，然后在代码①处使用 RemoteAddr 路由断言工厂进行匹配限制。这样就能接收类似 http://192.168.1.100:3001/user/info/1 这样的请求了。但是，如果换为 http://sc.myhost.com:3001/user/info/1 就无法请求了。当然也可以使用 YAML 文件进行配置，代码如下：

```
spring:
  cloud:
    gateway:
      # 开始配置路径
      routes:
        # 路径匹配
        - id: fund
          # 转发 URI
          uri: http://localhost:7001
          # 断言配置
          predicates:
            # Path 断言
            - Path=/r4j/**
            # RemoteAddr 路由断言工厂
            - RemoteAddr=192.168.1.0/0, 192.168.1.0/32
```

需要配置多个地址时，只需要用逗号分隔即可。

9.2.11 Weight 路由断言工厂

Weight 路由断言工厂是一种按照权重路由的工厂。之前我们谈过，一个微服务可以由多个实例构成，实例的版本可以不同。例如，当前实例中存在旧版本（v1）和新版本（v2），相对来说，旧版本比较稳定，而新版本可能不太稳定，那么可以考虑先小规模使用新版本，待实践过后，再彻底地升级为新版本。可以考虑让用户的请求 80%的概率路由到旧版本，而 20%的概率路由到新版本，如图 9-8 所示。

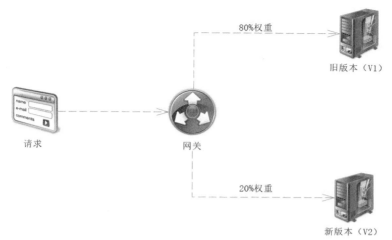

图 9-8 权重路由

从另一个可能来说，都是同一个版本，但是微服务实例分布在不同的机器上，不同的机器性能可能也不同，还有可能需要将更多的请求分配到性能更好的机器上，而将更少的请求分配到性能不佳的机器上。因为存在以上这些可能性，所以在实际生产中可能需要进行权重路由。

在权重路由中，存在分组和权重的概念。分组是通过一个组名的字符串进行区分的，而权重是一个数字。当一个请求的路径，可以路由到多个源服务器的时候，如果配置了 Weight 路由断言工厂，那么它就会根据组名和权重进行合理的路由。这里先通过图来说明其工作流程，如图 9-9 所示。

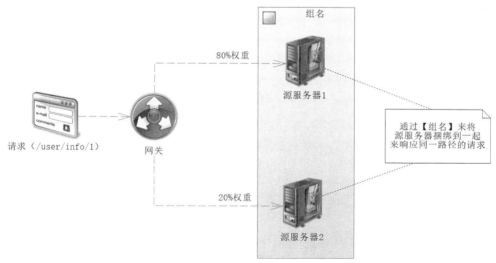

图 9-9 权重路由工作流程

在图 9-9 中，请求路径为/user/info/1，可以响应它的是两个源服务器，通过网关后需要按权重进行路由。这就需要告诉网关这个请求路径可以路由到哪些服务器上，并且这些服务器的权重是多少。可以路由到的服务器就是一个分组，既然是分组，就要有组名，图中源服务器 1 和源服务器 2 都在同一个组名下。

有了以上的这些分析，我们通过代码清单 9-15 来学习 Weight 路由断言工厂。

代码清单 9-15 使用 Weight 路由断言工厂（Gateway 模块）

```
@Bean
public RouteLocator customRouteLocator(RouteLocatorBuilder builder) {
    // 组名
    String groupName = "user_info"; // ①
    // 请求路径
    String path ="/user/info/{id}";
    return builder.routes()
        // 第一个路由
        .route("user_info_v1", r -> r.path(path)// 定义路径
            .and() // and连接词，表示并且
            .weight(groupName, 80) // 设置组名和权重 ②
            // 匹配路径，路由到 6001 端口的用户微服务实例
            .uri("http://localhost:6001"))
        // 第二个路由
        .route("user_info_v2", r -> r.path(path) // 定义路径
            .and() // and连接词，表示并且
            .weight(groupName, 20) // 设置组名和权重 ③
            // 匹配路径，路由到 6002 端口的用户微服务实例
            .uri("http://localhost:6002"))
        .build();
}
```

代码中①处定义了一个组名，跟着又定义了一个请求路径，然后开启路由的配置。实际配置了两个路由，但是这两个路由通过 Path 路由断言工厂都定义了同一个路径，所以同一个路径可以路由到不同的源服务器（URI）上。跟着使用了 and 方法，这是一个连接词方法，表示和后面的配置是并且的关系。最后看代码②和③处，它们都是使用 Weight 路由断言工厂进行配置，配置了组名和权重，这样就完成了图 9-9 中路由规则的配置了。同样，我们也可以使用 YAML 文件进行配置，代码如下：

```yaml
spring:
  application:
    name: gateway
  cloud:
    gateway:
      # 开始配置路径
      routes:
        # 路径匹配
        - id: fund
          # 转发 URI
          uri: http://localhost:7001
          # 断言配置
          predicates:
            # Path 断言
            - Path=/r4j/**
            # 权重配置，第一个参数为组名，第二个参数为权重
            - Weight=fund-group-name,80
        # 路径匹配
        - id: fund2
          # 转发 URI
          uri: http://localhost:7002
          # 断言配置
          predicates:
            # Path 断言
            - Path=/r4j/**
```

```
# 权重配置，第一个参数为组名，第二个参数为权重
- Weight=fund-group-name,20
```

看加粗的代码，都配置了相同的请求路径和组名，然后配置了不同的权重。在配置 Weight 路由断言工厂时存在两个参数，这两个参数之间用逗号分隔，第一个参数是组名，第二个参数是数字，代表权重分配。

9.3 过滤器（Filter）概述

如果说断言（Predicate）是为了路由的匹配，那么过滤器则是在请求源服务器之前或者之后对 HTTP 请求和响应的拦截，以便对请求和响应做出相应的修改，如请求头和响应头的修改。为了做到这点，Gateway 提供了对应的过滤器（Filter）。从代码清单 9-4 的分析来看，Gateway 的过滤器分为全局过滤器和局部过滤器。全局过滤器针对所有路由有效，而局部过滤器则只针对某些路由有效。全局过滤器需要实现 GlobalFilter 接口，而局部过滤器则要实现 GatewayFilter 接口。从代码清单 9-4 的分析中可以看到，handle 方法里，Gateway 在执行过程中，会把 GlobalFilter 转变为 GatewayFilter 放到对应的过滤器链上。

在 Gateway 过滤器中，主要的内容分为 3 块。

- 为了更加方便开发者，Gateway 自身实现了很多内置过滤器，很多功能都不需要我们开发，只需要奉行"拿来主义"，学习如何使用它们就可以了。
- 有时候，需要增加新的功能，例如，限制单个用户每分钟只能发送 3 次请求，那么如何通过新增过滤器来完成我们需要的功能？
- 从代码清单 9-4 中可以看到，存在全局过滤器和局部过滤器之分，那么如何定义全局过滤器呢？

这 3 个问题就是本章需要回答的问题，也是本章的核心内容，本章后续的内容将详细介绍它们的原理和应用。

9.4 内置过滤器工厂

和断言一样，在 Gateway 中也存在不同的过滤器工厂，并且已经将它们内置。它们提供了多种功能，便于我们进行开发。这些过滤器大体分为请求头、响应头、跳转、参数处理、响应状态、Hystrix 熔断和限速器等。

过滤器工厂是通过接口 GatewayFilterFactory 进行定义的，该接口还声明了一个 apply 方法，该方法返回类型为 GatewayFilter。显然，通过这个方法就可以生成一个过滤器，然后在路由的执行过程中执行它。这些内置的过滤器工厂有 21 种，如图 9-10 所示。

限于篇幅，本书只介绍那些常用的过滤器工厂。和断言（Predicate）一样，这些过滤器工厂的命名方式也是"XXXGatewayFilterFactory"，因此可以按照名称来区分过滤器工厂的类型。在 Gateway 中，可以通过编码或者配置来使用这些过滤器工厂。在配置中，我们会再看到过滤器工厂命

图 9-10 Gateway 过滤器工厂

名方式的作用，下面将分别对编码和配置方式进行介绍。

9.4.1 AddRequestHeader 过滤器工厂

从名称可以知道，AddRequestHeader 是一个添加请求头参数的过滤器工厂，通过它可以增加请求参数。下面让我们通过代码清单 9-16 进行学习。

代码清单 9-16 使用 AddRequestHeader 过滤器工厂（Gateway 模块）

```
@Bean
public RouteLocator customRouteLocator(RouteLocatorBuilder builder) {
    return builder.routes()
            // 设置请求路径满足 ANT 风格"/user/**"的路由
            .route("user-service", r-> r.path("/user/**")
            // 通过增加请求头过滤器添加请求头参数
            .filters(f->f.addRequestHeader("id", "1")) // ①
            // 匹配路径
            .uri("http://localhost:6001"))
        .build();
}
```

在代码中，首先通过 Path 路由断言工厂指定请求路径的匹配。然后在代码①处使用 filters 方法启用过滤器，跟着是一个 Lambda 表达式，通过 addRequestHeader 方法添加一个请求头，这样在路由到源服务器时就会多一个请求头参数了。当然，也可以使用 YAML 文件配置的方式，代码如下：

```
spring:
  cloud:
    gateway:
      routes:
        # 路由编号
        - id: user-service
          # 转发 URI
          uri: http://localhost:6001
          # 断言配置
          predicates:
            # 路径匹配
            - Path=/user/**
          # 过滤器工厂
          filters:
            # 请求头参数
            - AddRequestHeader=id, 1
```

注意 AddRequestHeader 这样的配置项的写法，我们知道，过滤器工厂命名的方式是 XXXGatewayFilterFactory，这样就可以指向 AddRequestHeaderGatewayFilterFactory 这个过滤器工厂类了。

9.4.2 AddRequestParameter 过滤器工厂

AddRequestParameter 过滤器工厂可以新增请求参数，下面我们通过代码清单 9-17 学习它。

代码清单 9-17 使用 AddRequestParameter 过滤器工厂（Gateway 模块）

```
@Bean
public RouteLocator customRouteLocator(RouteLocatorBuilder builder) {
    return builder.routes()
        // 设置请求路径满足 ANT 风格"/user/**"的路由
```

```
        .route("user-service", r-> r.path("/user/**")
            // 通过增加请求参数过滤器添加请求参数
            .filters(f->f.addRequestParameter("id", "1")) // ①
            // 匹配路径
            .uri("http://localhost:6001"))
        .build();
}
```

和代码清单 9-16 一样，代码①处使用了 AddRequestParameter 过滤器工厂，让请求新增一个请求参数。当然，也可以使用 YAML 文件进行配置，代码如下：

```
spring:
  cloud:
    gateway:
      routes:
        # 路由编号
      - id: user-service
        # 转发 URI
        uri: http://localhost:6001
        # 断言配置
        predicates:
          # 路径匹配
        - Path=/user/**
          # 过滤器工厂
        filters:
          # 增加一个请求参数
        - AddRequestParameter=id, 1
```

9.4.3 AddResponseHeader 过滤器工厂

AddResponseHeader 过滤器工厂可以增加响应头参数。下面我们通过代码清单 9-18 来学习它。

代码清单 9-18 使用 AddResponseHeader 过滤器工厂（Gateway 模块）

```
@Bean
public RouteLocator customRouteLocator(RouteLocatorBuilder builder) {
    return builder.routes()
        // 设置请求路径满足 ANT 风格 "/user/**" 的路由
        .route("user-service", r-> r.path("/user/**")
            // 通过增加响应头过滤器添加响应参数
            .filters(f->f.addResponseHeader("token", "a123456789")) // ①
            // 匹配路径
            .uri("http://localhost:6001"))
        .build();
}
```

代码①处也是采用 filters 方法，使用 Lambda 表达式来使用 AddResponseHeader 过滤器工厂，给响应增加一个响应头。同样，也可以使用 YAML 文件进行配置，代码如下：

```
spring:
  cloud:
    gateway:
      routes:
        # 路由编号
      - id: user-service
        # 转发 URI
```

```
uri: http://localhost:6001
# 断言配置
predicates:
    # 路径匹配
- Path=/user/**
# 过滤器工厂
filters:
# AddResponseHeader 过滤器工厂
- AddResponseHeader=token, a123456789
```

9.4.4　Retry 过滤器工厂

Retry 过滤器工厂是一种定义重试的过滤器工厂。在 Retry 过滤器工厂中有以下 5 个参数。

- **retries**：重试次数，非负整数。
- **statuses**：根据 HTTP 响应状态来断定是否重试。当请求返回对应的响应码时，进行重试，用枚举 org.springframework.http.HttpStatus 表示。
- **methods**：请求方法，如 GET、POST、PUT 和 DELETE 等。使用枚举 org.springframework.http. HttpMethod 表示。
- **series**：重试的状态码系列，取响应码的第一位，按 HTTP 响应状态码规范取值范围为 1～5，其中，1 代表消息，2 代表成功，3 代表重定向，4 代表客户端错误，5 代表服务端错误。
- **exceptions**：请求异常列表，默认的情况下包含 IOException 和 TimeoutException 两种异常。一般来说都不需要我们配置，所以后文不再介绍。

在使用 Retry 过滤器工厂的方法中，存在 3 个 retry 方法，分别如下：

```
// 参数 retries 为重试次数
public GatewayFilterSpec retry(int retries)

// 参数 retryConsumer 是重试消费者，
// 它可以定义一个重试配置 RetryGatewayFilterFactory.RetryConfig
public GatewayFilterSpec retry(
    Consumer<RetryGatewayFilterFactory.RetryConfig> retryConsumer)

// 使用 Netty 底层，比较复杂，不推荐使用
public GatewayFilterSpec retry(
    Repeat<ServerWebExchange> repeat, Retry<ServerWebExchange> retry)
```

显然，第一个方法比较简单，就只有一个参数，而第二个方法则需要配置一个重试配置（Retry GatewayFilterFactory.RetryConfig），第三个方法是使用 Netty 底层的方法，比较复杂，我不推荐使用它，因此后文不再介绍它。

下面先通过代码清单 9-19 学习最简单的重试功能。

代码清单 9-19　使用 Retry 过滤器工厂（Gateway 模块）

```
@Bean
public RouteLocator customRouteLocator(RouteLocatorBuilder builder) {
    return builder.routes()
        // 设置请求路径满足 ANT 风格 "/user/**" 的路由
        .route("hystrix-service", r-> r.path("/hystrix/**")
            // 重试 2 次（最多尝试路由 3 次，其中 2 次是重试）
            .filters(f->f.retry(2)) // ①
```

```
    // 匹配路径
    .uri("http://localhost:6001"))
    .build();
}
```

代码①处使用了 retry 方法，并且将重试次数设置为 2。请注意，这里的重试次数并不包含第 1
次，也就是它一共会尝试 3 次。但是这只能设置重试次数，有时候我们需要设置更多的参数，这时
就可以使用参数为重试配置（RetryGatewayFilterFactory.RetryConfig）的 retry 方法，如代码清单 9-20
所示。

代码清单 9-20　使用 Retry 过滤器工厂（Gateway 模块）

```
// Retry 过滤器工厂
@Bean
public RouteLocator customRouteLocator(RouteLocatorBuilder builder) {
    return builder.routes()
        // 设置请求路径满足 ANT 风格 “/user/**” 的路由
        .route("hystrix-service", r-> r.path("/hystrix/**")
            // 使用重试配置，配置重试
            .filters(f->f.retry(retryConfig ->{ // ①
                // 重试次数为 2
                retryConfig.setRetries(2);
                // 接受 HTTP 的请求方法，限制范围为 GET、POST 和 PUT
                retryConfig.setMethods(HttpMethod.GET,
                    HttpMethod.POST, HttpMethod.PUT);
                // 限制重试的响应码为服务器错误（500）和坏请求（400）
                retryConfig.setStatuses(HttpStatus.INTERNAL_SERVER_ERROR,
                    HttpStatus.BAD_REQUEST);
                //  限制重试的系列为服务器错误
                retryConfig.setSeries(HttpStatus.Series.SERVER_ERROR);
            }))
            // 匹配路径
            .uri("http://localhost:6001"))
        .build();
}
```

注意代码①处，这里是要创建一个 Consumer<RetryGatewayFilterFactory.RetryConfig>的对
象，只是写成了 Lambda 表达式，所以看起来比较简单，并且在逻辑中可以通过参数（类型为
RetryGatewayFilterFactory.RetryConfig）来设置重试的配置。当然也可以使用 YAML 文件进行配置，
代码如下：

```
spring:
  cloud:
    gateway:
      routes:
        # 路由编号
        - id: user-service
          # 转发 URI
          uri: http://localhost:6001
          # 断言配置
          predicates:
            # 路径匹配
            - Path=/user/**
          # 过滤器工厂
```

```
filters:
  # 过滤器工厂名称
  - name: Retry
    # 配置参数（对应 RetryGatewayFilterFactory.RetryConfig）
    args:
      # 重试次数，默认为 3
      retries: 2
      # 对应 HTTP 请求方法，默认只包含 GET
      methods: GET, POST, PUT
      # 状态限制
      statuses: INTERNAL_SERVER_ERROR, BAD_REQUEST
      # 系列限制
      series: SERVER_ERROR
```

其中加粗的便是重试（Retry）过滤器工厂配置，注释已比较详细，请自行参考。这里要提醒大家的是对应方法的配置，默认的只有 GET，但这里的配置还包含了 POST 和 PUT。我们知道，在 REST 风格的网站中，POST 和 PUT 是修改资源的请求，如果发生多次重试，可能会造成数据不一致，所以需要通过别的手段来防范出错的可能性，这便是幂等性的问题，相关内容将在第 15 章中进行论述。

9.4.5 Hystrix 过滤器工厂

Hystrix 过滤器工厂提供的是熔断功能，当请求失败或者出现异常的时候，就可以进行熔断了。而一般熔断发生后，会通过降级服务来提高用户体验，所以这往往还会涉及跳转的功能。因此，这里需要先创建请求失败跳转的路径，如代码清单 9-21 所示。

代码清单 9-21 定义降级跳转的路径（Gateway 模块）

```
package com.spring.cloud.gateway.controller;
/**** imports ****/
// 定义降级服务
@RestController
@RequestMapping("/gateway")
public class GatewayFallBack {
    @GetMapping("/fallback")
    public ResultMessage fallback(){
        return new ResultMessage(false, "路由失败，请检查服务器状况");
    }
}
```

这样就多了一个 "/gateway/fallback" 的请求路径。由于要使用 Hystrix，因此需要引入对应的依赖，代码如下：

```
<dependency>
    <groupId>org.springframework.cloud</groupId>
    <artifactId>spring-cloud-starter-netflix-hystrix</artifactId>
</dependency>
```

有了依赖，我们就能够使用 Hystrix 过滤器工厂来处理熔断降级服务了，如代码清单 9-22 所示。

代码清单 9-22 使用 Hystrix 过滤器工厂（Gateway 模块）

```
@Bean
public RouteLocator customRouteLocator(RouteLocatorBuilder builder) {
    return builder.routes()
        // 设置请求路径满足 ANT 风格 "/hystrix/**" 的路由
```

```
        .route("hystrix-service", r-> r.path("/hystrix/**")
            // 通过增加 Hystrix 过滤器，提供熔断功能
            .filters(f->f.hystrix(config->{ // ①
                // Hystrix 命令名称
                config.setName("hystrix-cmd");
                // 降级跳转 URI
                config.setFallbackUri("forward:/gateway/fallback");
                // 设置 Hystrix 参数
                // config.setSetter(xxx) // ②
            }))
            // 匹配路径
            .uri("http://localhost:6001"))
        .build();
}
```

代码①处启用了 Hystrix 过滤器工厂，跟着设置了 Hystrix 命令名称，并设置了跳转的降级路径。代码②处注释掉的是一个设置 Hystrix 命令各种参数的方法，通过它可以设置各类 Hystrix 的属性。在实际的测试中，停止用户微服务 6001 端口的实例，就能看到降级服务跳转的效果了。当然，也可以使用 YAML 文件进行配置，代码如下：

```
spring:
  cloud:
    gateway:
      routes:
        # 路由编号
        - id: user-service
          # 转发 URI
          uri: http://localhost:6001
          # 断言配置
          predicates:
            # 路径匹配
            - Path=/user/**
          # 过滤器工厂
          filters:
            # Hystrix 过滤器工厂
            - name: Hystrix
              # Hystrix 配置参数
              args:
                # Hystrix 命令名称
                name: hystrix-cmd
                # 降级服务请求路径
                fallbackUri: forward:/gateway/fallback
```

9.4.6　RequestRateLimiter 过滤器工厂

RequestRateLimiter 工厂用于限制请求流量，避免过大的流量进入系统，从而保证系统在一个安全的流量下可用。在 Gateway 中提供了 RateLimiter<C>接口来定义限流器，该接口中唯一的非抽象实现类是 RedisRateLimiter，也就是当前只能通过 Redis 来实现限流。使用 Redis 的好处是，可以通过 Redis 随时监控，但是始终需要通过网络连接第三方服务器，会造成一定的性能消耗，所以我并不推荐这种方式，因此这里只简单介绍限流过滤器工厂，而不深入介绍它的使用。我认为使用 Resilience4j 限流器可能更好，因为 Resilience4j 限流器是基于本地内存的，不依赖第三方服务，所以

速度更快，性能更好，并且提供 Spring Boot 度量监控实时情况。

要是用 RedisRateLimiter，就需要引入 spring-boot-starter-data-redis-reactive，因此先在 Maven 中加入依赖。

```xml
<!--响应式 Redis 包-->
<dependency>
    <groupId>org.springframework.boot</groupId>
    <artifactId>spring-boot-starter-data-redis-reactive</artifactId>
</dependency>
<!--连接池包-->
<dependency>
    <groupId>org.apache.commons</groupId>
    <artifactId>commons-pool2</artifactId>
</dependency>
```

注意，因为 spring-boot-starter-data-redis-reactive 不包含连接池，所以这里还会引入连接池的依赖。有了这些，Gateway 就会帮我们自动配置 RedisRateLimiter 对象，我们就可以使用 Redis 进行限流了。为了连接到 Redis，我们需要对 Redis 进行配置，在 YAML 文件里加入如下代码：

```yaml
spring:
  redis:
    # Redis 服务器
    host: 192.168.224.129
    # Redis 密码
    password: 123456
    # Lettuce 客户端配置
    lettuce:
      pool:
        # 最大活动数
        max-active: 20
        # 最大等待时间
        max-wait: 2000ms
        # 最小空闲数
        min-idle: 10
        # 最大空闲数
        max-idle: 15
```

我不建议使用代码的形式使用限流过滤器工厂，因为那将十分繁复。使用配置会更便捷，所以我们在 YAML 文件中加入代码清单 9-23 所示的代码。

代码清单 9-23　使用限流（RequestRateLimiter）过滤器工厂（Gateway 模块）

```yaml
spring:
  cloud:
    gateway:
      routes:
        # 路由编号
        - id: hystrix-service
          # 转发 URI
          uri: http://localhost:6001
          # 断言配置
          predicates:
          # 路径匹配
          - Path=/hystrix/**
          # 过滤器工厂
```

```
filters:
# 过滤器名称
- name: RequestRateLimiter
  # 参数
  args:
    # 每秒发放的令牌数量
    redis-rate-limiter.replenishRate: 10 # ①
    # 令牌桶容量
    redis-rate-limiter.burstCapacity: 20 # ②
```

注意加粗的代码，这里将名称配置为 RequestRateLimiter，就能指向对应的限流过滤器工厂了。下面解释一下限流过滤器工厂参数的配置，代码①处是每秒发放的令牌数量，而代码②处是令牌桶的容量。

关于代码配置的参数可能比较难理解，这里解释一下。RedisRateLimiter 使用了令牌桶算法来实现限流，为了解释这个算法，我们先看一下图 9-11。

令牌桶算法实际上由 3 部分组成：两个流和一个桶，分别是令牌流、请求流（输入数据包）和令牌桶。其中，令牌流会按照一个速率流入到令牌桶中。请求流是网络客户端所带来的流量，它可能很大，也可能很小，时刻都在变化，并且请求需要到

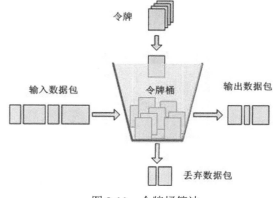

图 9-11　令牌桶算法

令牌桶中获取令牌才可以访问后端服务器。令牌桶的容量也有大小之分，只能存储一定量的令牌。因此算法存在 3 种可能的情况。

- **请求流速率 = 令牌流速率**：这种情况下，每个到来的请求都能获得一个对应的令牌，然后交由系统进行处理。当然，出现这种情况的概率是相当小的。
- **请求流速率 < 令牌流速率**：请求只消耗了部分令牌，因为令牌流的速率大于请求流的速率，所以没有被消耗的令牌会存储在桶里，直到桶被装满。当令牌桶装满后，它就会溢出，也就是丢弃超过容量的令牌。这应该是系统最常见的状态。
- **请求流速率 > 令牌流速率**：首先是消耗桶里的存量令牌，如果这种状况一直持续，就意味着令牌将入不敷出，这个时候就会有部分请求流得不到令牌，从而被缓存到队列中或者被丢弃。当然，为了保证用户体验，我们一般会考虑做降级服务，然后丢弃请求，这一般出现在高并发的场景中。

有了上述的解释，相信大家对于限流过滤器工厂的参数有了进一步的理解。不过严格地说，这样的配置是 Path 断言定义路径的限流。而有时候可能需要对用户进行限流，例如，一个用户只允许 1 秒对系统请求 3 次，以防止用户恶意攻击系统。下面我们稍微讨论一下它的实现。

在 Gateway 的限流过滤器工厂中，限流过滤器存在一个 KeyResolver 的接口定义，它定义了一个 key，这个 key 对应一个独立的令牌桶，所以要限制用户请求，只需要创建独立的令牌桶即可。这个时候可以考虑使用用户编号来创建令牌桶，为此我们在 GatewayApplication 中加入以下代码。

```
@Bean
public KeyResolver pathKeyResolver() {
```

```
        return exchange ->
            // 获取用户编号（此时要求请求参数中带有名为"user-id"的参数）
            Mono.just(exchange.getRequest().getQueryParams().getFirst("user-id"));
    }
```

这段代码会创建一个 KeyResolver 对象，并装配到 Spring IoC 容器中，而它的逻辑最终指向一个用户编号（user-id）的字符串。然后我们在 YAML 文件中再配置它，如代码清单 9-24 所示。

代码清单 9-24　对用户限流（Gateway 模块）

```
spring:
  cloud:
    gateway:
      routes:
        # 路由编号
      - id: hystrix-service
        # 转发 URI
        uri: http://localhost:6001
        # 断言配置
        predicates:
        # 路径匹配
        - Path=/hystrix/**
        # 过滤器工厂
        filters:
        # 过滤器名称
        - name: RequestRateLimiter
          # 参数
          args:
            # 每秒发放的令牌数量
            redis-rate-limiter.replenishRate: 3
            # 令牌桶容量
            redis-rate-limiter.burstCapacity: 2
            # 配置 KeyResolver, 产生独立的令牌桶
            key-resolver: "#{@pathKeyResolver}" // ①
```

注意代码①处，这是 Spring EL 的写法，用来指向一个 Spring Bean，也就是我们自己创建的 KeyResolver，它会按照用户编号来创建独立的令牌桶，对用户限流，只是要求每次请求参数中都含有"user-id"的请求参数。

整体来说，我认为使用限流过滤器工厂配置相对比较麻烦，同时也需要依赖 Redis 作为数据存储，灵活性和性能远不如 Resilience4j，所以不建议在实际开发中使用。关于 Resilience4j 限流，在本章 9.5 节中会进行讨论。

9.4.7　StripPrefix 过滤器工厂

有时候，为了区分路由的源服务器，我们需要在路径中加入前缀，例如在请求用户微服务的路径中加入前缀"/u"，这个时候就可以使用 StripPrefix 过滤器工厂了。下面我们通过代码清单 9-25 学习它。

代码清单 9-25　除前缀（StripPrefix）过滤器工厂的使用（Gateway 模块）

```
@Bean
public RouteLocator customRouteLocator(RouteLocatorBuilder builder) {
    return builder.routes()
        // 设置请求路径满足 ANT 风格 "/u/**" 的路由
```

```
        .route("user-service", r-> r.path("/u/**"))
        // 通过 StripPrefix 过滤器添加响应参数
        .filters(f->f.stripPrefix(1)) // ①
        // 匹配路径
        .uri("http://localhost:6001"))
    .build();
}
```

代码①处的参数 1 代表路由源服务器地址时删除 1 个前缀，例如请求 Gateway 微服务的路径为 /u/user/info/1 时，就会路由到源服务器地址/user/info/1。当然，也可以使用 YAML 文件进行配置，代码如下：

```
spring:
  cloud:
    gateway:
      routes:
      - id: user-service
        # 转发 URI
        uri: http://localhost:6001
        # 断言配置
        predicates:
        - Path=/u/**
        filters:
        - StripPrefix=1
```

9.4.8　RewritePath 过滤器工厂

RewritePath 过滤器工厂和 StripPrefix 过滤器工厂类似，只是功能比 StripPrefix 过滤器工厂更强大，可以直接重写请求路径。下面让我们通过代码清单 9-26 来学习它。

代码清单 9-26　重写路径（RewritePath）过滤器工厂的使用（Gateway 模块）
```
@Bean
public RouteLocator customRouteLocator(RouteLocatorBuilder builder) {
    return builder.routes()
        // 设置请求路径满足 ANT 风格 "/u/**" 的路由
        .route("user-service", r-> r.path("/u/**"))
        // 重写请求路径
        .filters(f->f.rewritePath("/u/(?<segment>.*)","/$\\{segment}"))//②
        // 匹配路径
        .uri("http://localhost:6001"))
    .build();
}
```

注意代码②处，它使用了 RewritePath 过滤器工厂把请求/u/**路由到/**上。例如，如果我们请求 /u/user/info/1，那么会路由到源服务器的/user/info/1 路径。当然也可以使用 YAML 文件进行配置，代码如下：

```
spring:
  cloud:
    gateway:
      routes:
      - id: user-service
        # 转发 URI
        uri: http://localhost:6001
        # 断言配置
```

```
          predicates:
          # 路径
          - Path=/u/**
          filters:
          # 定义重写路径的逻辑
          - RewritePath=/u/(?<segment>.*), /$\{segment}
```

9.4.9　SetStatus 过滤器工厂

　　在有些情况下，请求会失败，然后转到另一个链接，此时需要给出关于错误的提示信息，并且将响应状态码设置为坏请求（状态码为 400）。下面让我们通过代码清单 9-27 学习它的使用。

　　代码清单 9-27　设置状态（SetStatus）过滤器工厂的使用（Gateway 模块）

```
@Bean
public RouteLocator customRouteLocator(RouteLocatorBuilder builder) {
    return builder.routes()
        // 设置请求路径满足 ANT 风格 "/u/**" 的路由
        .route("hystrix-service", r-> r.path("/hystrix/**")
        // 设置状态（SetStatus）过滤器工厂设置状态
        .filters(f->f.setStatus(HttpStatus.BAD_REQUEST.value())) // ①
        // 匹配路径
        .uri("http://localhost:6001"))
        .build();
}
```

　　主要看代码①处，使用过滤器工厂指定了响应状态，这样响应的状态就为坏请求（代码 400）了。我们请求 http://localhost:3001/hystrix/exp/spring，然后进行监测，就可以看到图 9-12 所示的结果了。

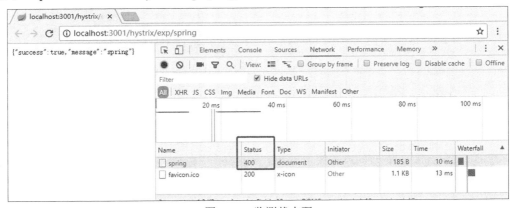

图 9-12　监测状态码

　　当然，也可以使用 YAML 文件进行配置，代码如下：

```
spring:
  cloud:
    gateway:
      routes:
      - id: hystrix-service
        # 转发 URI
        uri: http://localhost:6001
        # 断言配置
```

```
          predicates:
          - Path=/hystrix/**
          # 过滤器配置
          filters:
          - SetStatus=BAD_REQUEST
```

9.4.10　小结

上面介绍的是相对常用的过滤器工厂，它使我们能够很简便地完成那些很常用的功能。限于篇幅，本书不再介绍其他过滤器工厂了，其他过滤器工厂的使用可以参考官方文档。

9.5　自定义过滤器

前面我们讲述了内置过滤器工厂，但是有时候我们还是希望能够自定义过滤器来实现自己想要的特殊功能。在讲限流内置过滤器工厂时，我曾经提到过，使用 Resilience4j 限流器是一个更好的选择，所以这里让我们来学习如何使用 Resilience4j 限流器自定义过滤器。自定义过滤器又分为 3 个内容：定义局部过滤器、定义全局过滤器和过滤器的执行顺序。下面让我们来学习它们。

9.5.1　自定义过滤器——使用 Resilience4j 限流

本节将使用 Resilience4j 限流器来自定义过滤器，实现限流功能。在 Gateway 中，过滤器是通过接口 GatewayFilter 来定义的，所以先来看一下它的源码，如代码清单 9-28 所示。

代码清单 9-28　GatewayFilter 接口

```
package org.springframework.cloud.gateway.filter;
/** imports ****/
public interface GatewayFilter extends ShortcutConfigurable {
    String NAME_KEY = "name";
    String VALUE_KEY = "value";

    Mono<Void> filter(ServerWebExchange exchange, GatewayFilterChain chain);
}
```

从定义来说，十分简单，就一个 filter 方法而已，只有两个参数，一个是 exchange，另一个是 chain，它们的含义如下。

- **exchange**：数据交换对象，通过它的 getRequest 方法可以获取请求对象（ServerHttpRequest），通过它的 getResponse 方法可以得到响应对象（ServerHttpResponse）。这里的 ServerHttpRequest 和 ServerHttpResponse，与 Servlet 规范里的 HttpServletRequest 和 HttpServletResponse，很类似，对比来使用就很好理解它们了。
- **chain**：Gateway 过滤器责任链，调用它的 filter(ServerWebExchange)方法，表示继续执行责任链里后续的过滤器。

为了使用 Resilience4j，需要先通过 Maven 引入它，代码如下：

```
<dependency>
    <groupId>io.github.resilience4j</groupId>
    <artifactId>resilience4j-spring-boot2</artifactId>
    <version>0.13.2</version>
</dependency>
```

　　这样就引入了 Resilience4j 的断路器和限流器，接下来就可以使用 YAML 文件配置限流器了，代码如下：

```
# resilience4j 配置
resilience4j:
  # 限速器注册机
  ratelimiter:
    limiters:
      # 名称为 user 的限速器
      user:
        # 时间戳内限制通过的请求数，默认为 50
        limitForPeriod: 3
        # 配置时间戳（单位毫秒），默认值为 500 ns
        limitRefreshPeriodInMillis: 5000
        # 超时时间
        timeoutInMillis: 10
```

　　这样就配置了限流器。这里，为了本地测试，我设置了 5 秒 3 次的限速。在实际使用中，可以根据自己的需要进行限定，如 1 秒 1000 次等。有了这段配置，Spring Boot 会帮助我们自动把限流器装配到 Spring IoC 容器中，供我们直接拿用。为了实现限流的功能，首先在 GatewayApplication 中新增方法，如代码清单 9-29 所示。

　　代码清单 9-29　限流逻辑实现（Gateway 模块）

```
// 注入 Resilience4j 限流器注册机
@Autowired
private RateLimiterRegistry rateLimiterRegistry = null;

/**
 * 限流逻辑
 * @return 是否放行结果
 */
private ResultMessage rateLimit() {
    // 获取 Resilience4j 限速器
    RateLimiter userRateLimiter = rateLimiterRegistry.rateLimiter("user");
    // 绑定限速器
    Callable<ResultMessage> call
        = RateLimiter.decorateCallable(userRateLimiter,
            () -> new ResultMessage(true, "PASS") ); // ①
    // 尝试获取结果
    Try<ResultMessage> tryResult = Try.of(() -> call.call())
        // 降级逻辑
        .recover(ex -> new ResultMessage(false, "TOO MANY REQUESTS")); // ②
    ResultMessage result = tryResult.get();
    return result;
}
```

　　这段代码使用了限流器，定义的任务是获取一个 ResultMessage 对象，如果没有超限，就返回代码①处的 ResultMessage 对象。如果超限，则执行降级逻辑，返回代码②处的 ResultMessage 对象。有了这些，我们来实现一个 Gateway 的过滤器，在 GatewayApplication 中加入代码清单 9-30 所示的代码。

　　代码清单 9-30　限流过滤器实现（Gateway 模块）

```
/**
 * 自定义 Gateway 过滤器
```

```
 * @return Gateway 过滤器
 */
private GatewayFilter customGatewayFilter() {
    return (exchange, chain) -> { // ①
        // 执行 Resilience4j 限速器逻辑
        ResultMessage resultMessage = rateLimit();
        if (!resultMessage.getSuccess()) { // 不放行逻辑 ②
            // 获取响应对象
            ServerHttpResponse response = exchange.getResponse();
            // 响应码为 429——请求过多
            response.setStatusCode(HttpStatus.TOO_MANY_REQUESTS);
            // 响应类型为 JSON
            response.getHeaders()
                .setContentType(MediaType.APPLICATION_JSON_UTF8);
            // 转换为 JSON 字符串
            String body =toJson(resultMessage);
            // 响应数据放入缓冲区
            DataBuffer dataBuffer
                = response.bufferFactory().wrap(body.getBytes());
            // 使用限流结果响应请求，不再继续执行过滤器链
            return response.writeWith(Mono.just(dataBuffer));
        }
        // 放行，继续执行过滤器链
        return chain.filter(exchange); // ③
    };
}


/**
 *  将结果消息转换为 JSON 字符串
 * @param result -- 结果消息
 * @return JSON 字符串
 */
private String toJson(ResultMessage result) {
    ObjectMapper mapper = new ObjectMapper();
    String body = null;
    try {
        body = mapper.writeValueAsString(result);
    } catch (JsonProcessingException e) {
        e.printStackTrace();
    }
    return body;
}
```

注意代码①处，这里采用的是 Lambda 表达式来创建 GatewayFilter。跟着执行了限流逻辑，等待返回 ResultMessage 对象，如果是没有通过的，则执行代码②处的不放行逻辑，这段代码是方法的核心，下面进行解释。

首先获取响应对象（ServerHttpResponse），然后设置响应码为 429（请求过多），并且设置响应类型为 JSON。然后是请求体，展示了不放行的原因，它会被转换成 JSON 数据字符串，放到缓冲区（DataBuffer）中，最后返回将缓冲区的数据输出。最后注意代码③处，这里使用了 chain 的 filter 方法，表示继续执行过滤器链，这样就意味着放行请求。

上述就完成了创建一个限流过滤器的逻辑，跟着我们要使用这个过滤器，如代码清单 9-31 所示。

代码清单 9-31   使用过滤器限流（Gateway 模块）

```
@Bean
public RouteLocator customRouteLocator(RouteLocatorBuilder builder) {
    return builder.routes()
        // 设置请求路径满足 ANT 风格 "/user/**" 的路由
        .route("user-service", r-> r.path("/user/**")
            // 添加自定义过滤器
            .filters(f->f.filter(customGatewayFilter())) // ①
            // 匹配路径
            .uri("http://localhost:6001"))
        .build();
}
```

注意代码①处，通过 filter 方法加入了自定义的过滤器。我们现在启动对应的微服务，请求 http://localhost:3001/user/info/1，并快速刷新几遍，就可以看到图 9-13 所示的结果了。

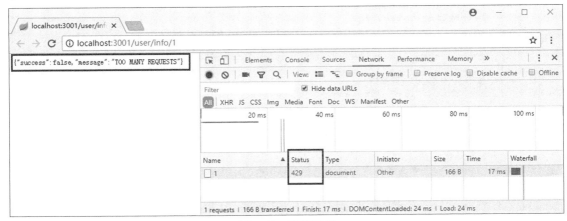

图 9-13   限流效果

从图 9-13 中的结果可以看出，通过自定义过滤器的办法，限流成功了，返回的状态码为 429，且限流信息也显示出来了。

需要注意的是，加入自定义过滤器的 filter 方法，实际上有以下 3 种加入自定义过滤器的方式。

```
// 加入单个 Gateway 过滤器
public GatewayFilterSpec filter(GatewayFilter gatewayFilter)
```

```
// 加入单个 Gateway 过滤器，并定义过滤器顺序
public GatewayFilterSpec filter(GatewayFilter gatewayFilter, int order)
```

```
// 加入 Gateway 过滤器列表
public GatewayFilterSpec filters(GatewayFilter... gatewayFilters)
```

第一种方式是加入单个过滤器。第二种方式是加入单个过滤器，并指定其顺序，关于顺序后文会再介绍。第三种方式是允许我们同时加入多个过滤器。

9.5.2   全局过滤器——转发 token

正如前面我们分析过的，过滤器分为全局的和局部。全局过滤器的接口定义是 GlobalFilter，它

的源码如下：

```
package org.springframework.cloud.gateway.filter;
/**** imports ****/
public interface GlobalFilter {
    Mono<Void> filter(ServerWebExchange exchange, GatewayFilterChain chain);
}
```

从源码上可以知道，它和 GatewayFilter 接口几乎一样，都是统一的 filter 方法和参数。在 Gateway 的机制中，只要一个类实现了 GlobalFilter 接口，并且装配到 IoC 容器中，Gateway 就会将它识别为全局过滤器。对于全局过滤器，执行路由命令的处理器（FilteringWebHandler）会把它转变为 GatewayFilter，放到过滤器链中的，然后再去执行这条过滤器链。

从上述分析中可以看出，要定义一个全局过滤器，只需要实现 GlobalFilter 接口，并且装配到 IoC 容器中即可。在实际的分布式开发中，有时候需要一个 token（令牌）进行跨服务器鉴权，在通过网关时，往往需要截取这个 token，放入到请求头中作为登录凭证，然后再路由到源服务器。下面我们以这样的情况作为例子，编写全局过滤器，如代码清单 9-32 所示。

代码清单 9-32　自定义全局过滤器（Gateway 模块）

```
@Bean // 装配为 Spring Bean
public GlobalFilter tokenFilter() {
    // Lambda 表达式
    return (exchange, chain) -> {
        // 判定请求头 token 参数是否存在
        boolean flag = !StringUtils.isBlank(
                exchange.getRequest().getHeaders().getFirst("token"));
        if (flag) { // 存在，直接放行路由
            return chain.filter(exchange);
        }
        // 获取 token 参数
        String token = exchange.getRequest()
            .getQueryParams().getFirst("token");
        ServerHttpRequest request = null;
        // token 参数不为空，路由时将它放入请求头
        if (!StringUtils.isBlank(token)) {
            request  = exchange.getRequest().mutate() // 构建请求头
                    .header("token", token)
                    .build();
            // 构造请求头后执行责任链
            return chain.filter(exchange.mutate().request(request).build());
        }
        // 放行
        return chain.filter(exchange);
    };
}
```

这个方法标注了 @Bean，这样它的返回值就会被装配到 Spring IoC 容器中。因为该方法是 GlobalFilter 类型的，所以 Gateway 会自动认为这是全局拦截器，并将这段逻辑加入到每一个路由中，不需要我们自己注册。对于将 Token 加入请求头的代码，我已给出了清晰的注释，请自行参考。

9.5.3　过滤器的顺序

我们之前只是讨论了过滤器，但是并未讨论过过滤器执行的顺序。在 Zuul 中，我们知道，它是

通过 ZuulFilter 接口定义的 filterOrder 方法获得一个整数从小到大进行排序的。同样的，Gateway 也定义了一个 Ordered（org.springframework.core.Ordered）接口来支持排序。实际上，Gateway 已经自定义了一系列的全局过滤器，如图 9-14 所示。

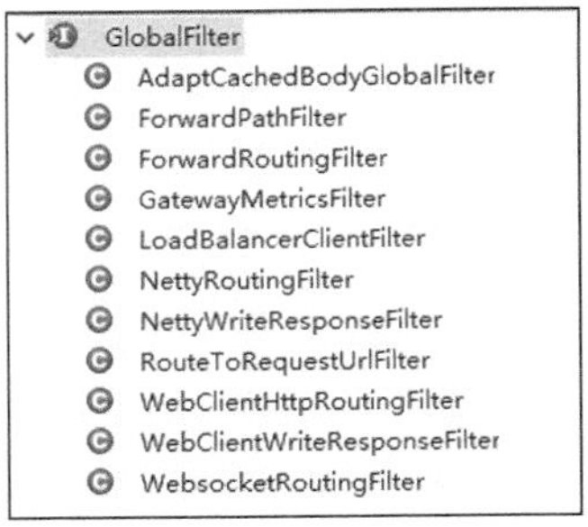

这些全局过滤器都实现了 GlobalFilter 和 Ordered 接口，所以它们都具备排序的功能。在 Ordered 接口中有两个常量，一个是 HIGHEST_PRECEDENCE（最高优先级），它的取值为最小整数，也就是 Integer.MIN_VALUE（-2 147 483 648）；另一个是 LOWEST_PRECEDENCE（最低优先级），它的取值为最大整数，也就是 Integer.MAX_VALUE（2 147 483 647）。Gateway 自定义的全局过滤器是依据这两个参数进行排序的，其具体的排序值如表 9-1 所示。

图 9-14　Gateway 自定义的全局过滤器

表 9-1　Gateway 默认提供的全局过滤器

全局过滤器	排序数字	说明	默认使用
AdaptCachedBodyGlobalFilter	HIGHEST_PRECEDENCE+1000	缓存请求体过滤器	是
GatewayMetricsFilter	HIGHEST_PRECEDENCE+10000	提供 Gateway 度量数据过滤器	是
NettyWriteResponseFilter	-1	Netty 写入响应过滤器	是
WebClientWriteResponseFilter	-1	Web 客户端写入响应过滤器	否
ForwardPathFilter	0	跳转路径过滤器	是
RouteToRequestUrlFilter	10000	路由请求源服务器 URL 过滤器	是
LoadBalancerClientFilter	10100	客户端负载均衡过滤器	否
WebsocketRoutingFilter	LOWEST_PRECEDENCE-1	Websocket 路由过滤器	是
ForwardRoutingFilter	LOWEST_PRECEDENCE	跳转过滤器	否
NettyRoutingFilter	LOWEST_PRECEDENCE	Netty 路由过滤器	是
WebClientHttpRoutingFilter	LOWEST_PRECEDENCE	Web 客户端 HTTP 路由过滤器	是

通过表 9-1 可以知道过滤器执行的顺序。对于路由独立的过滤器，如果使用过滤器工厂来实现，那么排序的数字一律为 0。在代码清单 9-32 中，我们只是定义了一个全局过滤器，但是没有指定顺序，这样的情况下，它会认为顺序为 0。为了让它能够按我们的设置进行排序，我们将它的逻辑独立出来成为一个类，如代码清单 9-33 所示。

代码清单 9-33　自定义全局过滤器并排序（Gateway 模块）

```
package com.spring.cloud.gateway.filter;

/**** imports ****/
@Component // 让 Spring IoC 容器扫描 ①
public class TokenFilter implements GlobalFilter, Ordered { // ②
    // 过滤器逻辑
    @Override
    public Mono<Void> filter(
            ServerWebExchange exchange, GatewayFilterChain chain) {
        // 判定请求头 token 参数是否存在
```

```
boolean flag = !StringUtils.isBlank(
        exchange.getRequest().getHeaders().getFirst("token"));
if (flag) { // 存在，直接放行路由
    return chain.filter(exchange);
}
// 获取 auth-token 参数
String token = exchange.getRequest()
        .getQueryParams().getFirst("token");
ServerHttpRequest request = null;
// token 参数不为空，路由时将它放入请求头
if (!StringUtils.isBlank(token)) {
    request  = exchange.getRequest().mutate()
            .header("token", token)
            .build();
    // 构造请求头后执行责任链
    return chain.filter(exchange.mutate().request(request).build());
}
// 放行
return chain.filter(exchange);
}

// 排序   ③
@Override
public int getOrder() {
    return HIGHEST_PRECEDENCE + 100001;
}
}
```

代码①处使用了@Component 注解，来让 IoC 容器对其扫描和装配。因为代码②处实现了
GlobalFilter 接口，所以 Gateway 会自动识别它为全局过滤器。代码②处还实现了 Ordered 接口，因
此需要实现代码③处的 getOrder 方法进行排序。于是，以调试模式启动对应的微服务实例，然后通
过断点监控，就可以看到图 9-15 所示的结果了。

图 9-15　过滤器排序

从图 9-15 中可以看出，它已经按照数字顺序从小到大进行排序了。

上述是全局过滤器，如果想对局部过滤器进行排序，也可以类似全局过滤器那样实现 Ordered
接口。此外，在 Gateway 中，还有一个适配类——OrderedGatewayFilter，通过它也可以实现对过滤

器进行排序，为此，让我们研究一下它的源码，代码如下：

```java
package org.springframework.cloud.gateway.filter;

/**** imports ****/
public class OrderedGatewayFilter implements GatewayFilter, Ordered {
    // 委托过滤器
    private final GatewayFilter delegate;
    // 排序整数
    private final int order;

    // 构造方法
    public OrderedGatewayFilter(GatewayFilter delegate, int order) {
        this.delegate = delegate;
        this.order = order;
    }

    // 调用委托过滤器的 filter 方法
    @Override
    public Mono<Void> filter(ServerWebExchange exchange,
            GatewayFilterChain chain) {
        return this.delegate.filter(exchange, chain);
    }
    ......
}
```

从源码中可以看出，它已经实现了 GatewayFilter 和 Ordered 两个接口，所以它具备了排序的功能。它有两个参数：一个是 delegate，这是一个委托的过滤器；另一个是整数 order，它是排序整数。在构造方法中，可以看出，要构造 OrderedGatewayFilter 对象，需要委托过滤器和排序整数。有了这些知识，让我们来修改代码清单 9-30 中的局部过滤器，如代码清单 9-34 所示。

代码清单 9-34　自定义局部过滤器并排序（Gateway 模块）

```java
@Bean
public GatewayFilter customGatewayFilter() {
    int order = -100; // 排序
    // 创建委托过滤器
    GatewayFilter filter = (exchange, chain) -> {
        // 执行 Resilience4j 限速器逻辑
        ResultMessage resultMessage = rateLimit();
        if (!resultMessage.getSuccess()) { // 不放行
            ServerHttpRequest request = exchange.getRequest();
            // 获取响应对象
            ServerHttpResponse response = exchange.getResponse();
            // 响应码为 429——请求过多
            response.setStatusCode(HttpStatus.TOO_MANY_REQUESTS);
            // 响应类型为 JSON
            response.getHeaders()
                .setContentType(MediaType.APPLICATION_JSON_UTF8);
            // 转换为 JSON 字符串
            String body =toJson(resultMessage);
            // 响应数据缓冲
            DataBuffer dataBuffer
                = response.bufferFactory().wrap(body.getBytes());
            // 使用限流结果响应请求，不再继续执行过滤器链
            return exchange.getResponse().writeWith(Mono.just(dataBuffer));
```

```
    }
    // 放行，继续执行过滤器链
    return chain.filter(exchange);
};
// 创建 OrderedGatewayFilter
return new OrderedGatewayFilter(filter, order);
}
```

只需要看最后加粗的代码，它只是将原有的过滤器包装成为一个 OrderedGatewayFilter 对象，并且设置了排序整数。

9.6 Gateway 知识补充

关于 Gateway 的基础知识到这里就讲述完了，本节让我们将它们付诸实践，以提高我们的实践能力。

9.6.1 基于服务发现的路由

上面我们只是针对一个微服务实例进行路由，还没有基于服务发现的路由。在全局路由器中，我们可以看到一个类 LoadBalancerClientFilter，它会帮助我们完成基于服务发现的路由，下面让我们讨论它的用法。

为了使用客户端服务发现路由，首先也要把 Gateway 模块注册到 Eureka 服务治理中心，为此，在 Maven 中先引入服务发现的依赖。

```
<!-- 引入 Eureka 客户端-->
<dependency>
    <groupId>org.springframework.cloud</groupId>
    <artifactId>spring-cloud-starter-netflix-eureka-client</artifactId>
</dependency>
```

然后，我们在 YAML 文件中进行如下配置。

```
# 请求 URL 指向 Eureka 服务治理中心
eureka:
  client:
    serviceUrl:
      defaultZone : http://localhost:5001/eureka/,http://localhost:5002/eureka/
```

这样，在启动 Gateway 模块时，就会向 Eureka 服务治理中心进行注册了，Gateway 模块就有了服务获取的功能。在 Gateway 中，对于 URI 的配置，有这样一种约定：使用"lb://{service-id}"格式时，就采用服务发现的路由。下面使用代码清单 9-35 进行说明。

代码清单 9-35　基于服务发现的路由（Gateway 模块）
```
@Bean
public RouteLocator customRouteLocator(RouteLocatorBuilder builder) {
    return builder.routes()
        // 设置请求路径满足 ANT 风格 "/user/**" 的路由
        .route("user-service", r-> r.path("/user/**")
            // 使用服务发现的路由
            .uri("lb://user")) // ①
        .build();
}
```

注意代码①中的字符串"lb://user"，它符合"lb://{service-id}"的格式，显然 service-id 就是 user，指向用户微服务。加上我们向 Eureka 进行了服务注册，因此它可以使用 Ribbon 进行服务发现的路由。同样的，我们也可以使用 YAML 文件进行配置，代码如下：

```
spring:
  cloud:
    gateway:
      routes:
      - id: user-service
        # 客户端负载均衡路由
        uri: lb://user
        # 匹配路径
        predicates:
        - Path=/user/**
```

事实上，在 Gateway 中有下面这样的配置项。

```
spring:
  cloud:
    gateway:
      discovery:
        # 发现路由
        locator:
          # 是否启用发现路由
          enabled: false
          # 是否采用小写化的微服务名称
          lower-case-service-id: false
```

但在我的实际测试中，这两个加粗的配置项已经不起作用了，即使都配置为 false，代码清单 9-35 和对应的配置也是有效的。

9.6.2 度量和动态更新路由

Gateway 还自动提供了度量端点，当然，首先需要引入度量的依赖，代码如下：

```
<!-- 引入度量依赖 -->
<dependency>
    <groupId>org.springframework.boot</groupId>
    <artifactId>spring-boot-starter-actuator</artifactId>
</dependency>
```

在 Gateway 中，它提供的度量控制器的名称为 gateway，如果想更为具体地学习，可以看类 org.springframework.cloud.gateway.actuate.GatewayControllerEndpoint 的源码，这里就不再讨论了。为了能够查看到端点，我们还需要在 YAML 文件中进行如下配置以暴露端点。

```
management:
  endpoints:
    web:
      # 暴露端点
      exposure:
        # 配置暴露的端点
        include: gateway
```

这样端点就被暴露了出来。启动 Gateway 模块，在浏览器中请求地址 http://localhost:3001/ actuator/

gateway/routes，就可以看到图 9-16 所示的对应的路由信息了。

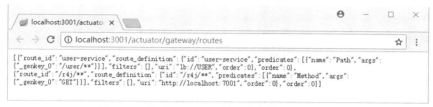

图 9-16　查看 Gateway 所有路由信息度量端点

而事实上 Gateway 默认提供的端点不止这个，还包含其他的端点，如表 9-2 所示。

表 9-2　Gateway 度量端点

度量端点	方法	请求体类型	说明
/actuator/gateway/refresh	POST		刷新当前路由
/actuator/gateway/globalfilters	GET		获取全局过滤器信息
/actuator/gateway/routes	GET		获取所有路由信息
/actuator/gateway/routes/{id}	**POST**	**Mono<RouteDefinition>**	**新增或者更新路由信息**
/actuator/gateway/routes/{id}	**DELTE**		**根据 id 删除路由信息**
/actuator/gateway/routes/{id}	**GET**		**根据 id 获取路由信息**
/actuator/gateway/routes/{id}/combinedfilters	GET		获取对应 id 的路由的所有过滤器

通过表 9-2，相信大家已经知道有哪些度量端点可以查看。但是注意表中加粗的 3 个度量端点，尽管它们的 URI 是相同的，但是 HTTP 请求的方法不同，其中 POST 请求方法的，代表新增路由；DELETE 请求方法的，代表删除路由；而 GET 请求方法的，代表获取路由信息。显然，通过这 3 个端点，就可以动态完成对路由的更新了，这便是动态更新路由的方法。下面我们来演示新增路由，如代码清单 9-36 所示。

代码清单 9-36　动态新增路由（Gateway 模块）

```
public static void saveRoutes() {
    // REST 风格请求模板
    RestTemplate restTemplate = new RestTemplate();
    // 需要保持的路由配置
    RouteDefinition routeDefinition = routeDefinition();
    // 包装请求体
    HttpEntity<RouteDefinition> request = new HttpEntity<>(routeDefinition);
    // 请求路径
    String url = "http://localhost:3001/actuator/gateway/routes/hystrix";
    // POST 请求
    ResponseEntity<Void> obj
        = restTemplate.postForEntity(url, request, Void.class);
}

private static RouteDefinition routeDefinition() {
    // 路由定义
    RouteDefinition routeDefinition = new RouteDefinition();
```

```
    // 设置路由编号
    routeDefinition.setId("hystrix");
    // 路由 URI
    routeDefinition.setUri(URI.create("lb://USER"));
    // 路由顺序
    routeDefinition.setOrder(1000);
    // 定义断言
    PredicateDefinition predicateDefinition
            = new PredicateDefinition("Path=/hystrix/**");
    List<PredicateDefinition> predicates = new ArrayList<>();
    predicates.add(predicateDefinition);
    routeDefinition.setPredicates(predicates);
    // 定义过滤器
    FilterDefinition filterDefinition
            = new FilterDefinition("AddRequestHeader=id, 1");
    List<FilterDefinition> filters = new ArrayList<>();
    filters.add(filterDefinition);
    routeDefinition.setFilters(filters);
    // 返回路由定义
    return routeDefinition;
}
```

方法中已经写了注释，请自行参考。只要运行 saveRoutes 方法，就可以新增一个路由了。也可以使用代码清单 9-37 删除路由。

代码清单 9-37 动态删除路由（Gateway 模块）

```
public static void deleteRoutes() {
    // REST 风格请求模板
    RestTemplate restTemplate = new RestTemplate();
    String url = "http://localhost:3001/actuator/gateway/routes/hystrix";
    // DELETE 方法，删除路由
    restTemplate.delete(url);
}
```

显然，通过度量的端点就能够对路由进行动态更新了。

第 10 章

配置——Spring Cloud Config

Spring Cloud Config（为了方便，在不产生歧义时，全书都简称为 Config）是一个支持微服务和分布式集中化提供配置的项目。微服务架构中的实例可能会非常多，如果一个个地更新配置，运维成本会十分大。为了简化配置的复杂性，一些开发者提出了集中化管理配置的概念，也就是提供一个集中化的配置中心，让我们可以统一配置各个微服务实例。本章要讲的 Config 就是出于这个目的的设计的。

在 Config 中有服务端和客户端两个部分。

- **服务端**：也可以称为集中化配置中心，它是一个独立的服务，当然也可以将它注册到 Eureka 服务治理中心。它的作用是集中管理各个微服务的配置。它会从某个地方读取对应的配置文件，提供给其客户端作为配置。当前，Config 提供的默认方案是从 Git 仓库读取配置文件，此外还提供了本地文件库、SVN、MongoDB 和关系数据库等多种方案供用户使用。

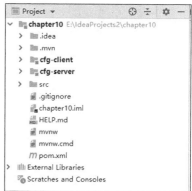

- **客户端**：具体的微服务实例，例如之前我们搭建的产品微服务、用户微服务等，它会通过读取 Config 服务端，来获取自己的配置文件。所以对于客户端来说，只需要配置连通服务端的信息即可，比较简单。

通过上述描述，相信大家对 Config 的服务端和客户端有了初步的认识。我们之前的微服务比较复杂，所以本章我会新建一个 Chapter10 的项目，然后再添加两个模块，具体项目结构如图 10-1 所示。

图 10-1　Config 使用的新项目结构

其中，模块 cfg-client 是 Config 的客户端，在现实中它是一个具体的微服务；模块 cfg-server 是 Config 的服务端，由它从某一个地方读取对应的配置。为了更好地说明，我们从 Git 的方式开始。

10.1　入门实例——使用 Git 仓库

这里将通过读取 Git 仓库的方式来讲述 Config 的使用。Config 的使用分为服务端和客户端，所以这里的讲解也按服务端和客户端进行划分。后续讲解使用本地文件和数据库等方式进行配置时，也将基于此基础进行说明。

10.1.1 服务端开发

服务端开发最主要的任务是配置从哪里读取对应的配置文件，本节我们将配置从 Git 仓库读取配置文件。在企业的生产中，往往会先搭建 Git 服务器，但这个相对比较复杂，往往交由对应的运维工程师来完成。在私人的项目中，则不需要那么麻烦，可以先注册一个 GitHub 的用户，例如，我注册了一个名为 ykzhen2019 的用户。然后在 GitHub 网站添加一个仓库（repositories），例如名称为 chapter10。注意，我新建的是一个公开（public）的仓库，这意味着任何人都有访问的权限。跟着在这个 chapter10 仓库中新增（或者提交）一个文件 config-client-v1.yml，其内容如代码清单 10-1 所示。

代码清单 10-1　Git 仓库中的配置文件（文件名 config-client-v1.yml）

```
# 服务端口
server:
  port: 3001

# 当前版本信息
version:
  message: 20190305 发布第一个版本
```

这是一个配置文件，配置了端口从 3001 启动，还配置了版本的相关信息。然后我们可以从 GitHub 上看到对应的信息，如图 10-2 所示。

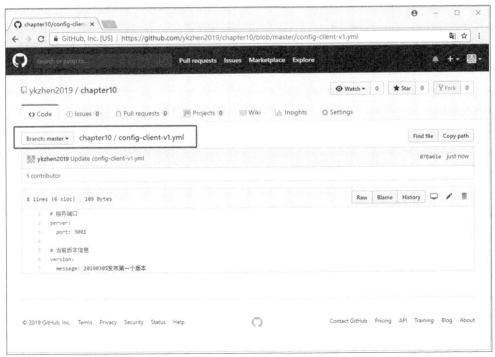

图 10-2　GitHub 上的配置文件

有了这些之后，我们开始配置模块 cfg-server。首先引入对应的依赖，代码如下：

```
<!-- Config 服务端依赖 -->
<dependency>
    <groupId>org.springframework.cloud</groupId>
    <artifactId>spring-cloud-config-server</artifactId>
</dependency>
```

跟着我们修改 YAML 文件的配置，如代码清单 10-2 所示。

代码清单 10-2　配置 Config 服务端（cfg-server 模块）

```
spring:
  cloud:
    config:
      # Config 服务端配置
      server:
        # 使用 Git，从 Git 仓库中读取配置文件
        git:
          # GitHub 的 URI，将从 GitHub 网站获取配置文件
          uri: https://github.com/ykzhen2019/chapter10
          # 如果使用的是私有仓库，则需要填写用户密码
          # GitHub 用户名
          # username: your-username
          # GitHub 密码
          # password: your-password
          # 默认的 Git 分支，默认值为 "master"
          # default-label: master
          # 查找路径，可以配置 Git 仓库的文件路径，
          # 使用逗号分隔可配置多个路径
          # search-paths: /config
  application:
    # 微服务名称
    name: config-center
# 配置端口
server:
  port: 4001
```

注意加粗的这段代码，这是核心配置，代码中的注释已比较清晰，请读者参考。这里的 chapter10 是一个公开的仓库，所以不需要使用用户名和密码进行访问。假如你访问的是一个私有仓库，那么你就需要使用用户名和密码来进行访问了。这里还有一个 default-lable 配置项，它配置的是在默认的情况下访问的 Git 仓库的分支，默认值为 "master"（主干）分支。有时候，配置文件在 Git 仓库的某个路径下，这个时候可以使用 search-paths 配置路径，Config 服务端会到对应的路径下查找配置文件。

只有这些还不行，我们还需要使用一个注解来驱动 Config 服务端生效，这个注解就是 @EnableConfigServer，为此改造启动文件 CfgServerApplication，如代码清单 10-3 所示。

代码清单 10-3　使用注解驱动 Config 服务端（cfg-server 模块）

```
package com.spring.cloud.cfgserver.main;
/**** imports ****/
@SpringBootApplication(scanBasePackages = "com.spring.cloud.cfgserver")
// 驱动该微服务为 Config 服务端
@EnableConfigServer
public class CfgServerApplication {
```

```
public static void main(String[] args) {
    SpringApplication.run(CfgServerApplication.class, args);
}
}
```

这样通过注解@EnableConfigServer 就可以驱动该服务为 Config 的服务端了，再通过 YAML 文件的配置，它就能够从 Git 仓库中读取对应的配置文件了。

10.1.2　客户端开发

Config 客户端的开发，主要是配置如何连接到 Config 服务端，然后客户端会自动读取对应的配置文件。所以我们需要搞清楚，如何连接到 Config 服务器，以及读取配置文件的规则。在配置之前，需要先引入对应的依赖，代码如下：

```xml
<dependency>
    <groupId>org.springframework.cloud</groupId>
    <artifactId>spring-cloud-starter-config</artifactId>
</dependency>
```

然后在模块 cfg-client 中的 resources 文件夹下添加文件 bootstrap.yml（请注意，此时不要使用 application.yml），它也是按照 Spring Boot 启动规则加载的配置文件，而且它会先于 application.yml 文件进行加载，其内容如代码清单 10-4 所示。

代码清单 10-4　配置 Config 客户端（cfg-client 模块的 bootstrap.yml 文件）

```yaml
spring:
  application:
    # 微服务名称
    name: config-client
  cloud:
    # Config 客户端配置
    config:
      # 连接的 URI
      uri: http://localhost:4001
      # 是否支持快速失败
      fail-fast: false
      # 使用的分支
      # label: master
  profiles:
    # 配置版本号
    active:
    - v1
```

这里的 spring.cloud.config.*是对 Config 服务端的配置，其中 uri 表示连接 Config 服务端的地址。fail-fast 表示是否支持快速失败，如果支持快速失败，就可以避免在长期读取不到服务端配置文件时，长期占用资源。这里将 spring.profiles.active 配置为 v1，并且将微服务名称配置为 config-client。此外，还有一个配置项 spring.cloud.config.label，它是配置版本分支的，如果缺省就会采用服务端的 spring.cloud.config.server.git.default-label 配置项（其默认值为 "master"）。

通过这样的配置，Config 客户端需要去服务端访问的配置文件名的查找规则为{spring.application.name}-{spring.profiles.active}.yml。当然，如果选择使用 properties 文件，那么文件名规则则为{spring.application.name}-{spring.profiles.active}.properties。而具体从哪个 Git 仓库的分支查找，则是通过 spring.

cloud.config.label 配置的。从这段论述中可以看到，Config 的服务端会从客户端获取 3 个参数：spring. application.name、spring.profiles.active 和 spring.cloud.config.label。其中前面两个参数组成文件名，最后一个参数确定读取的分支。

到这里，服务端和客户端都已经配置好了，客户端 cfg-client 通过规则会到服务端 cfg-server 中查找 config-client.yml（或者 config-client.properties）文件，作为其配置文件。下面再修改启动类，如代码清单 10-5 所示。

代码清单 10-5　Config 客户端测试（cfg-client 模块）

```
package com.spring.cloud.cfgclient.main;
/**** imports ****/
@SpringBootApplication
@RestController // REST 风格控制器
public class CfgClientApplication {

    public static void main(String[] args) {
        SpringApplication.run(CfgClientApplication.class, args);
    }

    // 读取配置文件的信息
    @Value("${version.message}") // ①
    private String versionMsg = null;

    // 展示配置文件信息
    @GetMapping("/version/message")
    public  String versionMessage() {
        return versionMsg;
    }
}
```

这里的启动标注了注解@RestController，这意味着它是一个 REST 风格的控制器。跟着开发了 versionMessage 方法，它对应的 URI 为/version/message，返回的将是代码①处返回的属性值，该属性值读取配置文件设置的 version.message 属性。

10.1.3　验证配置

这里首先启动模块 cfg-server，再启动模块 cfg-client，然后就可以观察到类似下面这样的日志了。

```
......
Initializing ExecutorService 'applicationTaskExecutor'
Cannot determine local hostname
Tomcat started on port(s): 3001 (http) with context path ''
Started CfgClientApplication in 9.173 seconds (JVM running for 10.49)
Initializing Spring DispatcherServlet 'dispatcherServlet'
Initializing Servlet 'dispatcherServlet'
Completed initialization in 5 ms
```

注意加粗的日志，这说明它已经使用 3001 端口启动了服务，没有从默认的 8080 端口启动，这证明使用的是 Git 远端仓库的配置文件。此时请注意，如果你在 cfg-client 模块中使用 application.yml 进行了配置，那么这个配置也是无效的，因为首先装配的是 bootstrap.yml，然后服务的配置会被指向从 Config 服务端读取，而不再读取 application.yml 的配置。此时在浏览器打开 http://localhost:3001/

version/message，就可以看到图 10-3 所示的结果了。

图 10-3　查看配置的版本信息

显然我们已经成功地读取了 Git 的配置文件。这里的关键是，要理解客户端是依据什么规则去服务端找对应的配置文件的，如果在多分支的情况下，还需要注意具体分支的配置。

10.1.4　小结

Config 服务端和客户端是如何关联的，是本章的核心内容，只要牢牢把握住这点，就能很好地掌握 Config 的应用了。实际上，Config 的客户端和服务端都可以注册到 Eureka 进行统一的管理，然后通过服务发现的方式来完成对应的功能，这些后续还会再讨论。

10.2　使用其他方式实现配置

前面我们讲解了从 Git 仓库读取配置文件的方法。实际上，Spring Cloud 还能支持许多种方式的配置，包括本地文件、数据库和 MongoDB 等，下面我们将分别进行讲述。值得注意的是，一般来说，Config 的客户端是不需要修改的，需要修改的是 Config 的服务端。从 Git 的配置方式来看，Config 的服务端从客户端读取的参数是 spring.application.name、spring.profiles.active 和 spring.cloud.config.label，由它们来按照一定的规则读取配置文件或者属性，以及确定版本分支。而其中的这些规则是本章学习的重点，只要牢牢地把握住这点，后续的学习就不会有太大的困难了。

10.2.1　使用本地文件

如果不使用 Git 仓库读取配置文件，也可以使用本地文件。此时只需要修改 Config 服务端的代码，例如，将代码清单 10-2 修改为代码清单 10-6。

代码清单 10-6　Config 服务端使用本地文件（cfg-server 模块的 application.yml 文件）

```yaml
spring:
  cloud:
    config:
      # Config 服务端配置
      server:
        # 本地文件
        native:
          # classpath 指向类路径，/configs 代表目录
          search-locations: classpath:/configs  # ①
  application:
    # 微服务名称
    name: config-center
  profiles:
    # 注意，这个配置项一定要配置，
    # 否则 Config 服务端会因默认使用 Git 而报错
```

```
    active: native # ②
server:
  # 启动端口
  port: 4001
```

先看一下代码①处，配置项 spring.cloud.config.native.search-locations 指定的是本地目录，代表 Config 服务端将在这个文件夹下查找配置文件。但是请注意，只指定这个配置项并不够，因为 Config 服务端默认使用的是 Git，所以在代码②处配置 "native"，这就等于告诉 Config 服务端不再使用 Git，而是使用本地文件，这样就不会报错了。最后，在 cfg-server 模块的 resources 目录下创建文件夹 configs，然后以文件名 config-client-v1.yml 保存代码清单 10-1 的代码。处理完后，依次启动 cfg-server 模块和 cfg-client 模块，就可以看到启动成功了。

10.2.2　使用 SVN 配置

当然，有些企业并不使用 Git 作为版本控制，而是依旧使用旧的版本控制工具 SVN，对此，Config 也给予了良好的支持。为了使用 SVN，我们引入 Maven 包进行支持，代码如下：

```xml
<dependency>
    <groupId>org.tmatesoft.svnkit</groupId>
    <artifactId>svnkit</artifactId>
    <version>1.8.10</version>
</dependency>
```

然后在 SVN 提交文件 config-client-v1.yml 到目录 SVN 的目录 config-files 下，如图 10-4 所示。

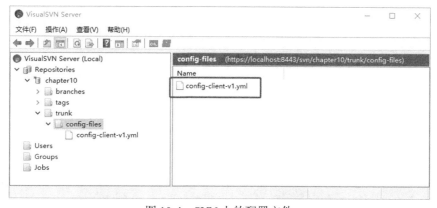

图 10-4　SVN 上的配置文件

这个 config-client-v1.yml 文件的内容正是代码清单 10-2 的内容。这样配置文件的版本就使用 SVN 进行管理，我们的任务就是让 Config 服务端读取 SVN 上的配置文件。为此，我们改造 cfg-server 模块的 application.yml 文件，如代码清单 10-7 所示。

代码清单 10-7　创建配置表（cfg-server 模块）
```
spring:
  cloud:
    config:
      # Config 服务端配置
      server:
```

```
                    # 使用 SVN
                    svn:  # ①
                       # SVN 的 URI 连接
                       uri: https://localhost:8443/svn/chapter10/
                       # 默认分支，默认值为 "trunk"
                       # default-label: trunk
                       # SVN 用户名
                       username: user
                       # SVN 密码
                       password: 123456
                       # SVN 服务器配置文件的路径（可以有多个，用逗号分隔）
                       searchPaths: /config-files
          application:
             # 微服务名称
             name: config-center
          profiles:
             # 注意，这个配置项一定要配置，否则 Config 服务端会默认使用 Git
             active: subversion  # ②
       server:
          # 启动端口
          port: 4001
```

注意，这里删除了关于数据库的配置，因此在使用的时候，也要注释 Maven 中关于 JDBC 和 MySQL 的依赖，否则后续启动会引发没有配置数据库的错误。代码①处配置的是 SVN 信息，代码中的注释已比较清晰，请参考。代码②处也是必不可少的，不然 Config 服务端还会以没有配置 Git 而引发错误。

经过这样配置，依次启动 cfg-server 模块和 cfg-client 模块，就可以看到启动成功了。

10.2.3 使用数据库

有时候，有些企业喜欢使用数据库进行配置，对此 Config 也提供了良好的支持。Config 提供了一个配置类 JdbcEnvironmentProperties，我们先来看看它的源码。

```
package org.springframework.cloud.config.server.environment;
/**** imports ****/
@ConfigurationProperties("spring.cloud.config.server.jdbc")
public class JdbcEnvironmentProperties implements EnvironmentRepositoryProperties {
    // 默认获取配置的 SQL
    private static final String DEFAULT_SQL = "SELECT KEY, VALUE from PROPERTIES"
            + " where APPLICATION=? and PROFILE=? and LABEL=?";
    private int order = Ordered.LOWEST_PRECEDENCE - 10;
    // 在没有任何配置下，使用默认的 SQL
    private String sql = DEFAULT_SQL;
    /**** setter and getter ****/
}
```

从源码中可以看出，Config 给出了默认的 SQL，在配置以数据库加载属性时，Config 服务端会执行这条 SQL 加载对应的属性。当然，在大部分情况下，我们都不希望使用 Config 默认给的 SQL，而是新建自己的数据库和表。

更多的时候，企业更希望通过自定义的表来配置属性，所以我们先来执行代码清单 10-8 中给出的 SQL，创建数据库和表。

代码清单 10-8 创建配置表

```
create database spring_cloud_chapter10;
use spring_cloud_chapter10;
drop table if exists t_config;

create table t_config
(
    id                  int(12) auto_increment comment '编号',
    property_name       varchar(512) not null comment '属性键',
    property_value      varchar(512) not null comment '属性值',
    application_name    varchar(256) not null comment '微服务名称',
    version             varchar(64) not null comment '版本',
    branch              varchar(64) not null comment '分支',
    primary key (id)
);
/** 插入记录 **/
insert into t_config(property_name, property_value,
application_name, version, branch)
values ("server.port", "3001",
"config-client", "v1", "master");

insert into t_config(property_name, property_value,
application_name, version, branch)
values ("version.message", "20190305发布第一个版本",
"config-client", "v1", "master");
```

如此，自定义的数据库配置表（t_config）就建好了。为了在项目中使用数据库，首先在 Maven 中加入对 JDBC 和 MySQL 的依赖，代码如下：

```
<dependency>
    <groupId>org.springframework.boot</groupId>
    <artifactId>spring-boot-starter-jdbc</artifactId>
</dependency>
<dependency>
    <groupId>mysql</groupId>
    <artifactId>mysql-connector-java</artifactId>
</dependency>
```

这样，项目就依赖了 JDBC 和 MySQL。跟着让我们配置 Config 服务端的 YAML 文件，使得服务端能够从数据库中读出配置项，如代码清单 10-9 所示。

代码清单 10-9 Config 服务端使用数据库（cfg-server 模块的 application.yml 文件）

```
spring:
  cloud:
    config:
      # Config 服务端配置
      server:
        # 数据库方式
        jdbc:
          # SQL 查询语句，需要记住的是，客户端会给服务端传递 3 个参数，它们的顺序依次是：
          # {spring.application.name}、{spring.profiles.active}
          # 和{spring.cloud.config.label}。它们会依据顺序预编译到 SQL 中
```

```
                        sql: SELECT property_name, property_value from t_config where application_
name =? and version=? and branch=? # ①
        application:
            # 微服务名称
            name: config-center
        profiles:
            # 注意,这个配置项一定要配置,否则 Config 服务端会默认使用 Git
            active: jdbc # ②
        datasource:
            url: jdbc:mysql://localhost:3306/spring_cloud_chapter10?serverTimezone=GMT
            username: root
            password: 123456
server:
    # 启动端口
    port: 4001
```

在代码①处是配置项 spring.cloud.config.server.jdbc.sql 属性,它配置的是一条 SQL 语句,请注意这条 SQL 语句包含的 3 个参数以及它们的顺序,在代码的注释中已经讲得比较清楚了,请自行参考。此外还要注意在代码②处将配置项 spring.profiles.active 设置为 jdbc,这样就不会报没有配置 Git 的错误了。

配置完毕后,依次启动 cfg-server 模块和 cfg-client 模块,就可以看到启动成功了。

10.3 服务端的使用详解

Config 服务端是配置的核心,而这些配置往往是很敏感的信息,如数据库和 Redis 密码,需要进行加密,其次也需要监测 Config 服务端的监控情况。为了让这些信息更为安全,往往需要加入安全机制进行保护。只是下文我都会采用 Git 仓库的方式进行讲解。

10.3.1 敏感配置加密和解密

在一些情况下,某些配置项会成为敏感信息,这个时候可以使用密文。在 Config 中,支持用 JCE(Java Cryptography Extension)规则进行配置密文。JCE 是一组包,它们提供用于加密、密钥生成和协商以及 Message Authentication Code(MAC)算法的框架和实现。对于 JDK 9 及以上版本,默认就能够支持无限长度的密文,不需要处理。对于 JDK 6、7 和 8,在它们发布的时候都包含了对应的 JCE支持,但是只能支持有限长度的密文。如果使用的是 JDK 9 以前的版本,并且想支持无限长度的密文,那么可以去下载对应 JDK 版本的包。下载解压缩之后,可以看到 3 个文件 local_policy.jar、US_export_policy.jar 和 README.txt,把两个 jar 文件复制到%JAVA_HOME%/jre/lib/security 目录下即可。

在 Config 中,会默认给出以下 4 个关于 JCE 的端点。

- **/encrypt/status**:GET 请求,查看当前 JCE 状态。
- **/key**:GET 请求,加密或解密密钥。
- **/encrypt**:POST 请求,加密请求体。
- **/decrypt**:POST 请求,解密请求体。

JCE 并不能马上使用,如果没有附加配置就启动 cfg-server 模块,那么在浏览器打开地址 http://

localhost:4001/encrypt/status，将可以看到图 10-5 所示的结果了。

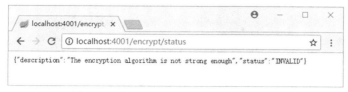

图 10-5　查看 Config 服务端的 JCE 状态

从图中的信息可以看出，JCE 的功能还没有启动。为了启用 JCE 的功能，我们将在 cfg-server 模块中新增文件 bootstrap.yml（请注意，这里使用 application.yml 进行配置是无效的），其内容如代码清单 10-10 所示。

代码清单 10-10　Config 服务端使用安全机制（cfg-server 模块）

```
encrypt:
  # 编码密钥
  key: chapter10
```

这里只是配置了一个密钥，它会用于对称加密（对称加密是指同一个密钥可以同时用于信息的加密和解密）。配置好后，启动 cfg-server 模块，在浏览器打开地址 http://localhost:4001/encrypt/status，就可以看到图 10-6 所示的结果了。

图 10-6　查看 Config 服务端的 JCE 状态

可以看到 JCE 启动了，然后我们可以新增一个控制器 PageController，如代码清单 10-11 所示。

代码清单 10-11　打开页面的控制器 PageController（cfg-server 模块）

```
package com.spring.cloud.cfgserver.controller;
/**** imports ****/
@Controller
public class PageController {
    // 打开一个 Thymeleaf 页面
    @GetMapping("/encode")
    public String encode() {
        return "encode";
    }
}
```

这里返回的字符串"encode"是打开一个 Thymeleaf 页面，为了使用 Thymeleaf，我们需要引入对应的依赖，代码如下：

```
<dependency>
    <groupId>org.springframework.boot</groupId>
    <artifactId>spring-boot-starter-web</artifactId>
</dependency>
```

```
<dependency>
    <groupId>org.springframework.boot</groupId>
    <artifactId>spring-boot-starter-thymeleaf</artifactId>
</dependency>
```

然后在/resources/templates 文件夹下新增文件 encode.html，其内容如代码清单 10-12 所示。

代码清单 10-12　编写加密和解码页面（cfg-server 模块）

```html
<!DOCTYPE html>
<html xmlns:th="http://www.thymeleaf.org">
<head>
    <!--引入 jQuery-->
    <script type="text/javascript"
        src="https://code.jquery.com/jquery-3.3.1.min.js"></script>
    <script type="text/javascript">
        function encode(type) {
            // 获取用户输入
            var data = $("#before").val();
            $.ajax({
                // POST 请求
                type: 'POST',
                // 请求路径
                url: "./" + type,
                // 请求体
                data: data,
                // 获取请求结果的处理
                success: function(result) {
                    $("#after").val(result);
                }
            });
        }
    </script>
    <meta charset="UTF-8">
    <title>加密和解密</title>
</head>
<body>
<!-- text/plain -->
<table>
    <tr>
        <td>加密（或解密）字符串：</td>
        <td><input name="before" id="before" value=""
            style="width:500px;" ></td>
    </tr>
    <tr>
        <td>处理后的字符串：</td>
        <td><input name="after" id="after" value=""
            style="width:500px;" ></td>
    </tr>
    <tr>
        <td></td>
        <td align="right">
            <input type="button" value="加密" onclick="encode('encrypt');"/>
            <input type="button" value="解密" onclick="encode('decrypt');"/>
        </td>
    </tr>
```

```
</table>
</body>
</html>
```

先看一下最后加密的两个按钮的 onclick 方法，它们都会传递一个字符串参数到 encode 函数里，这个参数对应的是 JCE 的两个端点，一个是加密（encrypt）端点，另一个是解密（decrypt）端点。encode 函数获取输入的字符串作为请求体，然后通过 POST 请求 JCE 的加密端点或者解密端点，最后回填处理后的文本框。这时重启 cfg-server 模块，在浏览器中打开 http://localhost:4001/encode，就可以看到图 10-7 所示的结果了。

图 10-7　加密和解密页面

在第一个文本框内输入明文，点击"加密"按钮，就可以转换出密文了。同样，将密文填入第一个文本框，然后点击解密，就可以还原为明文了。跟着让我们修改 Git 上的 config-client-v1.yml 文件的内容，如代码清单 10-13 所示。

代码清单 10-13　Git 仓库中的 config-client-v1.yml

```
# 服务端口
server:
  port: 3001

# 当前版本信息
version:
  message: '{cipher}b2f55adafb35d6dfd812a15365ff4c3c34fea63a180634b47f387c2bd93f0c549
94f0f49d915b5daf5af266a559e7a15'  # ①
```

代码①处的字符串是一个密文，其明文为"20190305 发布第一个版本"，注意字符串是以"{cipher}"开头的，表示这个配置项将以密文的形式提供。修改这个文件后，提交到 Git，然后启动 cfg-server 和 cfg-client 两个模块，在浏览器打开地址 http://localhost:3001/version/message，就可以看到图 10-8 所示的结果了。

图 10-8　客户端得到转换后的明文信息

10.3.2　查看配置文件和监控端点

上面配置了 Config 服务端，有时候我们还要查看配置文件。在客户端的讲解中，我们重点讲到了 3 个参数：spring.application.name、spring.profiles.active 和 spring.cloud.config.label。同样的，可以用它们作为参数，通过 HTTP 的 GET 请求 Config 服务端来查看对应的配置文件。一般来说，可以采用下面的 URI 来请求查看对应的配置文件：

```
/{spring.application.name}/{spring.profiles.active}[/{spring.cloud.config.label}]
```

以上述的例子为例，查看文件 config-client-v1.yml，请求 http://localhost:4001/config-client/v1/master，就可以看到图 10-9 所示的结果了。

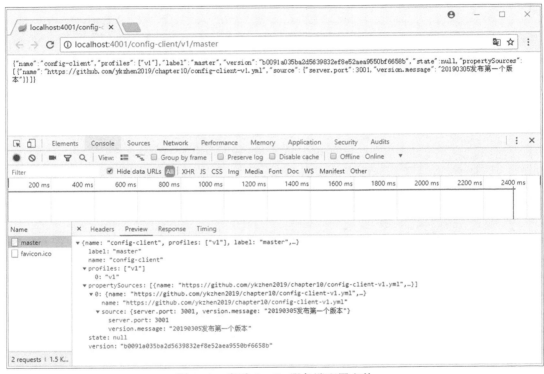

图 10-9　查看 Config 服务端配置文件

当然也可以使用 http://localhost:4001/config-client/v1 来查看，只是这个路径忽略了 spring.cloud.config.label，表示这是分支。此外还可以请求如下路径：

```
/{spring.application.name}-{spring.profiles.active}.yml
/{spring.application.name}-{spring.profiles.active}.properties
/{spring.cloud.config.label}/{spring.application.name}-{spring.profiles.active}.yml
/{spring.cloud.config.label}/{spring.application.name}-{spring.profiles.active}.properties
```

当然，配置文件为 YAML 格式的，就请求以 yml 结束的路径；以属性文件为配置文件的，就要请求以 properties 结束的路径了。

除此之外，Config 服务端还提供了监测的服务端点，为此我们需要先引入 Actuator 的依赖，代码如下：

```
<!--Spring Boot 监控依赖-->
<dependency>
```

```
<groupId>org.springframework.boot</groupId>
<artifactId>spring-boot-starter-actuator</artifactId>
</dependency>
```

对于健康情况，Config 在 Actuator 机制提供的 "health" 端点中增加了其健康的指标项。此外，Config 还会提供一个 "configprops" 端点。为了暴露它们，可以在 YAML 文件中加入代码清单 10-14 所示的配置。

代码清单 10-14　Config 服务端暴露监控端点（cfg-server 模块的 application.yml 文件）

```
management:
  endpoints:
    web:
      exposure:
        # 暴露的端点
        include : ["health", "configprops"]
        # 不暴露的端点
        exclude : env
```

这样我们就可以通过请求 http://localhost:4001/actuator/health 监控 Config 服务端的工作是否安全了，我们还可以通过 http://localhost:4001/actuator/configprops 来查看 Config 服务端的相关配置。图 10-10 给出的就是我本地查看 configprops 端点的实例。

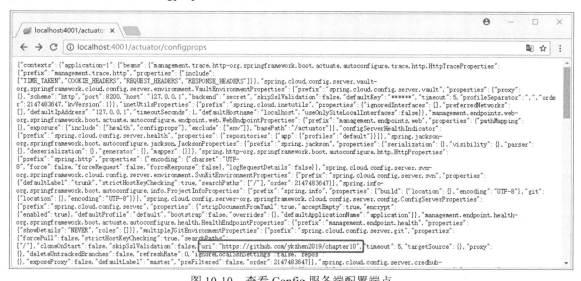

图 10-10　查看 Config 服务端配置端点

从图 10-10 中加框的配置可以看出，配置的 Git 地址也显示在 configprops 端点中了。

通过上述方法，既可以查看配置，又可以查看对应的配置信息，但是有时候这些配置涉及一些重要的信息，如数据库的用户和密码，所以往往还需要配置安全机制进行使用，这便是下节需要讨论的内容了。

10.3.3　安全认证

上面我们谈到了 Config 会给我们提供查看配置文件的路径和监测情况的端点，这些内容（如数据库的用户和密码）往往是比较敏感的问题。为了更加安全，我们往往需要引入对应的安全机制，如 Spring Security。为此，我们在 Maven 中引入依赖。

```
<!-- 引入 Spring Security 安全机制-->
<dependency>
    <groupId>org.springframework.boot</groupId>
    <artifactId>spring-boot-starter-security</artifactId>
</dependency>
......

<dependency>
    <groupId>org.springframework.boot</groupId>
    <artifactId>spring-boot-starter-tomcat</artifactId>
    <!--注释作用域，这样可以避免运行时找不到 Servlet 所依赖的类-->
    <!--<scope>provided</scope>-->
</dependency>
```

这里引入了安全依赖，然后注释了 spring-boot-starter-tomcat 的作用域，之所以给出这样的注释，是因为它会引起运行时找不到 Servlet 机制的类。

为了保护配置信息的安全，我们先配置 Spring Security 的内容，改造启动类 CfgServerApplication，如代码清单 10-15 所示。

代码清单 10-15　Config 服务端使用安全机制（cfg-server 模块）

```
package com.spring.cloud.cfgserver.main;
/**** imports ****/
@SpringBootApplication(scanBasePackages = "com.spring.cloud.cfgserver")
@EnableConfigServer
public class CfgServerApplication extends WebSecurityConfigurerAdapter  { // ①
    @Override
    protected void configure(AuthenticationManagerBuilder auth)
            throws Exception { // ②
        // 密码编码器
        PasswordEncoder passwordEncoder = new BCryptPasswordEncoder();
        // 可通过 passwordEncoder.encode("a123456")得到加密后的密码
        String pwd
            = "$2a$10$KRDqyu/oZqGmTN5DSHxWjenCiro0PG07IzC0zM.TX2uobnYO2N8DO";
        // 使用内存存储
        auth.inMemoryAuthentication()
            // 设置密码编码器
            .passwordEncoder(passwordEncoder)
            // 注册用户: admin，密码: a123456，并赋予 USER 和 ADMIN 的角色权限
            .withUser("admin")
            // 设置用户密码
            .password(pwd)
            // 赋予角色权限
            .roles("USER", "ADMIN");
    }

    @Override
    protected void configure(HttpSecurity http) throws Exception { // ③
        http.authorizeRequests()
            // 限定 ANT 风格的路径
            .antMatchers("/**")
            // 限定可以访问的角色权限
```

```
                    .hasRole("ADMIN")
                    // 请求关闭页面需要 ROLE_ADMIN 橘色
                    .and().formLogin().and()
                    // 启动 HTTP 基础验证
                    .httpBasic();
            }

        /**** 其他代码 ****/
    }
```

在这段代码中，代码①处继承了 WebSecurityConfigurerAdapter 类，它是一个安全的配置类，我们通过覆盖它的方法来配置 Spring Security。代码②处的 configure(AuthenticationManagerBuilder)方法覆盖了继承 WebSecurityConfigurerAdapter 得来的方法，并且将用户名称配置为"admin"，密码配置为"a123456"，同时还赋予了"USER"和"ADMIN"两个角色。代码③处的 configure(HttpSecurity)方法覆盖了继承 WebSecurityConfigurerAdapter 得来的方法，在这里定义了访问路径和登录页面的方式。

因为对 Config 服务端加入了安全机制，Config 客户端也需要进行相应的配置，才能读取到配置文件。为此，我们来修改 cfg-client 模块的 bootstrap.yml 文件，如代码清单 10-16 所示。

代码清单 10-16　Config 客户端配置 Config 服务端用户和密码（cfg-client 模块）

```
spring:
  application:
    # 微服务名称
    name: config-client
  cloud:
    # Config 服务端配置
    config:
      # 连接的 URI
      uri: http://localhost:4001
      # 是否支持快速失败
      fail-fast: false
      # 使用的分支
      # label: master
      # 登录 Config 服务端的密码
      password: a123456
      # 登录 Config 服务端的用户名称
      username: admin
  profiles:
    # 配置版本号
    active:
    - v1
```

注意加粗的代码，这是 Config 客户端访问需要安全认证的 Config 服务端所需要的配置。

10.3.4　高可用的 Config 配置

上面的 Config 服务端和客户端都是孤立，没有注册到 Eureka 服务治理中心，但在实际的应用中，往往还需要注册它们，然后使用服务发现的形式来获取配置文件。为此，首先需要创建一个 eureka-server 模块，然后参考第 3 章配置 Eureka 服务治理中心，这里依旧在 5001 和 5002 端口启动 Eureka 服务治理中心。然后在模块 cfg-server 和 cfg-client 中分别引入服务发现的依赖，代码如下：

```
<dependency>
    <groupId>org.springframework.cloud</groupId>
    <artifactId>spring-cloud-starter-netflix-eureka-client</artifactId>
</dependency>
```

接着在 cfg-server 模块的 application.yml 文件和 cfg-client 模块的 bootstrap.yml 文件中配置注册信息，代码如下：

```
# 请求 URL 指向 Eureka 服务治理中心
eureka:
  client:
    serviceUrl:
      defaultUrl : http://localhost:5001/eureka/,http://localhost:5002/eureka/
```

这样就能将 Config 服务端和客户端都注册到 Eureka 服务治理中心了。接着我们需要修改客户端，将其配置成通过服务发现来指定配置中心，如代码清单 10-17 所示。

代码清单 10-17　Config 客户端通过服务发现指定配置中心（cfg-client 模块）

```
spring:
  application:
    # 微服务名称
    name: config-client
  cloud:
    # Config 服务端配置
    config:
      # 使用的分支
      # label: master
      # 登录 Config 服务端的密码
      password: a123456
      # 登录 Config 服务端的用户名称
      username: admin
      # 服务发现配置
      discovery:
        # 是否启用服务发现寻找 Config 服务端
        enabled: true
        # Config 服务端 serviceId
        serviceId: config-center
  profiles:
    # 配置版本号
    active:
    - v1
```

注意加粗的代码及其注释，这样就能够使用服务发现的形式来指定配置中心了。当我们将多个 Config 服务端的多个实例注册到 Eureka 服务治理中心后，就可以实现高可用的配置了。

第 11 章

Spring Cloud Sleuth 全链路追踪

在前面的章节中，我们学习了 Eureka 服务治理中心，通过它可以管理各个服务，使得它们能够相互协作工作。但是随着业务变得复杂，服务也会复杂起来，加上每一个服务都可以有多个实例，一旦发生问题，将很难查找问题的根源。为了解决这个问题，许多分布式开发者都开发了自己的链路监控组件，使得请求能够追踪到各个服务实例中，典型的如谷歌（Google）的 Dapper、推特（Twitter）的 Zipkin 和阿里巴巴（Alibaba）的 EagleEye，它们都是当前著名的链路追踪组件。

11.1　链路追踪的基本概念

上述我们谈到了服务的复杂性，于是我们需要使用链路追踪，使得业务请求能够被追踪，在发生异常时可以快速准确地定位，这样开发者才能快速进行处理。在链路追踪的发展过程中，影响力最大的当属谷歌的 Dapper，在它正式发布后，Dapper 也发表了论文"Dapper, a Large-Scale Distributed Systems Tracing Infrastructure"，为了方便，后文我们会把这篇论文称为"Dapper 论文"。这篇论文后来成了分布式链路追踪的理论基础，具有很高的参考价值。

链路追踪概念的提出，是基于在分布式系统中有很多的服务调用，于是便可能出现许多类似图 11-1 的调用图。

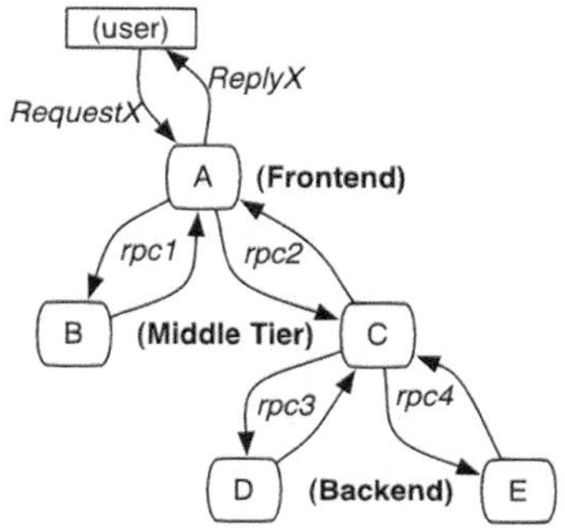

在图 11-1 中，每一个字母（A～E）代表一个独立的服务，它们的连线上都有英文缩写 rpc，代表**远程过程调用**（Remote Procedure Call，RPC）。这些 RPC 就类似我们之前谈到的 REST 风格的服务调用。事实上，在服务调用上，每一个服务节点都有可能发生错误。假设链路中某个服务出现了异常，在如此复杂的链路上，如果没有对应的链路日志，就很难定位发生错误的服务实例，这就是为什么需要全链路追踪组件的原因。对于全链路追踪组件，Dapper 论文还提出了 3 点要求。

图 11-1　Dapper 论文中的
分布式调用示例图

- **低消耗**：指在分布式系统中，植入分布式链路追踪组件，对系统性能的损耗应该是很小的。

- **应用级的透明**：指在植入分布式链路追踪组件后，对原有的业务应该是透明的，不应该影响原有代码的编写和业务，链路追踪组件会按照自己的维度去采集服务调用之间的数据，并且通过日志进行展示。
- **延展性**：链路追踪组件应该能够进行扩展，以适应分布式系统不断膨胀和转变的需求。

对全链路追踪组件来说，它采集了许多数据，那么这些数据又要遵循什么规则呢？这就涉及相关的术语了，其说明如下。

- **span**：基本单元。例如，执行一次服务调用就生成一个 span，用来记录当时的情况，它会以一个 64 位 ID 作为唯一标识。span 还有其他数据信息，如摘要、时间戳事件、关键值注释（tags）、span 的 ID 和进度 ID（通常是 IP 地址）。
- **trace**：它代表一次请求，会以一个 64 位 ID 作为唯一标识，可以将它理解为一个业务号，通过它的 ID 标识多个 span 为同一个业务请求。它会以树状的形式展示服务调用，在树状中可以看到它调用多个 span 的轨迹。
- **annotation**：注解，它代表服务调用的客户端和服务端的行为，存在以下注解。
    - **cs（Client Sent）**：客户端（服务消费者）发起一个服务调用，它意味着一个 span 的开始。
    - **sr（Server Received）**：服务端（服务提供者）获得请求信息，并开始处理。将 sr 减去 cs 得到的时间戳，就是网络延迟时间。
    - **ss（Server Sent）**：服务端处理完请求，将结果返回给客户端。将 ss 减去 sr 得到的时间戳，就是服务端处理请求所用的时间。
    - **cr（Client Received）**：它代表一个 span 的结束，客户端成功接收到服务端的回复。将 cr 减去 cs 得到的时间戳，就是客户端从服务端获取响应所用的时间。

Spring Cloud 在实现链路追踪的时候，提供了 spring-cloud-sleuth-zipkin 来集成 Twitter 的 Zipkin 实现（请注意，这里指的是 Zipkin 客户端，而非 Zipkin 服务器）。Zipkin 也是参考 Dapper 论文开发的链路追踪组件。为了更好地理解这些链路追踪采集数据术语的概念，我们先来看 Spring Cloud Sleuth 官网关于 span 和 trace 的说明图，如图 11-2 所示。

应该说图 11-2 有些复杂，我们不妨先孤立地看一下 SERVICE 1。可以看到，当请求到达它时，它就会创建对应的 Trace Id 和 Span Id，分别是 X 和 A，同样的，它做出响应时返回的 Trace Id 和 Span Id，分别也是 X 和 A，这就是一个最简单的请求/响应模式。然后，我们再孤立地看 SERVICE 2。当 SERVICE 1 调用 SERVICE 2 的时候，会创建一个新的 Span Id，为 B，并且将原有的 Trace Id 也传递给 SERVICE 2，这时候就是 cs 操作了。当 SERVICE 2 获取请求的时候，也就可以得到 SERVICE 1 发送过来的这些信息了，这便是 sr 操作。当 SERVICE 2 处理完请求的时候，会生成一个 ss 操作，同时还会创建一个新的 Span，其 id 为 C，而返回给 SERVICE 1 的时候，也会将原来 SERVICE 1 发送过来的 Trace Id 和 Span Id 也返回回去，分别是 X 和 B。依照 SERVICE 1 和 SERVICE 2 的分析，大家就可以分析 SERVICE 3 和 SERVICE 4 了。从分析来看，这里会存在一个恒定的编号，即 Trace Id，它始终为 X 不变，用于标识各个 span 是否为同一个链路追踪，而每一个 Span 都有自己的 id，用于标识自己，记录链路中每次服务调用的数据。

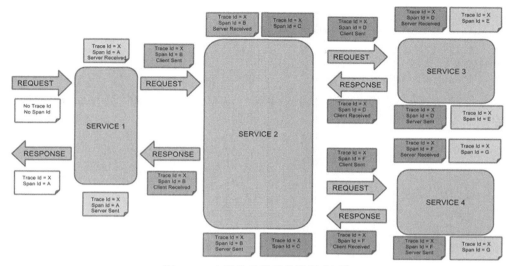

图 11-2　全链路追踪采集数据术语[①]

11.2　**Spring Cloud Sleuth 和 Zipkin**

　　因为 Spring Cloud Sleuth（后文为了方便，一般简称为 Sleuth）从 2.0.0 版本之后，就采用了 Brave 作为追踪库，采集数据的规范遵循 Brave 提供的规则，所以 Sleuth 不再负责存储上下文，这个任务被委托给了 Brave。旧版 Sleuth 的命名规则和 Brave 的不同，最新版的 Sleuth 遵循 Brave 的命名规则，如果想使用旧版 Sleuth 的方式，那么将 spring.sleuth.http.legacy.enabled 属性设置为 true，就可以了。

　　应该说 Sleuth 是可以脱离 Twitter 的 Zipkin 单独使用的，不过那样的话，就只能提供相关的日志了。但是如果数据很多，仅靠查看日志去定位就会显得相当吃力，这个时候可以考虑集成 Zipkin。Zipkin 在使用上可以分为服务端和客户端，这和 Eureka 十分接近，如图 11-3 所示。

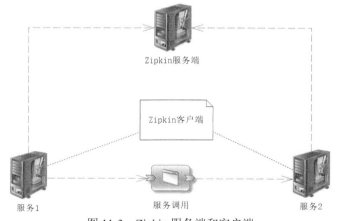

图 11-3　Zipkin 服务端和客户端

---

① 这个图来自网 Spring Cloud Sleuth 官网。

Zipkin 服务端可以接收其客户端提供的服务调用数据，用于采集全链路追踪的样本，起到记录链路的作用。Zipkin 服务端还会提供一个控制台，用来提供查询服务，这样就能够很方便地查询链路追踪了。

11.3 实例

上述我们谈了 Sleuth 的概念，这里我们来实践一下，真正掌握 Sleuth 的用法。我们将搭建图 11-4 所示的服务。

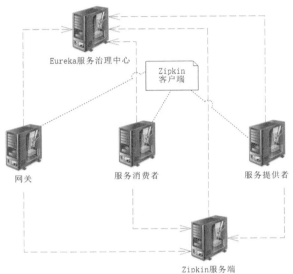

图 11-4　本章实例

下面新建工程 chapter11，创建多个模块。为了更好地说明各个模块的作用，这里使用表 11-1 进行说明。

表 11-1　本章服务说明

模块（服务）名称	服务功能	启动端口	备注
sleuth-eureka	服务治理中心	1001 和 1002	
sleuth-zipkin	Zipkin 服务器	5001	追踪服务链路并展示
sleuth-zuul	Zuul 网关	8001	Zipkin 客户端
sleuth-provider	服务提供者	2001	Zipkin 客户端
sleuth-consumer	服务消费者	3001	Zipkin 客户端

因为之前的章节已经详细地讨论了 Eureka 服务治理中心，搭建它也十分简单，所以这里就不再展示搭建代码了。对于端口的选择，可以使用命令行参数进行指定，也十分简单，就不再赘述了。下面让我们开始其他模块的开发和讲解。

11.3.1　搭建 Zipkin 服务器

搭建 Zipkin 服务器不是很困难，首先需要在模块中引入一些依赖，如代码清单 11-1 所示。

代码清单 11-1　引入 zipkin 服务器（sleuth-zipkin 模块）

```
<!-- Web 包 -->
<dependency>
    <groupId>org.springframework.boot</groupId>
    <artifactId>spring-boot-starter-web</artifactId>
</dependency>
<!-- 服务发现包 -->
<dependency>
    <groupId>org.springframework.cloud</groupId>
    <artifactId>spring-cloud-starter-netflix-eureka-client</artifactId>
</dependency>
<!-- zipkin 服务端包 -->
<dependency>
    <groupId>io.zipkin.java</groupId>
    <artifactId>zipkin-server</artifactId>
    <version>2.12.3</version>
</dependency>
<!-- Zipkin UI 配置包 -->
<dependency>
    <groupId>io.zipkin.java</groupId>
    <artifactId>zipkin-autoconfigure-ui</artifactId>
    <version>2.12.3</version>
</dependency>
```

这里引入了 zipkin-server 和 zipkin-autoconfigure-ui 包，版本是 2.12.3，截止本书创作时，最新版本是 2.12.9，只是最新版本还有一些版本兼容的问题，所以我采用了 2.12.3 版本。跟着修改启动类，如代码清单 11-2 所示。

代码清单 11-2　驱动 zipkin 服务器（sleuth-zipkin 模块）

```
package com.spring.cloud.sleuth.zipkin.main;
/**** imports ****/
@SpringBootApplication
// 驱动 Zipkin 服务器
@EnableZipkinServer
public class SleuthZipkinApplication {
    public static void main(String[] args) {
        SpringApplication.run(SleuthZipkinApplication.class, args);
    }
}
```

这里值得注意的只有注解@EnableZipkinServer，它会驱动 Zipkin 服务器启动。然后，我们配置 application.yml 文件，如代码清单 11-3 所示。

代码清单 11-3　配置 zipkin 服务器（sleuth-zipkin 模块）

```
# 定义 Spring 应用名称，它是一个微服务的名称，一个微服务可拥有多个实例
spring:
  application:
    name: sleuth-zipkin
# 注册到服务治理中心
eureka:
  client:
    serviceUrl:
      defaultZone: http://localhost:1001/eureka,http://localhost:1002/eureka
management:
```

```
metrics:
  web:
    server:
      # 取消自动定时, 如果不设置为 false, 时间序列数量可能会增长过大, 导致异常
      auto-time-requests: false
```

在我实际的测试中, 配置项 management.metrics.web.server.auto-time-requests 的值默认为 true 时, 常常发生异常, 为了避免发生这种情况, 这里将其配置为 false。到这里, Zipkin 服务端就搭建完了, 看起来还是比较简单的。

11.3.2 搭建服务提供者和服务消费者

为了使用 Sleuth 和 Zipkin 的客户端, 这里需要引入对应的依赖, 如代码清单 11-4 所示。

代码清单 11-4 引入 zipkin 客户端（sleuth-provider 和 sleuth-consumer 模块）

```xml
<!-- Web -->
<dependency>
    <groupId>org.springframework.boot</groupId>
    <artifactId>spring-boot-starter-web</artifactId>
</dependency>
<!-- sleuth -->
<dependency>
    <groupId>org.springframework.cloud</groupId>
    <artifactId>spring-cloud-starter-sleuth</artifactId>
</dependency>
<!-- 服务发现 -->
<dependency>
    <groupId>org.springframework.cloud</groupId>
    <artifactId>spring-cloud-starter-netflix-eureka-client</artifactId>
</dependency>
<!-- Zipkin 客户端 -->
<dependency>
    <groupId>org.springframework.cloud</groupId>
    <artifactId>spring-cloud-starter-zipkin</artifactId>
</dependency>
```

这里的 spring-cloud-starter-zipkin 包就包含了 zipkin 的客户端依赖。跟着让我们先开发服务提供者的控制器, 如代码清单 11-5 所示。

代码清单 11-5 服务提供者的控制器（sleuth-provider 模块）

```java
package com.spring.cloud.sleuth.provider.controller;
/**** imports ****/
@RestController
public class SleuthProviderController {
    // 日志对象 (org.slf4j.Logger)
    private static final Logger logger
        = LoggerFactory.getLogger(SleuthProviderController.class);

    // 提供的服务
    @GetMapping("/hello/{name}")
    public String sayHello(@PathVariable("name") String name) {
        logger.info("请求参数: {}" , name);
        String helloResult = "hello " + name;
        logger.info("请求结果: {}", helloResult);
```

```
            return helloResult;
        }
    }
```

这里的日志都会打印对应的信息，在使用 Sleuth 后，会有一些追踪数据的打印，后续我们会看到这样的情况。跟着我们来完成服务提供者的配置文件，如代码清单 11-6 所示。

代码清单 11-6　配置服务提供者（sleuth-provider 模块）

```
# 定义 Spring 应用名称，它是一个微服务的名称，一个微服务可拥有多个实例
spring:
  application:
    name: sleuth-provider
  sleuth:
    sampler: # 样本配置
      # 百分比，默认为 0.1
      probability: 1.0
      # 速率，每秒追踪 30 次
      # rate: 30
  zipkin:
    base-url: http://localhost:5001
# 注册到服务治理中心
eureka:
  client:
    serviceUrl:
      defaultZone: http://localhost:1001/eureka,http://localhost:1002/eureka
```

这里先看一下 spring.sleuth.sampler.*的配置项，其中 probability 是配置一个百分比，1.0 代表 100%，如果是 50%则配置为 0.5；rate 是配置速率，代表 1 秒内追踪多少次。spring.zipkin.base-url 代表 Zipkin 服务器地址，当前服务可以将采集的追踪样本发送给 Zipkin 服务器。然后根据需要修改 Spring Boot 启动类，这一步比较简单，这里就省去了。

有了服务提供者提供服务，服务消费者就可以调用这个服务了。服务消费者可以使用 Ribbon 或者 OpenFeign，我们先来定义 Ribbon 所需要的 RestTemplate，修改其启动文件，如代码清单 11-7 所示。

代码清单 11-7　定义服务消费者的 RestTemplate（sleuth-consumer 模块）

```
package com.spring.cloud.sleuth.consumer.main;
/**** imports ****/
@SpringBootApplication( // 定义扫描包
        scanBasePackages = "com.spring.cloud.sleuth.consumer")
@EnableFeignClients( //扫描装配 OpenFeign 接口到 IoC 容器中 ①
        basePackages="com.spring.cloud.sleuth.consumer")
public class SleuthConsumerApplication {

    @Bean
    @LoadBalanced // 负载均衡
    public RestTemplate restTemplate() {
        return new RestTemplate();
    }

    public static void main(String[] args) {
        SpringApplication.run(SleuthConsumerApplication.class, args);
    }

}
```

在这段代码中，除了 restTemplate 方法定义了 Ribbon 的负载均衡外，代码①处还定义了扫描 OpenFeign 的接口。当然我们还缺乏 OpenFeign 的接口定义，如代码清单 11-8 所示。

代码清单 11-8　定义服务消费者的 OpenFeign 接口（sleuth-consumer 模块）

```
package com.spring.cloud.sleuth.consumer.feign;
/**** imports ****/
// 声明为 OpenFeign 客户端
@FeignClient("sleuth-provider")
public interface SleuthFeign {

    @GetMapping("/hello/{name}")
    public String sayHello(@PathVariable("name") String name);
}
```

这样 Ribbon 和 OpenFeign 就都可以使用了。接下来，再开发一个控制器进行服务调用，如代码清单 11-9 所示。

代码清单 11-9　定义服务消费者的 OpenFeign 接口（sleuth-consumer 模块）

```
package com.spring.cloud.sleuth.consumer.controller;
/**** imports ****/
@RestController
public class SleuthController {
    // 日志
    private static final Logger logger
        = LoggerFactory.getLogger(SleuthController.class);

    @Autowired
    private RestTemplate restTemplate = null;

    @Autowired
    private SleuthFeign sleuthFeign = null;

    // Ribbon 的调用
    @GetMapping("/hello/rest/{name}")
    public String testResTemplate(@PathVariable("name") String name) {
        logger.info("使用 RestTemplate，请求参数：{}", name );
        String url = "http://sleuth-provider/hello/{name}";
        logger.info("使用 RestTemplate，请求 URL：{}", url );
        String result = restTemplate.getForObject(url, String.class, name);
        logger.info("使用 RestTemplate，请求结果：{}", result );
        return result;
    }

    // OpenFeign 的调用
    @GetMapping("/hello/feign/{name}")
    public String testFeign(@PathVariable("name") String name) {
        logger.info("使用 Open Feign，请求参数：{}", name );
        String result = sleuthFeign.sayHello(name);
        logger.info("使用 Open Feign，请求结果：{}", result );
        return result;
    }
}
```

这里的 testResTemplate 方法使用的是 Ribbon 机制的服务调用，而 testFeign 方法则使用的是

OpenFeign 接口方式的服务调用，它们都有比较详细的日志输出。最后，我们再配置其 application.yml
文件，如代码清单 11-10 所示。

代码清单 11-10　配置服务提供者（sleuth-consumer 模块）

```
# 定义 Spring 应用名称，它是一个微服务的名称，一个微服务可拥有多个实例
spring:
  application:
    name: sleuth-consumer
  sleuth:
    sampler:
      # 百分比，默认为 0.1
      probability: 1.0
      # 速率，每秒追踪 30 次
      # rate: 30
  zipkin:
    base-url: http://localhost:5001
# 注册到服务治理中心
eureka:
  client:
    serviceUrl:
      defaultZone: http://localhost:1001/eureka,http://localhost:1002/eureka
```

这里的配置和代码清单 11-6 如出一辙，参考之前的讲解就可以了，这里不再赘述。

11.3.3　搭建网关服务

我们知道，对于微服务来说，请求是从网关进入具体服务的，所以全链路追踪也需要从网关开
始。为此，这里我们来搭建网关服务。首先引入对应的依赖，如代码清单 11-11 所示。

代码清单 11-11　配置网关依赖（sleuth-zuul 模块）

```xml
<!-- Web -->
<dependency>
    <groupId>org.springframework.boot</groupId>
    <artifactId>spring-boot-starter-web</artifactId>
</dependency>
<!-- sleuth -->
<dependency>
    <groupId>org.springframework.cloud</groupId>
    <artifactId>spring-cloud-starter-sleuth</artifactId>
</dependency>
<!-- 服务发现 -->
<dependency>
    <groupId>org.springframework.cloud</groupId>
    <artifactId>spring-cloud-starter-netflix-eureka-client</artifactId>
</dependency>
<!-- Zipkin 客户端 -->
<dependency>
    <groupId>org.springframework.cloud</groupId>
    <artifactId>spring-cloud-starter-zipkin</artifactId>
</dependency>
<!-- Zuul 网关 -->
<dependency>
    <groupId>org.springframework.cloud</groupId>
    <artifactId>spring-cloud-starter-netflix-zuul</artifactId>
</dependency>
```

跟着修改网关服务的启动类，如代码清单 11-12 所示。

代码清单 11-12　驱动 Zuul 网关（sleuth-zuul 模块）

```
package com.spring.cloud.sleuth.zuul.main;
/**** imports ****/
@SpringBootApplication(scanBasePackages="com.spring.cloud.sleuth.zuul")
@EnableZuulProxy // 驱动 Zuul 网关服务
public class SleuthZuulApplication {

    public static void main(String[] args) {
        SpringApplication.run(SleuthZuulApplication.class, args);
    }
}
```

这段代码值得注意的只有注解@EnableZuulProxy，意为驱动 Zuul 网关工作。接下来，修改它的配置文件 application.yml，如代码清单 11-13 所示。

代码清单 11-13　配置 Zuul 网关（sleuth-zuul 模块）

```
# 定义 Spring 应用名称，它是一个微服务的名称，一个微服务可拥有多个实例
spring:
  application:
    name: sleuth-zuul
  sleuth:
    sampler:
      # 百分比，默认为 0.1
      probability: 1.0
      # 速率，每秒追踪 30 次
      # rate: 30
  zipkin:
    base-url: http://localhost:5001
# 注册到服务治理中心
eureka:
  client:
    serviceUrl:
      defaultZone: http://localhost:1001/eureka,http://localhost:1002/eureka
# Zuul 路由配置
zuul:
  routes:
    provider:
      path: /provider/**
      service-id: sleuth-provider
    consumer:
      path: /consumer/**
      service-id: sleuth-consumer
```

配置都是之前详细讲解过的，并且代码中也有注释，请自行参考，这里就不再赘述了。

11.3.4　查看全链路追踪

我们依照表 11-1 中的端口启动各个服务，然后在浏览器中请求

http://localhost:8001/consumer/hello/rest/jim

和

http://localhost:8001/consumer/hello/feign/jim

接着，我们打开 Zipkin 服务端查询平台，地址为 http://localhost:5001/zipkin/，就可以看到图 11-5 所示的界面了。

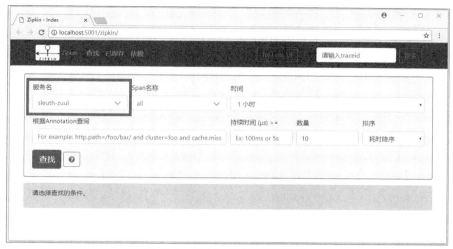

图 11-5　Zipkin 服务端查询平台

在图 11-5 中，我选择了服务名称 sleuth-zuul，然后点击"查询"就看到查询结果了，如图 11-6 所示。

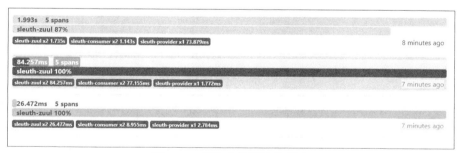

图 11-6　查询全链路追踪样本

从图 11-6 中可以看到 3 个请求，对应 3 个 Trace，每一个 Trace 都可以看到链路耗时、由多少个 Span 组成，以及经历了哪些服务的调用。这里不妨点击第一个 Trace，然后就可以看到图 11-7 所示的结果了。

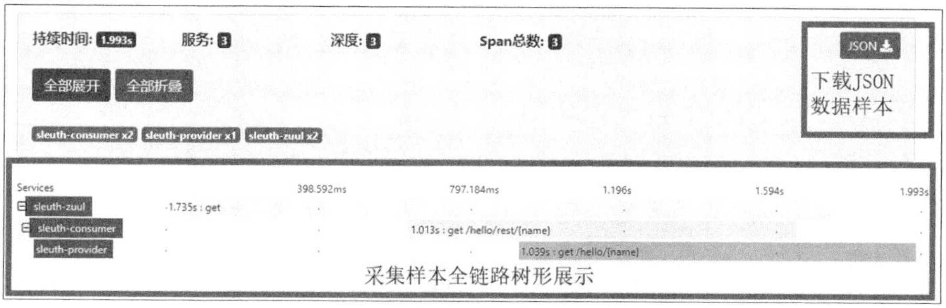

图 11-7　查看具体的 Trace

这个图以属性展示链路的情况，展示了服务名称、各个服务调用之间的耗时和路径，同时还提供了样本 JSON 数据集的下载。这里我们再点击树形链路的一个节点，就可以看到图 11-8 所示的结果了。

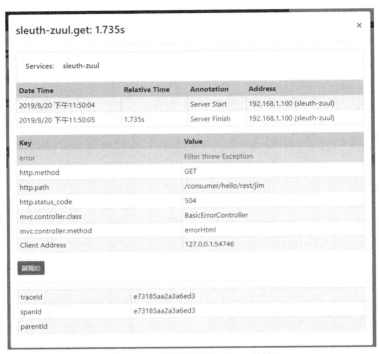

图 11-8　链路追踪的 Span 详情

图 11-8 展示的就是最详细的链路追踪样本，依靠这些样本，我们就能够发现出现错误和性能缓慢的服务调用，快速定位和处理了。

这时我们再查看 sleuth-consumer 的后台日志，就可以看到类似下面这样的日志。

```
[sleuth-consumer,e73185aa2a3a6ed3,77c91cada3ae4191,true] ... : 使用 RestTemplate，请求参
数：jim
[sleuth-consumer,e73185aa2a3a6ed3,77c91cada3ae4191,true] ... : 使用 RestTemplate，请求
URL：http://sleuth-provider/hello/{name}
......
```

从中可以看出，日志会打印出服务名称、Trace id 和 Span id，这样就可以根据日志追踪全链路了。

11.3.5　在链路中自定义样本标记属性

我们之前谈到过，当前 Sleuth 采用的是 Brave 定义的数据样本，这些数据样本会存在 Brave 已经定义好的标记属性，如图 11-8 所示。当然，Brave 也允许我们自定义数据样本的标记属性，这便是本节需要学习的内容。

如果我们需要在网关中记录是否 GET 请求，那么会很自然地想到网关过滤器。下面我们就来编写这样的一个过滤器，如代码清单 11-14 所示。

代码清单 11-14 Zuul 网关过滤器（sleuth-zuul 模块）

```
package com.spring.cloud.sleuth.zuul.filter;
/**** imports ****/
@Component
public class TraceFilter extends ZuulFilter {

    private static final Logger logger
        = LoggerFactory.getLogger(TraceFilter.class);

    // 注入 Brave 的 Tracer 对象
    @Autowired
    private Tracer tracer = null; // ①

    @Override
    public Object run() throws ZuulException {
        // 添加一个 span 的属性标记
        tracer.currentSpan().tag("1001", "GET 请求");
        // 当前 trace id
        String traceId = tracer.currentSpan().context().traceIdString();
        // 当前 span id
        String spanId = tracer.currentSpan().context().spanIdString();
        // 日志打印
        logger.info("当前追踪参数: traceId={}, spanId={}", traceId, spanId);
        return null;
    }

    @Override
    public boolean shouldFilter() {
        // 获取请求上下文
        RequestContext ctx = RequestContext.getCurrentContext();
        // 判断是否 GET 请求
        return "GET".equalsIgnoreCase(ctx.getRequest().getMethod());
    }

    // 过滤器顺序
    @Override
    public int filterOrder() {
        return FilterConstants.PRE_DECORATION_FILTER_ORDER + 10;
    }

    // 过滤器类型为 "pre"
    @Override
    public String filterType() {
        return FilterConstants.PRE_TYPE;
    }
}
```

这里的代码①处注入了 Brave 数据样本规范的 Tracer 对象，它是 Zipkin 客户端配置自动装配的。shouldFilter 方法判断是否 GET 请求，如果是则拦截，否则就不拦截。核心方法是 run 方法，这里有添加标记属性和读取 span 数据的方法演示。

至此，操作链路追踪样本数据的例子就写完了。接下来，我们进行测试，重启各个相关服务后，重新在浏览器中请求 http://localhost:8001/consumer/hello/feign/jim，然后查看 Zipkin 查询平台中对应的 span 详情页，就可以看到图 11-9 所示的结果了。

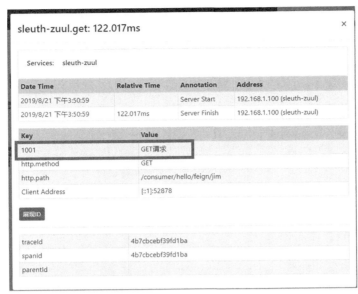

图 11-9 自定义样本标记属性

显然，在 sleuth-zuul 的 span 样本中，我们代码自定义的样本标记已经被记录了。

11.4 持久化

在上述讲解中，全链路样本是保存在 Zipkin 服务器内的，如果 Zipkin 重启或者出现故障，那么链路的样本数据就会丢失。为了解决这个问题，可以考虑保存链路的样本数据，一般来说，可以保存到数据库或者 Elasticsearch 中，下面分别进行讨论。

11.4.1 在数据库中存储链路样本

这里以 MySQL 为例，并将沿用 11.3 节中的 sleuth-zipkin 模块进行讲解。使用 MySQL 存储链路数据，除了需要引入关于数据库的依赖之外，还需要引入对应的 Zipkin 关于 MySQL 的依赖，为此我们在原有依赖的基础上，再加入以下依赖，如代码清单 11-15 所示。

代码清单 11-15 引入 Zipkin 相关的数据库依赖（sleuth-zipkin 模块）

```
<!-- zipkin 持久化 MySQL 配置包 -->
<dependency>
    <groupId>io.zipkin.java</groupId>
    <artifactId>zipkin-autoconfigure-storage-mysql</artifactId>
    <version>2.12.3</version>
</dependency>
<!-- MySQL -->
<dependency>
    <groupId>mysql</groupId>
    <artifactId>mysql-connector-java</artifactId>
    <version>5.1.48</version>
</dependency>
<!-- Spring JDBC -->
```

```
<dependency>
    <groupId>org.springframework.boot</groupId>
    <artifactId>spring-boot-starter-jdbc</artifactId>
</dependency>
```

因为用到了数据库，所以必然会涉及建表的问题，那么应该如何建表呢？当我们依赖了 zipkin-autoconfigure-storage-mysql 的 2.12.3 版本后，模块就会自动下载 zipkin-storage-mysql-v1-2.12.3.jar 包，这里不妨查看一下这个包，如图 11-10 所示。

图 11-10 中的 mysql.sql 文件中存储的就是建表语句，拿到这些语句在 MySQL 中执行就可以建表了。跟着需要在原有 application.yml 中加入代码清单 11-16 所示的配置内容。

图 11-10　zipkin 持久化的 MySQL 建表语句

代码清单 11-16　引入 Zipkin 相关的数据库依赖（sleuth-zipkin 模块）

```
# 定义 Spring 应用名称，它是一个微服务的名称，一个微服务可拥有多个实例
spring:
  application:
    name: sleuth-zipkin
# **** 数据库配置 ****#
  datasource:
    # 数据库 URL
    url: jdbc:mysql://localhost:3306/spring_cloud_chapter11?serverTimezone=GMT%2B8
    driver-class-name: com.mysql.jdbc.Driver
    # 登录用户
    username: root
    # 登录密码
    password: 123456
    # 最小空闲数
    tomcat:
      min-idle: 10
      # 最大活动数
      max-active: 50
      # 最大空闲数
      max-idle: 20

# zipkin 配置
zipkin:
  storage:
    # 使用 MySQL 作为存储类型
    type: mysql
```

其中 spring.datasource.*的配置是关于 MySQL 数据库的配置，zipkin.storage.type 配置的是存储方式，这里指定为 MySQL。这样，Zipkin 就会将链路样本存储到 MySQL 数据库里了。

11.4.2　在 Elasticsearch 中存储链路样本

MySQL 是数据库，一般来说，性能比 NoSQL 慢，所以如果需要追求高并发和性能，那么将持久层切换为 Elasticsearch 是比较好的选择。使用 Elasticsearch，首先需要下载 Elasticsearch 和 Kibana，我使用的版本是 5.4.3，之所以不安装最新版本，是因为在实践中新版本和引入的 jar 不兼容。这两个软件的下载地址如下。

- **Elasticsearch**：https://artifacts.elastic.co/downloads/elasticsearch/elasticsearch-5.4.3.zip。
- **Kibana**：https://artifacts.elastic.co/downloads/kibana/kibana-5.4.3-windows-x86.zip。

将下载的 elasticsearch-5.4.3.zip 文件解压缩，然后进入它的 bin 目录下运行 elasticsearch.bat，就可以启动 Elasticsearch 了。在默认的情况下，它启动的端口为 9200，如果是本机启动的，可以在浏览器中访问 http://localhost:9200，查看相关的信息，如果能查看到，就说明 Elasticsearch 启动成功了。Kibana 是一个可以帮助我们查看 Elasticsearch 存储数据的工具，我们也将 kibana-5.4.3-windows-x86.zip 文件解压缩，然后进入其 config 目录，可以看到 kibana.yml 文件，打开它并修改对应的配置，代码如下：

```
# kibana 启动端口
server.port: 5601
# 服务器
server.host: "localhost"
# Elasticsearch 的 HTTP 连接地址
elasticsearch.url: "http://localhost:9200"
```

然后再到 kibana 的 bin 目录，运行 kibana.bat，就可以启动 kibana 服务了。它默认的启动端口为 5601，所以可以在浏览器中访问 http://localhost:5601，查看查询平台。

这里我们还是以 sleuth-zipkin 模块为例，先去掉 11.4.1 节关于 MySQL 的配置和依赖。在 Zipkin 中使用 Elasticsearch 存储，需要引入新的依赖，如代码清单 11-17 所示。

代码清单 11-17　引入 Zipkin 相关的 Elasticsearch 依赖（sleuth-zipkin 模块）

```
<!-- Zipkin 配置 Elasticsearch 存储包 -->
<dependency>
    <groupId>io.zipkin.java</groupId>
    <artifactId>zipkin-autoconfigure-storage-elasticsearch</artifactId>
    <version>2.12.3</version>
</dependency>
```

这样就可以引入 zipkin-autoconfigure-storage-elasticsearch 包了，它会提供对应的配置项给我们配置，很方便集成 Elasticsearch。跟着配置 application.yml 文件，如代码清单 11-18 所示。

代码清单 11-18　配置 Elasticsearch 作为存储（sleuth-zipkin 模块）

```
# zipkin 配置
zipkin:
  storage:
    # 使用 Elasticsearch 作为存储类型
    type: elasticsearch
    # Elasticsearch 配置
    elasticsearch:
      # 索引
      index: zipkin
      # 最大请求数
      max-requests: 64
      # 索引分片数
      index-shards: 5
      # 索引复制数
      index-replicas: 1
```

```
# 服务器和端口
hosts: localhost:9200
```

这样，就完成了 Elasticsearch 的配置。

让我们再次启动表 11-1 中的各个服务，启动 Elasticsearch 和 Kibana 后，请求

```
http://localhost:8001/consumer/hello/rest/jim
```

或

```
http://localhost:8001/consumer/hello/feign/jim
```

接着在浏览器中请求地址 http://localhost:5601，然后点击"Dev Tools"菜单，就可以看到查询的命名框，然后点击查询上的按钮▶，就可以看到图 11-11 所示的结果了。

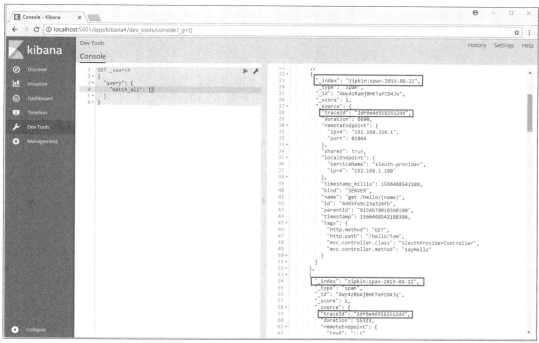

图 11-11　通过 Kibana 查询 Elasticsearch 数据

从结果可以看到，Elasticsearch 索引（index）是以 yml 文件的前缀（zipkin）加上当前日期组合成的，而 traceId 代表链路数据的关联，可见链路数据成功存储到 Elasticsearch 中了。

第 12 章

微服务的监控——Spring Boot Admin

在一个优秀的分布式系统中，监控服务实例，及时发现实例存在的问题是十分重要的。Spring Boot Admin 就提供了这样的功能，为了方便，在不引起歧义的情况下，下文将 Spring Boot Admin 简称为 Admin。Admin 是一个监控平台，它可以检测各个 Spring Boot 应用，让运维和开发人员及时发现各个服务实例存在的问题。Admin 是一个基于 Spring Boot Actuator 的控制台，也就是它可以通过 Spring Boot Actuator 暴露的端点，来监测各个实例的运行状况。Admin 的**用户界面**（User Interface，UI）是采用 AngularJs 应用程序构建的。

和 Eureka 一样，Admin 也分为服务端和客户端，客户端通过 HTTP 请求向服务端注册，使得 Admin 服务端可以通过 Spring Boot Actuator 端点对 Admin 客户端进行监控，如图 12-1 所示。

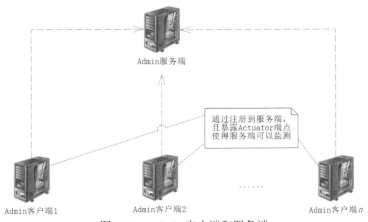

图 12-1　Admin 客户端和服务端

客户端向服务端注册的方法有两种：一种是使用 HTTP 请求注册，一种是通过服务发现注册。下面我们举例进行讨论。需要指出的是，Admin 的配置还是比较复杂的，但是因为它不是我们的核心技术，并且在大部分的情况下，都不需要进行特殊的配置，所以本章只简单地介绍它的一些功能。

需要深入学习的，可以参考 GitHub 的文档说明。

12.1　本章实例简介

为了更好地讨论 Admin 的应用，本章会新建工程 chapter12，然后搭建模块（服务），需要搭建的模块（服务）如表 12-1 所示。

表 12-1　本章服务说明

模块（服务）名称	服务功能	启动端口	备注
admin-eureka	服务治理中心	1001 和 1002	
admin-server	Admin 服务端	9001 和 9002	Admin 服务端
admin-client	Admin 客户端	2001 和 2002	Admin 客户端

这里会从 admin-server 和 admin-client 两个模块（服务）开始讲解，先讨论如何将 Admin 客户端注册到服务端，然后再讨论通过服务发现如何来实现。

12.2　URL 注册方式

URL 注册方式，是指通过 Admin 客户端配置 URL，注册到 Admin 服务端的方式。这里需要先开发 Admin 服务端，然后再通过配置 URL 进行注册。

12.2.1　Admin 服务端开发

对 Admin 服务端开发需要引入对应的依赖，如代码清单 12-1 所示。

代码清单 12-1　引入 Admin 服务端所需依赖（admin-server 模块）

```
<!-- Web -->
<dependency>
    <groupId>org.springframework.boot</groupId>
    <artifactId>spring-boot-starter-web</artifactId>
</dependency>
<!-- Spring Boot Admin 服务端依赖包 -->
<dependency>
    <groupId>de.codecentric</groupId>
    <artifactId>spring-boot-admin-starter-server</artifactId>
</dependency>
```

这里依赖的 spring-boot-admin-starter-server 便是 Admin 服务端需要的包，还是比较简单的。跟着就需要配置 application.yml 文件了，如代码清单 12-2 所示。

代码清单 12-2　配置 Admin 服务端（admin-server 模块）

```
spring:
  application:
    # 配置 Spring 服务名称
    name: admin-server
```

到这里还没有完成，还需要修改 Admin 服务端的启动类，如代码清单 12-3 所示。

代码清单 12-3　配置 Admin 服务端（admin-server 模块）

```java
package com.spring.cloud.admin.server.main;

/**** imports ****/
@SpringBootApplication
// 驱动 Admin 服务端启动
@EnableAdminServer
public class AdminServerApplication {
    public static void main(String[] args) {
        SpringApplication.run(AdminServerApplication.class, args);
    }
}
```

需要注意的是，这里只是添加了注解@EnableAdminServer，它的含义是驱动 Admin 服务端启动。到这里 Admin 服务端就开发完成了。

12.2.2　Admin 客户端开发

Admin 客户端往往就是一个独立的微服务实例，它可以通过具体的 URL 或者服务发现向 Admin 服务端注册，使 Admin 服务端可以监测它的运行状况。开发 Admin 客户端也需要加入对应的依赖，如代码清单 12-4 所示。

代码清单 12-4　引入 Admin 客户端所需依赖（admin-client 模块）

```xml
<!-- Web -->
<dependency>
    <groupId>org.springframework.boot</groupId>
    <artifactId>spring-boot-starter-web</artifactId>
</dependency>
<!-- Spring Boot Admin 客户端依赖 -->
<dependency>
    <groupId>de.codecentric</groupId>
    <artifactId>spring-boot-admin-starter-client</artifactId>
</dependency>
```

代码中引入的 spring-boot-admin-starter-client 便是 Admin 客户端需要依赖的包。跟着我们需要配置 application.yml，如代码清单 12-5 所示。

代码清单 12-5　配置 Admin 客户端（admin-client 模块）

```yaml
spring:
  application:
    # 配置服务名称
    name: admin-client
  boot:
    # Spring Boot Admin 配置
    admin:
      client:
        # 服务器的注册地址  ①
```

```
          url: http://localhost:9001

# Actuator 端点暴露
management:
  endpoints:
    web:
      exposure:
        # 配置 Actuator 暴露哪些端点    ②
        include: '*'
```

这里的配置中，代码①处 spring.boot.admin.client.url 配置的 URL 就是指向 Admin 服务端的。代码②处配置的是 Actuator 需要暴露的端点。在 Spring Boot 2.0 以后的版本中，大部分的端点都被隐藏了，如果不配置暴露哪些端点，Admin 服务端将只能监控很少的内容。到这里 Admin 客户端就开发完了。

12.2.3 查看 Admin 服务端监测平台

接下来，通过命令行参数 server.port 的配置，在 9001 端口启动 admin-server 模块，然后在 2001 端口启动 admin-client 模块。再在浏览器中打开网址 http://localhost:9001，就可以看到图 12-2 所示的界面了。

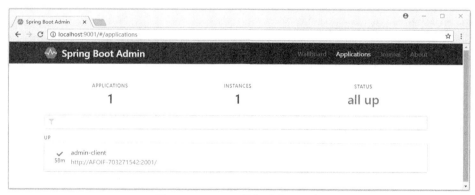

图 12-2　Admin 服务端监测平台

从图 12-2 中可以看到受到监测的客户端，我们可以点击客户端（admin-client）查看详情，然后就可以看到具体的信息了，如图 12-3 所示。

从这个页面中可以看出，Admin 可以监测的内容。为了让读者注意到菜单，这里特意将目录框起来了，这是因为只有 Admin 客户端暴露对应的 Actuator 端点给 Admin 服务端，才会显示出对应的目录，而对于那些没有暴露的端点，是不会有对应的菜单显示出来的，这里是大家配置的时候需要注意的地方。

从图 12-3 可以看出，Admin 服务端对客户端进行的监测，运维和开发人员可以通过它来观察 Spring Boot 应用的运行情况了。

图 12-3　客户端（admin-client）的监测详情页

12.3　服务发现注册方式

除了使用 URL 注册方式，Spring Boot Admin 还支持 Eureka 服务发现注册方式。在讲解服务发现注册方式之前，我们先来搭建服务治理中心，为此，在 admin-eureka 模块中引入对应的依赖，如代码清单 12-6 所示。

代码清单 12-6　引入 Eureka 服务器和 Admin 客户端依赖（admin-eureka 模块）

```
<!-- Web -->
<dependency>
    <groupId>org.springframework.boot</groupId>
    <artifactId>spring-boot-starter-web</artifactId>
</dependency>
<!-- Eureka 服务端 -->
<dependency>
    <groupId>org.springframework.cloud</groupId>
    <artifactId>spring-cloud-starter-netflix-eureka-server</artifactId>
</dependency>
<!--Spring Boot Admin 客户端-->
<dependency>
    <groupId>de.codecentric</groupId>
    <artifactId>spring-boot-admin-starter-client</artifactId>
    <version>2.1.0</version>
</dependency>
```

这样就引入了 Eureka 服务器和 Admin 客户端的依赖，跟着就可以配置 application.yml 文件了，如代码清单 12-7 所示。

代码清单 12-7　配置 Eureka 服务治理中心（admin-eureka 模块）

```
# 配置服务名称
spring:
  application:
    name: admin-eureka

# 端点暴露
management:
  endpoints:
    web:
      exposure:
        include: '*'

# 配置治理服务注册
eureka:
  client:
    serviceUrl:
      defaultZone: http://localhost:1001/eureka,http://localhost:1002/eureka
```

有了这个配置，修改启动类，就可以驱动 Eureka 服务器启动了，如代码清单 12-8 所示。

代码清单 12-8　驱动 Eureka 服务器启动（admin-eureka 模块）

```java
package com.spring.cloud.admin.eureka.main;
/**** imports ****/
@SpringBootApplication
@EnableEurekaServer
public class AdminEurekaApplication {

    public static void main(String[] args) {
        SpringApplication.run(AdminEurekaApplication.class, args);
    }
}
```

到这里 Eureka 服务治理中心就开发完成了。跟着修改 admin-server 和 admin-client 两个模块的内容，为了支持服务发现，这两个模块都需要引入服务发现的依赖，如代码清单 12-9 所示。

代码清单 12-9　引入服务发现的依赖（admin-server 和 admin-client 模块）

```xml
<!-- 服务发现的依赖-->
<dependency>
    <groupId>org.springframework.cloud</groupId>
    <artifactId>spring-cloud-starter-netflix-eureka-client</artifactId>
</dependency>
```

跟着修改原有的 admin-server 和 admin-client 两个模块的 application.yml 配置，分别如代码清单 12-10 和代码清单 12-11 所示。

代码清单 12-10　admin-server 配置（admin-server 模块）

```
spring:
  application:
    # 配置 Spring 服务名称
    name: admin-server

# 端点暴露
management:
```

```
  endpoints:
    web:
      exposure:
        include: '*'
```

```
#   注册到服务治理中心
eureka:
  client:
    serviceUrl:
      defaultZone: http://localhost:1001/eureka,http://localhost:1002/eureka
```

代码清单 12-11　admin-client 配置（admin-client 模块）

```
spring:
  application:
    # 配置服务名称
    name: admin-client
```

```
# 端点暴露
management:
  endpoints:
    web:
      exposure:
        include: '*'
```

```
# 配置治理服务注册
eureka:
  client:
    serviceUrl:
      defaultZone: http://localhost:1001/eureka,http://localhost:1002/eureka
```

然后按照表 12-1 中的端口启动各个服务，打开网址 localhost:9001，就可以看到图 12-4 所示的界面。

图 12-4　服务发现下的 Admin 平台

　　注意，如果刚启动完服务就访问这个页面，可能还不能马上看到监控的各个服务实例，因为 Eureka 服务治理需要一段时间才能完成服务注册和发现。从页面来看，服务发现是成功了。这里值得大家注意的是，代码清单 12-10 和代码清单 12-11 都没有配置注册的 URL，但是 Admin 服务端仍然可以主动发现客户端，这是借助 Eureka 的服务注册和发现机制完成的，也就是 Admin 服务端会从

Eureka 服务治理中心拉取注册的服务实例清单，通过清单来监测各个服务实例。不过，服务发现需要一段时间间隔，Admin 服务端才会陆续监测到各个应用。

12.4　使用 Spring Security 保护 Admin 服务端

作为一个监控平台，在大部分的情况下，都应该处在保护的状态，所以引入安全框架保护服务十分重要。为了保护 Admin 服务端，这里在 Admin 服务端引入 Spring Security，代码如下：

```
<!-- Spring Security -->
<dependency>
    <groupId>org.springframework.boot</groupId>
    <artifactId>spring-boot-starter-security</artifactId>
</dependency>
```

跟着我们需要配置 Spring Security 的用户，如代码清单 12-12 所示。

代码清单 12-12　Spring Security 的用户配置（admin-server 模块）

```
spring:
  application:
    # 配置 Spring 服务名称
    name: admin-server
  # 配置安全用户和密码 ①
  security:
    user:
      name: "admin"
      password: "123456"

# 端点暴露
management:
  endpoints:
    web:
      exposure:
        include: '*'

#  注册到服务治理中心
eureka:
  client:
    serviceUrl:
      # 注册到服务治理中心
      defaultZone: http://localhost:1001/eureka,http://localhost:1002/eureka
    instance:
      # 配置 metadata 用户和密码，让其发布到 Eureka 服务端 ②
      metadata-map:
        user.name: ${spring.security.user.name}
        user.password: ${spring.security.user.password}
```

代码①处主要配置用户和密码，代码②处则是将用户验证信息同步到 Eureka 服务器，这样其他服务实例就可以通过这些验证信息访问 Admin 服务端了。最后，我们还需要编写 Spring Security 的代码来控制权限，如代码清单 12-13 所示。

代码清单 12-13　Spring Security 权限配置类（admin-server 模块）

```
package com.spring.cloud.admin.server.security;
/**** imports ****/
```

```
@Configuration
public class SecurityConfig extends WebSecurityConfigurerAdapter {
    // 请求前缀路径
    private final String adminContextPath;

    // 构造方法
    public SecurityConfig(AdminServerProperties adminServerProperties) {
        this.adminContextPath = adminServerProperties.getContextPath();
    }

    // 权限配置
    @Override
    protected void configure(HttpSecurity http) throws Exception {
        // @formatter:off
        // 已保存身份安全请求处理器
        SavedRequestAwareAuthenticationSuccessHandler successHandler
            = new SavedRequestAwareAuthenticationSuccessHandler();
        successHandler.setTargetUrlParameter( "redirectTo" );
        http.authorizeRequests() // 已经认证的路径
                // 配置签名后放行路径
                .antMatchers( adminContextPath + "/assets/**" ).permitAll()
                .antMatchers( adminContextPath + "/login" ).permitAll()
                .anyRequest().authenticated()
                .and()
                // 定义登录页
                .formLogin().loginPage( adminContextPath + "/login" )
                // 请求成功处理器
                .successHandler( successHandler ).and()
                // 登出路径
                .logout().logoutUrl( adminContextPath + "/logout" ).and()
                // 支持 HTTP 基本验证
                .httpBasic().and()
                // 禁止 CSRF 验证机制
                .csrf().disable();
    // @formatter:on
    }
}
```

这个类的编写主要是来自 GitHub 提供的方式，在代码中我也进行了注释，读者可以自行参考。到这里配置就修改完了，当我们访问 http://localhost:9001 时，就可以看到图 12-5 所示的登录页了。

图 12-5　Admin 登录页

然后使用 admin/123456 登录就可以看到监控平台了。

第三部分　分布式技术

第二部分我们谈到了微服务的各个组件，但是构建一个微服务架构，单单只是这些往往还是不够的，因为之前的组件并未谈到分布式数据库、分布式数据库事务和缓存等重要内容。为了分布式系统的需要，本部分将讲解这些常见的技术。正如之前谈到的，分布式没有权威的技术，只有实践经验和积累的组件。

本部分讲解的分布式技术包含：

- 发号机制；
- 分布式数据库；
- 分布式数据库事务；
- 基于 Redis 的分布式缓存；
- 分布式会话；
- 分布式安全认证。

第 13 章

生成唯一的 ID——发号机制

在数据库（请注意，在本章中，如果没有特别说明，讲到的数据库就都是指关系数据库，而不包含类似 Redis 这样的非关系数据库）中，主键往往是一条记录的唯一标识，它具备唯一性。在单机的时候，只需要考虑单个数据库的问题，相对简单，但在分布式和微服务系统里，就相对困难了，因为它涉及多台机器之间的协作。那么如何保证在分布式或者微服务的多个节点下生成唯一的 ID，如何让 ID 具备一定的可读性呢？这就需要一个发号机制来控制了。如何实现发号机制，便是本章要讨论的问题。

13.1　生成 ID 的常见办法

应该说生成 ID 的办法并不只有一种。本节将讲述那些在实践中常见的办法，而这些办法也各有利弊，需要应用者在实践中根据自己的需要进行选择。生成 ID 的机制需要从这么几方面进行评价。

- **机制的可靠性**：有些算法可能有一定的概率出现重复的 ID，也可以利用缓存机制来实现，但缓存工具也不一定完全可靠，可能也需要重启或者出现故障，如果遇到类似这样的问题，是否会对 ID 的唯一性造成影响。
- **实现复杂度**：有些算法可以实现 ID 的唯一性和可读性，但是实现起来十分复杂，后续也难以改造。
- **可扩展性**：有时候，发号机制不单单是一个节点的工作，可能是多个节点的工作，节点能否伸缩是一个考量点。
- **ID 的可读性**：有些 ID 只是为了唯一性，如 UUID 机制，它是不可读的，没有业务含义。不过，生成一个可读的带有业务含义的 ID，将有助于业务人员和开发人员定位业务和问题所在。
- **性能**：分布式系统往往也需要面对高并发的情况，在这种情况下，性能也会列入评价 ID 机制的范畴。

下面让我们开始讨论那些常见的发号机制，当然，如分布式系统一样，没有权威和唯一的方案，学习这些方案只是为了给我们一些启发和借鉴。在实际应用中，还需要大家根据自己的需求进行选择，甚至是采用自己的方案。

13.1.1 使用 UUID

UUID 是 Universally Unique Identifier（通用唯一识别码）的缩写，它是一种软件建构的标准，亦为开放软件基金会组织在分布式计算环境领域的一部分。UUID 的生成算法比较复杂，但是在实际应用中，我们不必过多地考虑算法本身，只需要把它当作黑箱即可。在 Java 中，也提供了 UUID（java.util.UUID）类，因此我们可以很方便地使用 UUID。如代码清单 13-1 就体现了这一点。

代码清单 13-1　UUID 的使用

```
/**
 * 随机生成 UUID
 * @return 返回 UUID 的字符串
 */
public static String generateId() {
    UUID uid = UUID.randomUUID();
    return uid.toString();
}


/**
 * 测试生成一百万个 UUID 的耗时
 */
public static void performanceTest() {
    // 开始时间
    long start =System.currentTimeMillis();
    for (int i=1; i<=1000000; i++) {
        generateId();
    }
    // 结束时间
    long end = System.currentTimeMillis();
    // 打印耗时
    System.out.println("生成一百万个 UUID 耗时: " + (end - start) + "毫秒");
}
```

这里的 generateId 方法比较简单，它生成一个随机的 UUID，然后返回该字符串。performanceTest 方法则是对 generateId 方法进行测试，在我的本机测试中，生成一百万个 UUID 的耗时在 1000 ms 左右，所以性能是相当优异的。

如果将 UUID 打印出来，就可以看到类似下面的字符串。

```
b751702b-cc20-4cf6-8ee4-6ccc6bb28167
15db8f5d-ecf2-46d3-9c57-f6e8092895f1
b3252d86-d230-4857-8728-31e0a54b63c3
a81171da-a1b9-4abc-9ccb-95ced20fdd99
......
```

可见，这里的 UUID 只有一定的格式，没有规则，比较难以识别，也不具备业务含义。但是它也有一些好处，它简单方便，性能十分好，即使是做数据迁徙，也不会有太大的问题，毕竟没有相应的特殊规则。但是对于开发者和业务人员来说，这种 UUID 难以识别，通过它不好定位问题。

13.1.2 为什么不用 UUID

当前很多企业已经摒弃了 UUID 作为主键的发号算法。除了业务不可读外，从数据库的角度来说，它还有许多缺陷。首先，使用 UUID 作为主键，存储会占据较大的空间，网络传输内容也多，不利于优化。其次，从性能来说，使用 UUID 这样无序的主键，会降低数据库主键算法（一般是 B+树）的性能，尤其是在数据量庞大的情况下，例如，MySQL 单表超过 5000 万笔数据时，采用它作为主键，检索数据的性能就比较堪忧了。因此在很多时候，预计数据量庞大的企业也不会考虑使用 UUID 机制来生成主键。它们往往希望使用一个大整数型（BIGINTEGER）作为主键，这样主键就将是数字，在计算机系统里可以快速计算和定位，即使在数据量很大的时候，也能保持很好的性能。

13.1.3　数据库自增长

如果采用单一数据库，并且对性能要求较低，那么使用数据库的自增长会是一个不错的选择。相对来说，在分布式系统中使用 MySQL 的概率要比 Oracle 大，所以这里我会采用 MySQL 进行讲述。对于 Oracle 数据库，可以考虑使用其序列（SEQUENCE）机制。

在 MySQL 中可以经常看到类似代码清单 13-2 所示的建表语句。

代码清单 13-2　MySQL 的自动增长

```
create table foo(
  id int(12) auto_increment, /**id 自动增长**/
  content varchar(256) null,
  primary key(id) /**设置为主键**/
);
```

这里的 auto_increment 代表让字段 id 进行自增长，而 primary key 则是将 id 字段设置为主键，这样 MySQL 就可以自增长了。然后我们执行下面的 SQL 语句。

```
insert into foo (content) values('content-1');
insert into foo (content) values('content-2');
insert into foo (content) values('content-3');
insert into foo (content) values('content-4');
select * from foo;
```

就能够看到图 13-1 所示的结果。

上面只是讨论一个数据库的情况，但是在一些数据量特别大的场景下，企业往往还会考虑分表分库的问题。如果出现分表分库的情况，那么又如何保证数据库 ID 自动增长呢？下面以图 13-2 所示的简单的分库系统进行说明。

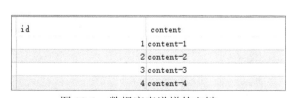

图 13-1　数据库表递增的主键

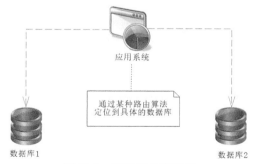

图 13-2　简单的分库系统

在图 13-2 的分布式数据库系统中，因为使用了非单一的数据库系统，所以需要采用特别的策略来保证主键的唯一性和自增长。我们不妨采用代码清单 13-2 的建表语句,在两个数据库里建表(如果是单机模拟,可以创建 2 个数据库实例来模拟),然后在数据库 1 中执行下列 SQL。

```
/** 第一个主键的开始值*/
set session auto_increment_offset=1;
/** 主键步长 **/
set session auto_increment_increment=2;

insert into foo (content) values('content-1');
insert into foo (content) values('content-2');
insert into foo (content) values('content-3');
insert into foo (content) values('content-4');
select * from foo;
```

注意这段 SQL 代码的前两句,这两句里都有关键字 session,意思是只在某个会话中有效,而非全局有效。其中,第一条 SQL 语句设置了主键开始的数值,第二条 SQL 语句定义了主键增长的步长。执行完之后,可以看到图 13-3 所示的结果。

id	content
1	content-1
3	content-2
5	content-3
7	content-4

图 13-3   奇数主键在数据库 1 中

由图 13-3 可见,奇数 ID 保存在数据库 1 中了。接下来,数据库 2 要执行下列 SQL。

```
/** 第一个主键的开始值*/
set session auto_increment_offset=2;
/** 主键步长 **/
set session auto_increment_increment=2;

insert into foo (content) values('content-1');
insert into foo (content) values('content-2');
insert into foo (content) values('content-3');
insert into foo (content) values('content-4');
select * from foo;
```

这里的 SQL 和上述的基本相同,只是第一个主键值设置为了 2,因此可以看到图 13-4 所示的结果。

id	content
2	content-1
4	content-2
6	content-3
8	content-4

图 13-4   偶数主键在数据库 2 中

这样做就能够保证两个数据库的主键不重复,并且按照一定的规则递增了。

不过这样做会带来以下的问题。

- 如果需要增加数据库节点,就要改变自增长规则,显然,这样做不利于扩展。

- 如果出现高并发场景，数据库的性能可能就无法满足需要了，这时优化数据库会变得十分复杂，优化的空间也相对有限。
- 如果数据需要迁徙或合并，还需要考虑现有规则和新规则的适应性。

13.1.4　使用 Redis 生成 ID

上述谈了使用数据库的不足，在分布式系统中，还可能使用流水号来追踪某一请求，以满足多个节点的协作。在这种情况下，并不需要插入数据，采用数据库机制就有点不合适了。为此，我们可以考虑使用 Redis 来满足这个要求。

从性能上来说，Redis 的性能要比数据库好得多。从扩展性来说，使用多个 Redis 服务器就能实现扩展。因此，无论是性能，还是可扩展性，Redis 都要比数据库好很多。并且 Redis 可以在不插入数据的时候生成 ID，为分布式协作提供流水号。

为了使用 Redis，我们先建模块 Chapter13，然后引入对应的 Spring Boot 启动包，代码如下：

```xml
<dependency>
    <groupId>org.springframework.boot</groupId>
    <artifactId>spring-boot-starter-web</artifactId>
</dependency>
<dependency>
    <groupId>org.springframework.boot</groupId>
    <artifactId>spring-boot-starter-tomcat</artifactId>
    <scope>provided</scope>
</dependency>
<!-- 加入 Spring Boot 的 Redis 依赖 -->
<dependency>
    <groupId>org.springframework.boot</groupId>
    <artifactId>spring-boot-starter-data-redis</artifactId>
    <exclusions>
        <exclusion>
            <groupId>io.lettuce</groupId>
            <artifactId>lettuce-core</artifactId>
        </exclusion>
    </exclusions>
</dependency>
<dependency>
    <groupId>redis.clients</groupId>
    <artifactId>jedis</artifactId>
</dependency>
```

这样就能够引入 Redis 和 Web 相关的依赖包了。接着就需要在 application.yml 中配置对应的内容了，如代码清单 13-3 所示。

代码清单 13-3　配置启动端口和 Redis（chapter13 模块）

```yaml
# 配置启动端口
server:
  port: 1013

# 配置 Redis
spring:
  redis:
    # 服务器
    host: 192.168.224.131
```

```
# 密码
password: 123456
# jedis 配置
jedis:
   #连接池配置
   pool:
      # 最大活动线程数
      max-active: 20
      # 最大空闲线程数
      max-idle: 10
      # 最小空闲线程数
      min-idle: 5
      # 最大等待 1 s
      max-wait: 1s
```

这样就配置好了启动的端口和关于 Redis 的配置，然后我们在 Redis 服务器上执行以下脚本。

```
hset user_table_key offset 1      -- ID 开始值
hset user_table_key step 5        -- 步长
hset user_table_key current 1     -- 当前值
hset user_table_key start 0       -- 是否已经启用，0 为不启用，1 为启用
hgetall user_table_key            -- 查看键（"user_table_key"）的所有信息
```

假设这里设置的是用户表 ID 的生成规则，这些规则使用 Redis 的哈希结构（Hash）进行保存。其中，开始值（offset）设置为 1，步长（step）为 5，这意味着下一个 ID 为 1+5=6。启动标志（start）设置为 0，表示没有开启，开启后设置为 1。有了这些规则数据，我们就可以采用代码清单 13-4 来获取对应的 ID 了。

代码清单 13-4　通过 Redis 获取 ID（chapter13 模块）

```
package com.spring.cloud.chapter13.main;
/**** imports ****/
@SpringBootApplication
@RestController // REST 风格控制器
@RequestMapping("/chapter13")
public class Chapter13Application {

   public static void main(String[] args) {
      SpringApplication.run(Chapter13Application.class, args);
   }

   private String lua =   // ①
      // 获取是否启用标志
      " local start = redis.call('hget', KEYS[1], 'start') \n"
      // 如果未启用
      + " if tonumber(start) == 0  then \n"
      // 获取开始值
      + " local result = redis.call('hget', KEYS[1], 'offset') \n"
      // 将当前值设置为开始值
      + " redis.call('hset', KEYS[1], 'current', result) \n"
      // 将是否启用标志设置为已经启用（1）
      + " redis.call('hset', KEYS[1], 'start', '1') \n"
      // 返回结束
      + " return result \n"
      // 结束 if 语句
      + " end \n"
      // 获取当前值
      + " local current = redis.call('hget', KEYS[1], 'current') \n"
```

```
                 // 获取步长
              + " local step = redis.call('hget', KEYS[1], 'step') \n"
                 // 结算新的当前值
              + " local result = current + step \n"
                 // 设置新的当前值
              + " redis.call('hset', KEYS[1], 'current', result) \n"
                 // 返回结果
              + " return result \n";

    @Autowired
    private StringRedisTemplate stringRedisTemplate = null;

    /**
     * 获取对应的 ID
     * @param keyType -- Redis 的键
     * @return ID
     */
    @GetMapping("/id/{keyType}")
    public String getKey(@PathVariable("keyType") String keyType) { // ②
        // 结果返回为 Long
        DefaultRedisScript<Long> rs = new DefaultRedisScript<Long>();
        rs.setScriptText(lua);
        rs.setResultType(Long.class);
        // 定义脚本中的 key 参数
        List<String> keyList = new ArrayList<>();
        keyList.add(keyType);
        // 执行脚本，并传递参数
        Object result = stringRedisTemplate.execute(rs, keyList);
        return result.toString();
    }
}
```

这段代码比较长，核心是代码①处的 Lua 脚本。在代码中，我做了详细的注释，请自行参考。代码②处的 getKey 方法是执行 Lua 脚本的。有了这段代码，启动模块 chapter13，然后在浏览器中打开网址 http://localhost:1013/chapter13/id/user_table_key，就能看到返回的一个 ID。这里因为 Redis 执行 Lua 脚本的过程是具备原子性的，所以不会产生重号的问题。在 ID 规则中设置了步长为 5，也就是可以启用 5 个 Redis 服务器节点来生成 ID，这足以满足一般应用性能的需要了。如果有必要，可以把步长设置得更大一些，这样就可以使用更多的 Redis 服务器节点来提高性能了。

使用 Redis 的方式，比数据库的方式快速。但是因为 Redis 服务可能出现故障，所以一般会考虑使用哨兵和集群等方式来降低故障的发生，从而保证系统能够持续提供服务。但是这样会依赖 Redis 服务，且算法也比较复杂，这会增加开发者实现的复杂度，造成性能的下降。

13.1.5　时钟算法

在时间表达上，Java 的 java.util.Date 类使用了长整型数字进行表示，该数字代表距离格林尼治时间 1970 年 1 月 1 日整点的毫秒数。因此很多开发者提出利用这点，采用时钟算法来获取唯一的 ID。使用时钟算法的好处有这么几点。

- 相对简单，可以获取一个整数型，有利于数据库的性能。
- 可以知道业务发生的时间点，通过时间来追踪业务。

- 如果在原有时间信息的基础上加入数据存储机器编号，就能快速定位业务。

在介绍时钟算法前，我们需要对 Java 中的时间有一定的认知，为此，这里先介绍一些简单的知识。在 Java 的 System 类中有下列两个静态（static）方法。

```
// 返回当前时间, 精确到毫秒
System.currentTimeMillis();

// 返回当前时间, 精确到纳秒
System.nanoTime();
```

这便是获取当前时间长整型数字的方法，此外还需要大家记住的下面的单位换算规则：

$$1 \text{ s} = 1\,000 \text{ ms}$$
$$1 \text{ ms} = 1\,000 \text{ μs} = 1\,000\,000 \text{ ns}$$

从上述的单位换算来看，毫秒（ms）已经是一个很小的单位，纳秒（ns）则是一个更加小的时间单位，这就意味着，使用它则需要更多位数的长整型数字表示。而事实上，一些数据库能够允许的整数位是有限的。拿 MySQL 来说，BIGINT（大整数）类型支持的数字的大小范围是 64 位二进制，有符号的范围是$-2^{63} \sim 2^{63}-1$；而 INT 类型（整数）支持的数字范围是 32 位二进制，有符号的范围是$-2^{31} \sim 2^{31}-1$。一个纳秒时间的数值在 BIGINT 类型的范围之内，在 INT 类型的范围之外。因此当前纳秒时间的长整型数字完全可以作为一个主键，于是就可以在 Chapter13Application 中添加代码清单 13-5，用来生成主键。

代码清单 13-5 使用时钟生成 ID（chapter13 模块）

```java
// 同步锁
private static final Class<Chapter13Application> LOCK
        = Chapter13Application.class;

public static long timeKey() {
    // 线程同步锁，防止多线程错误
    synchronized (LOCK) { // ①
        // 获取当前时间的纳秒值
        long result = System.nanoTime();
        // 死循环
        while(true) {
            long current =  System.nanoTime();
            // 超过 1 ns 后才返回, 这样便可保证当前时间肯定和返回的不同,
            // 从而达到排重的效果
            if (current - result > 1) { // ②
                // 返回结果
                return result;
            }
        }
    }
}
```

先看一下代码①处，这里启用了同步锁机制，保证在多线程中不会出现差错，并且在同步代码块中获取了当前时间的纳秒值。为防止调用产生同样的时间纳秒值，代码②处退出死循环，让程序循环到下一个纳秒才返回，这样就能够保证其返回 ID 的唯一性了。

从上述代码可以看到，使用时钟算法相对来说比较简单。实际测试时，使用代码清单 13-5 可以每秒产生数百万个 ID，显然在性能上是十分优越的，甚至只需要使用单机就能够满足分布式系统发

号的需求。但是如果在多个分布式节点上使用这样简易的时钟算法，就有可能发出重复的号，所以这种简单的时钟算法并不能应用在多个分布式节点上。另外，有些企业希望 ID 能够放入更多的业务逻辑，以便在后续出现问题时定位具体出现问题的机器和数据库，于是就出现了一些变种的时钟发号算法，其中最出名、使用最广泛的当属 SnowFlake 算法。

13.1.6 变异时钟算法——SnowFlake 算法

SnowFlake（雪花）算法是 Twitter 提出的一种算法，我们之前在阐述时钟算法的时候谈到过，如果 MySQL 的主键采用 BIGINT（大整数）类型，那么它的取值范围是-2^{63} 到 $2^{63}-1$，从计算机原理的角度来说，存储一个 BIGINT 类型就需要 64 位二进制位。基于这个事实，SnowFlake 算法对这 64 位二进制位做了图 13-5 所示的约定。

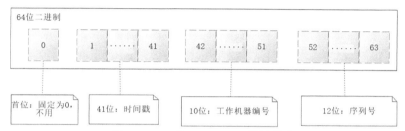

图 13-5　64 位 SnowFlake 算法约定

关于 SnowFlake 算法对于 64 位二进制的约定，这里结合图 13-5 做更为详细的阐述。

- 第 1 位二进制值固定为 0，没有业务含义，在计算机原理中，它是一个符号位，0 代表正数，1 代表负数，这里恒定为 0。
- 第 2～42 位，共 41 位二进制，为时间戳位，用于存入精确到毫秒数的时间。
- 第 43～52 位，共 10 位二进制，为工作机器 id 位，其中工作机器又分为 5 位数据中心编号和 5 位受理机器编号，而 5 位二进制表达整数时取值区间为[0, 31]。
- 第 53～64 位，共 12 位二进制，代表 1 ms 内可以产生的序列号，当它表示整数时，取值区间为[0, 4095]。

通过上述讲解，我们可以看到，这样的一个算法可以保证在 1 ms 内生成 4096 个编号，实际就是 1 秒至多产生 4 096 000 个 ID，这样的性能显然可以满足分布式系统的需要，而更加好的是，存在 10 位工作机器位，这样出现问题可以定位到机器，有助于业务和开发者定位问题。但是这里需要特别指出的是，由于当前分布式和微服务系统都开始了去中心化，也就是业务数据不再和具体的机器绑定，因此受理机器编号当前使用已经不多了，所以本书的 Snowflake 算法也将不再考虑受理机器编号的问题。

下面展示一下这个算法的 Java 代码，如代码清单 13-6 所示。

代码清单 13-6　SnowFlake 算法实现（chapter13 模块）

```
package com.spring.cloud.chapter13.main;

public class SnowFlakeWorker {
    // 开始时间（这里使用 2019 年 4 月 1 日整点）
    private final static long START_TIME = 1554048000000L;
    // 数据中心编号所占位数
```

```java
private final static long DATA_CENTER_BITS = 10L;
// 最大数据中心编号
private final static long MAX_DATA_CENTER_ID = 1023;
// 序列编号占位位数
private final static long SEQUENCE_BIT = 12L;
// 数据中心编号向左移 12 位
private final static long DATA_CENTER_SHIFT = SEQUENCE_BIT ;
/** 时间戳向左移 22 位(10+12) */
private final static long TIMESTAMP_SHIFT
        = DATA_CENTER_BITS + DATA_CENTER_SHIFT;
// 最大生成序列号，这里为 4095
private final static long MAX_SEQUENCE = 4095;
// 数据中心 ID(0~1023)
private long dataCenterId;
// 毫秒内序列（0~4095）
private long sequence = 0L;
// 上次生成 ID 的时间戳
private long lastTimestamp = -1L;

/**
 * 因为当前微服务和分布式趋向于去中心化，所以不存在受理机器编号，
 * 10 位二进制全部用于数据中心
 * @param dataCenterId -- 数据中心 ID [0~1023]
 */
public SnowFlakeWorker(long dataCenterId) { // ①
    // 验证数据中心编号的合法性
    if (dataCenterId > MAX_DATA_CENTER_ID) {
        String msg = "数据中心编号[" + dataCenterId
                +"]超过最大允许值【" + MAX_DATA_CENTER_ID + "】";
        throw new RuntimeException(msg);
    }
    if (dataCenterId < 0) {
        String msg = "数据中心编号[" + dataCenterId + "]不允许小于 0";
        throw new RuntimeException(msg);
    }
    this.dataCenterId = dataCenterId;
}

/**
 * 获得下一个 ID  (为了避免多线程环境产生的错误，这里方法是线程安全的)
 * @return SnowflakeId
 */
public synchronized long nextId() {
    // 获取当前时间
    long timestamp = System.currentTimeMillis();
    // 如果是同一个毫秒时间戳的处理
    if (timestamp == lastTimestamp) {
        sequence += 1; // 序号+1
        // 是否超过允许的最大序列
        if (sequence > MAX_SEQUENCE) {
            sequence = 0;
            // 等待到下一毫秒
            timestamp = tilNextMillis(timestamp); // ②
        }
    } else {
        // 修改时间戳
        lastTimestamp = timestamp;
```

```
        // 序号重新开始
        sequence = 0;
    }
    // 二进制的位运算，其中 "<<" 代表二进制左移，"|" 代表或运算
    long result = ((timestamp - START_TIME) << TIMESTAMP_SHIFT)
            | (this.dataCenterId << DATA_CENTER_SHIFT)
            | sequence; // ③
    return result;
}


/**
 * 阻塞到下一毫秒，直到获得新的时间戳
 * @param lastTimestamp -- 上次生成 ID 的时间戳
 * @return 当前时间戳
 */
protected long tilNextMillis(long lastTimestamp) {
    long timestamp;
    do {
        timestamp = System.currentTimeMillis();
    } while(timestamp > lastTimestamp);
    return timestamp;
}
}
```

这个算法的难点在于二进制的位运算。代码①处的构造方法，主要是验证和绑定数据中心编号（dataCenterId）。核心是 nextId 方法，它通过获取当前时间毫秒数，判断上次生成的 ID 是否在同一个时间戳内，于是，计算序号就存在两种可能。第一种可能是在同一个时间戳内，这个时候通过序号加一的方法来处理。而代码②处的序号已经超过最大限制，这时候通过 tilNextMillis 方法阻塞到下一毫秒，就可以获得下一毫秒的时间戳，避免产生重复的 ID。第二种可能是不在同一个时间戳内，这个时候让序号从 0 重新开始，且重新记录上次生成 ID 的时间戳即可。接下来看代码③处，这里的运算为二进制位运算，其中，通过左移运算符 "<<" 将对应的二进制数字移动到对应的位上，然后通过 "|" 将数字拼凑在一起，最终生成 ID。通过循环测试 nextId 方法可以看到生成的 ID，代码如下：

```
4151043847884800
4151043847884801
4151043847884802
4151043847884803
4151043847884804
4151043847884805
4151043847884806
4151043847884807
4151043847884808
4151043847884809
4151043847884810
4151043847884811
4151043847884812
4151043847884813
......
```

由以上 ID 可见，存在 16 位数字，按照给出的算法保证了 ID 的唯一性。SnowFlake 算法是一种高效的算法，每秒可以产生数十万的 ID，它包含了数据中心（旧算法在不去中心化的情况下还可以包含受理机器编号）、时间戳和序号 3 种业务逻辑，可以在一定的程度上帮助我们定位业务。由于性

能好且带有一定的业务数据，因此受到了许多互联网企业的青睐，使用得也比较广泛。

但是这个算法也有一些缺陷。

- 因为时间戳只存在 41 位二进制，所以只能使用 69 年，69 年后就可能产生重复的 ID 了，不过这个时间已经比较长了，相信大部分的系统和主要的算法早已更替。
- 从 SnowFlake 算法上来看，如果机器性能足够好，每秒可以产生超过 400 万个 ID，但是对于大部分企业来说，只需要每秒满足数万个 ID 即可，并不需要这么高的性能。这种高性能浪费的主要是序号的二进制位，实际上，二进制位达到 9 位，就可以产生 512 个序号，如果机器性能足够，就可以每秒产生超过 50 万的 ID，这就已经能满足大部分企业的需要了。
- 从机器位来说，因为去中心化是分布式和微服务的趋势，所以我在实现的时候，并未考虑受理机器编号，这样就会造成机器位数有 10 位二进制，可以表达区间[0, 1023]的整数。如果数据中心预估总共只有几十台机器，显然也会造成二进制位的浪费。

13.1.7 小结

前面我们讨论了几种常见的发号机制，并且讨论了它们的利弊。在现实中，可以根据自己的需要进行选型。此外，还有使用 ZooKeeper 分布式锁或者 MongoDB 的 ObjectId 机制来生成分布式 ID 的办法，只是它们比较复杂，并且性能不高，所以这里就不介绍了。实际上，我们也不需要受限于这些所谓的常见办法，因为我们也可以自定义发号算法。

13.2 自定义发号机制

实际上，我们并不需要严格按照常见发号算法来做，只要我们规划得当，使用自己的算法也是可行的。本节就让我们来实现一个自定义的发号机制。在前面介绍 SnowFlake 算法的时候，我谈到了它的诸多缺点，例如，产生的序号和机器位可能浪费了太多的二进制。为了克服这些问题，我们会改造 SnowFlake 算法，编写自定义发号机制。

在改造前，需要先明确自己的系统的实际情况，这是第一步。这里做如下假设。

- 预估数据中心不会超过 100 个，这就意味着数据中心使用 8 位二进制即可，原来的 10 位就能够节省出 2 位了。
- 系统不会超过每秒 10 万次的请求（这符合大部分企业的需求），如果超过可以使用限流算法进行处理，所以序号使用 8 位二进制即可，这样原来的 12 位就能够节省出 4 位了。

由此来看，一共可以节省 6 位二进制，可以用于表示发号机器编号，这样就可以同时在多个节点上使用发号算法了。但是需要进行约定，为了更好地讲述约定，先看一下图 13-6。

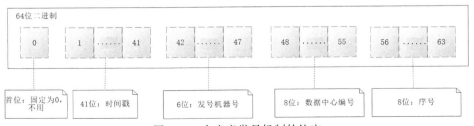

图 13-6 自定义发号机制的约定

在图 13-6 中，约定如下。

- 第 1 位二进制固定为 0。
- 第 2～42 位，共 41 位二进制，存储时间戳。
- 第 43～48 位，共 6 位二进制，存储发号机器号。
- 第 49～56 位，共 8 位二进制，存储数据中心编号。
- 第 57～64 位，共 8 位二进制，存储序号。

有了这些约定，就可以实现算法了，如代码清单 13-7 所示。

代码清单 13-7　基于 SnowFlake 算法改造的自定义算法（chapter13 模块）

```java
package com.spring.cloud.chapter13.main;

public class CustomWorker {
    // 开始时间（这里使用 2019 年 4 月 1 日整点）
    private final static long START_TIME = 1554048000000L;
    // 当前发号节点编号（最大值 63）
    private static long MACHINE_ID = 21L;
    // 最大数据中心编号
    private final static long MAX_DATA_CENTER_ID = 127L;
    // 最大序列号
    private final static long MAX_SEQUENCE = 255L;
    // 数据中心位数
    private final static long DATA_CENTER_BIT=8L;
    // 机器中心位数
    private final static long MACHINE_BIT= 6L;
    // 序列编号占位位数
    private final static long SEQUENCE_BIT = 8L;
    // 数据中心移位（8 位）
    private final static long DATA_CENTER_SHIFT = SEQUENCE_BIT;
    // 当前发号节点移位（8+8=16 位）
    private final static long MACHINE_SHIFT
            = SEQUENCE_BIT + DATA_CENTER_BIT;
    // 时间戳移位（8+8+6=22 位）
    private final static long TIMESTAMP_SHIFT
            = SEQUENCE_BIT + DATA_CENTER_BIT + MACHINE_BIT;

    // 数据中心编号
    private long dataCenterId;
    // 序号
    private long sequence = 0;
    // 上次时间戳
    private long lastTimestamp;


    public CustomWorker(long dataCenterId) {
        // 验证数据中心编号的合法性
        if (dataCenterId > MAX_DATA_CENTER_ID) {
            String msg = "数据中心编号[" + dataCenterId
                    + "]超过最大允许值【" + MAX_DATA_CENTER_ID + "】";
            throw new RuntimeException(msg);
        }
        if (dataCenterId < 0) {
            String msg = "数据中心编号[" + dataCenterId + "]不允许小于 0";
            throw new RuntimeException(msg);
        }
```

```
        this.dataCenterId = dataCenterId;
    }

    /**
     * 获得下一个 ID （该方法是线程安全的）
     * @return 下一个 ID
     */
    public synchronized long nextId() {
        // 获取当前时间
        long timestamp = System.currentTimeMillis();
        // 如果是同一个毫秒时间戳的处理
        if (timestamp == lastTimestamp) {
            sequence += 1; // 序号+1
            // 是否超过允许的最大序列
            if (sequence > MAX_SEQUENCE) {
                sequence = 0;
                // 等待到下一毫秒
                timestamp = tilNextMillis(timestamp);
            }
        } else {
            // 修改时间戳
            lastTimestamp = timestamp;
            // 序号重新开始
            sequence = 0;
        }
        // 二进制的位运算，其中"<<"代表二进制左移，"|"代表或运算
        long result = ((timestamp-START_TIME) << TIMESTAMP_SHIFT)
                | (MACHINE_ID << MACHINE_SHIFT)
                | (this.dataCenterId << DATA_CENTER_SHIFT)
                | sequence;
        return result;
    }

    /**
     * 阻塞到下一毫秒，直到获得新的时间戳
     * @param lastTimestamp -- 上次生成 ID 的时间戳
     * @return 当前时间戳
     */
    protected long tilNextMillis(long lastTimestamp) {
        long timestamp;
        do {
            timestamp = System.currentTimeMillis();
        } while(timestamp > lastTimestamp);
        return timestamp;
    }
}
```

这个算法和 SnowFlake 算法大同小异，只是二进制位表达的含义略微有所不同。代码中，我已经给出了注释，请读者自行参考。这个自定义的算法也加入了发号节点编号，能够支持区间[0, 63]的 64 个数字的编号，这样该算法就能够支持最多 64 个发号节点的服务了。

通过自定义算法，我只是想告诉大家，发号机制没有固定不变的方法，只要合理即可。但是 ID 会受到数据存储的限制，例如，MySQL 的 BIGINT 类型也只能支持-2^{63} 到 $2^{63}-1$ 的范围，这是需要注意的地方。如果需要 MySQL 支持更多的位数，可以使用 DECIMAL 类型，但 DECIMAL 是一种格式化的数字，如金额，其内部算法比较复杂，性能上不如 BIGINT 高，所以在大部分情况下，我都推荐使用 BIGINT 作为主键。

第 14 章

分布式数据库技术

在第 1 章我们谈过，互联网会员的增加和业务的复杂化，必然导致大数据的存储，这时使用单机数据库对数据存储和访问，就显得捉襟见肘了。而划分的方法在第 1 章也谈过，主要是水平、垂直以及混合分法。对分布式和微服务来说，一种业务就可能有很多的数据，如交易，单数据库也很有可能无法支撑，需要多个数据库节点进行支持，这种需要将数据库拆分为多节点进行存储的技术，便是本章需要讨论的分布式数据库技术。为了更好地阐述分布式数据库的知识，我们首先从分表、分库和分区这样的数据库知识开始讲述。不过本章我们还不会讨论分布式事务的相关知识，这将会在下章进行讨论。

14.1 基础知识

本节先对数据的一些概念进行介绍，主要分为两个方面：第一是分表、分库和分区的概念，这是数据库技术中常常提到的；第二是介绍 Spring 关于多数据库的支持。有了这些知识，将有利于我们后续的学习。

14.1.1 数据库的分表、分库和分区的概念

分表是指在一个或者多个数据库实例内，将一张表拆分为多张表存储，本节只讨论同一个数据库拆分，但多个数据库拆分实际也是大同小异的。一般来说，分表是因为该表需要存储很庞大的记录数，如果将其堆积到一起，就会导致数据量过于庞大（一般 MySQL 的表是 5000 万条记录左右）引发性能瓶颈。一般分表会按照某种算法进行拆分，如交易记录，可能按年份拆分，如图 14-1 所示。

从图 14-1 中可以看到，将同一个数据库中的交易表按年份进行拆分，可以使交易记录不再只保存在一个表中，从而避免单表数据记录过多的问题。但是这样的分法也会导致一些问题，就是一张表不再存在全部完整的数据，进行总体查询的时候，需要分表查找，在做统计和分析时，需要跨表查询，这时需要引入路由算法和合并算法等才能得到所需的数据。

分库是指将一套数据库的设计结构，部署到多个数据库实例的节点中去，在应用的时候，按照一定的方法通过多个数据库实例节点访问数据。请注意，这里的数据库实例节点是一个逻辑概念，不是一个物理概念，什么意思呢？简单地说，一个机器节点可以部署多个数据库实例节点，也可以

一个机器节点只部署一个数据库实例节点，所以机器节点不一定等于数据库节点。而机器节点是物理概念，是看得到的真实的机器；数据库节点是逻辑概念，是看不到的东西。为了更好地说明分库的概念，我们看一下图 14-2。

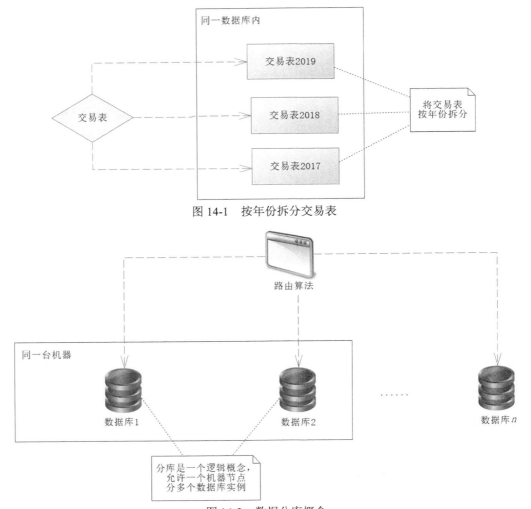

图 14-1　按年份拆分交易表

图 14-2　数据分库概念

　　因为将数据库分为多个节点，所以需要一个路由算法来确定数据具体存放在哪个库中，于是路由算法就成了我们关注的核心内容之一。最简单的路由算法是求余算法。例如，现在划分为 3 个数据库，在获取用户 ID（userId，假设是一个 Long 型数据）后，采用 userId 对 3 求余（userId%3），得到余数（可能为 0 或 1 或 2），然后再根据余数存放到对应的库中。当然，这样也会有一定的缺点，为此有人提出了一致性哈希算法，这些我们会在后续进行讨论。

　　分区是指一张表的数据分成 n 个区块，在逻辑上看，最终只是一张表，但底层是由 n 个物理区块组成的，如图 14-3 所示。

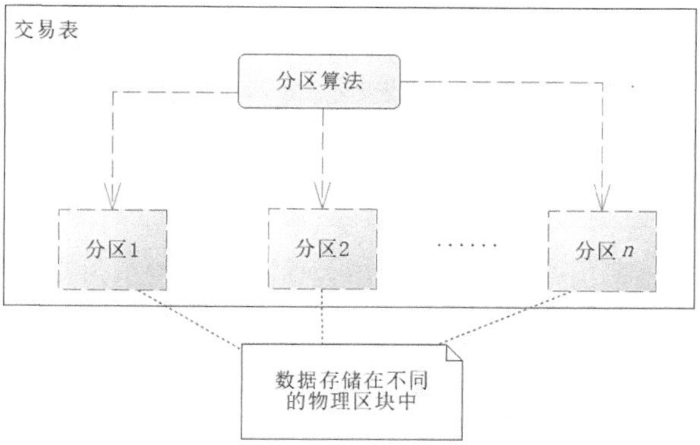

分区技术与分表技术很类似，只是分区技术属于数据库内部的技术，对于开发者来说，它逻辑上仍旧是一张表，开发时不需要改变 SQL 表名。将一张表切分为多个物理区块，有以下这么几个好处。

图 14-3　分区表

- 相对于单个文件系统或是磁盘，分区可以在不同的磁盘上存储更多的数据。
- 数据管理比较方便，例如，需要按日期删除交易记录时，只需要在对应的分区操作即可。
- 在使用分区的字段查询时，可以先定位到分区，然后就只需要查询分区，而不需要全表查询了，这样可以大大提高数据检索效率。
- 支持 CPU 多线程同时查询多个分区磁盘，提高查询的吞吐量。
- 在涉及聚合函数查询时，可以很容易地合并数据。

不过，从当前来说，分表技术已经渐渐淡出了人们的选择。因为分表会导致表名变化，产生逻辑不一致，继而加大后续开发的工作量和统计上的困难。当前采用更多的是分库技术，分库技术的伸缩性更好，可以增加节点，也可以减少节点，比较灵活。但是由于分布在多个节点中，因此需要其他的技术将它们整合成为一个整体。分区则是数据库内部的技术，当前 Oracle 和 MySQL 5.1 后的版本都能够支持分区技术，只是分区并不是分布式技术，并非本书需要讨论的问题，所以需要进行分区的读者，可以参考相关数据库的资料，本书就不进行讨论了。

14.1.2　Spring 多数据源支持

为了更好地进行论述，这里假设我们系统中有 3 个数据库，在这些数据库中有一张交易表，该表建表语句如下：

```
create table t_transaction (
 id bigint not null comment '主键，采用 SnowFlake 算法生成',
 user_id bigint not null comment '用户编号',
 product_id bigint not null comment '商品编号',
 payment_channel tinyint not null
        comment '交易渠道，字典：1-银行卡交易，2-微信支付，3-支付宝支付，4-其他支付',
 amout decimal(10, 2) not null comment '交易金额',
 quantity int not null default 1 comment '交易商品数量',
 discount decimal(10, 2) not null default 0 comment '优惠金额',
 trans_date timestamp not null comment '交易日期',
 note varchar(512) null comment '备注',
 primary key (id)
);
```

在学习的过程中，在单机的情况下也可以创建 3 个数据库实例进行模拟，我也是如此，为此分别创建了 3 个库：sc_chapter14_1、sc_chapter14_2 和 sc_chapter14_3。

然后我们给 3 个库进行编号，如表 14-1 所示。

表 14-1 数据库编号

编号	数据库
001	sc_chapter14_1
002	sc_chapter14_2
003	sc_chapter14_3

然后我们引入依赖包 spring-boot-starter-jdbc，这样就能加载 Spring 关于 JDBC 的类库进来了。当中有一个抽象类——AbstractRoutingDataSource，英文的翻译是抽象路由数据源。为了更好地使用它，我们进行一定的源码分析，如代码清单 14-1 所示。

代码清单 14-1 AbstractRoutingDataSource 的源码分析

```
package org.springframework.jdbc.datasource.lookup;
/**** imports ****/
public abstract class AbstractRoutingDataSource
        extends AbstractDataSource implements InitializingBean { // ①
   // 目标数据源，Map 类型，可支持多个数据源，通过 Key 决定
   @Nullable
   private Map<Object, Object> targetDataSources;
   // 默认数据源
   @Nullable
   private Object defaultTargetDataSource;
   // 是否支持降级
   private boolean lenientFallback = true;
   // 通过 JNDI 查找数据源
   private DataSourceLookup dataSourceLookup = new JndiDataSourceLookup();
   // 通过解析后的数据源（包含原始数据源和 JNDI 数据源）
   @Nullable
   private Map<Object, DataSource> resolvedDataSources;
   // 默认解析后的数据源
   @Nullable
   private DataSource resolvedDefaultDataSource;

   .......

   // Spring 属性初始化后调用方法
   @Override
   public void afterPropertiesSet() {
      // 没有目标数据源设置
      if (this.targetDataSources == null) {
         throw new IllegalArgumentException(
            "Property 'targetDataSources' is required");
      }
      // 解析数据源存放到 resolvedDataSources 中
      this.resolvedDataSources
          = new HashMap<>(this.targetDataSources.size());
      this.targetDataSources.forEach((key, value) -> { // ②
         Object lookupKey = resolveSpecifiedLookupKey(key);
         DataSource dataSource = resolveSpecifiedDataSource(value);
         this.resolvedDataSources.put(lookupKey, dataSource);
      });
      // 如果默认的数据源为空，则进行设置
      if (this.defaultTargetDataSource != null) {
         this.resolvedDefaultDataSource
```

```
            = resolveSpecifiedDataSource(this.defaultTargetDataSource);
        }
    }

    // 选择具体的数据源
    protected DataSource determineTargetDataSource() {
        Assert.notNull(this.resolvedDataSources,
                "DataSource router not initialized");
        // 获取数据库的 key
        Object lookupKey = determineCurrentLookupKey(); // ③
        // 尝试通过 key 得到的数据源
        DataSource dataSource = this.resolvedDataSources.get(lookupKey);
        // 如果为空则使用默认
        if (dataSource == null && (this.lenientFallback || lookupKey == null)) {
            dataSource = this.resolvedDefaultDataSource;
        }
        if (dataSource == null) {
            throw new IllegalStateException(
                "Cannot determine target DataSource for lookup key ["
                + lookupKey + "]");
        }
        return dataSource;
    }

    // 获取 key 的抽象方法
    @Nullable
    protected abstract Object determineCurrentLookupKey(); // ④
}
```

这个类在代码①处实现了 InitializingBean 接口，这就意味着 IoC 容器装配为 Spring Bean 的时候，就会调用 afterPropertiesSet 方法。在 afterPropertiesSet 方法中，它解析了目标数据源（targetDataSources，它是一个 Map 结构，通过 key 进行访问），这里的目标数据源是提供给开发者配置的，配置的方式可能是原始的 JDBC 配置方式，也可能是 JNDI 的配置方式，所以需要进行解析，然后放入到解析后的数据源（resolvedDataSources）中，并且设置默认的数据源。再看 determineTargetDataSource 方法，它是一个选择具体数据源的方法，这里注意，解析后的数据源（resolvedDataSources）是一个 Map 结构，所以依赖 key 进行访问。代码③处是获取 key 的方法，这个方法依赖代码④定义的抽象方法 determineCurrentLookupKey，通过这个 key，可以到解析后的数据源（resolvedDataSources）中，找对应的数据库。这里的抽象方法 determineCurrentLookupKey 要由非抽象的子类来实现。

14.2　开发环境搭建

为了更好地介绍分布式数据的使用，我们先来创建 chapter14 模块，引入对应的包，代码如下：

```xml
<!--JDBC 启动包-->
<dependency>
    <groupId>org.springframework.boot</groupId>
    <artifactId>spring-boot-starter-jdbc</artifactId>
</dependency>
<!--MySQL 驱动-->
<dependency>
    <groupId>mysql</groupId>
    <artifactId>mysql-connector-java</artifactId>
```

```
      <scope>runtime</scope>
</dependency>
<!--DBCP 数据库连接池-->
<dependency>
    <groupId>org.apache.commons</groupId>
    <artifactId>commons-dbcp2</artifactId>
</dependency>
<!--Spring Web 依赖包-->
<dependency>
    <groupId>org.springframework.boot</groupId>
    <artifactId>spring-boot-starter-web</artifactId>
</dependency>
<!--MyBatis-Spring 启动包-->
<dependency>
    <groupId>org.mybatis.spring.boot</groupId>
    <artifactId>mybatis-spring-boot-starter</artifactId>
    <version>2.0.1</version>
</dependency>
```

这里除了引入 spring-boot-starter-web 外，还引入了关于数据库的 4 个包，下面做一下基本的说明。

- **spring-boot-starter-jdbc**：加入 Spring 对 JDBC 的支持包，其中包含类 AbstractRoutingDataSource。
- **mysql-connector-java**：MySQL 数据库的 JDBC 驱动包。
- **commons-dbcp2**：DBCP（DataBase Connection Pool）数据库连接池，是 Java 数据库连接池中常见的一种，由 Apache 基金会开发。
- **mybatis-spring-boot-starter**：由 MyBatis 方提供，它可将 MyBatis 框架整合到 Spring Boot 的环境中。

14.2.1 SSM 框架整合

因为 Spring MVC+Spring+MyBatis（下文简称 SSM）在 Java 互联网占据了主导的地位，所以本书也选择讲解它们。

我们首先来创建交易的 POJO，如代码清单 14-2 所示。

代码清单 14-2 构建交易 POJO（chapter14 模块）

```
package com.spring.cloud.chapter14.pojo;
/**** imports ****/
@Alias("transaction") // 定义 MyBatis 别名
public class Transaction implements Serializable {

    public static final long serialVersionUID = 2323902389475832678L;
    private Long id;
    private Long userId;
    private Long productId;
    private PaymentChannelEnum paymentChannel = null; // 枚举
    private Date transDate;
    private Double amout;
    private Integer quantity;
    private Double discount;
    private String note;

    /**** setters and getters ****/
}
```

这里需要解释的是@Alias("transaction")，它的意思是定义一个 MyBatis 的别名，即可以用字符串"transaction"在 MyBatis 上下文中代替类 Transaction。这里的定义中，还有一个枚举类型，在 MyBatis 中需要进行处理，具体如何处理我们后文再谈，这里先给出枚举的定义，如代码清单 14-3 所示。

代码清单 14-3　定义枚举类 PaymentChannelEnum（chapter14 模块）

```
package com.spring.cloud.chapter14.enumeration;

public enum PaymentChannelEnum {

    BANK_CARD(1, "银行卡交易"),
    WE_CHAT(2, "银行卡交易"),
    ALI_PAY(3, "支付宝"),
    OTHERS(4, "其他方式");

    private Integer id;
    private String name;

    PaymentChannelEnum(Integer id, String name) {
        this.id = id;
        this.name = name;
    }

    public static PaymentChannelEnum getById(Integer id) {
        for (PaymentChannelEnum type : PaymentChannelEnum.values()) {
            if (type.getId().equals(id)) {
                return type;
            }
        }
        throw  new RuntimeException(
            "没有找到对应的枚举，请检测 id【" + id + "】");
    }
    /** setters and getters **/
}
```

跟着提供一个接口定义，如代码清单 14-4 所示。

代码清单 14-4　定义 MyBatis 接口（chapter14 模块）

```
package com.spring.cloud.chapter14.dao;
/**** imports ****/
@Mapper // 标记为 MyBatis 的映射（Mapper）
public interface TransactionDao {

    /**
     * 根据用户编号（userId）查找交易
     * @param userId -- 用户编号
     * @return 交易信息
     */
    public List<Transaction> findTranctions(Long userId);
}
```

注意，这里只需要接口定义而无须实现类，具体的类由 MyBatis 内部机制实现。这里的@Mapper 的含义是标记这个接口为 MyBatis 的一个映射器。跟着要对这个接口捆绑 SQL，创建 MyBatis 的映射文件——transaction_mapper.xml，然后将其放在模块文件夹/resources/mybatis 下，其内容如代码清单 14-5 所示。

代码清单 14-5　MyBatis 映射文件（chapter14 模块）

```xml
<?xml version="1.0" encoding="UTF-8" ?>
<!DOCTYPE mapper PUBLIC "-//mybatis.org//DTD Mapper 3.0//EN"
    "http://mybatis.org/dtd/mybatis-3-mapper.dtd">
<mapper namespace="com.spring.cloud.chapter14.dao.TransactionDao"> <!--①-->
    <select id="findTranctions" resultType = "transaction"> <!--②-->
        SELECT id, user_id as userId, product_id as productId,
            trans_date as transDate, payment_channel as paymentChannel,
            amout, quantity, discount, note
        FROM  t_transaction where user_id = #{userId}
    </select>
</mapper>
```

其中代码①处，加粗的命名空间（namespace）定义的正是接口 TransactionDao 的全限定名，这样就能将接口和这个映射文件捆绑到一起了。代码②处定义的 id 和 TransactionDao 的方法一致，这样就能够将 SQL 和方法捆绑到一起了。返回类型（resultType）的定义为"transaction"，与 POJO 的别名一致，也就是定义返回类型为 POJO。

由于这里的支付方式是一个自定义的枚举类型，示意图在 MyBatis 中需要提供类型处理器（TypeHandler）进行处理。为此需要开发 PaymentChannelHandler，如代码清单 14-6 所示。

代码清单 14-6　支付方式类型处理器（chapter14 模块）

```java
package com.spring.cloud.chapter14.type.handler;
/**** imports ****/
// 定义需要转换的 Java 类型
@MappedTypes(PaymentChannelEnum.class)
// 定义需要转换的 Jdbc 类型
@MappedJdbcTypes(JdbcType.INTEGER) // ①
public class PaymentChannelHandler
        implements TypeHandler<PaymentChannelEnum> {  // ②
    @Override
    public void setParameter(PreparedStatement ps, int idx,
        PaymentChannelEnum pc, JdbcType jdbcType) throws SQLException {
        ps.setInt(idx, pc.getId());
    }

    @Override
    public PaymentChannelEnum getResult(ResultSet rs, String name)
        throws SQLException {
        int id = rs.getInt(name);
        return PaymentChannelEnum.getById(id);
    }

    @Override
    public PaymentChannelEnum getResult(
        ResultSet rs, int idx) throws SQLException {
        int id = rs.getInt(idx);
        return PaymentChannelEnum.getById(id);
    }
```

```
    @Override
    public PaymentChannelEnum getResult(
        CallableStatement cs, int idx) throws SQLException {
      int id = cs.getInt(idx);
      return PaymentChannelEnum.getById(id);
    }
}
```

先看一下①处，@MappedTypes 配置的是 Java 类型，@MappedJdbcTypes 配置的是 Jdbc 类型，这样就告诉 MyBatis，该类型转换器是转换 PaymentChannelEnum 枚举和 Integer 类型的。再看代码②处，该类实现了 TypeHandler 接口，这意味着需要实现其声明的 4 个转换方法（也就是 PaymentChannelHandler 的 4 个方法），这是 MyBatis 框架定义的内容。

有了以上代码之后，我们还需要对其进行配置，在 application.yml 文件中加入如下配置。

```
mybatis:
  # 配置映射文件
  mapper-locations: classpath:/mybatis/*.xml
  # 配置类型处理器（TypeHandler）所在包
  type-handlers-package: com.spring.cloud.chapter14.type.handler
  # 配置 POJO 包，以便别名扫描
  type-aliases-package: com.spring.cloud.chapter14.pojo
```

有了这些，我们就基本配置完 MyBatis 框架了，但是还没有配置多数据源，下节我们再讨论它。

14.2.2　配置多数据源

我们首先在 application.yml 中配置多个数据源所需的属性，代码如下：

```
jdbc:
  # 数据源 1
  ds1:
    id: '001'
    driverClassName: com.mysql.jdbc.Driver
    url: jdbc:mysql://localhost:3306/sc_chapter14_1?serverTimezone=UTC
    username: root
    password: 123456
    default: true
  # 数据源 2
  ds2:
    id: '002'
    driverClassName: com.mysql.jdbc.Driver
    url: jdbc:mysql://localhost:3306/sc_chapter14_2?serverTimezone=UTC
    username: root
    password: 123456
  # 数据源 3
  ds3:
    id: '003'
    driverClassName: com.mysql.jdbc.Driver
    url: jdbc:mysql://localhost:3306/sc_chapter14_3?serverTimezone=UTC
    username: root
    password: 123456
  # 数据库连接池配置
  pool:
    # 最大空闲连接数
    max-idle: 10
```

```
          # 最大活动连接数
          max-active: 50
          # 最小空闲连接数
          min-idle: 5
```

这样 3 个数据源和数据库连接池的属性就都配置好了，跟着就是利用这些来配置数据源。我们来修改类，如代码清单 14-7 所示。

代码清单 14-7　创建多数据源（chapter14 模块）

```
package com.spring.cloud.chapter14.main;
/** imports **/
@SpringBootApplication(scanBasePackages = "com.spring.cloud.chapter14.*")
@MapperScan( // 定义扫描 MyBatis 的映射接口    ①
        basePackages = "com.spring.cloud.chapter14.*", // 扫描包
        annotationClass = Mapper.class) // 限定扫描被@Mapper 注解的接口
public class Chapter14Application {

    // 环境上下文
    @Autowired
    private Environment env; // ②

    // 数据源 id 列表
    private List<String> keyList = new ArrayList<>();

    // 获取数据库连接池配置
    private Properties poolProps() { // ③
        // 获取连接池参数
        Properties props = new Properties();
         props.setProperty("maxIdle", env.getProperty("jdbc.pool.max-idle"));
        props.setProperty("maxTotal",
                env.getProperty("jdbc.pool.max-active"));
         props.setProperty("minIdle", env.getProperty("jdbc.pool.min-idle"));
        return props;
    }

    // 初始化单个数据源
    private DataSource initDataSource(Properties props, int idx)
            throws Exception {
        // 读入配置属性
         String url = env.getProperty("jdbc.ds"+idx+".url");
         String username = env.getProperty("jdbc.ds"+idx+".username");
         String password = env.getProperty("jdbc.ds"+idx+".password");
        String driverClassName
                = env.getProperty("jdbc.ds"+idx+".driverClassName");
        // 设置属性
        props.setProperty("url", url);
        props.setProperty("username", username);
        props.setProperty("password", password);
        props.setProperty("driverClassName", driverClassName);
        // 使用事务方式
        props.setProperty("defaultAutoCommit", "false");
        // 创建数据源 ④
        return BasicDataSourceFactory.createDataSource(props);
    }

    // 初始化多数据源
```

```
@Bean
public AbstractRoutingDataSource initMultiDataSources() throws Exception {
    // 创建多数据源
    AbstractRoutingDataSource ds = new AbstractRoutingDataSource() { // ⑤
        @Override
        protected Object determineCurrentLookupKey() {
            // 获取线程副本中的变量值
            Long id = DataSourcesContentHolder.getId(); // ⑥
            // 求模算法
            Long idx =id % keyList.size();
            return keyList.get(idx.intValue());
        }
    };
    // 获取连接池属性
    Properties props = poolProps();
    int count = 1;
    Map<Object, Object> targetDs = new HashMap<>();
    do {
        // 获取 id
        String id = env.getProperty("jdbc.ds"+count+".id");
        // 如果获取 id 失败则退出循环
        if (StringUtils.isEmpty(id)) {
            break;
        }
        DataSource dbcpDs = this.initDataSource(props, count);
        // 设置默认数据库
        if ("true".equals(env.getProperty("jdbc.ds"+count+".default"))) {
            ds.setDefaultTargetDataSource(dbcpDs); // ⑦
        }
        // 放入 Map 中
        targetDs.put(id, dbcpDs);
        // 保存 id
        keyList.add(id);
        count ++;
    } while (true);
    // 设置所有配置的数据源
    ds.setTargetDataSources(targetDs);
    return ds;
}

    ......
}
```

这段代码比较长，但是结构清晰，核心代码是 initMultiDataSources 方法，其他都是辅助方法。代码中的注释已经比较清晰了，所以这里只对难点进行讲解。代码①处是配置 MyBatis 映射，这里配置了扫描包，并且限定扫描的注解为@Mapper。代码②处是注入一个环境上下文对象，它由 Spring IoC 容器自动装配，通过它可以读入 Spring 的配置。initMultiDataSources 方法是代码的核心内容，它会执行以下几步。

- 代码⑤处通过匿名类的方式创建了一个路由数据源（AbstractRoutingDataSource），并且实现了 determineCurrentLookupKey 方法。
- 利用代码③处的 poolProps 读入连接池属性，用于将来创建数据源（DataSource）。
- 使用循环通过代码④处的 initDataSource 方法，为每一个配置的数据库单独创建一个数据源对象（DataSource）。

- 通过代码⑦处设置默认的数据源。
- 将创建的数据源放到一个 Map 中，其中 key 为配置的 id，这个 id 会保存到列表（keyList）中。
- 最后将数据源的 Map 对象存放到路由数据源（AbstractRoutingDataSource）中，这样它就可以通过 key 进行选择了。
- 注意，在创建路由数据源的代码中，代码⑥处使用了线程副本的变量，关于这点后文还会谈到。

这样，我们就配置了一个路由数据源，具体按照怎么样的规则选择数据源，由 determineCurrent LookupKey 方法决定的。因此代码清单 14-7 中代码⑥处还需要进一步的探讨，下面我先给出 DataSourcesContentHolder 的代码，如代码清单 14-8 所示。

代码清单 14-8　DataSourcesContentHolder 源码（chapter14 模块）

```java
package com.spring.cloud.chapter14.datasource;
public class DataSourcesContentHolder {
    // 线程副本
    private static final ThreadLocal<Long> contextHolder = new ThreadLocal<>();

    // 设置id
    public static void setId(Long id) {
        contextHolder.set(id);
    }

    // 获取线程id
    public static Long getId() {
        return contextHolder.get();
    }
}
```

这个类的 setId 方法是设置一个 Long 型的线程变量，getId 方法是获取这个线程变量。然后再看代码清单 14-7 中创建路由数据源的代码。

```java
// 创建多数据源
AbstractRoutingDataSource ds = new AbstractRoutingDataSource() { // ⑤
    @Override
    protected Object determineCurrentLookupKey() {
        // 获取线程副本中的变量值
        Long id = DataSourcesContentHolder.getId(); // ⑦
        // 求模算法
        Long idx =id % keyList.size();
        return keyList.get(idx.intValue());
    }
};
```

显然，这段代码是通过获取这个 Long 型的线程变量对数据源个数进行求余的方法来确定数据源 key 的，然后再通过 key 来找到数据源。为了进行测试，我们在数据库执行如下 SQL 代码。

```sql
/** 6382023274934274%3=0 **/
INSERT INTO sc_chapter14_1.t_transaction
(id,user_id, product_id, payment_channel,
amout, quantity, discount, trans_date, note)
VALUES(6382023274934272, 6382023274934274, 5646218600394760,
2, 100.00, 1, 20.00, '2019-08-01 13:00:00', '购买产品1');
```

```
/**  6382023279128578%3=1  **/
INSERT INTO sc_chapter14_2.t_transaction
(id,user_id, product_id, payment_channel,
amout, quantity, discount, trans_date, note)
VALUES(6382023274934276, 6382023279128578, 5646218600394760,
1, 100.00, 1, 20.00, '2019-08-01 14:00:00', '购买产品 1');

/** 5646218600394755%3=2 **/
INSERT INTO sc_chapter14_3.t_transaction
(id,user_id, product_id, payment_channel,
amout, quantity, discount, trans_date, note)
VALUES(5646218600394752, 5646218600394755, 5646218600394760,
3, 100.00, 1, 20.00, '2019-08-01 12:00:00', '购买产品 1');
```

注意，这些 SQL 代码不是随便写的，主要的焦点是用户编号（user_id），在每一条 SQL 前面的注释中，我已经告知 user_id%3 的值，这是一个求余运算，用来确定数据应该放在哪个数据库实例下。做好了这些，我们就可以编写控制器来测试多数据源了，如代码清单 14-9 所示。

代码清单 14-9　开发控制器测试路由数据库（chapter14 模块）

```
package com.spring.cloud.chapter14.controller;
/**** imports ****/
@RestController
public class TransactionController {
    @Autowired
    private TransactionDao transactionDao = null;

    @GetMapping("/transactions/{userId}")
    public List<Transaction> findTransaction(
            @PathVariable("userId") Long userId) {
        // 设置用户编号，这样就能够根据规则找到具体的数据库
        DataSourcesContentHolder.setId(userId);
        return transactionDao.findTranctions(userId);
    }
}
```

注意加粗的代码，这样写是为了将用户编号设置为线程变量，便于路由数据源找到具体的数据库。服务启动后，只需要在浏览器中请求 3 个地址：

- http://localhost:1014/transactions/6382023274934274；
- http://localhost:1014/transactions/6382023279128578；
- http://localhost:1014/transactions/5646218600394755。

就可以验证开发的路由数据源是否成功了。但是这样由每一个方法写一次会有些麻烦，例如，某个用户已经登录了系统，就有必要在上下文中设置用户编号，用于选择数据库。为了处理这个问题，有些开发者使用 Spring AOP 的通知去设置线程变量的方法，但是这样比较麻烦，毕竟 Spring AOP 的写法也有些不太友好，更多的时候，我推荐使用 Web 容器的过滤器，如代码清单 14-10 所示。

代码清单 14-10　设置线程变量的拦截器（chapter14 模块）

```
package com.spring.cloud.chapter14.filter;
/**** imports ****/
@Component
// 配置拦截器名称和拦截路径
```

```
@WebFilter(urlPatterns = "/*",filterName = "userIdFilter")
public class UserIdFilter implements Filter {

    private static final String SESSION_USER_ID = "session_user_id";
    private static final String HEADER_USER_ID = "header_user_id";

    // 拦截逻辑
    @Override
    public void doFilter(ServletRequest request, ServletResponse response,
            FilterChain chain) throws IOException, ServletException {
        HttpServletRequest hreq = (HttpServletRequest) request;
        // 尝试从 Session 中获取 userId
        Long userId = (Long)hreq.getSession().getAttribute(SESSION_USER_ID);
        // 如果为空，则尝试从请求头获取 userId
        if (userId != null) {
            String headerId = hreq.getHeader(HEADER_USER_ID);
            if (!StringUtils.isEmpty(headerId)) {
                userId = Long.parseLong(headerId);
            }
        }
        if (userId != null) { // 如果存在 userId 则设置线程变量
            DataSourcesContentHolder.setId(userId);
        }
        chain.doFilter(request, response);
    }
}
```

在这个拦截器中，尝试从 Session 和 HTTP 请求头中获取用户编号（userId），如果能够获取得到，就设置线程变量，这样后续的方法就不必再设置了。

在选择数据库的时候，本节选择的是求余的方法，这当然是一种算法，但这种算法也有许多的弊端。此外，还有其他选择数据库的算法，它们都有各自的优点，这便是下一节要讨论的分片（sharding）算法。

14.3 分片算法

无论是分表、分库和分区，都是将一张表的记录分隔到不同的区域存储，每个区域如同一个片区，为了让这些分散的片区能够整合成为一个整体，就需要对应的分片算法了。常见的分片算法也有多种，大体分为范围分片、哈希（Hash）分片和热点分片。哈希分片又分为求余分片和一致性哈希算法。因为范围分片的算法比较简单，并且当前使用得不多了，所以本书就不再介绍了。

为了更好地讨论这些算法，我们还需要分析企业实际的问题。在互联网的实践中，数据往往被划分为两大类：一类是带有用户性质的数据；另一类是不带用户性质的数据。例如，拿本书模拟的互联网金融系统来说，交易记录是带有用户性质的，因为交易是某个用户发生的业务行为，带有用户性质的数据往往是网站中最庞大最主要的，是我们分布式数据库存储的主要内容，也是我们关注的重点；另外一部分是不带用户性质的，例如产品，它和用户无关，是平台发布的数据，相对于用户数据，这部分数据会少得多。

一般来说，基于数据的特性，企业会按用户数据进行区分，并且主要以用户编号为区分依据。这里有一个最基本的原则，就是尽量把同一个用户的数据存储到同一个分片中，因为这些数据往往有一定的关系，如果可以在同一个分片访问，就可以减少跨分片访问和由此带来的资源消耗，从而提高访问性能。拿我们的例子来说，如果根据交易记录 ID 进行分片，那么一个用户的交易记录就有可能同时有 sc_chapter14_1、sc_chapter14_2 和 sc_chapter14_3 这 3 个库中，如果想组织一个整体数据展示给用户看，就需要访问 3 个数据库，这无疑会给系统开发带来很大的困难，同时性能也不会好。

对于那些与用户无关的数据，则需要根据其自身业务进行分析了。例如，产品微服务系统，可能就需要根据产品编号进行分片了，因为产品本身可能有许多关联业务，所以拿产品编号分片就显得更为合理一些。

为了方便，下文就使用用户编号（userId）来讨论。在 13 章中我们谈到了 SnowFlake 算法的发号机制，这里假设我们采用这个算法来生成 Long 类型的 userId，那么我们该如何使用 userId 来决定将数据存储到哪个分片呢？这便是分片算法要解决的问题。

14.3.1 哈希分片之求余算法

常见的哈希算法有两种，一种是求余算法，另外一种是一致性哈希算法。相对来说，求余算法很简单，例如，在 14.2 节中我们就已经使用了，例子中有 3 个库，即 sc_chapter14_1、sc_chapter14_2 和 sc_chapter14_3。我们只需要使用 userId 对 3 进行求余，就知道要存入哪个数据库了，这个算法十分简单易行，如图 14-4 所示。

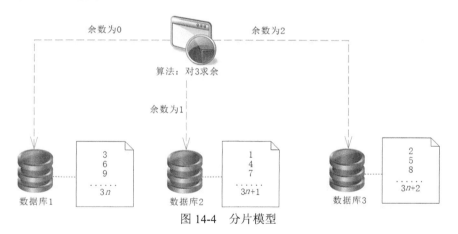

图 14-4　分片模型

有些企业会采用这个模型，因为它简单方便，性能也很好。但是对于数据量快速增长的企业来说，采用这个模型就会有很多问题，其中最主要的就是伸缩性问题。例如，因为数据量不断膨胀，所以 3 个库已经不够用了，要增加 1 个库，从 3 个库变为 4 个库，就需要通过使用 userId 对 4 求余来决定将数据存放到哪个库。当然，这对新的用户数据没有什么影响，但是旧的用户数据就必须迁徙了。然而，所有数据库的数据都做迁徙，无疑需要大量的时间和代价，成本也较高。对于那些已经部署了数百个数据库的企业，当出现业务增长缓慢、出现资源浪费、需要为了节省成本而减少数据库的时候，也要迁徙所有的数据才能重新部署。所以这样的算法不适合那些频繁增加和减少节点的企业，为了满足业务伸缩性较大的企业的需求，有软件开发者提出了新的算法——著名的一致性哈希算法。

14.3.2 一致性哈希算法

一致性哈希算法，也称为一致性哈希算法，它是 1997 年麻省理工学院提出的一种算法。它首先假设一个圆由 2^{32} 个点构成，如图 14-5 所示。

对于这个圆，我们也称为哈希环，它由 2^{32} 个节点组成，数值的取值范围为区间[0, $2^{32}-1$]。我们可以根据数据库编号或者其他标识性的属性求其哈希值（hash code），然后该值就会对应到这个哈希环上的某一点。

我们有 4 个库，依次编号为 Node A、Node B、Node C 和 NodeD，它们都是我们数据库的节点。根据编号求出哈希值，就可以放到图 14-5 的节点中了，如图 14-6 所示。

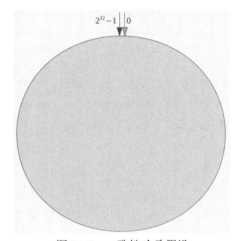

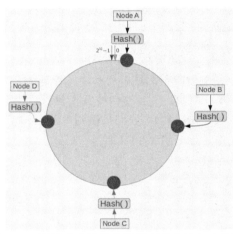

图 14-5　一致性哈希假设　　　　　图 14-6　通过求哈希值将数据库节点放入哈希环中

为了进行说明，这里需要进行一些假设。

- 假设 Node A、Node B、Node C 和 NodeD 这 4 个节点的哈希值为 Hash A、Hash B、Hash C 和 Hash D，根据图 14-6 就可以得到以下 5 个区间：[0, Hash A]、[Hash A, Hash B]、[Hash B, Hash C]、[Hash C, Hash D]和[Hash D, $2^{32}-1$)。

- 假设对 userId 也求哈希值，记为 n，而 n 必然落入 Node A、Node B、Node C 和 NodeD 这 4 个节点所产生的 5 个区间之中。

在一致性哈希算法中，对于 n，采用顺时针方向找到下一个数据库节点，用来存放该数据。为了说明这点，这里举几个例子，这些例子都紧扣图 14-6，所以结合该图进行阅读往往会事半功倍。例如：

```
Hash A < n <= Hash B
```

那么根据图 14-6，按顺时针方向找到的下一个数据库节点就是 Node B 节点。又如：

```
0 <= n < Hash A
```

那么根据图 14-6，按顺时针方向找到的下一个数据库节点就是 Node A 节点。再如：

```
Hash D <= n < 2^32-1
```

那么根据图 14-6，按顺时针方向找到的下一个数据库节点就是 Node A 节点。

一致性哈希算法，对于伸缩性大有好处：当我们减少一个节点的时候，只需要将减少的那个节点的数据插入到顺时针的下一个节点即可；当我们新增一个节点的时候，只需要通过哈希值计算将下一个节点的部分数据分配给新增节点即可。从上述可以知道，通过一致性哈希算法，新增或者减少节点，只需要移动附近节点的数据即可，无须全局迁徙，所以一致性哈希算法非常合适那些需要经常增加和删除存储节点的应用。

但是上述只是一致性哈希的理论知识，而不是实践。以上理论在实践上有下面 3 个问题。

- 在使用 JDK 的 hashcode 方法计算哈希值的时候，如果字符串对象长度较短，那么得到的哈希值也会很小，不足以比较平均地划分区间 $[0, 2^{32}-1]$，这时我们该如何处理？
- 存不存在既能支持哈希环模式，又能简化我们编程的数据结构？
- 区间 $[0, 2^{32}-1]$ 很大，实践中可能并不需要那么大的区间，是否可以缩小区间，以简化我们的开发？

下面依次回答这 3 个问题。对于第一个问题，除了 JDK 的算法外，计算哈希值的算法还有很多，但是本书不是讲述算法的书，所以不讨论各种哈希值的算法。在诸多的哈希算法中，应该说，当前最好的一致性哈希算法是 FNV1 哈希算法，它是一个可以支持 32 位二进制的算法，本书只介绍它。对于第二个问题，在 Java 中，支持哈希环的数据结构是 SortedMap，使用它可以保存数据库的编号（或其他标识）或者其哈希值，并且支持顺时针路由到下一个节点，能简化我们的开发。对于第三个问题，区间 $[0, 2^{32}-1]$ 确实过大，在实践中可以考虑缩小区间，但在缩小区间之前，需要先进行合理的评估，例如，如果觉得预留 1000 个数据库就足够未来用了，那么就可以采用区间 $[0, 1023]$ 作为哈希环。

为了更好地说明，下面给出实现一致性哈希的 Java 代码，然后再进行进一步的探讨，如代码清单 14-11 所示。

代码清单 14-11　数据源的一致性哈希算法（chapter14 模块）

```java
package com.spring.cloud.chapter14.datasource;
/**** imports ****/
public class ConsistentHashing {

    // key 表示服务器的 hash 值，value 表示数据源编号
    private static SortedMap<Integer, String> sortedMap = new TreeMap<>(); // ①

    // 增加数据源
    public static void addDsKey(String dsKey) {
        // 计算哈希值
        int hashCode = getHash(dsKey);
        System.out.println(dsKey + "--->" + hashCode);
        // 存入排序 Map 中
        sortedMap.put(hashCode, dsKey);
    }

    /**
     * 使用 FNV1 的 32 位哈希算法计算字符串的哈希值
     * @param str -- 需要求哈希值的字符串
     */
    private static int getHash(String str) {
```

```
        final int p = 16777619;
        int hash = (int)2166136261L;
        for (int i = 0; i < str.length(); i++) {
            hash = (hash ^ str.charAt(i)) * p;
        }
        hash += hash << 13;
        hash ^= hash >> 7;
        hash += hash << 3;
        hash ^= hash >> 17;
        hash += hash << 5;
        // 如为负数，则取绝对值
        if (hash < 0) {
            hash = Math.abs(hash);
        }
        return hash;
    }

    /**
     * 根据字符串哈希值找到对应的数据源
     */
    private static String getDataSource(String node) {
        // 计算字符串的哈希值
        int hash = getHash(node);
        // 得到大于该哈希值的所有 Map
        SortedMap<Integer, String> subMap = sortedMap.tailMap(hash); // ②
        Integer firstKey = null;
        // 如果没有大于当前节点的哈希值的数据，就选择哈希值最小的数据源 // ③
        if (subMap == null || subMap.isEmpty()) {
            firstKey = sortedMap.firstKey();
        } else {
            // 第一个 Key 就是顺时针过去离字符串哈希值最近的那个节点
            firstKey = subMap.firstKey();
        }
        // 返回对应的服务器名称
        return sortedMap.get(firstKey);
    }
}
```

代码①处是一个排序的 Map，它的 key 是一个整数，用于存放哈希值，value 用于存放数据源的编号，相当于哈希环。getHash 方法采用 FNV1 的 32 位哈希算法计算字符串的哈希值，关于此算法，本书不做详细介绍，感兴趣的读者可以参阅其他资料。addDsKey 方法增加数据源的 key，同时计算哈希值，放入 Map 中，这样就可以通过新增数据库节点来划分哈希环了。最后的 getDataSource 方法是我们的核心，这里我们分步骤详细解释一下它的逻辑。

- 首先，getDataSource 方法的参数是一个字符串，计算这个参数的哈希值，记为 hashcode。
- 然后，在代码②处，通过 SortedMap 的 tailMap 方法，得到比 hashcode 都大的 Map。但是注意，这有可能返回空 Map。拿图 14-6 来说，如果 hashcode 满足 Hash D ≤ n < 2^{32} − 1，则排序 Map 返回空。代码③处会判定返回的 Map 是否为空，如果为空，就取哈希值最小的数据源；否则，取返回 Map 中的第一个数据源（即哈希环顺时针的下一个节点）。
- 最后，根据取到的顺时针的下一个 key，获取对应的数据库编号，返回给调用者。

这样，我们就完成了一致性哈希的算法，下面使用如下代码进行测试：

```
public static void main(String[] args) {
    // SnowFlake 算法创建 ID 值，请参见第 13 章
    SnowFlakeWorker worker = new SnowFlakeWorker(003);
    addDsKey("001");
    addDsKey("002");
    addDsKey("003");
    for (int j=1; j<=10; j++) {
        // 统计各个数据源得到的记录数
        int[] dsCount = {0, 0, 0};
        for (int i = 1; i < 1000; i++) {
            String id = worker.nextId() + ""; // 生成 ID 值
            int hashCode = getHash(id); // 计算哈希值
            String dsKey = getDataSource(id); // 获取目标数据源
            // 统计各个数据源得到的数据数
            if ("001".equals(dsKey)) {
                dsCount[0]++;
            } else if ("002".equals(dsKey)) {
                dsCount[1]++;
            } else if ("003".equals(dsKey)) {
                dsCount[2]++;
            }
        }
        // 打印分配数据源记录数
        System.out.println(dsCount[0] + ",\t" + dsCount[1] + ",\t" + dsCount[2]);
    }
}
```

这段代码已经给出了详尽的注释，请读者自行参考。我在本地执行后，得到的日志如下：

```
001--->2042173830
002--->1029925517
003--->1766483102
150, 528, 321
118, 540, 341
124, 538, 337
133, 515, 351
132, 511, 356
147, 492, 360
138, 503, 358
155, 469, 375
117, 546, 336
127, 560, 312
```

从日志可以看到，编号 001 的数据库得到的记录数偏少，编号 002 的数据库得到的记录数偏多，这就形成了匹配不均的问题。如果数据量庞大，编号 002 的数据库里的数据就会特别多，这样就很容易导致其超负荷工作。这是一致性哈希的明显缺点。那么我们又该如何解决这个问题呢？

为了解决这个问题，我们需要先了解导致这个缺点的两个主要原因。

- 哈希值划分哈希环不太平均，导致划分大的区间得到分配的概率大，划分小的区间得到分配的概率小。
- 划分的节点太少，容易得到一个很大的区间，导致大部分数据流入某一区间之内，导致数据碰撞。

一般来说，第一个原因比较难去除，因为哈希算法是相对固定的。但是第二个原因可以通过虚

拟节点来去除，例如，对于编号 001 的节点，我们可以生成 10 个虚拟节点：001#1、001#2、001#3、…、001#10，这样一个真实的数据源节点就变成了 10 个虚拟的节点，如果是 3 个数据源，就会演变为 30 个划分哈希环的节点，这样整个哈希环就有更大的概率趋近于平均分配区间。下面让我们修改代码清单 14-11 的 addDsKey 方法，代码如下：

```
// 增加数据源，带虚拟节点
public static void addDsKey(String dsKey) {
    // 循环 10 次，1 个节点虚拟出 10 个节点
    for (int i=1; i<=10; i++) {
        // 虚拟键
        String key = dsKey + "#" + i;
        // 计算虚拟键哈希值
        int hashCode = getHash(key);
        // 存入排序 Map 中
        sortedMap.put(hashCode, dsKey);
    }
}
```

在代码中，针对一个数据库节点，模拟出 10 个虚拟节点进行存放，这样就大大增加了划分的区间。然后再进行上述的测试，就可以得到这样的日志：

```
316, 225, 458
306, 230, 463
355, 225, 419
343, 233, 423
355, 218, 426
326, 212, 461
338, 194, 467
340, 191, 468
330, 195, 474
369, 218, 412
```

从结果来看，虽然得到的数据量还有些不平均，但是相对之前没有虚拟节点的时候，已经好许多了。如果我们每一个真实的数据源节点模拟出 100 个虚拟节点，再测试则可以得到这样的日志：

```
340, 357, 302
353, 331, 315
368, 351, 280
356, 333, 310
353, 350, 296
369, 312, 318
326, 371, 302
333, 378, 288
349, 329, 321
321, 361, 317
```

显然会比模拟出 10 个虚拟节点要更加平均，情况也趋近于理想状态。于是，就有一个问题，是不是模拟出越多的节点就越好呢？答案也是否定的，虽然节点越多，数据分配相对越平均，但是从可伸缩性来说，如果我们模拟出 100 个虚拟节点，那么在增删一台真实的数据源节点的时候，就要处理 100 个虚拟节点的数据了，这显然不是很好处理。从另一个角度来说，虚拟节点越多，算法的性能也会越差，所以使用虚拟节点应该适当。

本节我们讨论了一致性哈希算法，它在分布式存储（包括分布式数据库和缓存）中有广泛的应

用。使用它可以满足节点伸缩性，在伸缩操作的时候，只需要操作临近节点即可。但是该算法可能导致数据分配不均，造成某一节点数据膨胀。为了解决这个问题，可以引入虚拟节点。虚拟节点越多，分配越平均，但是，虚拟节点使用过多，也会导致伸缩性下降。这些都是实践中需要注意的问题。

14.3.3　热点分配法

在经济学理论中，有一个著名的"二八定律"，也就是 20%的人掌握 80%的财富，而 80%的人掌握 20%的财富。"二八定律"的实际应用已经超越了经济学的范畴，对于计算机系统存储的数据，也是如此，也就是在我们存储的数据中，80%是几乎用不到的，只有 20%是常常需要访问的。对于那些常常需要访问的数据，我们称为热点数据。

假设我们采用了一致性哈希分片算法，有 3 个库，即库 1、库 2 和库 3。3 个库的数据分配得比较平均，但是 80%的热点数据在库 1 中。这样就会导致库 1 比较繁忙，库 2 和库 3 比较清闲，在高并发下，库 1 就可能因为超负荷工作而瘫痪。这是因为数据虽然平均分配了，但是热点数据分配不平均。为了解决这个问题，一些开发者提出了按热点分配的方法，最理想的情况是，热点数据能够比较平均地分配到各个库中，这样在负荷上分配就比较平均了，整个系统性能也会得到显著提升。

在实际中，数据是跟着用户走的，换句话说，操作越多的用户越需要我们关注，这些用户的数据往往就是热点数据，从这层关系来说，热点数据的分配也可以理解为区分热点用户。这些数据往往是无规则的，需要我们存储映射关系才能弄清它们之间的关系。为此，可以在一个公共的数据库上创建一张映射表，通过它来区分热点数据和非热点数据，并且记录哪个用户分配到了哪个数据库节点上，如图 14-7 所示。

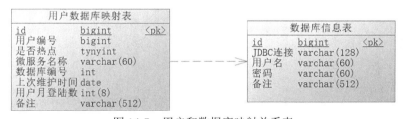

图 14-7　用户和数据库映射关系表

看左边的用户数据库映射表（下文简称映射表），下面谈谈这张表的一些重要字段的含义。

- **是否热点**：用于标识该用户数据是否为我们的热点数据。
- **微服务名称**：说明可以根据微服务查找对应的数据库，毕竟微服务是推荐使用独立数据库的。
- **数据库编号**：可通过这个编号找到对应的数据库。
- **上次维护日期**：维护这条记录的最近日期。
- **用户月登录数**：用户在当前月登录过系统的次数，通过这个次数，就可以知道用户是否经常访问系统。对于频繁访问的用户，它的数据往往就是热点数据了。当然，这只是其中一种区分热点数据的方法，只是为了举例，在实践中，也可以根据自己的业务规则来决定如何区分热点数据。

但是，如果需要每次读写映射表，就会造成系统性能的缓慢，为此我们可以考虑在公共服务系统启动的时候，将用户数据库映射表的数据读入到缓存服务器中。当我们访问时，从 Redis 中读取映射关系，显然，这样就可以大幅度地提高性能了，如图 14-8 所示。

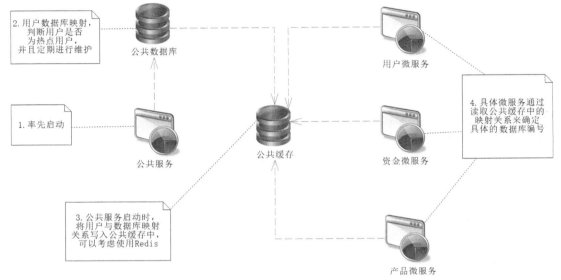

图 14-8 系统设计

注意，图 14-8 中的说明编号，步骤是按照编号的顺序来的。实际上，用户月登录数可以只写入 Redis，而不与数据库同步，因为这不是业务数据，并不会影响正常业务的逻辑，但这是判断用户是否为热点用户的依据。之后，每当月末时，通过判断登录次数，决定该用户的数据是否为热点数据，然后将这些热点数据通过数据迁徙的方式，平均分配到各个数据库中，这样，热点数据就被平均分配到各个数据库中了，每个数据库的负荷就相对平均了，系统性能也会比较理想。但是别忘了，在迁徙数据的同时，也需要维护映射表和 Redis 缓存的数据，这样微服务系统才能够重新从 Redis 读写最新的映射关系。

热点分配法可以按照一个时间间隔，通过迁徙热点数据的方式，使各个数据库节点的负荷尽可能平衡，从而优化系统性能，减少可能出现的一个数据库繁忙、其他数据库空闲的情况。不过，它需要引入映射表和缓存等机制，这无疑会使算法复杂化，也会加大维护成本。

14.4 分片中间件 ShardingSphere

ShardingSphere 是 Apache 基金会下的一个孵化项目，它是由一套开源的分布式数据库中间件解决方案组成的生态圈，主要关注数据分片、分布式事务和数据库协调。它的前身是 Sharding JDBC，Sharding JDBC 是当当网发布的一款分布式数据库中间件，该中间件在发布后，获得了广泛的使用，在业界很流行。因为 Sharding JDBC 很成功，所以 ShardingSphere 就将其纳入进来成为其孵化项目之一。

14.4.1 概述

ShardingSphere 主要由以下 3 个产品构成。

- **Sharding-JDBC**：它的定位为一种轻量级框架，基于传统的 JDBC 层，并且在此基础上提供了额外的服务，所以他能够兼容其他的 Java 数据库技术，例如，连接池和 ORM 框架（如 Hibernate 和 MyBatis 等）。当前能够支持 MySQL、Oracle、SQLServer 和 PostgreSQL。
- **Sharding-Proxy**：它的定位为透明化的数据库代理端，提供封装数据库二进制协议的服务端版本，目前最先提供的是 MySQL 版本，它可以使用任何兼容 MySQL 的协议访问客户端（如 MySQL Command Client、MySQL Workbench 等）操作数据。因为可以代理分布式数据库，所以它对数据库管理员（DBA）会更友好。
- **Sharding-Sidecar**：这是目前没有发布的组件，它的定位为 Kubernetes 或 Mesos 的云原生数据库代理，以 DaemonSet 的形式代理所有对数据库的访问，它属于新一代网格数据库。

本节我们只关心 Sharding-JDBC，因为 Sharding-Proxy 是 DBA 关心的内容，Sharding-Sidecar 还没有发布版本。

14.4.2　ShardingSphere 的重要概念

ShardingSphere 是一个能够支持分片和分库的轻量级框架，在使用它之前，需要了解它的一些重要概念。

- **逻辑表**：分表技术是将一个原本存储大量数据的表拆分为具有相同字段但表名不同的一系列表，我们把这一系列表统称为逻辑表。例如，当我们把产品表拆分为表 t_product_1、t_product_2、t_product_3……时，把表 t_product_1、t_product_2、t_product_3……统称为表 t_product，它是一个逻辑概念，不是一个真实存在的表。
- **真实表**：是指在数据库中真实存在的表，例如，逻辑表概念中谈到的表 t_product_1、t_product_2、t_product_3……这些就是真实表，它真实地存在于数据库中。
- **数据节点**：它是 ShardingSphere 拆分的最小分片单位，它会定位到具体的某个数据库的某张真实表，格式为 ds_name.t_product_x，其中 ds_name 为数据库名称，t_product_x 为真实表的名称。
- **绑定表**：指分片规则下的主表和子表，这个概念有点复杂，后面再解释它。

上面谈及的绑定表的概念，理解起来可能有一些困难，这里再说明一下。在数据库中，有主表和从表的概念，例如，我们说产品表（t_product）是主表，销售表（t_sales）是从表，因为从表是基于主表派生出来的。在正常情况下，查询真的主从表数据时，使用的 SQL 应该是：

```
select p.*, s.* from t_product p join  t_sales s on p.id = s.product_id where p.id in
(#{productId1}, #{productId2})
```

我们采用分表技术之后，查询起来就不那么容易了。假设这里将产品表拆分为表 t_product_0 和 t_product_1，同时把销售表拆分为表 t_salses_0 和 t_salses_1，那么上述的 SQL 就会被 ShardingSphere 翻译为以下 4 条 SQL：

```
select p.*, s.* from t_product_0 p join  t_sales_0 s on p.id = s.product_id where p.id
in (#{productId1}, #{productId2});
    select p.*, s.* from t_product_0 p join  t_sales_1 s on p.id = s.product_id where p.id
in (#{productId1}, #{productId2});
    select p.*, s.* from t_product_1 p join  t_sales_0 s on p.id = s.product_id where p.id
in (#{productId1}, #{productId2});
```

```
select p.*, s.* from t_product_1 p join  t_sales_1 s on p.id = s.product_id where p.id
in (#{productId1}, #{productId2});
```

这便呈现出了笛卡儿积的关联概念，而绑定表的作用是对数据进行限制，例如，主从表的数据会限制为：如果将产品保存在表 t_product_0 内，那么从表数据也会保存在 t_sales_0 内。这样就可以避免笛卡儿积的关联，数据分布就不会杂乱无章了。通过绑定之后，ShardingSphere 会将原来的 SQL翻译为：

```
select p.*, s.* from t_product_0 p join  t_sales_0 s on p.id = s.product_id where p.id
in (#{productId1}, #{productId2});
select p.*, s.* from t_product_1 p join  t_sales_1 s on p.id = s.product_id where p.id
in (#{productId1}, #{productId2});
```

这样就避免了数据的复杂分布和 SQL 的复杂度，性能也会大大提高。

这 4 个 ShardingSphere 的核心概念就介绍到这里了，在实际运用中，还是建议少使用分表技术，因为它会带来很多的不便利，引发后续开发的困难。在有条件的情况下，可以使用分库技术，在后续的开发中会相对简单许多，在做主从表时，不会出现笛卡儿积关联等问题，性能会有大幅度的提高。

14.4.3 ShardingSphere 的分片

如果说 ShardingSphere 的概念是基础的话，那么分片就是其核心内容了。在 ShardingSphere 中存在分片键、分片算法和分片策略 3 种概念，这些都是我们需要研究的内容。

1. 分 片 键

分片键是指以表的什么字段进行分片。例如，之前我们使用用户编号（user_id）进行分片，那么 user_id 就是分片键。ShardingSphere 还能支持多个字段的分片。

2. 分 片 算 法

分片算法是我们的核心内容，在 ShardingSphere 中，定义了 ShardingAlgorithm 接口作为其底层接口，在此基础上，还定义了几个子接口，如图 14-9 所示。

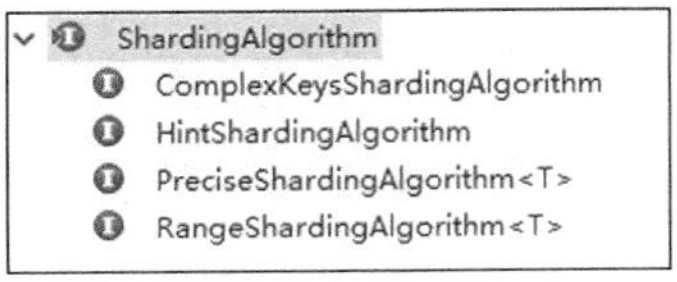

图 14-9 ShardingAlgorithm 接口及其子接口

从图 14-9 中可以看出，ShardingSphere 提供了以下 4 种分片的子接口。

- **PreciseShardingAlgorithm**：精确分片策略，主要支持 SQL 中的"="和"IN"。
- **RangeShardingAlgorithm**：范围分片策略，主要支持 SQL 中的"BETWEEN…AND…"。
- **ComplexKeysShardingAlgorithm**：复合分片，可以支持多分片键，但是需要自己实现分片算法。
- **HintShardingAlgorithm**：如果非 SQL 解析方式进行分片的，可以实现这个接口，自定义自己的分片算法，如使用映射表的方式。

它们都是接口，没有实现类，为了更好地使用它们，ShardingSphere 采用了策略（Strategy）模式，这便是下面要谈到的分片策略。

3. 分 片 策 略

在上面，我们讨论了分片算法（ShardingAlgorithm），但是它们都只是定义接口，并无具体的实现。ShardingSphere 的分片是通过策略接口 ShardingStrategy 来实现的，并且基于这个接口，它还提供了 5 个实现类，我们可以根据自己的业务需要来选择具体的分片策略，如图 14-10 所示。

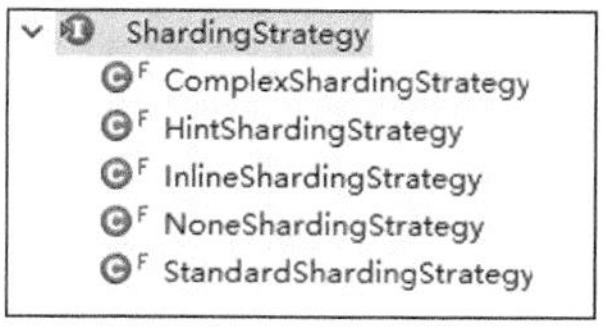

从图 14-10 中可以看到，分片策略分为以下 5 种。

- **StandardShardingStrategy**：标准分片策略。它只支持单分片键，不支持多分片键。它内含两种分片算法，即精确分片（PreciseShardingAlgorithm）和范围分片（RangeShardingAlgorithm）。

- **ComplexShardingStrategy**：复合分片策略。它能支持多分片键，但是你需要自己编写分片逻辑。

- **HintShardingStrategy**：提示分片策略。如果不依赖 SQL 层面的分片策略，你需要根据自己的业务规则进行编写分片策略。

- **InlineShardingStrategy**：行表达式分片策略。它主要支持那些简单进行分片的策略。例如，如果产品表分为 t_product_0 和 t_product_1，那么可以写作 t+prodcut$->{id % 2}，表示按照产品编号（id）对 2 取模，进行分片。

- **NoneShardingStrategy**：不分片策略。它将返回所有可选择的数据库名或者表名。

图 14-10　分片策略

14.4.4　实例

为了方便我们使用，Apache 以 Spring Boot 启动器的形式发布了 ShardingSphere。下面让我们通过 Maven 来引入其依赖的包，如代码清单 14-12 所示。

代码清单 14-12　通过 Maven 引入 ShardingSphere（chapter14 模块）

```
<dependency>
    <groupId>io.shardingsphere</groupId>
    <artifactId>sharding-jdbc-spring-boot-starter</artifactId>
    <version>3.0.0</version>
</dependency>
```

在我编写本书时，Apache ShardingSphere 的最新版本是 3.1.0，但是这个版本实际使用起来，还有很多问题，所以我选用了 3.0.0 版本。

添加了 Maven 依赖，我们就可以使用 Spring Boot 方式使用 ShardingSphere 了。因为我们在 14.2 节中配置了数据源，所以在开始使用 ShardingSphere 之前，需要将代码清单 14-7 中的 initMultiDataSources 方法注释掉。简单来说，就是不再使用我们自己定义的数据源。

然后在 application.yml 配置文件中加入代码清单 14-13 所示的代码。

代码清单 14-13　通过 Spring Boot 方式配置 ShardingSphere（chapter14 模块）

```
sharding:
  jdbc:
    config:
      sharding:
        # 默认的数据库分库策略
        default-database-strategy: # ①
          # 使用行分库策略
          inline: # 选择行表达式分片策略 ④
            # 使用用户编号（user_id）作为分片键
```

```
                    sharding-column: user_id
                    # 分库策略表达式，user_id%3 代表使用用户编号对 3 取模，然后在 ds0、ds1 和 ds2 中
                      # 选中数据库，这样就能实现哈希求余的分库算法了
                    algorithm-expression: ds$->{user_id % 3}
         # 定义逻辑表及其策略
         tables: # ②
             # 逻辑表名
             t_transaction:
                 # 给逻辑表绑定真实表名，{0..2}表示数据库名称从 ds0 到 ds2 变化
                 actual-data-nodes: ds$->{0..2}.t_transaction
 # 配置数据库  # ③
 datasource:
     # 各个数据库分库的名称
     names: ds0,ds1,ds2
     # 名称为 ds0 的数据库
     ds0:
         # 数据源类型（使用哪个类，要求该类实现 DataSource 接口）
         type: org.apache.commons.dbcp2.BasicDataSource
         # 驱动类
         driver: com.mysql.jdbc.Driver
         # 数据库 URL
         url: jdbc:mysql://localhost:3306/sc_chapter14_1?serverTimezone=UTC
         # 数据库用户
         username: root
         # 数据库密码
         password: 123456
     # 请参考名称为 ds0 的数据库配置的注释
     ds1:
         type: org.apache.commons.dbcp2.BasicDataSource
         driver: com.mysql.jdbc.Driver
         url: jdbc:mysql://localhost:3306/sc_chapter14_2?serverTimezone=UTC
         username: root
         password: 123456
     # 请参考名称为 ds0 的数据库配置的注释
     ds2:
         type: org.apache.commons.dbcp2.BasicDataSource
         driver: com.mysql.jdbc.Driver
         url: jdbc:mysql://localhost:3306/sc_chapter14_3?serverTimezone=UTC
         username: root
         password: 123456
```

这段配置虽长，但是大体分为两个部分。代码③处，往上的部分主要配置了分表分库，往下的部分主要配置了多个数据库。分表分库的配置又分为两个小部分，代码①处开始配置的是分库，代码②处配置的是分表。因为上述注释已经比较详细了，所以请读者自行参考，这里就不再赘述了。

在浏览器中分别打开地址：

- http://localhost:1014/transactions/6382023274934274；
- http://localhost:1014/transactions/6382023279128578；
- http://localhost:1014/transactions/5646218600394755。

就可以查看到对应交易的信息了，这也说明了原来 14.2 节中 Spring 路由数据源（AbstractRouting DataSource）的应用也是成功的。

14.4.5　结束语

因篇幅所限，关于 ShardingSphere，这里只做了基本的介绍和简单的实例。如果想更深入地学习，可以参考 ShardingSphere 发布的文档资料。

ShardingSphere 是基于当当网开发的开源框架 Sharding-JDBC 开发的，能够支持数据库的分片技术，但是它还不能支持以下 SQL 语句：

- HAVING 语句。
- UNION 和 UNION ALL 语句。
- OR 语句。
- DISTINCT 语句。
- 嵌套的 SELECT 语句。

除此之外，还不能支持同时插入多条记录，例如不能写成：

```
insert into t_table (id, name, note) values(1, 'name_1', 'note_1'),(1, 'name_2', 'note_2')
```

简单地讲，它的功能是受限的，所以需要注意使用它的场合。此外，它在联机分析处理（OLAP）方面，性能不佳，所以需要进行分布式统计分析的，最好不要使用 ShardingSphere。

第 15 章

分布式数据库事务

上一章中，我们讨论了分布式数据库的知识，主要是分片技术。这一章我们来讨论分布式数据库事务，我们知道在互联网的世界中，有些数据对一致性的要求是十分苛刻的，如商品的库存和用户的账户资金，而这些却极有可能分别存储在不同的数据库节点中，那么如何在多个数据库节点中保证这些数据的一致性，就是分布式数据库事务要解决的问题。

分布式数据库事务比单机数据库事务要复杂得多，它涉及多个数据库节点之间的协作。在第 1 章中，我讲过 BASE 理论，在分布式数据库中，存在强一致性和弱一致性。所谓强一致性是指任何多个后续线程或者其他节点的访问都会返回最新值。弱一致性是指当用户对数据完成更新操作后，并不保证在后续线程或者其他节点马上访问到最新值，它只是通过某种方法来保证最后的一致性。强一致性的好处是，对于开发者来说比较友好，数据始终可以读取到最新值，但这种方式需要复杂的协议，并且需要牺牲很多的性能。弱一致性，对于开发者来说相对没有那么友好，无法保证读取的值是最新的，但是不需要引入复杂的协议，也不需要牺牲很多的性能。事实上，在发生一定的不一致的情况下，我们可以采取多种方式进行补救，用户的快速体验，往往比保证强一致性重要，所以在当今互联网的开发中，弱一致性占据了主导地位。而从微服务的角度来说，强一致性是不符合微服务的设计理念的，这些都会在本章进行讲解。

15.1　强一致性事务

现今流行的强一致性事务，主要有两种实现方式：第一种是两阶段提交协议；第二种是为了克服两阶段提交协议的一些缺陷，衍生出来的三阶段提交协议。为了解释两阶段和三阶段的概念，我们先从单机数据库事务开始讲述，首先看一下图 15-1。

图 15-1　单机数据库的一阶段提交/回滚

从图 15-1 中可以看出，单机数据库事务只需要对数据库发送提交或者回滚命令就能操作数据库，一个阶段就能完成，无须外界干预。这样的单机数据库事务应该说是简单易用的，但是放到分布式数据库就不一样了。分布式数据库比单机数据库要复杂得多，首先它是多个节点的协作，其次网络有不可靠性。为了说明分布式数据库事务的复杂性，我们看一下图 15-2。

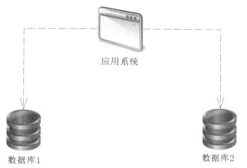

图 15-2　分布式事务

在图 15-2 中，由于应用系统需要访问两个数据库，而两个数据库之间并无关联关系，因此无法感知另一个数据库的状态，从而无法保证数据的一致性。如果我们引入对应的通信机制，就需要进行一些协议约定，但实际上，通信机制也不是绝对可靠的，因为通信机制依赖的网络不是绝对可靠的。

为了解决这些问题，Tuxedo（分布式操作扩展之后的 Unix 事务系统）首先提出了著名的分布式协议——XA 协议，跟着 The Open Group（它的建立是为了向 UNIX 环境提供标准）将其确认为处理分布式事务的规范。但是 XA 协议也有很大的弊端，为了克服这些弊端，衍生出了三阶段提交协议，这就是我们下面需要学习的内容。不过需要需要注意以下两点。

- 在微服务系统中，不适合使用这样的强一致性事务。
- 即使使用强一致性，也可能出现低概率的数据不一致的情况，依然需要使用其他机制保证所有数据的一致性。

15.1.1　两阶段提交协议——XA 协议

XA 协议是一种**两阶段提交协议**（Two-Phase Commit，2PC），它分两个阶段来完成分布式事务。在 XA 协议中，首先会引入一个中间件，叫作事务管理器，它是一个协调者。独立数据库的事务管理器称为本地资源管理器。为了更好地解释 XA 协议的原理，先看图 15-3。

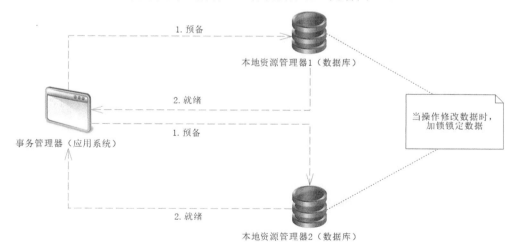

图 15-3　XA 协议第一阶段

图 15-3 所展示的是 XA 协议的第一阶段，下面让我们来分析它执行的步骤。

- 应用系统使用事务管理器，首先将数据发送给需要操作的分布式数据库，并且给予预备命令。
- 当分布式数据库得到数据和预备命令后，对数据进行锁定（MySQL 和 Oracle 都会将事务隔离级别设置为 Serializable——序列化），保证数据不会被其他事务干扰。

- 在本地资源管理器做好上一步后，对事务管理器提交就绪信息。

在 XA 协议中，任何一步都依赖上一步的成功，于是就有 3 种可能：当事务管理器接收到所有数据库的本地资源管理器所发送的就绪信息后，执行第二阶段的操作；当事务管理器没有接收到所有数据库的就绪信息时，它会等待，直至收到所有数据库的就绪信息为止；当然等到的消息也有可能是某个数据库操作失败，这个时候事务管理器会通知其他数据库进行回滚，从而保证所有数据都不会被修改。

一般来说，在本地资源管理器发出就绪命令之前，数据库就会预执行 SQL，这样能够最大限度地保证事务提交的可能性，后续阶段的提交成功率会十分高，基本不会失败。在正常情况下，事务管理器可以得到所有数据库提交的就绪信息，能继续发起第二阶段的命令，也就是提交命令，如图 15-4 所示。

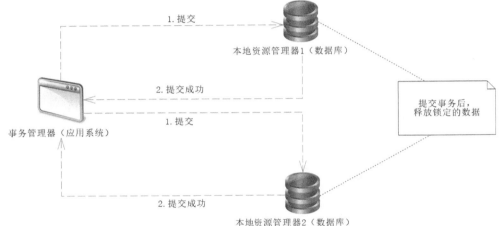

图 15-4　XA 协议第二阶段

图 15-4 展示的就是 XA 协议第二个阶段提交的过程，下面再用文字描述一下。

- 当事务管理器接收到 XA 协议第一阶段得到的所有数据库的就绪信息后，就会对所有数据库发送提交的命令。
- 当各个本地资源管理器接收到提交的命令时，就会将在 XA 协议第一阶段锁定的数据进行提交，然后释放锁定的数据。
- 当做完上一步后，本地资源管理器就会对事务管理器发送提交成功的信息，表明数据已经操作成功了。

做完第二阶段的提交，所有数据都会被提交到各自的数据库中，各个数据库的数据就会保持一致性。

为了支持 XA 协议，Java 方面定义了 JTA（Java Transaction API）规范，和 JDBC 一样，JTA 只是一个规范，它需要具体的数据库厂商进行实现，这是一种典型的桥接模式。在 JTA 中，定义了接口 XAConnection 和 XADataSource，这两个接口的实现需要具体的数据库厂商提供。在 MySQL 中，5.0 以后的版本才开始支持 XA 协议，因此在 MySQL 中使用 JTA，需要使用 MySQL 5.0 以后的版本。MySQL 中提供了 XAConnection 和 XADataSource 两个接口的具体实现类，因而支持 XA 协议。为了更好地支持分布式事务，一些开源框架也提供了很好的支持，其中以 Atomikos、Bitronix 和 Narayana 最为出名。当今评价最高、使用较广泛的是 Atomikos，所以这里选它来实现分布式事务。

为了验证 XA 协议，我们创建两个数据库 spring_cloud_chapter15_1 和 spring_cloud_chapter15_2，然后分别执行以下 SQL。

```
create table t_foo(
    id bigint,
    content varchar(256) null,
    primary key(id)
);
```

这样两个数据库就都有一个简单的表了。为了使用 Atomikos，需要引入一些相关的包，如代码清单 15-1 所示。

代码清单 15-1　引入数据库和 Atomikos 的依赖包（chapter15 模块）

```xml
<dependency>
    <groupId>org.springframework.boot</groupId>
    <artifactId>spring-boot-starter-jdbc</artifactId>
</dependency>
<dependency>
    <groupId>mysql</groupId>
    <artifactId>mysql-connector-java</artifactId>
    <version>5.1.40</version>
</dependency>
<!--引入 Atomikos-->
<dependency>
    <groupId>org.springframework.boot</groupId>
    <artifactId>spring-boot-starter-jta-Atomikos</artifactId>
</dependency>
```

这样我们就引入了 JTA 规范的实现方案之一——Atomikos，spring-boot-starter-jta-Atomikos 包会以 Spring Boot 的方式为我们装配分布式事务管理器。跟着我们需要创建对应的数据源和相关的对象，如代码清单 15-2 所示。

代码清单 15-2　引入数据库和 Atomikos 的依赖包（chapter15 模块）

```java
package com.spring.cloud.chapter15.main;
/**** imports ****/
@SpringBootApplication(scanBasePackages = "com.spring.cloud.chapter15.*")
public class Chapter15Application {
    /**
     * 定义数据源 1
     * @return 数据源 1
     */
    @Primary // 如果遇到 DataSource 注入，该 Bean 拥有优先注入权
    @Bean("ds1")
    public DataSource dataSource1() {
        // Atomikos 提供的数据源，可以帮助我们设置数据库连接池属性
        AtomikosDataSourceBean ds = new AtomikosDataSourceBean(); // ①
        // MySQL 的 XA 协议数据源
        MysqlXADataSource xaDs = new MysqlXADataSource(); // ②
        // 设置数据库连接属性
        xaDs.setUrl("jdbc:mysql://localhost:3306/spring_cloud_chapter15_1" +
            "?serverTimezone=UTC");
        xaDs.setUser("root");
        xaDs.setPassword("123456");
        // Atomikos 数据源绑定 MySQL 的 XA 协议数据源
```

```java
        ds.setXaDataSource(xaDs);
        // 设置 Atomikos 数据源的唯一标识名
        ds.setUniqueResourceName("ds1"); // ③
        initPool(ds);
        return ds;
    }

    @Bean("ds2")
    public DataSource dataSource2() {
        AtomikosDataSourceBean ds = new AtomikosDataSourceBean();
        MysqlXADataSource xaDs = new MysqlXADataSource();
        xaDs.setUrl("jdbc:mysql://localhost:3306/spring_cloud_chapter15_2" +
                "?serverTimezone=UTC");
        xaDs.setUser("root");
        xaDs.setPassword("123456");
        ds.setXaDataSource(xaDs);
        ds.setUniqueResourceName("ds2");
        initPool(ds);
        return ds;
    }

    /**
     * 设置数据库连接池的属性
     * @param ds -- AtomikosDataSourceBean 数据源
     */
    private void initPool(AtomikosDataSourceBean ds ) {
        // 连接池最大连接数
        ds.setMaxPoolSize(50);
        // 连接池最小连接数
        ds.setMinPoolSize(10);
        // 连接池默认连接数
        ds.setPoolSize(30);
    }

    /**
     * 创建优先注入的 JdbcTemplate 对象
     * @param ds -- 数据源，将使用@Qualifier("ds1")限定所绑定的数据库
     * @return   JdbcTemplate 对象
     */
    @Primary
    @Bean("jdbcTmpl1")
    public JdbcTemplate jdbcTemplate1(@Qualifier("ds1") DataSource ds) {
        JdbcTemplate jdbcTmpl = new JdbcTemplate();
        // 绑定数据源
        jdbcTmpl.setDataSource(ds);
        return jdbcTmpl;
    }

    @Bean("jdbcTmpl2")
    public JdbcTemplate jdbcTemplate2(@Qualifier("ds2") DataSource ds) {
        JdbcTemplate jdbcTmpl = new JdbcTemplate();
        jdbcTmpl.setDataSource(ds);
        return jdbcTmpl;
    }

    public static void main(String[] args) {
```

```
        SpringApplication.run(Chapter15Application.class, args);
    }
}
```

这段代码有点长，但是实际并不复杂，只是在创建数据源和 JdbcTemplate 模板。首先看一下 dataSource1 方法，该方法标注了 @Bean 和 @Primary，其中，@Bean 代表将被 Spring 装配到 IoC 容器中，@Primary 代表有注入冲突时（这里 dataSource2 方法也是返回数据源，在按类型将数据源注入其他 Bean 时，在 IoC 容器中会产生冲突），被 IoC 容器优先注入。跟着我们看代码①处，这里使用了 Atomikos 为我们提供的 AtomikosDataSourceBean，它可以绑定一个支持 XA 协议的数据源。跟着代码②处使用 MySQL 提供的支持 XA 协议的 MysqlXADataSource 类，创建了数据源对象，设置了它的连接属性，并且对 AtomikosDataSourceBean 对象和 MysqlXADataSource 对象进行了绑定。在代码③处设置了 AtomikosDataSourceBean 对象的唯一资源名，这步是必不可少的。然后设置数据库连接池的属性，就可以返回了。dataSource2 方法和 dataSource1 方法基本相同，就不再赘述了。跟着是 jdbcTemplate1 创建 JdbcTemplate 对象，并且和 dataSource1 方法返回的数据源绑定。同样，jdbcTemplate2 创建 JdbcTemplate 对象，也和 dataSource2 方法返回的数据源绑定。这样就有了两个数据源和两个 JdbcTemplate 模板。

下面我们使用创建好的两个 JdbcTemplate 模板，验证 XA 协议。为此，新建类 XaService，如代码清单 15-3 所示。

代码清单 15-3 使用 XA 协议（chapter15 模块）

```
package com.spring.cloud.chapter15.service;
/**** imports ****/
@Service
public class XaService {
    @Autowired
    @Qualifier("jdbcTmpl1")
    private JdbcTemplate jdbcTmpl1 = null;

    @Autowired
    @Qualifier("jdbcTmpl2")
    private JdbcTemplate jdbcTmpl2 = null;

    // 注入数据库事务管理器
    @Autowired
    PlatformTransactionManager transactionManager = null; // ①

    @Transactional // 开启事务
    public int inisertFoo(Long id, String content, Long id2, String content2) {
        // 查看异常类型
        System.out.println("数据库事务管理器类型："
                + transactionManager.getClass().getName());
        int count =0;
        String sql = "insert into t_foo(id, content) values(?, ?)";
        count += jdbcTmpl1.update(sql, id, content); // ②
        // 测试异常时，可以设置 id2 为 null，进行验证
        count += jdbcTmpl2.update(sql, id2, content2); // ③
        return count;
    }
}
```

　　代码中首先注入了之前创建的两个 JdbcTemplate，然后是代码①处的事务管理器，这个事务管理器是以 Spring Boot 方式自动装配的，所以不需要我们编写任何代码。跟着是 inisertFoo 方法，该方法标注了 @Transactional 注解，说明它会在事务中运行，该方法的逻辑是：首先输出数据库事务管理器的类型；然后在代码②和③处，让两个 JdbcTemplate 分别执行插入数据的 SQL；最后返回影响记录的条数。当然如果需要验证回滚机制，可以将代码③处的参数 id2 设置为 null。为了测试这段代码，我们新增一个控制器，如代码清单 15-4 所示。

代码清单 15-4　测试 XA 协议（chapter15 模块）

```
package com.spring.cloud.chapter15.controller;
/**** imports ****/
@RestController
@RequestMapping("/xa")
public class XaController {
    @Autowired
    private XaService xaService = null;

    @GetMapping("/transaction")
    public Map<String, Object> transaction() {
        // 使用 SnowFlake 算法
        SnowFlakeWorker worker = new SnowFlakeWorker(3L);
        Long id = worker.nextId();
        String content = "content" + id;
        Long id2 = worker.nextId();
        String content2 = "content" + id2;
        int count = xaService.inisertFoo(id, content, id2, content2);
        Map<String, Object> result = new HashMap<>();
        result.put("count", count);
        return result;
    }
}
```

　　这里采用了 SnowFlake 算法来生成 ID，然后往两个数据库中插入数据。最后，我们配置 application.yml 文件，代码如下：

```
# 设置端口
server:
  port: 1015
# Debug 级别日志，使得日志更详尽
logging:
  level:
    root: debug
```

　　这里我将 Tomcat 的启动端口设置为了 1015。为了能看到更为详尽的日志，将日志级别设置为了 debug。我们启动服务后，在浏览器中请求 http://localhost:1015/xa/transaction，就可以看到数据成功地插入了两个数据库。看后台打印的日志可以看到如下内容。

```
数据库事务管理器类型：org.springframework.transaction.jta.JtaTransactionManager
...执行 jdbcTemplate1 的 SQL 日志......
XAResource.start # 开启数据源 1 的 XA 事务
...执行 jdbcTemplate2 的 SQL 日志......
XAResource.start # 开启数据源 2 的 XA 事务
......
```

```
XAResource.end  # 结束数据源 1 的 SQL
......
XAResource.end  # 结束数据源 2 的 SQL
XAResource.prepare  # 预编译数据源 1 的 SQL
XAResource.prepare  # 预编译数据源 2 的 SQL
XAResource.commit  # 提交数据源 1 的 XA 事务
XAResource.commit  # 提交数据源 2 的 XA 事务
......
```

上述日志省略了部分内容，其中#后面的文字是我加入的注释和说明。从这些日志中，既可以看到使用的事务管理器是 JtaTransactionManager，又可以看到事务执行的过程。表 15-1 给出了用时刻和 SQL 表示的执行过程。

表 15-1　XA 协议在数据库中的执行过程

时刻	数据库（ds1）	数据库（ds2）	备注
T1	XA START ${xid};		${xid}是一个唯一序列号，由 Atomikos 机制生成
T2	insert into t_foo(id, content) values(?, ?)		预编译 SQL，并未提交事务，加锁锁定要提交的数据
T3		XA START ${xid};	采用和 T1 时刻相同的序号——${xid}
T4		insert into t_foo(id, content) values(?, ?)	预编译 SQL，并未提交事务，加锁锁定要提交的数据
T5	XA END ${xid};		结束 XA 协议的 SQL 语句
T6		XA END ${xid};	结束 XA 协议的 SQL 语句
T7	XA commit ${xid};		数据源（ds1）提交事务
T8		XA commit ${xid};	数据源（ds2）提交事务

从表 15-1 中可以看出整个 SQL 执行的顺序，在事务提交前，数据库会加锁锁定要提交的数据，以保证数据的一致性。

整体来说，XA 协议相对比较容易实现。但是在实际应用中，XA 协议用得并不多，因为它的性能不是很好，使用 XA 协议的性能和不使用 XA 协议的性能，相差接近 10 倍。从实际来说，上述我们考虑的东西是比较理想化的，例如，在表 15-1 中的 T7 时刻，如果该命令因为网络原因没有到达数据库（ds1），那么就会有 ds2 提交了事务，而 ds1 未提交的情况。如果你认为这只会造成数据不一致问题，那就大错特错了，它其实还会造成更为严重的死锁问题。回到表 15-1 中，不要忘记，在 T4 时刻，预编译 SQL 的时候，ds2 还会锁定数据，如果后续没有提交事务的命令或者回滚事务的命令，数据库就会一直锁定数据，造成数据库死锁的问题。为了解决这些问题，有人在 XA 协议的基础上引入了三阶段提交协议。

15.1.2　三阶段提交协议

为了解决两阶段提交协议带来的网络问题造成的不一致，还有更为严重的死锁问题，在两阶段提交协议的基础上，一些工程师提出了**三阶段提交协议**（Three-Phase Commit，3PC）。该协议实现比较复杂，当前还不是主流技术，因此这里就不展示代码了，只讨论其原理。事实上，三阶段提交协议是在两阶段提交协议的基础上演变出来的，它只是增加了询问和超时的功能。询问功能是指在执行 XA 协议之前，对数据库连接和资源进行验证。超时功能是指数据库在执行 XA 协议的过程中锁定的资源，在超过一个时间戳后，会自动释放锁，避免死锁。具体的时序如图 15-5 所示。

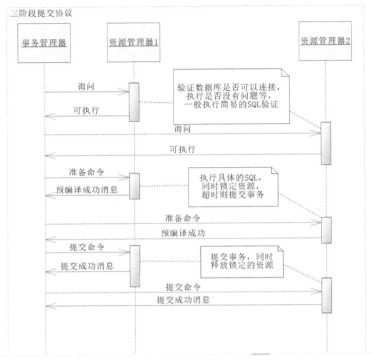

图 15-5　三阶段提交协议

三阶段提交命令的本质和两阶段提交并无太多不同，只是多了以下两点。

- **增加询问阶段**：在执行两阶段前做一些询问和验证，如验证连接数据库是否成功，可通过执行简易查询 SQL 是否成功进行验证，如果成功了，就继续执行，如果没成功，则中断执行，这样就能在大大提升成功率的同时，减少出错的可能性。

- **增加超时机制**：其次，在执行 XA 协议的过程中，如果事务执行超时，则提交事务。这里也许有读者会问：为什么不是回滚事务呢？那是因为互联网的大量实践经验表明，在大部分情况下，提交事务的合理性要远远超过回滚事务。这样操作的好处在于，可以防止数据库锁定资源，导致系统出现的死锁问题。

　　无论是两阶段提交协议，还是三阶段提交协议，当前都不是企业保证一致性的主流技术了，原因大体有两个。第一，它们的实现相对来说比较复杂，日后维护和运维起来都比较困难。第二，使用了大量锁技术，在高并发的情况下，会造成大量的阻塞，导致用户体验不佳，影响用户的忠诚度。因此，两阶段和三阶段提交协议就都渐渐地没落了，取代它们的是弱一致性事务的技术。

15.1.3　为什么微服务不适合使用强一致性事务

　　从实际上来说，微服务是不适合使用强一致性事务的，这是由微服务的风格所决定的。在第 1

章讲微服务风格的时候，我们知道，微服务是按业务区分的，并且每一个子业务都是一个单独的服务，是一个独立的产品，拥有单独的数据系统。为了划清界限，这些微服务之间的服务调用是通过 REST 风格的调用来完成的，而不是通过调用数据库来完成的。这就意味着，在协作的时候，一个微服务无法直接调用另一个微服务的数据库，只能通过 REST 调用来完成协作，这显然无法使用强一致性的数据库事务。

如果说上面的表述还有点晦涩难懂，那么没有关系，这里我们来考究产品微服务和资金微服务的情况，如图 15-6 所示。

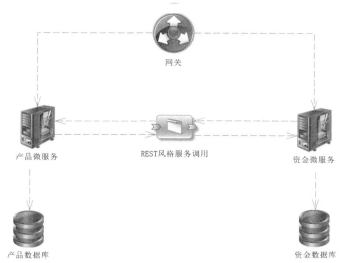

图 15-6　微服务为什么不适合使用强一致性事务

假设我们执行一个商品交易，先到产品微服务减库存，然后在资金微服务中扣除用户账户的资金，那么事务就要保证产品库存和用户账户资金的一致性。如果主逻辑在产品微服务中完成，那么强一致性事务就会要求访问资金数据库，这显然违反了微服务独立数据库、独立产品和独立业务的风格，因此在微服务中不适合使用强一致性事务。如果我们允许产品微服务访问资金微服务，各个微服务之间的数据库就可以相互访问，这样会带来更大的耦合，导致后续系统更加难以维护和扩展，这显然是一种得不偿失的做法。

通过上述的讨论，大家应该清楚，微服务不适合使用强一致性事务，更好的选择是使用弱一致性事务，这也是当前企业的主流思想。

15.2　弱一致性事务

弱一致性是指当用户对数据完成更新操作后，并不保证后续线程或者其他节点能马上访问到最新值，一致性由后续操作保证。弱一致性的好处是，各个服务实例的操作可以在无锁的情况下进行，性能上没有损失，能迎合高并发的要求，实现起来也相对简单和灵活。

关于弱一致性事务，我们需要再次回到第 1 章讲到的 BASE 理论的 3 个概念：基本可用（BA）、软状态（S）和最终一致性（E）。对于分布式来说，首先要保证的是基本可用，也就是能尽快反馈给用户。软状态是指在一个时间段内，有些数据可能不一致。最终一致性是指对于那些处于软状态的数据，系统采取一定的措施使得数据达到最终一致性。弱一致性事务和强一致性事务的不同在于，强一致性事务基于数据库本身的层面，而弱一致性则基于应用的层面。也就是说，强一致性使用的是数据库本身提供的协议或者机制来实现，如 XA 协议；而弱一致性则需要自己在应用中处理，使用一定的手段保持数据的一致性。

一般来说，弱一致性会"尽可能"保证事务的一致性，但不能绝对保证，也就是说，使用弱一致性事务后，虽然数据可能会存在不一致的情况，但是不一致的情况会大大减少。弱一致性的方法很多，也没有固定的模式，常见的方法有状态表、可靠事件、补偿性事务和其衍生的 TCC（Try Confirm Cancel）模式等。但是无论使用何种模式，都不能保证所有的数据都达到一致性，为了达到完全的一致性，一些企业还会有事后对账的机制。例如，选择某个时间点——日结时刻，通过对账的形式来发现不一致的地方，然后通过补救措施使数据达到一致。因为采用了弱一致性，不一致性的情况会大大减少，所以一般来说，不一致性的数据也不会太多，运维和业务人员的工作量也会大大降低。和强一致性事务一样，弱一致性事务也无法保证绝对一致性，但是能够尽可能地大幅度降低数据的不一致性，使得运维和业务人员后续的工作量能够不断减少。

正如之前所言，弱一致性有很多种方法，本书将列出 4 种方法：状态表、RabbitMQ 可靠事件，最大尝试和 TCC 模式。

15.2.1　本节样例模型和冲正交易的概念

在介绍弱一致性之前，我们先来了解要使用的样例模型。这里涉及 2 个数据库的 4 个表：产品数据库的产品表和产品交易表；资金数据库的用户账户表和资金交易明细表。假设主流程是在产品服务中发起的，那么一个正常的交易流程应该是这样的：

- 从产品数据库的产品表中减库存。
- 在产品数据的产品交易表中存入新的交易记录。
- 通过服务调用的方式调用资金服务去扣减用户账户表的资金，用以支持产品交易。
- 在资金数据库中记录资金交易明细表。

注意，如果资金服务调用失败，那么产品服务的操作也会导致数据不一致，那么我们应该怎么办呢？一般来说，企业在这样的情况下，不会删除产品服务已经操作过的数据，而是会发起冲正交易，冲掉原有的交易，使得交易能够完整。之所以不删除数据，是因为删除数据本来就是危险的操作，其次删除数据也会导致业务后续无法被追踪，无法改善服务。

那么这里就有一个问题了，什么是冲正交易？在学习数学的时候，我们知道，正数+负数是可以等于零的，如算式 1+(-1)=0，利用这个原理，我们在设计产品交易表和资金交易明细表时，设置状态字段（state）。这里假设状态字段可以有 4 个枚举值，下面稍加说明一下。

- 1—准备提交：指在业务流程中，未生效的记录。
- 2—提交成功：指在业务流程完成后，已经生效的记录。
- 3—被冲正：指原本在"1—准备提交"的状态，但后续因为某种原因无法完成交易的记录，这个时候就会发起冲正交易，冲掉该记录，将状态修改为被冲正。
- 4—冲正记录：因为某种原因无法完成交易时，用于冲掉"1—准备提交"状态下记录的记录。

这里使用文字说明还是有点难以理解的，下面我们通过模拟数据进行说明，相信就会好理解很多了，如表 15-2 所示。

表 15-2 模拟冲正交易记录

ID	交易流水号	交易数量	其他字段	数据状态
14358254339502080	14358254343696385	1	……	3—被冲正
14358254347890691	14358254343696385	1	……	4—冲正记录

首先，这两条交易记录是通过交易流水号相互关联的，说明它们在处理同一笔业务。此外，在操作的流程中，这个交易流水号还会被传递给资金服务，这样两个数据库的数据就能够关联起来了。这里，ID 为 14358254339502080 的记录的状态原本为"1—准备提交"，此时进行产品表减库存的操作。在进行了冲正交易后，状态转为了"3—被冲正"，相当于"正数"。与此同时，将一条 ID 为 14358254347890691 的记录插入到数据库中，其状态为"4—冲正记录"，此时将库存归还给产品表，这条记录相当于"负数"。这样就有"正数+负数=0"了。通过冲正，对账的时候账务就平整了，同时也为业务人员后续的交易追踪带来了便利。

15.2.2 使用状态表

在我们处理业务的时候，都会在一个微服务中设置一个主流程，这里假设在产品微服务中设置主流程，它操作减库存，并且调用资金微服务去扣除用户账户上的资金来完成交易。在这样的一个场景中就存在两个微服务的协作了，那么如何使用状态表去保证数据的一致性呢？

这里先结合图 15-7 来看整个流程。

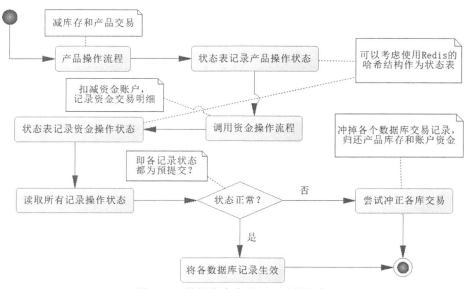

图 15-7 使用状态表的弱一致性事务

结合图 15-7，这里再用文字说明一下具体流程细节。

- 在产品服务减库存后，记录产品交易明细，如果没有异常，就将产品交易记录的状态位设置为"1—准备提交"，并且记录在 Redis 的状态表中。
- 产品服务通过服务调用资金服务，如果成功，就将账户交易表的记录的状态位设置为"1—准备提交"，并且记录在 Redis 的状态表中。
- 最后，读取 Redis 相关的所有状态位，确定是否所有的操作都为"1—准备提交"状态，如果是，则更新产品服务的记录状态为"2—提交成功"，然后发起资金服务调用，将对应的记录（可通过业务流水号关联）的状态也更新为"2—提交成功"，这样就完成了整个交易。如果不全部为"1—准备提交"状态，则发起各库的冲正交易，冲掉原有的记录，并且归还产品库存和账户金额。

注意，这个流程对于一致性的保证不是绝对可靠的。例如，最后一步，做资金服务调用时产生失败，那么数据依旧是不一致的。当然，如果存在任何操作，导致状态位不为"1—准备提交"，那么到最后一步，就对产品和账务服务尝试进行冲正交易，使得账务最终保持一致。可见，整个流程并不能保证数据是绝对一致的，它只能降低数据不一致的可能性，并保留一定可自动修复的可能性而已，这便是弱一致性事务的特点。这里使用了状态表，实际上，我们可以考虑使用 Redis 的哈希结构（Hash）作为我们的状态表，例如，使用下面的命令：

```
# 设置产品减库存交易状态位为 1
hset transaction_14358254343696385 product 1
# 设置资金交易状态位为 1
hset transaction_14358254343696385 fund 1
```

这里的 Redis 命令就是操作一个哈希结构，其中数字 14358254343696385 是一个业务流水号，通过它可以关联发生在各个微服务的业务。下面我再给出伪代码，以便更好地理解这个流程。

```
try {
    // 产品减库存和记录产品交易，并记录 Redis 状态表
    // 调用资金服务，进行账户扣款，然后记录资金交易，并记录 Redis 状态表
    /* 判断所有状态表中所有状态位是否都为准备提交？如果是，则执行减库存和提交账务；
    否则，对产品减库存和账务发出冲正交易，冲掉已经交易的数据，归还账户金额和产品库存*/
} catch(Exception ex) {
    // 尝试对产品减库存和账务发出冲正交易，冲掉不正常的交易
}
```

使用状态表的方式，可以避免强一致性事务的锁机制，使得各个系统在无锁的情况下执行。其弊端是需要借用第三方（例如本例的 Redis），这在一定程度上破坏了微服务风格要求的独立性。但是请注意，使用状态表也不能完全消除不一致性，只是提供了一种修复的手段，尽可能保证数据的一致性，后续还可以通过事后对账的方式来使得账务平整。

15.2.3　使用可靠消息源——RabbitMQ

这里，我们将使用 RabbitMQ 作为我们的可靠消息源。为了使用它，首先需要在 Maven 中引入对应的包，代码如下：

```
<dependency>
    <groupId>org.springframework.boot</groupId>
    <artifactId>spring-boot-starter-amqp</artifactId>
</dependency>
```

有了它，我们就可以在 application.yml 文件中配置 RabbitMQ 的相关信息了，如代码清单 15-5 所示。

代码清单 15-5　配置 RabbitMQ（chapter15 模块）

```
# RabbitMQ 配置项
spring:
  rabbitmq:
    # 服务器
    host: localhost
    # 端口
    port: 5672
    # 用户
    username: admin
    # 密码
    password: 123456
    # 使用发布者确认模式?
    publisher-confirms: true

# 配置 RabbitMQ 队列名称
rabbitmq:
  queue:
    fund: fund
```

在这段代码中，我将 spring.rabbitmq.publisher-confirms 配置为了 true，意思是发布消息者会得到一个"消息是否被服务提供者接收"的确认消息。跟着我们在 Chapter15Application 中添加创建消息队列的代码，如代码清单 15-6 所示。

代码清单 15-6　创建 RabbitMQ 消息队列（chapter15 模块）

```
// 读取配置属性
@Value("${rabbitmq.queue.fund}")
private String fundQueueName = null;

// 创建 RabbitMQ 消息队列
@Bean(name="fundQueue")
public Queue createFundQueue() {
    return new Queue(fundQueueName);
}
```

这样就能够对这个队列发送消息了，同样也可以监听这个队列发过来的消息。然后我们创建一个需要传递的 POJO，如代码清单 15-7 所示。

代码清单 15-7　需传递的 POJO（chapter15 模块）

```
package com.spring.cloud.chapter15.params;
import java.io.Serializable;
public class FundParams implements Serializable {
    // 序列化版本号
    public static final long serialVersionUID = 9898784412312564478L;
    private Long xid; // 业务流水号
    private Long userId; // 用户编号
    private Double amount; // 交易金额

    public FundParams() {
    }
```

```
public FundParams(Long xid, Long userId, Double amount) {
    this.xid = xid;
    this.userId = userId;
    this.amount = amount;
}

/** setter and getter **/
}
```

将来会把这个 POJO 的对象作为参数，从产品服务，传递给资金服务，来完成交易流程。需要注意的是 xid，它是一个流水号，通过它就可以关联各个服务之间的数据，使得各个服务为同一个业务而协作。下面我们来编写模拟的产品服务流程，如代码清单 15-8 所示。

代码清单 15-8　模拟产品服务流程（chapter15 模块）

```
package com.spring.cloud.chapter15.product.service;
/**** imports ****/
@Service
public class PurchaseService implements RabbitTemplate.ConfirmCallback { // ①
    // SnowFlake 算法生成 ID
    SnowFlakeWorker worker = new SnowFlakeWorker(003);

    // RabbitMQ 模板
    @Autowired
    private RabbitTemplate rabbitTemplate;

    // 读取配置属性
    @Value("${rabbitmq.queue.fund}")
    private String fundQueueName = null;

    // 购买业务方法
    public Long purchase(Long productId, Long userId, Double amount) {
        rabbitTemplate.setConfirmCallback(this); // ②
        // SnowFlake 算法生成序列号，业务通过它在各个服务间进行关联
        Long xid = worker.nextId(); // ③
        // 传递给消费者的参数
        FundParams params = new FundParams(xid, userId, amount);
        // 发送消息给资金服务做扣款
        this.rabbitTemplate.convertAndSend(fundQueueName, params); // ④
        System.out.println("执行产品服务逻辑");
        return xid;
    }

    /**
     * 确认回调，会异步执行
     * @param correlationData -- 相关数据
     * @param ack -- 是否被消费
     * @param cause -- 失败原因
     */
    @Override
    public void confirm(CorrelationData correlationData,
            boolean ack, String cause) {
        if (ack){ // 消息投递成功
            System.out.println("执行交易成功");
        } else { // 消息投递失败
```

```
    try {
        // 停滞 1 秒（稍微等待可能没有完成的正常流程），然后发起冲正交易
        Thread.sleep(1000);
    } catch (Exception ex) {
        ex.printStackTrace();
    }
    System.out.println("尝试产品减库存冲正交易。");
    System.out.println("尝试账户扣减冲正交易。");
    System.out.println(cause); // 打印消息投递失败的原因
    }
}
}
```

先看一下代码①处，它实现了 RabbitTemplate.ConfirmCallback 接口，这就意味着也需要实现它定义的 confirm 方法，这样它便可以作为一个发布者检测消息是否被消费者所接收的确认类。代码中的核心逻辑是 purchase 方法，首先在代码②处设置了回调类为当前类，这里的 RabbitTemplate 是 Spring Boot 自动为我们装配的对象，并不需要我们自己创建，因为我们已经依赖了 spring-boot-starter-amqp，并且做了对应的配置。之后在代码③处采用 SnowFlake 算法生成了一个序列号，通过它作为业务号，就能关联各个服务，通过协作完成请求了。然后创建了一个需要传递的参数 FundParams 对象，通过代码④处发送给消息消费者（如资金服务）。发送的时候，需要给出队列名，这里采用了配置项 rabbitmq.queue.fund 的字符串"fund"，这样就会把 FundParams 对象传递到这个队列里。最后，完成产品服务的逻辑，然后返回序列号。这里因为设置了回调，所以在消息被消费的时候，就会有反馈，此时会通过异步去执行 confirm 方法的代码，其中 ack 代表是否成功。如果投递消息失败，就会先停滞 1 秒，然后尝试进行冲正交易，冲掉原有交易，这样就可以使得数据平整了。

这里还缺一个消费者类，下面我们就开发消费者类，如代码清单 15-9 所示。

代码清单 15-9　消费者类（chapter15 模块）

```
package com.spring.cloud.chapter15.fund;
/**** imports ****/
@Component // ①
public class AccountService {

    // 消息监听，取 YAML 文件配置的队列名
    @RabbitListener(queues = "${rabbitmq.queue.fund}") // ②
    public void deelAccount(FundParams params) {
        System.out.println("扣减账户金额逻辑......");
    }
}
```

这段代码很简单，代码①处是让 Spring IoC 容器进行扫描装配。代码②处使用@RabbitListener 代表对 RabbitMQ 的消息进行监听，监听的队列名为配置项 rabbitmq.queue.fund 的字符串。这样当调用 PurchaseService 类的 purchase 方法时，这个 AccountService 类的 deelAccount 方法就会被调用。此时，因为消息被消费，所以触发 PurchaseService 类的 confirm 方法。这样就可以保证事件的有效性了。在 confirm 方法中，如果参数 ack 为 false，则说明消息传递失败，就要尝试执行冲正交易，把数据还原回来。

请注意，这样的确认方式，只是保证了事件的有效传递，但是不能保证消费类能够没有异常或者错误发生，当消费类有异常或错误发生时，数据依旧会存在不一致的情况。这样的方式，只是保

证了消息传递的有效性，降低了不一致的可能性，从而大大降低了后续需要运维和业务人员处理的不一致数据的数量。

15.2.4 提高尝试次数和幂等性

在分布式系统中，我们无法保证消息能正常传递给服务提供者，如果可以尝试数次，那么消息不能传达的概率就会大大降低，从而降低数据的不一致性。但是使用多次尝试也会带来一个问题——需要防止多次尝试调用造成的数据不一致，这便是我们需要谈的幂等性。所谓幂等性，是指在 HTTP 协议中，一次和多次请求某一个资源，对于资源本身应该具有同样的结果，也就是其执行任意多次时，对资源本身所产生的影响，与执行一次时的相同。

在使用的 Spring Cloud 中，实现重试是很简单的，只需要配置 application.yml 文件中的 Ribbon 选项即可，如代码清单 15-10 所示。

代码清单 15-10 重试与超时配置

```
FUND:
  ribbon:
    // 连接超时
    ConnectTimeout: 1000
    // 请求超时
    ReadTimeout: 3000
    // 最大连接数
    MaxTotalHttpConnections: 200
    // 每台服务提供者最大连接数
    MaxConnectionsPerHost: 50
    // 是否所有操作（操作超时或者读超时）都进行重试
    OkToRetryONAllOperations: false
    // 重试其他实例的最大重试次数，不包括首次所选的 server
    MaxAutoRetriesNextServer: 2
    // 同一实例的最大重试次数，不包括首次调用
    MaxAutoRetries : 1
```

以上加粗的代码就是我们关于重试的配置，这样就能在 Spring Cloud 中完成重试了。只是，重试就存在幂等性的问题，例如，第一次正常调用在线程 1 中运行，但是因为某种原因，线程 1 运行较慢，这个时候发出重试，重试调用就在线程 2 中运行（甚至是在非同一个服务实例运行）。这时，一个业务就存在两次操作了。为了防止重复调用带来的影响，我们需要进行一定的处理。

应该说，实现幂等性的方法很多，加锁、防止重复表等，但是这里不谈这些，这里只谈最简单、最普遍的方式——SQL 方式。回到这里的例子，因为在我们调用资金服务的时候，会传递流水号（xid）过来，所以这里考虑使用它来完成幂等性。在扣减账户资金的时候，我们可以根据流水号来增加一个判断条件来防止重复。例如，下面的 SQL：

```
/* 假设 t_account 为账户表，t_transaction_details 为账户交易明细表 */
/* 根据用户编号（#{userId}）更新扣减账户资金(#{amount}) */
update t_account a set a.balance= a.balance -#{amount} where a.user_id = #{userId}
/* 判定交易明细不存在相同流水号（#{id}），也就是没有扣款成功过 */
and not exists (selelect * from t_transaction_details d where d.xid = #{xid});
```

注意这里的 not exists 语句，通过它可以判断对应的流水号有没有被操作过，如果有，就不再执行扣减账户资金的操作了。通过执行这条 SQL 语句返回的影响条数，就可以决定是否往账户交易明

细表插入新的数据了。通过这样的方法，就能够防止多次重试造成数据不一致的错误了。

15.2.5 TCC 补偿事务

TCC 是 try（尝试）、confirm（确认）和 cancel（取消）这 3 个英文单词首字母组成的简写。之所以这样，是因为在 TCC 事务中，要求任何一个服务逻辑都有 3 个接口，它们对应的就是尝试（try）方法、确认（confirm）方法和取消（cancel）方法。然后按照一定的流程来完成业务逻辑，如图 15-8 所示。

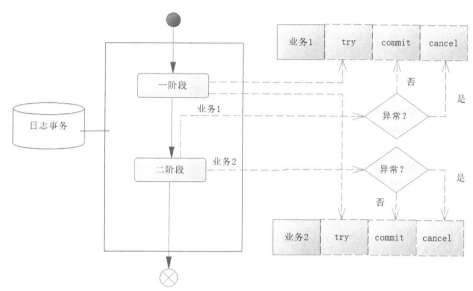

图 15-8　TCC 事务模型

下面我们再根据图 15-8 来描述执行本节样例的 TCC 流程。

（1）一阶段

- 产品表减库存，记录产品交易明细，并且将对应记录状态设置为"1—准备提交"。
- 调用账户服务，扣减账户资金，记录交易明细，并且将对应记录状态设置为"1—准备提交"。

在一阶段的调用中，如果没有发生异常，就可以执行正常二阶段进行提交了。

（2）正常二阶段

- 产品服务更新对应记录的状态为"2—提交成功"，使得数据生效。
- 调用账户服务，使得对应的记录状态也为"2—提交成功"，这样正常的提交就完成了。

如果在一阶段发生异常，需要取消操作，可以执行异常二阶段。

（3）异常二阶段

- 产品服务执行冲正交易，冲掉原有的产品交易，将库存归还给产品表。
- 调用账户服务，发起冲正交易，冲掉原有的资金交易，将资金归还到账户里。

注意，这些提交和退出机制在 TCC 中都需要处理幂等性，所以需要开发者自己进行处理。一些企业的实践数据表明，TCC 事务的一致性可达 99.99%，是一种较为成熟的方案，因此在目前有着较为广泛的应用。因为 TCC 应用广泛，所以这里通过模拟的例子对 TCC 做进一步的讲解，假设这里有两个接口。

```
/**  产品服务 TCC 接口 **/
public interface ProductTccService {

    // 产品表减库存，记录产品交易明细，将相关记录状态设置为"1—准备提交"
    public Result1 try(Param param);

    // 将 try 方法修改的记录设置为"2—提交成功"，使得数据生效
    public Result2 commit(Param param);

    // 发起冲正交易，冲掉 try 方法产生的交易
    public Result3 cancel(Param param);
}


/**  资金账户服务 TCC 接口 **/
public interface AccountTccService {

    // 用户账户扣减资金，记录资金交易明细表，将相关记录状态设置为"1—准备提交"
    public Result4 try(Param param);

    // 将 try 方法修改的记录设置为"2—提交成功"，使得数据生效
    public Result5 commit(Param param);

    // 发起冲正交易，冲掉 try 方法产生的交易
    public Result6 cancel(Param param);
}
```

这里要注意，这两个接口都各自有 3 个方法，即 try、commit 和 cancel，这便是 TCC 事务的要求，对于每一个方法，我都给予了注释，请自行参考。接下来，我们就应用这两个接口来完成我们的业务，代码如下：

```
// 注入产品业务接口
@Autowired
private ProductTccService productService = null;
// 注入账户业务接口
@Autowired
private AccountTccService accountService = null;

// TCC 流程模拟实现
public Result flow(Param param) {
    try {
        // 一阶段，准备提交阶段
        productService.try(param);
        accountService.try(param);
        // 业务正常进行，正常二阶段提交数据生效
        productService.commit(param);
        accountService.commit(param);
    } catch(Exeception ex) { // 发生错误
        // 出现异常，执行异常二阶段，取消操作
        productService.cancel(param);
        accountService.cancel(param);
    }
}
```

从这些伪代码大家可以看到，TCC 事务机制，也并不能保证所有的数据都是完全一致的，它只是提供了一个可以修复的机制，来降低不一致的情况，从而大大降低后续维护数据的代价。TCC 事

务也会带来两个较大的麻烦：第一个是，原本的一个方法实现，现在需要拆分为 3 个方法，代价较大；第二个是，需要开发者自己实现提交和取消方法的幂等性。

15.2.6 小结

弱一致性是当今企业采用的主流方案，它并不能保证所有数据的实时一致性，所以有时候实时读取数据是不可信的。它只是在正常的流程中，加入了提供修复数据的可能性，从而减少数据不一致的可能性，大大降低数据不一致的可能性。上述的几种方法，也体现了这样的设计思路。实际上，开发者也可以根据自己的需要来实现弱一致性事务，因为同一个设计思路的实现方法并不是唯一的，甚至是多样性的，完全可以根据自己的需要来实现它，以满足企业的实际需要。

15.3 分布式事务应用的实践理论

从上面的讲述可以看出，使用分布式事务，并不是很容易的事情，甚至有些方法还相当复杂。在互联网中，并不是所有的数据都需要使用分布式事务，所以首先要考虑的是：在什么时候使用分布式事务。即使需要使用分布式事务，有时候也并非需要实时实现数据的一致性，因为可以在后续通过一定的手段来完成。例如电商网站，对买家来说，需要的是快速响应，但对商家来说，就未必需要得到实时数据了，过段时间得到数据也是可以的，而这段时间就可以考虑进行数据补偿了。无论我们如何使用分布式事务，也无法使数据完全达到百分之百的一致性，因此一般金融和电商企业会通过对账等形式来完成最终一致性的操作。

现今企业在分布式事务的选择中，都会采用弱一致性代替强一致性，相对来说，弱一致性更加灵活，更方便我们开发。从网站的角度来说，弱一致性可以获得更佳的性能，提升用户的体验，这是互联网应用需要首先考虑的要素，因为没有人会愿意使用一个响应缓慢的系统。事实上，无论是采用强一致性事务，还是采用弱一致性事务，都无法保证数据百分之百的一致，为了使数据完全一致，后续都要进行数据维护。

15.3.1 什么时候使用分布式事务

首先我们应该清楚的是，用户身份信息、资金和商家的商品，这些具备价值的东西往往就是我们的核心数据，关系到用户隐私和财产的内容，应该考虑使用分布式事务来保证一致性。但对于用户评价、自身装饰和其他一些非重要的个性化信息，可以采用非事务的处理。因为一个正常的系统出现不一致的情况是小概率事件，而非大概率事件，对于一些小概率的数据丢失，一般来说是允许的。之所以这样选择，主要基于两点，一个是开发者的开发难度；另一个是用户的体验，过多的分布式事务会造成性能的不断丢失。

在实际的分布式使用中，高并发是一个无法躲避的问题。因为使用分布式事务就会降低性能，不使用分布式事务就会降低数据的可靠性，所以我们有必要通过缩小事务的使用范围，来提高系统的性能，因此我们需要搞清楚高并发是针对谁来说的。这里拿电商网站来说，高并发是针对用户的，而非商户的，因为只有用户希望尽快抢到商品，商户则可以稍后得到交易信息，再做处理。这就是意味着，对于用户交易部分，要尽可能通过分布式事务进行保证，但而对于商户数据部分，实时性要求相对不是那么高，可以过段时间通过后续手段来补偿修复，如图 15-9 所示。

　　图 15-9 中使用分布式事务的主要是请求数据，保证这个过程可以提高数据可靠性。对于商户数据，不需要使用分布式事务，这样可以提升性能，使抢购进行得更快，满足买家的需求，但是这也会引发数据的丢失。为了解决这个问题，后续可以通过和请求数据进行对比来修复数据，使数据达到一致，这个过程可以在高并发过后（一般高并发都是时间段性的，如性价比高的产品发布点、购物节开始时间段）进行，这样商户最终也可以得到可靠的数据，只是不是实时的，但是这并不影响商户和用户的业务。

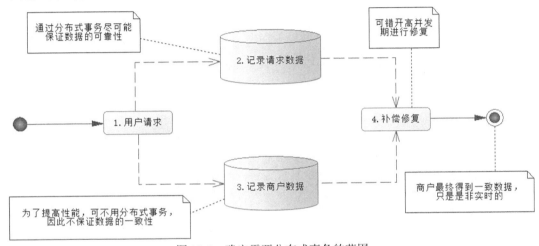

图 15-9　确定需要分布式事务的范围

15.3.2　数据修复思路

　　无论是采用强一致性事务，还是采用弱一致性事务，数据都无法达到百分之百的一致性。因此需要后续进行数据修复，以达到最终一致的目的。

　　这里用互联网金融公司举例，一般在发布高息金融理财产品时，都会提前推送广告，这样就会有大量会员，在产品发放的时刻进行抢购，这时就会出现高并发的现象。在这种情况下，我们就应该考虑只保证抢购用户的请求数据和扣款信息的一致性。至于扣款可使用第三方支付平台，例如，网联清算有限公司提供的网联支付平台，它是一个第三方支付平台，相比缓慢的银行系统来说，它支持每秒超过 10 万笔的交易。在这个时候尽可能保证交易信息的一致性和完整性，是修复数据的根本，至于自己平台的交易记录和其他记录可以在后续进行修复。

　　至于修复的时间，可以根据自己的业务进行决定，例如银行的日结，每天会计都会在当天下班后对当日发生的交易进行核对，使数据最终一致。第一步是提取需要对账的数据。因为只提取对账周期内的数据，所以数据一般不会太多。第二步是核对数据。对账的数据往往来自各个系统，但是会以一个系统为基准，和其他系统进行比对，找出对应不上的数据。第三步是修复数据，使系统数据最终达到一致。

　　下面以交易系统举例进行说明，交易系统会记录用户的交易信息和扣款信息，这步是需要尽可能保证成功的，因为它是其他系统对账的基础。交易系统还会通过交易调用产品系统，这时可以采用弱一致性事务，来减少数据的不一致性，使得后续出现不一致的数据大大减少，从而减少核对人员的工作量，如图 15-10 所示。

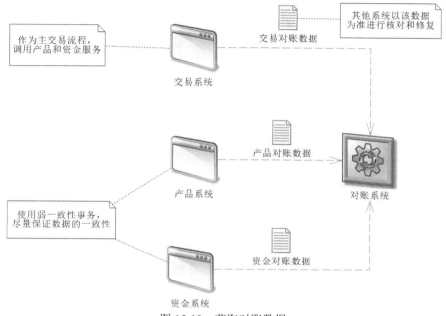

图 15-10　获取对账数据

　　在进入对账时间点后，交易系统、产品系统和资金系统会将需要确保一致性的数据发送到对账系统进行核对。请注意，这里因为我们保证的是交易系统的数据，所以会以交易系统为基准进行核对。对账系统会找出不一致的数据，并针对这些数据生成修复的数据方案，再发回产品系统和资金系统进行数据修复，这样就能够达到最终一致性了，如图 15-11 所示。

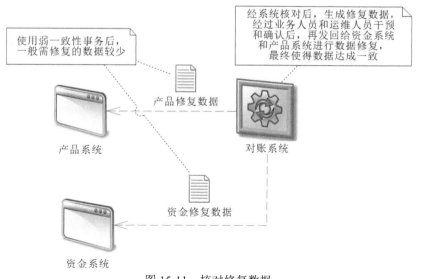

图 15-11　核对修复数据

　　这里因为系统采用了弱一致性的事务方案，并且该方案有一定的修复策略，所以系统间出现不一致的概率很低，经对账系统核对后，一般只会有少数的数据不一致，这为人工修复提供了可能。一般来说，对账系统还会生成数据的修正方案，发给运维或者业务人员再次核对、确认和修复，有必要时，还可以人工干预，这样就能够准确地修复数据了。跟着再将修复的数据反馈给产品系统和资金系统，让它们根据修复数据来修正与交易系统不一致的数据，从而达到系统之间数据的一致性。

第 16 章

分布式缓存——Redis

我们在讨论分布式系统的时候，曾经谈过分布式系统要解决的是高并发、大数量和快速响应的问题。事实上，在互联网中，大部分的业务还是以查询数据为主，而非更改数据为主。在互联网出现高并发的时刻，查询关系数据库，会造成关系数据库的压力增大，容易导致系统宕机的严重后果。为了解决这个问题，一些开发者提出了数据缓存技术，数据缓存和关系数据库最大的不同在于，缓存的数据是保存在计算机内存上的，而关系数据库的数据主要保存在磁盘上。计算机检索内存的速度是远超过检索磁盘的，所以缓存技术可以在很大程度上提高整个系统的性能，降低数据库的压力。现今最流行的缓存技术当属 NoSQL 技术，其中又以现今的主流技术 Redis 最为成功，所以本章会从 Redis 的角度来讨论分布式缓存技术的应用，如果你使用的是其他缓存技术，也可参考其中的思想。

使用缓存技术最大的问题是数据的一致性问题，缓存中存储的数据是关系数据库中数据的副本，因为缓存机制与数据库机制不同，所以它们的数据未必是同步的。虽然我们可以使用弱一致性去同步数据，但是现实很少会那么做，因为在互联网系统中，往往查询是可以允许部分数据不实时的，甚至是失真的，例如，一件商品的真实库存是 100 件，而现在显示是 99 件，这并不会妨碍用户继续购买。如果使用弱一致性，一方面会造成性能损失，另外一方面也会造成开发者工作量的大量增加。

缓存技术可以极大提升读写数据的速度，但是也有弊端，这就如同人类发明的水库一样。在平时，对水库进行蓄水，当干旱时，就可以把水库的水放出来，维持正常的工作和生活。如果水库设计得太大，那么显然会造成资源的浪费。水库还有另外一个功能，就是当水量过大，在下游有被淹没的危险的时候，关闭闸门，不让水流淹没下游。不过水库也会造成威胁，当水量实在太大，超过有限的水库容量的时候，就会溢出，这时会以更强的冲击力冲毁下游。缓存技术也是一样的，因为它是基于内存的，内存的大小要比磁盘小得多，同时成本也比磁盘高得多。因此缓存太大会浪费资源，过小，则在面临高并发的时候，可能会被快速填满，从而导致内存溢出、缓存服务失败，进而引发一系列的严重问题。

在一般情况下，单服务器缓存已经很难满足分布式系统大数量的要求，因为单服务器的内存空间是有限的，所以当前也会使用分布式缓存来应对。分布式缓存的分片算法和分布式数据库系统的算法大同小异，这里就不再讨论分片算法了。一般情况下，缓存技术使用起来比关系数据库简单，因为分布式数据库还会有事务和协议，而缓存数据一般不要求一致性，数据类型也远不如关系数据库丰富。缓存数据的用途大多是查询，查询和更新不同，对实时性没有那么高的要求，允许有一定的失真，这就给性能的优化带来了更大的空间。

当然相对关系数据库来说，缓存技术速度更快，正常来说，使用 Redis 的速度会是使用 MySQL 的几倍到十几倍。可见缓存能极大地优化分布式系统的性能，但是并不是说缓存可以代替关系数据库。首先，缓存主要基于内存的形式存储数据，而关系数据库主要是基于磁盘；内存空间相对有限，价格相对较高，而磁盘空间相对较大，价格相对较低。其次，内存一旦失去电源，数据就会丢失。虽然 Redis 提供了快照（RDB）和记录追加写命令（AOF）这两种形式进行持久化，但是机制相对简单，难以保证数据不丢失。关系数据库则有其完整的理论和实现，能够有效使用事务和其他机制保证数据的完整性和一致性。因此，当前用缓存技术代替关系数据库技术是不太现实的，但是可以使用缓存技术来实现网站常见的数据查询，这能大幅度地提升性能。一般来说，适合使用缓存的场景包含以下几种。

- 大部分是读业务数据的系统（一般互联网系统都满足该条件）。
- 需要快速响应的系统。
- 需要预备数据（在系统或者某项业务前准备那些经常访问的数据到缓存中，以便于系统开始就能够快速响应，也称为预热数据）的系统。
- 对数据安全和一致性要求不太严格的系统。

有适合使用缓存的场景，当然也会有不适合使用缓存的场景。

- 读业务数据少且写入频繁的系统。
- 对数据安全和一致性有严格要求的系统。

在使用缓存前，我会从 3 个方面进行考虑。

- 业务数据常用吗？后续命中率如何？命中率很低的数据，没有必要写入缓存。
- 该业务数据是读的多还是写的多，如果是写的多，需要频繁写入关系数据库，也没有必要使用缓存。
- 业务数据大小如何？如果要存储很庞大的内容，就会给缓存系统带来很大的压力，有没有必要？能截取最有价值的部分进行缓存而不全部缓存吗？

经过以上考虑，觉得有必要使用缓存，就可以启动缓存了。在当前互联网中，缓存系统一般由 Redis 来完成，所以后续我们会集中讨论 Redis，就不再讨论其他缓存系统了。本书采用的是 Redis 的 5.0.5 版本，如果采用别的版本，在配置项上会有少量不同，不过也大同小异，不会有太大的问题。

16.1 Redis 的高可用

在 Redis 中，缓存的高可用分两种，一种是哨兵，另外一种是集群，下面我们会用两节分别讨论它们。不过在讨论它们之前，需要引入对 Redis 的依赖，如代码清单 16-1 所示。

代码清单 16-1 引入 spring-boot-redis 依赖（chapter16 模块）

```
<dependency>
    <groupId>org.springframework.boot</groupId>
    <artifactId>spring-boot-starter-data-redis</artifactId>
    <exclusions>
        <!--不依赖 Redis 的异步客户端 lettuce-->
        <exclusion>
```

```
            <groupId>io.lettuce</groupId>
            <artifactId>lettuce-core</artifactId>
        </exclusion>
    </exclusions>
</dependency>
<!--引入 Redis 的客户端驱动 jedis-->
<dependency>
    <groupId>redis.clients</groupId>
    <artifactId>jedis</artifactId>
</dependency>
```

这里引入了 Redis 的依赖，并且选用 Jedis 作为客户端，没有使用 Lettuce。这里解释一下不使用 Lettuce 的原因。Lettuce 是一个可伸缩的线程安全的 Redis 客户端，多个线程可以共享同一个 Redis 连接，因为线程安全，所以会牺牲一部分的性能。但是一般来说，使用缓存并不需要很高的线程安全，更注重的是性能。Jedis 是一种多线程非安全的客户端，具备更高的性能，所以企业选择的时候往往还是以使用它为主。

16.1.1 哨兵模式

在 Redis 的服务中，可以有多台服务器，还可以配置主从服务器，通过配置使得从机能够从主机同步数据。在这种配置下，当主 Redis 服务器出现故障时，只需要执行故障切换（failover）即可，也就是作废当前出故障的主 Redis 服务器，将从 Redis 服务器切换为主 Redis 服务器即可。这个过程可以由人工完成，也可以由程序完成，如果由人工完成，则需要增加人力成本，且容易产生人工错误，还会造成一段时间的程序不可用，所以一般来说，我们会选择使用程序完成。这个程序就是我们所说的哨兵（sentinel），哨兵是一个程序进程，它运行于系统中，通过发送命令去检测各个 Redis 服务器（包括主从 Redis 服务器），如图 16-1 所示。

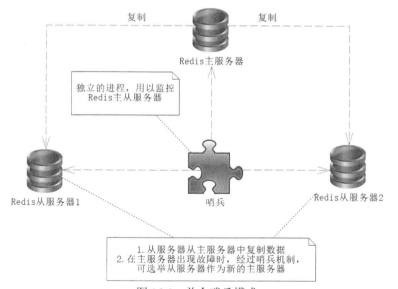

图 16-1　单个哨兵模式

图 16-1 中有 2 个 Redis 从服务器，它们会通过复制 Redis 主服务器的数据来完成同步。此外还有一个哨兵进程，它会通过发送命令来监测各个 Redis 主从服务器是否可用。当主服务器出现故障不

可用时，哨兵监测到这个故障后，就会启动故障切换机制，作废当前故障的主 Redis 服务器，将其中的一台 Redis 从服务器修改为主服务器，然后将这个消息发给各个从服务器，使得它们也能做出对应的修改，这样就可以保证系统继续正常工作了。通过这段论述大家可以看出，哨兵进程实际就是代替人工，保证 Redis 的高可用，使得系统更加健壮。

然而有时候单个哨兵也可能不太可靠，因为哨兵本身也可能出现故障，所以 Redis 还提供了多哨兵模式。多哨兵模式可以有效地防止单哨兵不可用的情况，如图 16-2 所示。

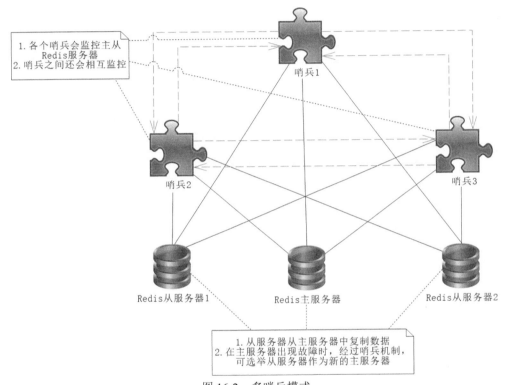

图 16-2　多哨兵模式

在图 16-2 中，多个哨兵会相互监控，使得哨兵模式更为健壮，在这个机制中，即使某个哨兵出现故障不可用，其他哨兵也会监测整个 Redis 主从服务器，使得服务依旧可用。不过，故障切换方式和单哨兵模式的完全不同，这里我们通过假设举例进行说明。假设 Redis 主服务器不可用，哨兵 1 首先监测到了这个情况，这个时候哨兵 1 不会立即进行故障切换，而是仅仅自己认为主服务器不可用而已，这个过程被称为**主观下线**。因为 Redis 主服务器不可用，跟着后续的哨兵（如哨兵 2 和 3）也会监测到这个情况，所以它们也会做主观下线的操作。如果哨兵的主观下线达到了一定的数量，各个哨兵就会发起一次投票，选举出新的 Redis 主服务器，然后将原来故障的主服务器作废，将新的主服务器的信息发送给各个从 Redis 服务器做调整,这个时候就能顺利地切换到可用的 Redis 服务器,保证系统持续可用了，这个过程被称为**客观下线**。

为了演示这个过程，我先给出自己的哨兵和 Redis 服务器的情况，如表 16-1 所示。

表 16-1　服务分配情况

服务进程类型	是否 Redis 主服务器	IP 地址	服务端口
Redis	是	192.168.224.131	6397
Redis	否	192.168.224.133	6397
Redis	否	192.168.224.134	6397
Sentinel	—	192.168.224.131	26379
Sentinel	—	192.168.224.133	26379
Sentinel	—	192.168.224.134	26379

这样设计的架构，就如同图 16-2 一样，下面我们需要对各个服务进行配置。首先修改 Redis 主服务器配置（192.168.224.131）的内容，在 Redis 安装目录中找到 redis.config 文件，打开它，可以发现有很多配置项和注释。只需要对某些配置项进行修改即可，需要修改的配置项代码如下：

```
# 禁用保护模式
protected-mode no
# 修改可以访问的 IP，0.0.0.0 代表可以跨域访问
bind 0.0.0.0
# 设置 Redis 服务密码
requirepass 123456
```

然后再修改两台从服务器的配置，请注意，它们俩的配置是相同的。在 Redis 安装目录中找到 redis.config 文件，然后也是对相关的配置项进行修改，代码如下：

```
# 禁用保护模式
protected-mode no
# 修改可以访问的 IP，0.0.0.0 代表可以跨域访问
bind 0.0.0.0
# 设置 Redis 服务密码
requirepass 123456
# 配置从哪里复制数据（也就是配置主 Redis 服务器）
replicaof 192.168.224.131 6379
# 配置主 Redis 服务器密码
masterauth 123456
```

以上的配置都有清晰的注释，请自行参考。从服务器的配置只是比主服务器多了 replicaof 和 masterauth 两个配置项。

上述的两个配置只是在配置 Redis 的服务器，此外我们还需要配置哨兵。同样，在 Redis 安装目录下，找到 sentinel.conf 文件，然后把 3 个哨兵服务的配置都改成以下配置。

```
# 禁止保护模式
protected-mode no

# 配置监听的主服务器，这里 sentinel monitor 代表监控，
# mymaster 代表服务器名称，可以自定义
# 192.168.224.131 代表监控的主服务器
# 6379 代表端口
# 2 代表只有在 2 个或者 2 个以上的哨兵认为主服务器不可用的时候，才进行客观下线
```

```
sentinel monitor mymaster 192.168.224.131 6379 2

# sentinel auth-pass 定义服务的密码
# mymaster 服务名称
# 123456 Redis 服务器密码
sentinel auth-pass mymaster 123456
```

上述的配置只是在原有的其他配置项上按需进行修改。代码中已经给出了清晰的注释，请读者自行参考。

有了这些配置，我们就可以进入 Redis 的安装目录，使用下面的命令启动服务了。

```
# 启动 Redis 服务
./src/redis-server ./redis.conf

# 启动哨兵进程服务
./src/redis-sentinel ./sentinel.conf
```

需要注意的是启动的顺序，首先是主 Redis 服务器，然后是从 Redis 服务器，最后才是 3 个哨兵。启动之后，观察最后一个启动的哨兵，可以看到图 16-3 所示的信息。

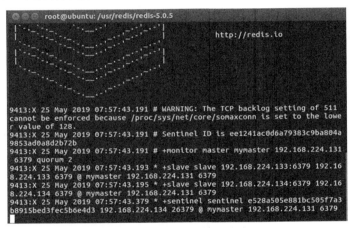

图 16-3　哨兵进程输出信息

从图 16-3 中可以看到主从服务器和哨兵的相关信息，说明我们的多哨兵模式已经搭建好了。

上述的哨兵模式配置好后，就可以在 Spring Boot 环境中使用了。首先需要配置 YAML 文件，如代码清单 16-2 所示。

代码清单 16-2　在 Spring Boot 中配置哨兵（chapter16 模块）

```
spring:
  redis:
    # 配置哨兵
    sentinel:
      # 主服务器名称
      master: mymaster
      # 哨兵节点
      nodes: 192.168.224.131:26379,192.168.224.133:26379,192.168.224.134:26379
    # 登录密码
    password: 123456
```

```
# Jedis 配置
jedis:
   # 连接池配置
   pool:
      # 最大等待 1 秒
      max-wait: 1s
      # 最大空闲连接数
      max-idle: 10
      # 最大活动连接数
      max-active: 20
      # 最小空闲连接数
      min-idle: 5
```

这样就配置好了哨兵模式下的 Redis，为了测试它，可以修改 Spring Boot 的启动类，如代码清单 16-3 所示。

代码清单 16-3　测试哨兵（chapter16 模块）

```java
package com.spring.cloud.chapter16.main;
/**** imports ****/
@SpringBootApplication
@RestController
@RequestMapping("/redis")
public class Chapter16Application {

    public static void main(String[] args) {
        SpringApplication.run(Chapter16Application.class, args);
    }

    // 注入 StringRedisTemplate 对象，该对象操作字符串，由 Spring Boot 机制自动装配
    @Autowired
    private StringRedisTemplate stringRedisTemplate = null;

    // 测试 Redis 写入
    @GetMapping("/write")
    public Map<String, String> testWrite() {
        Map<String, String> result = new HashMap<>();
        result.put("key1", "value1");
        stringRedisTemplate.opsForValue().multiSet(result);
        return result;
    }

    // 测试 Redis 读出
    @GetMapping("/read")
    public Map<String, String> testRead() {
        Map<String, String> result = new HashMap<>();
        result.put("key1", stringRedisTemplate.opsForValue().get("key1"));
        return result;
    }
}
```

这里的 testWrite 方法是写入一个键值对，testRead 方法是读出键值对。我们先在浏览器请求 http://localhost:8080/redis/write，然后到各个 Redis 主从服务器中查看，都可以看到键值对（key1->value1）。当某个哨兵、Redis 服务器或者主 Redis 服务器出现故障时，哨兵都会进行监测，并且通过主观下线或者客观下线进行修复，使得 Redis 服务能够具备高可用的特性。只是，在进行客观

下线的时候，也需要一个时间间隔进行修复，这是我们需要注意的。默认是 30 秒，可以通过 Redis 的 sentinel.conf 文件的 sentinel down-after-milliseconds 进行修改，例如修改为 60 秒：

```
sentinel down-after-milliseconds mymaster 60000
```

16.1.2　Redis 集群

除了可以使用哨兵模式外，还可以使用 Redis 集群（cluster）技术来实现高可用，不过 Redis 集群是 3.0 版本之后才提供的，所以在使用集群前，请注意你的 Redis 版本。不过在学习 Redis 集群前，我们需要了解哈希槽（slot）的概念，为此先看一下图 16-4。

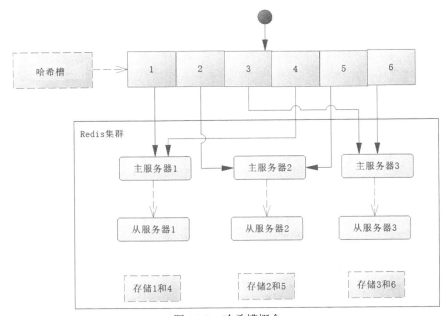

图 16-4　哈希槽概念

图 16-4 中有整数 1~6 的图形为一个哈希槽，哈希槽中的数字决定了数据将发送到哪台主 Redis 服务器进行存储。每台主服务器会配置 1 台到多台从 Redis 服务器，从服务器会同步主服务器的数据。那么它的工作机制是什么样的呢？下面我们来进行解释。

我们知道 Redis 是一个 key-value 缓存，假如计算 key 的哈希值，得到一个整数，记为 hashcode。如果此时执行：

```
n = hashcode % 6 + 1
```

得到的 n 就是一个 1 到 6 之间的整数，然后通过哈希槽就能找到对应的服务器。例如，n=4 时就会找到主服务器 1 的 Redis 服务器，而从服务器 1 就是其从服务器，会对数据进行同步。

在 Redis 集群中，大体也是通过相同的机制定位服务器的，只是 Redis 集群的哈希槽大小为（2^{14}=16 384），也就是取值范围为区间[0, 16383]，最多能够支持 16 384 个节点，Redis 设计师认为这个节点数已经足够了。对于 key，Redis 集群会采用 CRC16 算法计算 key 的哈希值，关于 CRC16 算法，本书就不论述了，感兴趣的读者可以自行查阅其他资料进行了解。当计算出 key 的哈希值（记为 hashcode）后，通过对 16 384 求余就可以得到结果（记为 n），根据它来寻找哈希槽，就可以找到对应的 Redis 服务器进行存储了。它们的计算公式为：

```
# key 为 Redis 的键，通过 CRC16 算法求哈希值
hashcode = CRC16(key);
# 求余得到哈希槽中的数字，从而找到对应的 Redis 服务器
n = hashcode % 16384
```

这样 n 就会落入 Redis 集群哈希槽的区间[0, 16383]内，从而进一步找到数据。下面举例进行说明，如图 16-5 所示。

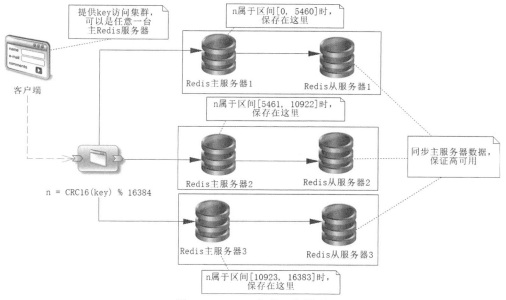

图 16-5　Redis 集群工作原理

这里假设有 3 个 Redis 主服务器（或者称为节点），用来存储缓存的数据，每一个主服务器都有一个从服务器，用来复制主服务器的数据，保证高可用。其中哈希槽分配如下。

- Redis 主服务器 1：分配哈希槽区间为[0, 5460]。
- Redis 主服务器 2：分配哈希槽区间为[5461, 10922]。
- Redis 主服务器 3：分配哈希槽区间为[10923, 16383]。

这样通过 CRC16 算法求出 key 的哈希值，再对 16 384 求余数，就知道 n 会落入哪个哈希槽里，进而决定数据存储在哪个 Redis 主服务器上。

注意，集群中各个 Redis 服务器不是隔绝的，而是相互连通的，采用的是 PING-PONG 机制，内部使用了二进制协议优化传输速度和带宽，如图 16-6 所示。

从图 16-6 中可以看出，客户端与 Redis 节点是直连的，不需要中间代理层，并且不需要连接集群所有节点，只需连接集群中任何一个可用节点即可。在 Redis 集群中，要判定某个主节点不可用，需要各个主节点进行投票，如果半数以上主节点认为该节点不可用，该节点就会从集群中被剔除，然后由其从

节点代替，这样就可以容错了。因为这个投票机制需要半数以上，所以一般来说，要求节点数大于 3，且为单数。因为如果是双数，如 4，投票结果可能会为 2:2，就会陷入僵局，不利于这个机制的执行。

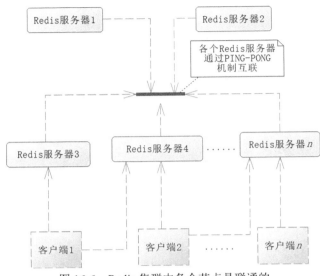

图 16-6   Redis 集群中各个节点是联通的

在某些情况下，Redis 集群会不可用，当集群不可用时，所有对集群的操作做都不可用。那么什么时候集群不可用呢？一般来说，分为两种情况。

- 如果某个主节点被认为不可用，并且没有从节点可以代替它，那么就构建不成哈希槽区间[0, 16383]，此时集群将不可用。
- 如果原有半数以上的主节点发生故障，那么无论是否存在可代替的从节点，都认为该集群不可用。

Redis 集群是不保证数据一致性的，这也就意味着，它可能存在一定概率的数据丢失现象，所以更多地使用它作为缓存，会更加合理。

有了上述的理论知识，下面让我们来搭建 Redis 集群环境。我使用的是 Ubuntu 来搭建 Redis 环境，首先进入 root 用户，然后执行以下命令：

```
cd /usr
# 创建 Redis 目录，并进入目录
mkdir redis
cd ./redis
# 下载 Redis
wget http://download.redis.io/releases/redis-5.0.5.tar.gz
# 解压缩安装包
tar xzf redis-5.0.5.tar.gz
# 进入安装目录
cd redis-5.0.5
# 编译安装 Redis
make
```

执行上述命令就安装好了 Redis，然后在/usr/redis/redis-5.0.5 下创建文件夹 cluster，并在其下面创建目录 7001、7002、7003、7004、7005 和 7006，接着将/usr/redis/redis-5.0.5/redis.conf 文件复制到

目录 7001、7002、7003、7004、7005 下，最后执行如下命令。

```
# 进入安装目录
cd /usr/redis/redis-5.0.5
# 创建文件夹 cluster 和其子目录
mkdir cluster
cd ./cluster
mkdir 7001 7002 7003 7004 7005 7006
# 复制文件
cp ../redis.conf ./7001
cp ../redis.conf ./7002
cp ../redis.conf ./7003
cp ../redis.conf ./7004
cp ../redis.conf ./7005
cp ../redis.conf ./7006
# 赋予目录下所有文件全部权限
chmod -R 777 ./
```

这样从 7001 到 7006 的目录下就都有一份 Redis 的启动配置文件了，之所以让目录起名为这些数字，是因为我将会使用这些数字作为端口来分别启动 Redis 服务。下面，我们首先来修改 7001 下的 redis.conf 文件，只修改文件的部分配置，修改的内容如下：

```
# 关闭保护模式
protected-mode no
# 允许跨域访问
bind 0.0.0.0
# 主机密码
masterauth 123456
# 登录密码
requirepass 123456
# 端口 7001
port 7001
# 启用集群模式
cluster-enabled yes
# 集群配置文件
cluster-config-file nodes-7001.conf
# 和集群节点通信的超时时间
cluster-node-timeout 5000
# 采用添加写命令的模式备份
appendonly yes
# 备份文件名称
appendfilename "appendonly-7001.aof"
# 采用后台运行 Redis 服务
daemonize yes
# PID 命令文件
pidfile /var/run/redis_7001.pid
```

然后再修改 7002 到 7006 目录下的 redis.conf 文件，修改时将所有配置项中的"7001"替换为对应的数字即可，这样我们就可以得到 6 个启动 Redis 服务的配置文件了。

接下来就是配置和创建集群了，这里 Redis 5 也为此提供了工具，并且放在 Redis 安装目录的子文件夹/utils/create-cluster（我使用的系统全路径为/usr/redis/redis-5.0.5/utils/create-cluster）中。打开这个目录，就可以发现一个 create-cluster 文件，我们修改它的权限（命令 chmod 777 eate-cluster），然后打开它，修改它的内容，代码如下：

```
#!/bin/bash

# Settings
# 端口，从 7000 开始，SHELL 会自动加 1 后，找到 7001 到 7006 的 Redis 服务实例
PORT=7000
# 创建超时时间
TIMEOUT=2000
# Redis 节点数
NODES=6
# 每台主机的从机数
REPLICAS=1  # ①
# 密码，和我们配置的一致
PASSWORD=123456

......
#### 以下给 redis-cli 命令添加配置的密码 ####
if [ "$1" == "create" ]
then
    HOSTS=""
    while [ $((PORT < ENDPORT)) != "0" ]; do
        PORT=$((PORT+1))
        HOSTS="$HOSTS 192.168.224.135:$PORT"
    done
    ../../src/redis-cli --cluster create $HOSTS -a $PASSWORD --cluster-replicas $REPLICAS
    exit 0
fi

if [ "$1" == "stop" ]
then
    while [ $((PORT < ENDPORT)) != "0" ]; do
        PORT=$((PORT+1))
        echo "Stopping $PORT"
        ../../src/redis-cli -p $PORT -a $PASSWORD shutdown nosave
    done
    exit 0
fi

if [ "$1" == "watch" ]
then
    PORT=$((PORT+1))
    while [ 1 ]; do
        clear
        date
        ../../src/redis-cli -p $PORT -a $PASSWORD cluster nodes | head -30
        sleep 1
    done
    exit 0
fi
......
if [ "$1" == "call" ]
then
    while [ $((PORT < ENDPORT)) != "0" ]; do
        PORT=$((PORT+1))
        ../../src/redis-cli -p $PORT -a $PASSWORD $2 $3 $4 $5 $6 $7 $8 $9
```

```
    done
    exit 0
fi
......
```

这段配置看起来挺复杂，实际是很简单的，我修改的是代码中加粗的部分，其余的并未改动。首先修改了端口，例如，端口从 7000 开始遍历，这样循环加 1，就可以找到 7001 到 7006 的服务实例。其次给 redis-cli 命令，加入配置的密码，修改 IP。这里尽量不要使用 localhost 和 127.0.01 指向本机 IP，应该使用该服务器在网络中的 IP，否则不在本机客户端登录时，就会出现一些没有必要的错误。至此，所有的配置就都完成了。

跟着我们需要编写脚本，使得我们能够创建、停止和启动集群。为此，在 Linux 中以 root 用户登录，然后执行以下命令：

```
# 进入集群目录
cd /usr/redis/redis-5.0.5/cluster
# 创建 3 个脚本文件
touch create.sh start.sh shutdown.sh
# 赋予脚本文件全部权限
chmod 777 *.sh
```

从命令中可以看出，我们创建了 3 个 Shell 脚本文件。

- create.sh：用来启动 Redis 服务，然后创建集群。
- start.sh：用来在集群关闭后，启动集群的各个节点。
- shutdown.sh：关闭运行中的集群的各个节点。

跟着来编写 start.sh，代码如下：

```
# 进入集群工具目录
cd /usr/redis/redis-5.0.5/utils/create-cluster
# 启动集群各个 Redis 实例，参数为 start
./create-cluster start
```

这个脚本是运行集群的各个节点，只是此时集群还没有被创建，所以还不能运行这个脚本。跟着是 shutdown.sh 的编写，代码如下：

```
# 进入集群工具目录
cd /usr/redis/redis-5.0.5/utils/create-cluster
# 停止集群各个 Redis 实例，参数为 stop
./create-cluster stop
```

这个脚本是停止集群中的各个实例，当然集群现在没有创建和运行，所以它暂时也不能运行。

为了让 start.sh 和 shutdown.sh 能够运行，我们需要创建 Redis 集群，下面编写 create.sh，内容如下：

```
# 在不同端口启动各个 Redis 服务 ①
/usr/redis/redis-5.0.5/src/redis-server /usr/redis/redis-5.0.5/cluster/7001/redis.conf

/usr/redis/redis-5.0.5/src/redis-server /usr/redis/redis-5.0.5/cluster/7002/redis.conf

/usr/redis/redis-5.0.5/src/redis-server /usr/redis/redis-5.0.5/cluster/7003/redis.conf

/usr/redis/redis-5.0.5/src/redis-server /usr/redis/redis-5.0.5/cluster/7004/redis.conf
```

```
/usr/redis/redis-5.0.5/src/redis-server /usr/redis/redis-5.0.5/cluster/7005/redis.conf

/usr/redis/redis-5.0.5/src/redis-server /usr/redis/redis-5.0.5/cluster/7006/redis.conf
```

 # 创建集群，使用参数 create ②
```
cd /usr/redis/redis-5.0.5/utils/create-cluster
./create-cluster create
```

这里分为两段，其中第①段是让 Redis 在各个端口下启动实例，第②段是创建集群。然后我们运行 create.sh 脚本，就可以看到图 16-7 所示的提示。

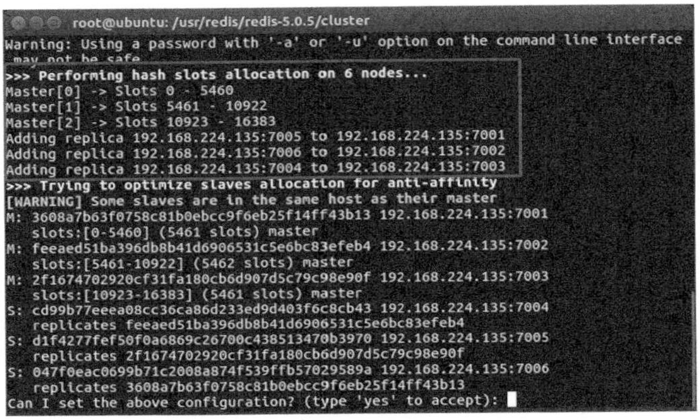

图 16-7　创建 Redis 集群的提示信息

注意图 16-7 中框中的信息，信息类型大致分为两种。第一种是哈希槽的分配情况，这里提示了分为 3 个主节点，然后第一个的哈希槽区间为[0, 5460]，第二个的为[5461, 10922]，第三个的为[10923, 16383]。第二种是从节点的情况，7005 端口为 7001 端口的从节点，7006 端口为 7002 端口的从节点，7004 端口为 7003 端口的从节点。然后它询问我们是否接受该配置，只要输入"yes"回车后，稍等一会儿，它就会创建 Redis 集群了。

创建好了 Redis 集群，可以通过命令来验证它，我们先通过 redis-cli 登录集群，在 Linux 中执行如下命令。

```
# 进入目录
cd /usr/redis/redis-5.0.5
# 登录 Redis 集群:
# -c 代表以集群方式登录
# -p 选定登录的端口
# -a 登录集群的密码
./src/redis-cli -c -p 7001 -a 123456
```

这样就能够登录 Redis 集群了，然后我们可以执行几个 Redis 的命令来观察执行的情况，执行的命令如下：

```
set key1 value1
Set key2 value2
set key3 value3
Set key4 value4
set key5 value5
```

我执行的结果如图 16-8 所示。

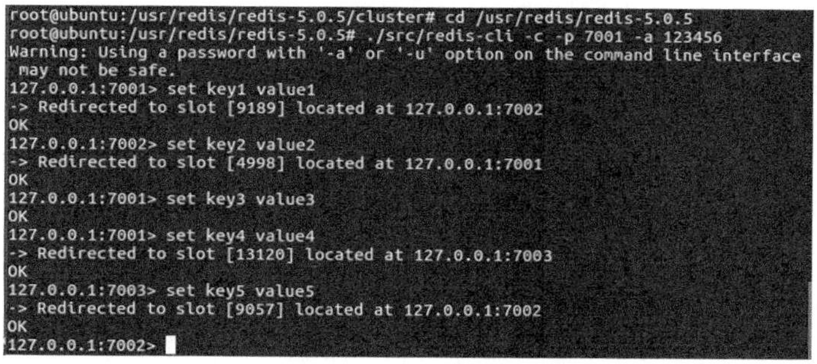

图 16-8　验证集群

在图 16-8 中可以看到，在执行命令的时候，Redis 会打印出一个哈希槽的数字，然后重新定位到具体的 Redis 服务器。这些都是 Redis 集群机制完成的，对于客户端来说，一切都是透明的。

至此，Redis 集群我们就搭建成功了。当我们想停止集群的时候，可以执行之前创建好的 shutdown.sh。当我们需要启动已经停止的集群的时候，只需要执行 start.sh 即可。

上述我们搭建了 Redis 的集群，跟着就要在 Spring Boot 中使用它了。在 Spring Boot 中使用它并不麻烦，只需要先注释掉代码清单 16-3 中的配置，然后在 application.yml 文件中加入代码清单 16-4 所示的代码即可。

代码清单 16-4　Spring Boot 配置 Redis 集群（chapter16 模块）

```
spring:
  redis:
    # 登录密码
    # Jedis 配置
    jedis:
      # 连接池配置
      pool:
        # 最大等待 1 秒
        max-wait: 1s
        # 最大空闲连接数
        max-idle: 10
        # 最大活动连接数
        max-active: 20
        # 最小空闲连接数
        min-idle: 5
    # 配置 Redis 集群信息
    cluster:
      # 集群节点信息
      nodes: 192.168.224.135:7001,192.168.224.135:7002,192.168.224.135:7003,192.168.
224.135:7004,192.168.224.135:7005,192.168.224.135:7006
      # 最大重定向数，一般设置为 5，
      # 不建议设置过大，过大容易引发重定向过多的异常
      max-redirects: 5
    password: 123456
```

这样就在 Spring Boot 中配置好了，可以像往常一样通过 RedisTemplate 或者 StringRedisTemplate 来操作 Redis 集群了。

16.2 使用一致性哈希（**ShardedJedis**）

在我们讨论了 Redis 集群后，大家可以知道，集群实际包含了高可用，也包含了缓存分片两个功能。但是对于集群来说，分片算法是固定且不透明的，可能会因为某种原因使得多数的数据，落入同一个 Redis 服务中，使负荷不同。有时候，我们还希望使用一致性哈希算法，关于该算法，我们在分布式数据库分片算法中也进行了详尽的介绍，所以这里就不再重复了。在 Jedis 中还提供了类 ShardedJedis，有了这个类，我们可以很容易地在 Jedis 客户端中使用一致性哈希算法。

ShardedJedis 内部已经采用了一致性哈希算法，并且为每个 Redis 服务器提供了虚拟节点（虚拟节点个数为权重×160）。下面让我们通过代码来学习如何使用 ShardedJedis。首先，我们需要创建一个 ShardedJedis 连接池，于是在 Spring Boot 的启动类（Chapter16Application.java）中加入代码清单 16-5 所示的代码。

代码清单 16-5　使用 ShardedJedis（chapter16 模块）

```
// ShardedJedis 连接池
private ShardedJedisPool pool = null;

@Bean
public ShardedJedisPool initJedisPool() {
    // 端口数组
    int[] ports = {7001, 7002, 7003};
    // 权重数组
    int[] weights = {1, 2, 1};
    // 服务器
    String host = "192.168.224.136";
    // 密码
    String password = "123456";
    // 连接超时时间
    int connectionTimeout = 2000;
    // 读超时时间
    int soTimeout = 2000;
    List<JedisShardInfo> shardList = new ArrayList<>();
    for (int i=0; i < ports.length; i++) {
        // 创建 JedisShard 信息
        JedisShardInfo shard = new JedisShardInfo(
            host, ports[i], connectionTimeout, soTimeout,weights[i]); //①
        // 设置密码
        shard.setPassword(password);
        // 加入到列表中
        shardList.add(shard);
    }
    // 连接池配置
    JedisPoolConfig poolCfg = new JedisPoolConfig();
    poolCfg.setMaxIdle(10);
    poolCfg.setMinIdle(5);
    poolCfg.setMaxIdle(10);
    poolCfg.setMaxTotal(30);
    poolCfg.setMaxWaitMillis(2000);
    // 创建 ShardedJedis 连接池
    pool = new ShardedJedisPool(poolCfg, shardList); // ②
    return pool;
}
```

这里我在一台机器上模拟了 3 个 Redis 服务，它们的端口分别为 7001、7002 和 7003。现实中每台服务器的性能都可能是不同的，这里假设 7002 端口的服务性能要好很多，所以在权重数组中将它的权重设置为 2，这样数据缓存到 7002 服务中的概率就更高了。在代码①处，创建了单个 JedisShardInfo 对象，然后将它放到一个列表中。代码②处创建了一个 JedisShard 连接池对象。

上面的代码创建了 JedisShard 连接池，这样就可以从中取出 ShardedJedis 对象去操作 Redis 了。下面让我们在启动类（Chapter16Application.java）中加入代码清单 16-6 所示的代码来进行演示。

代码清单 16-6　使用 ShardedJedis（chapter16 模块）

```
// 测试 Redis 写入
@GetMapping("/test2")
public Map<String, String> test2() {
    Map<String, String> result = new HashMap<>();
    ShardedJedis jedis = null;
    try {
        // 获得 ShardedJedis 对象      ①
        jedis = pool.getResource();
        // 写入 Redis
        jedis.set("key1", "value1");
        // 从 Redis 读出
        result.put("key1", jedis.get("key1"));
        return result;
    } finally {
        // 最后释放连接
        jedis.close(); // ②
    }
}
```

代码也比较简单，其中①处是获取 ShardedJedis 对象，然后设置一个键值对，再从中读出来放到 Map 中。②处是关闭连接，以避免过多的空闲连接得不到释放。

ShardedJedis 使用起来也比较方便，但是无法与 Spring 提供 RedisTemplate 和 StringRedisTemplate 结合。同时，也没有类似哨兵模式和集群模式下主从机主动修复的机制，所以在高可用方面较差。因为它的缺点，所以选择它时需要慎重。

ShardedJedis 的原理其实也不难，我们知道 Redis 是键值对（key-value）缓存，要操作数据就必须要有键（key），所以在做 Redis 命令操作时，会先根据 key 求出其哈希值（hashcode），然后再根据哈希值和一致性哈希算法，选择具体的 Redis 节点。在 ShardedJedis 的一致性哈希算法中，会给每一个真实的 Redis 节点制造出 "160×权重" 个虚拟节点，使数据尽可能平均地分布到每一个节点中。

16.3　分布式缓存实践

在分布式缓存中，还会遇到许多的问题。例如，保存的对象过大，网络传输较慢，又如缓存雪崩等，所以要用好分布式缓存也需要考虑一些常见的问题。

16.3.1　大对象的缓存

在 Java 中，有些对象可能很大，尤其是那些读取文件的对象。对于大的对象，一次性读出来需要使用很多的网络传输资源，这样会引发性能瓶颈。在 Redis 官网中，建议我们使用 Redis 的哈希

（Hash）结构去缓存大对象的内容，把它的属性保存到哈希结构的字段（field）中。在读取很大的对象时，往往只需要先读取部分内容，后续再根据需要读取对应的字段即可，如图 16-9 所示。

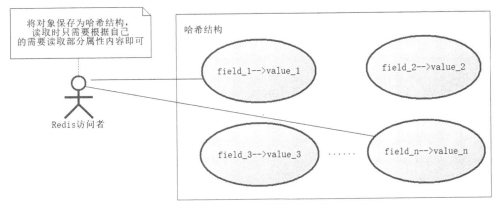

图 16-9　将大对象以哈希结构缓存到 Redis 中

也许还有一种可能，就是哈希结构中的某个字段的值也是大对象，例如一本书有几十万字。一般来说，这个时候会做两方面的考虑。一方面是有必要全部保存吗？是否保存部分最常用的即可？另一方面，可以拆分字符串，将原有的字段拆分为多个字段，拿图 16-3 来说，假如 field3 需要存储的是很大的字符串，我们可以将其拆分为 field3_1, field3_2, …, field3_n，分段保存字符串，然后读取的时候，也分段读取即可。

16.3.2　缓存穿透、并发和雪崩

当客户端通过一个键去访问缓存时，缓存没有数据，跟着又去访问数据库，数据库也没有数据，这时因为数据库返回也为空，所以不会将该数据放到缓存中，我们把这样的情况称为**缓存穿透**，如图 16-10 所示。

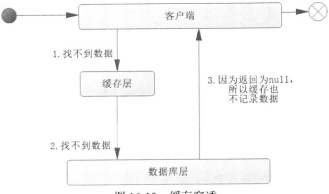

图 16-10　缓存穿透

如果我们再次请求这个的键，还是会按照此流程再走一遍。如果出现高并发访问这个键的情况，数据就会频繁访问数据库，给数据库带来很大的压力，甚至可能导致数据库出现故障，这便是缓存穿透带来的危害。

为了解决这个问题，相信大家很快想到，如果在访问数据库后也得到控制，可以在缓存中记录一个字符串（如"null"，代表是空值），即可解决这个问题。但是这样会引发一个问题，就是在很多时候我们访问数据库也得不到数据，这样就会在缓存中存储大量的空值，这显然也会给缓存带来一定的浪费。为此可以增加一个判断，就是判断该键是否是一个常用的数据，如果是常用的，就将它也写入缓存中，这样就不会出现缓存穿透导致数据库被频繁访问的情况了，如图 16-11 所示。

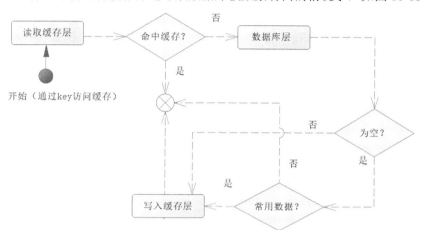

图 16-11　解决缓存穿透问题

在使用缓存的过程中，我们往往还会设置超时时间，当数据超时的时候，就不能从缓存中读取数据了，而是到数据库中读取。有些数据是热点数据，例如我们最畅销的产品，假如在高并发期间，这个产品和它的关联信息在缓存中超时失效了，就会导致大量的请求访问数据库，给数据库带来很大的压力，甚至可能导致数据库宕机，类似这样的情况，我们称为**缓存并发**，如图 16-12 所示。

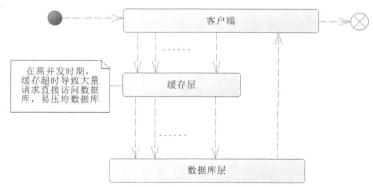

图 16-12　缓存并发

为了防止出现缓存并发的情况，一般来说，我们可以采用以下几种方式避免缓存并发。

- **限流**：也就是防止过多的请求来访问缓存系统，从而导致压垮数据库，例如使用 Resilience4j 进行限流，但是这会影响并发线程数量。
- **加锁**：对缓存数据加锁，使得线程只能一条条地通过去访问，而不能并发访问，这样就能避免缓存并发的现象，但是分布式锁比较难以实现，所以一般来说我们不会考虑这个办法。

- **错峰失效**：网站一般是在上网高峰期或者热门商品抢购时，才会出现高并发现象，而这是有规律的，所以可以自己设置那些需要经常访问的缓存，错过这段时间失效，一般就不会出现缓存并发的现象了，这个做法的成本相对低，也容易实现，所以我比较推荐它。

上述我们谈了缓存穿透和缓存并发，事实上，还有一种缓存雪崩，那什么是缓存雪崩呢？典型的情况是，我们在启动系统的时候，一般会把最常用的数据放入缓存中，并且设置一个固定的超时时间，这便是我们常说的预热数据，它有助于系统性能的提高。但是，因为设置了一个固定的超时时间，所以会导致在某个时间点有大量缓存的键值对数据超时，如果在这个时间点出现高并发，就会导致请求大量访问数据库，造成数据库压力过大，甚至宕机，这便是**缓存雪崩**，如图 16-13 所示。

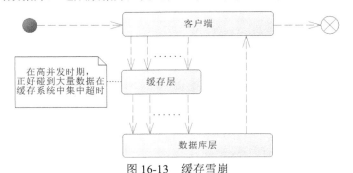

图 16-13 缓存雪崩

这里容易混淆的是缓存并发和缓存雪崩的概念，缓存并发是针对一个键值对来说的，而缓存雪崩是针对多个键值对在某个时间点同时超时来说的。一般来说，为了避免缓存雪崩，我们需要在预热数据的时候，防止所有数据都在一个时间点上超时。为此，可以设置不同的超时时间，来避免多个键值对同时失效。例如，key1 失效是 1 小时，key2 是 1.5 小时、key3 是 30 分钟……这样就能够避免数据同时失效了。

16.3.3 缓存实践的一些建议

对于缓存的使用，我们需要遵循一定的规则，避免一些没有必要的麻烦。下面是我的一些建议。

- 对于采用了微服务架构的系统，建议缓存服务器只存储某项业务的数据，不掺杂其他业务的数据，这样可以避免业务数据的耦合。
- 对于存入缓存的预热数据，尽量设置不同的超时时间，以避免同时超时引发缓存雪崩。
- 在使用缓存前，要判断应不应该使用缓存。
- 对于大数据对象的缓存，应该考虑分而治之的办法，化简为零。
- 缓存会造成数据的不一致，也可能存在一定的失真，但是性能好，能够支持高并发的访问，所以多用于读取数据，而对于更新数据，一定要以数据库为基准，不要轻信缓存。
- 对于热门数据，应该考虑错峰失效，错峰更新，避免出现缓存并发现象。
- 在需要大量操作 Redis 的时候，可以考虑采用流水线（pipeline）的方式，这样可以在很大程度上提高传输的效率。
- 在读数据的时候，先读缓存再读数据库。在写数据的时候，先写数据库再写缓存。

有了这些良好的习惯，相信在使用分布式缓存的时候，会减少许多不必要的麻烦。

第17章

分布式会话

会话（session）是指客户端和服务器之间的交互过程中，由服务器端分配的一片内存空间，它用于存储客户端和服务端交互的数据，例如，典型的电商网站的购物车。这片内存空间是由对应的客户端和服务器共享的，它可以存储那些需要暂存的和常用的数据，以便后续快速方便地读出。在会话机制中，为了使浏览器和服务器能够对应起来，会使用一个字符串进行关联，例如，Tomcat 中的 sessionId。在单体系统中，因为服务器实例只有一个，所以只需要将用户的数据存入到自己的内存中就可以反复读出了。在分布式系统中，有多个服务器节点，这些节点甚至是跨服务的，如果会话信息只在一个节点上，就需要一定的机制来保证会话在多个服务节点之间能够共享，这便是本章要讨论的分布式会话。在分布式会话中，最重要的功能是安全验证，因为不同的用户会有不同的权限。

17.1 分布式会话的几种方式

应该说，分布式会话有多种实现方法，各种方法都有利弊。一般来说，分布式会话分为以下几种。

- **黏性会话**：黏性会话是指根据用户的 IP 地址，将会话指向一个固定的分布式节点，只使用该节点与该 IP 地址的用户进行会话。
- **服务器会话复制**：对多个分布式服务器节点的 Session 采用相互复制的机制，使得各个节点的会话信息保持一致，这样就可以从各个节点中读取会话信息了。
- **使用缓存**：将会话信息保留在缓存（如 Redis）中，然后对各个节点开放缓存，这样就可以从缓存中获取会话信息了。
- **持久化到数据库**：将会话信息保存到数据库中，然后对分布式其他节点共享该数据库，就可以从该数据库中读会话信息了。

注意，以上只是列举了几种类型，还会有其他的方式。而当今，黏性会话、服务器会话复制和持久化到数据库这些方式都已经不再常用了，最流行的是使用缓存，下面让我们稍微讨论一下它们的优缺点。

17.2 黏性会话

黏性会话，典型的是 Nginx 的负载均衡方式——ip_hash，也就是按照客户端的 IP 地址，求得哈希值后，再分配到某台服务器节点上。例如，将 Nginx 配置如下：

```
# 将地址 springcloud.example.com 做负载均衡
upstream springcloud.example.com{
# 服务器列表
server 192.168.224.136:80;
server 192.168.224.137:80;
# 采用求 IP 哈希的负载均衡算法
ip_hash;
}
```

因为提交到 Nginx 的客户端请求中包含客户端自己的 IP 信息，所以 Nginx 可以通过它来求哈希值，然后在会话期间将其固定地分配到服务器列表中的某台机器上，这样就能够类似单体系统那样来应答用户了。

只是这样的方式已经使用不多了，因为它有两个很大的缺点。

- **高可用性差**：如果路由到的具体节点发生故障，显然会话就不可用了，因为其他的节点并无对应的会话信息。
- **微服务不适用**：因为微服务系统是按业务拆分为多个节点的，业务需要多台节点相互协作，且单个节点往往不能满足业务的需求，所以在微服务系统中，无法经过黏性会话的机制得到类似单体系统的服务，因此无法在微服务系统中使用黏性会话。

17.3 服务器会话复制

服务器会话复制，也可以称为服务器会话共享，它是通过一定的机制将分布式中的服务器会话通过复制的手段，使得各个服务器的信息共享起来。Tomcat、Jetty 等服务器都能够支持这样的机制，只是这样的机制当前使用得比较少了，举例也相对麻烦，所以这里只论述其基本原理。为此先看一下图 17-1。

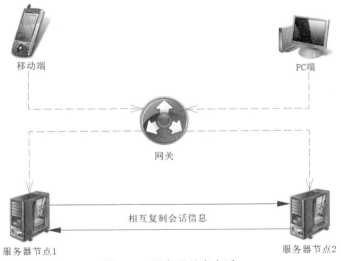

图 17-1 服务器共享会话

　　请求会通过网关来到具体的服务器节点,而各个服务器节点会通过某种机制相互复制(如 Tomcat 中的 NIO)。当某个服务器节点保存会话数据时，其他的服务器节点就会将其复制过去，从而使得各个服务器节点的会话信息保持一致。这样无论访问哪个具体的服务器，都能够得到相同的会话信息。

　　这样的机制配置相对简单，易于理解，同时具备高可用，即便有某个节点发生故障，其他服务器也会有会话副本。只是这样做也有比较大的缺陷，主要有两个。

- **耗网络资源较多**：如果会话数据大，且频繁复制，可能会造成网络堵塞，拖慢服务器，降低性能。
- **数据冗余**：将数据复制到各个服务器节点，就会产生很多重复的副本，从而导致数据冗余。因为单体服务器的内存资源也是有限的，所以在大型服务网站中，可能会因为会员数众多，导致单体服务器难以承受那么庞大的数据量。

　　基于这两个原因，服务器会话复制这样的机制只能在小型分布式系统中使用，应该来说，目前使用它的已经不多了。

17.4　使用缓存（**spring-session-data-redis**）

　　这是一种使用比较普遍的方式，也是当今的主流方式。顾名思义，就是将会话数据保存到缓存服务器中，如图 17-2 所示。

　　对于一些缓存服务系统，可以配置高可用使系统更为健壮，例如 Redis 的哨兵模式和集群方式，加上缓存服务还可以无限扩展，因此无论灵活性、可靠性和可扩展性都得到了更大的保证，所以这种方式是企业实现分布式会话的主要方式。

　　在现今企业的选择中，缓存大部分会选择 Redis，所以 Spring 也为此提供了自己的实现包——spring-session-data-redis。下面我们来新建一个模块（chapter17），然后使用 Maven 依赖上对应的包，如代码清单 17-1 所示。

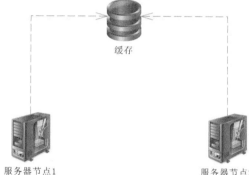

图 17-2　使用缓存

代码清单 17-1　依赖 spring-session-data-redis（chapter17 模块）

```
<dependency>
    <groupId>org.springframework.boot</groupId>
    <artifactId>spring-boot-starter-web</artifactId>
</dependency>
<!--
spring-session-data-redis 会依赖
spring-boot-starter-data-redis 和 Spring Session 的包
-->
<dependency>
    <groupId>org.springframework.session</groupId>
    <artifactId>spring-session-data-redis</artifactId>
    <exclusions>
        <!--不依赖 Redis 的客户端 Lettuce-->
        <exclusion>
            <groupId>io.lettuce</groupId>
```

```
            <artifactId>lettuce-core</artifactId>
        </exclusion>
    </exclusions>
</dependency>
<!--引入 Redis 的客户端驱动 jedis-->
<dependency>
    <groupId>redis.clients</groupId>
    <artifactId>jedis</artifactId>
</dependency>
```

spring-session-data-redis 包，会依赖 spring-boot-starter-data-redis 和 Spring Session 的相关包。为了使得 Spring Session 能够启用 Redis 缓存会话数据，需要在 application.yml 中配置 Redis 的信息，如代码清单 17-2 所示。

代码清单 17-2　配置 Redis（chapter17 模块）

```
spring:
  redis:
    # Redis 服务器
    host: 192.168.224.131
    # 端口
    port: 6379
    # 密码
    password: 123456
```

这样就配置好了 Redis,然后就要驱动 Spring Session 工作,进行测试了。为此我们修改 Spring Boot 启动类（Chapter17Application.java），如代码清单 17-3 所示。

代码清单 17-3　配置 Redis（chapter17 模块）

```java
package com.spring.cloud.chapter17.main;
/**** imports ****/
@SpringBootApplication
// 启动使用 Spring Session Redis
@EnableRedisHttpSession
@RestController
@RequestMapping("/session")
public class Chapter17Application {

    public static void main(String[] args) {
        SpringApplication.run(Chapter17Application.class, args);
    }

    // 写入测试
    @GetMapping("/set/{key}/{value}")
    public Map<String, String> setSessionAtrribute( HttpServletRequest request,
        @PathVariable("key") String key, @PathVariable("value") String value) {
        Map<String, String> result = new HashMap<>();
        result.put(key,value);
        request.getSession().setAttribute(key, value);
        return result;
    }

    // 读出测试
    @GetMapping("/get/{key}")
    public Map<String, String> getSessionAtrribute( HttpServletRequest request,
            @PathVariable("key") String key) {
```

```
            Map<String, String> result = new HashMap<>();
            String value = (String) request.getSession().getAttribute(key);
            result.put(key, value);
            request.getSession().setAttribute(key, value);
            return result;
        }
    }
```

代码中的注解@EnableRedisHttpSession 是用来启动 Spring Session Redis 的，通过这样就能够将会话数据保存到 Redis 中了，十分方便。setSessionAtribute 方法是设置一个 Session 数据，而 getSessionAtrribute 方法则是读出 Session 数据。

接下来，我们分别在 1017 端口和 1117 端口启动类 Chapter17Application（在 IDEA 中设置 server.port 参数即可）。然后依次请求 http://localhost:1017/session/set/key1/value1 和 http://localhost:1117/session/get/key1，就可以观察到两个服务的会话共享了。

然后可以到 Redis 服务器上执行命令 keys *，结果如图 17-3 所示。

图 17-3　查看 Redis 上的会话信息

从图 17-3 中可以看出，在 Redis 服务器上已经保存了许多的会话信息，然后共享到了两个服务器实例。

在会话信息上，还有一个大家比较关注的内容，那就是超时时间。会话不应该长期保存在缓存中，而是应该存在一个超时的机制。其实在 Spring Session 中，设置超时时间是很简单的，只需要配置@EnableRedisHttpSession 便可以了，例如：

```
// maxInactiveIntervalInSeconds 配置项默认为 30 分钟（1800 秒）失效，
// 这里设置为 60 分钟（3600 秒）失效
@EnableRedisHttpSession(maxInactiveIntervalInSeconds = 3600)
```

Spring Session 的实现原理是提供了拦截器拦截 HttpSession 的操作，然后通过拦截器将会话数据存储到 Redis 服务器中，或者从 Redis 服务器中读取会话数据。

17.5　持久化到数据库

顾名思义，就是将会话信息保存到数据库中。这种方式的一个很大的优点是，会话数据不会轻易丢失，但是缺点也很明显，就是性能和使用缓存相差太远，如果发生高并发场景，这样的机制就很难保证性能了，此外也增加了维护数据库的代价。基于它的缺点，这样的方式在目前几乎没有企业采用了，所以就不再讨论了。

第18章

分布式系统权限验证

在计算机系统中，权限往往也是很重要的一个部分。在单体系统中，权限往往很容易控制，但是在分布式系统中，则不然。因为在单体系统中往往只有一个节点，只要解决单点就可以了。但是分布式系统是多节点协作，不能一个节点验证通过后，另外一个节点却没有验证通过，所以本章将会讲述分布式系统的权限验证。实际上，在分布式会话中谈到的使用缓存存储会话（spring-session-data-redis），也能在一定程度上支持分布式的权限验证，不过一切还需要从最基础的 Spring Security 开始讲起。因为这里涉及的内容较多，所以我还是新建了工程，且将其命名为 chapter18，这样就可以根据需要新增对应的模块了。

18.1 Spring Security

Spring Security 是 Spring 框架提供的一个安全认证框架，Spring Boot 在此基础上封装成了 spring-boot-starter-security，这样会更加方便我们的使用。这里先新建模块 security，然后在 Maven 中将 spring-boot-starter-security 引入进来，如代码清单 18-1 所示。

代码清单 18-1　引入 spring-boot-starter-security（security 模块）

```
<!--安全-->
<dependency>
    <groupId>org.springframework.boot</groupId>
    <artifactId>spring-boot-starter-security</artifactId>
</dependency>
<dependency>
 <groupId>org.springframework.boot</groupId>
 <artifactId>spring-boot-starter-thymeleaf</artifactId>
</dependency>
```

这里引入了 spring-boot-starter-security，就可以通过开发来定制权限了。Spring Security 是基于过滤器（Filter）来开发的，在默认的情况下，它内部会提供一系列的过滤器来拦截请求，以达到安全验证的目的。此外，Spring Security 还会涉及一些页面的内容，所以也引入了 Thymeleaf。在 Spring Security 的机制下，在访问资源（如控制器返回的数据或者页面）之前，请求会经过 Spring Security

所提供的过滤器进行的验证，如果验证不通过，就会被过滤器拦截，这样就不能访问对应的资源了。同样的在我们需要增加验证功能的时候，只需要在 Spring Security 中加入对应的过滤器就可以了。

18.1.1　简单使用 Spring Security

为了使用 Spring Security，这里新增配置类 SecurityConfig，如代码清单 18-2 所示。

代码清单 18-2　配置类（security 模块）

```
package com.spring.cloud.security.config;
/**** imports ****/
@Configuration
public class SecurityConfig extends WebSecurityConfigurerAdapter { // ①
    // 编码器
    private PasswordEncoder encoder = new BCryptPasswordEncoder(); // ②

    /**
     * 用户认证
     * @param auth -- 认证构建
     * @throws Exception
     */
    @Override
    protected void configure(AuthenticationManagerBuilder auth)
            throws Exception {
        auth.inMemoryAuthentication() // 使用内存保存验证信息
            .passwordEncoder(encoder). // 设置编码器
            // 设置用户名、密码和角色
                withUser("admin").password(encodePwd("abcdefg"))
            // roles 方法会自动给字符串加入前缀 "ROLE_"
            .roles("ADMIN", "USER") // 赋予两个角色
            // 创建第二个用户
            .and().withUser("user").password(encodePwd("123456789"))
            .roles("USER"); // 赋予一个角色
    }


    /**
     * 请求路径权限限制
     * @param http -- HTTP 请求配置
     * @throws Exception
     */
    @Override
    public void configure(HttpSecurity http) throws Exception {
        http
            // 访问 ANT 风格 "/admin/**" 需要 ADMIN 角色
            .authorizeRequests().antMatchers("/admin/**")
                .hasAnyRole("ADMIN")
            // 访问 ANT 风格 "/user/**" 需要 USER 或者 ADMIN 角色
            .antMatchers("/user/**").hasAnyRole("USER", "ADMIN")
            // 无权限配置的全部开放给已经登录的用户
            .anyRequest().permitAll()
            // 使用页面登录
            .and().formLogin();
    }

    // 对密码进行加密
```

```
    private String encodePwd(String pwd) {
        return encoder.encode(pwd);
    }
}
```

这个类标注了 @Configuration，说明该类是一个配置类。代码①处继承了 WebSecurityConfigurerAdapter，说明它是一个配置 Spring Security 的类。代码②处创建了编码器，在最新版本的 Spring 5 之后，Spring Security 中都需要设置编码器，加密密码，这样可以有效增强用户密码的安全性。这段代码的核心是两个方法 configure(AuthenticationManagerBuilder) 和 configure(HttpSecurity)。configure(AuthenticationManagerBuilder) 方法主要用于用户验证，configure(HttpSecurity) 方法主要用于 URL 权限配置。代码中有清晰的注释，请读者自行参考。这里需要指出的是，加粗的 roles、hasRole 和 hasAnyRole 方法，在默认的情况下，Spring Security 会加入前缀 "ROLE_"，这是后续开发需要特别注意的。当然，如果不想加入这些前缀，可以使用 authorities、hasAuthority 和 hasAnyAuthority 方法代替。

有了 Spring Security 的配置类，就可以开发一个控制器进行测试了，如代码清单 18-3 所示。

代码清单 18-3　测试类（security 模块）

```
package com.spring.cloud.security.controller;
/**** imports ****/
@RestController
public class SecurityController {

    // "USER" 和 "ADMIN" 角色都可以访问
    @GetMapping("/user/test")
    public String userTest() {
        return "user-test";
    }

    // 只有 "ADMIN" 角色可以访问
    @GetMapping("/admin/test")
    public String adminTest() {
        return "admin-test";
    }
}
```

最后我们再修改启动类——SecurityApplication，用以扫描前面编写的配置类和控制器，如代码清单 18-4 所示。

代码清单 18-4　启动类（security 模块）

```
package com.spring.cloud.security.main;
/**** imports ****/
// 设置扫描包
@SpringBootApplication(scanBasePackages = "com.spring.cloud.security")
public class SecurityApplication {
    public static void main(String[] args) {
        SpringApplication.run(SecurityApplication.class, args);
    }
}
```

这段代码只是添加了加粗的扫描包路径，这样 Spring 就会扫描我们之前编写的配置类和控制器了。跟着配置 SecurityApplication 在 1018 端口启动（使用 server.port 参数）。待启动后，在浏览器地址栏请求 http://localhost:1018/user/test，就可以看到图 18-1 所示所示的要求输入密码的界面了。

图 18-1   Spring Security 登录界面

在输入用户密码（如 user/123456789）后，就可以看到结果了。然后再请求 http://localhost:1018/admin/test，就可以看到图 18-2 所示的结果了。

图 18-2   Spring Security 禁止访问

从图 18-2 中可以看出，请求被禁止了，那是因为用户"user"没有访问该路径的权限，要使用"admin/abcdefg"登录后，才能看到想要的结果。

18.1.2   使用自定义用户验证

在上面的例子，我们使用的是内存存储权限信息，这显然不符合企业的需要，更多的时候，企业会希望使用数据库存储用户信息。为此，我们来实现这个目标，这里先在数据库里创建对应的表，表的设计如图 18-3 所示。

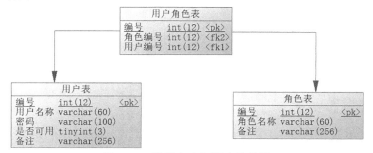

图 18-3   数据库中权限表的设计

建表 SQL 如代码清单 18-5 所示。

代码清单 18-5 数据库创建和权限表初始化 SQL

```sql
/**角色表**/
create table t_role(
   id        int(12) not null auto_increment,
   role_name varchar(60) not null,
   note      varchar(256),
   primary key (id),
   unique(role_name)
);
/**用户表**/
create table t_user(
   id        int(12) not null auto_increment,
   user_name varchar(60) not null,
   pwd       varchar(100) not null,
   /**是否可用, 1 表示可用, 0 表示不可用**/
   available INT(1) DEFAULT 1 CHECK(available IN (0, 1)),
   note      varchar(256),
   primary key (id),
   unique(user_name)
);
/**用户角色表**/
create table t_user_role (
   id        int(12) not null auto_increment,
   role_id int(12) not null,
   user_id int(12) not null,
   primary key (id),
   unique(role_id, user_id)
);

/**外键约束**/
alter table t_user_role add constraint FK_Reference_1 foreign key
(role_id) references t_role (id) on delete restrict on update restrict;
alter table t_user_role add constraint FK_Reference_2 foreign key
(user_id) references t_user (id) on delete restrict on update restrict;

# 插入数据
insert into t_user(user_name, pwd, available, note) values ('admin',
'$2a$10$c5ao0R32NO1eItwoqDSn5eEAHYDjKbp/Got.1rNnyWKu2K2J7QpRq', 1, '管理员');
insert into t_user(user_name, pwd, available, note) values('user',
'$2a$10$.4DFh8Fa09R.u/GeByttsekxsH6njpTJ2wqc4sHaoR6dnZaIes7oy', 1, '普通用户');

insert into t_role(role_name, note) values('ROLE_ADMIN', '管理员');
insert into t_role(role_name, note) values('ROLE_USER', '普通用户');

insert into t_user_role(user_id, role_id) values(1, 1);
insert into t_user_role(user_id, role_id) values(1, 2);
insert into t_user_role(user_id, role_id) values(2, 2);
```

这样就创建好了数据库的表，并且插入了 2 个用户权限的信息。注意，这里的角色名称插入的时候，前缀为 "ROLE_"，和代码清单 18-2 中的 roles、hasRole 和 hasAnyRole 方法是对应的。跟着就需要提供验证用户的逻辑代码了。为了使用数据库编程，在 Maven 中引入对应的依赖，如代码清单 18-6 所示。

代码清单 18-6　引入数据库编程所需依赖（security 模块）

```
<!--JDBC 包-->
<dependency>
    <groupId>org.springframework.boot</groupId>
    <artifactId>spring-boot-starter-jdbc</artifactId>
</dependency>
<!-- MySQL -->
<dependency>
    <groupId>mysql</groupId>
    <artifactId>mysql-connector-java</artifactId>
    <version>5.1.40</version>
</dependency>
<!--MyBatis-->
<dependency>
    <groupId>org.mybatis.spring.boot</groupId>
    <artifactId>mybatis-spring-boot-starter</artifactId>
    <version>2.0.1</version>
</dependency>
```

这里引入了 JDBC、MyBatis 和 MySQL 的依赖。为了使用 MyBatis，首先需要根据数据库的表定义 3 个 POJO，如代码清单 18-7 所示。

代码清单 18-7　定义 3 个 POJO（security 模块）

```
/*********** RolePo ***********/
package com.spring.cloud.security.po;
import org.apache.ibatis.type.Alias;
@Alias("role") // 别名
public class RolePo {
    private Long id;
    private String roleName;
    private String note;
    /**** setters and getters ****/
}

/*********** UserPo ***********/
package com.spring.cloud.security.po;
import org.apache.ibatis.type.Alias;
@Alias("user") // 别名
public class UserPo {
    private Long id;
    private String userName;
    private String password;
    private boolean available;
    private String note;
    /**** setters and getters ****/
}

/*********** UserRolePo ***********/
package com.spring.cloud.security.po;
import org.apache.ibatis.type.Alias;
import java.util.List;
@Alias("userRole") // 别名
public class UserRolePo {
    private UserPo user;
```

```
    private List<RolePo> roleList;
    /**** setters and getters ****/
}
```

接着要实现 SQL 和 PO 之间的映射关系，为此要开发两个映射文件，即 role_mapper.xml 和 user_
mapper.xml，并将它们放在/resources/mybatis 目录下。其中文件 role_mapper.xml 和 user_mapper.xml
分别如代码清单 18-8 和代码清单 18-9 所示。

代码清单 18-8　角色映射文件（security 模块，放在/resources/mybatis 目录下）

```xml
<?xml version="1.0" encoding="UTF-8" ?>
<!DOCTYPE mapper
        PUBLIC "-//mybatis.org//DTD Mapper 3.0//EN"
        "http://mybatis.org/dtd/mybatis-3-mapper.dtd">
<mapper namespace="com.spring.cloud.security.dao.RoleDao">
    <select id="findRolesByUserId" resultType="role">
        select r.id, r.role_name as roleName, r.note
        from t_role r, t_user_role ur
        where  r.id = ur.role_id and ur.user_id =#{userId}
    </select>
</mapper>
```

代码清单 18-9　用户映射文件（security 模块，放在/resources/mybatis 目录下）

```xml
<?xml version="1.0" encoding="UTF-8" ?>
<!DOCTYPE mapper
        PUBLIC "-//mybatis.org//DTD Mapper 3.0//EN"
        "http://mybatis.org/dtd/mybatis-3-mapper.dtd">
<mapper namespace="com.spring.cloud.security.dao.UserDao">
    <select id="getUser" resultType="user" parameterType="long">
        SELECT id, user_name as userName, pwd as password, available, note
        from t_user where id = #{id}
    </select>
    <select id="getUserByUserName" resultType="user" parameterType="string">
        SELECT id, user_name as userName, pwd as password, available, note
        from t_user where user_name= #{userName}
    </select>
</mapper>
```

接着定义两个 MyBatis 的映射接口，让它与 role_mapper.xml 和 user_mapper.xml 映射起来，如代
码清单 18-10 所示。

代码清单 18-10　用户映射文件（security 模块，放在/resources/mybatis 目录下）

```java
/************ RoleDao 接口 ************/
package com.spring.cloud.security.dao;
/**** imports ****/
@Mapper
public interface RoleDao {

    public List<RolePo> findRolesByUserId(@Param("userId") Long userId);
}

/************ UserDao 接口 ************/
package com.spring.cloud.security.dao;
/**** imports ****/
@Mapper
```

```
public interface UserDao {

    public UserPo getUser(@Param("id") Long id);

    public UserPo getUserByUserName(@Param("userName") String userName);
}
```

这样这两个接口就和两个映射文件对应起来了。到这里，数据访问层（DAO）就开发完了，跟着我们需要开发服务层，如代码清单 18-11 所示。

代码清单 18-11　开发服务层（security 模块）

```
package com.spring.cloud.security.service.impl;
/**** imports ****/
@Service
public class UserServiceImpl implements UserService {

    @Autowired
    private RoleDao roleDao = null;

    @Autowired
    private UserDao userDao = null;

    // 根据用户编号找到用户角色信息
    @Override
    @Transactional
    public UserRolePo getUserRole(Long userId) {
        UserRolePo userRole = new UserRolePo();
        // 获取用户信息
        UserPo user = userDao.getUser(userId);
        // 获取用户角色信息
        List<RolePo> roleList =  roleDao.findRolesByUserId(userId);
        userRole.setUser(user);
        userRole.setRoleList(roleList);
        return userRole;
    }

    // 根据用户名称找到用户角色信息
    @Override
    public UserRolePo getUserRoleByUserName(String userName) {
        UserRolePo userRole = new UserRolePo();
        // 获取用户信息
        UserPo user = userDao.getUserByUserName(userName);
        // 获取用户角色信息
        List<RolePo> roleList =  roleDao.findRolesByUserId(user.getId());
        userRole.setUser(user);
        userRole.setRoleList(roleList);
        return userRole;
    }

}
```

这里给出的是 UserServiceImpl 类，关于它实现的接口 UserService 在这里就省去了。通过 UserServiceImpl 类就可以读取数据库的权限信息了，那么我们应该如何操作才能使得 Spring Security 通过数据库来验证用户呢？其实很简单，在 Spring Security 中有一个接口 UserDetailsService，通过实现它，可以自定义用户验证的方式。例如，可以自己开发实现类 UserDetailsServiceImpl，如代码清单 18-12 所示。

代码清单 18-12 自定义用户验证权限（security 模块）

```java
package com.spring.cloud.security.service.impl;
/**** imports ****/

@Service
public class UserDetailsServiceImpl implements UserDetailsService { // ①

    // 注入 UserService 对象
    @Autowired
    private UserService userService = null;

    @Override
    public UserDetails loadUserByUsername(String userName)
            throws UsernameNotFoundException {
        // 获取用户角色信息
        UserRolePo userRole = userService.getUserRoleByUserName(userName);
        // 转换为 Spring Security 用户详情
        return change(userRole);
    }

    private UserDetails change(UserRolePo userRole) {
        // 权限列表
        List<GrantedAuthority> authorityList = new ArrayList<>();
        // 获取用户角色信息
        List<RolePo> roleList = userRole.getRoleList();
        // 将角色名称放入权限列表中
        for (RolePo role: roleList) {
            GrantedAuthority authority
                = new SimpleGrantedAuthority(role.getRoleName());
            authorityList.add(authority);
        }
        UserPo user = userRole.getUser(); // 用户信息
        // 创建 Spring Security 用户详情
        UserDetails result // ②
            = new User(user.getUserName(), user.getPassword(), authorityList);
        return result;
    }
}
```

首先这个类标注了 @Service，这样就可以被 Spring IoC 容器所扫描。代码①处实现了 UserDetailsService 接口，所以类要实现其定义的 loadUserByUsername 方法。该方法首先获取用户角色的信息，然后将其转换为 Spring Security 的用户详情（UserDetails）。执行转换的方法是 change，其核心是代码②处的创建用户详情，主要设置用户名、密码和权限。这样就构建了一个自定义的验证类，并且会被 Spring IoC 容器扫描和装配。

有了自定义验证类，跟着就要把它注册到 Spring Security 的机制中，所以需要修改代码清单 18-2 中的 configure(AuthenticationManagerBuilder) 方法，如代码清单 18-13 所示。

代码清单 18-13 注册自定义验证类（security 模块）

```java
@Autowired // 注入自定义验证类
private UserDetailsService userDetailsService = null;
```

```
protected void configure(AuthenticationManagerBuilder auth) throws Exception {
    // 编码器
    PasswordEncoder encoder = new BCryptPasswordEncoder();
    // 注册验证类
    auth.userDetailsService(userDetailsService).passwordEncoder(encoder);
}
```

代码中首先注入了自定义的验证接口（UserDetailsService）对象，然后在验证机制内对密码编码器进行了设置，这样就完成了自定义验证的逻辑配置。

这里因为使用了数据库和 MyBatis，因此需要在 application.yml 文件中进行配置，如代码清单 18-14 所示。

代码清单 18-14 配置数据库和 MyBatis（security 模块）

```
spring:
  # 数据库配置
  datasource:
    url: jdbc:mysql://localhost:3306/spring_cloud_chapter18
    password: 123456
    username: root
    driver-class-name: com.mysql.jdbc.Driver
# MyBatis 配置
mybatis:
  # 映射文件路径
  mapper-locations: classpath:/mybatis/*
  # 扫描别名
  type-aliases-package: com.spring.cloud.security.po
```

最后再修改启动类，让 MyBatis 的接口文件能够装配到 Spring IoC 容器中，如代码清单 18-15 所示。

代码清单 18-15 扫描 MyBatis 接口文件（security 模块）

```
package com.spring.cloud.security.main;
/**** imports ****/
// 设置扫描包
@SpringBootApplication( scanBasePackages = "com.spring.cloud.security")
// MyBatis 扫描路径
@MapperScan(basePackages = "com.spring.cloud.security",
        annotationClass = Mapper.class)
public class SecurityApplication {

    public static void main(String[] args) {
        SpringApplication.run(SecurityApplication.class, args);
    }

}
```

这样就能够使用数据库存储权限信息了。

18.1.3 使用缓存共享实现分布式权限

其实使用缓存共享也可以实现分布式权限管理，例如之前所谈到的分布式会话方案 spring-session-data-redis，就能够在一定程度上实现分布式权限验证。为此，我们先引入它，如代码清单 18-16 所示。

代码清单 18-16 依赖 spring-session-data-redis（security 模块）

```
<dependency>
    <groupId>org.springframework.boot</groupId>
    <artifactId>spring-boot-starter-web</artifactId>
</dependency>
<!--
spring-session-data-redis 会依赖
spring-boot-starter-data-redis 和 Spring Session 的包
-->
<dependency>
    <groupId>org.springframework.session</groupId>
    <artifactId>spring-session-data-redis</artifactId>
    <exclusions>
        <!--不依赖 Redis 的异步客户端 lettuce-->
        <exclusion>
            <groupId>io.lettuce</groupId>
            <artifactId>lettuce-core</artifactId>
        </exclusion>
    </exclusions>
</dependency>
<!--引入 Redis 的客户端驱动 jedis-->
<dependency>
    <groupId>redis.clients</groupId>
    <artifactId>jedis</artifactId>
</dependency>
```

这样就引入了 spring-session-data-redis，跟着我们需要配置 Redis 才能让它有效。为此，在 application.yml 中，添加相应的配置，如代码清单 18-17 所示。

代码清单 18-17 配置 Redis（security 模块）

```
spring:
  # Redis 配置
  redis:
    # Redis 服务器
    host: 192.168.224.131
    # 端口
    port: 6379
    # 密码
    password: 123456
```

然后在启动类（SecurityApplication）中，加入注解@EnableRedisHttpSession 来驱动 spring-session-data-redis 工作。跟着在 1018 和 1118 端口启动服务，在浏览器中请求 http://localhost:1018/admin/test，登录后就可以看到结果了，再请求 http://localhost:1118/admin/test，就可以发现无须登录也能看到结果。

那么为什么登录了 1018 端口的服务实例，就可以登录 1118 端口的服务实例了呢？那是因为会话信息会被记录到 Redis 中，而 1018 和 1118 端口的服务实例共享同一个 Redis 缓存，所以 1118 端口服务也会被认为登录成功了。这样 Spring Security 就能够在 spring-session-data-redis 的工作环境下共享会话信息了，只需要登录一个实例，就可以让另外一个实例也通过安全认证了，如图 18-4 所示。

通过共享会话信息进行分布式安全验证的方式，实际上并不适合微服务系统，为什么呢？这是由微服务系统的风格决定的。例如，对于用户微服务和产品微服务来说，按照微服务的风格要求，每一个微服务都是独立的产品，那么它们的缓存就应该是独立的，而不应该是共享的，如图 18-5 所示。

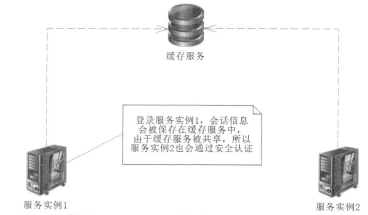

图 18-4　通过 Spring Session 共享会话信息方式的分布式安全验证

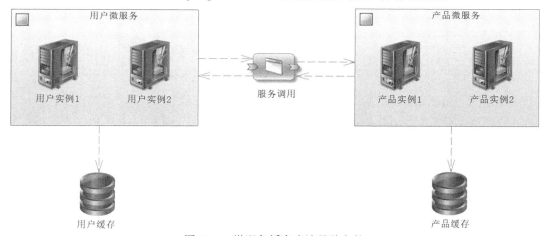

图 18-5　微服务缓存应该是独立的

从图 18-5 中可以看出，依照微服务的风格，用户微服务和产品微服务之间不会共享缓存。从另一个角度来说，将缓存独立出来，可以避免数据混乱，更加有利于微服务系统的开发和后续维护。因此，使用会话共享的验证方式就行不通了，而且需要使用别的验证方法。通过这段论述，大家可以知道，对于同一个微服务下的各个实例，它们之间采用 Spring Session 进行会话共享，可以解决同一业务微服务内部会话的问题，但对于跨业务微服务的会话则需要通过别的方式进行会话共享才行。

18.1.4　跨站点请求伪造（CSRF）攻击

跨站点请求伪造（Cross-Site Request Forgery，CSRF）是一种常见的攻击手段，我们先来了解什么是 CSRF。如图 18-6 所示，首先，用户通过浏览器请求安全网站，进行登录，在登录后，浏览器会记录一些信息，以 Cookie 的形式保存。然后，用户可能会在不关闭浏览器的情况下，访问危险网站，危险网站通过获取 Cookie 信息来仿造用户请求，进而请求安全网站，这样就给网站带来了很大的危险。

为了避免发生这种危险，Spring Security 提供了针对 CSRF 的过滤器。在默认的情况下，它会启用这个过滤器来防止 CSRF 攻击。当然，我们也可以关闭这个功能，代码如下：

```
http.csrf().disable().authorizeRequests()......
```

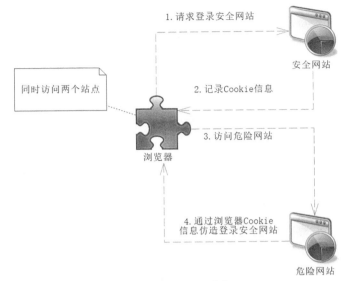

图 18-6　CSRF 攻击

因为后续的 OAuth 2.0 需要跨域访问，所以需要经常使用这段关闭 CSRF 过滤器的代码。

对于不关闭 CSRF 的 Spring Security，每次 HTTP 请求的表单（Form）提交时，都要求有 CSRF 参数。当访问表单的时候，Spring Security 就生成 CSRF 参数，放入表单中，这样在将表单提交到服务器时，就会连同 CSRF 参数一并提交到服务器。Spring Security 会检查 CSRF 参数，判断该参数是否与其生成的一致。如果一致，它就认为该请求不是来自 CSRF 的攻击。如果 CSRF 参数为空或者与服务器的不一致，它就认为这是一个来自 CSRF 的攻击，会拦截请求，拒绝访问。因为这个参数不在 Cookie 中，所以第三方网站是无法伪造的，这样就可避免 CSRF 攻击了。

这里我们先开发一个 Thymeleaf 页面，命名为 csrf_form.html，并且将它放在目录/resources/templates 下。文件内容如代码清单 18-18 所示。

代码清单 18-18　在页面中加入 CSRF 参数（security 模块）

```
<!DOCTYPE html>
<html xmlns:th="http://www.thymeleaf.org">
<head>
    <meta charset="UTF-8">
    <title>CSRF 表单</title>
</head>
<body>
<form action="./commit" method="post">
    <p>
        名称：<input id="name" name="name" type="text" value="" />
    </p>
    <p>
        密码：<input id="describe" name="describe" type="text" value="" />
    </p>
    <p>
        <input type="submit" value="提交"/>
```

```
</p>
<input type="hidden" th:name="${_csrf.parameterName}"
    th:value="${_csrf.token}"> <!-- ① -->
</form>
</body>
</html>
```

注意代码中加粗的①处，这是一个隐藏域，可以从 Spring Security 提供的数据模型中获取其 CSRF 参数名称和值。当提交表单时，如果 CSRF 参数名称和值错误，CSRF 过滤器就会拦截该请求，不予放行。

为了能够访问这个页面，我们编写一个控制器，如代码清单 18-19 所示。

代码清单 18-19　在页面控制器（security 模块）

```
package com.spring.cloud.security.controller;
/**** imports ****/
@Controller
public class PageController {

    // 访问页面
    @GetMapping("/user/csrf/form")
    public String csrfForm() {
        return "csrf-form";
    }

    // 提交路径
    @PostMapping("/user/csrf/commit")
    @ResponseBody
    public String commit() {
        return "commit";
    }
}
```

这样，只要请求 http://localhost:1018/user/csrf/form，登录后就可以看到对应的页面了。

18.1.5　使用自定义页面

在图 18-1 中使用的是 Spring Security 默认的登录页面，而企业更多的是使用自定义页面。要使用自定义的页面其实也不难，首先我们需要了解登录页面需要提交的字段。我们不妨先看一下图 18-1 所示的那个页面的表单源码，如代码清单 18-20 所示。

代码清单 18-20　Spring Security 默认的登录页面表单源码

```
<form class="form-signin" method="post" action="/login">  <!-- ① -->
    <h2 class="form-signin-heading">Please sign in</h2>
    <p>
        <label for="username" class="sr-only">Username</label>
        <input type="text" id="username" name="username"
          class="form-control"
          placeholder="Username" required autofocus> <!-- ② -->
    </p>
    <p>
        <label for="password" class="sr-only">Password</label>
        <input type="password" id="password" name="password"
            class="form-control" placeholder="Password" required> <!-- ③ -->
    </p>
    <input name="_csrf" type="hidden"
```

```
          value="890398e8-c5cc-4103-ab7e-b464c839254e" /> <!-- ④ -->
       <button class="btn btn-lg btn-primary btn-block" type="submit">
          Sign in
       </button>
</form>
```

先看一下代码①处，表单提交的路径为"/login"，方法为 post。实际上，这个路径是可以自定义的。再看代码②和③处，这里定义了 form 提交的两个字段：用户名（username）和密码（password）。最后看代码④处，这里是个隐藏域，定义的是 CSRF 参数。然后我们根据这段代码写一个自定义的页面 login.html，并且将它放在目录/resources/templates 下，如代码清单 18-21 所示。

代码清单 18-21　自定义登录页面（security 模块）

```
<!DOCTYPE html>
<html xmlns:th="http://www.thymeleaf.org">
<head>
    <meta charset="UTF-8">
    <title>登录</title>
</head>
<body>
<form action="/login/page" method="post">
    <p>
        名称: <input id="username" name="username" type="text" value="" />
    </p>
    <p>
        密码: <input id="password" name="password" type="password" value="" />
    </p>
    <p>
        <input type="submit" value="登录"/>
    </p>
    <!--CSRF 参数-->
    <input type="hidden" th:name="${_csrf.parameterName}" th:value="${_csrf.token}">
</form>
</body>
</html>
```

这段代码将登录跳转路径变为了"/login/page"，方法为 post。这里表单定义了用户名（username）和密码（username），当然还有 CSRF 参数，这些字段都会被提交到后台。为了访问这个页面，在代码清单 18-19 中的 PageController 类中加入两个方法，如代码清单 18-22 所示。

代码清单 18-22　在 PageController 类中增加两个访问页面的方法（security 模块）

```
@GetMapping("/user/visit")
public String visitPage() {
    return "visit-page";
}

@GetMapping("/login/page")
public String login() {
    return "login";
}
```

login 方法的返回值指向了我们自定义的登录页面——login.html。visitPage 方法是访问一个页面的方法，它指向文件 visit-page.html。考虑到有登录，必然有登出，我们不妨在 visit-page.html 中进行模拟，其内容如代码清单 18-23 所示。

代码清单 18-23 visit-page.html 文件模拟登出（security 模块）

```html
<!DOCTYPE html>
<html xmlns:th="http://www.thymeleaf.org">
<head>
    <meta charset="UTF-8">
    <title>访问页</title>
</head>
<body>
<form action="/logout/page" method="post">
    <p>
        <input type="submit" value="登出"/>
    </p>
    <input type="hidden" th:name="${_csrf.parameterName}" th:value="${_csrf.token}">
</form>
</body>
</html>
```

注意，这里表单提交采用的是 post 方法请求"/logout/page"，如果采用 get 方法是不能登出的。

有了上述内容，我们还要修改类 SecurityConfig 的 configure(HttpSecurity)方法，如代码清单 18-24 所示。

代码清单 18-24 自定义登录页面和登出路径（security 模块）

```java
@Override
public void configure(HttpSecurity http) throws Exception {
    http
            // 访问 ANT 风格"/admin/**"需要 ADMIN 角色
            .authorizeRequests().antMatchers("/admin/**")
            .hasAnyRole("ADMIN")
            // 访问 ANT 风格"/user/**"需要 USER 或者 ADMIN 角色
            .antMatchers("/user/**").hasAnyRole("USER", "ADMIN")
            // 无权限配置的全部开放给已经登录的用户
            .anyRequest().permitAll()
            // 使用页面登录，并定义请求登录页面
            .and().formLogin().loginPage("/login/page")
            // 登出配置，并设置登出路径
            .and().logout().logoutUrl("/logout/page");
}
```

注意加粗的地方，这分别和 login.html 与 visit-page.html 的登录与登出请求路径是一致的，这样就能够自定义登录页面和登出路径了。

18.2 自定义微服务权限控制

在微服务系统中，因为存在不同业务的多个实例，所以相对于单体系统来说，它实现起来更加困难。本节让我们自己实现一个微服务系统的权限控制。我们知道微服务入口是 API 网关，如 Zuul，我们可以在 Zuul 网关通过认证后，通过 Zuul 的过滤器添加请求头信息（往往是 Token 信息）。我们之前谈过 Spring Security 的原理是基于过滤器来实现的，基于这点我们可以利用 Zuul 添加的请求头进行认证。

我们需要先开发 Eureka 服务器，这相对来说比较简单，这里就不再展示了，读者可以参考第 3 章。这里我选择在 1001 和 1002 端口启动 Eureka 服务治理中心，以下的服务实例都会注册到这里。

18.2.1 基础包开发

一般来说，这些权限保护的类在多个服务中也需要使用。为此，我们来新建一个新的模块 ms-common，它是我们开发的基础包。为了开发它需要引入相关的包，如代码清单 18-25 所示。

代码清单 18-25 公共模块依赖（ms-common 模块）

```
<dependency>
    <groupId>org.springframework.boot</groupId>
    <artifactId>spring-boot-starter-security</artifactId>
</dependency>
 <!--阿里巴巴 FastJson 包-->
<dependency>
    <groupId>com.alibaba</groupId>
    <artifactId>fastjson</artifactId>
    <version>1.2.58</version>
</dependency>
<dependency>
    <groupId>org.springframework.boot</groupId>
    <artifactId>spring-boot-starter-web</artifactId>
</dependency>
```

关于登录的信息一般为敏感信息，所以往往会涉及安全问题。为了提升安全性，这里先来开发一个基于 3DES 加密和解密的工具类，如代码清单 18-26 所示。

代码清单 18-26 基于 3DES 加密和解密类（ms-common 模块）

```
package com.spring.cloud.mscommon.code;
/** imports **/
// 3DES 加密和解密工具类
public class DesCoderUtils {

    /**
     * 转换成十六进制字符串
     * @param key --密钥
     * @return 十六进制字符串
     */
    private static byte[] hex(String key){
        String f = DigestUtils.md5DigestAsHex(key.getBytes());
        byte[] bkeys = new String(f).getBytes();
        byte[] enk = new byte[24];
        for (int i=0;i<24;i++){
            enk[i] = bkeys[i];
        }
        return enk;
    }

    /**
     * 3DES 加密
     * @param key -- 密钥
     * @param srcStr -- 明文
     * @return 密文
     */
    public static String  encode3Des(String key,String srcStr){
    byte[] keybyte = hex(key);
    byte[] src = srcStr.getBytes();
        try {
```

```
        //生成密钥
        SecretKey deskey = new SecretKeySpec(keybyte, "DESede");
        //加密
        Cipher c1 = Cipher.getInstance("DESede");
        c1.init(Cipher.ENCRYPT_MODE, deskey);
        String pwd = Base64.encodeBase64String(c1.doFinal(src));
        return pwd;
    } catch(Exception ex){
        ex.printStackTrace();
    }
    return null;
}

/**
 * 3DES 解密
 * @param key -- 密钥
 * @param desStr -- 密文
 * @return 明文
 */
public static String decode3Des(String key, String desStr){
 Base64 base64 = new Base64();
 byte[] keybyte = hex(key);
 byte[] src = base64.decode(desStr);
    try {
        //生成密钥
        SecretKey deskey = new SecretKeySpec(keybyte, "DESede");
        //解密
        Cipher c1 = Cipher.getInstance("DESede");
        c1.init(Cipher.DECRYPT_MODE, deskey);
        String pwd = new String(c1.doFinal(src));
        return pwd;
    } catch(Exception ex){
        ex.printStackTrace();
    }
    return null;
    }
}
```

这个类的 encode3Des 和 decode3Des 方法的作用分别为加密和解密，它们的参数中都有一个密钥，也就是只有拿到了密钥才能进行加密和解密。跟着设计 Token 信息，如代码清单 18-27 所示。

代码清单 18-27　Token 信息设计（ms-common 模块）

```
package com.spring.cloud.mscommon.vo;

public class UserTokenBean {
    // 用户名称
    private String username = null;
    // 角色信息
    private String roles = null;

    /** setters and getters **/
}
```

这个类我设计得比较简单，实际上还可以根据业务的需要添加创建时间、超时时间和其他信息，这样就更加完善了。

一般情况下，往往还需要让当前线程记住这些 Token 信息，以便在服务调用时（例如 OpenFeign 调用其他服务时）进行转发，登录其他服务。为此，我们需要使用 ThreadLocal 机制来记住这些 Token 信息。为了达到这个目的，下面开发类 TokenThreadLocal，如代码清单 18-28 所示。

代码清单 18-28　Token 信息设计（ms-common 模块）

```
package com.spring.cloud.mscommon.thread;
// 让线程保存 Token 信息
public class TokenThreadLocal {

    // ThreadLocal 声明为 String 型
    private final ThreadLocal<String> tokenThreadLocal = new ThreadLocal<>();

    // 线程变量保存
    public void setToken(String token) {
        tokenThreadLocal.set(token);
    }

    // 获取线程变量
    public String getToken() {
        return tokenThreadLocal.get();
    }

    // 不可实例化
    private TokenThreadLocal() {
    };

    // 单例
    private static TokenThreadLocal ss = null;

    // 创建单例
    public static TokenThreadLocal get() {
        if (ss == null) {
            ss = new TokenThreadLocal();
        }
        return ss;
    }
}
```

这个类也比较简单，这里就不再深入讨论了。有了以上的类，这里就需要添加一个认证的逻辑了，毫无疑问，这是我们最重要的功能。大家知道 Spring Security 是基于过滤器开发的，为了满足 token 认证的方式，Spring Security 还提供了抽象类 BasicAuthenticationFilter，来简化我们的编程。也就是在访问页面之前，通过 BasicAuthenticationFilter 的子类完成认证，就可以拥有访问应用的对应权限了。下面我们来看看它的实现，如代码清单 18-29 所示。

代码清单 18-29　认证过滤器（ms-common 模块）

```
package com.spring.cloud.mscommon.filter;
/**** imports ****/
public class TokenFilter extends BasicAuthenticationFilter {// ①
    // 密钥
    private String secretKey = null;

    // 构造方法，会调用父类方法
```

```
public TokenFilter(AuthenticationManager authenticationManager) { // ②
    super(authenticationManager);
}

public void setSecretKey(String secretKey) {
    this.secretKey = secretKey;
}

/**
 * 连接器方法
 * @param request -- HTTP 请求
 * @param response -- HTTP 响应
 * @param chain --过滤器责任链
 * @throws IOException -- IO 异常
 * @throws ServletException Servlet 异常
 */
@Override
protected void doFilterInternal(HttpServletRequest request,
        HttpServletResponse response, FilterChain chain)
        throws IOException, ServletException {
    // 从请求头（header）中提取 token
    String token = request.getHeader("token");
    try {
        if (!StringUtils.isEmpty(token)) { // token 不为空
            // 解密 token
            String tokenText = DesCoderUtils.decode3Des(secretKey, token);
            // 转换为 Java 对象
            UserTokenBean userVo
                    = JSON.parseObject(tokenText, UserTokenBean.class);
            // 获取认证信息
            Authentication authentication = createAuthentication(userVo);
            // 将 token 保存到线程变量中
            TokenThreadLocal.get().setToken(token);
            // 设置认证信息，完成认证
            SecurityContextHolder
                    .getContext().setAuthentication(authentication); // ③
        }
    } catch (Exception e) {
        e.printStackTrace();
    } finally {
        // 执行下级过滤器
        chain.doFilter(request, response);
    }
}

/**
 *
 * @param userVo -- token 信息
 * @return
 */
private Authentication createAuthentication(UserTokenBean userVo) {
    // 创建认证 Principal 对象
    Principal principal = () -> userVo.getUsername();
    // 角色信息
    String roles = userVo.getRoles();
    String[] roleNames = (roles == null ? new String[0] : roles.split(","));
    List<GrantedAuthority> authorityList = new ArrayList<>();
```

```
        for (String roleName : roleNames) {
            // 创建授予权限信息的对象
            GrantedAuthority authority = new SimpleGrantedAuthority(roleName);
            authorityList.add(authority);
        }
        // 创建认证信息，它是 Authentication 的实现类
        return new UsernamePasswordAuthenticationToken(
                principal, "", authorityList);
    }
}
```

这个过滤器是我们基础包中最重要的逻辑，所在这里让我们来阐述它的原理。它在代码①处继承了 Spring Security 提供的认证过滤器 BasicAuthenticationFilter，并且实现了 doFilterInternal 方法，这样就能够织入自己的认证逻辑了。因为 BasicAuthenticationFilter 的构造方法带有参数，所以需要在代码②处重写构造方法。其中 doFilterInternal 是过滤器的核心方法，它首先从请求头获取 token 信息，然后解密，转换为 UserTokenBean 对象，之后通过 createAuthentication 方法转变为认证（Authentication）对象，最后在代码③处设置认证信息，完成过滤器逻辑。在 createAuthentication 方法中，首先创建了 Principal 对象，然后设置权限信息，最后通过类 UsernamePasswordAuthenticationToken 完成了认证对象的创建。这样就完成了权限的认证，只要请求头中有 token 信息，就能够通过 Spring Security 的验证。不过这里还需要注意 doFilterInternal 方法，该方法会将 token 信息保存到线程变量中，这样我们就可以在任何时候通过线程变量读取 token 了。

18.2.2　开发 Eureka 客户端

这里让我们创建两个模块 ms-client1 和 ms-client2，它们都依赖 ms-common 模块。然后再通过 Maven 依赖对应的包，如代码清单 18-30 所示。

代码清单 18-30　服务依赖（ms-client1 模块和 ms-client2 模块）

```
<!-- 安全 -->
<dependency>
    <groupId>org.springframework.boot</groupId>
    <artifactId>spring-boot-starter-security</artifactId>
</dependency>
<!-- json -->
<dependency>
    <groupId>com.alibaba</groupId>
    <artifactId>fastjson</artifactId>
    <version>1.2.58</version>
</dependency>
<dependency>
    <groupId>org.springframework.boot</groupId>
    <artifactId>spring-boot-starter-web</artifactId>
</dependency>
<!-- 服务发现 -->
<dependency>
    <groupId>org.springframework.cloud</groupId>
    <artifactId>spring-cloud-starter-netflix-eureka-client</artifactId>
</dependency>
<!-- openfeign -->
<dependency>
```

```
    <groupId>org.springframework.cloud</groupId>
    <artifactId>spring-cloud-starter-openfeign</artifactId>
</dependency>
```

我们先放下 ms-client1 模块，来开发 ms-client2 模块。后续在讲述 OpenFeign 的时候，我们会再谈到它。这里首先配置 ms-client2 模块的 Spring Security 认证权限，增加配置类——WebSecurityConfig，如代码清单 18-31 所示。

代码清单 18-31　配置权限（ms-client2 模块）

```
package com.spring.cloud.msclient2.security;
/**** imports ****/
@Configuration
public class WebSecurityConfig extends WebSecurityConfigurerAdapter {

    @Value("${secret.key}")
    private String secretKey = null; // 密钥

    @Override
    protected void configure(HttpSecurity http) throws Exception {
        // 创建 Token 过滤器
        TokenFilter tokenFilter = new TokenFilter(authenticationManager());
        // 设置密钥
        tokenFilter.setSecretKey(secretKey);
        http
            .authorizeRequests()
            // 所有请求访问都需要签名
            .anyRequest().authenticated()
            .and()
            .formLogin()
            .and()
            // 在责任链上添加过滤器
            .addFilterBefore(tokenFilter, UsernamePasswordAuthenticationFilter.class);
    }
}
```

这个配置类的 configure 方法，先创建了 TokenFilter 过滤器对象，然后用加粗的 addFilterBefore 方法，注册过滤器，也就是在访问资源时先通过过滤器 TokenFilter 鉴权，如果成功则具备访问的权限。

为了进行测试，我们来开发一个简单控制器，如代码清单 18-32 所示。

代码清单 18-32　测试代码（ms-client2 模块）

```
package com.spring.cloud.msclient2.controller;
/**** imports ****/
@RestController
public class FeignTestController {

    @GetMapping("/feign/test")
    public String feign() {
        return "test";
    }
}
```

最后再配置 application.yml 文件，让它注册到 Eureka 服务治理中心，并定制一些基本的配置，如代码清单 18-33 所示。

代码清单 18-33 配置（ms-client2 模块）

```
secret:
  # token 密钥
 key: secret

spring:
  application:
    name: client2

eureka:
  client:
    serviceUrl:
      # 注册到 Eureka
      defaultZone: http://localhost:1001/eureka,http://localhost:1002/eureka
  instance:
    # 服务器
    hostname: localhost
```

这样就可以启动 ms-client2 模块了，并且我们将它注册到了 Eureka 服务器。最后我们再改造一下 Spring Boot 的启动类，如代码清单 18-34 所示。

代码清单 18-34 配置启动类（ms-client2 模块）

```
package com.spring.cloud.msclient2.main;
/**** Imports ****/
@SpringBootApplication(scanBasePackages = "com.spring.cloud.msclient2")
public class MsClient2Application {
    public static void main(String[] args) {
        SpringApplication.run(MsClient2Application.class, args);
    }
}
```

这里并没有用户和权限的注册，这些会在 API 网关中实现，并且会发给 ms-client2 模块。

18.2.3 网关开发

在微服务中，所有的请求都会先集中到网关，通过网关的 Spring Security 权限认证，获得权限信息。这里因为我们的服务会在过滤器中使用请求头验证权限，所以我们在网关中，请求路由到真实的服务前，放入对应的权限信息就可以了。为了开发网关，我们创建模块 ms-zuul，在依赖 ms-common 模块的基础上，再加入对应的依赖，如代码清单 18-35 所示。

代码清单 18-35 网关依赖（ms-zuul 模块）

```
<dependency>
    <groupId>org.springframework.boot</groupId>
    <artifactId>spring-boot-starter-web</artifactId>
</dependency>
<!--阿里巴巴 fastjson-->
<dependency>
    <groupId>com.alibaba</groupId>
    <artifactId>fastjson</artifactId>
    <version>1.2.58</version>
</dependency>
<!--Spring Security-->
<dependency>
```

```
    <groupId>org.springframework.boot</groupId>
    <artifactId>spring-boot-starter-security</artifactId>
</dependency>
<!--服务发现-->
<dependency>
    <groupId>org.springframework.cloud</groupId>
    <artifactId>spring-cloud-starter-netflix-eureka-client</artifactId>
</dependency>
<!--Zuul 网关依赖-->
<dependency>
    <groupId>org.springframework.cloud</groupId>
    <artifactId>spring-cloud-starter-netflix-zuul</artifactId>
</dependency>
```

跟着让我们配置 Spring Security 的权限认证，如代码清单 18-36 所示。

代码清单 18-36　配置网关的 Spring Security（ms-zuul 模块）

```java
package com.spring.cloud.mszuul.security;
/**** imports ****/
@Configuration
public class SecurityConfig extends WebSecurityConfigurerAdapter {
    // 编码器
    private PasswordEncoder encoder = new BCryptPasswordEncoder();

    /**
     * 用户认证
     * @param auth -- 认证构建
     * @throws Exception
     */
    @Override
    protected void configure(AuthenticationManagerBuilder auth)
            throws Exception {
        auth.inMemoryAuthentication() // 使用内存保存验证信息
            .passwordEncoder(encoder). // 设置编码器
                // 设置用户名、密码和角色
                withUser("admin").password(encodePwd("abcdefg"))
                // roles 方法在 Spring Security 中加入前缀 "ROLE_"
                .roles("ADMIN", "USER") // 赋予两个角色

            .and()
                // 创建第二个用户
                .withUser("user").password(encodePwd("123456789"))
                .roles("USER"); // 赋予一个角色
    }


    /**
     * 请求路径权限限制
     * @param http -- HTTP 请求配置
     * @throws Exception
     */
    @Override
    public void configure(HttpSecurity http) throws Exception {
        http.authorizeRequests()
            // 访问 ANT 风格 "/user/**" 需要 USER 或者 ADMIN 角色
            .antMatchers("/index.html").permitAll()
```

```
            // 无权限配置的全部开放给已经登录的用户
            .anyRequest().authenticated()
            // 使用页面登录
            .and().formLogin();
    }

    // 对密码进行加密
    private String encodePwd(String pwd) {
        return encoder.encode(pwd);
    }
}
```

代码中配置了两个用户：一个是"user"，它拥有"ROLE_USER"权限；另一个是"admin"，它拥有"ROLE_USER"和"ROLE_ADMIN"两个权限。但是即使在 ms-zuul 中通过认证，转发到 ms-client2 模块后，也会被 ms-client2 的权限认证拦截。为此，我们需要在转发前加入认证的 token 信息，这里通过添加 Zuul 的过滤器来解决这个问题，如代码清单 18-37 所示。

代码清单 18-37　配置 Zuul 网关过滤器添加认证请求头（ms-zuul 模块）

```
package com.spring.cloud.mszuul.filter;
/**** imports ****/
@Component // 支持扫描
public class AuthRouterFilter extends ZuulFilter { // ①
    // 3DES 密钥
    @Value("${secret.key}")
    private String secretKey = null;

    // 在路由之前执行
    @Override
    public String filterType() { // ②
        return FilterConstants.PRE_TYPE;
    }

    // 过滤器顺序
    @Override
    public int filterOrder() {
        return FilterConstants.PRE_DECORATION_FILTER_ORDER + 20;
    }

    // 判断是否需要拦截
    @Override
    public boolean shouldFilter() { // ③
        // 获取 Spring Security 登录信息
        Authentication authentication
            = SecurityContextHolder.getContext().getAuthentication();
        return authentication != null;
    }

    // 过滤器逻辑
    @Override
    public Object run() throws ZuulException {
        // 获取请求上下文
        RequestContext ctx = RequestContext.getCurrentContext();
        // 获取当前用户认证信息
        Authentication authentication
            = SecurityContextHolder.getContext().getAuthentication();
```

```
        // 创建 Token 对象
        UserTokenBean tokenVo = initUserTokenVo(authentication);
        // 将对象转换为 json 字符串
        String json = JSON.toJSONString(tokenVo);
        // 通过 3DES 加密为密文
        String secretText = DesCoderUtils.encode3Des(secretKey, json);
        // 在路由前，放入请求头，等待下游服务器认证
        ctx.addZuulRequestHeader("token", secretText); // ④
        return null; // 放行
    }

    // 创建 UserTokenBean 对象
    private UserTokenBean initUserTokenVo(Authentication authentication) {
        // 用户名
        String username = authentication.getName();
        // 处理角色权限
        Collection authorities = authentication.getAuthorities();
        Iterator iterator = authorities.iterator();
        StringBuilder roles = new StringBuilder("");
        while(iterator.hasNext()) {
            GrantedAuthority authority = (GrantedAuthority) iterator.next();
            roles.append("," + authority.getAuthority());
        }
        roles.delete(0, 1);
        // 创建 token 对象，并设置值
        UserTokenBean tokenVo = new UserTokenBean();
        tokenVo.setUsername(username);
        tokenVo.setRoles(roles.toString());
        return tokenVo;
    }
}
```

这个过滤器标注了@Component，因此会被 Spring 所扫描到 IoC 容器中。代码①处实现了 ZuulFilter 接口，这意味着 Zuul 会将其设置为过滤器。代码②处的 filterType 方法返回字符串，让过滤器在路由之前执行。代码③处的 shouldFilter 方法是用于判断是否执行过滤器的，这里会通过判断 Spring Security 中是否有认证信息来决定是否执行。run 方法是过滤器的核心方法，它首先获取认证信息，创建 UserTokenBean 对象，然后将其转化为 JSON 字符串、加密并放到请求头中，最后放行请求。这样 ms-client2 模块就能够得到认证信息了。

然后修改 ms-zuul 模块的启动文件，如代码清单 18-38 所示。

代码清单 18-38　Zuul 网关启动文件（ms-zuul 模块）

```
package com.spring.cloud.mszuul.main;
/**** imports ****/
@SpringBootApplication(scanBasePackages = "com.spring.cloud.mszuul")
// 驱动 Zuul 工作
@EnableZuulProxy
public class MsZuulApplication {
    public static void main(String[] args) {
        SpringApplication.run(MsZuulApplication.class, args);
    }
}
```

加入了@EnableZuulProxy 这样就能够驱动 Zuul 工作了。最后，我们修改它的配置文件

application.yml, 如代码清单 18-39 所示。

代码清单 18-39 Zuul 配置文件（ms-zuul 模块）

```
secret:
  # 3DES 加密和解密密钥
  key: secret
server:
  servlet:
    # 拦截路径
    context-path: /ms
spring:
  application:
    name: zuul

# 服务注册
eureka:
  client:
    serviceUrl:
      defaultZone: http://localhost:1001/eureka,http://localhost:1002/eureka

# Zuul 的配置
zuul:
  # 路由配置
  routes:
    # 路由到微服务
    client1-service:
      # 请求拦截路径配置（使用 ANT 风格）
      path: /client1/**
      service-id: client1
    client2-service:
      # 请求拦截路径配置（使用 ANT 风格）
      path: /client2/**
      service-id: client2
```

这样就完成了最后的配置。

跟着我们启动 Eureka 服务治理中心（在 1001 和 1002 端口启动）、ms-zuul 模块（在 2001 端口启动）和 ms-client2 模块（在 6001 端口启动），然后在浏览器打开 http://localhost:2001/ms/client2/feign/test，就会进入 ms-zuul 的登录页。我们输入用户和密码（如 user/123456789），就能够观察到请求的结果了。

18.2.4 服务调用

上述我们只是完成了在 Zuul 路由前将认证信息放入请求头，使得各个服务能够完成鉴权，这样就可以拥有对应的权限进行访问了。但是服务之间不是独立的，而是通过协作一起来完成业务需求的。那么服务之间的调用又如何完成鉴权呢？之前我们创建了 ms-client1 模块，下面我们来开发它，并且调用 ms-client2 模块的服务。

首先我们来完成 Spring Security 的配置，如代码清单 18-40 所示。

代码清单 18-40 配置 Spring Security（ms-client1 模块）

```
package com.spring.cloud.msclient1.security;
/**** imports ****/
@Configuration
public class WebSecurityConfig extends WebSecurityConfigurerAdapter {
```

```
// 3DES 密钥
@Value("${secret.key}")
private String secretKey = null;

@Override
protected void configure(HttpSecurity http) throws Exception {
    TokenFilter tokenFilter = new TokenFilter(authenticationManager());
    tokenFilter.setSecretKey(secretKey);
    http.csrf().disable()
        .authorizeRequests()
        .antMatchers("/", "/index.html").permitAll()
        // 其余请求访问受限
        .anyRequest().authenticated()
        .and()
        .formLogin()
        .and()
        //token interceptor 根据 header 生成认证信息
        .addFilterBefore(tokenFilter,
            UsernamePasswordAuthenticationFilter.class);
    }
}
```

这个类和代码清单 18-31 接近，可以自行参考，这里就不再赘述了。跟着我们来声明 OpenFeign 的调用接口，如代码清单 18-41 所示。

代码清单 18-41　OpenFeign 的接口定义（ms-client1 模块）

```
package com.spring.cloud.msclient1.feign;
/**** imports ****/

// 声明 OpenFeign 客户端，并指定调用的服务
@FeignClient(value="client2")
public interface FeignTestFacade {

    // REST 风格服务调用
    @GetMapping("/feign/test")
    public String feignTest();
}
```

这样就声明了调用 ms-client2 模块服务的 OpenFeign 接口。只是这样会被 ms-client2 模块的安全机制拦截，为了顺利调用，我们需要在调用时加入请求头信息。为此，可以添加一个 OpenFeign 的拦截器，如代码清单 18-42 所示。

代码清单 18-42　在拦截器中添加请求头认证信息（ms-client1 模块）

```
package com.spring.cloud.msclient1.feign.interceptor;
/**** imports ****/
public class FeignInterceptor implements RequestInterceptor {
    @Override
    public void apply(RequestTemplate requestTemplate) {
        // 获取线程变量
        String token = TokenThreadLocal.get().getToken();
        // 在调用时，将认证信息添加到请求头中
        requestTemplate.header("token", token);
    }
}
```

这个拦截器的逻辑是，先读取线程保存的 token 信息，然后将 token 添加到请求头中，这样 ms-client2 模块就可以通过验证，进行访问了。

为了测试 OpenFeign 接口，我们再添加一个控制器，如代码清单 18-43 所示。

代码清单 18-43　测试 OpenFeign 接口（ms-client1 模块）

```
package com.spring.cloud.msclient1.controller;
/**** imports ****/
@RestController
@RequestMapping("/test")
public class TestController {
    // OpenFeign 接口
    @Autowired
    private FeignTestFacade feignTestFacade = null;

    // 测试 OpenFeign 接口
    @GetMapping("/feign")
    public String feign() {
        return feignTestFacade.feignTest();
    }
}
```

这样我们就有了测试 OpenFeign 接口的请求了。跟着修改启动入口，以驱动 OpenFeign 工作，如代码清单 18-44 所示。

代码清单 18-44　驱动 OpenFeign 工作（ms-client1 模块）

```
package com.spring.cloud.msclient1.main;
/**** imports ****/
@SpringBootApplication(scanBasePackages = "com.spring.cloud.msclient1")
// 启用 OpenFeign 客户端
@EnableFeignClients(basePackages = "com.spring.cloud.msclient1")
public class MsClient1Application {

    public static void main(String[] args) {
        SpringApplication.run(MsClient1Application.class, args);
    }

}
```

通过@EnableFeignClients 就可以驱动 OpenFeign 进行工作了。在代码中还指定了扫描的包，这样就能够扫描到接口 FeignTestFacade，并且将其装配到 Spring IoC 容器中了。

最后，我们还需要配置 application.yml 文件，如代码清单 18-45 所示。

代码清单 18-45　配置 OpenFeign（ms-client1 模块）

```
secret:
  # 3DES 加密和解密密钥
  key: secret
server:
  # 端口
  port: 5001

spring:
  application:
    name: client1
```

```
# 服务发现配置
eureka:
  client:
    serviceUrl:
      defaultZone: http://localhost:1001/eureka,http://localhost:1002/eureka
  instance:
    hostname: localhost

# OpenFeign 配置
feign:
  client:
    config:
      # "client2"代表用户微服务的 OpenFeign 客户端
      client2:
        # 连接远程服务器超时时间（单位毫秒）
        connectTimeout: 5000
        # 读取请求超时时间（单位毫秒）
        readTimeout: 5000
        # 配置拦截器
        request-interceptors:
          - com.spring.cloud.msclient1.feign.interceptor.FeignInterceptor
```

这里值得注意的是 OpenFeign 的配置，当中还配置了拦截器，这样才能在 REST 风格的服务调用中，使用这个拦截器添加请求头，从而实现鉴权。这样，当我们启动 Eureka 服务治理中心（端口 1001 和 1002）、ms-zuul 模块（端口 2001）、ms-client1 模块（端口 5001）和 ms-client2 模块（端口 6001）后，稍等一段时间（因服务获取需要大约 30 秒的时间间隔），在浏览器中请求 http://localhost:2001/ms/client1/test/feign，输入用户和密码，如 user/123456789，就可以看到请求成功了。

18.3　OAuth 2.0 概述

OAuth（Open Authorization）是一种关于 HTTP 访问授权的协议，它允许第三方在用户授权下，对系统进行受限访问。OAuth 当前已经从 1.0 版本发展到了 2.0 版本，当前 OAuth 2.0 已经成为微服务和互联网中常见的对第三方进行安全验证的方法，所以本节会详细讨论它的使用。

18.3.1　OAuth 的概念和流程

OAuth 2.0 授权协议看起来好像距离我们的生活很遥远，实际却和我们的生活十分贴近。当我们使用自己的微信去关注第三方公众号的时候，时常会出现类似图 18-7 的授权界面，实际这就是一种 OAuth 2.0 协议的应用。

在图 18-7 中，我们使用微信访问第三方公众号时，由于第三方需要向微信公众平台读取一些基本的信息，如微信的昵称和头像图片，这就需要一个授权了，因此就会弹出这样的对话页面。当用户点击"确认登录"后，第三方公众号平台就可以读取一些基本的微信信息了。这就是 OAuth 2.0 协议的一个执行流程，当然有些细节还没有谈及，这些就

图 18-7　微信使用 OAuth 2.0 协议授权第三方访问

是本节所要学习的内容。

理解 OAuth 2.0 授权协议的关键是，理解它所涉及的概念和流程。在 OAuth 2.0 授权协议中，主要有 4 个概念。

- **资源所有者**：资源所有者是指用户，如上述微信授权例子中的微信用户。
- **资源服务器**：指资源存放的服务器，如上述例子中的微信公众平台。
- **客户端**：指需要授权的应用程序，如上述例子中的第三方公众号。
- **授权服务器**：验证资源所有者，在客户端获得资源所有者授权的情况下，给客户端发放访问令牌（token）。

有了这 4 个概念，跟着我们需要掌握 OAuth 2.0 授权协议的流程，其流程如图 18-8 所示。

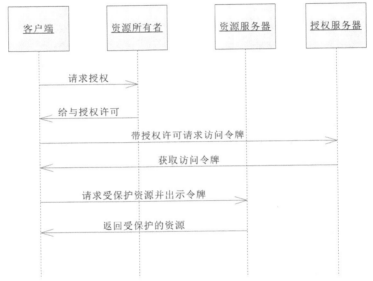

图 18-8 OAuth 2.0 授权协议的流程

从图 18-8 中可以看出，OAuth 2.0 授权协议的全流程大体分为 6 个步骤。

1. 客户端（如微信第三方公众号平台）向资源所有者（微信用户）发出请求授权的信息。

2. 在资源所有者授予权限后，一般会给客户端返回授权许可。授权许可分为 4 种，后文会详解。

3. 客户端会带着授权许可向授权服务器发出请求，以获得访问受保护资源的访问令牌（token）。

4. 授权服务器将访问令牌返回给客户端。

5. 客户端访问资源服务器（如微信公众平台），要求获取受保护的资源，此时客户端会出示访问令牌。

6. 资源服务器给客户端返回受保护的资源。

一般来说，授权服务器和资源服务器可以是同一台机器，也可以是不同的机器，但是一般由一方提供。例如，例子中的授权服务器和资源服务器都是由微信公众平台提供的。

在上述流程中，我们谈到了授权许可，在 OAuth 2.0 协议中，约定授权许可分为 4 种。

- **授权码**（authorization code）：授权码是客户端通过请求授权服务器处获得的，那么显然授权服务器就是客户端和资源所有者之间关于权限的中介。客户端不直接跟资源所有者请求授权，而是跟授权服务器请求，然后授权服务器引导资源所有者将授权码返回给客户端。授权服务器在引导资源所有者将授权码返回给客户端之前，它会鉴定资源所有者的身份并确认获得其授权。因为资源所有者只与授权服务器进行身份验证，所以资源所有者的凭据不需要与客户端分享。

- **隐式授权**（implicit authorization）：隐式授权是指当资源所有者确认之后，不再给客户端发放授权码，而是直接发放访问令牌。这样的好处是提高客户端（如浏览器）的响应能力和效率，因为它减少了获得访问令牌所需的往返次数。这样的授权方式适合在需要频繁交互的内部服务器之间使用。

- **资源所有者密码凭据**（resource owner password credential）：该授权许可带有用户名和密码等相关信息，因为涉及隐私，所以一般只向极其信任的客户端发放，而不向第三方发放。如果客户端应用是同一企业开发的，那么就有可能使用该授权许可。例如，我们使用的微信和支付宝的指纹支付功能。

- **客户端凭据**（client credential）：客户端凭据通常用作授权许可，只给予部分非重要的功能的权限。例如，我们手机端的淘宝应用并不需要每次都登录，并且能够查看订单信息，但是不能在没有身份验证的情况下进行支付。

除了凭证许可外，OAuth 2.0 还涉及访问令牌，该令牌是授权服务器发放给客户端的凭证，可以通过它访问受限的资源。一般来说，该令牌也会有一个超时时间，当超时时，会要求客户端刷新 token，所以在 OAuth 2.0 协议中，还有刷新令牌（refresh_token）的操作。

18.3.2　使用 JWT 进行安全认证

之前我们谈到了 Token，它是一种令牌，有一定的信息，为了组织好登录和权限信息，有些工程师提出了 JWT 的认证形式。JWT 是英文 JSON Web Token 的简写，我们知道 JSON 是一种数据表达形式，Web 是指万维网，Token 在翻译的时候一般译成"令牌"，所以 JWT 也可以翻译为"JSON 风格下的网络令牌"。应该来说，JWT 是当前比较流行的跨域访问安全验证的方法，所以这里让我们来讨论它的使用方法。

JWT 是为了在网络应用环境间传递声明，而执行的一种基于 JSON 的开放标准。该 Token 的设计紧凑且安全，特别适用于**单点登录**（Single Sign On，SSO）场景。JWT 的声明，一般被用来在身份提供者和服务提供者之间，传递被认证的用户身份信息。在 JWT 中，会将信息分为 3 个部分。

- **消息头**（header）：它会描述 JWT 的元数据。例如，采用何种哈希算法和消息类型。
- **净荷**（payload，也可翻译为消息体）：它是一个 JSON 对象，用来存放实际需要传递的数据。
- **签名**（signature）：它是对前两部分的签名，以防止数据被篡改。

在 JWT 中，每一个部分都会以 "." 进行分隔，例如，下面就是一个 JWT。

```
eyJhbGciOiJIUzI1NiIsInR5cCI6IkpXVCJ9.eyJleHAiOjE1NjI0NDI0MzQsInVzZXJfbmFtZSI6ImFkbWlu
IiwiYXV0aG9yaXRpZXMiOlsiUk9MRV9BRE1JTiIsIlJPTEVfVVNFUiJdLCJqdGkiOiI0YTgyOTFmNy04NjUw
LTRlYzItOWE1MS1kOTcwZjk5ZmVlMzIiLCJjbGllbnRfaWQiOiJjbGllbnQiLCJzY29wZSI6WyJhbGwiXl19.
W2N5vmVXIZjoCXI_bLfH8laliPpUJqKBqtiSoqHLXbI
```

上述都是密文，不过它们之间会用 "." 进行分隔。我们不妨看看它的明文。

{"alg":"HS256","typ":"JWT"}{"exp":1562443396,"user_name":"admin","authorities":["ROLE_ADMIN","ROLE_USER"],"jti":"0b0ca966-7ef6-45a4-b0e2-af47af68c72f","client_id":"client1","scope":["all"]}.I4RVlWtMEkyTcz2DHgcid5u_5iIN81f7sGXW-pK6QlU

从明文看，第一段为：

{"alg":"HS256","typ":"JWT"}

这是信息头部分，其中 alg 的值是签名算法，type 的值是 token 类型。跟着是第二段：

{"exp":1562443396,"user_name":"admin","authorities":["ROLE_ADMIN","ROLE_USER"],"jti":"0b0ca966-7ef6-45a4-b0e2-af47af68c72f","client_id":"client1","scope":["all"]}

这段为净荷段，它是主要的权限信息。在这段信息中，JWT 的规则建议我们使用以下字段。

- **iss**：JWT 签发者，一般是某台单点登录的服务器。
- **sub**：登录用户。
- **aud**：JWT 客户端，即某台需要权限信息的服务器。
- **exp**：超时时间，这个过期时间必要要大于签发时间。
- **nbf**：在某个时间点前，该 JWT 不可用。
- **iat**：JWT 签发时间点。
- **jti**：JWT 的唯一身份标识，主要用作唯一的 token，回避重放攻击。

请注意，JWT 规则只是推荐使用这些字段，而非强制我们使用，所以在例子中，只是有 exp 和 jti，其他字段，如 client_id、scope、user_name 和 authorities，都是自定义的。

I4RVlWtMEkyTcz2DHgcid5u_5iIN81f7sGXW-pK6QlU

这串字符串没有具体的业务含义，它只是一个签名，通过净荷的内容，算出一个哈希值，这样通过验证这个值，就可以避免 JWT 的净荷被恶意篡改了。

18.3.3 spring-security-oauth2

为了更好地支持 OAuth 2.0 协议，Spring 社区提供了 spring-security-oauth2 的开发包供我们使用。我们可以先引入对应的依赖，如代码清单 18-46 所示。

代码清单 18-46 引入 spring-security-oauth2

```
<!-- Spring Security OAuth2 -->
<dependency>
    <groupId>org.springframework.security.oauth</groupId>
    <artifactId>spring-security-oauth2</artifactId>
    <version>2.3.6.RELEASE</version>
</dependency>
<!-- 依赖 Spring Security -->
<dependency>
    <groupId>org.springframework.boot</groupId>
    <artifactId>spring-boot-starter-security</artifactId>
</dependency>
<!-- 引入 Spring Security JWT 支持包 -->
<dependency>
    <groupId>org.springframework.security</groupId>
```

```
<artifactId>spring-security-jwt</artifactId>
<version>1.0.7.RELEASE</version>
</dependency>
```

这里我引入了 3 个依赖包。

- **spring-security-oauth2**：它是 Spring 基于 OAuth 2.0 协议的一个依赖包，能够使我们很方便地快速开发 OAuth 2.0 协议的应用。
- **spring-boot-starter-security**：Spring Security 的 Spring Boot 启动包，可以让我们快速开发 Spring Security，保护网站后端。
- **spring-security-jwt**：Spring 支持 JWT 的依赖包，通过它可以使用 JWT。

这里有必要讨论 spring-security-oauth2 的原理，我们讨论过 Spring Security 是基于过滤器形式开发的，spring-security-oauth2 也只是在诸多过滤器中插入自己的过滤器来实现的而已，所以也并非十分复杂。

本节到这里还是以概念为主，下面我们将通过单点登录的实例来讨论 OAuth 2.0 协议在 Spring 环境中的使用。

18.4 Spring Cloud Security

这里让我们通过一个实例，单点登录（Single Sign On，SSO），进一步学习 OAuth 2.0 协议在 Spring 中的应用。不过需要先了解该实例的整体设计，如图 18-9 所示。

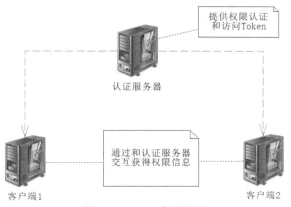

图 18-9 SSO 实例设计

在图 18-9 中，认证服务器有两个作用。

- **权限认证**：权限认证又分为客户端认证和用户认证，其中客户端认证是对某个应用来说的，用户认证是针对资源所有者来说的。
- **发放访问 Token**：认证成功后，认证服务器就会生成一个 Token，这样在访问各个客户端的时候，就可以通过 Token 访问那些需要对应权限的资源了。

客户端是指某一个应用，例如 Spring MVC 构建的网站，当访问它需要权限的资源时，就会跳转到认证服务器登录页面，通过权限认证后就可以得到 Token，Token 会被转发到客户端，这样客户端就可以通过这个 Token 去访问资源服务器了。

从上述可知，构建 SSO 需要构建认证服务器和对应的客户端，因此下节我们先构建 SSO 认证服务器。

18.4.1 构建认证服务器

首先，我们先创建新的模块 sso-server，然后在 Maven 中加入依赖，如代码清单 18-47 所示。

代码清单 18-47　引入对应的依赖（sso-server 模块）

```
<dependency>
    <groupId>org.springframework.boot</groupId>
    <artifactId>spring-boot-starter-web</artifactId>
</dependency>
<!-- Spring Security OAuth2 -->
<dependency>
    <groupId>org.springframework.security.oauth</groupId>
    <artifactId>spring-security-oauth2</artifactId>
    <version>2.3.6.RELEASE</version>
</dependency>
<!-- 依赖 Spring Security -->
<dependency>
    <groupId>org.springframework.boot</groupId>
    <artifactId>spring-boot-starter-security</artifactId>
</dependency>
<!-- 引入 Spring Security JWT 包依赖 -->
<dependency>
    <groupId>org.springframework.security</groupId>
    <artifactId>spring-security-jwt</artifactId>
    <version>1.0.7.RELEASE</version>
</dependency>
```

这里引入了 Spring Security 的依赖，接下来可以配置安全方面的内容了。为此新建类 SsoSecurityConfig，如代码清单 18-48 所示。

代码清单 18-48　配置 Spring Security（sso-server 模块）

```
package com.spring.cloud.sso.server.config;
/**** imports ****/
@Configuration
public class SsoSecurityConfig extends WebSecurityConfigurerAdapter {

    // 密码编码器
    @Autowired
    private PasswordEncoder passwordEncoder = initPasswordEncoder(); // ①


    /**
     * 配置登录方式等
     */
    @Override
    protected void configure(HttpSecurity http) throws Exception { // ②
        http
            .csrf().disable() // 禁用 CSRF
            .formLogin() // 表单登录
            .and().authorizeRequests() // 所有请求都需要认证
            .anyRequest().authenticated();
```

```
}
/**
 * 配置用户和对应的权限
 */
@Override
protected void configure(AuthenticationManagerBuilder auth)
        throws Exception { // ③
   auth.inMemoryAuthentication()
       // 创建用户"admin", 设置密码并赋予角色
       .withUser("admin").password(passwordEncoder.encode("admin"))
           .roles("ADMIN", "USER")
       .and()
       // 创建用户"admin", 设置密码并赋予角色
       .withUser("user").password(passwordEncoder.encode("user"))
           .roles("USER");
   }
}
```

这个类标注了@Configuration 注解,表明它是一个配置类。这个类还继承了 WebSecurityConfigurer Adapter,这样就能够配置 Spring Security 的相关内容了。在代码①处注入了 PasswordEncoder 对象。这里需要记住的是,在新版的 Spring Security 中,IoC 容器中必须存在 PasswordEncoder 对象实例,否则会引发异常。这里创建它的代码放在了后面。代码②处是配置权限的内容,首先是禁用了 CSRF 的功能;然后只允许采用页面登录;最后只允许通过认证的请求进行访问。代码③处配置了用户信息,这里采用了内存的方式配置了两个用户,这样做只是为了简单,在实际的应用中,最常见的是使用数据库,关于这点可以参考 18.1.2 节。

做好了用户登录,紧跟着就要配置认证服务器的内容了。构建认证服务器又分为两大内容,一个是客户端的认证和授权,另一个是构建 Token 机制。为此,需要构建一个新的配置类——AuthorizationServerConfig,这里先展示一部分内容,主要是客户端的认证和授权,如代码清单 18-49 所示。

代码清单 18-49 配置认证服务器的客户端(sso-server 模块)

```
package com.spring.cloud.sso.server.config;
/**** imports ****/
/**
 * 认证服务器配置类
 */
@Configuration
@EnableAuthorizationServer // 驱动启动认证服务器
public class AuthorizationServerConfig
        extends AuthorizationServerConfigurerAdapter { // ①

    private PasswordEncoder passwordEncoder = null; // 密码编码器

    // 创建 PasswordEncoder 对象
    @Bean(name="passwordEncoder")
    public PasswordEncoder initPasswordEncoder() { // ②
     if (passwordEncoder == null) {
       passwordEncoder = new BCryptPasswordEncoder();
     }
     return passwordEncoder;
```

```
    }
    // 配置客户端
    @Override
    public void configure(ClientDetailsServiceConfigurer clients)
            throws Exception { // ②
        clients.inMemory()
                // 注册一个客户端，设置名称
                .withClient("client1")
                    // 设置客户端密钥
                    .secret(passwordEncoder.encode("client1-secrect"))
                    // 对应客户端登录请求 URI
                    .redirectUris("http://localhost:7001/client1/login")
                    // 授权方式
                    .authorizedGrantTypes("authorization_code",
                            "password", "refresh_token")
                    // 授权范围
                    .scopes("all")
                    // 是否自动同意，如果采用非自动同意，则需要用户手动授权
                    .autoApprove(true)
                .and().withClient("client2")
                    .redirectUris("http://localhost:8001/client2/login")
                    .secret(passwordEncoder.encode("client2-secrect"))
                    .authorizedGrantTypes("authorization_code",
                            "password", "refresh_token")
                    .scopes("all")
                    .autoApprove(true);
    }

    @Override
    public void configure(AuthorizationServerSecurityConfigurer security)
            throws Exception { // ④
        // 其他应用要访问认证服务器，也需要经过身份认证，获取秘钥才能解析 JWT
        // 这个配置就是要求其他应用在签名下访问认证服务器
        security.tokenKeyAccess("isAuthenticated()");
    }

    // 其他部分代码，关于访问 Token 的配置此处略去
    ......
}
```

这个类标注了@Configuration 注解，说明它是一个配置类，此外还标注了@EnableAuthorizationServer，说明启动认证服务器，这样就可以配置这个认证服务器了。在代码①处继承了 AuthorizationServer ConfigurerAdapter，这说明通过覆盖对应的方法就可以配置认证服务器了。代码②处是创建 PasswordEncoder 对象，这里新版 Spring Security 需要的。代码③处是 configure(ClientDetailsServiceConfigurer)方法，它是认证服务器的核心方法之一。这里创建了两个客户端"client1"和"client2"，这两个客户端的配置是后续配置的依据，所以比较重要。代码中给出了详尽的注释，请读者自行参考。当然，后文也会在客户端的配置中再看到它们。代码④处是 configure(AuthorizationServerSecurityConfigurer)方法，它主要是配置客户端访问的权限，这里配置的是在客户端签名的时候可以进行访问。

代码清单 18-48 只是配置了认证服务器的客户端情况，跟着需要配置 Token 的情况，这需要在类 AuthorizationServerConfig 中添加对应的代码，如代码清单 18-50 所示。

代码清单 18-50　配置认证服务器的 Token（sso-server 模块）

```
// Token 存放仓库
@Bean
public TokenStore jwtTokenStore() {
    return new JwtTokenStore(jwtAccessTokenConverter());
}

/**
 * JWT 转换器，可以设置签名 Key
 */
@Bean
public JwtAccessTokenConverter jwtAccessTokenConverter() {
    JwtAccessTokenConverter converter = new JwtAccessTokenConverter();
    converter.setSigningKey("jwt-key"); // 设置签名 key
    return converter;
}

// 暴露签名端点
@Override
public void configure(AuthorizationServerEndpointsConfigurer endpoints)
        throws Exception {
    endpoints.tokenStore(jwtTokenStore())
        .accessTokenConverter(jwtAccessTokenConverter());
}
```

先看一下 jwtTokenStore 方法，它的含义是创建一个 Token 仓库，简单地说，就是存放 Token 的地方，这里采用的实现类是 JwtTokenStore。其次是 jwtAccessTokenConverter 方法，它创建一个访问 Token 的转换器（AccessTokenConverter），因为采用的是 JWT 规范，所以实例是 JwtAccessTokenConverter。这里还设置了签名 key，通过它进行对称性加密，这样 JWT 就会被加密为密文保证权限数据安全。最后看 configure(AuthorizationServerEndpointsConfigurer)方法，它配置的是暴露签名的端点，关于它暴露的端点，在默认的情况下是下面这几个。

- /oauth/authorize：授权端点。
- /oauth/token：令牌端点。
- /oauth/confirm_access：用户确认授权提交端点。
- /oauth/error：授权服务错误信息端点。
- /oauth/check_token：用于资源服务访问的令牌解析端点。
- /oauth/token_key：提供公有密匙的端点，如果使用 JWT 令牌的话。

一般来说，我们都不需要去修改它们，直接使用它们便可以了。

通过上述配置，认证服务器就配置好了。跟着就要配置它的 application.yml 文件了，如代码清单 18-51 所示。

代码清单 18-51　认证服务器的配置文件（sso-server 模块）

```
spring:
  application:
  # Spring 应用名称
    name: auth
server:
  servlet:
```

```
    # Spring MVC 拦截路径
    context-path: /auth
  # 启动端口
  port: 3001
```

为了让 Spring Boot 的启动类能扫描到以上的配置类，我们需要对它进行改造，代码如下：

```
package com.spring.cloud.sso.server.main;

/**** imports ****/
@SpringBootApplication(scanBasePackages="com.spring.cloud.sso.server")
public class SsoServerApplication {

    public static void main(String[] args) {
        SpringApplication.run(SsoServerApplication.class, args);
    }

}
```

然后我们运行这段代码，这样 SSO 服务器就会在 3001 端口启动。接下来就要配置 SSO 的客户端了。

18.4.2 开发 SSO 客户端

应该说，开发客户端相对来说比开发认证服务器要简单得多，不过在此之前，要先创建两个模块 sso-client1 和 sso-client2，再引入所需的依赖，如代码清单 18-52 所示。

代码清单 18-52 SSO 客户端引入所需依赖（sso-client1 和 sso-client2 模块）

```
<!-- Spring Web MVC -->
<dependency>
    <groupId>org.springframework.boot</groupId>
    <artifactId>spring-boot-starter-web</artifactId>
</dependency>
<!-- Spring Security -->
<dependency>
    <groupId>org.springframework.boot</groupId>
    <artifactId>spring-boot-starter-security</artifactId>
</dependency>
<!-- Spring OAuth 2.0 -->
<dependency>
    <groupId>org.springframework.security.oauth</groupId>
    <artifactId>spring-security-oauth2</artifactId>
    <version>2.3.6.RELEASE</version>
</dependency>
<!-- Spring OAuth 2.0 协议配置包 -->
<dependency>
    <groupId>org.springframework.security.oauth.boot</groupId>
    <artifactId>spring-security-oauth2-autoconfigure</artifactId>
    <version>2.1.2.RELEASE</version>
</dependency>
```

这里引入了一个 spring-security-oauth2-autoconfigure 包，它主要用于 OAuth 2.0 协议的配置。

我们先开发 sso-client2 模块，这里先在其文件夹/resources/static/中添加一个文件 index.html，其内容如代码清单 18-53 所示。

代码清单 18-53　一个静态页面（sso-client2 模块）

```
<!DOCTYPE html>
<html>
<head>
<meta charset="UTF-8">
<title>SSO Client2</title>
</head>
<body>
    <h1>SSO Demo Client2</h1>
    <a href="http://localhost:7001/client1/user/test">访问 Client1 用户权限测试</a>
    <a href="http://localhost:7001/client1/admin/test">访问 Client1 管理员权限测试</a>
    <a href="http://localhost:7001/client1/auth/info">访问 Client1 的权限信息</a>
</body>
</html>
```

这个文件主要提供的是连接跳转，这样就能够测试 sso-client1 模块的权限了。但是这里需要注意，因为依赖了 spring-boot-starter-security，所以该文件在运行的时候也是受保护的。然后我们修改启动类，如代码清单 18-54 所示。

代码清单 18-54　启动类调整（sso-client2 模块）

```
package com.spring.cloud.sso.client2.main;
/**** imports ****/
@SpringBootApplication
// 驱动应用为 SSO 客户端（使用的是 OAuth 2.0 协议）
@EnableOAuth2Sso
public class SsoClient2Application {
    public static void main(String[] args) {
        SpringApplication.run(SsoClient2Application.class, args);
    }
}
```

这个类和其他的启动类大致相同，只是多标注了注解@EnableOAuth2Sso，这个注解表明应用将接受 OAuth 2.0 协议的权限，并且作为客户端。最后我们配置 sso-client2 的 application.yml 文件，如代码清单 18-55 所示。

代码清单 18-55　sso-client2 配置文件（sso-client2 模块）

```
security:
  oauth2:
    client:
      # SSO 客户端 ID
      clientId: client2
      # 客户端密钥
      clientSecret: client2-secrect
      # 用户认证 URI
      user-authorization-uri: http://localhost:3001/auth/oauth/authorize
      # 获取访问 Token 的 URI
      access-token-uri: http://localhost:3001/auth/oauth/token
      # 注册跳转 URI
      registered-redirect-uri: http://localhost:8001/client2/login
    resource:
      jwt:
        # 获取 JWT 密钥 URI
        key-uri: http://localhost:3001/auth/oauth/token_key
```

```
server:
  servlet:
    # Spring MVC 拦截路径
    context-path: /client2
  port: 8001
spring:
  application:
    # Spring 应用名称
    name: client2
```

这里的核心配置是 spring.oauth2.client.*，这里需要作如下说明。客户端编号（clientId）和密钥（clientSecret）是与代码清单 18-48 中的设置保持一致的。用户认证的 URI（user-authorization-uri）和访问 token 的 URI（access-token-uri）是认证服务器暴露的端点。注册跳转 URI（registered-redirect-uri）是使用用户和密码登录当前用户的请求地址。对于使用 JWT 规范的应用来说，还有一个 JWT 的密钥，所以还配置了 JWT 的密钥地址（key-uri）来支持 JWT 规范。

通过上述代码就开发好了 sso-client2。接下来让我们开发 sso-client1，首先是其启动类的改造，如代码清单 18-56 所示。

代码清单 18-56　sso-client1 启动类（sso-client1 模块）

```java
package com.spring.cloud.sso.client1.main;

/**** imports ****/

@SpringBootApplication
@RestController
// 驱动应用为 SSO 客户端（使用的是 OAuth 2.0 协议）
@EnableOAuth2Sso
public class SsoClient1Application extends WebSecurityConfigurerAdapter { // ①

    // 展示用户权限信息
    @GetMapping("/auth/info")
    public Authentication authInfo(Authentication user) {
        return user;
    }

    // 角色 "USER" 权限测试
    @GetMapping("/user/test")
    public String userTest() { // ②
        return "user test";
    }

    // 角色 "ADMIN" 权限测试
    @GetMapping("/admin/test")
    public String adminTest() { // ③
        return "admin test";
    }

    // 配置应用权限
    @Override
    protected void configure(HttpSecurity http) throws Exception { // ④
        http
            .csrf().disable()
            .authorizeRequests()
```

```
                .antMatchers("/auth/**").hasAnyRole("USER", "ADMIN")
            .antMatchers("/user/**").hasAnyRole("USER")
            .antMatchers("/admin/**").hasAnyRole("ADMIN")
            .anyRequest().permitAll()
            .and().formLogin();
    }

    public static void main(String[] args) {
        SpringApplication.run(SsoClient1Application.class, args);
    }
}
```

和 sso-client2 的启动类一样，这个类也标注了@EnableOAuth2Sso，说明它是一个认证服务器的客户端。代码①处继承了 WebSecurityConfigurerAdapter，所以它是一个 Spring Security 的配置类，这样通过代码④处就可以覆盖继承得来的 configure(HttpSecurity)方法，自定义权限管理了。只是由于用户是通过认证服务器发送过来的，因此无须再配置用户了。在 configure(HttpSecurity)方法中，定义了不同的权限，这样就能够控制代码②和③处 REST 请求端点的权限了。

最后我们再配置 sso-client1 模块的配置文件 application.yml，如代码清单 18-57 所示。

代码清单 18-57　sso-client1 配置文件（sso-client1 模块）

```
security:
  oauth2:
    client:
      # SSO 客户端 ID
      clientId: client1
      # 客户端密钥
      clientSecret: client1-secrect
      # 用户认证 URI
      user-authorization-uri: http://localhost:3001/auth/oauth/authorize
      # 获取访问 Token 的 URI
      access-token-uri: http://localhost:3001/auth/oauth/token
      # 注册跳转 URI
      registered-redirect-uri: http://localhost:7001/client1/login
    resource:
      jwt:
        # 获取 JWT 密钥 URI
        key-uri: http://localhost:3001/auth/oauth/token_key
server:
  servlet:
    # Spring MVC 拦截路径
    context-path: /client1
  port: 7001
spring:
  application:
    # Spring 应用名称
    name: client1
```

这里的配置项和代码清单 18-54 的十分接近，注释中已经做了详尽的说明，所以就不再赘述了。这样两个客户端就开发完成了，接下来就要进行测试了。

18.4.3　测试

这里首先启动 sso-server 模块，待启动完成后，再启动 sso-client1 和 sso-client2，然后打开浏览器（我使用的是 Chrome）和浏览器的调试窗口，在地址栏输入请求地址 http://localhost:8001/client2/ index.html，观察调试窗口，如图 18-10 所示。

图 18-10 跳转到认证服务器的登录页

这里请注意，页面直接打开的是 sso-server 模块的登录页，尽管从其跳转的轨迹可以看到，先是访问 sso-client2 的 index.html（HTTP 状态码为 302，即重定向），然后重定向到 sso-client2 的 login 页面，再重定向到 sso-server 的/oauth/authorize，最后跳转到 sso-server 模块的登录页，这一系列的跳转全部是通过之前的配置来的。

然后我们输入用户和密码（如 user/user）进行登录，就可以看到图 18-11 所示的界面了。

再次看调试的跳转轨迹，首先请求 sso-server 的 login 路径进行用户认证，然后再重定向到/oauth/authorize 进行 OAuth 2.0 协议授权，这样就可以获得登录的相关信息。然后再重定向到 sso-client2 的登录 URI（/login），发送登录信息，这样就可以登录 sso-client2 了。最后再重定向到 index 页面，就可以看到登录后的页面了。

在这里点击链接"访问 Client1 用户权限测试"，然后就可以看到图 18-12 所示的界面了。

从图 18-12 中浏览器的地址上可以看出，已经跳转到了 sso-client1 模块，跳转的轨迹也在调试窗口中展示出来了。首先是访问 sso-client1 的/user/test，然后重定向到其登录 URI（/login），跟着是 sso-server 模块的认证 URI（/oauth/authorize）。因为已经发放了访问 token，所以最后会以访问 token 登录认证服务器，最后再重新定向到 sso-client1 的/user/test，展示页面。如果此时，我们在浏览器中选择回退，则又可以看到图 18-10，然后点击链接"访问 Client1 管理员权限测试"，这样就可以看到

图 18-13 所示的结果了。

图 18-11 sso-client2 的 index 页面

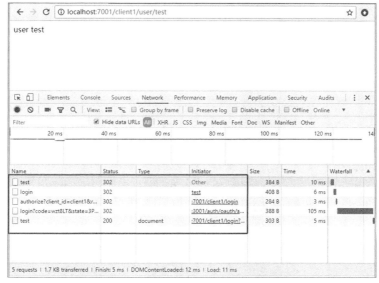

图 18-12 用户权限测试

图 18-13　sso-client1 拒绝访问

从图 18-13 中可以看出，请求已经被拒绝了。这是因为我们登录的用户是 "user"，它只有一个角色 "USER"，而在 sso-client1 模块的配置中，只有角色 "ADMIN" 才可以访问这个链接，所以如果使用 "admin" 用户登录，就可以顺利进行访问了。这里再次在浏览器中选择回退到上一页，然后点击链接 "访问 Client1 的权限信息"，然后就可以看到图 18-14 所示的结果了。

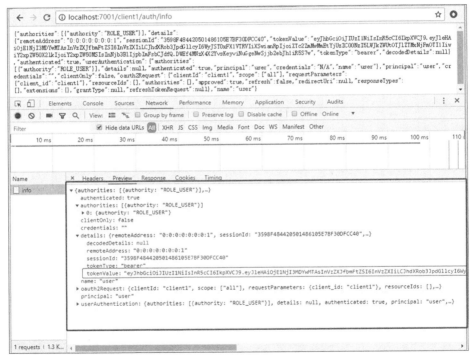

图 18-14　sso-client1 权限信息

从图 18-14 中可以看出，响应的是一串 JSON 字符串。从调试窗口的详情中可以看到各类信息，其中包含最重要的 tokenValue 信息，它的内容就是授权服务器生成的 JWT，可以将它作为各个客户端的凭证，从而对各个客户端进行访问。

第四部分　微服务系统实践

这个部分主要讲解一些实际的应用，给大家搭建分布式和微服务系统提供参考。本部分主要包含：

- 远程调用 RPC；
- 微服务系统和高并发实践。

第 19 章

远程过程调用

远程过程调用（Remote Procedure Call，RPC）是一种服务调用的方式，它在许多企业中也得到了很多的应用。事实上，在微服务中，推荐我们使用的是 REST 风格的调用，而非 RPC。那么为什么需要使用 RPC？又如何使用呢？

19.1 远程过程调用

在第 18 章中，我们测试了 OpenFeign 基于 HTTP 协议的 REST 风格服务调用，这样的调用使用上是简易的，可读性也较高。HTTP 协议是一个通用的协议，而 REST 风格是一个广泛使用的约定，因此具备多种平台和语言的应用。但是这样也会有比较严重的问题，那就是性能，这就是为什么需要 RPC 的原因。

19.1.1 REST 风格服务调用性能测试

在分布式（微服务）的实践中，需要解决的核心问题是大数据和高并发，如果采用 REST 风格的服务调用，极有可能会遇到性能方面的瓶颈。例如，可以测试第 18 章中基于 REST 风格调用的 OpenFeign 的性能，为此在 ms-client1 模块的控制器 TestController 中加入代码清单 19-1 所示的代码进行测试。

代码清单 19-1 基于 REST 风格的服务调用性能测试

```
// 测试 OpenFeign 接口性能
@GetMapping("/feign2")
public String feign2() {
    int count = 0;
    long start = System.currentTimeMillis();
    while(true) {
        long current = System.currentTimeMillis();
        // 限制在 100 毫秒内调用
        if (current - start <=100) {
            // 服务调用
            feignTestFacade.feignTest();
```

```
            count ++;
        } else { // 退出循环
            break;
        }
    }
    return "100 毫秒调用" +count + "次";
}
```

    然后请求这个方法，只是不要看第一次请求的结果。因为第一次请求需要建立各种连接，会导致服务变慢，我们可以进行多次刷新。我在自己的机子上测试的结果大概是，100 ms 基本可以执行 120 次左右，换算为 1 秒，就是可以执行 1500 次左右（在我使用 1 秒测试时，会因为调用过于频繁、流量过大而产生异常）。这里的服务调用的接口，只是返回简单的字符串，没有复杂的业务逻辑，在有复杂的业务逻辑的时候，性能还会更差。

    如果我们对服务的性能要求不高，不需要追求高并发，那么使用 REST 风格请求调用还是能够满足我们的需要的。但是现实不是这样的，一些网站的热点产品，往往要求我们解决高并发和高性能的需要，这个时候基于 REST 请求风格的服务调用，就不再能够满足我们的需要了。为了满足高并发的需要，很多企业会考虑使用 RPC 去取代 REST 风格的调用。

19.1.2　RPC 入门

    应该说，RPC 可以有很多种，当今比较流行的是阿里巴巴（Alibaba）贡献的 Apache Dubbo、脸书（Facebook）贡献的 Apache Thrift 和谷歌（Google）的 gRPC。但是，因为 Apache Dubbo 需要整合服务治理工具 ZooKeeper，而在 Spring Cloud 中已经整合了 Eureka，所以使用 Spring Cloud 后再使用 Apache Dubbo 的概率往往就比较小了，所以本书就不介绍 Apache Dubbo 了。加上远程过程调用的原理是接近的，所以本章只是介绍 Apache Thrift。

    实际上，不同 RPC 框架的底层协议和实现，会有一定的差异，但是也是类同的。为了进一步讨论 RPC，我以 Apache Thrift 为例进行讨论，但本节仅在概念上进行讨论，后续的章节才会讨论它的应用。为了方便，后文会将 Apache Thrift 简称为 Thrift。Thrift 是一种接口描述语言和二进制通信协议，用于定义和创建跨语言的服务。它被当作一个远程过程调用（RPC）框架来使用，是 Facebook 为"大规模跨语言服务"开发的。Thrift 服务在实际应用中分为 4 层，分别是服务器层（server）、处理器层（processor）、数据协议层（protocal）和传输层（transport），它们的作用如下。

- **服务器层**：它提供一个关于 Thrift 的服务器，客户端可以连接它，它会实现一个线程池，来管理这些客户端连接。
- **处理器层**：处理器是由开发者根据自己业务的需要实现的业务逻辑代码。
- **数据协议层**：指定数据采用何种编码协议进行传输，然后客户端也可以按照该协议进行解码解析，还原数据。在 Thrift 中可以使用二进制，这样传输的数据就会大大减少，从而提高传输的速度。当然也可以使用 JSON 类型的数据协议，这样会使得开发者更容易理解。
- **传输层**：可以用 Socket、按帧、压缩（zlib）等协议进行传输。

其中服务层、数据协议层和传输层，Thrift 都已经提供了良好的封装类，我们只需要告诉 Thrift

服务器选择便可以了。而处理器层则是开发所需的业
务逻辑代码，需要自行开发。Thrift 的服务调用并不
是很复杂，如图 19-1 所示。

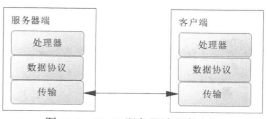

图 19-1　Thrift 服务器端和客户端

　　首先，服务提供者按照 Thrift 的要求提供 4 层
结构，然后暴露对应的服务端口。其次，服务消费
者会连接服务提供的 Thrift 服务器，获取它暴露的
接口的存根（stub），然后通过存根执行远程调用。
这里谈到的存根是一个接口，它会屏蔽内部实现的细节，从而提高代码可读性，降低开发者使用的
困难。

19.1.3　RPC 和 REST 风格服务调用的对比

　　从我们探讨的 Thrift 来看，可以说，RPC 和 REST 风格服务调用在性能上相差是很大的，究其
原因主要是以下 3 点。

- RPC 不单可以使用 HTTP 协议，也可以使用其他协议，如 TCP、UDP 等，而 REST 风格只
  能使用 HTTP 协议。
- RPC 需要传递的净荷（payload）小，一般是 REST 风格的 20%左右。而 REST 传输的内容越
  多，需要的带宽越大、时间也越长，对系统性能不利，因此 RPC 的性能更优。
- RPC 一般层级较少，而 REST 风格则需要更多的层结构，这意味着，在转换和传输的性能上，
  Thrift 将大大超过 REST 风格的调用。

　　注意，以上 3 点只是针对性能来说的。但在分布式（微服务）中，追求的不仅仅是性能，在大
部分的情况下，如果不会出现较为严重的性能瓶颈，我还是推荐使用 REST 风格，因为 REST 风格
比起 RPC，至少有以下 3 种优势。

- **平台无关性**：在 RPC 中，可用协议很多，传输的数据也可以使用不同的规则（如 Java 的序
  列化数据流），这样就使得它只能适应某些平台。而 REST 风格使用 HTTP 协议，只要约定
  采用某种数据格式，如 JSON，就具备平台无关性的特点。
- **安全性**：REST 风格遵循的协议多，可以通过防火墙、网关等进行拦截，这样可以降低恶意
  攻击的可能性。而 RPC 则不具备这样的功能。
- **独立性**：采用 REST 风格后，当前的服务是一个相对独立的服务，对于服务消费者来说，不
  依赖服务提供者的接口和类。而使用 RPC，则需要服务提供者暴露对应的接口服务进行调用，
  因此耦合性较高，独立性较差。

　　从上面的论述大家可以知道，使用 RPC 可以得到很轻的载荷、传输较轻、速度快、协议层少、
转换快，但是会产生依赖性，做不到平台无关性，在安全性上较差。使用 REST 风格，则具备平台
无关性、高安全性和独立性。从程序开发的角度来说，使用 REST 风格时，可以把服务提供者看成
一个独立的产品，它更容易使用和扩展，依赖性更低，这有利于应用的复用和扩展，可读性也高。
如果性能不会遇到严重瓶颈，那么作为开发者，应该先考虑可读性，这就是为什么微服务推荐使用
REST 风格调用，而非 RPC 的原因。对于那些需要高性能、高并发的服务，在某些情况下，也可以
考虑牺牲 REST 风格的优点去使用 RPC，以满足性能的需要，所以在使用 RPC 的时候，需要考虑其

适用的场景。

19.2 Thrift 简介

这里我们将介绍 Thrift，并给出具体的实例，让大家体验一下 Thrift 的应用和 RPC 的魅力。这里先创建工程 chapter19，并且创建模块 thrift，不过在介绍 thrift 之前，需要先下载并配置好 Thrift。

19.2.1 配置 Thrift

要使用 Thrift，需要先到 Apache 网站下载。例如，在 Windows 操作系统下，下载的可执行文件就是 thrift-0.12.0.exe。当我们下载后，需要类似 Java 一样配置环境变量，例如，我将 thrift-0.12.0.exe 下载到 g:/dev/thrift 下，然后就可以将它配置到环境变量中了。图 19-2 给出的便是我配置的本地环境变量。

图 19-2 配置 Thrift 的环境变量

环境变量的最后一个配置项 "G:/dev/thrift"，指向的便是 thrift-0.12.0.exe 文件。一般来说，这个文件名都带版本号，这样往往不太方便，我们可以将文件名从 thrift-0.12.0.exe 修改为 thrift.exe。配置好环境变量后，我们在命令行里输入命令

```
thrift -version
```

就可以看到对应的 Thrift 版本了，如图 19-3 所示。

图 19-3　查看 Thrift 的版本

这就代表我们配置好了 Thrift，跟着就可以进行开发了。不过在此之前，需要在 Maven 中引入 Thrift 的依赖，代码如下：

```xml
<dependency>
    <groupId>org.apache.thrift</groupId>
    <artifactId>libthrift</artifactId>
    <version>0.12.0</version>
</dependency>
```

19.2.2　Thrift 的数据结构和服务接口

在 Thrift 中，需要先定义数据结构和服务接口，这可以通过 IDL（interface definition language）文件来完成的。由于 IDL 是继承 C 语言而来的，因此它的定义语法是很接近 C 语言的。这里先给出本例的 IDL 文件，如代码清单 19-2 所示。

代码清单 19-2　定义 Thrift 的数据结构和服务（service.thrift 文件）

```
# 相当于定义 java 包
namespace java com.spring.cloud.chapter19.thrift.pojo
# 定义 UserPojo 数据结构
struct UserPojo {
    1:i64 id
    2:string userName
    3:string note
}
# 定义 RolePojo 数据结构
struct RolePojo {
    1:i64 id
    2:string roleName
    3:string note
}

# 定义用户服务结构
service UserService {
    UserPojo getUser(1:i64 id)
}

# 定义角色服务接口
service RoleService {
    list<RolePojo> getRoleByUserId(1: i64 userId)
}
```

我们把这份代码保存为文件 service.thrift。代码中的 namespace 相当于 Java 的包概念，struct 关键字代表 C++的结构体，在 Java 中就代表类的概念，这里定义了 UserPojo 和 RolePojo 两个结构体。service 就相对于接口的概念，这里定义了 UserService 和 RoleService 两个服务接口。此外还定义了多个数据类型，如 i64、string 和 list，关于这些，我们通过表 19-1 进行说明。

表 19-1　IDL 文件的数据类型说明

数据类型	说明	对应的 Java 类型	IDL 示例
string	字符串	String	string name
i16	16 位整数	int	i16 age
i32	32 位整数	int	i32 count
i64	64 位整数，相当于 long	long	i64 id
byte	8 位的字符类型	byte	byte bit
bool	布尔类型	boolean	bool flag
double	双精度类型	double	double price
void	无返回值	void	void updateRole()
map	哈希	Map	map<string, string> map
set	集合类型	Set<T>	set<String> aliasSet
list	链表类型	List<T>	list<String> roleNameList

注意，类型是大小写敏感的，如果需要新的类型，可以参考代码清单 19-2，采用关键字 struct 进行定义。有了 service.thrift 文件，跟着我们在命令行中进入存放 service.thrift 文件的路径，然后输入命令：

```
thrift --gen java  .\service.thrift
```

这时看目录，就可以看到生成了 gen-java 目录。进入这个目录的包 com.spring.cloud.chapter19.thrift. pojo，就可以看到 4 个 Java 文件：RolePojo、UserPojo、UserService 和 RoleService。这 4 个 Java 文件与 service.thrift 文件中定义的 2 个结构体和 2 个接口是相对应的。跟着我们将 RolePojo 和 UserPojo 放到 thrift 模块的 com.spring.cloud.chapter19.thrift.pojo 包下，并且将 UserService 和 RoleService 放到 thrift 模块的 com.spring.cloud.chapter19.thrift.service 包下。这样放置会产生包引入和匹配的错误，只需要使用 IDE 对包进行调整即可。

19.2.3　开发业务逻辑

在讲解 RPC 入门的时候，我们谈过，Thrift 的业务逻辑是在处理器层实现的，它需要我们自己完成。因为服务定义了两个接口 UserService 和 RoleService，所以也需要两个实现类，它们分别是 UserServiceImpl 和 RoleServiceImpl。其中 UserServiceImpl 的代码如代码清单 19-3 所示。

代码清单 19-3　实现 UserService 接口定义的服务（thrift 模块）

```
package com.spring.cloud.chapter19.thrift.service.impl;
/**** imports ****/

// 实现 UserService.Iface 接口
public class UserServiceImpl implements UserService.Iface {

    // 实现接口定义的方法
    @Override
```

```
public UserPojo getUser(long id) throws TException {
    UserPojo user = new UserPojo();
    user.setId(id);
    user.setUserName("user_name_" + id);
    user.setNote("note_" + id);
    return user;
    }
}
```

这里实现的是 UserService.Iface 接口，它是一个同步接口，在 UserService 中还存在 UserService. AsyncIface 接口，它是一个异步接口，这些需要根据需要来实现。在代码中，还实现了接口所定义的方法 getUser。同样，我们也可以实现 RoleServiceImpl 的逻辑，如代码清单 19-4 所示。

代码清单 19-4　实现 RoleService 接口定义的服务（thrift 模块）
```
package com.spring.cloud.chapter19.thrift.service.impl;
/**** imports ****/
// 实现 RoleService.Iface 接口
public class RoleServiceImpl implements RoleService.Iface {

    // 实现接口方法
    @Override
    public List<RolePojo> getRoleByUserId(long userId) throws TException {
        List<RolePojo> roleList = new ArrayList<>();
        for (long i = userId ; i < userId + 3; i ++) {
            RolePojo role = new RolePojo();
            role.setId(i);
            role.setRoleName("role_name_" + i);
            role.setNote("note_" + i);
            roleList.add(role);
        }
        return roleList;
    }
}
```

至此，定义的两个接口服务的实现逻辑就实现好了。

19.2.4　启动 Thrift 服务器

前面我们定义了数据结构和接口服务，并且实现了接口服务的逻辑，紧跟着就是将这些服务发布出去，提供给服务消费者调用。为此先创建类 ThriftServer，如代码清单 19-5 所示。

代码清单 19-5　启动 Thrift 服务器（thrift 模块）
```
package com.spring.cloud.chapter19.thrift.server;
/**** imports ****/

// Thrift 服务器（由服务提供者实现）
public class ThriftServer {
    // 端口
    public  static  final int  SERVER_PORT = 8888;

    // 启动 Thrift 服务器
    public static void startServer() {
        try {
            System.out.println("chapter19 thrift starting ...");
```

```
    // 定义处理器层 ①
    TMultiplexedProcessor processor = new TMultiplexedProcessor();
    // 注册定义的两个服务
    processor.registerProcessor("userSerive",
        new UserService.Processor<UserService.Iface>(
            new UserServiceImpl()));
    processor.registerProcessor( "roleSerive",
        new RoleService.Processor<RoleService.Iface>(
            new RoleServiceImpl()));
    // 定义服务器，以 Socket（套接字）的形式传输数据，并设置启动端口 ②
    TServerSocket serverTransport = new TServerSocket(SERVER_PORT);
    // 服务器参数
    TServer.Args tArgs = new TServer.Args(serverTransport);
    // 设置处理器层
    tArgs.processor(processor);
    // 采用二进制的数据协议 ③
    tArgs.protocolFactory(new TBinaryProtocol.Factory());
    // 创建简易 Thrift 服务器（TSimpleServer）对象 ④
    TServer server = new TSimpleServer(tArgs);
    // 启动服务
    server.serve();
    } catch (Exception e) {
        System.out.println("Server start error!!!");
        e.printStackTrace();
    }
}

public static void main(String[] args) throws Exception {
    // 启动服务
    startServer();
}
}
```

代码中，最重要的逻辑是 startServer 方法。之前我们谈过 Thrift 分为 4 层结构，下面让我们结合代码进行论述。在代码①处，定义的是处理器层，主要是把我们所定义的两个接口和其实现类注册到参数中。代码②处，定义的是 Socket 传输层，这是数据传输的方式。代码③处定义的是数据协议，就是以怎么样的数据格式传输，这里采用的是二进制，这样传递的数据相对少，有助于提高传输速度。代码④处定义的是 Thrift 的服务器层，其使用的 serve 方法就是启动 Thrift 服务器，这样 Thrift 的客户端就可以连接它了。

19.2.5 Thrift 客户端

Thrift 客户端也就是服务消费者，由它来调度完成对应的业务功能。它需要根据 Thrift 服务器，选择对应的连接方式，然后声明对应的传输层和数据协议层来获取处理器层的接口，最后通过处理器层接口来完成调用。在上节中，我们已经启动了 Thrift 服务端，并将 UserService 和 RoleService 两个服务接口暴露了出来，这里将采用代码清单 19-6 来获取它们，并且做性能测试。

代码清单 19-6 Thrift 客户端测试（thrift 模块）

```
package com.spring.cloud.chapter19.thrift.client;
/**** imports ****/

public class ThriftClient {
```

```java
public static final String SERVER_IP = "localhost"; // 服务器 IP
public static final int SERVER_PORT = 8888; // 端口
public static final int TIMEOUT = 30000; // 连接超时时间

public static void testClient( ) {
    TTransport transport = null;
    try {
        //   传输层 ①
        transport = new TSocket(SERVER_IP, SERVER_PORT, TIMEOUT);
        // 数据协议层 ②
        TBinaryProtocol protocol = new TBinaryProtocol(transport);
        // 从处理器层获取业务接口 ③
        TMultiplexedProtocol userServiceMp
            = new TMultiplexedProtocol(protocol, "userSerive");
        TMultiplexedProtocol roleServiceMp
            = new TMultiplexedProtocol(protocol, "roleSerive");
        // UserService 接口的客户端
        UserService.Client userClient
            = new UserService.Client(userServiceMp);
        // 打开连接 ④
        transport.open();
        long id = 0L;
        long current = System.currentTimeMillis();
        while(true) {
            id ++;
            UserPojo result = userClient.getUser(id); // 服务调用 ⑤
            long now = System.currentTimeMillis();
            // 超出 1 秒后中断循环   ⑥
            if (now - current >= 1000L) {
                break;
            }
        }
        // 打印循环次数
        System.out.println("循环了" + id + "次");
        // 获取处理器层的 RoleService 客户端接口
        RoleService.Client roleClient
            = new RoleService.Client(roleServiceMp);
        List<RolePojo> roleList
            = roleClient.getRoleByUserId(1L); // 服务调用 ⑦
        // 打印调用结果
        System.out.println(roleList.get(0).getRoleName());
    } catch (TTransportException e) {
        e.printStackTrace();
    } catch (TException e) {
        e.printStackTrace();
    } finally {
        if (transport != null) {
            // 关闭连接   ⑧
            transport.close();
        }
    }
}

public static void main(String[] args)  throws  Exception {
    testClient( );
}
```

代码①、②和③处主要声明传输层、数据协议层和处理器层，这些需要和 Thrift 服务器保持一致。在代码④处进行连接服务器的操作，跟着在代码⑤处执行 UserService 接口的服务调用。这个服务调用是在一个循环里进行，只有满足代码⑥处的条件，也就是等待 1 秒后，才退出循环。代码⑦处是 RoleService 接口的服务调用。当我们用完 Thrift 客户端后，需要通过代码⑧处，关闭连接，释放资源，以避免资源耗尽。

此时，我们先运行类 ThriftServer，然后再运行类 ThriftClient，就可以进行测试了。在我的测试中，1 秒基本可以执行 1.4 万次的服务调用，这个比 REST 风格的大约 1500 次快上近 10 倍，所以使用 RPC 可以大大提高服务调用的性能。

19.2.6 使用断路器保护服务调用

上述我们只是简单地使用了 Thrift 对 RPC 服务调用进行介绍，同样，RPC 和 REST 风格一样，也会因为服务依赖和流量过大，而出现服务器雪崩问题，所以很有必要使用断路器来保护服务调用。为了使用断路器，我们先引入 Resilience4j 的断路器，代码如下：

```
<dependency>
    <groupId>io.github.resilience4j</groupId>
    <artifactId>resilience4j-circuitbreaker</artifactId>
    <version>1.0.0</version>
</dependency>
```

为了方便使用断路器，我们来编写一个工具类 R4jUtils，如代码清单 19-7 所示。

代码清单 19-7　Resilience4j 工具类——R4jUtils（thrift 模块）
```
package com.spring.cloud.chapter19.utils;
/**** import ****/
public class R4jUtils {
    // 断路器注册机
    private static CircuitBreakerRegistry registry = null;

    // 返回断路器注册机
    public static CircuitBreakerRegistry CircuitBreakerRegistry() {
        // 为 null 时创建实例
        if (registry == null) {
            // 采用默认配置
            CircuitBreakerConfig config = CircuitBreakerConfig.ofDefaults();
            // 创建注册机
            registry = CircuitBreakerRegistry.of(config);
        }
        // 返回断路器注册机
        return registry;
    }
}
```

跟着我们在类 ThriftClient 中使用断路器进行远程调用，如代码清单 19-8 所示。

代码清单 19-8　在远程调用中使用断路器（thrift 模块）
```
public static void testClient2()  {
    TTransport transport = null;
    try {
        // 传输层
```

```
        transport = new TSocket(SERVER_IP, SERVER_PORT, TIMEOUT);
        // 数据协议层
        TBinaryProtocol protocol = new TBinaryProtocol( transport);
        // 从处理器层获取业务接口
        TMultiplexedProtocol userServiceMp
                = new TMultiplexedProtocol(protocol, "userSerive");
        UserService.Client userClient
                = new UserService.Client(userServiceMp);
        // 打开连接
        transport.open();
        // 获取断路器
        CircuitBreaker circuitBreaker
            = R4jUtils.CircuitBreakerRegistry().circuitBreaker("thrift");
        // 捆绑事件和断路器
        CheckedFunction0<UserPojo> decoratedSupplier =
            CircuitBreaker.decorateCheckedSupplier(circuitBreaker,
                () -> userClient.getUser(1L));
        // 发送事件
        Try<UserPojo> result = Try.of(decoratedSupplier)
            // 如果发生异常，则执行降级方法
            .recover(ex -> null);
        System.out.println(result.get().getUserName());
    } catch (Exception ex) {
        ex.printStackTrace(); // 异常
    } finally {
        if (transport != null) {
            // 关闭连接
            transport.close();
        }
    }
}
```

代码中使用断路器的片段已经加粗，并给出了详细的注释，请自行参考。通过断路器的处理，可以保护服务调用，避免出现服务器雪崩的现象，同时在服务调用失败时，也可以通过服务降级来提高用户的体验。

19.3 RPC 小结

通过上述的例子，让大家对 RPC 有了更为深入的理解。使用 RPC 的性能是 REST 风格调用的数倍，但是应该是在需要更好的性能的时候才考虑 RPC，而非盲目地使用 RPC 方案。RPC 会对服务消费者造成一定的代码侵入，破坏其独立性。同时 RPC 也不具备服务治理的功能，不能像 Eureka 那样替我们监测服务是否可用、提供负载均衡算法等。这些都需要我们自己通过代码实现，所以使用上会相对麻烦一些。

第 20 章

微服务设计和高并发实践

以上几章已经阐述了大部分搭建微服务的内容，本章主要讲微服务实践。在微服务中，要解决的大问题是高并发问题，这也是分布式中最受到关注的问题之一。

20.1 微服务设计原则

在第 1 章我曾经讲述过微服务并没有一个严格的定义，它只需要遵循一定的风格即可。正因为没有严格的定义，所以它也没有严格的设计规则，只有一些经验和工具可用。但是无论如何，作为微服务开发，首先要考虑的是服务拆分方法，其次是微服务的一些设计原则和整体架构。

20.1.1 服务拆分方法

做微服务开发的第一步，也是最重要的一步，是服务拆分。按照微服务风格的要求，首要考虑的是按业务拆分，这就要求架构师，先分析业务需求，做好业务边界，然后再按照业务模块对系统进行拆分。一般来说，拆分需要考虑以下几点。

- **独立性**：拆分出来的服务，应该是独立的，它可以独立运行，支撑某一块业务，是一个独立的产品，应该具备高内聚和低耦合的特点，同时它会保留一些明确的接口，提供给第三方进行服务调用。

- **明确服务粒度**：服务是根据业务的需要进行划分的，但是有时候需要考虑粒度。例如，用户服务按照公司业务，需要十分精细化地划分为企业用户和个人用户，而企业用户十分复杂，这个时候就可以考虑将用户服务，拆分为企业用户服务和个人用户服务了。当然，如果两者区别不大，业务不多，也可以不进行拆分，这些都需要根据业务数据的大小、复杂度和边界（是否清晰）来决定。

- **团队分配**：微服务的风格要求每一个服务是一个独立的产品，要有独立的团队进行开发、运维和部署。而实际上，这样成本会十分高。有时候，由于人员投入不足，一个团队维护多个业务微服务系统也是常见的，这时就需要考虑业务和团队的协作问题了，需要进行合理的分工和业务分配。

- **演进型**：微服务的拆分不是一成不变的，它会随着时间的变化而变化。例如，刚开始，用户业务数据并不多，业务也相对单一，这个时候有一个用户服务就可以了。但是后续随着业务的深化，用户数据会急剧膨胀，在业务划分上也会更精细化，会将用户分为高级用户和普通用户管理，这时就可以考虑将原有的用户服务拆分为普通用户服务和高级用户服务两个服务了。所以在设计的时候，需要考虑未来可能的细化方向。
- **避免循环依赖和双向依赖**：微服务应该避免循环依赖，一个业务不能同时由两个系统维护，必须有清晰的边界。例如，很多时候产品和财务是关联的，有时候财务需要按照产品维度出报表，这里需要明确的是，产品表只能在产品服务内维护，而财务需要产品的信息，需要有明确的接口和同步时间界限，以避免财务的内容去维护产品的内容，造成数据的混乱。

微服务的拆分规则并不是平等的，应该以业务拆分为第一原则，进行划分，界定清楚边界，提供少量的服务接口供外部调用，同时应该考虑实际的情况，如需求的细化程度、数据量、团队拥有的资源、未来的预期和硬件情况等，实施微服务。

20.1.2　微服务的设计原则

通过服务划分，可以得到各个单一功能的服务。跟着就要设计系统了，在微服务系统的设计中，会考虑以下原则。

- **高可用性**：高可用性是微服务设计的第一原则，也就是尽可能给予反馈。任何一个服务都应该至少有 2 个实例，任何一个实例出现故障，都可以被微服务系统发现，并且微服务系统可以通过自我修复排除故障节点，尽可能保证微服务能够持续稳定地提供给用户服务。
- **伸缩性**：对于快速膨胀、数据不断增加的服务，我们可以根据需要增加服务实例。对于业务减少、活跃用户减少的服务，也可以根据需要适当减少服务实例。
- **容错性**：微服务应该具备高容错性，在一些糟糕的环境下（如高并发），可以通过限流、熔断和服务降级来保证服务之间的故障不蔓延，保证各个服务能够尽可能响应用户，降低服务出现的差错。
- **去中心化**：微服务不推荐遵从服务器，而是推荐去中心化，任何一个服务实例都是平等的，或者按照一定的权重进行分配的。
- **基础设施自动化**：可使用 DevOps 的理念进行开发和测试，也可使用容器（如 Docker 等）简化微服务的部署，使用这些工具可进一步简化开发、测试、部署和运维工作，使得工作更少，更加智能。
- **弱一致性**：微服务不推荐使用强一致性，因为强一致性缓慢且复杂。弱一致性则相对简单，在分布式中能够做到简单就相当不易了。
- **性能**：微服务推荐的是使用 REST 风格的请求来暴露服务接口，让各个服务能够通过服务调用来完成交互，共同完成业务。但是 REST 风格缓慢，在处理高并发场景的时候，还需要考虑使用其他的技术（如远程调用），以满足性能的需要。
- **可监控**：服务实例都是可以监控的，出现故障可以及时发现，并且提示运维人员进行维护。

20.1.3　微服务架构

之前我们已经讲述了微服务的各个常见组件，这里我们来讲述微服务的架构，如图 20-1 所示。

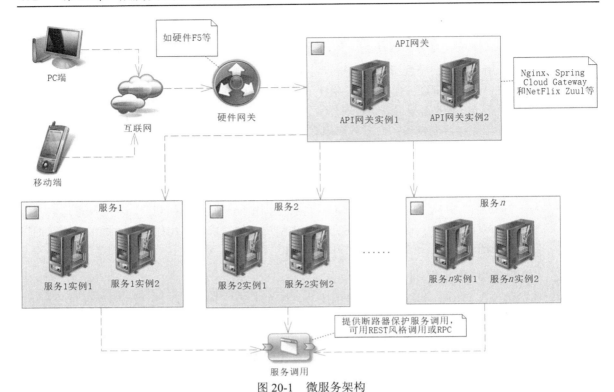

图 20-1　微服务架构

图 20-1 是一张比较复杂的图，所以省去了服务治理中心。事实上，所有的服务和对应的 API 网关都应该将其信息注册到服务治理中心。严格来说，图中的客户端（PC 端和移动端）、互联网和硬件网关都不属于软件工程师关注的范围，这些是网络和运维人员需要关注的，就不再讨论它们了。剩下的就是我们需要关心的内容了。

- **API 网关**：API 网关可以实现路由、限流和降级的功能。例如，我们可以使用介绍过的 Netflix Zuul 或者 Spring Cloud Gateway 进行路由，也可以使用 Resilience4j 限速器或者 Zuul 插件进行限流，控制服务的流量。
- **服务和其实例**：服务是根据服务拆分方法得到的一个独立的产品，它有明确的业务规则、边界和接口。服务是由多个实例来完成的，多个实例可以满足高可用和高性能的需求。
- **服务调用**：各个服务通过服务调用来完成企业的业务。在一般情况下，我们可以使用基于 REST 风格的服务调用（如 Ribbon 和 OpenFeign），它具备更高的可读性和独立性，但是性能不高，如果需要提升性能的，还可以考虑远程调用（RPC）技术，但是在一般情况下，需要考虑使用断路器（Hystrix 或者 Resilience4j）对服务调用进行保护，以避免出现雪崩效应，导致服务最终失败。

20.2　高并发系统的一些优化经验

应该说，有很多种设计高并发的方法，但是没有权威的方法，所以以下分析主要是基于我的经验。从大的方向来说，在高并发处理中要考虑以下 4 点。

- **提高性能**：也就是单个服务，能够越快响应请求越好，这样在同一个单位时间内，响应的用户就越多，吞吐量也越大。
- **保证服务高可用**：因为高并发意味着短时间的大流量，服务所承受的压力会远远大于平时的情况，可能出现线程占满、缓存溢出和队列溢出等情况，导致服务失败。
- **用户友好**：即便内部出现问题，有些服务不可用，也要及时将请求结果（包括不成功）反馈给用户，保证用户对网站的忠诚度。常见的双十一电商网站会提示"小二正忙"。
- **增加和升级硬件**：假如原来有 2 台服务器，现在使用 5 台来提供服务，并且再通过算法合理调整，那么性能就可以显著提高。或者使用性能更好的另外 2 台服务器来代替，也可以获得更好的性能。

用户友好，是即使出现不成功的情况时，也需要注意如何提示用户的问题，相对来说比较简单，只要将请求指向一个静态资源即可。同样，增加和升级硬件也是比较简单的，这些本章不再论述。这里需要谈的是提高性能和服务可用这两点。

20.2.1　提高性能

提高性能的手段，当前主要集中在数据库技术、缓存技术、动静分离和服务调用的方法上，下面让我们分别进行讨论。

1. 数据库优化

数据库优化是最常见的优化方式，但在软件工程中，主要的优化来自 3 个方面：索引、SQL 和锁。因为在互联网中广泛使用了 MySQL，所以以下的讨论都会以 MySQL 数据库进行说明。为了更好地进行讨论，我们先来构建一个简单的模型，如图 20-2 所示。

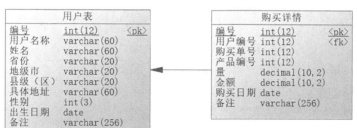

图 20-2　数据库表设计

跟着给出这两张表的建表 SQL，如代码清单 20-1 所示。

代码清单 20-1　建表语句

```
# 用户表
create table T_USER
(
   id                 int(12) not null auto_increment,
   user_name          varchar(60) not null,
   full_name          varchar(60) not null,
   province           varchar(20) not null,
   city               varchar(20) not null,
   county             varchar(20) not null,
```

```
address                 varchar(60) not null,
sex                     int(3) not null default 0,
birthday                date not null,
note                    varchar(256),
primary key (id)
);

# 购买详情表
create table t_purchasing_details
(
  id                    int(12) not null,
  user_id               int(12) not null,
  order_id              int(12) not null,
  product_id            int(12) not null,
  quantity              decimal(10,2) not null,
  amount                decimal(10,2) not null,
  purchase_date         date not null,
  note                  varchar(256),
  primary key (id)
);
```

有了这两张表，下面来讨论索引和 SQL 优化。

数据库索引实际类似一个目录，当我们打开一本书籍时，如果需要快速找到所需内容，最直观的方法就是在目录中查找，找到对应的页码，就能找到我们感兴趣的内容了。同样，通过数据库的索引，就能够快速找到数据的地址，从而达到快速查询的目的，但是索引也有许多需要我们注意的地方。

既然索引可以快速找到数据，那么索引是否越多越好呢？答案当然是否定的，通过索引可以快速找到数据，但是在做数据写入（增删改）的时候，也需要维护索引，所以索引越多写入速度也就越慢，维护索引的开销也越大，同时索引也是需要消耗存储空间的。实际上，也不是什么场景都需要索引，对于数据量较少的表，就不需要加入索引了。一般来说，表主要是考虑在常用的检索字段上添加索引，每表索引应该在 5 个以下，索引只需要满足大部分的查询即可，而不是全部查询。下面我们先给用户表和购买详情表加入索引，如代码清单 20-2 所示。

代码清单 20-2　创建索引

```
# ********** 创建索引 ********** #
# 用户表的用户名称，这是一个唯一索引
create unique index user_name_idx on T_USER(user_name);
# 用户表的区域索引，这是一个复合索引
create index area_idx on T_USER(province, city, county);

# 购买详情表的用户编号索引
create index user_id_idx on t_purchasing_details(user_id);
# 购买详情表的订单编号索引
create index order_id_idx on t_purchasing_details(order_id);
# 购买详情表的产品编号索引
create index product_id_idx on t_purchasing_details(product_id);
# 购买详情表的购买日期索引
create index purchase_date_idx on t_purchasing_details(purchase_date);
```

索引的有多种分法，例如，按存储地址区分的聚簇索引和非聚簇索引；按算法区分的位图索引、B+树索引；按索引涉及表的列数可区分为单列索引和复合索引，等等。限于篇幅，这里只讨论单列索引和复合索引，其中单列索引是指的一个索引只针对表的一个列，而复合索引则是一个索引针对多个列。对于索引列来说，尽量不要存在空值，有必要时可以使用默认值。对于复合索引的建立，尽量不要超过 3 列，因为列过多会造成索引复杂化，算法复杂，导致性能低下，提升维护索引的代价。此外，还要注意复合索引的使用，例如，用户表的区域索引存在一个索引有 3 个字段，即省份（province）、地级市（city）和县级（county）。如果 SQL 写成以下这样就不会启用索引：

```
select * from T_USER u where u.city = '广州' and  u.county='天河'
```

这里的问题是缺少了省份，也就是对于复合索引来说，第一个列出现才会使用索引。例如，以下 SQL 都会使用索引：

```
# 缺少地级市
select * from T_USER u where u.province = '广东省' and  u.county='天河';
# 缺少县级市
select * from T_USER u where u.province = '广东省' and  u.city='广州';
```

只要出现了复合索引的第一列（例子里是 province），就可以使用复合索引了。如果没出现，查询就不会使用索引，这是在复合索引的使用中需要注意的。此外，我们还需要注意一些索引失效的场景，下面通过举例进行说明。

```
# 索引字段模糊查询，第一个不为匹配符时，启用索引
 select * from t_user u where u.user_name like '张%';
# 索引字段模糊查询，第一个为匹配符时，不启用索引
 select * from t_user u where u.user_name like '%四';

# 在索引列加入运算函数时，不启用索引
select * from t_purchasing_details where DATE_FORMAT(purchase_date,'%Y-%m-%d')>'2019-08-08';

# 使索引列做空值判断时，不启用索引
select * from T_USER u where u.province is null and  u.county='天河';

# 使用 or 关键字时，不启用索引
select * from t_user u where (u.province = '广东省' or u.province='江苏省') ;

# 使用不等号 "!=" 或者 "<>" 时，不启用索引
select * from t_user u where u.province != '广东省' ;
```

以上就是一些使用索引的误区，此外，还会存在多种索引同时作为查询条件的陷阱。例如，下面这条 SQL：

```
select * from t_purchasing_details
where purchase_date='2019-08-08' and user_id = 1;
```

这条 SQL 同时使用了购买日期和用户编号两个索引，那么在 SQL 中会用哪个索引呢？在 MySQL 中，采用的算法是 B+树，所以在索引的选择上，它采用的是从左原则，也就是哪个索引出现在先，就采用哪个索引，因此这里将采用购买日期为索引进行查询。但是采用购买日期查询，如果单日购买数量多，显然索引的区分度就不大，通过索引得到的数据还是很多，做进一步无索引的筛选速度就慢；而采用用户进行区分，区分度往往会远远大于使用日期，这样筛选得到的数据就少许多，做进一步无索引的排查速度就快。因此应该修改这条 SQL 语句，改造成使用用户编号作为索引进行筛选数据在先，代码如下：

```
select * from t_purchasing_details
where user_id = 1 and purchase_date='2019-08-08';
```

应该说，只是介绍了一些索引常用的知识，还有很多需要读者再进行学习的。数据库除了使用索引外，还需要考虑 SQL 算法优化的问题，下面进行说明。例如，查询没有购买过商品的用户编号，很多初学者就会写成这样：

```
select u.id from t_user u
where u.id not in (select pd.user_id from t_purchasing_details pd);
```

这条 SQL 的意思是，先通过子查询找到购买详情里的所有用户编号，然后再和用户表对比，找到没有购买商品的用户编号。事实上，使用子查询，会降低性能，应该考虑使用关联查询提高性能，因此修改如下：

```
select u.id from t_user u left join t_purchasing_details pd
on u.id = pd.user_id where pd.user_id is null;
```

为了找到没有购买商品的用户，这里使用了外连接中的左连接来关联两张表，然后通过 on 关键字指定了关联字段，设置了"判断购买详情表的用户编号是否为 null"的查询条件。这里的最大特色是，将子查询修改为了连接查询，提升了 SQL 的性能。对于 not in 和 not exists 这样的查询，都应该考虑使用外连接去优化。

此外还有常用的 UNION ALL 和 UNION 的用法和区别，应该说，UNION ALL 的性能会优于 UNION，这是因为 UNION 会合并相同的记录，而 UNION ALL 则不会。例如，下面的 SQL：

```
# 不会合并相同的记录，性能高
select u.id from t_user u
union all
select pd.user_id from t_purchasing_details pd;


# 会合并相同的记录，因为需要对比，所以性能低
select u.id from t_user u
union
select pd.user_id from t_purchasing_details pd;
```

除了使用索引和优化 SQL 外，我们还需要考虑锁的问题，尤其是在写入数据的时候。例如，下面的语句：

```
update t_purchasing_details set purchase_date = now()  where  order_id =1;
```

表面看上去，只是将订单编号为 1 的购物详情的购买时间修改为当前时间，但是当服务并发高了之后，很快就会出现性能的瓶颈。为什么会这样呢？这是因为在 MySQL 中，因为 order_id 是一个非主键的索引，所以在执行更新的时候，它就会加入表锁，将整个表锁定，这样在并发的时候，其他的 SQL 访问 t_purchasing_details 表时就需要等待了。为了解决这个问题，可以考虑先执行：

```
select id from t_purchasing_details  where  order_id =1;
```

找到对应的编号后，再通过 id 作为参数，使用下面的语句更新数据：

```
update t_purchasing_details set purchase_date = now()  where  id in (......);
```

这样的好处是，使用了主键更新，当使用主键更新的时候，MySQL 加入行锁，只是锁定需要更新的数据，而其他的数据并不会被锁定，这样就可以避免全表锁定，从而提高并发了。

2. 使用缓存

为了提高性能，很容易就会让人联想到缓存。缓存一般是将数据存放在内存中，而数据库的数据却存放在磁盘中，内存的速度是磁盘的几倍到几十倍，所以如果大部分的数据是从内存读取，就能够显著提升性能。关于 Redis 的分布式缓存的使用，已经在第 16 章有了详细的论述，所以这里就不再详细讨论了。

3. 服务调用优化

在单机上，每一个线程的执行都是快速的，但当我们使用 REST 风格的调用的时候，因为传输数据多，且需要较多的校验，所以会导致调用十分缓慢影响性能。为了解决这个问题，可以考虑用远程调用（RPC）去代替 REST 风格的调用，这样可以数倍提升服务调用的性能。此外还有使用异步的形式处理高并发的，下面进行介绍。

无论何种服务调用，都需要通过网络调用完成，而这个过程是缓慢的。为了解决这个问题，我们可以使用异步的形式来处理，为了更好地介绍它的原理，先给出图 20-3。

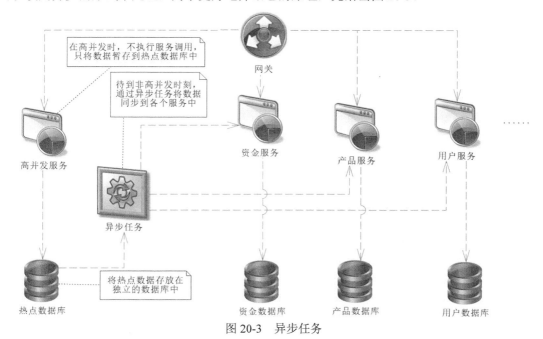

图 20-3　异步任务

异步任务的原理是利用数据的不等价性，注意这里所说的不等价，是指数据被访问的频率，按此区分，必然会存在热点数据和冷门数据。进一步再分析，可以发现，在大部分情况下，高并发请求会集中在这些热点数据上，因此可以将热点数据先存放到热点数据库中单独处理，而冷门数据采用原有的服务调用即可，毕竟并发的可能性并不高。当到达高并发时段时，如果请求的是热点数据，就通过网关将请求路由到高并发服务上，但该服务只是暂存此次请求数据，并不执行任何服务调用，执行完成后响应用户，这时就可以避免因为服务调用带来的性能丢失了。在等待一段时间，系统高并发时段过去之后，再将热点数据，通过异步任务同步到各个服务中。

只是这样的方式会需要一个独立的服务系统去撑起高并发，而不再使用服务调用，相对容易实现，但是也需要付出更多的硬件成本。这样的隔离属于硬件隔离，对于高并发，我们只需要优化对应的系统即可，毕竟经过隔离后独立且清晰。此外，如果高并发引发服务器雪崩，那么只会让高并发服务系统崩溃，而正常的服务还可以继续使用，因此具备一定的高可用性。

4. 动静分离

动静分离是指将内容拆分为动态（需要根据具体的请求分析）内容和静态（不需要具体的请求分析）内容。因为动态内容需要分析和处理数据，所以涉及数据的运算，一般来说会比较慢；而静态部分是不需要做分析和处理的，所以请求静态部分速度会更快，直接展示数据即可。一个好的网站往往会做动静分离，将服务拆分开来，为服务优化奠定后续基础。对于静态内容，如 HTML、JavaScript、CSS 和图片等文件，可以放在静态的 HTTP 服务器上，如典型的 Nginx 和 Apache HTTP Server，都可以作为高效的 HTTP 静态服务器。对于那些需要优化的动态内容，可以放到 Tomcat、Jetty 之类的 Java Web 容器中。

在新的互联网技术中还有一种技术，可以更加有效地提高静态数据的访问，那就是内容分发网络（Content Delivery Network，CDN）。CDN 技术主要是发挥网络节点的作用，企业会将其最常被访问的静态内容发送到 CDN 的各个节点，例如将静态内容放到北京、上海和广州的 CDN 节点上。这样用户就可以进行就近访问了，如图 20-4 所示。

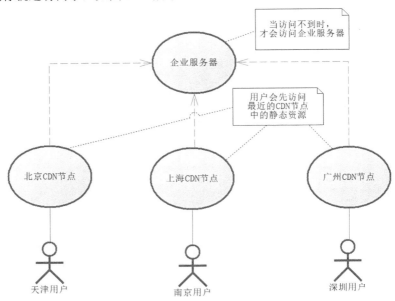

图 20-4　CDN 技术原理

从图 20-4 中可以看出，用户在访问一个网站时，首先会访问就近的 CDN 节点存储的静态内容，例如深圳用户访问的是广州的 CDN 节点，因为距离近，加上资源是静态的，所以加载和传输的速度都会十分快，能极大地提升用户的体验。

只有当 CDN 节点没有内容或者内容需要动态计算的时候，才去访问企业的真实服务器。当然，访问企业真实服务器的速度相对较慢，所以需要常常访问的静态内容，最好还是制作成静态内容放到各地的 CDN 节点。我们熟悉的新浪、搜狐和网易等门户网站，它们首页上包含的信息量实际上是很多的，但是响应速度也很快，利用的就是这个原理。

5. 数据库读写分离

一般来说，数据库也会提供复制的功能，例如 MySQL 就提供一种主从数据的架构，如图 20-5 所示。

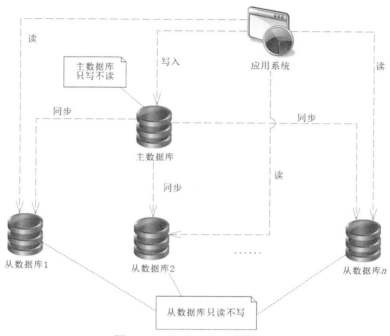

图 20-5　MySQL 主从结构应用

根据图 20-5，我们将服务应用分为写入和读取两个维度进行说明。先谈写入维度，首先服务应用将数据写入主数据库，然后主数据库通过网络将数据同步到从数据库（可有多个节点），这样从数据库就有主数据库的数据了。再谈读取维度，服务应用只从从数据库中读取数据。从上述的两个维度可以看到，主数据库只写不读，从数据库只读不写，这样就可以进行读写分离了。读写分离可以降低主数据库的压力。从多台从数据库中读取数据，能更有效地分摊压力。

但是主从结构也出现一些问题（如写入压力大）的时候，同步数据可能会不及时，或者写入后需要快速读出的时候，读出的数据也可能不同步。这些都需要考虑限制流量，以防同步数据过大，造成不及时的问题。对于用户的读写，也可以考虑增加一些时间间隔，给同步数据留出时间。

20.2.2　服务高可用

在提高性能方面，我们主要解决了请求响应速度的问题，但是还没有处理另外一个问题，那就是如何保证服务的可用性。当出现高并发的时候，随时会出现服务不可用，可能会导致系统可用性降低，我们知道，评价服务效果的第一要素就是可用性。因此，在高并发出现各种不稳定因素时，我们也需要考虑使用一定的技术手段，保证服务的可用性。目前流行的方法有限流和服务降级、隔离术、网关过滤和断路器，下面让我们一一进行讨论。

1. 限流和服务降级

限流和服务降级是高并发最常用的技术之一，它可以控制单位时间请求的流量，避免过多的请求流量压垮后端服务器。这里以 Spring cloud Gateway 结合 Resilience4j 为例进行说明。为此，先创建工程 chapter20，新建模块 ms-gateway，然后加入以下依赖。

```xml
<!-- 依赖 Spring Cloud Gateway -->
<dependency>
    <groupId>org.springframework.cloud</groupId>
    <artifactId>spring-cloud-starter-gateway</artifactId>
</dependency>
<!-- resilience4j Spring Boot Starter 依赖，
    它会依赖 circuitbreaker、ratelimiter 和 consumer 模块 -->
<dependency>
    <groupId>io.github.resilience4j</groupId>
    <artifactId>resilience4j-spring-boot2</artifactId>
    <version>0.13.2</version>
</dependency>
<!-- Alibaba Fastjson-->
<dependency>
    <groupId>com.alibaba</groupId>
    <artifactId>fastjson</artifactId>
    <version>1.2.59</version>
</dependency>
```

这里引入了 Spring Cloud Gateway、Resilience4j 和 Alibaba Fastjson，这样就可以通过 Resilience4j 的限速器来限制网关的流量了。跟着我们配置 application.yml 文件，如代码清单 20-3 所示。

代码清单 20-3　配置限速器（ms-gateway 模块）

```yaml
# resilience4j 限速器（ratelimiter）配置
resilience4j:
  # 限速器注册机
  ratelimiter:
    limiters:
      # 名称为 commonLimiter 的限速器
      commonLimiter:
      # 时间戳内限制通过的请求数，默认值为 50
      limitForPeriod: 2000
      # 配置时间戳，默认值为 500 ns
      limitRefreshPeriodInMillis: 1000
      # 超时时间
      timeoutInMillis: 100

# 服务器端口
server:
  port: 2001

# 路由配置
spring:
  cloud:
    gateway:
      # 开始配置路径
      routes:
        # 路径匹配
        - id: demo
```

```
# 转发 URI
uri: http://localhost:3001
filters:
   - StripPrefix=1
# 断言配置
predicates:
   # 请求方法为 GET
   - Path=/demo/**
```

这里先配置了一个命名为 commonLimiter 的限速器，跟着将启动端口配置为 2001，最后配置了路由。这个例子会路由到 http://localhost:3001/test 上，所以需要提供另外一个服务，这比较简单，我就不再提供相关的代码了。

为了限制请求的速度，我们需要开发一个 Gateway 的全局过滤器，为此，我们将 Spring Boot 启动类 MsGatewayApplication 修改为代码清单 20-4。

代码清单 20-4　通过过滤器限速（ms-gateway 模块）

```
package com.spring.cloud.ms.gateway.main;
/**** imports ****/
@SpringBootApplication
public class MsGatewayApplication {

   // 注入 Resilience4j 限流器注册机
   @Autowired
   private RateLimiterRegistry rateLimiterRegistry = null; // ①

   // 创建全局过滤器
   @Bean("limitGlobalFilter")
   public GlobalFilter limitGlobalFilter() {
      // Lambda 表达式
      return (exchange, chain) -> {
         // 获取 Resilience4j 限速器
         RateLimiter userRateLimiter
               = rateLimiterRegistry.rateLimiter("commonLimiter");
         // 绑定限速器
         Callable<ResultMessage> call // ②
               = RateLimiter.decorateCallable(userRateLimiter,
               () -> new ResultMessage(true, "PASS") );
         // 尝试获取结果
         Try<ResultMessage> tryResult = Try.of(() -> call.call()) // ③
               // 降级逻辑
               .recover(ex -> new ResultMessage(false, "TOO MANY REQUESTS"));
         // 获取请求结果
         ResultMessage result = tryResult.get();
         if (result.isSuccess()) { // 没有超过流量
            // 执行下层过滤器
            return chain.filter(exchange);
         } else { // 超过流量
            // 响应对象
            ServerHttpResponse serverHttpResponse = exchange.getResponse();
            // 设置响应码
            serverHttpResponse.setStatusCode(HttpStatus.TOO_MANY_REQUESTS);
            // 转换为 JSON 字节
            byte[] bytes = JSONObject.toJSONString(result).getBytes();
            DataBuffer buffer
```

```
                        = exchange.getResponse().bufferFactory().wrap(bytes);
            // 响应体，提示请求超流量
            return serverHttpResponse.writeWith(Flux.just(buffer));
          }
        };
    }

    class ResultMessage {
        // 通过成功标志
        private boolean success;
        // 信息
        private String note;

        public ResultMessage() {
        }

        public ResultMessage(boolean success, String note) {
            this.success = success;
            this.note = note;
        }
        /**** setters and getters ****/
    }

    public static void main(String[] args) {
        SpringApplication.run(MsGatewayApplication.class, args);
    }
}
```

在代码①处，注入了 resilience4j-spring-boot2 为我们创建的 Resilience4j 的限速器，通过它就可以获取我们配置好的限速器了。limitGlobalFilter 方法是我们的核心逻辑，它先获取配置的限速器。跟着，在代码②处将限速器绑定到具体的逻辑里，返回一个成功的 ResultMessage 对象。然后，在代码③处尝试获取结果，并且绑定服务降级逻辑，如果执行服务降级，就返回一个失败的 ResultMessage 对象。最后，根据获取的结果来判定是否超速，如果未超速，则执行限速器的下一步逻辑，否则返回超速的信息。这里如果超速了，还会返回对应的超速信息，以提示前端做对应的动作。提供有效的提示，可以提高用户的体验。

2. 隔离术

隔离术是处理高并发高的一种常用方法。严格来说，之前谈到的动静分离也是隔离术的一种——动静隔离术。应该说，隔离方法有很多种，如集群隔离、线程隔离、机房隔离、爬虫隔离和热点隔离等。一般来说，隔离分为物理隔离和逻辑隔离两大类。物理隔离主要是通过不同的硬件进行隔离，例如，机房隔离就是一种物理隔离。逻辑隔离主要是按照业务逻辑、数据类型等逻辑维度的需要进行隔离，甚至可以将多种逻辑隔离结合在同一台机器上。其实对于逻辑隔离，我们之前也讨论过，例如，Hystrix 的线程池和 Resilience4j 的舱壁隔离（Bulkhead），都是典型的线程隔离术的实现方法。在 20.2.1 节讲述的服务调用优化中，我们谈到的热点数据也是根据数据类型进行的隔离术，我们可以称其为热点隔离术。

隔离术可以将某项业务独立出来，当这项业务出现故障不可用时，其他与之无关的业务依旧可用。这样就很方便了，对于已经隔离的业务，可以进行独立的调优和其他处理。显然，隔离术大大提供了系统的可用性和灵活性，所以在分布式中，隔离术也是被广泛使用的技术之一。

虽然隔离术拥有很多种类型，但是目前最主要的还是线程隔离。数据类型隔离和机房隔离等主要是系统设计上的考量，是架构师需要考虑的问题。对于线程隔离术，Hystrix 和 Resilience4j 都支持，其中 Hystrix 只需要进行配置即可，但是作为即将被 Spring Cloud 移除的技术，这里就不再进行深入讨论了。下面从 Resilience4j 的角度进行说明。为了使用 Resilience4j 的隔离术，我们首先需要在 Maven 中引入舱壁模式，代码如下：

```xml
<!-- 引入 Resilience4j 舱壁模式 -->
<dependency>
    <groupId>io.github.resilience4j</groupId>
    <artifactId>resilience4j-bulkhead</artifactId>
    <version>0.13.2</version>
</dependency>
```

引入舱壁之后，就可以使用 Resilience4j 的舱壁隔离了，下面我们通过代码进行演示，如代码清单 20-5 所示。

代码清单 20-5 通过过滤器限速（ms-gateway 模块）

```java
package com.spring.cloud.ms.gateway.rest;
/**** imports ****/
public class BulkheadMain {
    // 舱壁隔离配置
    private static BulkheadConfig bulkheadConfig = null;

    // 初始化舱壁配置
    private static BulkheadConfig initBulkheadConfig() {
        if (bulkheadConfig == null) {
            // 舱壁配置
            bulkheadConfig = BulkheadConfig.custom()
                    // 最大并发数，默认值为 25
                    .maxConcurrentCalls(20)
                    /* 调度线程最大等待时间（单位毫秒），默认值为 0,
                       如果存在高并发的场景，强烈建议设置为 0,
                       如果设置为非 0,那么在高并发的场景下,
                    可能导致线程积压的后果*/
                    .maxWaitTime(0)
                    .build();
        }
        return bulkheadConfig;
    }

    // 舱壁注册机
    private static BulkheadRegistry bulkheadRegistry;

    // 初始化舱壁注册机
    private static BulkheadRegistry initBulkheadRegistry() {
        if (bulkheadConfig == null) { // 初始化
            initBulkheadConfig();
        }
        if (bulkheadRegistry == null) {
            // 创建舱壁注册器，并设置默认配置
            bulkheadRegistry = BulkheadRegistry.of(bulkheadConfig);
            // 创建一个命名为 test 的舱壁
            bulkheadRegistry.bulkhead("test");
        }
```

```
        return bulkheadRegistry;
    }

    public static void main(String[] args) {
        initBulkheadRegistry(); // 初始化
        RestTemplate restTemplate = new RestTemplate();
        // 获取舱壁
        Bulkhead bulkhead = bulkheadRegistry.bulkhead("test");
        String url = "http://localhost:3001/test";
        // 描述事件 ①
        CheckedFunction0<String> decoratedSupplier
                = Bulkhead.decorateCheckedSupplier(
                bulkhead, () ->
                    restTemplate.getForObject(url, String.class));
        // 尝试
        Try<String> result = Try.of(decoratedSupplier)
                .recover(ex -> { // 降级服务
                    ex.printStackTrace();
                    return "服务调用失败";
                });
        // 发送请求
        System.out.println(result.get());
    }
}
```

在代码中，initBulkheadConfig 方法是初始化舱壁配置（BulkheadConfig），设置了线程数为 20，等待时间为 0 ms。注意，这里设置为 0 ms 的等待时间，意味着得不到线程分配的请求就会快速失败，执行降级逻辑，提示用户。倘若等待时间不为 0，则会存放在队列中，在高并发的时候，如果存放在队列中，容易造成队列溢出，和请求长期得不到响应的结果，这显然对用户更不友好，因此推荐这里将等待时间配置为 0 ms。initBulkheadRegistry 方法是创建一个舱壁注册机（BulkheadRegistry），在这个过程中，使用舱壁配置创建了一个名为 "test" 的舱壁。对于 main 方法，主要是使用 RestTemplate 进行服务调用，它先从舱壁注册机中获取 "test" 舱壁，然后在代码①处对服务调用和舱壁进行捆绑，这样就能够将该服务调用进行隔离了。

通过上述代码就可以让某项业务在一个独立的舱壁中运行了。如果这项业务发生故障，或者舱壁本身出现故障，显然只会损坏这项业务或舱壁本身，而不会危及整个服务，这样就可以有效控制系统的受损范围，提高服务的可用性了。此外，对于舱壁线程池长期不满的情况，可以调小并发线程数，对于舱壁线程不足的情况，也可以调大线程数，这体现了线程隔离的灵活性，支持对某项业务单独优化。

3. 网关过滤

网关过滤也是常用的处理高并发的技术之一，通过它可以区分请求的有效性。判断请求是否有效的办法，常见的有这么几种：验证码（如图片验证码、短信验证码和拖动验证码等）、用户黑名单、限制用户单位时间戳的请求数、实名制、区分僵尸用户和 IP 封禁等。虽然这些判断可以放在网关进行，但是网关一般不进行复杂的业务逻辑判断，并且需要注意性能的问题。推荐使用缓存技术对一些请求进行简易快速的判断，尽可能避免使用数据库，因为数据库的性能较低，会影响到全局的性能。通过这些简单快速的判断，能避免大量的无效请求来到后端服务器，从而保护应用。

对于验证码来说，现今图片验证码已经比较少使用了，因为当前存在大量的图片识别软件，所以取而代之的是短信验证码和拖动验证码等方式，这样就可以避免图片识别软件自动补齐验证码进行大量请求。用户黑名单指的是系统内部发现常常攻击网站的用户，对于它们进行区分对待。可以考虑将黑名单保存到缓存中，如 Redis，然后通过用户名判断是否为黑名单用户，如果是则进行拦截，这样就可以避免它们的请求路由到后端服务器了。限制用户单位时间戳的请求数也是常用的方法，例如，限制用户 1 分钟只能进行 3 次购买操作，这样就可以避免恶意刷请求，限制用户操作的频度了。当然，这些操作记录也可以存放到 Redis 中，以便于快速判定。对系统实现实名制，对于涉及账户和商品操作的系统，可以考虑实名制，处理一名多户的情况，从而压制不合理的注册，减少恶意刷请求的可能性。系统内还有些僵尸用户，所谓僵尸用户是指平时不上线，只是偶尔上线，但它们在一些关键时刻，如春运抢票，就开始大量购买，然后高价倒卖黄牛票。对于这样的僵尸用户，应该进行区分，在关键时刻限制它们购买的票数。IP 封禁是指封禁在某个网段进行频繁请求的 IP，但使用 IP 封禁可能会误伤正常用户，所以在使用时应该慎重一些。

为了更好地说明，我们以用户黑名单为例进行说明。首先需要引入 Redis 的依赖，代码如下：

```xml
<!-- 加入 Spring Boot 的 Redis 依赖 -->
<dependency>
    <groupId>org.springframework.boot</groupId>
    <artifactId>spring-boot-starter-data-redis</artifactId>
    <!--排除同步 Redis 客户端 Lettuce-->
    <exclusions>
        <exclusion>
            <groupId>io.lettuce</groupId>
            <artifactId>lettuce-core</artifactId>
        </exclusion>
    </exclusions>
</dependency>
<!--加入 Redis 客户端 Jedis-->
<dependency>
    <groupId>redis.clients</groupId>
    <artifactId>jedis</artifactId>
</dependency>
```

紧跟着需要在 application.yml 文件中增加 Redis 部分的配置，如代码清单 20-6 所示。

代码清单 20-6　配置 Redis（ms-gateway 模块）

```yaml
spring:
  redis:
    # Redis 服务器地址
    host: 192.168.224.131
    # Redis 密码
    password: 123456
    # Jedis 客户端
    jedis:
      # 连接池配置
      pool:
        # 最大活动连接数
        max-active: 20
        # 最大等待时间（单位毫秒）
        max-wait: 2000
        # 最小闲置连接数
```

```
   min-idle: 5
   # 最大闲置连接数
   max-idle: 15
```

这样就配置好了 Redis，为了模拟，我们需要在 Redis 中添加一个黑名单用户，于是在 Redis 客户端中执行命令：

```
hset blacklist user1 1
```

这里，"blacklist" 是一个哈希结构的名称，"user1" 是用户名，"1" 表示是黑名单用户，这样黑名单就可以保存在哈希结构中了。为了在网关拦截黑名单用户，可以在 Spring Boot 的启动文件中添加一个全局拦截器，如代码清单 20-7 所示。

代码清单 20-7　黑名单用户拦截器（ms-gateway 模块）

```
@Autowired // 注入 StringRedisTemplate 对象
private StringRedisTemplate stringRedisTemplate = null;

@Bean(name = "blacklistFilter")
public GlobalFilter blacklistFilter() {
    return (exchange, chain) -> {
        String username = exchange.getRequest(). // 获取请求参数
                getQueryParams().getFirst("username");
        // 如果参数为空，则不执行过滤逻辑
        if (StringUtils.isEmpty(username)) {
            return chain.filter(exchange);
        }
        String value = (String)stringRedisTemplate.opsForHash()
                .get("blacklist", username); // 获取黑名单用户信息
        // 不存在或者标志为 0，则为正常用户，放行
        if (StringUtils.isEmpty(value) || "0".equals(value)) {
            return chain.filter(exchange);
        } else { // 是黑名单用户，则拦截请求
            // 响应对象
            ServerHttpResponse serverHttpResponse = exchange.getResponse();
            // 设置响应码（禁止请求）
            serverHttpResponse.setStatusCode(HttpStatus.FORBIDDEN);
            ResultMessage result
                    = new ResultMessage(false, "黑名单用户，请联系客服处理");
            // 转换为 JSON 字节
            byte[] bytes = JSONObject.toJSONString(result).getBytes();
            DataBuffer buffer
                    = exchange.getResponse().bufferFactory().wrap(bytes);
            // 响应体，提示请求黑名单用户，禁止请求
            return serverHttpResponse.writeWith(Mono.just(buffer));
        }
    };
}
```

代码首先注入了 StringRedisTemplate 对象，这个对象是 spring-boot-starter-data-redis 自动装配的。跟着是 blacklistFilter 方法，它读取用户名的请求参数，然后在 Redis 中查询是否存在，如果存在且不为黑名单用户，则放行，如果为黑名单用户，则进行拦截，返回拦截原因，表明是黑名单用户。为了验证黑名单的功能，我们可以在浏览器中请求地址 http://localhost:2001/demo/test?username=user1，可以看到图 20-6 所示的界面了。

这样，通过网关的拦截器，就可以拦截黑名单用户了。此外，还可以根据自己业务的需要，添加对应的过滤功能，例如，限制单位时间戳内用户请求的次数，从而避免用户的恶意攻击。

图 20-6　验证网关黑名单过滤

4. 断路器

在介绍 Hystrix 时，我们谈到过因服务依赖引发的服务器雪崩现象，在高并发时，更容易产生这个现象，因此，往往还需要使用断路器，保护那些可能引发问题的服务调用。关于断路器，本书谈过 Hystrix 和 Resilience4j 两种，这里采用 Resilience4j 进行介绍。为此，先对断路器进行配置，如代码清单 20-8 所示。

代码清单 20-8　配置 Resilience4j 断路器（ms-gateway 模块）

```
resilience4j:
  # 配置断路器，配置的断路器会注册到断路器注册机（CircuitBreakerRegistry）中
  circuitbreaker:
    backends:
      # 名称为 test 的断路器
      test:
        # 当断路器处于关闭状态时，监测到环形数组有多少位信息时，
        # 重新分析请求结果，确定是否改变断路器的状态
        ring-Buffer-size-in-closed-state: 10
        # 当断路器处于打开状态时，监测到环形数组有多少位信息时，
        # 重新分析请求结果，确定是否改变断路器的状态
        ring-buffer-size-in-half-open-state: 10
        # 当断路器处于打开状态时，等待多少时间（单位毫秒），
        # 转变为半打开状态，默认为 60 秒
        wait-duration-in-open-state: 5000
        # 当请求失败比例达到 30%时，打开断路器，默认为 50%
        failure-rate-threshold: 30
        # 是否注册 metrics 监控
        register-health-indicator: true
```

关于配置的内容，可以参考代码中的注释，这里就不再赘述了。有了配置，就可以在应用中使用断路器了。为此，新建控制器 CircuitBreakerController，其内容如代码清单 20-9 所示。

代码清单 20-9　使用 Resilience4j 断路器（ms-gateway 模块）

```
package com.spring.cloud.ms.gateway.controller;
/**** imports ****/
@RestController
public class CircuitBreakerController {

    // 断路器注册机 ①
    @Autowired
    private CircuitBreakerRegistry circuitBreakerRegistry = null;
    @GetMapping("/test")
    public String test() {
        // 从断路器注册机中获取 "test" 断路器
        CircuitBreaker testCircuitBreaker
                = circuitBreakerRegistry.circuitBreaker("test");
        String url = "http://localhost:3001/test";
        RestTemplate restTemplate = new RestTemplate();
        // 描述事件并和断路器捆绑到一起 ②
```

```
CheckedFunction0<String> decoratedSupplier =
    CircuitBreaker.decorateCheckedSupplier(
        testCircuitBreaker,
        ()-> restTemplate.getForObject(url, String.class));
// 发送事件
Try<String> result = Try.of(decoratedSupplier)
        // 如果发生异常，则执行降级方法
        .recover(ex -> "产生了异常"); // ③
// 返回结果
return result.get();
    }
}
```

先看一下代码①处，它主要是注入 resilience4j-spring-boot2，为我们自动装配断路器注册机。核心是 test 方法，它首先从断路器注册机获取 "test" 断路器。然后在代码②处描述事件，并且将断路器绑定在一起。最后发送事件，在代码③处定义降级方法。通过这样就可以保护服务调用了。

20.3　简易微服务系统实例

作为全书的最后一节，让我们搭建一个简单的微服务系统，将全书涉及的主要技术点进行串联，这有利于进一步地掌握 Spring Cloud 微服务和常用分布式系统所需的技术。我会提供该实例的源码，但限于篇幅，基于不重复原则，书中不再列出全部代码，只对系统中关键技术、设计理念和难点代码进行分析。

要搭建微服务系统，应该先从大的架构设计开始，然后再落实到细节，所以先让我们来看实例的架构图，如图 20-7 所示。

图 20-7　简易微服务架构

图 20-7 的架构还是比较简单的，并且很多辅助的微服务模块也没有画出来，这些辅助的模块包

括：服务发现（ms-eureka）、Spring Boot Admin 监控平台（ms-admin）、Hystrix 断路器仪表盘（ms-dashboard）和服务追踪组件（ms-sleuth）。为了更好地理解它们，这里将它们的功能罗列出来，如表 20-1 所示。

表 20-1　简易微服务各个组件简介

微服务（模块）名称	说明	功能简介	端口
ms-eureka	服务治理中心	注册和发现各个微服务实例	1001 和 1002
ms-zuul	微服务（Zuul）网关	请求路由，且实现请求拦截，限流和用户验证	2001 和 2002
ms-product	产品微服务	实现产品微服务的业务功能	5001 和 5002
ms-fund	资金微服务	实现资金微服务的业务功能	6001 和 6002
ms-admin	微服务实例监控平台	使用 Spring Boot Admin 监控各个微服务实例	3001
ms-dashboard	Hystrix 仪表盘	监测各个微服务基于 Hystrix 命令服务的调用情况	4001
ms-sleuth	微服务链路追踪组件	方便出现异常时，追踪微服务服务调用的链路，将使用 Elasticsearch 存储链路数据	9001
ms-common	公共包	提供微服务共同使用的类和工具	——

到这里，大家应该对实例有了整体的认识，下面按组件进行讲解。

20.3.1　服务治理中心（ms-eureka）

对于服务治理中心来说，搭建还是比较简单的，首先是在启动类上使用注解@EnableEurekaServer进行驱动，代码如下：

```
package com.spring.cloud.ms.eureka.main;
/**** imports ****/
@SpringBootApplication
@EnableEurekaServer // 驱动 Eureka 服务治理中心启动
public class MsEurekaApplication {
   public static void main(String[] args) {
      SpringApplication.run(MsEurekaApplication.class, args);
   }
}
```

然后对 application.yml 进行配置，代码如下：

```
spring:
  application:
    # 微服务名称
    name: ms-eureka

eureka:
  client:
    serviceUrl:
      # Eureka 服务治理中心相互注册
      defaultZone: http://localhost:1001/eureka,http://localhost:1002/eureka
```

这样就完成了 Eureka 服务治理中心的搭建。

20.3.2 搭建产品微服务（ms-product）

关于产品微服务，这里搭建会相对复杂一些，也是学习的重点。在该微服务中，我使用了分布式数据库、Redis 缓存、Spring Security、分布式生成 ID 方案——SnowFlake（雪花）算法和幂等性等分布式常用技术，只是本节暂且不讨论 Spring Security 的应用。因为使用了数据库，所以下面先提供建表 SQL，如代码清单 20-10 所示。

代码清单 20-10　产品微服务数据库建表 SQL

```
# 创建 2 个数据库实例
create database sc_chapter20_product_1;
create database sc_chapter20_product_2;

# 使用 sc_chapter20_product_1 数据库实例
use sc_chapter20_product_1;
# 建产品表
create table t_product (
id bigint primary key,
product_name varchar(60) not null,
stock int(12) not null default 0,
note varchar(512) null
);

# 建产品销售表
create table t_product_sales_details(
id bigint primary key,
xid bigint, # 业务流水交易序号
product_id bigint not null,
user_name varchar(60) not null,
quantity int(12) not null,
sale_date date not null ,
note varchar(256) null
);

# 创建索引
create index product_id_sales_idex on t_product_sales_details(product_id);
create index product_user_sales_idex on t_product_sales_details(user_name);

# 测试数据
insert into t_product(id, product_name, stock, note)
    values(68119486682775552, 'product_name_abc', 10, '测试产品 1');

# 使用 sc_chapter20_product_2 数据库实例
use sc_chapter20_product_2;
create table t_product (
id bigint primary key,
product_name varchar(60) not null,
stock int(12) not null default 0,
note varchar(512) null
);

# 建产品销售表
create table t_product_sales_details(
id bigint primary key,
xid bigint , # 业务流水交易序号
product_id bigint not null,
```

```
user_name varchar(60) not null,
quantity int(12) not null,
sale_date date not null,
note varchar(256) null
);

# 创建索引
create index product_id_sales_idex on t_product_sales_details(product_id);
create index product_user_sales_idex on t_product_sales_details(user_name);

# 测试数据
insert into t_product(id, product_name, stock, note)
values(68119486682775551, 'product_name_def', 20, '测试产品 2');
```

这里创建了两个数据库实例 sc_chapter20_product_1 和 sc_chapter20_product_2，跟着创建了两个表：产品表（t_product）和产品销售明细表（t_product_sales_details）。为了加速 t_product_sales_details 表的关联查询，还为产品编号（product_id）和用户名称（user_name）建了索引，这样查询速度就会快许多了。

由于涉及多个数据库，因此首先需要解决多数据库路由的问题。为此，我们需要使用 Spring 为我们提供的 AbstractRoutingDataSource，如代码清单 20-11 所示。

代码清单 20-11　产品微服务数据库建表 SQL（ms-product 模块）

```java
package com.spring.cloud.ms.product.database;
/**** imports ****/
@Component // 扫描为 Spring Bean
// 继承 AbstractRoutingDataSource
public class RoutingDataSource extends AbstractRoutingDataSource {

    // 数据源 key 列表
    private List<String> keyList = new ArrayList<>();

    // 数据库连接列表
    private String []urls = {
        "jdbc:mysql://localhost:3306/sc_chapter20_product_1" +
            "?serverTimezone=UTC",
        "jdbc:mysql://localhost:3306/sc_chapter20_product_2" +
            "?serverTimezone=UTC"
    };
    // 用户
    private String username = "root";
    // 密码
    private String password = "123456";
    // 驱动
    private String driverClassName = "com.mysql.jdbc.Driver";


    @PostConstruct // 让 Spring 在构造后执行该方法
    public void init() {
        Map<Object, Object> targetDs = new HashMap<>();
        int count = 0;
        DataSource firstDs = null;
        for (String url : urls) { // 创建数据源
            Properties props = new Properties();
            // 设置属性
```

```
                props.setProperty("url", url);
                props.setProperty("username", username);
                props.setProperty("password", password);
                props.setProperty("driverClassName", driverClassName);
                DataSource ds = null;
                try {
                    ds = BasicDataSourceFactory.createDataSource(props);
                    firstDs = (firstDs == null ? ds : firstDs);
                    count ++;
                    String key = "datasource_" + count;
                    targetDs.put(key, ds);
                    keyList.add(key); // 数据源 key
                } catch (Exception ex) {
                    ex.printStackTrace();
                }
            }

            if (targetDs.isEmpty()) {
                throw  new RuntimeException("初始化多数据源错误");
            }
            // 设置目标数据源
            this.setTargetDataSources(targetDs);
            // 设置默认数据库
            this.setDefaultTargetDataSource(firstDs);

        }

        /**
         * 选取数据库策略
         * @return 数据库对应的 key
         */
        @Override
        protected Object determineCurrentLookupKey() {
            // 获取线程副本中的变量值
            Long id = DataSourcesContentHolder.getId();
            // 求模算法
            Long idx =id % keyList.size();
            // 获取数据源 key
            return keyList.get(idx.intValue());
        }
    }
```

这个类继承了 AbstractRoutingDataSource，且标注了 @Component，表示它会被 Spring IoC 容器所扫描，成为模块的数据源。构造路由数据源分 2 个步骤：一是数据源的列表，这是 init 方法要处理的事情，该方法标注了 @PostConstruct，说明 Spring 会在装配它之后去执行；二是给出从数据源列表选取具体数据库的策略，这是 determineCurrentLookupKey 方法来完成的，该方法是从类 AbstractRoutingDataSource 继承过来的，这里采用的是取模算法，如果数据库比较多，可以考虑使用一致性哈希算法。再看到 determineCurrentLookupKey 方法的实现，代码中存在一个工具类 DataSourcesContentHolder，通过它就可以通过线程变量来选择数据库了。我们来看一下 DataSourcesContentHolder 的源码，如代码清单 20-12 所示。

代码清单 20-12　通过线程变量选择数据库（ms-common 模块）

```
package com.spring.cloud.ms.common.database;
/**** imports ****/
```

```java
public class DataSourcesContentHolder {
    // 线程副本
    private static final ThreadLocal<Long> contextHolder = new ThreadLocal<>();

    // 设置 id
    public static void setId(Long id) {
        contextHolder.set(id);
    }

    // 获取线程 id
    public static Long getId() {
        return contextHolder.get();
    }
}
```

这样，通过它的 setId 就可以按照取模算法来决定如何选取数据库了。配置好了数据库，让我们来开发一个简单获取产品信息的功能。首先来看它的服务层，如代码清单 20-13 所示。

代码清单 20-13 产品服务实现类（ms-product 模块）

```java
package com.spring.cloud.ms.product.service.impl;
/**** imports ****/
@Service
public class ProductServiceImpl implements ProductService {

    @Autowired
    private ProductDao productDao = null;

    /**
     * 允许从缓存中读取
     * @param id -- 产品编号
     * @return 产品对象
     */
    @Override
    // 事务
    @Transactional(isolation = Isolation.READ_COMMITTED)
    // 使用缓存存储结果
    @Cacheable(value = "redis-cache", key = "'product_'+#id")
    public ProductPojo getProduct(Long id) {
        return productDao.getProduct(id);
    }

    /**
     * 不从缓存中读取，从数据库读取最新值
     * @param id -- 产品编号
     * @return 产品对象
     */
    @Override
    // 事务
    @Transactional(isolation = Isolation.READ_COMMITTED)
    public ProductPojo getLatestProduct(Long id) {
        return productDao.getProduct(id);
    }

    ...
}
```

这里有两个获取产品信息的方法 getProduct 和 getLatestProduct。注意，getProduct 上标注了 @Cacheable，意味着它将采用缓存机制。关于 Redis 缓存，只需要在启动类上标注@EnableCaching，并进行适当的配置即可开启。而 getLatestProduct 方法则不同，它将直接读取数据库的信息，这样就可以尽可能获取最新的值了。一般来说，getProduct 方法用于那些普通的查询，因为可以从 Redis 中获取，所以性能较快；getLatestProduct 方法用于更新和其他需要实时性的场合，但是需要从数据库中获取，所以性能较慢。

跟着我们再完成控制器的内容，如代码清单 20-14 所示。

代码清单 20-14　产品控制器（ms-product 模块）

```
package com.spring.cloud.ms.product.controller;
/**** imports ****/

@RestController
public class ProductController {

    @Autowired
    private ProductService productService = null;

    // 获取产品信息，可能从 Redis 缓存中读取
    @GetMapping("/product/{id}")
    public ProductPojo getProduct(@PathVariable("id") Long id) {
        // 设置 ID，让多数据源按照其算法寻找对应的数据库
        DataSourcesContentHolder.setId(id);
        return productService.getProduct(id);
    }

    // 获取最新产品信息，不从 Redis 缓存读取
    @GetMapping("/product/latest/{id}")
    public ProductPojo getLatestProduct(@PathVariable("id") Long id) {
        // 设置 ID，让多数据源按照其算法寻找对应的数据库
        DataSourcesContentHolder.setId(id);
        return productService.getLatestProduct(id);
    }

    ...

}
```

注意加粗的代码，这里都使用 DataSourcesContentHolder 设置了产品编号（id），这样路由数据源就可以跟着产品编号来选择数据库了。因为是产品微服务，所以采用产品编号作为路由会更加合理一些。

有了产品，自然我们就考虑到了减库存，在分布式的环境中，减库存可能会成为一件比较麻烦的事情，为什么呢？假设交易是从资金微服务（ms-fund）发起的，它会提供一个流水号（xid）去关联业务，这时就存在资金微服务调用产品微服务的场景，此时可能会出现重试的场景。在重试中就要求哪怕是多次尝试，结果都应该是一致的，也就是调用多次的结果和调用一次的结果都要相同。下面我们来处理这些问题。为此，在类 ProductServiceImpl 中添加如下方法，如代码清单 20-15 所示。

代码清单 20-15　扣减产品库存（ms-product 模块）

```
// 分布式 ID 生成——雪花算法
private SnowFlakeWorker snowFlakeWorker = null;
```

```
@Bean
public SnowFlakeWorker snowFlakeWorker(
        @Value("${database.center.id}") Long dataCenterId ) {
    if (snowFlakeWorker == null) {
        snowFlakeWorker = new SnowFlakeWorker(dataCenterId);
    }
    return snowFlakeWorker ;
}


@Autowired
private ProductSalesDetailsDao productSalesDetailsDao = null;

/**
 *  减库存，且记录产品减库存信息
 * @param xid -- 业务号
 * @param quantity -- 购买数量
 * @param id  -- 产品编号
 * @return
 */
@Override
@Transactional(isolation = Isolation.READ_COMMITTED)
public Integer reduceStock(Long xid, Integer quantity, Long id) {
    // 获取产品信息
    ProductPojo product = productDao.getProduct(id);
    if (quantity > product.getStock()) { // 库存不足返回-1
        return -1;
    }
    int result = productDao.reduceStock(xid, quantity, id); // ①
    if (result == 0) { // 因为重复扣减失败
        return 0;
    }
    // 成功扣减，记录明细
    ProductSalesDetailsPojo details
        = initProductSalesDetails(xid, id, quantity);
    productSalesDetailsDao.insertProductSales(details);
    return result;
}


/**
 * 初始化产品减库存明细信息
 * @param xid   -- 业务序号
 * @param id    -- 产品编号
 * @param quantity  -- 数量
 * @return 产品减库存明细信息
 */
private ProductSalesDetailsPojo initProductSalesDetails(
        Long xid, Long id, Integer quantity) {
    ProductSalesDetailsPojo details = new ProductSalesDetailsPojo();
    // 使用雪花算法生成 id
    details.setId(snowFlakeWorker.nextId());
    details.setXid(xid);
    details.setSaleDate(new Date());
    details.setProductId(id);
    details.setQuantity(quantity);
    // 获取当前用户认证信息
    Authentication authentication
```

```
        = SecurityContextHolder.getContext().getAuthentication();
    // 获取用户名
    String userName = authentication.getName();
    details.setUserName(userName);
    details.setNote("购买商品");
    return details;
}
```

这里看 snowFlakeWorker 方法，它主要是创建雪花算法，用来产生分布式的唯一 ID。在生成实例时，可以通过配置属性 database.center.id 设置数据中心，为了避免这个属性重复，可以在不同的微服务实例配置不同的数值，其取值范围是 0 到 1023。在这段代码中，最值得注意的是代码①处的代码，它将执行如下 SQL：

```
update t_product set stock = stock- #{quantity} where id = #{id}
and not exists (select * from t_product_sales_details where xid = #{xid})
```

注意 not exists 语句，它增加了是否已经存在产品销售明细的判断，这样在重试的情况下，就不会被重复扣减库存了，解决了分布式下的重试问题。在 initProductSalesDetails 方法中，生成 ID 的时候使用了雪花算法，同时还使用了 Spring Security 的上下文来获取登录用户名。因为这里使用了雪花算法，所以在此再给出代码，如代码清单 20-16 所示。

代码清单 20-16　雪花算法（ms-common 模块）

```
package com.spring.cloud.ms.common.key;
public class SnowFlakeWorker {
    // 开始时间（这里使用 2019 年 4 月 1 日整点）
    private final static long START_TIME = 1554048000000L;
    // 数据中心编号所占位数
    private final static long DATA_CENTER_BITS = 10L;
    // 最大数据中心编号
    private final static long MAX_DATA_CENTER_ID = 1023;
    // 序列编号占位位数
    private final static long SEQUENCE_BIT = 12L;
    // 数据中心编号向左移 12 位
    private final static long DATA_CENTER_SHIFT = SEQUENCE_BIT ;
    /** 时间戳向左移 22 位（10+12） */
    private final static long TIMESTAMP_SHIFT
            = DATA_CENTER_BITS + DATA_CENTER_SHIFT;
    // 最大生成序列号，这里为 4095
    private final static long MAX_SEQUENCE = 4095;
    // 数据中心 ID（0~1023）
    private long dataCenter = 36L;
    // 毫秒内序列（0~4095）
    private long sequence = 0L;
    // 上次生成 ID 的时间戳
    private long lastTimestamp = -1L;

    /**
     * 构造方法
     * @param dataCenter -- 数据中心
     */
    public SnowFlakeWorker(long dataCenter) {
        this.dataCenter = dataCenter;
    }
```

```
/**
 * 获得下一个 ID（为了避免多线程环境产生错误，这里的方法是线程安全的）
 * @return SnowflakeId
 */
public synchronized long nextId() {
    // 获取当前时间
    long timestamp = System.currentTimeMillis();
    // 如果是同一个毫秒时间戳的处理
    if (timestamp == lastTimestamp) {
        sequence += 1; // 序号+1
        // 是否超过允许的最大序列
        if (sequence > MAX_SEQUENCE) {
            sequence = 0;
            // 等待到下一毫秒
            timestamp = tilNextMillis(timestamp); // ②
        }
    } else {
        // 修改时间戳
        lastTimestamp = timestamp;
        // 序号重新开始
        sequence = 0;
    }
    // 二进制的位运算，其中 "<<" 代表二进制左移，"|" 代表或运算
    long result = ((timestamp - START_TIME) << TIMESTAMP_SHIFT)
            | (this.dataCenter << DATA_CENTER_SHIFT)
            | sequence; // ③
    return result;
}

/**
 * 阻塞到下一毫秒，直到获得新的时间戳
 * @param lastTimestamp -- 上次生成 ID 的时间戳
 * @return 当前时间戳
 */
protected long tilNextMillis(long lastTimestamp) {
    long timestamp;
    do {
        timestamp = System.currentTimeMillis();
    } while(timestamp > lastTimestamp);
    return timestamp;
}

}
```

　　雪花算法是生成分布式 ID 的时间算法，它在时间算法的基础上，又添加了 5 位二进制受理机器、5 位二进制数据中心和 12 位二进制序号。但因为现今微服务和分布式去中心化的潮流，所以受理机器编号已渐渐被废弃，因此我就不再使用它，这样就多出了 5 位二进制用于记录数据中心，所以共计 10 位二进制可以记录数据中心，其取值范围就是 0～1023。

　　最后编写控制器，来测试产品减库存的功能，在类 ProductController 中添加如下代码：

```
/**
 * 因为服务调用存在重试机制，所以这里需要注意幂等性的问题
 * @param xid -- 业务序列号
 * @param id -- 产品编号
```

```
 *  @param quantity  -- 购买数量
 *  @return 是否成功
 */
@PostMapping("/product/stock/{xid}/{id}/{quantity}")
public SuccessOrFailureMessage reduceStock(@PathVariable("xid") Long xid,
        @PathVariable("id") Long id, @PathVariable("quantity") Integer quantity) {
    DataSourcesContentHolder.setId(id);
    Integer result = productService.reduceStock(xid, quantity,id);
    if (result ==-1) {
        return new SuccessOrFailureMessage(false, "库存不足");
    } else if (result == 0){
        return new SuccessOrFailureMessage(false, "重复扣减");
    } else {
        return new SuccessOrFailureMessage(true, "扣减库存成功");
    }
}
```

请注意，这里仍旧以产品编号作为路由数据库选择的策略，这样的好处在于，产品销售明细数据能和对应的产品数据存放在同一个数据库实例中，在关联上能快许多。还需要注意的是，上述还没有解决分布式事务的问题。一般来说，在微服务应用上，对于分布式事务，我们都会考虑采用弱一致性（如使用 TCC）减少不一致的情况，再使用事后对账的方式使得数据能够达到最终一致。

20.3.3　网关微服务开发（ms-zuul）

网关微服务（ms-zuul）也是我们的重点内容之一。网关的作用主要是路由请求、验证权限、限流和加入其他过滤请求条件等。

这里我们先通过 Spring Security 实现安全认证。一般来说，我们会使用数据库，所以先来定义用户认证和权限功能的数据库表，如代码清单 20-17 所示。

代码清单 20-17　网关安全认证（ms-zuul 模块）
```
# 创建数据库
create database sc_chapter20_user;
# 使用数据库 sc_chapter20_user
use sc_chapter20_user;

/**角色表**/
create table t_role(
    id       int(12) not null auto_increment,
    role_name varchar(60) not null,
    note      varchar(256),
    primary key (id),
    unique(role_name)
);
/**用户表**/
create table t_user(
    id       int(12) not null auto_increment,
    user_name varchar(60) not null,
    pwd      varchar(100) not null,
    /**是否可用，1 表示可用，0 表示不可用**/
    available INT(1) DEFAULT 1 CHECK(available IN (0, 1)),
    note      varchar(256),
    primary key (id),
    unique(user_name)
```

```
);
/**用户角色表**/
create table t_user_role (
    id      int(12) not null auto_increment,
    role_id int(12) not null,
    user_id int(12) not null,
    primary key (id),
    unique(user_id, role_id)
);

# 插入角色数据
insert into t_role(role_name, note) values('ROLE_ADMIN', '管理员');
insert into t_role(role_name, note) values('ROLE_USER', '普通用户');

# 用户 user，密码明文 admin123
insert into t_user(user_name, pwd, available, note)
values('admin', '$2a$10$zqBAnIudC1hOZqITxSv49e09aIVrzu8Uxnpl8FMXyem60Qbg0kIPG', 1, '系统
管理员');

# 用户 admin，密码明文 user123
insert into t_user(user_name, pwd, available, note)
values('user', '$2a$10$E2Y5TVH4rHinNtwwaWq49u52IEqUqFDW7ICzwnhrAq9kg1PUYr7Pm', 1, '普通用户');

# 用户角色数据
insert into t_user_role(role_id, user_id) values(1, 1);
insert into t_user_role(role_id, user_id) values(2, 1);
insert into t_user_role(role_id, user_id) values(2, 2);
```

　　然后基于数据库来开发 Spring Security 的安全认证。首先开发服务类，它需要继承 UserDetailsService（org.springframework.security.core.userdetails.UserDetailsService），如代码清单 20-18 所示。

代码清单 20-18　Spring Security 基于数据库的安全认证类（ms-zuul 模块）

```
package com.spring.cloud.ms.zuul.security.service.impl;
/**** imports ****/
@Service
public class UserDetailsServiceImpl implements UserDetailsService {

    // 注入 UserService 对象
    @Autowired
    private UserService userService = null;

    @Override
    @Transactional(isolation = Isolation.READ_COMMITTED)
    @Cacheable(value = "redis-cache", key = "'user_'+#userName") // 使用缓存
    public UserDetails loadUserByUsername(String userName)
            throws UsernameNotFoundException {
        // 获取用户角色信息
        UserRolePo userRole = userService.getUserRoleByUserName(userName);
        // 转换为 Spring Security 用户详情
        return change(userRole);
    }

    private UserDetails change(UserRolePo userRole) { // 构建用户详情类
        // 权限列表
        List<GrantedAuthority> authorityList = new ArrayList<>();
        // 获取用户角色信息
```

```
        List<RolePo> roleList = userRole.getRoleList();
        // 将角色名称放入权限列表中
        for (RolePo role: roleList) {
            GrantedAuthority authority
                    = new SimpleGrantedAuthority(role.getRoleName());
            authorityList.add(authority);
        }
        UserPo user = userRole.getUser(); // 用户信息
        // 创建 Spring Security 用户详情
        UserDetails result
                = new User(user.getUserName(),
                    user.getPassword(), authorityList);
        return result;
    }
}
```

这样用户就可以从数据库中读取数据了。还需要注意注解 @Cacheable 的使用,说明第一次读取后,就会将其存放在缓存中,这样后续的速度就会加快。在现实中还可以做热数据,也就是系统启动时,将热点用户存的数据放到 Redis 中,之后便可以快速地完成认证了。

有了用户认证的服务类,跟着就要配置 Spring Security 的内容了,这需要自己编写一个类,且这个类需要继承 WebSecurityConfigurerAdapter(org.springframework.security.config.annotation.web.configuration. WebSecurityConfigurerAdapter),如代码清单 20-19 所示。

代码清单 20-19　Spring Security 基于数据库的安全认证类(ms-zuul 模块)

```
package com.spring.cloud.ms.zuul.security;
/**** imports ****/
@Configuration
// 继承 WebSecurityConfigurerAdapter
public class SecurityConfigure extends WebSecurityConfigurerAdapter {

    private PasswordEncoder passwordEncoder = null;

    // 用户认证服务
    @Autowired
    private UserDetailsService userDetailsService = null;

    @Bean("passwordEncoder")
    public PasswordEncoder initPasswordEncoder() { // 密码编码器
        if (passwordEncoder == null) {
            passwordEncoder = new BCryptPasswordEncoder();
        }
        return passwordEncoder;
    }

    /**
     * 用户认证
     * @param auth  -- 认证构建
     * @throws Exception
     */
    @Override
    protected void configure(AuthenticationManagerBuilder auth)
            throws Exception {
        // 设置自定用户认证服务和密码编码器
        auth.userDetailsService(userDetailsService)
```

```
                .passwordEncoder(this.initPasswordEncoder());
    }

    /**
     * 请求路径权限限制
     * @param http -- HTTP 请求配置
     * @throws Exception
     */
    @Override
    public void configure(HttpSecurity http) throws Exception {
        http.authorizeRequests()
            .antMatchers("/index.html").permitAll()
            // 开放 Actuator 端点权限，给 Spring Boot Admin 监控
            .antMatchers("/actuator/**").permitAll()
            // 无权限配置的全部开放给已经登录的用户
            .anyRequest().authenticated()
            // 使用页面登录
            .and().formLogin();
    }
}
```

这里的代码首先使用 initPasswordEncoder 方法，装配一个 PasswordEncoder 对象给 IoC 容器，这是新版 Spring Security 必须要存在的 Bean。在 configure(AuthenticationManagerBuilder)方法中，配置了我们开发好的用户认证服务类。在 configure(HttpSecurity)方法中，配置权限，其中关于"/actuator/**"的全部开放，为的是方便后续 Spring Boot Admin 进行监控。

我们知道在 Spring Cloud 中，网关也可以是多个实例的，为了达到一次验证多个实例通行，可以考虑使用 spring-session-data-redis，通过 Redis 保存各个服务实例的会话信息，这样就能够共享 Session 了，驱动这个功能的注解是@EnableRedisHttpSession。为了让读者更好地理解，这里展示一下启动类，如代码清单 20-20 所示。

代码清单 20-20　ms-zuul 启动类（ms-zuul 模块）

```
package com.spring.cloud.ms.zuul.main;
/**** imports ****/
// 标注 Spring Boot 工程
@SpringBootApplication(scanBasePackages = "com.spring.cloud.ms.zuul")
// 使用 spring-session-data-redis，这样多个 Zuul 实例就可以共享缓存了
@EnableRedisHttpSession
// 驱动 Zuul 工作
@EnableZuulProxy
// MyBatis 映射器扫描
@MapperScan(basePackages = "com.spring.cloud.ms.zuul",
    // 使用注解限制扫描接口
    annotationClass = Mapper.class)
// 启用 Spring 缓存机制
@EnableCaching
public class MsZuulApplication {
    public static void main(String[] args) {
        SpringApplication.run(MsZuulApplication.class, args);
    }
}
```

这个启动类中有许多注解，我一一作了注释，请大家参考。只要配置对应的 Redis，多个网关就

可以通过共享缓存来共享 Session 了。

为了能让网关路由到具体的微服务，我们还需要进行配置，如代码清单 20-21 所示。

代码清单 20-21　配置网关路由（ms-zuul 模块）

```
# Zuul 的配置
zuul:
  # 路由配置
  routes:
    # 路由到微服务
    client1-service:
      # 请求拦截路径配置（使用 ANT 风格）
      path: /product-api/**
      # 配置具体的微服务
      service-id: ms-product
    client2-service:
      # 请求拦截路径配置（使用 ANT 风格）
      path: /fund-api/**
      # 配置具体的微服务
      service-id: ms-fund
```

这里采用了服务发现的配置，这样通过对应的 path 匹配，网关就会帮我们路由到具体的源服务器实例上了。

网关的作用除了路由和验证外，还可以实现限流其他功能。这里先考虑限流功能，限流是分布式保护后端源服务器常用的手段，可以考虑使用 Resilience4j 来实现，为此，先引入 resilience4j-spring-boot2 依赖。在网关中添加功能往往都是依靠过滤器来实现的，不过首先可以配置 Resilience4j 的限速器，如代码清单 20-22 所示。

代码清单 20-22　配置 Resilience4j 限速器（ms-zuul 模块）

```
resilience4j:
  # 限速器
  ratelimiter:
    # 配置限速器，配置的限速器会注册到限速器注册机（RateLimiterRegistry）中
    limiters:
      # 名称为“common”的限速器
      common:
        # 时间戳内限制通过的请求数，默认值为 50
        limitForPeriod: 2000
        # 配置时间戳（单位毫秒），默认值为 500 ns
        limitRefreshPeriodInMillis: 1000
        # 超时时间（单位毫秒）
        timeoutInMillis: 200
        # 是否注册监控指标
        registerHealthIndicator: true
        # 事件消费环形数组位数
        eventConsumerBufferSize: 100
```

这样就配置了限速器每秒可以通过 2000 个请求，请注意，这是单个网关实例的流量，如果是多个网关实例，需要考虑整体的限速。例如，如果这样配置 2 个网关，那么整体的流量就是每秒允许通过 4000 个请求了，而非 2000 个了。

为了实现限速的功能，这里添加一个过滤器，如代码清单 20-23 所示。

代码清单 20-23　使用 Resilience4j 限速器的过滤器进行限流（ms-zuul 模块）

```java
package com.spring.cloud.ms.zuul.filter;
/**** imports ****/
// 限流过滤器
@Component
public class RateLimiterRouterFilter extends ZuulFilter {

    // 限速器注册机
    @Autowired
    private RateLimiterRegistry rateLimiterRegistry = null;

    // 路由之前执行
    @Override
    public String filterType() {
        return FilterConstants.PRE_TYPE;
    }

    // 拦截器的顺序
    @Override
    public int filterOrder() {
        return FilterConstants.PRE_DECORATION_FILTER_ORDER + 10;
    }

    // 判断是否执行拦截器
    @Override
    public boolean shouldFilter() {
        return true;
    }

    @Override
    public Object run() throws ZuulException {
        // 从限速器注册机中获取“common”限速器
        RateLimiter commonRateLimiter
            = rateLimiterRegistry.rateLimiter("common");
        // 描述事件
        CheckedFunction0<SuccessOrFailureMessage> decoratedSupplier =
            RateLimiter.decorateCheckedSupplier(
                commonRateLimiter,
                ()->new SuccessOrFailureMessage(true, "通过"));
        // 发送事件
        Try<SuccessOrFailureMessage> result = Try.of(decoratedSupplier)
            // 如果发生异常，则执行降级方法
            .recover(ex -> {
                return new SuccessOrFailureMessage(false,
                    "当前流量过大，请稍后再试。");
            });
        // 返回结果
        SuccessOrFailureMessage message = result.get();
        if (message.isSuccess()) { // 在流量范围之内
            return null;
        } else { // 流量过大
            RequestContext ctx = RequestContext.getCurrentContext();
            // 不再放行路由，逻辑到此为止
            ctx.setSendZuulResponse(false);
            // 设置响应码为 421——太多请求
            ctx.setResponseStatusCode(421);
```

```
        // 设置响应类型
        ctx.getResponse()
                .setContentType(MediaType.APPLICATION_JSON_UTF8_VALUE);
        // 将 result 转换为 JSON 字符串
        ObjectMapper mapper = new ObjectMapper();
        String body = null;
        try {
            body = mapper.writeValueAsString(message); // 转变为 JSON 字符串
        } catch (JsonProcessingException e) {
            e.printStackTrace();
        }
        // 设置响应体
        ctx.setResponseBody(body);
        return null;
        }
    }
}
```

先看一下 filterType 方法，它的返回表示该拦截器在请求被路由到具体源服务器前执行。run 方法是过滤器的核心，它首先从限速注册机中获取我们配置的"common"限速器，然后执行一定的逻辑。如果该逻辑被正常执行，就意味着流量还没有超过限制，可以将请求路由到对应的源服务器上；倘若该逻辑没有被执行，就意味着流量过大，这个时候就不能再将请求路由到对应的服务器上了，而是要以出错信息的形式打印出来，提示给用户。这样就完成了我们的限速功能。

我们在网关进行了认证，跟着就需要考虑将网关的认证信息发给各个业务服务实例，让它们也能够得到认证信息，从而各自形成独立的权限。除了要转发这些认证信息，还要考虑这些认证信息的安全性，所以在转发前，应该进行加密。当具体的业务服务实例获取认证信息的时候，可以通过解密得到明文，进行用户验证。第一步先考虑网关转发认证信息的问题，新增一个过滤器来实现这个功能，如代码清单 20-24 所示。

代码清单 20-24　过滤器转发认证信息（ms-zuul 模块）

```
package com.spring.cloud.ms.zuul.filter;
/**** imports ****/
@Component
public class AuthRouterFilter extends ZuulFilter {
    // 3DES 密钥
    @Value("${secret.key}")
    private String secretKey = null;

    // 在路由之前执行
    @Override
    public String filterType() {
        return FilterConstants.PRE_TYPE;
    }

    // 过滤器顺序
    @Override
    public int filterOrder() {
        return FilterConstants.PRE_DECORATION_FILTER_ORDER + 20;
    }

    // 判断是否需要拦截
    @Override
```

```java
public boolean shouldFilter() {
    // 获取 Spring Security 登录信息
    Authentication authentication
            = SecurityContextHolder.getContext().getAuthentication();
    return authentication != null;
}


// 过滤器逻辑
@Override
public Object run() throws ZuulException {
    // 获取请求上下文
    RequestContext ctx = RequestContext.getCurrentContext();
    // 获取当前用户认证信息
    Authentication authentication
            = SecurityContextHolder.getContext().getAuthentication();
    // 创建 Token 对象
    UserTokenBean tokenVo = initUserTokenVo(authentication);
    // 转发时间
    tokenVo.setIssueTime(new Date());
    // 半小时后超时
    long expireTime = System.currentTimeMillis()+ 1000*60*30;
    tokenVo.setExpireTime(new Date(expireTime));
    // 将对象转换为 json 字符串
    String json = JSON.toJSONString(tokenVo);
    // 通过 3DES 加密为密文
    String secretText = DesCoderUtils.encode3Des(secretKey, json);
    // 在路由前，放入请求头，等待下游服务器认证
     ctx.addZuulRequestHeader("token", secretText);
    return null; // 放行
}

// 创建 UserTokenBean 对象
private UserTokenBean initUserTokenVo(Authentication authentication) {
    // 用户名
    String username = authentication.getName();
    // 处理角色权限
    Collection authorities = authentication.getAuthorities();
    Iterator iterator = authorities.iterator();
    StringBuilder roles = new StringBuilder("");
    while(iterator.hasNext()) {
        GrantedAuthority authority = (GrantedAuthority) iterator.next();
        roles.append("," + authority.getAuthority());
    }
    roles.delete(0, 1);
    // 创建 token 对象，并设值
    UserTokenBean tokenVo = new UserTokenBean();
    tokenVo.setUsername(username);
    tokenVo.setRoles(roles.toString());
    return tokenVo;
}
}
```

这里的核心方法是 run 方法，它首先读取登录用户的信息，组成一个令牌（UserTokenBean）对象，然后将这个令牌对象转换为 JSON 字符串进行加密，最后再放入请求头，路由时转发给具体的源服务器。这样源服务器就可以获取认证信息了。注意，这里采用的是 3DES 加密，它需要一个密钥，

这里设定了 secret.key 为该密钥的配置项。例如，在 application.yml 中配置 secret.key=ms-secret-key，就能通过这个密钥加密转发的认证信息，保护认证信息的安全了。

这样一个已经登录的请求，通过网关路由到具体源服务器时，源服务器就可以得到请求头用于认证了。源服务器如果是采用 Spring Security 方案进行安全认证的，也可以通过过滤器进行认证。这里采用产品微服务（ms-product）来举例，我们先在 ms-common 模块中添加一个公用的过滤器，如代码清单 20-25 所示。

代码清单 20-25　源服务器认证安全信息（ms-common 模块）

```
package com.spring.cloud.ms.common.token;
/**** imports ****/
public class TokenSecurityFilter extends BasicAuthenticationFilter {
    // 密钥
    private String secretKey = null;

    // 构造方法，会调用父类方法
    public TokenSecurityFilter(AuthenticationManager authenticationManager) {
        super(authenticationManager);
    }

    public void setSecretKey(String secretKey) {
        this.secretKey = secretKey;
    }

    /**
     * 连接器方法
     * @param request -- HTTP 请求
     * @param response -- HTTP 响应
     * @param chain --过滤器责任链
     * @throws IOException -- IO 异常
     * @throws ServletException, Servlet 异常
     */
    @Override
    protected void doFilterInternal(HttpServletRequest request,
            HttpServletResponse response, FilterChain chain)
            throws IOException, ServletException {
        // 从请求头（header）中提取 token
        String token = request.getHeader("token");
        try {
            if (!StringUtils.isEmpty(token)) { // token 不为空
                // 解密 token
                String tokenText = DesCoderUtils.decode3Des(secretKey, token);
                // 转换为 Java 对象
                UserTokenBean userVo
                    = JSON.parseObject(tokenText, UserTokenBean.class);
                // 获取认证信息
                Authentication authentication = createAuthentication(userVo);
                // 保存 token 到线程变量
                TokenThreadLocal.get().setToken(token);
                // 设置认证信息，完成认证
                SecurityContextHolder
                    .getContext().setAuthentication(authentication);
            }
        } catch (Exception e) {
```

```
            e.printStackTrace();
        } finally {
            // 执行下级过滤器
            chain.doFilter(request, response);
        }
    }

    /**
     *
     * @param userVo -- token 信息
     * @return
     */
    private Authentication createAuthentication(UserTokenBean userVo) {
        // 创建认证 Principal 对象
        Principal principal = () -> userVo.getUsername();
        // 角色信息
        String roles = userVo.getRoles();
        String[] roleNames = (roles == null ? new String[0] : roles.split(","));
        List<GrantedAuthority> authorityList = new ArrayList<>();
        for (String roleName : roleNames) {
            // 创建授予权限信息对象
            GrantedAuthority authority = new SimpleGrantedAuthority(roleName);
            authorityList.add(authority);
        }
        // 创建认证信息，它是 Authentication 的实现类
        return new UsernamePasswordAuthenticationToken(
                principal, "", authorityList);
    }
}
```

这个类继承了 BasicAuthenticationFilter，同时实现了其定义的 doFilterInternal 方法。因为我们在网关转发时采用了密钥加密认证信息，所以这里需要通过密钥解密认证信息，得到明文，代码中的 setSecretKey 方法可以设置密钥。doFilterInternal 方法是这个类的核心方法，它首先获取请求头的认证信息，然后解密得到明文，再构建用户认证信息（Authentication）从而完成认证。在完成认证的时候，请注意，还要将 token 的内容设置在线程变量中，以便将来可以读取。

有了认证的过滤器，还需要做单独的配置，为此开发相关的配置类就可以了，如代码清单 20-26 所示。

代码清单 20-26　产品微服务 Spring Security 配置（ms-product 模块）

```
package com.spring.cloud.ms.product.security;
/**** imports ****/
@Configuration
public class SecurityConfig extends WebSecurityConfigurerAdapter {
    @Value("${secret.key}")
    private String secretKey = null; // 密钥
    /**
     * 请求路径权限限制
     * @param http -- HTTP 请求配置
     * @throws Exception
     */
    @Override
    public void configure(HttpSecurity http) throws Exception {
        // 创建 Token 过滤器
```

```
        TokenSecurityFilter tokenFilter
            = new TokenSecurityFilter(authenticationManager());
        // 设置密钥
        tokenFilter.setSecretKey(secretKey);
        http.authorizeRequests()
            .antMatchers("/index.html").permitAll()
            .antMatchers("/actuator/**").permitAll()
            // 所有请求访问需要签名
            .anyRequest().authenticated()
            .and()
            .formLogin()
            .and()
            // 在责任链上添加过滤器
            .addFilterBefore(tokenFilter,
                UsernamePasswordAuthenticationFilter.class);
    }
}
```

这里属性 secretKey 的值可以通过 YAML 文件进行配置（secret.key），这样就可以配置解密的密钥了。跟着在 Spring Security 的过滤器链中添加自定义的认证过滤器，就可以通过网关转发过来的信息完成认证功能了。

20.3.4 资金微服务（ms-fund）

关于资金微服务，我就不再做很深入的开发了，主要是做服务调用的功能。服务调用主要采用 OpenFeign 进行讲解，并且采用 Hystrix 命令保护服务调用。为了使用 OpenFeign，这里先定义服务调用接口，如代码清单 20-27 所示。

代码清单 20-27　OpenFeign 调用接口（ms-fund 模块）

```
package com.spring.cloud.ms.fund.facade;
/**** imports ****/

// OpenFeign 接口声明
@FeignClient("ms-product")
public interface ProductFacade {

    // 定义服务调用接口，Spring MVC 方式声明
    @GetMapping("/product/{id}")
    public ProductPojo getProduct(@PathVariable("id") Long id);
}
```

从代码中可以看到，标注了注解@FeignClient，并声明为产品微服务（ms-product）的调用。在新版本的 OpenFeign 中，feign.hystrix.enable 的默认值为 false，也就是不再自动给 OpenFeign 的服务调用加入 Hystrix。当然，我也不推荐将其设置为 true，因为容易造成 Hystrix 的滥用。在更多的时候，建议大家在 Service 层的方法中使用@HystrixCommand 来决定是否启用 Hystrix，来保护服务调用。对此我们用代码清单 20-28 举例说明。

代码清单 20-28　在 Service 层使用@HystrixCommand 来进行服务调用（ms-fund 模块）

```
package com.spring.cloud.ms.fund.service.impl;
/**** imports ****/
public class FundServiceImpl implements FundService {
    // 注入 OpenFeign 接口
```

```
@Autowired
private ProductFacade productFacade = null;

@Override
// 使用 Hystrix 命令进行服务调用，并设置降级方法
@HystrixCommand(fallbackMethod = "fallback")
public ProductPojo getProduct(Long id) {
    return productFacade.getProduct(id);
}

// 服务调用
public void fallback(Long id, Exception ex) {
    throw new RuntimeException(
        "获取产品编号为【" + id + "】失败", ex);
}
}
```

注意注解@HystrixCommand，它还将降级方法声明为了 fallback，fallback 方法可以获取参数和异常，进行处理。但是请注意，因为产品微服务加入了 Spring Security 的安全认证，所以这样简单的请求是会被拦截的。为了让调用能够行得通，还需要加入认证信息，但是如果每一个 OpenFeign 接口都需要声明一个参数，就比较麻烦了。这个时候使用拦截器会是更好的选择，如代码清单 20-29 所示。

代码清单 20-29　添加 OpenFeign 拦截器，传递 Token（ms-fund 模块）
```
package com.spring.cloud.ms.fund.feign.interceptor;
/**** imports ****/
// 继承 RequestInterceptor
public class FeignAuthInterceptor implements RequestInterceptor {

    @Override
    public void apply(RequestTemplate requestTemplate) {
        // 获取线程变量
        String token = TokenThreadLocal.get().getToken();
        // 在调用时，将认证信息添加到请求头中
        requestTemplate.header("token", token);
    }
}
```

这里主要是在执行服务调用时，将网关传递过来的 token，也传递给服务提供者，这样就可以完成认证功能了。最后我们还需要进行配置，启动这个拦截器，如代码清单 20-30 所示。

代码清单 20-30　配置拦截器（ms-fund 模块）
```
# OpenFeign1 配置
feign:
  client:
    config:
      # ms-product 代表用户微服务的 OpenFeign 客户端
      ms-product:
        # 连接远程服务器超时时间（单位毫秒）
        connectTimeout: 5000
        # 读取请求超时时间（单位毫秒）
        readTimeout: 5000
        # 配置拦截器
        request-interceptors:
          - com.spring.cloud.ms.fund.feign.interceptor.FeignAuthInterceptor
```

这里的配置主要有两点，一是 OpenFeign 的客户端，二是拦截器的全限定名。代码中已经使用粗体标出，请自行参考。

20.3.5 服务实例监测平台（ms-admin）

使用 Spring Boot Admin 平台，要先搭建 Admin 服务端。它的搭建很简单，主要是引入 spring-boot-admin-starter-server 和 spring-boot-starter-actuator 的依赖。因为服务端需要客户端（这里所谓的客户端，是指 ms-product、ms-fund 和 ms-zuul 等服务实例）的监测，所以需要客户端引入 spring-boot-admin-starter-client 和 spring-boot-starter-actuator 的依赖。有了这些依赖，我们还需要给客户端监控暴露端点，配置如下：

```
# 暴露 Actuator 端点
management:
  endpoints:
    web:
      exposure:
        # 配置 Actuator 暴露哪些端点②
        include: '*'
```

这里需要记住的是，在 Spring Boot 2.0 以后的版本中，Actuator 只会暴露 health 端点，其余的端点就不再暴露了，想暴露的话，需要自己配置。如果你在 Admin 监测平台上看到一个服务实例，并且该实例的菜单很少，那么原因往往就是你没有暴露对应的 Actuator 端点。此外，大家还需要注意另外一个问题，因为 ms-product 等服务实例是受 Spring Security 保护的，所以在配置 Spring Security 时需要把请求路径暴露出来，否则 Admin 服务端监测也会失败，之所以这样是因为在上面的 Spring Security 权限配置中，对请求路径 "/actuator/**" 已经做了不拦截的处理。

在服务发现中，不需要自行配置 Admin 服务端，就可以自动监测其他微服务实例。只是这需要一点时间间隔，毕竟服务获取并不是实时的，因此在启动 Admin 服务端后，也需要一段时间才能看到各个服务实例的状态。要启动 Admin 服务端，只需要使用注解 @EnableAdminServer 就可以了，其启动类如下：

```
package com.spring.cloud.ms.admin.main;
/**** imports ****/
@SpringBootApplication
// 驱动 Admin 服务端启动
@EnableAdminServer
public class MsAdminApplication {
    public static void main(String[] args) {
        SpringApplication.run(MsAdminApplication.class, args);
    }

}
```

这样就能够驱动服务运行了。然后，配置服务发现和对应的微服务服务名称（spring.application.name），就可以通过服务发现来监测各个微服务实例了。为了保护 Admin 服务端平台，还算可以引入 spring-boot-starter-security，然后配置权限，代码如下：

```
spring:
  application:
```

```
      # 应用名称
      name: ms-admin
    security:
      user:
        # 用户名
        name: admin
        # 密码
        password: admin123
        # 角色
        roles: ADMIN
```

这样就配置完了 Admin 服务端,跟着在端口 3001 启动,在浏览器中打开地址 http://localhost:3001,然后使用 admin/admin123 登录，就可以看到图 20-8 所示的结果了。

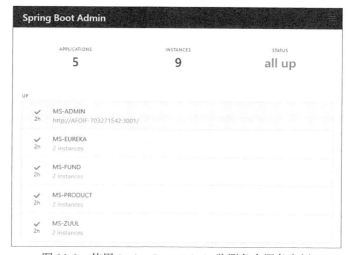

图 20-8 使用 Spring Boot Admin 监测各个服务实例

20.3.6 Hystrix 仪表盘（ms-dashboard）

有时候，微服务最大的问题在于服务依赖导致的雪崩现象，在资金微服务（ms-fund）我们使用了 Hystrix 保护服务调用。此外，还可以使用 Hystrix 仪表盘来观测服务调用的情况，这样有利于我们及时发现问题，进行调整，使得微服务可以持续健康地运行。为此，这里来开发模块 ms-dashboard，这个时候就需要引入 spring-cloud-starter-netflix-hystrix-dashboard 和 spring-cloud-starter-netflix-turbine 了，其中 turbine 是一个聚合工具，可以把各个服务调用用到的 Hystrix 命令聚合起来在统一页面展示，以便于我们的观察。

使用 Hystrix 仪表盘比较简单，先在启动类添加对应的注解，代码如下：

```
package com.spring.cloud.ms.dashboard.main;
/**** imports ****/
@SpringBootApplication
// 驱动 Hystrix 仪表盘工作
@EnableHystrixDashboard
// 驱动 Turbine 聚合,以便于在同一个仪表盘观测各个服务实例的状况
@EnableTurbine
public class MsDashboardApplication {
```

```
    public static void main(String[] args) {
        SpringApplication.run(MsDashboardApplication.class, args);
    }
}
```

注意加粗的代码，注释也解释了它们的作用。我们同样采用服务发现形式的类配置 application.yml，代码如下：

```
# 聚合配置
turbine:
  # 配置所需监控的微服务
  app-config: MS-PRODUCT, MS-FUND, MS-ZUUL
  # 表达式（注意不是字符串）
  cluster-name-expression: new String("default")
  # 是否驱动同服务器不同端口
  combine-host-port: true


# 服务发现
eureka:
  client:
    serviceUrl:
      defaultZone: http://localhost:1001/eureka,http://localhost:1002/eureka
```

注意加粗的代码，这是关于 turbine 的配置。其中 turbine.app-config 可以配置监测哪些微服务的服务调用。服务发现配置主要是注册到 Eureka 服务治理中心，这样就可以通过服务发现的机制，读取微服务系统中的各个实例了。

在启动各个微服务实例后，在浏览器中打开地址 http://localhost:4001/hystrix，再输入监测 URL——http://localhost:4001/turbine.stream，就可以进行监控了。跟着需要执行代码清单 20-28 中的 getProduct 方法，编写一个简单的控制器就可以了，这里就不再展示了。建议大家多请求几次，这样就可以查看到类似图 20-9 所示的仪表盘了。

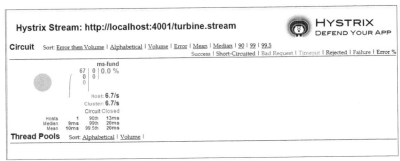

图 20-9 Hystrix 仪表盘监测熔断情况

20.3.7 服务链路追踪（ms-sleuth）

在微服务中，一个业务的处理往往需要跨越多个服务实例，如果当中发生了错误，那么追踪起来会十分麻烦。为此，Spring Cloud 为我们提供了 Spring Cloud Sleuth 作为链路追踪工具，方便我们处理那些出现问题的服务调用。

使用 Sleuth，首先需要搭建一个 Zipkin 服务器。为了快速存储数据，这里将采用 Elasticsearch 作为存储工具。这时候就需要引入 zipkin-server、zipkin-autoconfigure-ui 和 zipkin-autoconfigure-storage-elasticsearch 的依赖。而驱动 Zipkin 服务端工作，则需要在启动类中添加注解@EnableZipkinServer，代码如下：

```
package com.spring.cloud.ms.sleuth.main;
/**** imports ****/
@SpringBootApplication
// 驱动 Zipkin 服务器
@EnableZipkinServer
public class MsSleuthApplication {

    public static void main(String[] args) {
        SpringApplication.run(MsSleuthApplication.class, args);
    }
}
```

这样就能够驱动 Zipkin 服务端工作了，只是数据是存放在 Elasticsearch 中的，所以还需要配置响应，代码如下：

```
# 定义 Spring 应用名称，它是一个微服务的名称，一个微服务可拥有多个实例
spring:
  application:
    name: ms-sleuth
#   注册到服务治理中心
eureka:
  client:
    serviceUrl:
      defaultZone: http://localhost:1001/eureka,http://localhost:1002/eureka
management: # ①
  metrics:
    web:
      server:
        # 取消自动定时，不设置为 false 的话，时间序列数量可能会增长过大，导致异常
        auto-time-requests: false
# 端口
server:
  port: 9001

# zipkin 配置 ②
zipkin:
  storage:
    # 使用 Elasticsearch 作为存储类型
    type: elasticsearch
    # Elasticsearch 配置
    elasticsearch:
      # 索引
      index: zipkin
      # 最大请求数
      max-requests: 64
      # 索引分片数
      index-shards: 5
      # 索引复制数
      index-replicas: 1
      # 服务器和端口
      hosts: localhost:9200
```

注意代码加粗的地方，代码①处的配置为 false，在我做的本地测试中，采用默认值 true 时，常

发生异常。代码②处是配置 Elasticsearch 的连接，这样就能够将链路数据存放到 Elasticsearch 服务器中了。到这里，Zipkin 服务端就配置好了，下面就需要配置客户端了。

Zipkin 的客户端就是各个微服务实例，这里建议只配置网关和各个业务微服务实例，因为链路一般都只发生在它们之间，对于其他监测的组件，就没有必要做链路分析了。在本实例中，需要链路分析的是网关（ms-zuul）和业务系统（ms-product 与 ms-fund）。为了使它们能够成为 Zipkin 的客户端，需要引入包 spring-cloud-starter-sleuth 和 spring-cloud-starter-zipkin。引入它们之后，在 application.yml 中配置对应的信息即可，如下所示：

```
spring:
  sleuth:
    sampler: # 样本配置
      # 百分比，默认为 0.1
      probability: 1.0
      # 速率，每秒追踪 30 次
      # rate: 30
  zipkin: # 配置 Zipkin 服务端
    base-url: http://localhost:9001
```

代码需要配置到 ms-zuul、ms-product 和 ms-fund 的 application.yml 文件中，这样就能记录 3 个微服务的链路数据了，当发生异常情况时，就能够做链路分析了。

当我们启动各个服务实例后，在浏览器中打开 http://localhost:9001/zipkin/，就可以看到 Zipkin 平台了，如图 20-10 所示。

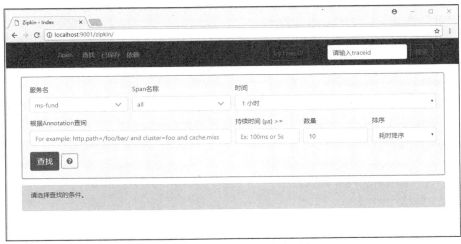

图 20-10　Zipkin 链路追踪平台

通过它就可以查询各个请求和服务调用的链路信息了。